Craftsman Electricity

전기기능사
【필기】

이재원 · 류선희 공저

한국산업인력공단이 주관 및 시행하는 전기기능사는 전기에 필요한
장비 및 공구를 사용하여 회전기, 정지기, 제어장치 또는 빌딩, 공장, 주택 및
전력시설물의 전선, 케이블, 전기기계 및 기구를 설치, 보수, 검사, 시험 및
관리하는 일 등의 업무를 수행하기 위해 필요한
국가자격시험제도입니다.

최근 국민 생활수준의 향상과 산업의 발달로 전기수급이
날로 늘어가는 추세입니다. 이에 따라 전기와 관련된 안전문제
가 대두하고 있으며 이로인한 인명 피해 또한 증가하고
있습니다. 더불어 이에 따른 전기기능사의
인력수요는 증가할 것입니다.

첫머리에

이 교재는 한국산업인력공단의 출제기준에 따라
전기기능사 자격시험을 손쉽게 대비할 수 있도록
수험생들의 입장에서 구성되고 집필하였습니다.

전기기능사 관련 자격시험을 다년간 연구하고 분석해 온 저자가 심혈을
기울여 집필한 교재인 만큼 이 교재를 선택한 여러분들에게
큰 도움이 있을 것으로 확신합니다.
끝으로, 이 교재의 발간을 위해 도움을 주신 많은 교육 현장의 선생님들과
도서출판 책과상상의 임직원 여러분들에게 감사의 말씀을 드립니다.

저자 드림

자격시험안내 및 출제기준

■ **개요**

경제성장과 더불어 산업체로부터 가정에 이르기까지 수요가 증가하고 있는 전기 제품은 안전이 우선시되는 에너지 자원이다. 이에 따라 전기와 관련된 안전관례에 대한 제도적 개편과 기능인력을 양성하기 위해 자격제도를 시행한다.

■ **수행직무**

전기에 필요한 장비 및 공구를 사용하여 회전기, 정지기, 제어장치 또는 빌딩, 공장, 주택 및 전력시설물의 전선, 케이블, 전기기계 및 기구를 설치, 보수, 검사, 시험 및 관리하는 일

필기과목	주요항목	미세항목	
1. 전기이론	1. 정전기와 콘덴서	1. 전기의 본질 3. 콘덴서	2. 정전기의 성질 및 특수현상 4. 전기장과 전위
	2. 자기의 성질과 전류에 의한 자기장	1. 자석에 의한 자기현상 3. 자기회로	2. 전류에 의한 자기현상
	3. 전자력과 전자유도	1. 전자력	2. 전자유도
	4. 직류회로	1. 전압과 전류	2. 전기저항
	5. 교류회로	1. 정현파 교류회로 3. 비정현파 교류회로	2. 3상 교류회로
	6. 전류의 열작용과 화학작용	1. 전류의 열작용	2. 전류의 화학작용
2. 전기기기	7. 변압기	1. 변압기의 구조와 원리 3. 변압기 결선 5. 변압기 시험 및 보수	2. 변압기 이론 및 특성 4. 변압기 병렬운전
	8. 직류기	1. 직류기의 원리와 구조 3. 직류전동기의 이론 및 특성 5. 직류기의 시험법	2. 직류발전기의 이론 및 특성 4. 직류전동기의 특성 및 용도
	9. 유도전동기	1. 유도전동기의 원리와 구조 2. 유도전동기의 속도제어 및 용도	
	10. 동기기	1. 동기기의 원리와 구조 3. 동기발전기의 병렬운전	2. 동기발전기의 이론 및 특성 4. 동기발전기의 운전
	11. 정류기 및 제어기기	1. 정류용 반도체 소자 3. 제어 정류기 5. 제어기 및 제어장치	2. 각종 정류회로 및 특성 4. 다이리스터의 응용회로

■ **취득방법**
  1. 시 행 처 : 한국산업인력공단
  2. 관련학과 : 전문계 고등학교의 전기과, 전기제어과, 전기설비과, 전기기계과, 디지털전기과 등 관련학과
  3. 시험과목
     - 필기 : 1. 전기이론 2. 전기기기 3. 전기설비
     - 실기 : 전기설비작업
  4. 검정방법 및 합격기준
     - 필기 : 객관식 4지택일형(60문항) - 100점을 만점으로 하여 60점 이상
     - 실기 : 작업형(5시간 정도, 전기설비작업) - 100점을 만점으로 하여 60점 이상

■ **진로 및 전망**
  1. 발전소, 변전소, 전기공작물시설업체, 건설업체, 한국전력공사 및 일반사업체나 공장의 전기부서, 가정용 및 산업용 전기 생산업체, 부품제조업체 등에 취업하여 전기와 관련된 제반시설의 관리 및 검사업무 보조 및 담당할 수 있다. 전기공사산업기사, 전기공사기사, 전기산업기사, 전기기사 자격증 취득의 첫 단계이다.
  2. 설치된 전기시설을 유지ㆍ보수하는 인력과 전기제품을 제작하는 인력수요는 계속될 전망이며, 새롭게 등장하는 신기술의 개발로 상위의 기술수준 습득이 요구되므로 꾸준한 자기개발을 하는 노력이 필요하다.

필기과목	주요항목	미세항목	
3. 전기설비	12. 보호계전기	1. 보호계전기의 종류 및 특성	
	13. 배선재료 및 공구	1. 전선 및 케이블 3. 전기설비에 관련된 공구	2. 배선재료
	14. 전선접속	1. 전선의 피복 벗기기 3. 전선과 기구단자와의 접속	2. 전선의 각종 접속방법
	15. 배선설비공사 및 전선허용전류 계산	1. 전선관시스템 3. 케이블턱팅시스템 5. 케이블공사 7. 특고압 옥내배선 공사	2. 케이블트렁킹시스템 4. 케이블트레이시스템 6. 저압 옥내배선 공사 8. 전선 허용전류
	16. 전선 및 기계기구의 보안공사	1. 전선 및 전선로의 보안 3. 접지공사 5. 각종 전기기기 설치 및 보안공사	2. 과전류 차단기 설치공사 4. 피뢰기 설치공사
	17. 가공인입선 및 배전선 공사	1. 가공인입선 공사 3. 장주, 건주 및 가선	2. 배전선로용 재료와 기구 4. 주상기기의 설치
	18. 고압 및 저압 배전반 공사	1. 배전반 공사	2. 분전반 공사
	19. 특수장소 공사	1. 먼지가 많은 장소의 공사 3. 가연성 가스가 있는 곳의 공사 5. 흥행장, 광산, 기타 위험 장소의 공사	2. 위험물이 있는 곳의 공사 4. 부식성 가스가 있는 곳의 공사
	20. 전기응용시설 공사	1. 조명배선 3. 제어배선 5. 전기응용기기 설치공사	2. 동력배선 4. 신호배선

NCS(국가직무능력표준) 안내

NCS(국가직무능력표준)와 NCS 학습모듈

- 국가직무능력표준(NCS, National Competency Standards)이란 산업현장에서 직무를 수행하기 위해 요구되는 지식·기술·소양 등의 내용을 국가가 산업부문별·수준별로 체계화한 것으로 국가적 차원에서 표준화한 것을 의미합니다.
- NCS 학습모듈은 NCS 능력단위를 교육 및 직업훈련 시 활용할 수 있도록 구성한 교수·학습자료입니다. 즉, NCS 학습모듈은 학습자의 직무능력 제고를 위해 요구되는 학습 요소(학습 내용)를 NCS에서 규정한 업무 프로세스나 세부 지식, 기술을 토대로 재구성한 것입니다.

NCS 개념도

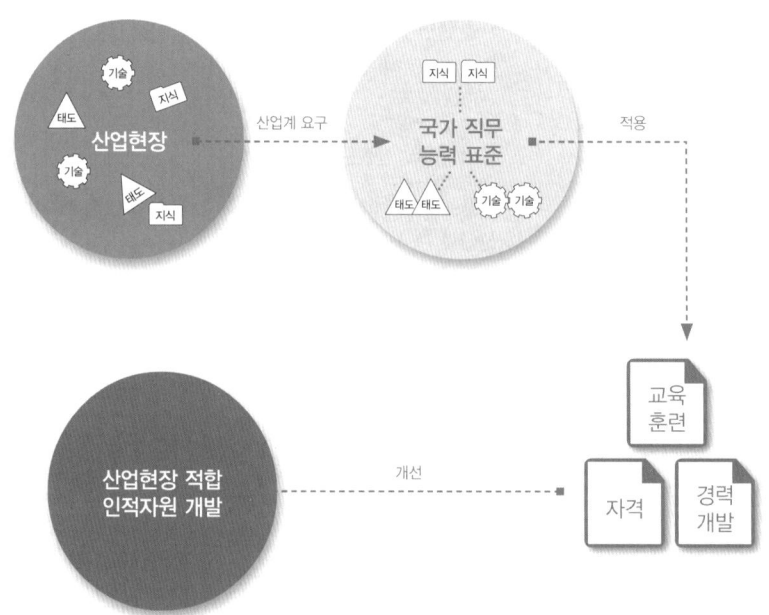

NCS의 활용영역

구분		활용 콘텐츠
산업현장	근로자	평생경력개발경로, 자가진단도구
	기업	현장수요 기반의 인력채용 및 인사관리기준, 직무기술서
교육훈련기관		직업교육 훈련과정 개발, 교수계획 및 매체·교재개발, 훈련기준 개발
자격시험기관		자격종목설계, 출제기준, 시험문항, 시험방법

NCS 학습모듈의 특징

- NCS 학습모듈은 산업계에서 요구하는 직무능력을 교육훈련 현장에 활용할 수 있도록 성취목표와 학습의 방향을 명확히 제시하는 가이드라인의 역할을 합니다.
- NCS 학습모듈은 특성화고, 마이스터고, 전문대학, 4년제 대학교의 교육기관 및 훈련기관, 직장교육기관 등에서 표준교재로 활용할 수 있으며 교육과정 개편 시에도 유용하게 참고할 수 있습니다.

NCS와 NCS 학습모듈의 연결 체제

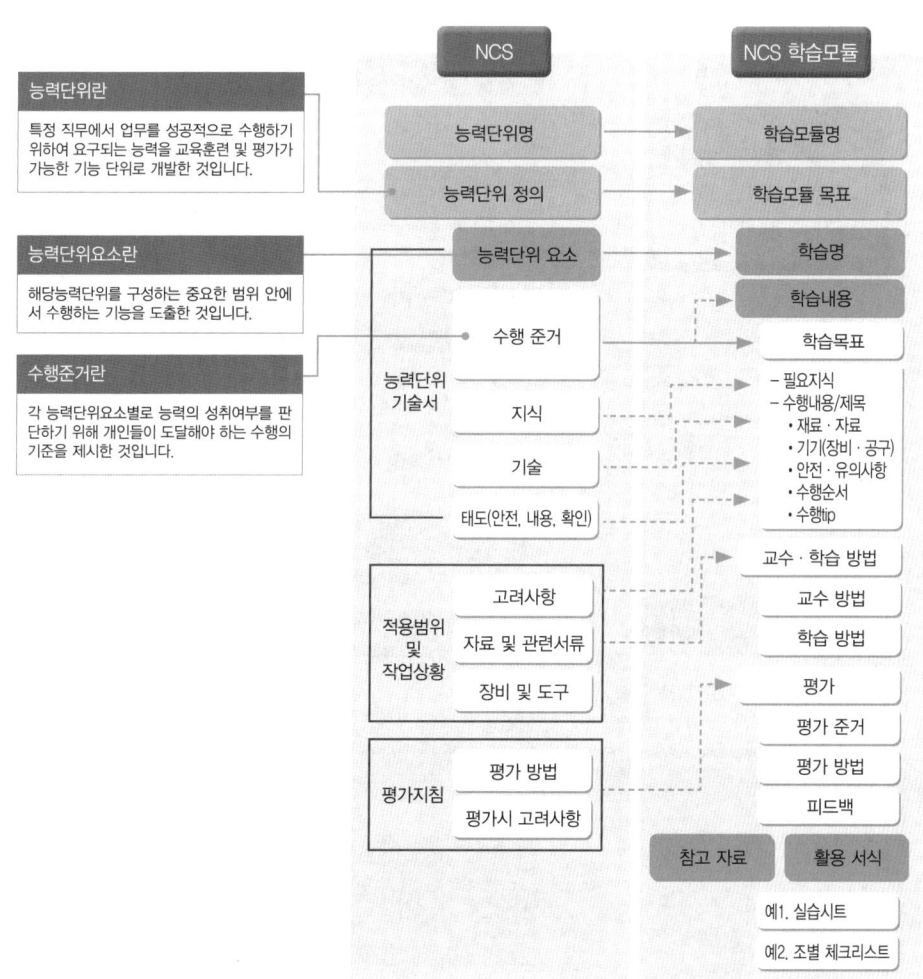

과정평가형 자격취득 안내

과정평가형 자격

과정평가형 자격은 국가기술자격법에 근거하여 국가직무능력표준(NCS)에 따라 설계된 교육·훈련과정을 체계적으로 이수한 교육·훈련생에게 내·외부 평가를 통해 국가기술자격증을 부여하는 새로운 개념의 국가기술자격 취득 제도로서 2015년부터 시행되고 있다.

과정평가형 자격 운영 절차

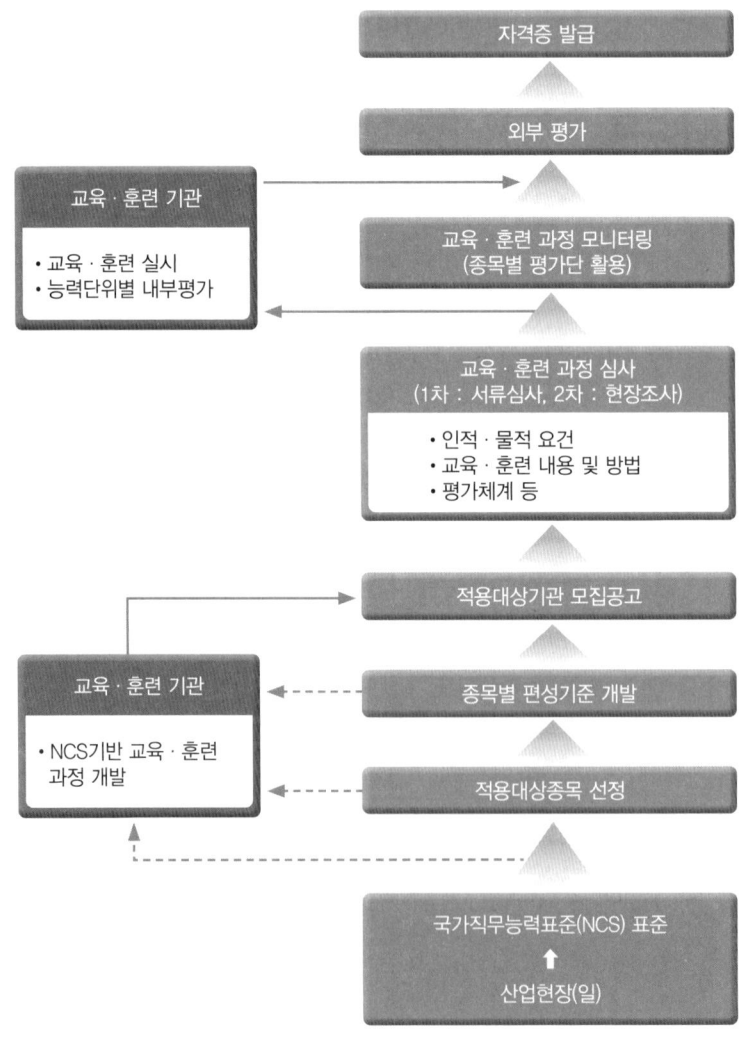

시행 대상

국가기술자격법의 과정평가형 자격 신청자격에 충족한 기관 중 공모를 통하여 지정된 교육·훈련기관의 단위과정별 교육·훈련을 이수하고 내부평가에 합격한 자

교육·훈련생 평가

① 내부평가(지정 교육·훈련기관)
  ㉮ 평가대상 : 능력단위별 교육·훈련과정의 75% 이상 출석한 교육·훈련생
  ㉯ 평가방법
    ㉠ 지정받은 교육·훈련과정의 능력단위별로 평가
    ㉡ 능력단위별 내부평가 계획에 따라 자체 시설·장비를 활용하여 실시
  ㉰ 평가시기
    ㉠ 해당 능력단위에 대한 교육·훈련이 종료된 시점에서 실시하고 공정성과 투명성이 확보되어야 함
    ㉡ 내부평가 결과 평가점수가 일정수준(40%) 미만인 경우에는 교육·훈련기관 자체적으로 재교육 후 능력단위별 1회에 한해 재평가 실시
② 외부평가(한국산업인력공단)
  ㉮ 평가대상 : 단위과정별 모든 능력단위의 내부평가 합격자
  ㉯ 평가방법 : 1차·2차 시험으로 구분 실시
    ㉠ 1차 시험 : 지필평가(주관식 및 객관식 시험)
    ㉡ 2차 시험 : 실무평가(작업형 및 면접 등)

합격자 결정 및 자격증 교부

① 합격자 결정 기준
  내부평가 및 외부평가 결과를 각각 100점을 만점으로 하여 평균 80점 이상 득점한 자
② 자격증 교부
  기업 등 산업현장에서 필요로 하는 능력보유 여부를 판단할 수 있도록 교육·훈련 기관명·기간·시간 및 NCS 능력단위 등을 기재하여 발급

> NCS 및 과정평가형 자격에 대한 내용은 NCS국가직무능력표준 홈페이지(www.ncs.go.kr)에서 보다 자세하게 살펴볼 수 있습니다.

CBT 필기시험제도 안내

CBT 필기시험 개요

CBT(컴퓨터 기반 시험) 필기시험제도는 한국산업인력공단 상설시험장과 외부기관의 시설 및 장비를 임차하여 시행하기 때문에 시험장 사정에 따라 시험일자가 달라질 수 있으며, 수험생들이 선호하는 시험장은 조기 마감될 수 있으므로 주의하여야 합니다.

원서접수 기간 및 접수처

- 한국산업인력공단이 주관 및 시행하는 기능사 정기 CBT 필기시험 및 상시 CBT 필기시험과 관련한 정보는 큐넷 홈페이지(http://www.q-net.or.kr)를 방문하여 확인합니다.
- 기능사 필기시험의 원서접수는 인터넷으로만 가능하며 정기 및 상시시험 모두 큐넷 홈페이지(http://www.q-net.or.kr)에서 접수할 수 있습니다.
- 기능사 상시시험 종목 : 한식조리기능사, 양식조리기능사, 일식조리기능사, 중식조리기능사, 제과기능사, 제빵기능사, 미용사(일반), 미용사(피부), 미용사(네일), 미용사(메이크업), 굴착기운전기능사, 지게차운전기능사, 건축도장기능사, 방수기능사 [14종목]
- ※ 건축도장기능사, 방수기능사 2종목은 정기검정과 병행 시행

CBT 부별 시험시간 안내

구분	입실시간	시험시간	비고
1부	09:30	09:50~10:50	
2부	10:00	10:20~11:20	
3부	11:00	11:20~12:20	
4부	11:30	11:50~12:50	
5부	13:00	13:20~14:20	시험실 입실 시간은 시험 시작 20분 전
6부	13:30	13:50~14:50	
7부	14:30	14:50~15:50	
8부	15:00	15:20~16:20	
9부	16:00	16:20~17:20	
10부	16:30	16:50~17:50	

※ 시행지역별 접수인원에 따라 일일 시행횟수는 변동될 수 있으며, 지역에 따라 원거리 시험장으로 이동할 수 있습니다.

합격자 발표

종이 시험과 달리 CBT 필기시험은 시험이 종료된 후 시험점수와 함께 합격 여부를 확인할 수 있으며, 이 결과는 시험일정 상의 합격자 발표일에 최종 확인할 수 있습니다.

CBT 필기시험 체험하기

01 CBT 필기시험 응시를 위해 지정된 좌석에 앉으면 해당 컴퓨터 단말기가 시험감독관 서버에 연결되었음을 알리는 연결 성공 메시지가 나타납니다.

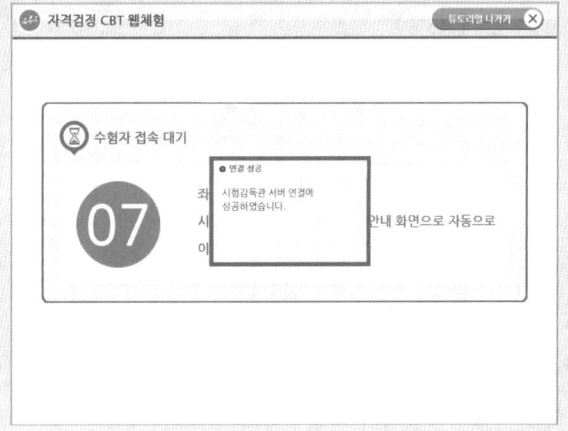

02 수험자 접속 대기 화면에서 좌석번호를 확인합니다. 좌석번호 확인이 끝나면 시험감독관의 지시에 따라 시험 안내 화면으로 자동으로 이동합니다.

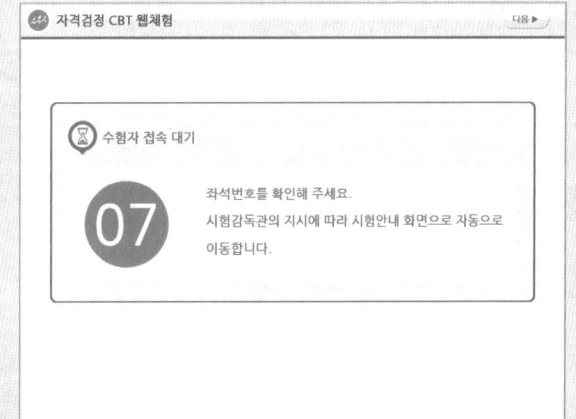

03 수험자 정보를 확인합니다. 감독관의 신분 확인 절차가 진행됩니다. 신분 확인이 모두 끝나면 시험을 시작할 수 있습니다.

04 CBT 필기시험에 대한 안내사항이 나타납니다. 화면은 예제이며, 실제 기능사 필기시험은 총 60문제로 구성되며, 60분간 진행됩니다.

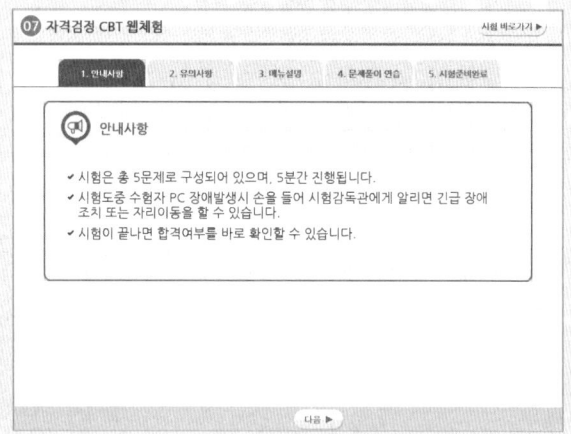

05 다음 항목에서 시험과 관련된 유의사항을 확인합니다. 특히, 시험과 관련한 부정행위 적발 시 퇴실과 함께 해당 시험은 무효처리되어 불합격 될 뿐만 아니라, 이후 3년간 국가기술자격검정에 응시할 수 있는 자격이 정지되므로 부정행위로 인정되는 내용을 꼼꼼히 확인하도록 합니다.

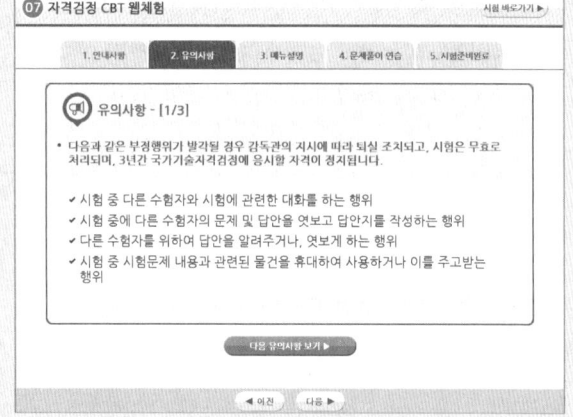

06 메뉴설명 항목에서는 문제풀이와 관련된 메뉴에 대한 설명을 확인할 수 있습니다. CBT 화면에서는 글자 크기를 크게 하거나 작게 할 수 있을 뿐 아니라, 화면 배치를 1단 또는 2단 화면 보기 혹은 한 문제씩 보기로 선택할 수 있습니다.

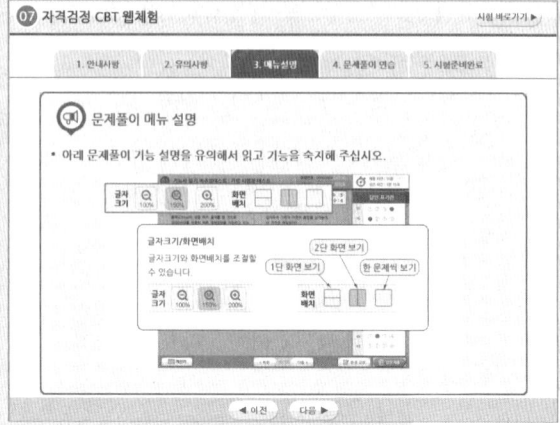

07 문제풀이 연습 항목에서는 실제 문제를 풀어보는 과정을 연습할 수 있습니다. 실제 시험에서 실수하지 않도록 하기 위해 [자격검정 CBT 문제풀이 연습] 버튼을 클릭합니다.

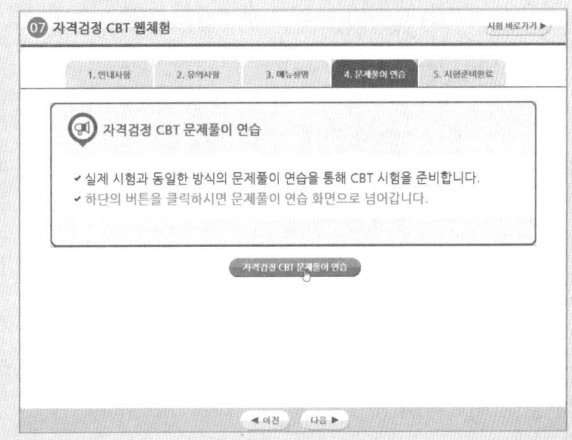

08 보기의 연습 문제는 국가기술자격시험의 정부 위탁기관인 한국산업인력공단의 본부 청사 소재지를 묻는 것입니다. 현재 한국산업인력공단 본부는 울산광역시에 소재하고 있습니다. 문제 아래의 보기에서 번호 항목을 클릭하거나 답안 표기란의 번호 항목에서 해당 답안을 클릭하여 답안을 체크합니다.

09 문제 아래의 보기를 클릭하거나 오른쪽 답안 표기란의 답안 항목을 클릭하면 화면과 같이 선택한 답안이 OMR 카드에 색칠한 것과 같이 색이 채워집니다.

답안을 수정할 때는 마찬가지 방법으로 수정하고자 하는 문제의 보기 항목이나 답안 표기란의 보기 항목에서 수정하고자 하는 답안을 클릭합니다.

10 문제를 풀고 나면 다음 문제를 풀기 위해 화면 하단의 [다음] 버튼을 클릭하여 문제를 계속 풀어나가면 됩니다. 참고로 하단 버튼 중 [계산기]를 클릭하면 간단한 공학용 계산기를 사용하여 계산 문제를 푸는 데 도움을 받을 수 있습니다.

> 계산이 끝나고 계산기를 화면에서 사라지게 하려면 계산기 창의 오른쪽 상단에 있는 닫기 ✕ 버튼을 클릭합니다.

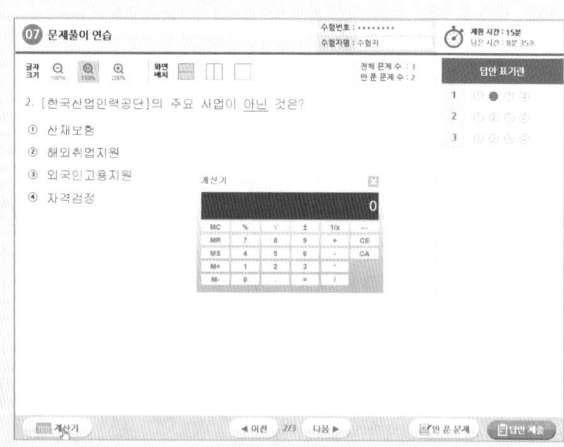

11 문제 풀이 연습이 끝나면 하단의 [답안 제출] 버튼을 클릭하여 답안을 제출합니다.

> 어려운 문제의 경우 하단의 [다음] 버튼을 클릭하여 다음 문제를 풀 수도 있습니다. 단, 이러한 경우 답안을 제출하기 전에 하단의 [안 푼 문제] 버튼을 클릭하여 혹시 풀지 않은 문제가 있는 지 최종적으로 확인하도록 합니다.

12 답안 제출을 클릭하면 나타나는 화면입니다. 수험생들이 실수로 답안을 모두 체크하지 않고 제출할 수 있는 실수를 방지하기 위해 2회에 걸쳐 주의 화면이 나타납니다. 답안을 제출하려면 [예] 버튼을 누릅니다.

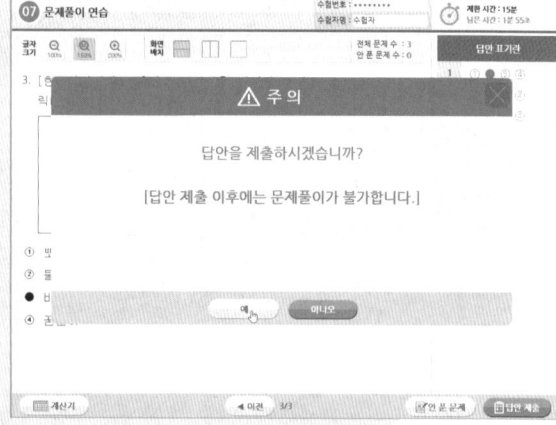

13 문제풀이 연습을 모두 마치면 나타나는 화면에서 [시험 준비 완료] 버튼을 클릭합니다. 이후 시험 시간이 되면 시험감독관의 지시에 따라 시험이 자동으로 시작됩니다.

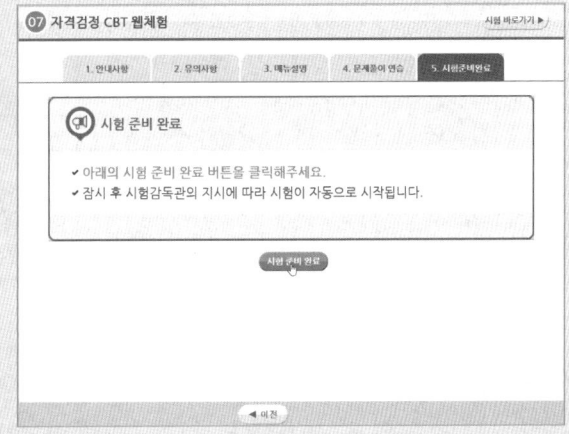

14 본 시험이 시작되면 첫 번째 문제가 화면에 나타납니다. 앞서 문제풀이 연습 때와 마찬가지 방법으로 문제의 보기에서 정답을 클릭하거나 답안 표기란에 해당 문제의 정답 항목을 클릭하여 답을 선택합니다.

15 화면 하단의 [다음] 버튼을 클릭하면 다음 문제를 풀 수 있습니다. 앞서와 마찬가지 방법으로 답안에 체크하고 모든 문제를 풀었다면 [답안 제출] 버튼을 클릭합니다.

> 화면의 상단 오른쪽에 제한 시간과 남은 시간이 표시됩니다. 본 예제는 체험을 위한 것으로 실제 시험시간은 60분이며, 이에 따라 남은 시간도 표시됩니다.

16 수험생의 실수를 방지하기 위해 2회에 걸쳐 주의 문구가 출력됩니다. 모든 문제를 이상없이 풀고 답안에 체크했다면 [예] 버튼을 클릭하여 답안을 제출하고 시험을 마무리합니다.

> 문제 화면으로 다시 돌아가고자 한다면 [아니오] 버튼을 클릭하여 이미 푼 문제들을 다시 확인하고 필요한 경우 답안을 수정할 수 있습니다.

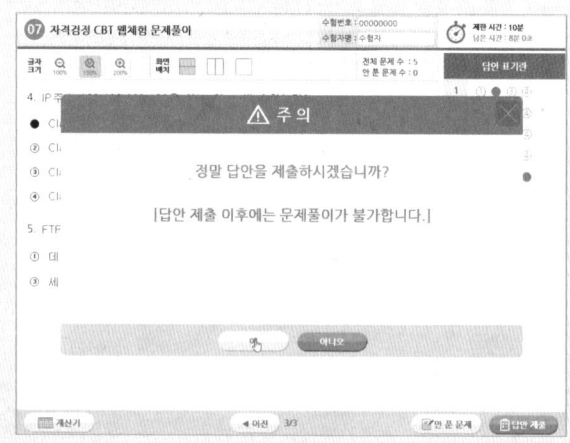

17 답안 제출 화면이 나타납니다. 잠시 기다립니다.

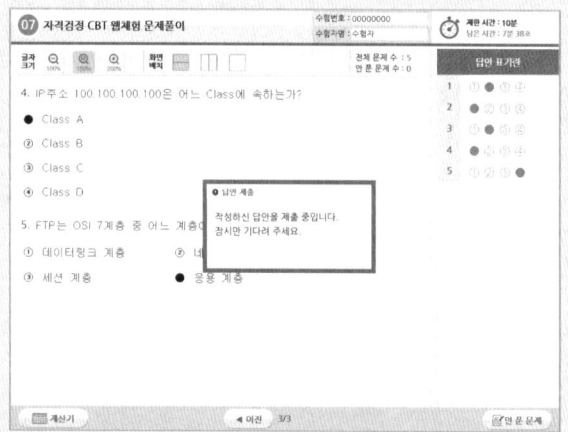

18 CBT 필기시험을 모두 끝내고 답안을 제출하면 곧바로 합격, 불합격 여부를 화면과 같이 확인할 수 있습니다. 독자분들은 꼭 화면과 같은 합격 축하 문구를 볼 수 있기를 기원합니다.

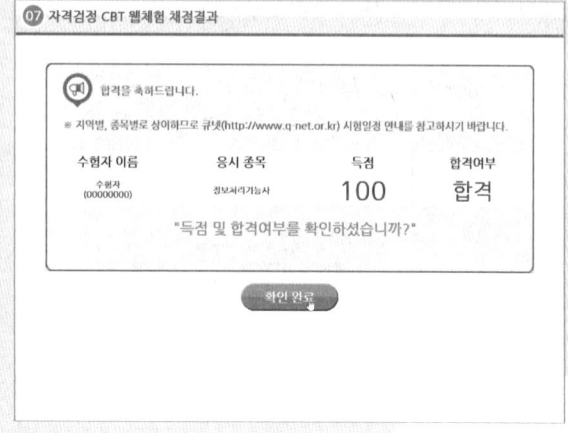

19 앞서의 합격 여부 화면에서 [확인 완료] 버튼을 클릭하면 CBT 필기시험이 종료됩니다. 고생하셨습니다.

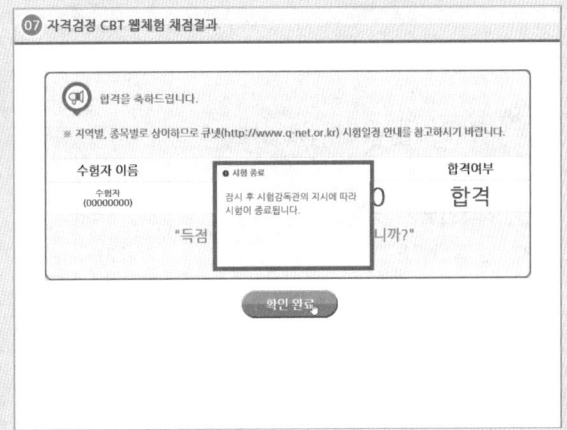

본 도서에 수록된 CBT 필기시험 체험하기 내용은 한국산업인력공단의 CBT 체험하기 과정을 인용하여 구성 및 정리한 것입니다. 직접 한국산업인력공단에서 제공하는 CBT 필기시험을 체험하고자 하는 독자께서는 한국산업인력공단이 운영하는 큐넷 홈페이지(www.q-net.or.kr)를 방문하시기 바랍니다.

이 책의 차례 CONTENTS

제1장 전기이론

제1절 | 직류회로
- 01 전기의 본질 ... 22
- 02 직류회로의 옴의 법칙 ... 23
- 03 저항의 접속 ... 25
- 04 키르히호프의 법칙, 전압, 전류의 측정 ... 27
- 05 전지의 접속 ... 29
- 06 전기저항 ... 30
- 07 전류의 열작용 ... 31
- 08 전류의 화학작용과 전지 ... 33
  - ▶ 출제예상문제 ... 36

제2절 | 정전계
- 01 정전기의 성질 ... 46
- 02 전기장 ... 47
- 03 콘덴서 ... 49
  - ▶ 출제예상문제 ... 52

제3절 | 정자계
- 01 자기의 성질 ... 59
- 02 자기장의 성질 ... 60
- 03 전류에 의한 자기현상 ... 62
- 04 자기회로 ... 64
- 05 전자력 ... 66
- 06 전자유도현상 ... 67
- 07 유도 작용과 인덕턴스 ... 70
- 08 전자에너지 ... 72
  - ▶ 출제예상문제 ... 73

제4절 | 교류회로
- 01 정현파 교류와 그 표시방법 ... 84
- 02 기본교류회로 ... 88
- 03 교류 전력 ... 94
- 04 대칭 3상 교류 ... 95
- 05 비사인파 교류 및 과도현상 ... 99
  - ▶ 출제예상문제 ... 101

제2장 전기기기

제1절 | 직류기
- 01 직류발전기 ... 114
- 02 직류전동기 ... 125
  - ▶ 출제예상문제 ... 132

제2절 | 동기기
- 01 동기 발전기의 원리 및 구조 ... 145
- 02 동기발전기의 이론 ... 147
- 03 동기 발전기의 특성 ... 150
- 04 동기 전동기의 원리 및 이론 ... 154
  - ▶ 출제예상문제 ... 157

제3절 | 변압기
- 01 변압기의 원리 및 이론 ... 163
- 02 변압기의 전압 변동률 ... 165
- 03 변압기 손실 및 효율 ... 166
- 04 변압기의 결선 및 병렬운전 조건 ... 167
- 05 특수 변압기 ... 171
- 06 변압기의 기타 사항 ... 174
  - ▶ 출제예상문제 ... 176

제4절 | 유도전동기
- 01 유도전동기의 회전 원리 및 구조 ... 182
- 02 3상 유도전동기의 이론 ... 183
- 03 3상 유도전동기의 토크 특성 ... 185
- 04 3상 유도전동기의 기동 및 속도 제어 ... 188
- 05 단상 유도전동기 ... 191
- 06 유도 전압조정기 ... 192
  - ▶ 출제예상문제 ... 194

제5절 | 정류기
- 01 다이오드 정류회로 ... 199
- 02 사이리스터 정류회로 ... 201
- 03 전력 변환 장치 ... 203
  - ▶ 출제예상문제 ... 204

제3장 전기설비

제1절 | 전선 및 전선의 접속
- 01 전선 및 케이블 … 210
- 02 전선의 접속 … 215
  - ▶ 출제예상문제 … 221

제2절 | 배선재료와 공구
- 01 개폐기(Switch) … 226
- 02 콘센트와 플러그 및 소켓 … 228
- 03 전기 공사용 공구 … 229
  - ▶ 출제예상문제 … 233

제3절 | 옥내 배선 공사
- 01 저압 옥내 배선의 전압 및 전선 … 238
- 02 저압 옥내 배선 공사 … 240
  - ▶ 출제예상문제 … 253

제4절 | 저압 전로 보호
- 01 전선 및 기계기구의 보호 … 267
- 02 간선 및 분기회로의 보호 … 271
  - ▶ 출제예상문제 … 275

제5절 | 전로의 절연 및 접지공사
- 01 전로의 절연 … 279
- 02 접지 공사 … 281
  - ▶ 출제예상문제 … 285

제6절 | 전선로 및 배전 공사
- 01 전선로 … 289
- 02 가공전선로 … 289
- 03 인입선 … 292
- 04 가공 배전선로의 구성 … 293
- 05 건주 및 장주 … 298
- 06 고압 및 특고압용 기계기구의 시설 … 299
- 07 지중 전선로의 매설방식 … 300
  - ▶ 출제예상문제 … 301

제7절 | 배·분전반 및 특수 장소의 공사
- 01 배전반 공사 … 309
- 02 분전반 공사 … 312
- 03 위험장소의 공사 … 313
  - ▶ 출제예상문제 … 319

제8절 | 기타 종합
- 01 실내 조명 … 325
- 02 변전소 … 326
- 03 배전 선로의 전기 공급 방식 … 327
  - ▶ 출제예상문제 … 329

제4장 CBT 복원문제

- 2021년 1회 CBT 복원문제 … 336
- 2021년 2회 CBT 복원문제 … 344
- 2021년 3회 CBT 복원문제 … 352
- 2021년 4회 CBT 복원문제 … 360
- 2022년 1회 CBT 복원문제 … 368
- 2022년 2회 CBT 복원문제 … 376
- 2022년 3회 CBT 복원문제 … 384
- 2022년 4회 CBT 복원문제 … 393
- 2023년 1회 CBT 복원문제 … 401
- 2023년 2회 CBT 복원문제 … 409
- 2023년 3회 CBT 복원문제 … 417
- 2023년 4회 CBT 복원문제 … 425
- 2024년 1회 CBT 복원문제 … 433
- 2024년 2회 CBT 복원문제 … 440
- 2024년 3회 CBT 복원문제 … 448
- 2024년 4회 CBT 복원문제 … 456
- 2025년 1회 CBT 복원문제 … 464
- 2025년 2회 CBT 복원문제 … 473
- 2025년 3회 CBT 복원문제 … 480
- 2025년 4회 CBT 복원문제 … 487

전기설비기술기준(KEC) 용어표준화 및 국문순화 안내

2023년 10월 12일부터 전기설비기술기준 및 한국전기설비규정(KEC) 내 일본식 한자, 어려운 축약어, 외래어 등을 순화하여 사용됩니다.(대상 용어에서 표준어로 변경)

이에 한국산업인력공단이 주관하는 시험문제에서도 해당 용어가 일부 혼용되거나 변경 이후의 표준어로 출제될 수 있으므로 변경된 내용을 정확히 숙지하시기를 당부드립니다.

대상 용어	표준어	대상 용어	표준어
이도(弛度)	처짐정도	황색	노란색
연가	전선 위치 바꿈	우수	빗물
장간애자(長幹碍子)	긴 애자	근가(根架)	전주 버팀대
금구, 금구류	금속 부속품	지선	지지선
수평횡하중 / 수평 횡하중	수평 가로 하중	충격섬락전압(衝擊閃絡電壓)	충격 불꽃 방전 전압
연접(連接)	이웃 연결	교량	다리
섬락 / 역섬락	불꽃 방전 / 역방향 불꽃 방전	커넥터	접속기
재폐로	재연결	결선(結線)	전선연결
수밀형	수분 침투 방지형	첨가(添架)설치	전선 첨가 설치
장방형	직사각형	이격거리	간격
리드선	연결선	감안	고려
가선(架線)	전선 설치	염해	염분 피해
개로(開路)	열린 회로	난조(hunting)	난조
폐로(閉路)	닫힌 회로	곡률반경	곡선 반지름
경간(徑間)	지지물 간 거리	조속기	속도조절기
수트리(tree)	수분 침투 균열	동(Cu)	구리
커버 / 카버	덮개	국부적	부분적
흑색	검은색	룩스, lx	럭스
동선	구리선	배기 / 배기구	공기배출 / 공기배출구
병가	병행 설치	노내 / 노	연소실 내부
조상기	무효 전력 보상 장치	내경(內徑)	안지름
압착	눌러 붙임	외경(外徑)	바깥지름
적색	빨간색	오일	기름
말단 / 끝단	끝부분	유수	흐르는 물
굴곡부(屈曲部) / 굴곡반지름	굽은 부분 / 굽은 부분 반지름	자중	자체중량
분진	먼지	구배	기울기
직매용(直埋用)	직접매설	트라프 / 트로프(troughs)	트로프
동(銅)전선 / 동전선	구리선	전식	전기부식
사양	규격	메시	그물망
조사	빛쬠	분말	가루
유희용	놀이용	방식조치(防蝕措置)	부식방지조치
수저(水底)	물밑	말구(末口)	위쪽 끝
제진장치	먼지제거장치	청색	파란색
방폭	폭발방지	백색	흰색

CHAPTER 01

Craftsman Electricity

전기이론

Section 01 직류회로
Section 02 정전계
Section 03 정자계
Section 04 교류회로

SECTION 01 직류회로

STEP 01 전기의 본질

1. 물질과 전기

1) 물질의 구성

모든 물질은 매우 작은 분자나 원자의 집합으로 구성되어 있으며 이들 원자는 원자핵과 그 주위를 회전하는 전자들로 구성되어 있다.

전자는 음전기를 지닌 입자이며, 원자핵은 양전기를 가진 양자와 중성 상태의 중성자가 강한 핵력으로 결합되어 있다.

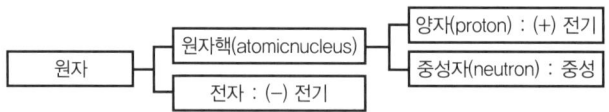

2) 물질의 양

① 전자 1개의 전하량 : 1.602×10^{-19} [C]
② 양성자(양자)의 질량 : 1.672×10^{-27} [kg]
③ 전자의 질량 : 9.109×10^{-31} [kg]
④ 양성자의 질량은 전자질량의 약 1,840배 정도 무겁다.

3) 에너지 준위

고립된 원자 구조에서 각 궤도의 전자가 가지는 불연속적인 에너지대로서 원자핵으로부터 멀어질수록 에너지 준위는 커지며 이때 자유전자는 원자 구조 내의 어떤 전자보다 높은 에너지 상태가 된다.

2. 전기의 발생

1) 최외각전자

원자핵 주위를 돌고 있는 전자의 궤도 중에서 가장 바깥쪽 궤도를 돌고 있는 전자로서 원자핵으로부터 거리가 멀어서 결합력이 약하므로 자유전자가 되기 쉽다.

2) 자유전자

원자핵에서 가장 멀리 떨어져 있는 궤도에 있는 전자는 양자와 서로 끌어당기는 흡인력이 약하기 때문에 외부의 자극에 의해 쉽게 원자핵의 구속력을 벗어날 수 있는데, 이러한 전자를 자유전자라고 하며, 전기현상은 이러한 자유전자의 이동으로 발생한다.

3) 대전현상

전기적으로 중성상태에 있는 원자 즉, 양(+)의 전기를 가지는 양자수와 음(-)의 전기를 가지는 전자수가 같은 원자는 외부로부터 어떠한 영향으로 자유전자를 잃게 되면 양의 전기를 띠고, 외부로부터 자유전자를 얻으면 음의 전기를 띠게 되는데 이러한 현상을 대전이라 한다.

4) 전하량

물체가 가지는 전기적인 입자를 전하라고 하며 이 때 가지는 전기적인 양을 전하량 또는 전기량이라 하며 기호는 Q를 쓰고 단위는 쿨롱(C : Coulomb)을 사용한다.

STEP 02 직류회로의 옴의 법칙

1. 전류(electric current)

1) 전류의 정의

양의 전하 또는 음의 전하가 일정한 방향으로 이동하는 현상을 전류라 하며 [A]라는 단위로 표시한다.

2) 전류의 크기

어떤 도체의 단면을 단위시간(1[sec])동안 통과한 전하량으로 표시하며, 이때 일정시간 t[sec] 동안 Q[C]의 전하가 이동하였다면 전류는 다음과 같은 식으로 나타낸다.

$I = \dfrac{Q}{t}[C/\sec = A]$, 전하량 $Q = It[C]$

참고) 1[A] : 1[sec] 동안에 1[C]의 전하가 이동하였을 때의 단위전류를 나타낸다.

3) 전류의 방향

전류의 흐름현상은 전자의 이동현상이므로 분명히 ⊖쪽에서 나와서 ⊕쪽으로 흐르고 있지만 오랜 관례에 의하여 ⊕쪽에서 나와서 ⊖쪽으로 흐른다고 약속한다.

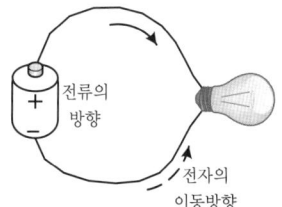

[전자의 이동방향과 전류의 방향]

2. 전압(voltage)

1) 전압의 정의

일종의 전기적인 압력의 크기로 정의되며, [V]라는 단위로 표시한다.

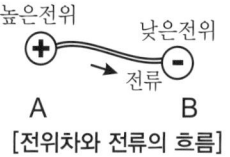

[전위차와 전류의 흐름]

2) 전위차

임의의 두 도체에서의 전기적인 위치에너지의 차를 전위차라 하며, 어떠한 도선으로 연결시 흐르는 전류의 크기를 결정하는 요소이다.

3) 전압의 크기

어떤 도체에 $Q[C]$의 전기량이 이동하여 $W[J]$의 일을 하였다면 그 때의 전위차 $V[V]$는 다음과 같다.

$$V = \frac{W}{Q}[\text{J/C}] = \frac{W}{Q}[\text{V}]$$

참고 1[V] : 1[C]의 전하가 이동하여 1[J]의 일을 하는 경우의 단위전압을 나타낸다.

3. 도체와 절연체

1) 도체

전류가 흐르기 쉬운 물질, 즉 전하가 이동하기 쉬운 물질로 구리나 금, 알루미늄등과 같은 금속성 물질이 여기에 포함된다.

2) 부도체

전류가 거의 통하지 않는 물질로서 부도체라고도 하며, 전기회로 이외의 곳으로 누설되는 것을 방지하기 위해 사용한다. 나무, 플라스틱, 고무 등이 여기에 포함된다.

4. 전기저항(electric resistance)

1) 전기저항(R)의 정의

전류가 흐를 때 전류의 흐름을 방해하는 정도를 나타내는 상수로서, 그 단위는 옴[Ω]을 사용한다.

참고 1[Ω] : 1[V]의 전위차에 의하여 1[A]의 전류가 흐를 수 있는 저항을 나타낸다.

2) 전기저항의 표시 :

5. 콘덕턴스

1) 콘덕턴스의 정의

전기 저항의 역수 즉, 전기저항과는 반대로 전류가 흐르기 쉬운 정도를 나타내는 상수로서, 단위는 모우[℧]나 지멘스[S]를 사용한다.

2) 전기저항과의 관계

$$G = \frac{1}{R}[\mho] \rightarrow R = \frac{1}{G}[\Omega]$$

6. 옴의 법칙

임의의 도체에 흐르는 전류(I)의 크기는 전압(V)에 비례하고(R이 일정한 경우), 저항(R)에 반비례(V가 일정한 경우)한다.

$$I = \frac{V}{R}[\text{A}],\ V = IR[\text{V}],\ R = \frac{V}{I}[\Omega]$$

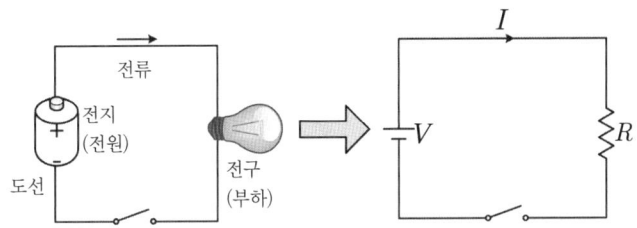

참고

$G = \frac{1}{R}[\mho]$이므로 옴의 법칙은 다음과 같이 나타낼 수 있다.

$$I = \frac{V}{R} = GV[\text{A}],\ V = IR = \frac{I}{G}[\text{V}]$$

STEP 03 저항의 접속

1. 직렬접속

저항의 직렬접속회로란 전원에서 흘러나온 전류가 모든 저항에 일정하게 흐르도록 접속한 회로로서 각 저항에서의 전류값은 항상 일정하다.

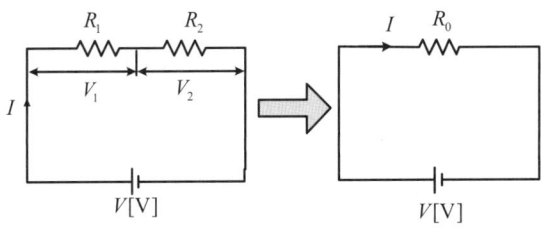

$V = V_1 + V_2\,[\text{V}]$ (키르히호프의 제2법칙)

$V_1 = IR_1,\ V_2 = IR_2$

1) 합성저항(전체저항)

직렬접속에서의 합성저항은 각각의 저항값을 더하여 구한다.

$$R_0 = R_1 + R_2\,[\Omega]$$

2) 각 저항에서의 전압강하

각 저항에서의 전압강하란 전류가 흐르고 있는 동안에 각 저항의 양 끝단에서의 전압의 낮아짐 현상으로 각각의 저항에 비례 분배되며, 이 때 각 저항에서의 전압강하의 합은 전원전압과 같다.

$V_1 = IR_1[\text{V}], \ V_2 = IR_2[\text{V}]$

$V = V_1 + V_2 = I(R_1 + R_2)$

$V_1 = IR_1 = \dfrac{R_1}{R_1+R_2}V[\text{V}], \ V_2 = IR_2 = \dfrac{R_2}{R_1+R_2}V[\text{V}]$

$V_1 : V_2 = R_1 : R_2$ (분배되는 전압은 저항에 비례분배된다.)

3) 전체전류

저항의 직렬접속에서의 전체전류는 전원 전압을 전체 합성저항으로 나누어 구한다.

$I = \dfrac{V}{R_0} = \dfrac{V}{R_1+R_2}[\text{A}]$

2. 병렬접속

저항의 병렬접속이란 전원에서 흘러나온 전류가 각 저항에 반비례 분배되어 흐르고, 각 저항에서의 단자전압은 항상 일정한 회로를 말한다.

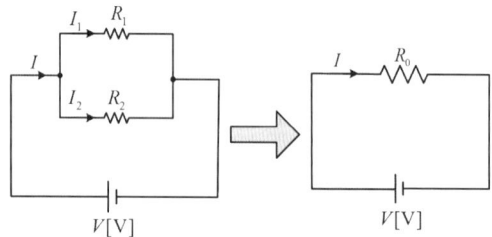

$I = I_1 + I_2[\text{A}]$ (키르히호프의 제1법칙) $I_1 = \dfrac{V}{R_1}[\text{A}], \ I_2 = \dfrac{V}{R_2}[\text{A}]$

1) 합성저항

병렬접속에서의 합성저항은 「각 저항역수의 합의 역수」로 구할 수 있으며 2개의 저항이 병렬로 접속한 경우에는 2개의 저항값의 곱을 2개의 저항값의 합으로 나눈 것과 같다.

$R_0 = \dfrac{1}{\dfrac{1}{R_1}+\dfrac{1}{R_2}} = \dfrac{R_1 R_2}{R_1+R_2}[\Omega]$

① 3개의 저항이 병렬로 접속된 경우의 합성저항은 위의 원리에 의하여 다음과 같이 구할 수 있다.

$R_0 = \dfrac{1}{\dfrac{1}{R_1}+\dfrac{1}{R_2}+\dfrac{1}{R_3}}$

② 서로 같은 n개의 저항이 병렬로 접속된 경우의 합성저항

$R_0 = \dfrac{1}{\dfrac{1}{R_1}+\dfrac{1}{R_2}+\dfrac{1}{R_3}+\cdots\dfrac{1}{R_n}} = \dfrac{R_1}{n}[\Omega]$ (단, $R_1 = R_2 = R_3 = = \cdots R_n$)

2) 각 저항에서의 전류분배

병렬로 접속된 각 저항에서의 전류분배는 옴의 법칙에 의하여 저항의 크기에 반비례하므로, 임의의 저항에 흐르는 전류는 각각의 저항에 반비례 분배되어 흐른다.

$$I_1 = \frac{V}{R_1} = \frac{1}{R_1} \times \frac{R_1 R_2}{R_1 + R_2} I = \frac{R_2}{R_1 + R_2} I [A]$$

$$I_2 = \frac{V}{R_2} = \frac{1}{R_2} \times \frac{R_1 R_2}{R_1 + R_2} I = \frac{R_1}{R_1 + R_2} I [A]$$

3) 전체전압

저항의 병렬접속에서의 전체전압은 전체합성저항과 각 지로에 흐르는 전체전류의 합을 곱하여 구한다.

$$V = R_0 I = \frac{R_1 R_2}{R_1 + R_2} I [V]$$

※ 똑같은 크기 저항을 n개 직렬접속한 경우 $R_직 = nR_1 [\Omega]$

※ 똑같은 크기 저항을 n개 병렬접속한 경우 $R_병 = \frac{R_1}{n} [\Omega]$

① 직렬은 병렬의 n^2 배

② 병렬은 직렬의 $\frac{1}{n^2}$ 배

STEP 04 키르히호프의 법칙, 전압, 전류의 측정

1. 키르히호프의 제1법칙(전류법칙)

'회로망 중의 임의의 접속점에서 유입하는 전류의 합은 유출되는 전류의 합과 같다'라는 원리이다.

$I_1 + I_2 = I_3 + I_4 + I_5$

$I_1 + I_2 - I_3 - I_4 - I_5 = 0$

$\Sigma I = 0$

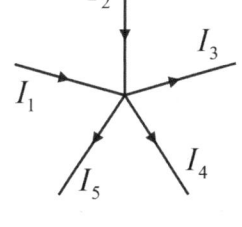

2. 키르히호프의 제2법칙(전압법칙)

"폐루프(loop)를 형성하는 임의의 회로망에서 모든 기전력의 대수합은 전압강하의 대수합과 같다"라는 원리이다.

$E_1 + E_2 - E_3 + E_4 = IR_1 + IR_2 + IR_3 + IR_4$

$\Sigma E = \Sigma IR$

$\Sigma E = \Sigma IR = 0$

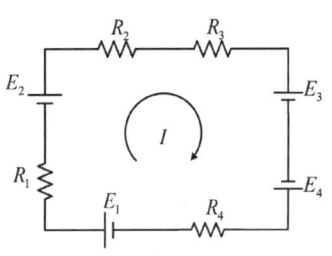

3. 전압, 전류의 측정

1) 전압계, 전류계
① 전압계 : 전기회로의 2점 사이의 전위차(전압)를 측정할 수 있는 계기로 전원에 병렬로 접속하여 측정한다.
② 전류계 : 전기회로의 전류를 측정하기 위한 계기로 전원에 직렬로 접속하여 측정한다.

2) 배율기
전압의 측정범위를 확대하기 위하여 전압계에 직렬로 접속하는 저항기

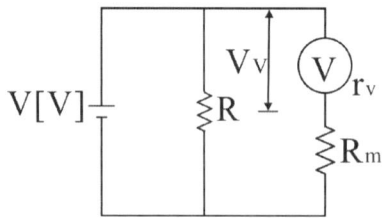

① $V_v = \dfrac{r_V}{R_m + r_v} \times V [\text{V}]$
  (R_m : 배율기 저항, r_v : 전압계의 내부저항)
② 배율기의 저항값 : $R_m = (m-1)r_v [\Omega]$

3) 분류기
전류의 측정범위를 확대하기 위하여 전류계와 병렬로 접속하는 저항기
① $I_a = \dfrac{R_s}{R_s + r_a} I$ (R_s : 분류기 저항, r_a : 전류계의 내부저항)
② 분류기의 저항값 : $R_s = \dfrac{r_a}{n-1} [\Omega]$

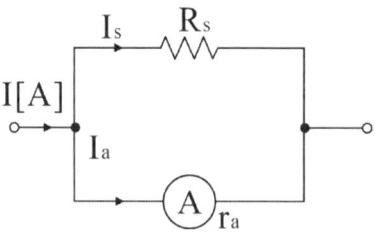

4. 휘스톤 브리지

휘스톤 브리지회로란 P, Q, R, X의 저항 4개를 다음 그림과 같이 접속하고, 여기에 미소전류를 검출하기 위한 검류계 ⓖ를 연결한 다음 4개의 저항을 적절하게 가감하여 ⓖ에 흐르는 전류 I_g를 0으로 할 수 있는 회로를 말하며, 특히 검류계 ⓖ에 흐르는 전류가 0이 되었을 때를 휘스톤 브리지가 평형되었다고 한다.
㉮ 휘스톤 브리지의 평형조건 : $P \cdot R = Q \cdot X$
㉯ 미지의 저항 : $R = \dfrac{Q}{P} \cdot X [\Omega]$

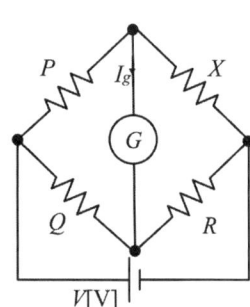

STEP 05 전지의 접속

1. 기전력, 단자전압

전지 1개에 임의의 저항이 연결된 회로에서 전지와 같은 모든 전원은 반드시 그 내부에 매우 작은 저항을 가지고 있으므로 이러한 내부저항 r을 고려하여 다음과 같이 나타낼 수 있다.

$E = I(r+R)[V]$ $V = IR[V]$

1) 기전력(E)

기전력이란 임의의 전기회로에서 전위차(전압)를 계속적으로 유지하여 연속적으로 전류가 흐르도록 하는 원동력을 말한다.

2) 단자전압(V)

기전력 E에서 전원의 내부저항 r에 의한 전압강하 Ir을 뺀 나머지 즉, 순수하게 외부저항 양단에 인가된 전압을 단자전압이라 한다.

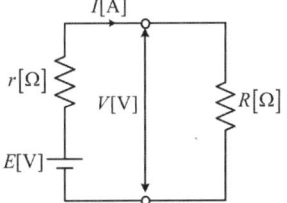

2. 전지의 직렬접속

기전력 $E[V]$, 내부저항 $r[\Omega]$인 전지 n개를 직렬로 접속하면 합성기전력 및 내부저항은 각각 n배 증가한 $nE[V]$, $nr[\Omega]$이 되므로 부하저항 $R[\Omega]$에 흐르는 전류 $I[A]$는 다음과 같다.

$nE = I(nr+R)[V]$

$I = \dfrac{nE}{nr+R}[A]$

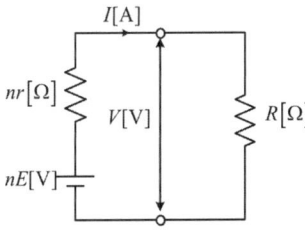

3. 전지의 병렬접속

기전력 $E[V]$, 내부저항 $r[\Omega]$인 전지 n개를 병렬로 접속하면 기전력은 불변이면서 저항값만 $\dfrac{r}{n}$ [Ω]배로 감소하므로 부하저항 $R[\Omega]$에 흐르는 전류 $I[A]$는 다음과 같다.

$I = \dfrac{E}{\dfrac{r}{n}+R}[A]$

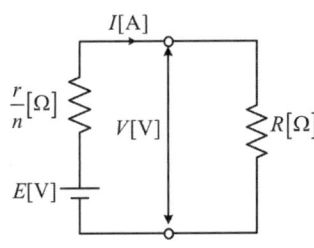

4. 최대전력전달조건

부하저항 R에서 발생하는 전력 P는 내부저항 r, 전원전압 E가 일정하다고 할 때 전력 P는 부하저항 R의 함수로부터 $r=R$일 때 소비전력이 최대가 되면서 다음과 같이 나타낼 수 있다..

$$P = I^2 R = \left(\frac{E}{r+R}\right)^2 R = \frac{E^2 R}{(r+R)^2} [\text{W}]$$

$$P_m = \frac{E^2}{4r} = \frac{E^2}{4R} [\text{W}] \; (r = R)$$

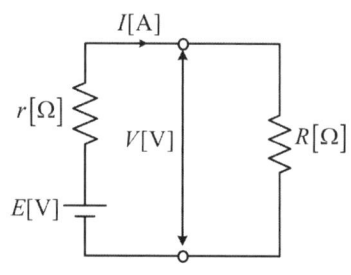

STEP 06 전기저항

1. 고유저항

1) 전기저항의 성질

임의의 도체에서의 전기저항은 도체의 단면적 A[m²]에 반비례하고, 도체의 길이 l[m]에는 비례하면서, 각각의 물질에 따라서 결정되어지는 비례상수인 고유저항 ρ에는 비례하므로 저항 R은 다음과 같이 나타낼 수 있다.

$$R = \rho \frac{l}{A} [\Omega]$$

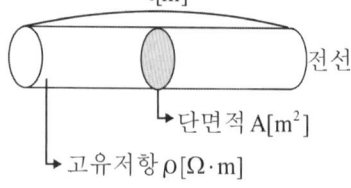

2) 고유저항(저항율)

단면적 A[m²], 길이 l[m]인 물체가 가지는 저항값을 말하며 다음과 같은 단위로 나타낼 수 있다.

$$\rho = \frac{R[\Omega] \, \text{A}[\text{m}^2]}{l[\text{m}]} = \frac{R\text{A}}{l} [\Omega \cdot \text{m}]$$

① $1[\Omega \cdot \text{m}] = 10^2 [\Omega \cdot \text{cm}] = 10^3 [\Omega \cdot \text{mm}] = 10^6 [\Omega \cdot \text{mm}^2/\text{m}]$

② 국제표준연동의 고유저항 : $\rho_s = 1.7241 \times 10^{-8} [\Omega \cdot \text{m}]$

> **참고** $1[\text{m}^2] = 10^6 [\text{mm}^2]$

2. 도전율

저항률에 대한 전류가 흐르기쉬운 정도를 나타내는 것으로 고유저항의 역수로서 표시한다.

$$\sigma = \frac{1}{\rho} = [\mho/\text{m}]$$

> **참고** 국제표준연동의 도전율 : $\sigma_s = 5.8 \times 10^7 [\mho/\text{m}]$

3. 저항의 온도계수

1) 저항-온도 특성

구리나 알루미늄같은 금속체의 저항은 온도의 상승에 따라 점차 저항이 증가하는 특성을 지니고 있으며 규소나 실리콘같은 반도체는 반대로 온도가 상승하면 저항이 감소하는 성질을 가지고 있다.

2) 표준연동에 대한 저항의 온도계수

① 0[℃]에서의 온도계수 : 도체의 온도가 0[℃]에서 1[℃]로 상승할 경우의 저항의 증가비율

$$\alpha_0 = \frac{1}{234.5} = 0.0043$$

② $R_0[\Omega]$이 $t[℃]$ 상승한 경우

$$R_t = R_0(1 + \alpha_0 t)\,[\Omega]$$

4. 저항체의 구비조건

① 고유저항(저항율)이 클 것(=도전율이 작을 것)
② 저항의 온도계수가 작을 것
③ 내열, 내식성이면서 고온에서도 산화되지 않을 것
④ 다른 금속에 대한 열기전력이 작을 것
⑤ 가공, 접속이 용이하고 경제적일 것

STEP 07 전류의 열작용

1. 전력(P)

단위시간 동안에 전기에너지의 소비량을 나타내는 것으로 1[sec] 동안에 1[J]의 일을 할 때 1[W]의 전력이라고 하며 전력의 단위로는 [W]=[J/sec]를 사용한다.

$$P = \frac{W}{t} = VI = I^2R = \frac{V^2}{R}\,[W = J/sec]$$

> **참고** 공률 : 단위시간당의 기계적 에너지
> 1마력 = 1[HP] = 746[W] = 0.746[kW]

2. 전력량(W)

어느 일정 시간 동안의 전기에너지의 총량을 나타내는 것으로 전력과 그 전력이 계속하는 시간과의 곱으로 나타내며 그 단위로는 [J]=[W·sec] 등을 사용한다.

$$W = Pt = VIt = I^2Rt = \frac{V^2}{R}t\,[J]$$

① $1[\text{W}\cdot\text{sec}] = 1[\text{J}]$

② $1[\text{kWh}] = 1,000[\text{Wh}] = 10^3 \times 3.6 \times 10^3[\text{J}] = 3.6 \times 10^6[\text{J}]$

3. 줄의 법칙

저항 $R[\Omega]$의 도체에 전류 $I[\text{A}]$를 흘릴 때 전류에 의한 단위시간당 발생열량은 도체의 저항과 전류의 제곱에 비례한다는 법칙으로 이때 발생한 열을 주울열이라 하며 발생열량 H는 다음과 같다.

$$H = 0.24Pt = 0.24VIt = 0.24I^2Rt [\text{cal}]$$

① $1[\text{J}] = 0.2389[\text{cal}] \fallingdotseq 0.24[\text{cal}]$

② $1[\text{cal}] = 4.186[\text{J}] \fallingdotseq 4.2[\text{J}]$

③ $1[\text{kWh}] = 1[\text{kW}] \times 1[\text{h}] = 3.6 \times 10^6[\text{J}]$
   $= 0.2389 \times 3.6 \times 10^6[\text{cal}] \fallingdotseq 860[\text{kcal}]$

열에너지에서의 열량 : $Q = C \cdot m \cdot \Delta t[\text{cal}]$ (단, $\Delta t = t_1 - t_2$)
질량 m[g], 비열 C[cal/g℃]인 물체에 대하여 온도를 t_1[℃]에서 t_2[℃]로 상승시키는데 필요한 열량(물의 비열은 1이다.)
$H = C \cdot m \cdot \Delta t[\text{cal}]$

4. 열전기 현상

1) 제벡 효과(seebeck effect)

서로 다른 두 종류의 금속을 그림과 같이 접속한 다음 두 접점 J_1, J_2의 온도를 각각 다른 온도로 유지할 경우 열기전력이 발생하여 일정한 방향으로 열전류가 흐르는 현상으로 열전온도계나 열전쌍형 계기등에서 이용하고 있다.

 열전쌍(열전대) : 제벡 효과를 목적으로 이용하기 위하여 조합한 두 종류의 금속쌍
- 구리-콘스탄탄
- 철-콘스탄탄
- 크로멜-알루멜
- 크로멜-콘스탄탄
- 백금-백금로듐

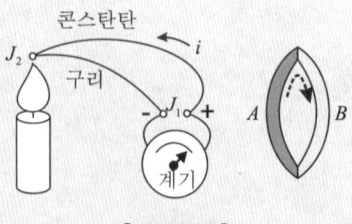

[제벡 효과]

2) 펠티어 효과(peltier effect)

서로 다른 두 종류의 금속을 그림과 같이 접속한 다음 기전력 $E[\text{V}]$를 인가하여 전류를 흘릴 때 각각의 접속점 A, B에서 열의 발생이나 흡수가 일어나는 현상으로 전자냉동기 등에

서 이용하고 있다.

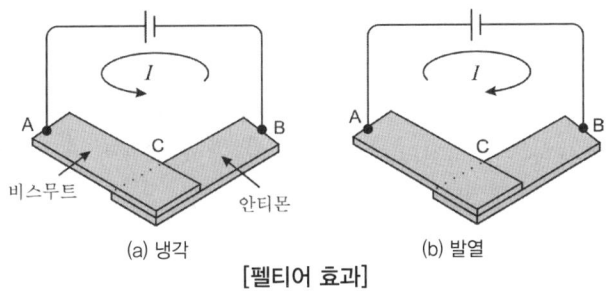

[펠티어 효과]

3) 톰슨 효과(thomson effect)

같은 종류의 금속으로 된 회로 내에서 그림과 같이 도체의 길이에 따른 온도 분포를 다르게 하면서 전류를 흘릴 경우 각각의 온도분포가 다른 두 지점에서 열의 발생이나 흡수가 일어나는 현상

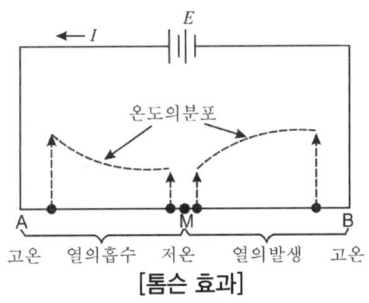

[톰슨 효과]

> 참고
> **홀 효과(hall effect)** : 전류가 흐르고 있는 도체에 자계를 가할 경우 도체 측면에 정(+), 부(-)의 전하가 나타나 두 면간에 전위차가 발생하는 현상

STEP 08 전류의 화학작용과 전지

1. 전기분해

그림과 같이 구리와 철을 각각 양극과 음극으로 한 용기 내에 황산구리($CuSO_4$)와 같은 전해액을 넣고 전류를 가할 경우 이 전해액이 분해되면서 각각 양, 음 두 극위에 분해생성물을 발생하는 현상을 전기분해라 한다.

$$CuSO_4 \rightarrow Cu^{++}(\text{음극으로 이동}) + SO_4^{--}(\text{양극으로 이동})$$

① 전리 : 분자 또는 원자가 각각 양(+)이온과 음(-)이온으로 분리되는 현상
② 전해액 : 전류를 통할 경우 전기분해를 하는 수용액
③ 전해질 : 물에 녹아 전해액으로 될 수 있는 물질

2. 페러데이의 법칙

① 전기분해 시 양극과 음극에서 석출되는 물질의 양 $W[g]$은 전해액 속을 통과한 전기량 $Q[C]$에 비례한다.

② 전기량에 의해 여러 가지 화합물을 전기분해할 경우 석출되는 물질의 양 $W[g]$은 각 물질의 화학당량($=\frac{원자량}{원자가}$)에 비례한다.

$$W = kQ = kIt [g]$$

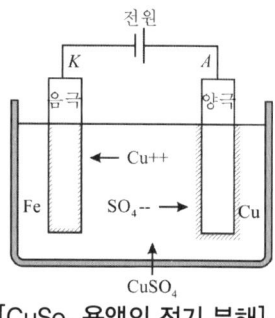

[CuSO₄ 용액의 전기 분해]

참고 전기화학당량 (k[g/C]) : 1[C]의 전기량에 의해 전극에서 석출되는 물질의 양

③ 전해질이나 전극이 어떤 것이라도 같은 전기량이면 항상 같은 화학당량의 물질을 석출한다.

$$1[g]당량 = kF (일정)$$

참고 F[C] : 1[g]당량을 석출하는데 필요한 전기량

3. 전지

1) 각종 1차전지의 비교

건전지의 종류	망간(MnO₂)건전지	수은(HgO)건전지 (르클랑셰 건전지)	표준전지 (웨스턴카드뮴)
양극	C(탄소봉)	Ni	Hg
음극	Zn	Zn	Cd아말감
전해액	NH₄Cl + ZnCl₂	KOH	CdSO₄
감극제	MnO₂	HgO	Hg₂SO₄
기전력	1.5~1.6[V]	1.3~1.4[V]	

① 분극(성극)작용 : 일정한 전압을 가진 전지에 부하를 걸어 전류를 흘릴 경우 양극 표면에서 발생한 수소기포로 인하여 기전력이 감소하는 현상

참고 분극 작용의 방지대책 : 전류가 흐를 때 양극 표면에서 발생한 수소기포의 발생을 억제시켜 전극의 작용을 활발하게 유지시키기 위한 감극제를 사용한다.

② 국부작용 : 전극이나 전해액 중에 포함된 불순물 등으로 인하여 전극이 부분적으로 용해되면서 국부적인 자체방전이 일어나는 현상

참고 국부 작용의 방지대책 : 전극을 불순물 등이 포함되지 않는 순수금속이나 수은도금 금속을 사용한다.

2) 납축전지

① 화학반응식

방전(discharge)과 충전(charge)시의 화학반응식은 다음과 같다.

$$\underset{(\text{이산화납})}{\underset{\text{양극}}{PbO_2}} + \underset{(\text{황산})}{\underset{\text{전해액}}{2H_2SO_4}} + \underset{(\text{납})}{\underset{\text{음극}}{Pb}} \underset{\text{충전}}{\overset{\text{방전}}{\rightleftarrows}} \underset{(\text{황산납})}{\underset{\text{양극}}{PbSO_4}} + \underset{(\text{물})}{\underset{\text{물}}{2H_2O}} + \underset{(\text{황산납})}{\underset{\text{음극}}{PbSO_4}}$$

② 기전력, 전해액 비중

비 고	1셀당 기전력	전해액의 비중
충 전	2.05~2.08[V]	1.2~1.3
방 전	1.8[V](방전한계전압)	1.1 이하

③ 정격방전율 : 10시간

④ 축전지 용량 : 방전전류 × 시간[Ah]

제01장_ 전기이론 출제예상문제

01 원자핵의 구속력을 벗어나서 물질 내에서 자유로이 이동할 수 있는 것은?

① 자유전자 ② 양자
③ 중성자 ④ 분자

02 자유 전자의 설명 중 옳지 못한 것은?

① 최외각 전자는 쉽게 자유 전자가 된다.
② 자유 전자는 온도가 높아지면 운동이 활발하다.
③ 자유 전자는 원자핵의 구속력을 받는다.
④ 자유 전자를 잃은 물질은 양전기를 띤다.

🔍 자유전자는 원자핵의 구속력을 벗어나 자유로이 이동하는 전자를 말한다.

03 자유 전자의 이동으로 물질이 양전기나 음전기를 가지게 되는 상태를 무엇이라 하는가?

① 대전 ② 전하
③ 중성 ④ 전기량

🔍 대전 : 자유전자의 이동으로 양전기나 음전기를 가리는 현상

04 전자의 전기량은 몇 [C]인가?

① 1.60219×10^{-12}
② 1.60219×10^{-19}
③ 9.10955×10^{-31}
④ 1.0955

🔍 전자의 전기량 e=1.60219×10^{-19}[C]

05 다음 설명 중 잘못된 것은?

① 양전하를 많이 가진 물질은 전위가 낮다.
② 1초 동안에 1[C]의 전기량이 이동하면 전류는 1[A]이다.
③ 전위차가 높으면 높을수록 전류는 잘 흐른다.
④ 전류의 방향은 전자의 이동 방향과는 반대 방향으로 정한다.

06 어떤 도체를 t초 동안에 Q[C]의 전기량이 이동하면 이때 흐르는 전류[I]는?

① $I = Qt$[A] ② $I = \dfrac{1}{Qt}$[A]
③ $I = \dfrac{t}{Q}$[A] ④ $I = \dfrac{Q}{t}$[A]

🔍 • 전류의 세기 : 단위시간당 이동한 전하량 $I = \dfrac{Q}{t}$
• t[sec]동안 통과한 전하량 : $Q = I \cdot t$[C]

07 1[Ah]는 몇 [C]인가?

① 3,600 ② 60
③ 1 ④ $\dfrac{1}{3,600}$

🔍 t[sec]동안 통과한 전하량 $Q = 1 \times (60 \times 60) = 3,600$[C]

08 어떤 도체의 단면을 2시간에 7,200[C]의 전기량이 이동했다고 하면 전류 I의 크기는 얼마인가?

① 1[A] ② 2[A]
③ 3[A] ④ 4[A]

🔍 전류의 크기 $I = \dfrac{Q}{t} = \dfrac{7,200}{2 \times 60 \times 60} = 1$[A]

09 어떤 전지에서 5[A]의 전류가 10분간 흘렀다면 이 전지에서 나온 전기량은 몇 [C]인가?

① 500 ② 5,000
③ 300 ④ 3,000

🔍 전류의 크기 $Q = I \cdot t = 5 \times 10 \times 60 = 3,000$[C]

정답 01 ① 02 ③ 03 ① 04 ② 05 ① 06 ④ 07 ① 08 ① 09 ④

10 어느 도체에 3[A]의 전류를 1시간 흘렸다. 이동된 전기량은 얼마인가?

① 180[C]　　② 900[C]
③ 10,800[C]　　④ 20,800[C]

🔍 $Q = I \cdot t = 3 \times 1 \times 60 \times 60 = 10,800[C]$

11 2[A]의 전류가 흘러 72,000[C]의 전기량이 이동하였다. 전류가 흐른 시간은 몇 [분]인가?

① 3,600분　　② 36분
③ 60분　　④ 600분

🔍 $t = \dfrac{Q}{I} = \dfrac{72,000}{2 \times 60} = 600분$

12 1[eV]는 몇 [J]인가?

① 1　　② 1.602×10^{-19}
③ 9.1095×10^{-31}　　④ 1.602×10^{19}

🔍 1[eV] : 전자 1개가 이동하여 1[V]가 발생하였을 때 전자가 한 일(전자볼트)
$W = QV = eV = 1 \cdot 602 \times 10^{-19} \times 1$
　$= 1.602 \times 10^{-19}[J]$

13 3[V]의 기전력으로 300[C]의 전기량이 이동할 때 몇 [J]의 일을 하게 될 것인가?

① 900　　② 600
③ 300　　④ 150

🔍 $Q[C]$의 전하가 이동하여 $V[V]$를 발생 시켰을 때 한일
$W = QV = 3 \times 300 = 900[J]$

14 2[C]의 전기량이 2점간을 이동하여 12[J]의 일을 했을 때 2점간의 전위차는?

① 6[V]　　② 12[V]
③ 24[V]　　④ 144[V]

🔍 $W = QV[J]$의 식으로부터 $V = \dfrac{W}{Q} = \dfrac{12}{2} = 6[V]$

15 옴(Ohm)의 법칙에서 전류는 다음 중 어느 것인가?

① 전류는 저항에 비례하고 전압에 반비례한다.
② 전류는 저항에 비례하고 전압에도 비례한다.
③ 전류는 저항에 반비례하고 전압에 비례한다.
④ 전류는 저항에 반비례하고 전압에도 반비례한다.

🔍 옴의 법칙 : 도선에 흐르는 전류는 저항에 반비례하고 전압에 비례한다.
$I = \dfrac{V}{R}[A]$

16 전기다리미의 저항선에 100[V], 60[Hz]의 전압을 가할 경우 6[A]의 전류가 흐른다. 이 때의 저항선은 몇 [Ω]인가?

① 14.7　　② 16.7
③ 18.7　　④ 20.7

🔍 저항의 크기 $R = \dfrac{V}{I} = \dfrac{100}{6} ≒ 16.7[A]$

17 $I = \dfrac{V}{R}$의 식에서 저항이 10[%] 감소되면 그 때의 전류는?

① $I' = 1.11 \dfrac{V}{R}$
② $I' = 11.1 \dfrac{V}{R}$
③ $I' = 0.011 \dfrac{V}{R}$
④ $I' = 0.11 \dfrac{V}{R}$

🔍 $I' = \dfrac{V}{0.9R} = 1.11 \dfrac{V}{R}[A]$

18 일정 전압의 직류 전원에 저항을 접속하고 전류를 흘릴 때 이 전류의 값을 20[%] 감소시키기 위한 저항값은 처음의 몇 배인가?

① 0.05　　② 0.83
③ 1.25　　④ 1.5

🔍 $I = \dfrac{V}{R} \rightarrow 0.8I = \dfrac{V}{R'}$에서 $R' = \dfrac{V}{0.8I} = 1.25(배)$

정답　10 ③　11 ④　12 ②　13 ①　14 ①　15 ③　16 ②　17 ①　18 ③

19 100[m]의 거리에서 전원을 연결하여 단상 100[V] 6[A]용 모터를 운전하고자 할 때 전원에서 몇 [V]를 공급하여야 하는가?(단, 2선의 100[m]에 대한 내부 저항은 2[Ω]이다.)

① 147 ② 112
③ 105 ④ 98

🔍 전원 전압은 모터의 정격 전압과 전압강하까지 고려하여야 한다.
$E = V(\text{정격전압}) + e(\text{전압강하})$
$= 100 + 6 \times 2 = 112[V]$

20 그림에서 AB단자 사이의 전압은 몇 [V]인가?

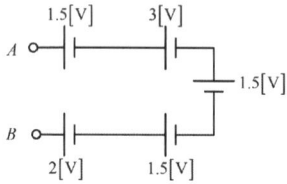

① 1.5[V] ② 2.5[V]
③ 6.5[V] ④ 9.5[V]

🔍 합성 기전력 $V_{AB} = 1.5 + 3 + 1.5 - 1.5 - 2 = 2.5[V]$

21 8[Ω], 6[Ω], 11[Ω]의 저항 3개가 직렬 접속된 회로에 4[A]의 전류가 흐르면 가해준 전압은 몇 [V]인가?

① 60 ② 80
③ 100 ④ 120

🔍 $V = IR = 4 \times (8 + 6 + 11) = 100[V]$

22 저항 R_1[Ω]과 R_2[Ω]을 직렬로 연결하고 V[V]의 전압을 가할 때 저항 R_1양단의 전압은?

① $\dfrac{R_1}{R_1 + R_2} \times V$ ② $\dfrac{R_1 R_2}{R_1 + R_2} V$
③ $\dfrac{R_2}{R_1 + R_2} V$ ④ $\dfrac{R_1 - R_2}{R_1 R_2} V$

🔍 $V_1 = \dfrac{R_1}{R_1 + R_2} \times V[V]$

23 저항 R_1, R_2을 직렬로 접속했을 때의 합성 콘덕턴스는?

① $R_1 + R_2$ ② $\dfrac{1}{R_1 + R_2}$
③ $\dfrac{R_1 \times R_2}{R_1 + R_2}$ ④ $\dfrac{R_1 + R_2}{R_1 \times R_2}$

🔍 · 합성저항 $R = R_1 + R_2[\Omega]$
· 합성 컨덕턴스 $G = \dfrac{1}{R_1 + R_2}[\mho]$

24 4[S]와 6[S]의 콘덕턴스를 직렬로 접속할 때 합성저항[Ω]은?

① 6 ② 5
③ 1.2 ④ 0.4167

🔍 $G = \dfrac{4 \times 6}{4 + 6} = 2.4[S]$ $R = \dfrac{1}{G} = \dfrac{1}{2.4} = 0.4167[\Omega]$

25 두 개의 저항 R_1, R_2가 병렬로 연결되었을 때 합성저항[Ω]은?

① $R_1 + R_2$ ② $\dfrac{R_1 R_2}{R_1 + R_2}$
③ $\dfrac{R_1 + R_2}{R_1 R_2}$ ④ $\dfrac{1}{R_1 + R_2}$

26 "회로망의 임의의 접속점에 유입하는 전류와 유출하는 전류의 총합은 0이다"라는 것은?

① 쿨롱의 법칙
② 오옴의 법칙
③ 패러데이의 법칙
④ 키르히호프의 법칙

🔍 키르히호프의 제1법칙(전류 법칙) : 임의의 접속점에 유입 전류의 총합은 유출 전류의 총합은 같다.

27 "회로망에서 임의의 한 폐회로의 접속점에 흐르는 전류와 저항과의 곱의 대수합은 그 폐회로 중에 있는 모든 기전력의 대수합과 같다."는 다음의 무슨 법칙에 해당하는가?

① 키르히호프의 제1법칙

정답 19 ② 20 ② 21 ③ 22 ① 23 ② 24 ④ 25 ② 26 ④ 27 ②

② 키르히호프의 제2법칙
③ 줄의 법칙
④ 앙페르 오른나사의 법칙

🔍 키르히호프의 제2법칙(전압 법칙) : 폐회로에서 기전력의 총합은 전압강하의 총합이다.

28 키르히호프의 법칙을 이용하여 방정식을 세우는 방법이 잘못된 것은?

① 키르히호프의 제1법칙을 적용한다.
② 각 폐회로에서 키르히호프의 제2법칙을 적용한다.
③ 계산결과 전류가 (+)로 표시된 것은 처음에 정한 방향과 반대 방향임을 나타낸다.
④ 각회로의 전류를 문자로 나타내고 방향을 가정한다.

🔍 계산한 전류가(+)이면 처음 정한 전류 방향과 동일 방향이고(-)이면 처음 정한 전류와 반대 방향임을 의미한다.

29 서로 같은 저항 n개를 직렬로 연결한 회로의 한 저항에 나타나는 전압은?(단, 전원전압은 V[V]이다.)

① nV
② $\dfrac{V}{n}$
③ $\dfrac{1}{nV}$
④ $n+V$

🔍 저항값이 같은 회로의 분배전압은 $\dfrac{V}{n}$이다.

30 기전력이 E, 내부 저항 r인 건전지 n개가 직렬로 연결되었을 때 내부 저항과 기전력은?

① $nE, r/n$
② $nr, E/n$
③ nE, nr
④ $E/n, r/h$

31 기전력 1.5[V], 내부 저항 0.1[Ω]인 전지 10개를 직렬로 연결하고 2[Ω]의 저항을 가진 전구에 연결할 때 전구에 흐르는 전류는 몇 [A]인가?

① 2
② 3
③ 4
④ 5

🔍 $R_0 = nr + R = 0.1 \times 10 + 2 = 3[\Omega]$이므로
$I = \dfrac{1.5 \times 10}{3} = 5[A]$

32 기전력 1.5[V], 내부저항 0.15[Ω]의 전지 10개를 직렬로 접속하고 두 극 사이에 부하저항을 접속하였더니 2[A]의 전류가 흘렀다. 부하저항 R는 몇 [Ω]인가?

① 6
② 8
③ 10
④ 12

🔍 전체 기전력은 1.5[V] × 10 = 15[V]이고
내부 저항은 0.15 × 10 = 1.5[Ω]
$I = 2 = \dfrac{V}{r+R} = \dfrac{15}{1.5+R}$에서 $2(1.5 + R) = 15$이므로
$R = \dfrac{15-3}{2} = 6[\Omega]$

33 같은 규격의 축전지 2개를 병렬로 연결하면 어떻게 되는가?

① 전압과 용량이 같이 2배가 된다.
② 전압과 용량이 같이 $\dfrac{1}{2}$배가 된다.
③ 전압은 2배, 용량은 불변이다.
④ 전압은 불변, 용량은 2배가 된다.

🔍 전지 2개 병렬 연결 : 기전력 불변(전압), 용량은 2배로 증가한다.

34 전압계의 측정범위를 넓히기 위하여 전압계에 직렬로 저항을 접속하는데, 이 저항을 무엇이라 하는가?

① 분류기
② 배율기
③ 가변저항
④ 미소저항

🔍 배율기 : 전압의 측정 범위를 확대하기 위해 전압계와 직렬 연결

35 50[V]의 전압계가 있다. 이 전압계를 써서 150[V]의 전압을 측정하려면 몇 [Ω]의 저항을 외부에 접속해야 하겠는가? 이때 전압계의 내부저항은 5,000[Ω]이라고 한다.

① 1,000
② 1,500
③ 10,000
④ 15,000

정답 28 ③ 29 ② 30 ③ 31 ④ 32 ① 33 ④ 34 ② 35 ③

배율 $m = \dfrac{150}{50} = 3$

배율기저항 $R = (m-1)r_v = (3-1) \times 5{,}000$
$= 10{,}000 [\Omega]$

36 동선의 반지름이 2배로 늘어나면 그 저항은 어떻게 되는가?

① 4배로 증가한다.   ② 2배로 증가한다.
③ 1/4로 감소한다.   ④ 1/2로 감소한다.

🔍 $R' = \rho\dfrac{l}{A'} = \rho\dfrac{l}{2^2 A} = \rho\dfrac{l}{4A}$ 로부터 저항은 $\dfrac{1}{4}$로 감소한다.

37 어느 도선의 길이를 2배로 하고 전기저항을 5배로 하려면 동선의 단면적은?

① 10배로 한다.   ② 0.4배로 한다.
③ 2배로 한다.   ④ 2.5배로 한다.

🔍 $R = \rho\dfrac{\ell}{A}$ 이므로 $5R = \rho\dfrac{2l}{A}$ 으로부터 $A = \rho\dfrac{2l}{5R} = 0.4\rho\dfrac{l}{R}$

38 길이 l인 도선을 잡아 늘려서 길이 n인 도선으로 만들 때 전기저항은 몇 배로 되는가?

① n ② n^2
③ $\dfrac{1}{n}$ ④ $\dfrac{1}{n^2}$

🔍 길이를 n배로 늘리면 단면적은 $\dfrac{1}{n}$배로 감소하므로 전기저항이 $R' = \rho\dfrac{nl}{\frac{A}{n}} = n^2 \rho\dfrac{l}{A}$ 되어 저항은 n^2배로 증가한다.

39 고유저항 $\rho[\Omega \cdot m]$, 길이 $\ell[m]$, 지름 $D[m]$인 전선의 저항$[\Omega]$은?

① $\dfrac{1}{\rho} \cdot \dfrac{\ell}{D}$ ② $\rho\dfrac{\ell}{D^2}$
③ $\dfrac{\rho\ell}{\pi D^2}$ ④ $\rho\dfrac{4\ell}{\pi D^2}$

🔍 $R = \rho\dfrac{\ell}{A} = \rho\dfrac{4\ell}{\pi D^2}[\Omega]$

40 M.K.S단위계로 고유 저항의 단위는?

① $[\mu\Omega \cdot cm]$ ② $[\Omega/cm]$
③ $[\Omega \cdot m]$ ④ $[\Omega \cdot cm]$

🔍 고유저항 $\rho[\Omega \cdot m]$

41 $1[\Omega \cdot m]$와 같은 것은?

① $1[\mu\Omega \cdot cm]$ ② $10^2[\Omega \cdot mm^2]$
③ $10^4[\Omega \cdot m]$ ④ $10^6[\Omega \cdot mm^2/m]$

🔍 $1[\Omega \cdot m] = 10^6[\Omega \cdot mm^2/m]$

42 국제 표준 연동 고유 저항은 몇 $[\Omega \cdot m]$인가?

① 1.7241×10^{-6}
② 1.7241×10^{-7}
③ 1.7241×10^{-8}
④ 1.7241×10^{-9}

🔍 국제표준 연동선의 고유저항
$\dfrac{1}{58}[\Omega \cdot mm^2/m] = 1.7241 \times 10^{-8}[\Omega \cdot m]$

43 전도율의 단위는?

① $[\Omega m]$ ② $[\Omega/m]$
③ $[\mho/m]$ ④ $[S \cdot m]$

🔍 전도율 $\sigma = \dfrac{1}{\rho}[\mho/m]$

44 MKS 단위계로 고유 저항과 도전도의 단위는 다음 중 어느 것인가?

① $[\Omega \cdot m], [\mho/cm]$
② $[\mho \cdot mm^2/m], [\mho/m]$
③ $[\mu\Omega \cdot cm], [\mho \cdot mm^2/m]$
④ $[\Omega \cdot m], [\mho/m]$

정답 36 ③ 37 ② 38 ② 39 ④ 40 ③ 41 ④ 42 ③ 43 ③ 44 ④

45 반도체의 저항값과 온도와의 관계가 바른 것은?

① 저항값은 온도에 비례한다.
② 저항값은 온도의 제곱에 반비례한다.
③ 저항값은 온도에 반비례한다.
④ 저항값은 온도의 제곱에 비례한다.

- 도체 : 온도가 상승하면 저항값도 상승(정온도 계수)
- 반도체 : 온도가 상승하면 저항값이 감소(부온도 계수)

46 다음 중 저항체의 필요한 조건이 아닌 것은?

① 고유 저항이 클 것
② 저항의 온도 계수가 작을 것
③ 구리에 대한 열기전력이 클 것
④ 화학적으로 오래 변하지 않을 것

47 0[℃]에서 20[Ω]인 구리선이 90[℃]로 되면 증가된 저항은 몇 [Ω]인가?

① 약 6.7   ② 약 7.7
③ 약 26.7   ④ 약 27.7

$R_{90} = 20\left\{1 + \dfrac{1}{234.5}(90-0)\right\} = 27.67 ≒ 27.7[\Omega]$

48 1[W]와 같은 것은?

① 1[J]   ② 1[J/sec]
③ 1[cal]   ④ 1[cal/sec]

$1[W] = 1[J/sec]$

49 전력에 대한 설명 중 틀린 것은?

① 단위는 [J/sec]이다.
② 단위 시간의 전기 에너지이다.
③ 공률과 같은 단위를 갖는다.
④ 열량으로 환산할 수 있다.

공률 : 단위 시간당 에너지 소비량 [J/sec]

50 1[HP]은 몇 [W]인가?

① 764   ② 746
③ 674   ④ 647

$1[HP]=746[W]$

51 5마력은 몇 [W]인가?

① 1,500   ② 2,750
③ 3,000   ④ 3,730

1[HP] = 746[W]이므로 5[HP] = 5×746 = 3,730[W]

52 어떤 전등에 100[V]의 전압을 가하면 0.2[A]의 전류가 흐른다. 이 전등의 소비전력은 얼마인가?

① 10[W]   ② 20[W]
③ 30[W]   ④ 40[W]

$P = VI = 100 \times 0.2 = 20[W]$

53 10[kΩ]의 저항의 허용 전력은 10[kW]라 한다. 이 때의 허용 전류는 몇 [A]인가?

① 100   ② 10
③ 1   ④ 0.1

$P = I^2R$에서 $I = \sqrt{\dfrac{P}{R}} = \sqrt{\dfrac{10}{10}} = 1[A]$

54 100[V], 500[W]전열기를 80[V]로 사용하면 소비전력은 얼마인가?

① 450[W]
② 400[W]
③ 320[W]
④ 240[W]

$R = \dfrac{V^2}{P} = \dfrac{100^2}{500} = 20[\Omega]$이므로
$P' = \dfrac{V^2}{R} = \dfrac{80^2}{20} = 320[W]$

정답 45 ③ 46 ③ 47 ④ 48 ② 49 ④ 50 ② 51 ④ 52 ② 53 ③ 54 ③

55 저항값이 일정한 저항에 가해지고 있는 전압을 3배로 하면 소비전력은 몇 배가 되는가?

① 1/3배
② 9배
③ 6배
④ 3배

$P = \dfrac{V^2}{R} = \dfrac{(3V)^2}{R} = 3^2 \times \dfrac{V^2}{R}$ 그러므로 9배가 된다.

56 100[V], 40[W] 백열 전구 1개와 100[V], 60[W] 백열 전구 1개를 직렬로 100[V] 전원에 연결할 때 어느 전구가 더 밝은가?

① 100[V], 40[W] 백열 전구가 더 밝다.
② 100[V], 60[W] 백열 전구가 더 밝다.
③ 똑같다.
④ 수시로 변동한다.

40[W] 저항값: $R_1 = \dfrac{100^2}{40} = 250[\Omega]$
60[W] 저항값: $R_2 = \dfrac{100^2}{60} = 166.7[\Omega]$ 이므로 직렬인 경우 저항값이 더 클수록 밝다.

57 1[J]과 같은 것은 다음 중 어느 것인가?

① 1[cal]
② 1[W·sec]
③ 1[kg·m]
④ 1[N·m]

1[J] = 1[W·sec] = 0.24[cal]

58 2[Wh]는 몇 [J]인가?

① 3,600
② 5,200
③ 7,200
④ 1,492

1[Wh] = 3,600[W·sec] = 3,600[J]이므로
2[Wh] = 2 × 3,600[W·sec] = 7,200[J]

59 5분 동안에 18,000[J]의 일을 하였다. 이때 소비한 전력[W]은 얼마인가?

① 60
② 180
③ 300
④ 900

전력 $P = \dfrac{W}{t} = \dfrac{18,000}{5 \times 60} = 60[W]$

60 R[Ω]의 저항에 I[A]의 전류를 T[sec]동안 흘릴 때 저항 중에서 소비되는 전력량[J]은?

① $\dfrac{R}{T}$
② $\dfrac{R^2}{IT}$
③ RI^2T
④ $\dfrac{RT}{I^2}$

전력량 $W = Pt = I^2Rt = VIt[J]$

61 10[Ω]의 저항에 1[A]의 전류를 20분 동안 흘렸다. 이 경우 발생한 열량은 몇 [J]인가?

① 2,000
② 12,000
③ 20,000
④ 120,000

$W = I^2Rt = \dfrac{V^2}{R}t = VIt[J]$
$W = 1^2 \times 10 \times 20 \times 60 = 12,000[J]$

62 전류의 열작용과 관계가 있는 것은 어느 것인가?

① 오옴의 법칙
② 키르히호프의 법칙
③ 주울의 법칙
④ 플레밍의 법칙

주울의 법칙: 어떤 도체에 전류를 가하면 열이 발생(저항열, 줄열)

63 주울의 법칙에 있어서 발생하는 열량의 계산에 맞는 식은?

① $H = 0.24I^2Rt$
② $H = 0.24I^2Vt$
③ $H = 0.24I^2R$
④ $H = 0.24I^2V$

주울의 법칙 $H = 0.24I^2Rt = 0.24\dfrac{V^2}{R}t = 0.24VIt[cal]$

정답 55 ② 56 ① 57 ② 58 ③ 59 ① 60 ③ 61 ② 62 ③ 63 ①

64 1[J]은 몇 [cal]인가?

① 860[cal]　　② 0.24[cal]
③ 860[kcal]　　④ 0.24[kcal]

> 전력량 $W = Pt = I^2Rt = VIt$ [J]

65 어떤 저항에서 1[kWh]의 전력량을 소비시켰을 때 발생하는 열량은 몇 [kcal]인가?

① 860　　② 360
③ 0.86　　④ 0.24

> $1[kWh] = 3,600[kJ]$이므로 열량으로 환산하면
> $H = 0.24 \times 3,600 ≒ 860[kcal]$

66 500[W] 전열기를 정격 상태에서 30분 동안 사용한 경우의 발열량 [kcal]은?

① 216　　② 432
③ 580　　④ 650

> $W = Pt = 500 \times 30 \times 60 = 900,000[J]$이므로
> $H = 900,000 \times 0.24[cal] = 216,000[cal] = 216[kcal]$

67 500[Ω]의 저항에 1[A]의 전류가 1분 동안 흐를 때 발생하는 열량은 몇 [cal]가 되는가?

① 1,200　　② 30,000
③ 7,200　　④ 500

> $W = I^2Rt = 1^2 \times 500 \times 1 \times 60 = 30,000[J]$
> $H = 0.24 \times 30,000 = 7,200[cal]$

68 1[℃]의 물 1[g]을 온도 1[℃]만큼 올리는데 필요한 열량을 무엇이라 하는가?

① 1[cal]　　② 1[J]
③ 1[J/sec]　　④ 1[cal/sec]

> 열량 : 1[cal]는 1[g]을 1[℃]상승 시키는데 필요한 에너지이다.

69 물체의 단위질량의 온도를 1[℃] 높이는데 드는 열량을 무엇이라 하는가?

① 비열　　② 엔탈피
③ 칼로리　　④ 엔트로피

> · 비열: 단위온도, 단위질량 당 열량
> · 물의 비열 : 1

70 열은 외부의 도움없이 저온의 물체에서 고온의 물체로 옮길 수 없다. 이것을 무엇이라 하는가?

① 열역학의 제1법칙
② 열역학의 제2법칙
③ 질량 불변의 법칙
④ 에너지 보존의 법칙

71 100[V]의 전원에 $R_1 = 5[Ω]$과 $R_2 = 15[Ω]$의 두 전열선을 직렬로 하여 접속할 경우 다음 설명 가운데 옳은 것은 어느 것인가?

① R_1과 R_2에 걸리는 전압은 같다.
② R_1에는 R_2보다 3배의 전류가 흐른다.
③ R_2는 R_1보다 3배의 열을 발생시킨다.
④ R_1은 R_2보다 3배의 전력을 소비한다.

> 직렬 접속이면 전류가 일정하므로 $H = 0.24I^2Rt$[cal]식에 적용이 되며 저항값에 비례하여 열이 발생한다.
> 그러므로 R_2는 R_1보다 3배의 열을 발생시킨다.

72 두 종류의 금속을 접속하여 두 접점을 다른 온도로 유지하면 전류가 흐르는 현상은?

① 제벡 효과　　② 펠티어 효과
③ 제3금속의 법칙　　④ 페러데이의 법칙

73 전자냉동기의 원리로 이용되는 것은?

① 제벡 효과
② 펠티어 효과
③ 톰슨 효과
④ 패러데이의 법칙

정답　64 ②　65 ①　66 ①　67 ③　68 ①　69 ①　70 ②　71 ③　72 ①　73 ②

74 전기분해에 가장 적합한 전기는?

① 교류 100[V]　　② 직류 전압
③ 60[Hz]의 교류　④ 고압의 교류

🔍 전기분해는 일정한 전압을 인가해야 하므로 직류가 적당하다.

75 전기분해에 의해 전극에 석출된 물질의 양은 통과한 전기량과 그 물질의 화학 당량에 비례하는 것은?

① 주울의 법칙
② 앙페르의 법칙
③ 패러데이의 법칙
④ 렌쯔의 법칙

🔍 페러데이 법칙 : 전기분해에 의해 석출된 물질의 양은 통과한 전기량에 비례하고 화학 당량에 비례한다.($W = kQ = kIt$[g])

76 같은 전기량에 의해서 화합물이 전해될 때 석출되는 물질의 양은 각 물질의 무엇에 비례하는가?

① 원자량　　　② 원자가
③ 화학당량　　④ 전기화학당량

🔍 페러데이 법칙 : 전기분해에 의해 석출된 물질의 양은 통과한 전기량에 비례하고 화학 당량에 비례한다.($W = kQ = kIt$[g])

77 1.5[A]의 전류를 1분 동안 질산은 용액에 흘리면 몇 [g]의 은을 석출하겠는가?(단, 은의 전기 화학 당량은 0.001118[g/C]이다.)

① 0.00168　　② 0.0172
③ 0.10062　　④ 0.16002

🔍 $W = kIt = 0.001118 \times 1.5 \times 60 = 0.10062$[g]

78 전기도금을 하려고 할 때 도금하려는 물체는 어떤 극에 접속해야 하는가?

① 양극
② 음극
③ 어디든지 관계없다.
④ 접속할 수 없다.

🔍 음극에 물질이 달라붙으므로 전기도금하려는 물체는 음극에 접속한다.

79 전극의 불순물로 인하여 기전력이 감소하는 현상을 무엇이라 하는가?

① 국부 작용　　② 성극 작용
③ 전기 분해　　④ 감극 현상

🔍 국부작용 : 전극의 불순물에 의하여 자체 방전이 일어나는 현상으로 전지를 쓰지 않고 오랫동안 두면 완전 방전이 되어 쓰지 못하게 된다.

80 전지에 전류가 흐르면 양극에 수소 가스가 생겨 기전력이 감소하는 현상을 무엇이라고 하는가?

① 분극 작용　　② 보극 작용
③ 멸극 작용　　④ 국부 작용

🔍 분극 작용 : 전지에 부하를 걸어 전류를 흘릴 경우 양극 표면에 수소 기포가 달라붙어 기전력이 감소하는 현상으로 방지대책으로 감극제를 사용한다.

81 표준전지에 사용하는 양극 재료는 무엇인가?

① 백금　　　　② 은
③ 카드뮴 아말감　④ 수은

🔍 양극제 : 수은, 음극제 : Cd 아말감

82 표준전지의 음극재료는 무엇인가?

① 은　　　　　② 카드뮴 아말감
③ 수은　　　　④ 구리

🔍 양극제 : 수은, 음극제 : Cd 아말감

83 납축전지에 쓰이는 전해액은?

① 납　　　　② 묽은 황산
③ 물　　　　④ 초산은

🔍 납축전지의 전해액 : H_2SO_4(묽은 황산)

정답　74 ②　75 ③　76 ③　77 ③　78 ②　79 ①　80 ①　81 ④　82 ②　83 ②

84 납축전지 전해액의 황산의 비중은 얼마인가?

① 0.5~0.8 ② 1.2~1.3
③ 1.4~1.5 ④ 1.5~1.6

🔍 전해액(묽은황산)의 비중 : 1.2~1.3

85 다음은 납축전지에 대한 설명이다. 옳지 않은 것은?

① 전해액은 황산을 물에 섞어서 비중을 1.2~1.3정도로 하여 사용한다.
② 충전시 양극은 PbO로 되고 음극은 $PbSO_4$로 된다.
③ 방전 전압의 한계는 1.8[V]로 하고 있다.
④ 용량은 방전 전류×방전시간으로 표시하고 있다.

🔍 충전 시
 • 양극 : PbO_2
 • 음극 : Pb
 • 전해액 : H_2SO_4

86 10[A]의 방전전류로 6시간 방전하였다면 축전지의 방전 용량은 몇 [Ah]인가?

① 30 ② 40
③ 50 ④ 60

🔍 축전지 방전용량 = 방전전류 × 시간
          = 10 × 6 = 60[Ah]

정답 84 ② 85 ② 86 ④

SECTION 02 정전계

STEP 01 정전기의 성질

1. 대전현상

종류가 다른 두 물체를 마찰할 때 두 물체 상호간, 또는 주위의 가벼운 물체 등을 끌어당기는 힘이 발생하는 현상을 말하며 여기서 발생한 전기를 마찰전기라 하고 이때 종류가 다른 두 물체에는 각각 ⊕, ⊖ 전기를 발생하면서 다음과 같은 성질을 갖는다.
① 다른 종류의 전기를 띤 2개의 물체는 서로 끌어당기는 흡인력이 작용한다.
② 같은 종류의 전기를 띤 2개의 물체는 서로 반발하는 반발력이 작용한다.

2. 정전유도

다음과 같이 고립된 도체 B의 근처에 음(-)으로 대전된 물체 A를 놓으면 A에 가까운 부분 B에는 양(+)의 전하가 나타나고, 그 반대쪽 C부분에는 음(-)의 전하가 나타나는 현상을 말한다.

3. 쿨롱의 법칙

① 같은 종류의 두 전하사이에는 반발력이 작용하고, 서로 다른 종류의 전하 사이에는 흡인력이 작용한다.
② 두 전하사이에 작용하는 힘의 크기는 두 전하량의 곱에 비례하고 거리의 제곱에 반비례한다.
③ 진공이나 공기중에서 작용하는 힘 F는 다음식에서 비유전율 $\varepsilon_s = 1$로 정한다.

- 정전력 : $F = \dfrac{1}{4\pi\varepsilon_0} \times \dfrac{Q_1 Q_2}{r^2} = 9 \times 10^9 \times \dfrac{Q_1 Q_2}{r^2}$ [N]

- 쿨롱상수 $K = \dfrac{1}{4\pi\varepsilon_0} = 9 \times 10^9$

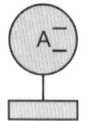
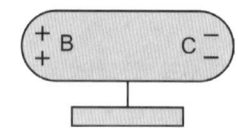

유전율의 정의 및 진공이나 공기중에서의 유전율 ε_0는 다음과 같다.
- 유전율($\varepsilon = \varepsilon_0 \varepsilon_s$) : 전기장의 세기에 대한 전속밀도를 나타내는 비례상수.
- 진공(공기)의 유전율 : $\varepsilon_0 = 8.855 \times 10^{-12}$ [F/m]
- 비유전율(ε_s) : 진공이나 공기중에서의 유전율 ε_0를 기준으로 하여 임의의 매질에서의 상대적인 유전율의 비를 나타낸다.
  $\varepsilon_s = \frac{\varepsilon}{\varepsilon_0}$(진공이나 공기에서의 $\varepsilon_s = 1$)

STEP 02 전기장

1. 전기장(E)

임의의 대전체에 의한 전기적인 힘이 미치는 공간을 전기장, 전장 또는 전계라 한다.

1) 전기장의 세기

임의의 전기장 내에 +1[C]의 단위 점전하를 놓았을 때 이 단위 점전하에 작용하는 힘을 전기장의 세기라 하며 쿨롱의 법칙에 따라 다음과 같이 나타낼 수 있다.

$$E = \frac{1}{4\pi\varepsilon} \times \frac{Q \times 1}{r^2} = \frac{1}{4\pi\varepsilon_0\varepsilon_s} \times \frac{Q}{r^2} = 9 \times 10^9 \times \frac{Q}{\varepsilon_s r^2} [\text{V/m}]$$

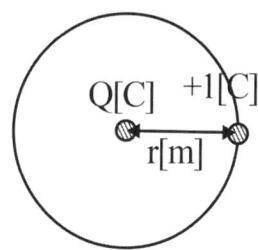

2) 정전력과 전기장과의 관계

전기장의 세기가 E인 공간 내에 Q[C]의 전하를 놓았을 때 작용하는 힘으로 쿨롱의 법칙에 의하여 +1[C]인 때의 Q배가 되므로 다음과 같이 나타낼 수 있다.

$$F = QE[\text{N}], \quad E = \frac{F}{Q}[\text{V/m} = \text{N/C}], \quad Q = \frac{F}{E}[\text{C}]$$

2. 전기력선

① 전기력선은 양(+)의 전하에서 시작하여 음(-)의 전하에서 끝난다.
② 전장안의 임의의 점에서 전기력선의 접선방향은 그 접점에서의 전기장의 방향을 나타낸다.
③ 전장안의 임의의 점에서의 전기력선 밀도는 그 점에서의 전기장의 세기를 나타낸다.(가우스의 정리)
④ 전하가 없는 곳에서는 전기력선의 발생, 소멸이 없다.
⑤ 두 개의 전기력선은 서로 반발하며 교차하지 않는다.
⑥ 전기력선은 전위가 높은 점에서 낮은 점으로 향한다.
⑦ 전기력선은 도체 표면에 수직으로 출입한다.
⑧ 전기력선은 도체내부를 통과할 수 없다.
⑨ 전기력선은 등전위면과 수직으로 교차한다.

등전위면 : 전장 내에서 전위가 같은 모든 점을 연결한 가상적인 면

3. 가우스의 정리(전기력선의 총수)

진공이나 공기중의 전장 내에서 임의의 폐곡선을 통해 지나는 전기력선의 총수는 폐곡면 내 전하의 $\frac{1}{\varepsilon_0}$배와 같다는 이론으로 전장 내에서의 전기력선의 수 및 전기장의 세기 등을 구하는데 이용한다.

전 기 량	매질의 종류	전기력선의 수
$Q[C]$	진공(공기)	$N = \dfrac{Q}{\varepsilon_0}$
	유전율 ε인 매질	$N = \dfrac{Q}{\varepsilon} = \dfrac{Q}{\varepsilon_0 \varepsilon_s}$

4. 전속 및 전속밀도

1) 전속

유전체 중에 존재하는 임의의 전하에 의하여 발생하는 전기력선의 묶음을 나타내는 가상적인 선으로 매질의 종류에 관계없이 1[C]의 전하에서는 1[C]의 전속이 나온다.

2) 전속의 성질

① 전속은 양(+)전하에서 시작하여 음(-)전하에서 끝난다.
② $Q[C]$의 전하로부터는 $Q[C]$의 전속이 나온다.
③ 전속이 나오는 곳이나 끝나는 곳에서는 전속과 같은 전하가 있다.
④ 전속은 금속판을 출입하는 경우 표면에 수직으로 출입한다.

3) 전속밀도

유전체 중의 한 점에서 단위면적당 통과하는 전속을 말하며 Q[C]에 의한 전속밀도 D는 다음과 같이 나타낼 수 있다.

① $D = \dfrac{Q}{S} = \dfrac{Q}{4\pi r^2} [C/m^2]$

② 전계와 전속밀도의 관계식 $D = \varepsilon E = \varepsilon_0 \varepsilon_s E [C/m^2]$

5. 전위

전위란 전장의 세기가 0인 무한히 먼 점에서 단위 양(+)의 전하를 임의의 그 점까지 가지고 오는 필요한 일의 양과 같다.

$V_P = \dfrac{Q}{4\pi\varepsilon_0 r} = 9 \times 10^9 \times \dfrac{Q}{r} [V]$

STEP 03 콘덴서

1. 콘덴서와 정전용량

1) 콘덴서와 정전용량

① 콘덴서 : 유전체를 사이에 두고 양면에 금속판을 설치한 전기적 구조물로 전하를 축적하는 성질을 갖는 전기적 부품의 일반적인 명칭이다.

② 정전용량 : 임의의 콘덴서가 전하를 축적하는 능력을 나타내는 비례상수로 커패시턴스라고도 하면서 패럿[F]이라는 단위를 사용한다.

$$Q = CV[\text{C}], \quad C = \frac{Q}{V}[\text{F}], \quad V = \frac{Q}{C}[\text{V} = \text{C/F}]$$

 1[F] : 전위를 1[V] 상승시키는데 1[C]의 전하를 필요로 하는 용량

2) 평행판 콘덴서의 정전용량

평행판 콘덴서에서의 정전용량 C의 값은 극판 사이를 채운 유전체의 유전율 ε과 극판의 면적 A에는 비례하고, 극판간의 거리 d에는 반비례한다.

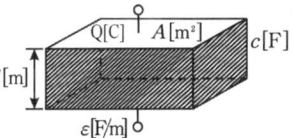

$$C = \varepsilon \frac{A}{d}[\text{F}]$$

- 콘덴서의 간이화된 기호 : ─┤├─
- 정전용량의 실용적인 단위 : $1[\mu\text{F}] = 10^{-6}[\text{F}]$

2. 콘덴서의 접속

1) 병렬접속(V일정)

콘덴서의 병렬접속에서는 각각의 콘덴서에 전압 V[V]가 병렬로 접속된 모든 콘덴서에 일정하게 걸린다.

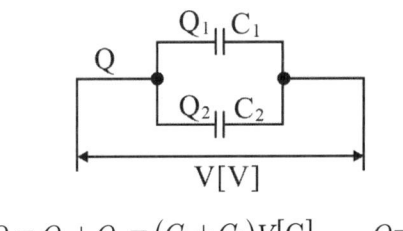

$$Q = Q_1 + Q_2 = (C_1 + C_2)V[\text{C}] \qquad Q = C_0 V[\text{F}]$$

① $Q_1 = C_1 V[\text{C}]$, $Q_2 = C_2 V[\text{C}]$

② $Q = Q_1 + Q_2 = (C_1 + C_2)V[\text{C}]$

③ 합성정전용량 : $C_0 = C_1 + C_2[\text{F}]$

참고 전기량의 분배

* $Q_1 = C_1 \times \dfrac{Q}{C_1 + C_2} = \dfrac{C_1}{C_1 + C_2}Q$ * $Q_2 = C_2 \times \dfrac{Q}{C_1 + C_2} = \dfrac{C_2}{C_1 + C_2}Q[\text{C}]$

2) 직렬접속(Q일정)

콘덴서의 직렬접속에서는 각각의 콘덴서가 축적할 수 있는 전기량은 1개일 때와 같은 $Q[\text{C}]$이 축적된다.

$$V = V_1 + V_2 = \left(\dfrac{1}{C_1} + \dfrac{1}{C_2}\right)Q = \dfrac{Q}{C_0}[\text{V}]$$

① $V_1 = \dfrac{Q}{C_1}[\text{V}]$, $V_2 = \dfrac{Q}{C_2}[\text{V}]$

② $V = V_1 + V_2 = \left(\dfrac{1}{C_1} + \dfrac{1}{C_2}\right)Q[\text{V}]$

③ 합성정전용량 : $C_0 = \dfrac{1}{\dfrac{1}{C_1} + \dfrac{1}{C_2}} = \dfrac{C_1 C_2}{C_1 + C_2}[\text{F}]$

참고 전압의 분배

* $V_1 = \dfrac{Q}{C_1} = \dfrac{C_2}{C_1 + C_2}V[\text{V}]$ * $V_2 = \dfrac{Q}{C_2} = \dfrac{C_1}{C_1 + C_2}V[\text{V}]$

3. 정전에너지

1) 저장에너지

① 콘덴서에 저장되는 전체 에너지 $W = \dfrac{1}{2}QV = \dfrac{1}{2}CV^2 = \dfrac{Q^2}{2C}[\text{J}]\,(Q=CV)$

② 단위 체적당 축적되는 에너지(평행판 콘덴서)

$$W_0 = \dfrac{1}{2}ED = \dfrac{1}{2}\varepsilon E^2 = \dfrac{D^2}{2\varepsilon}[\text{J/m}^3]$$

2) 정전흡인력

평행판 콘덴서에 전압을 가하면 콘덴서에는 전기량 $Q=CV$[C]이 축적되고 두 전극에는 양(+), 음(-)의 전하가 발생되어 서로 흡인하는 흡인력이 발생하는데 이 때 발생되는 흡인력 f는 다음과 같다.

$$f = \frac{\varepsilon V^2}{2d^2} [\text{N/m}^2] \propto V^2$$

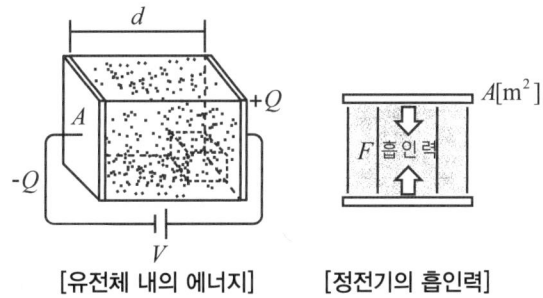

[유전체 내의 에너지]   [정전기의 흡인력]

제01장_ 전기이론 출제예상문제

01 전기량의 단위는?

① [C] ② [A]
③ [W] ④ [eV]

🔍 전기량(물질의 가지는 전기적인 양) 단위 : 쿨롱[C]

02 다음 설명 중 잘못된 것은?

① 정전 용량이란 콘덴서가 전하를 축적하는 능력을 말한다.
② 콘덴서에 전압을 가하는 순간은 콘덴서는 단락 상태가 된다.
③ 정전 유도에 의하여 작용하는 힘은 반발력이다.
④ 같은 부호의 전하끼리는 반발력이 생긴다.

🔍 정전유도에 의해 발생하는 힘은 흡인력이다.

03 1[V]의 전압을 가하여 1[C]의 전하를 축적하는 콘덴서의 정전용량은?

① 1[F] ② 1[V/m]
③ 1[C/m^2] ④ 1[N]

🔍 $C = \dfrac{Q}{V} = \dfrac{1}{1} = 1[F]$

04 정전용량 C_1, C_2를 직렬로 접속할 때의 합성 정전용량[F]은 얼마인가?

① C_1, C_2 ② $C_1 + C_2$
③ $\dfrac{1}{C_1} + \dfrac{1}{C_2}$ ④ $\dfrac{1}{\dfrac{1}{C_1} + \dfrac{1}{C_2}}$

05 정전용량 C_1, C_2를 병렬로 접속하였을 때의 합성 정전 용량은 얼마인가?

① $\dfrac{1}{C_1} + \dfrac{1}{C_2}$ ② $C_1 + C_2$
③ $\dfrac{1}{C_1} + \dfrac{1}{C_2}$ ④ $\dfrac{1}{\dfrac{1}{C_1} + \dfrac{1}{C_2}}$

06 5[μF], 10[μF], 15[μF]의 세 콘덴서가 병렬로 접속되어 있을 경우 합성 용량은 얼마인가?

① 5[μF] ② 10[μF]
③ 20[μF] ④ 30[μF]

🔍 병렬 접속에서의 합성 정전 용량은
$C_0 = C_1 + C_2 + C_3 = 5 + 10 + 15 = 30[\mu F]$

07 2[μF] 및 6[μF]의 콘덴서를 직렬로 접속하고 100[V]의 전압을 가하였을 때 합성 정전용량은 몇 [μF]인가?

① 1.5 ② 2.4
③ 5 ④ 10

🔍 $C_0 = \dfrac{2 \times 6}{2 + 6} = \dfrac{12}{8} = 1.5[\mu F]$

08 Q_1으로 대전된 용량 C_1의 콘덴서에 용량 C_2를 병렬 연결할 경우 C_2가 분배받는 전기량은 얼마인가?

① $\dfrac{C_1 + C_2}{C_2} Q_1$
② $\dfrac{C_1}{C_1 + C_2} Q_1$
③ $\dfrac{C_1 + C_2}{C_1} Q_1$
④ $\dfrac{C_2}{C_1 + C_2} Q_1$

🔍 $Q = C_2 V = \dfrac{C_2}{C_1 + C_2} Q_1 [C]$

정답 01 ① 02 ③ 03 ① 04 ④ 05 ② 06 ④ 07 ① 08 ④

09 정전 용량이 같은 콘덴서 2개를 병렬로 접속했을 때 합성 용량은 직렬로 했을 때의 합성 용량의 몇 배인가?

① $\frac{1}{4}$
② $\frac{1}{2}$
③ 2
④ 4

🔍 병렬시 2C, 직렬시 $\frac{C}{2}$ 이므로, 병렬은 직렬의 $2^2 = 4$배가 된다.

10 정전용량이 같은 콘덴서 10개를 병렬로 했을 때의 합성용량은 직렬로 했을 때의 합성 용량은 몇 배인가?

① 10
② 100
③ 1,000
④ 10,000

🔍 병렬은 직렬의 $10^2 = 100$배가 된다.

11 3[μF]과 5[μF]의 정전 용량을 가진 두 콘덴서를 직렬로 접속하여 이 회로에 200[V]의 전압을 가하였다. 5[μF] 양단의 전압은 몇 [V]인가?

① 25
② 50
③ 75
④ 100

🔍 전압은 정전 용량에 반비례 분배되므로
$V_2 = \frac{C_1}{C_1+C_2}V = \frac{3}{3+5} \times 200 = 75[V]$

12 10^{-3}[F]의 콘덴서에 20[V]의 전압을 가할 때 충전되는 전하는 얼마인가?

① 2×10^{-3}[C]
② 2×10^{-2}[C]
③ 2×10^{-1}[C]
④ 2×10[C]

🔍 전기량 $Q = CV = 10^{-3} \times 20 = 2 \times 10^{-2}$[C]

13 4[μF]의 콘덴서에 1,000[V]의 직류 전압을 가할 때 축적되는 전하[C]는?

① 2×10^{-3}
② 3×10^{-3}
③ 4×10^{-3}
④ 6×10^{-2}

🔍 $Q = CV = 4 \times 10^{-6} \times 1,000 = 4 \times 10^{-3}$[C]

14 8[μF]과 2[μF]의 콘덴서를 병렬로 접속하고 100[V]의 전압을 가할 때 축적되는 전 전하량은 몇 [μC]인가?

① 200
② 800
③ 1,000
④ 1,600

🔍 합성 정전 용량 $C = 8 + 2 = 10$[μF]
전기량 $Q = CV = 10 \times 100 = 1,000$[μC]

15 어떤 콘덴서에 V[V]의 전압을 가해서 Q[C]의 전하를 충전할 때 저장되는 에너지[J]는?

① $\frac{1}{2}QV$
② $\frac{1}{2}QV^2$
③ $2QV^2$
④ $2QV$

🔍 도체(콘덴서)에 축적되는 전체 에너지
$W = \frac{1}{2}QV = \frac{1}{2}CV^2 = \frac{Q^2}{2C}$[J]

16 C[F]의 콘덴서에 V[V]의 전압을 가하니 Q[C]의 전기량이 충전되었다. 저장 에너지 W[J]의 식이 잘못된 것은?

① $\frac{1}{2}QV$
② $\frac{1}{2}QV^2$
③ $\frac{1}{2}CV^2$
④ $\frac{Q^2}{2C}$

17 어떤 콘덴서에 전압 $V=20$[V]를 가할 때 전하 $Q=800$[μC]이 축적되었다면 이때 축적되는 에너지를 구하면?

① 0.8[J]
② 0.16[J]
③ 160[J]
④ 0.008[J]

🔍 $W = \frac{1}{2}QV = \frac{1}{2} \times 800 \times 10^{-6} \times 20 = 0.008$[J]

정답 09 ④ 10 ② 11 ③ 12 ② 13 ③ 14 ③ 15 ① 16 ② 17 ④

18 용량 C[F]의 콘덴서에 전압 E[V]를 가할 때 축적되는 에너지는?

① CE^2
② $2CE^2$
③ $\dfrac{CE^2}{2}$
④ $\dfrac{CE}{2}$

🔍 $W = \dfrac{1}{2}CV^2 = \dfrac{1}{2}CE^2$[J]

19 2[μF]의 콘덴서에 100[V]의 전압을 가하면 콘덴서에 저장되는 에너지는 몇 [J]인가?

① 0.1
② 0.01
③ 0.2
④ 0.02

🔍 $W = \dfrac{1}{2}CV^2 = \dfrac{1}{2} \times 2 \times 10^{-6} \times 100^2 = 0.01$[J]

20 정전용량 C[F]의 콘덴서에 W[J]의 에너지를 축적하려면 이 콘덴서에 가해줄 전압[V]은?

① $\dfrac{2W}{C}$
② $\sqrt{\dfrac{2W}{C}}$
③ $\dfrac{2C}{W}$
④ $\sqrt{\dfrac{2C}{W}}$

🔍 $W = \dfrac{1}{2}CV^2$에서 $V^2 = \dfrac{2W}{C}$이므로 $V = \sqrt{\dfrac{2W}{C}}$가 된다.

21 1[kV]로서 충전된 콘덴서의 에너지가 1[J]일 때 콘덴서의 크기는?

① 2[μF]
② 3[μF]
③ 4[μF]
④ 5[μF]

🔍 $C = \dfrac{2W}{V^2} = \dfrac{2 \times 1}{1,000^2} = 2 \times 10^{-6}$[F] = 2[μF]

22 유전율의 단위는?

① [F/m]
② [V/m]
③ [C/m²]
④ [H/m]

🔍 유전율 $\varepsilon = \varepsilon_0 \varepsilon_s$[F/m]

23 진공의 유전율 ε_0의 값은?

① 9×10^9[F/m]
② 8.855×10^{-12}[F/m]
③ 6.33×10^9[F/m]
④ $4\pi \times 10^{-7}$[F/m]

🔍 진공의 유전율 $\varepsilon_0 = 8.855 \times 10^{-12}$[F/m]

24 비유전율이 8인 물질의 유전율은 얼마인가?

① 70.84×10^{-12}[F/m]
② 8.855×10^{-12}[F/m]
③ 70.8×10^{-6}[F/m]
④ 8.855×10^{-6}[F/m]

🔍 $\varepsilon = \varepsilon_0 \varepsilon_s = 8.855 \times 10^{-12} \times 8$
 $= 70.84 \times 10^{-12}$[F/m]

25 유전체 중 비유전율이 가장 큰 것은?

① 공기
② 수정
③ 운모
④ 고무

🔍 각 물질의 비유전율
공기 = 1, 수정 = 6, 운모 = 9, 고무 = 3.5

26 비유전율이 가장 큰 것은?

① 종이
② 운모
③ 유리
④ 산화티탄

🔍 각 물질의 비유전율
유리 = 10, 산화티탄 = 100

27 쿨롱의 법칙에 대한 설명 중 맞지 않는 것은?

① 쿨롱의 법칙에 있어서 진공중의 유전율은 8.855×10^{-12}[F/m]이다.
② MKS 단위계에서의 $\dfrac{1}{4\pi\varepsilon_0}$은 9×10^9이다.

정답 18 ③ 19 ② 20 ② 21 ① 22 ① 23 ② 24 ① 25 ③ 26 ④ 27 ④

③ CGS단위계에서 진공 중에 $Q_1 = Q_2 = 1[e \cdot s \cdot u]$의 전하를 1[cm]의 위치에 놓았을 때 작용하는 힘을 1[dyne]이라 한다.

④ MKS 단위계에서 진공 중에 $Q_1 = Q_2 = 1[C]$의 전하를 1[m]의 거리에 놓았을 때 작용하는 힘은 1[N]이다.

🔍 거리 1[m]이고 $Q_1 = Q_2 = 1[C]$일 때 작용하는 힘은
$F = 9 \times 10^9 \times \frac{1 \times 1}{1^2} = 9 \times 10^9 [N]$이다.

28 두 전하 사이에 작용하는 힘을 설명한 말 중 맞는 것은?

① 두 전하의 곱에 비례하고 거리의 제곱에 반비례한다.
② 두 전하의 곱에 비례하고 거리에 반비례한다.
③ 두 전하의 곱에 반비례하고 거리의 제곱에 비례한다.
④ 두 전하의 곱에 반비례하고 거리에 비례한다.

🔍 $F = \frac{Q_1 Q_2}{4\pi \varepsilon_0 r^2} = 9 \times 10^9 \times \frac{Q_1 Q_2}{r^2}[N]$

29 다음은 정전 흡인력에 대한 설명이다. 옳은 것은?

① 정전 흡인력은 전압의 제곱에 비례한다.
② 정전 흡인력은 극판 간격에 비례한다.
③ 정전 흡인력은 극판 면적의 제곱에 비례한다.
④ 정전 흡인력은 쿨롱의 법칙으로 직접 계산된다.

🔍 정전 흡인력은 전압의 제곱에 비례한다.
$F = \frac{1}{2}ED = \frac{1}{2}\varepsilon E^2 = \frac{D^2}{2\varepsilon} = \frac{\varepsilon V^2}{2d^2}[N/m^2]$

30 진공 중에 10[μc]과 20[μc]의 점전하를 1[m]의 거리로 놓았을 때 작용하는 힘[N]은?

① 1.8   ② 2×10^{-10}
③ 200   ④ 98×10^{-9}

🔍 $F = 9 \times 10^9 \times \frac{Q_1 Q_2}{r^2}$
$= 9 \times 10^9 \times \frac{10 \times 10^{-6} \times 20 \times 10^{-6}}{1^2} = 1.8[N]$

31 전장 중에 단위 정전하를 놓을 때 작용하는 힘과 같은 것은?

① 전장의 세기   ② 전하
③ 전위   ④ 전속

🔍 전장의 세기 : 전장 안에 단위 정전하를 놓았을 때 작용하는 힘의 세기와 같고 쿨롱의 법칙에 의해 다음과 같이 정의된다.
$E = \frac{Q}{4\pi \varepsilon_0 r^2} = 9 \times 10^9 \times \frac{Q}{r^2}[V/m]$

32 어떤 점전하에 의하여 생긴 전기장의 세기를 1/2로 줄이려고 한다. 점전하로부터의 거리를 몇 배로 하면 되는가?

① $\sqrt{2}$ ② $\frac{1}{\sqrt{2}}$
③ $\frac{1}{2}$ ④ $\frac{\sqrt{2}}{2}$

🔍 $E = \frac{Q}{4\pi \varepsilon r^2} 9 \times 10^9 \times \frac{Q}{r^2}[Vm]$이므로 전계는 거리의 제곱에 반비례한다. r^2이므로 $r = \sqrt{2}$ 배이다.

33 전장의 세기의 단위 [V/m]와 같은 것은 어느 것인가? 단, [C]는 쿨롱, [N]은 뉴턴, [m]는 미터를 표시한다.

① C/N   ② N/C
③ N^2/m ④ C^2/m

🔍 전계의 세기와 전기력과의 관계식
$F = QE[N]$으로부터 $E = \frac{F}{Q}[N/C]$

34 10[V/m]의 전장에 어떤 전하를 놓으면 0.1[N]의 힘이 작용한다. 전하의 양[C]은?

① 10^8 ② 10^{-4}
③ 10^{-2} ④ 10^4

정답 28 ① 29 ① 30 ① 31 ① 32 ① 33 ② 34 ③

🔍 $E = \frac{F}{Q} = \frac{0.1}{Q} = 10$이므로 $Q = \frac{0.1}{10} = 0.01[C] = 10^{-2}[C]$

35 다음은 전장에 대한 설명이다. 옳지 않은 것은?

① 대전된 무한장 원통의 내부 전장은 0이다.
② 대전된 구의 내부 전장은 0이다.
③ 대전된 도체 내부의 전하 및 전장은 모두 0이다.
④ 도체 표면의 전장은 그 표면에 평행이다.

🔍 전장은 도체 표면에 수직으로 작용한다.

36 다음 중 그 내용이 잘못된 것은?

① 전기력선은 양전하의 표면에서 나와서 음전하의 표면에서 끝난다.
② 전기력선은 도체의 표면에 수직으로 출입한다.
③ 전기력선은 서로 교차하지 않는다.
④ 같은 전기력선은 흡입한다.

🔍 전기력선은 서로 반발하는 특성이 있다.

37 전기력선의 성질 중 옳지 않은 것은?

① 양전하에서 나와 음전하로 끝난다.
② 전기력선의 접선 방향이 전장의 방향이다.
③ 전기력선에 수직한 단면적 $1[m^2]$당 전기력선의 수가 그 곳의 전장의 세기와 같다.
④ 전하 사이에는 흡인력 또는 유전율이 발생한다.

🔍 같은 종류의 두 전하 사이에는 서로 밀어내는 반발력이 작용하고, 서로 다른 종류의 전하 사이에는 끌어당기는 흡인력이 작용한다.

38 다음 전기력선의 성질 중 맞지 않는 것은?

① 양전하에서 나와 음전하로 끝난다.
② 전기력선의 접선 방향이 전장의 방향이다.
③ 전기력선의 수가 그곳의 전장의 세기와 같다.
④ 등전위면과 전기력선은 교차하지 않는다.

🔍 등전위면과 전기력선은 반드시 수직으로 교차한다.

39 다음 중 전속의 성질 중 맞지 않는 것은?

① 전속은 양전하에서 나와서 음전하에서 끝난다.
② 전속이 나오는 곳 또는 끝나는 곳에서는 전속과 같은 전하가 있다.
③ $+Q[C]$의 전하로부터 $\frac{Q}{\varepsilon}$개의 전속이 나온다.
④ 전속은 금속판에 출입하는 경우 그 표면에 수직이 된다.

🔍 전속의 양은 항상 전하량과 같은 양이다.

40 전기력선은 전계에 가상적으로 그려진 곡선으로 전계의 방향은 그 선상의 ( ) 방향이다. ( ) 안에 맞는 것은?

① 곡선
② 접선
③ 법선
④ 직선

41 가우스의 정리는 다음 무엇을 구하는데 사용하는가?

① 자기포화
② 자위
③ 전장의 세기
④ 전위

🔍 가우스의 정리 : 전장 안의 임의 점에서 전기력선의 밀도는 그 점에서의 전기장의 세기와 같다.

42 $Q[C]$의 전하에서 나오는 전기력선의 총수는?

① εQ
② $\frac{\varepsilon}{Q}$
③ $\frac{Q}{\varepsilon}$
④ Q

🔍 유전율 ε인 임의의 매질에서의 전기력선의 총수 $N = \frac{Q}{\varepsilon}$개

43 공기중의 1[C]의 전하에서 나오는 전기력선의 수는 몇 [개]인가?

① $\frac{1}{\varepsilon_0}$개
② 1개
③ 10개
④ ε_0개

정답 35 ④ 36 ④ 37 ④ 38 ④ 39 ③ 40 ② 41 ③ 42 ③ 43 ①

○ 공기 중(유전율 ε_0)이므로 전기력선의 총수
$N = \dfrac{Q}{\varepsilon_0} = \dfrac{1}{\varepsilon_0}$개

44 전기력선 밀도와 같은 것은?

① 정전력
② 유전속밀도
③ 전장의 세기
④ 전하밀도

45 M.K.S 단위계에서 유전속 밀도의 단위는?

① [F/m]
② [V/m^2]
③ [V/m]
④ [C/m^2]

○ 유전속(전속) 밀도 $D = \dfrac{Q}{S} = \varepsilon_0 \varepsilon_s E [C/m^2]$

46 유전율 ε, 전장 E, 전속 밀도 D의 관계는?

① $D = \varepsilon E$
② $D = \varepsilon E^2$
③ $D = \dfrac{E}{\varepsilon}$
④ $D = \dfrac{E^2}{\varepsilon}$

47 재질과 두께가 같은 1, 2, 3[μF] 콘덴서 3개를 직렬 접속하고 전압을 가하여 증가시킬 때 먼저 절연이 파괴되는 전압은?

① 1[μF]
② 2[μF]
③ 3[μF]
④ 동시

○ $V_1 = \dfrac{Q}{C_1}[V], V_2 = \dfrac{Q}{C_2}[V], V_3 = \dfrac{Q}{C_3}[V]$
전압은 정전용량에 반비례 분배되므로 정전용량이 가장 작은 1[μF]에 전압이 가장 많이 분배되어 제일 먼저 파괴된다.

48 공기 중에서 5×10^{-7}[C]전하로부터 10[cm] 떨어진 점의 전위는 몇 [V]인가?

① 45×10^4
② 45×10^3
③ 5×10^{-8}
④ 5×10^{-7}

○ 전위의 세기 $V = \dfrac{Q}{4\pi\varepsilon_0 r} = 9 \times 10^9 \times \dfrac{Q}{r}$
$= 9 \times 10^9 \times \dfrac{5 \times 10^{-7}}{0.1} = 45 \times 10^3 [V]$

49 평행 평판의 정전용량은 간격을 d, 평행판 면적을 S라 하면 콘덴서의 정전용량식은? (단, ε는 유전율임)

① $C = \varepsilon Sd$
② $C = \dfrac{d}{\varepsilon S}$
③ $C = \dfrac{\varepsilon S}{d}$
④ $C = \dfrac{S}{\varepsilon d}$

○ 평행 평판 콘덴서의 정전용량은 유전율과 극판 면적에 비례하고 극판 간격에는 반비례한다.
$C = \dfrac{\varepsilon S}{d}[F]$

50 평행판 도체의 정전 용량에 대한 설명 중 틀린 것은?

① 평행판 간격에 비례한다.
② 평행판 사이의 유전율에 비례한다.
③ 평행판 면적에 비례한다.
④ 평행판 사이의 비유전율에 비례한다.

○ 평행판 도체의 정전 용량은 평행판의 간격에 반비례한다.

51 콘덴서의 용량을 결정하는 요소가 아닌 것은?

① 서로 대면하는 극판의 넓이
② 극판간의 거리
③ 극판을 만드는 극의 종류
④ 극판 사이의 유전체의 종류

○ 평행 평판 콘덴서의 정전용량은 유전율과 극판 면적에 비례하고 극판 간격에는 반비례한다.
$C = \dfrac{\varepsilon S}{d}[F]$

52 평행판 콘덴서에 ε_s의 유전체를 채워 놓았을 때 이 때의 정전 용량은 처음의 몇 배가 되겠는가?

① ε_s
② $\dfrac{1}{\varepsilon_s}$
③ $\sqrt{\varepsilon_s}$
④ $\dfrac{1}{\sqrt{\varepsilon_s}}$

○ $C = \varepsilon_0 \varepsilon_s \dfrac{A}{d}[F]$에서 비유전율에 비례한다.

정답 44 ③ 45 ④ 46 ① 47 ① 48 ② 49 ③ 50 ① 51 ③ 52 ①

53 평행판 전극에 일정 전압을 가하면서 극판의 간격을 2배로 하면 내부 전계의 세기는 어떻게 되는가?

① $\frac{1}{2}$배로 작아진다.

② 2배로 커진다.

③ $\frac{1}{4}$배로 작아진다.

④ 4배로 커진다.

🔍 전계는 $E = \frac{V}{d}$[V/m]에서 간격에 반비례하므로 간격을 2배로 하면 전계는 $\frac{1}{2}$배가 된다.

54 유전율이 ε, 전장의 세기가 E일 때 유전체의 단위체적에 저축되는 에너지는 얼마인가?

① $\frac{E}{2\varepsilon}$ [J/m³]

② $\frac{\varepsilon E}{2}$ [J/m³]

③ $\frac{\varepsilon E^2}{2}$ [J/m³]

④ $\frac{\varepsilon^2 E}{2}$ [J/m³]

🔍 단위체적당 저장되는 에너지
$W_0 = \frac{1}{2}\varepsilon E^2 = \frac{1}{2}ED = \frac{D^2}{2\varepsilon}$ [J/m³]

정답 53 ① 54 ③

SECTION 03 정자계

STEP 01 자기의 성질

1. 자기 및 자석의 성질

1) 자기
   ① 자기 : 자석이 쇠붙이를 끌어당기는 것과 같은 철편의 흡인작용이나 자석의 반발력, 흡인력과 같은 작용의 원인
   ② 자화 : 철과 같은 자성체가 자기를 띤 상태가 되는 것

2) 자석의 성질
   자석의 자극은 반드시 N극(+극)과 S극(-극)이 짝으로 이루어져 있으며, 같은 극끼리는 서로 밀어내는 반발력이 작용하고, 다른 극과는 서로 끌어당기는 흡인력이 작용한다.

2. 자기유도

다음과 같이 임의의 자성체를 자기장 안에 놓으면 자석의 N극 쪽에는 S극이, S극 쪽에는 N극이 유도되어 자성체가 자기를 띠는 현상을 자기유도라 하고, 자성체의 자화상태에 따라 다음과 같이 분류할 수 있다.

① 강자성체($\mu_s \gg 1$) : 자기장의 방향으로 강하게 자화되어 자기장을 제거해도 자기적인 성질을 계속 갖는 자성체, 철(Fe), 니켈(Ni), 코발트(Co)
② 상자성체($\mu_s > 1$) : 자기장의 방향으로 미약하게 자화되어 자화의 세기가 강자성체만큼 강하지못한 자성체, 알루미늄(Al), 주석(Sn), 백금(Pt), 공기, 산소(O_2)
③ 반자성체($\mu_s < 1$) : 가해준 자기장과 반대 방향으로 자화되는 자성체, 구리(Cu), 안티몬(An), 비스무트(Bt), 아연(Zn), 납(Pb), 물(H_2O), 수소(H), 질소(N_2)

3. 쿨롱의 법칙

① 같은 극의 두 자극 사이에는 서로 반발하고, 다른 극의 자극사이에는 서로 흡인하는 힘이 작용한다.
② 두 자극 사이에 작용하는 힘은 두 자극의 세기의 곱에 비례하고 두 자극 사이의 거리의 제곱에 반비례한다.

③ 진공이나 공기중에서 작용하는 힘 F는 다음식에서 비투자율($\mu_S = 1$)로 정한다.

$$F \propto \frac{m_1 m_2}{r^2}$$

* 자기력 $F = \frac{1}{4\pi\mu_0} \cdot \frac{m_1 m_2}{r^2} = 6.33 \times 10^4 \times \frac{m_1 m_2}{r^2}$ [N]

$\mu_0 = 4\pi \times 10^{-7}$ [H/m]

m_1[Wb] ←———— r[m] ————→ m_2[Wb]

> **참고**
>
> **투자율의 정의 및 진공이나 공기중에서의 투자율 μ_0는 다음과 같다.**
> - 투자율($\mu = \mu_0 \mu_S$) : 자기장의 세기에 대한 자속밀도를 나타내는 비례상수
> - 진공(공기)의 투자율 : $\mu_0 = 4\pi \times 10^{-7}$ [H/m]
> - 비투자율(μ_S) : 임의의 매질에서의 투자율을 진공이나 공기중에서의 투자율 μ_0를 기준으로 하여 나타낸 상대적인 투자율의 비율을 말한다.(진공이나 공기에서의 $\mu_S = 1$)

물질	비투자율	물질	비투자율	물질	비투자율
구리	0.9991	베릴륨	1.00000079	철분	100
비스무트	0.9999986	공기	1.000004	페라이트	1,000
파라핀	0.99999942	염화니켈	1.00004	퍼멀로이45	2,500
나무	0.9999995	황화망간	1.0001	변압기용 철	3,000
은	0.99999981	니켈	50	규소강	4,000
진공	1	코발트	60	순철	4,000
알루미늄	1.00000065	선철	60	센더스트	20,000

쿨롱상수 $k = \frac{1}{4\pi\mu_0} = 6.33 \times 10^4$

STEP 02 자기장의 성질

1. 자기장

임의의 자석에 의한 자기적인 힘이 미치는 공간을 자기장, 자장 또는 자계라 한다.

1) 자기장의 세기

임의의 자기장 내에 +1[Wb]의 단위점자하를 놓았을 때 이 단위점자하에 작용하는 힘을 자기장의 세기라 하며 쿨롱의 법칙에 따라 다음과 같이 나타낼 수 있다.

$$H = \frac{1}{4\pi\mu_0} \times \frac{m}{r^2} = 6.33 \times 10^4 \times \frac{m}{r^2} \text{ [AT/m]}$$

$\mu_0 = 4\pi \times 10^{-7}$ [H/m]

m[Wb] ←———— r[m] ————→ +1[Wb]

2) 자기력

자기장의 세기가 H인 공간내에 m[Wb]의 자하를 놓았을 때 작용하는 힘으로 쿨롱의 법칙에 의하여 다음과 같이 나타낼 수 있다.

$F = mH$ [N], $H = \dfrac{F}{m}$ [AT/m], $m = \dfrac{F}{H}$ [Wb]

2. 자기력선

① 자기력선은 N극에서 시작하여 S극에서 끝난다.
② 자장 안에서 임의의 점에서의 자기력선의 접선방향은 그 접점에서의 자기장의 방향을 나타낸다.
③ 자장 안에서 임의의 점에서의 자기력선 밀도는 그 점에서의 자장의 세기를 나타낸다. (가우스의 정리)
④ 두 개의 자기력선은 서로 반발하며 교차하지 않는다.
⑤ 도체 내부에 존재한다.
⑥ 고무줄과 같은 장력이 있다.
⑦ 고온에서는 소멸된다.

3. 자기력선의 총수

진공이나 공기중의 자기장내에서 임의의 폐곡면을 통해 지나는 자기력선의 총수는 폐곡면 내 자하의 $\dfrac{1}{\mu_0}$배와 같다는 이론으로 자장내에서의 자기력선의 수 및 자기장의 세기를 구하는데 이용된다.

자하량	매질의 종류	자기력선의 수
m[Wb]	진공(공기)	$N = \dfrac{m}{\mu_0}$
	투자율 μ인 매질	$N = \dfrac{m}{\mu} = \dfrac{m}{\mu_0 \mu_s}$

4. 자속 및 자속밀도

1) 자속(Φ)

투자율이 μ인 매질 중에 존재하는 임의의 자하에 의하여 발생하는 자기력선의 묶음을 나타내는 가상적인 선으로, 매질의 종류에 관계없이 1[Wb]의 자하에서는 1[Wb]의 자속이 나온다.

2) 자속의 성질

① 자속은 N극에서 시작하여 S극에서 끝난다.
② m[Wb]의 자하로부터 m[Wb]의 자속이 나온다.

3) 자속밀도

투자율이 μ인 매질 중의 한 점에서 단위면적당 통과하는 자속을 말하며 m[Wb]에 의한 자속밀도 B는 다음과 같이 나타낼 수 있다.

① $B = \dfrac{\phi}{S}$ [Wb/m²]

② 자속밀도와 자계관계식 $B = \mu H = \mu_0 \mu_s H$ [Wb/m²]

4) 단위환산

① 자속 1[Wb] = 10^8[max, 맥스웰]

② 자속밀도 1[Wb/m²] = 10^4[max/cm² = gauss, 가우스]

5. 자기모멘트

1) 토크(회전력)

자기장의 세기가 H[AT/m]인 평등자기장 안에 자극의 세기 m[Wb/m]의 자침을 자기장의 방향과 θ의 각도로 놓았을 때 두 자극사이에 작용하는 힘 $F=mH$[N]에 의하여 평등자기장 안에 존재하는 자침을 회전시키려는 회전력이 발생하는데 이 때 발생한 회전력은 다음과 같이 나타낼 수 있다.

$\tau = ml H \sin\theta$ [N·m]

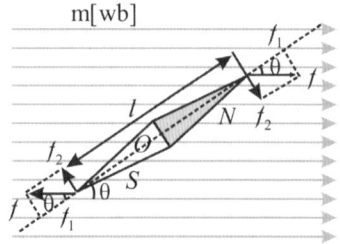

2) 자기모멘트

자장 안에서 작용하는 토크 τ는 자극의 세기 m[Wb]이나 그 길이 l[m]이 달라지더라도 ($m \times l$)의 값이 일정하면 토크는 항상 일정하므로 토크 τ를 취급할 때 간단히 ($m \times l$)값만을 취급하여 하나의 자석에 대한 회전력을 표현하기 위한 정수로 M[Wb·m]로 표시한다.

$M = m \times l$ [Wb·m]

STEP 03 전류에 의한 자기현상

1. 전류에 의한 자기장의 발생

1) 직선 전류에 의한 자기장의 발생

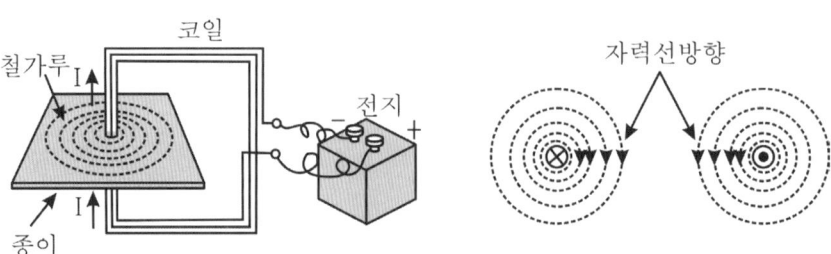

그림과 같이 종이와 코일을 배치한 상태에서 종이 위에 철가루를 뿌리고 도선에 전류를 흘리면서 종이를 가볍게 두드리면 종이 위의 철가루는 서서히 코일을 중심으로 하는 원형을 그린다. 이상의 실험으로부터 코일에 전류를 흘려주면 코일 주위에는 코일을 중심으로 하는

원형의 자기장이 발생한다는 것을 알 수 있다.

2) 앙페르의 오른 나사 법칙

앙페르의 오른 나사 법칙은 도선에 흐르는 전류에 의한 자장의 방향관계를 나타내는 법칙으로 "오른 나사가 진행하는 방향으로 전류의 방향을 정하면, 이때 발생하는 자기장의 방향은 오른 나사의 회전 방향이 된다"라는 법칙이다.

> 참고
> ⊗(크로스) : 종이의 표면에서 뒷면으로 전류가 흐르고 있는 상태를 표시한다.(흘러 들어감)
> ⊙(도트) : 종이의 뒷면에서 표면으로 전류가 흐르고 있는 상태를 표시한다.(흘러 나옴)

2. 전류에 의한 자장의 세기

1) 직선전류에 의한 자장의 세기

그림과 같은 무한히 긴 직선도체에 전류 I[A]를 흘릴 때, 직선도체에서 수평으로 r[m]떨어진 점 P에 발생하는 자장의 세기는 다음과 같다.

$$H = \frac{I}{2\pi r}[\text{AT/m}]$$

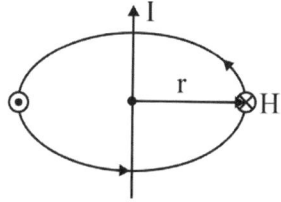

[직선 전류에 의한 자장]

2) 환상솔레노이드에 의한 자장의 세기

그림과 같이 도체를 환상으로 감은 환상솔레노이드에 전류 I[A]를 흘릴 때 솔레노이드 내부에 발생하는 자장의 세기는 환상솔레노이드의 평균반지름을 r[m], 권수를 N회라 하면 환상솔레노이드의 평균길이 $l = 2\pi r$이므로 이때 환상솔레노이드 내부에서 발생하는 자장의 세기는 다음과 같다.

$$H = \frac{NI}{l} = \frac{NI}{2\pi r}[\text{AT/m}]$$

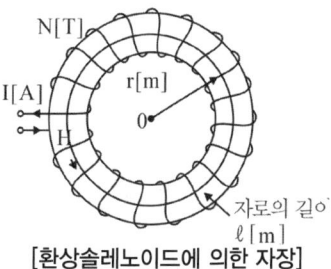

[환상솔레노이드에 의한 자장]

3) 무한장 솔레노이드에 의한 자장의 세기

무한히 긴 임의의 솔레노이드에서 그림과 같이 전류 I[A]를 흘릴 때 솔레노이드 내부에서는 내부 어느 곳에서나 세기가 일정한 평등자장이며 이때 발생하는 자장의 세기 H는 단위길이 1[m]당 감은 횟수를 N_0라 할 때 다음과 같다.

$$H = \frac{N}{l}I = N_0 I [\text{AT/m}]$$

[직선 전류에 의한 자장]

4) 비오-사바르의 법칙

그림과 같은 도선에 전류 I[A]를 흘릴 때 그 도선의 미소부분 Δl[m]의 전류에 의한 떨어진 점 P에 발생하는 자장의 세기 ΔH[AT/m]는 Δl과 OP가 이루는 각을 θ라 할 때 다음과 같다.

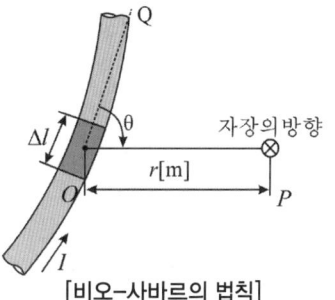

[비오-사바르의 법칙]

$$\Delta H = \frac{I \Delta l}{4\pi r^2} \sin\theta \,[\text{AT/m}]$$

5) 원형 코일 중심 자장의 세기

그림과 같이 반지름 r[m]로 N회 감은 원형 코일에 전류 I[A]를 흘릴 때 원형 코일의 중심 O점에 발생하는 자장의 세기는 비오-사바르의 법칙에 의하여 다음과 같이 나타낼 수 있다.

$$H = \frac{NI}{2r} \,[\text{AT/m}]$$

STEP 04 자기회로

1. 자기회로

그림과 같은 사각 철심이 들어있는 코일에 전류 I[A]를 흘리면 철심 내에서는 자속 ϕ[Wb]가 발생하여 사각 철심이 구성하는 폐회로를 지나 오른쪽으로 회전하는데, 이때 자속 ϕ가 통하는 회로를 자기회로라 한다.

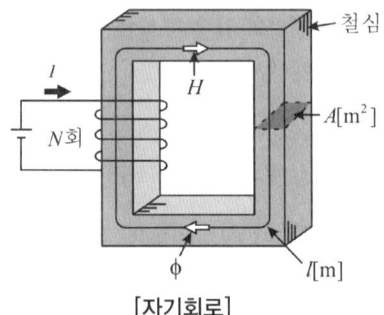

[자기회로]

2. 자기회로의 옴의 법칙

1) 기자력

기자력이란 자속 ϕ를 발생하게 하는 힘의 근원을 말하며 위 회로에서 권수 N회인 코일에 전류 I[A]를 흘릴 때 발생하는 자속 ϕ는 NI에 비례하여 발생하므로 다음과 같이 나타낼 수 있다.

$$F = NI \,[\text{AT}]$$

2) 자기저항

자기저항이란 자기회로에서 기자력 $F=NI$에 의하여 발생된 자속 ϕ가 폐회로를 따라 통하기 어려운 정도를 나타내는 비례상수로 자속이 통하는 통로인 자로의 길이 l[m]에는 비례하고 자로의 단면적 A[m²]와 투자율 μ[H/m]에는 반비례하므로 다음과 같이 나타낼 수 있다.

$$R_m = \frac{l}{\mu A} = [\text{AT/Wb}] = [\text{H}^{-1}]$$

3) 옴의 법칙

자기회로에서의 기자력 F와 자속 ϕ, 자기저항 R_m 사이의 관계를 나타내는 식으로 『자속 ϕ는 기자력 $F=NI$에 비례하고, 자기저항 R_m에는 반비례』하므로 다음과 같은 식으로 나타낼 수 있다.

$$F = NI = R_m \phi \,[\text{AT}]$$

> 참고
>
> 자기회로에서 발생하는 총자속 $\phi = \dfrac{NI}{R_m} = \dfrac{\mu ANI}{l}$ [Wb]

3. 자기포화 및 자화력

1) 자기포화

그림과 같이 철심이 들어있는 코일에 전류를 흘리면 철심에서 발생하는 자속 ϕ는 서서히 증가하지만 어느 일정값 이상이 되면 전류를 계속해서 흘려도 더 이상 자속이 증가하지 않는 현상을 자기포화라 한다.

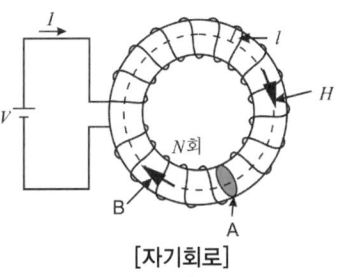

[자기회로]

2) 자화력

자화력이란 그림과 같은 환상 철심에서 코일에 전류가 흘러 철심을 자화시키는 자장의 세기로 철심의 평균길이를 $l[\mathrm{m}]$라 하면 앙페르의 주회적분의 법칙에 의하여 다음과 같이 나타낼 수 있다.

$$Hl = NI \rightarrow H = \frac{NI}{l}[\mathrm{AT/m}]$$

3) 자화곡선(B-H 곡선)

위와같은 환상 철심에서 전류 $I[\mathrm{A}]$를 점점 증가시켜 자화력 $H[\mathrm{AT/m}]$를 변화시키면 철심안의 $B[\mathrm{Wb/m^2}]$는 H에 비례하여 서서히 증가하지만 어느 일정값 이상이 되면 자화력 H를 계속적으로 증가시켜도 B는 더 이상증가하지 않는 현상을 나타내는 곡선을 자화곡선이라 한다.

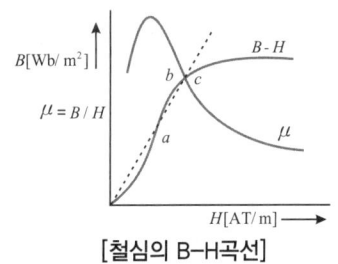

[철심의 B-H곡선]

4. 히스테리시스 곡선과 손실

1) 히스테리시스 곡선

전혀 자화되지 않는 상태에 있는 환상철심을 그림과 같이 배치한 다음 철심에 자화력 $H[\mathrm{AT/m}]$를 $0 \rightarrow a \rightarrow b \rightarrow c \rightarrow d \rightarrow e \rightarrow f \rightarrow g$를 따라 $+H_m$에서 $-H_m$으로 변화시키면 자속밀도 B도 또한 $+B_m$에서 $-B_m$까지 변화하여 하나의 폐곡선을 이루는 현상을 히스테리시스 현상이라 하고, 이때 이루는 폐곡선을 히스테리시스 곡선이라한다.

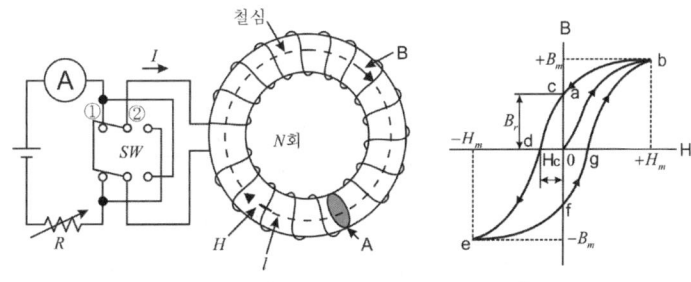

[철심 코일의 자기 히스테리시스의 곡선]

① B_r(잔류자기) : 히스테리시스 곡선이 종축(세로축)과 만나는 점
② H_c(보자력) : 히스테리시스 곡선이 횡축(가로축)과 만나는 점

자석의 구비조건
- 영구자석 : 잔류자기와 보자력이 모두 클 것
- 전자석 : 잔류자기는 크고 보자력은 작을 것

2) 히스테리시스 손실

히스테리시스 곡선을 일주한 후 철심의 B와 H는 원래의 상태로 돌아가지만 철심의 자속을 발생시키기 위하여 가한 에너지는 전부 열로 소비되어 버려지는 것을 히스테리시스 손실이라 한다.

$P_h = \eta f B_m^{1.6} [J/m^3]$

η : 히스테리시스 상수

STEP 05 전자력

1. 자장속에서 도체가 받는 힘

1) 전자력의 방향

그림과 같은 자장 내에 도체를 놓고 전류 $I[A]$를 흘리면 플레밍의 왼손법칙에 의한 힘 F가 위로 작용하여 도체가 움직이게 되는데 이와 같이 자장 내에서 전류를 흘려주었을 때 도체에 작용하는 힘을 전자력이라고 한다.

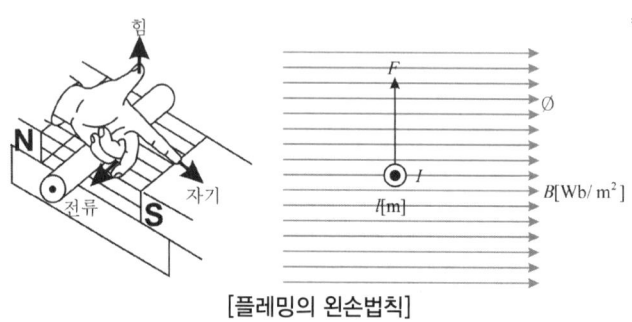

* 플레밍의 왼손 법칙 : 자장 내의 도체에 전류를 흘릴 때 도체가 받는 힘의 방향을 알기쉽게 정의한 법칙으로 전동기의 회전원리를 알 수 있는 법칙이다.
- 엄지손가락 : 힘(F)의 방향
- 검지손가락 : 자장(B)의 방향
- 중지 손가락 : 전류(I)의 방향

[플레밍의 왼손법칙]

2) 전자력의 크기

자속밀도 $B[Wb/m^2]$인 평등자장 내에 자기장의 방향과 각도 θ만큼 경사진 길이 $l[m]$의 도체에 전류 $I[A]$를 흘릴 때 도선이 받는 전자력 F는 다음과 같다.

$F = BIl \sin\theta [N]$

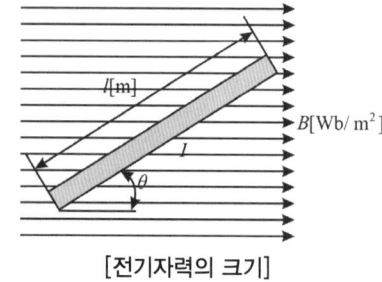

[전기자력의 크기]

2. 평행전류사이에 작용하는 힘

1) 전자력의 작용

평행하게 배치한 두 도체에 각각 전류 I_1, I_2 [A]를 흘려주면 각각의 도체에서는 전류에 I_1, I_2 [A]의한 자속이 앙페르에 오른 나사 법칙에 의한 방향으로 발생하면서 전류의 방향에 따른 반발력과 흡인력이 작용한다.
- 전류의 방향이 같은 방향인 경우 : 흡인력이 작용
- 전류의 방향이 반대 방향인 경우 : 반발력이 작용

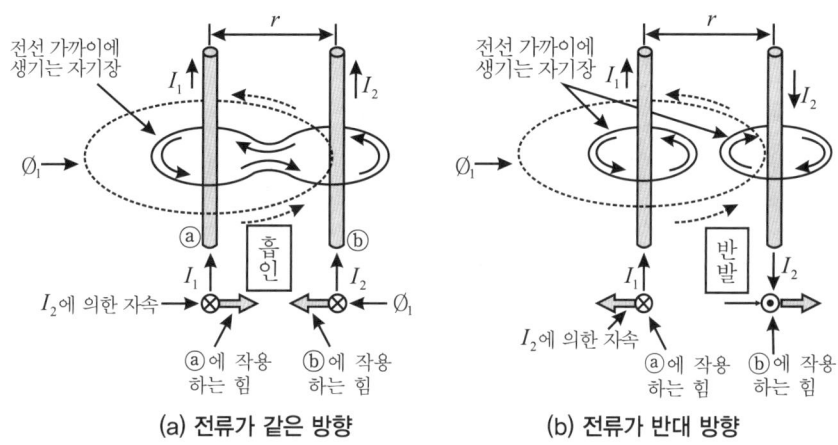

(a) 전류가 같은 방향　　(b) 전류가 반대 방향

[전류의 방향]

2) 전자력의 크기

위 그림과 같이 평행하게 배치한 두 도체 사이에 작용하는 전자력 F는 두 도체 사이의 거리를 r[m], 각각의 도체에 흐르는 전류를 I_1, I_2 [A]라 할 때 도체 1[m]당 작용하는 힘 F는 다음과 같다.

$$F = \frac{2I_1I_2}{r} \times 10^{-7} [\text{N/m}]$$

STEP 06 전자유도현상

1. 전자유도현상

코일과 자속이 쇄교할 경우, 자속이 변하거나 자장중에 놓인 코일이 움직이게 되면 코일에 새로운 기전력(유도기전력)이 유도되어 전류(유도전류)가 흐르는 현상을 전자유도라 한다.

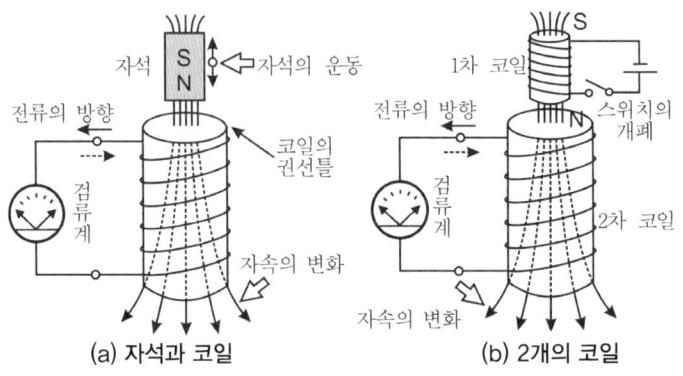

(a) 자석과 코일   (b) 2개의 코일

2. 유도기전력의 크기(페러데이 법칙)

"전자유도현상에 의하여 어느 코일에 발생하는 유도기전력의 크기는 코일과 쇄교하는 자속 ϕ 의 변화율에 비례한다."는 법칙으로 권수 N인 코일과 쇄교하는 자속 ϕ가 미소시간 Δt초 동안 $\Delta \phi$만큼 변화할 때의 유도기전력의 크기 e는 다음과 같이 나타낼 수 있다.

$\varepsilon = N \dfrac{\Delta \phi}{\Delta t} [V]$ (Δt : 시간의 변화량, $\Delta \phi$: 자속의 변화량)

3. 유도기전력의 방향(렌쯔의 법칙)

"전자유도현상에 의하여 어느 코일에 발생하는 유도기전력의 방향, 즉 유도된 기전력에 의해 흐르는 전류의 방향은 자속 ϕ의 증가 또는 감소를 방해하는 방향으로 발생한다."는 법칙으로 유도기전력의 크기 e를 나타내는 식에 음(-)의 기호를 붙여 표현한다.

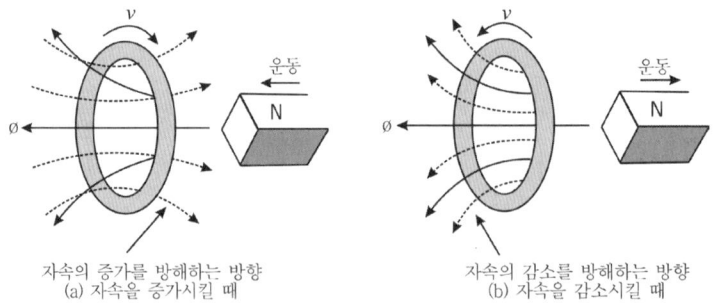

자속의 증가를 방해하는 방향
(a) 자속을 증가시킬 때

자속의 감소를 방해하는 방향
(b) 자속을 감소시킬 때

[유도 기전력의 방향]

4. 페러데이-렌쯔의 전자유도법칙

코일과 자속이 쇄교할 때, 쇄교하는 자속이 시간에 따라 변화하면 코일에는 자속의 증가 또는 감소를 방해하는 방향으로 기전력이 발생한다.

$\varepsilon = - N \dfrac{\Delta \phi}{\Delta t} [V]$ (- : 자속 ϕ의 증감을 방해하는 방향)

5. 플레밍의 오른손 법칙

그림과 같은 자장 내에 도체를 놓고 운동시키면 플레밍의 오른손 법칙에 의한 기전력 e가 A방향으로 발생하게 되는데, 이때 발생한 유도기전력의 크기는 도체가 단위시간당 끊는 자속수에 비례한다.

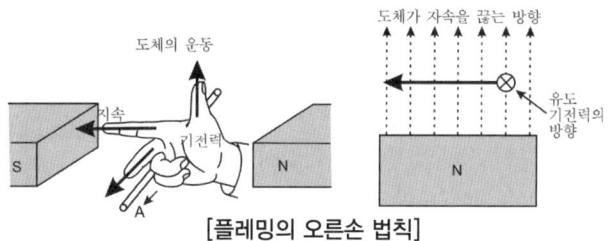

[플레밍의 오른손 법칙]

1) 플레밍의 오른손 법칙

자장 내를 운동하는 도체에 유기되는 기전력의 방향을 나타내는 법칙으로 발전기의 원리를 알 수 있는 법칙이다.
① 엄지 손가락 : 운동속도(v)의 방향
② 검지 손가락 : 자장(B)의 방향
③ 가운데 손가락 : 기전력(e)의 방향

2) 유도기전력의 크기

자속밀도 $B[\text{Wb/m}^2]$인 자장 내에 길이 $l[\text{m}]$의 도체를 자속의 방향에 대한 각도 θ를 가지면서 속도 $v[\text{m/sec}]$로 운동시킬 때 도체에서 발생하는 유도기전력의 크기는 다음과 같다.

$e = vBl\sin\theta[\text{V}]$

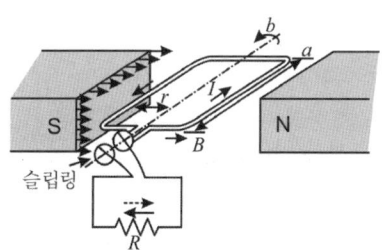

[회전운동에 의한 유도기전력]

STEP 07 유도 작용과 인덕턴스

1. 자기유도와 자기인덕턴스

1) 자기유도 작용

그림에서 코일에 흐르는 전류 $I[A]$를 변화시키면 코일과 쇄교하는 자속 ϕ도 변화하므로 코일 자체에는 이 자속의 변화를 방해하는 방향으로 새로운 기전력이 유도된다. 이와같이 『코일에 흐르는 전류의 변화에 의하여 코일 자체에 새로운 기전력이 유도되는 현상』을 자기유도작용이라 한다.

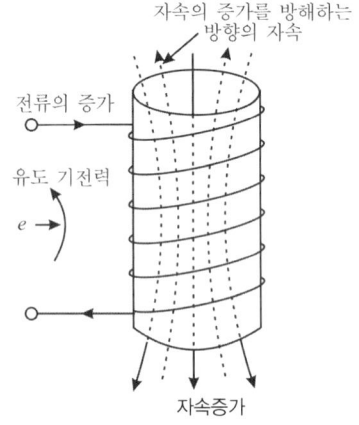

2) 자기인덕턴스(L)

코일에 흐르는 전류 $I[A]$에 비례하여 발생하는 자속 ϕ에 의하여 유도되는 기전력의 크기를 결정하는 비례상수로 그 크기는 코일의 권수나, 형태, 주위 매질의 투자율 등에 의하여 결정된다.

① 권수 1회인 경우 : $L = \dfrac{\phi}{I}[H]$, $\phi = LI[Wb]$

② 권수 N회인 경우 : $L = \dfrac{N\phi}{I}[H]$, $N\phi = LI[Wb]$

3) 유도기전력의 크기

자기유도 작용에 의하여 발생하는 유도기전력의 크기는 전류의 변화율에 비례한다.

$$e = -N\dfrac{\Delta\phi}{\Delta t} = -L\dfrac{\Delta I}{\Delta t}[V]$$

4) 환상솔레노이드(트로이덜 코일)의 자기인덕턴스

그림과 같은 환상솔레노이드에서의 자기인덕턴스 L은 전류 $I[A]$에 의한 솔레노이드 내부에 발생하는 자장의 세기 $H[AT/m]$와 자기회로에서의 옴의 법칙에 의한 자속 $\phi[Wb]$에 의하여 다음과 같이 구할 수 있다.

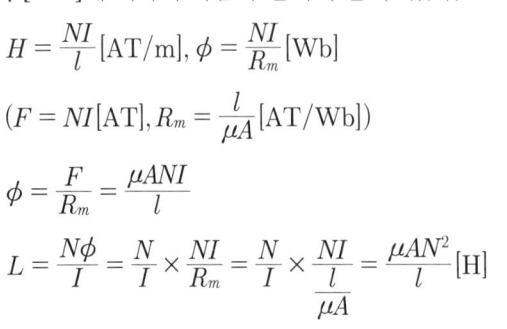

$$H = \dfrac{NI}{l}[AT/m], \phi = \dfrac{NI}{R_m}[Wb]$$

$$(F = NI[AT], R_m = \dfrac{l}{\mu A}[AT/Wb])$$

$$\phi = \dfrac{F}{R_m} = \dfrac{\mu ANI}{l}$$

$$L = \dfrac{N\phi}{I} = \dfrac{N}{I} \times \dfrac{NI}{R_m} = \dfrac{N}{I} \times \dfrac{NI}{\dfrac{l}{\mu A}} = \dfrac{\mu AN^2}{l}[H]$$

$$\therefore L = \dfrac{\mu AN^2}{l}[H], \propto N^2$$

2. 상호유도와 상호인덕턴스

1) 상호유도작용

그림과 같이 코일 ①에서 발생한 자속의 일부가 코일 ②에 쇄교하도록 배치한 유도결합 상태에서 코일 ①에 흐르는 전류를 변화시키면 코일 ②와 쇄교하는 자속도 변화하므로 코일 ②에는 전자유도현상에 의한 새로운 기전력 e_2가 유도된다. 이와같이 "한 코일에 흐르는 전류의 변화에 의한 다른 코일에 기전력이 유도되는 현상"을 상호유도작용이라 한다.

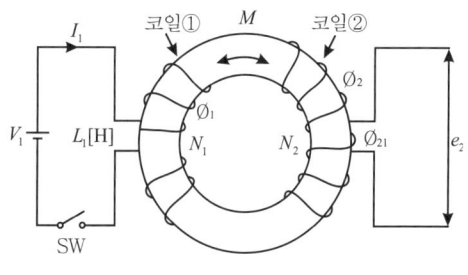

2) 상호인덕턴스

유도결합상태에 있는 두 개의 코일 ①, ②에서 코일 ①에 흐르는 전류 $I_1[A]$에 의하여 발생한 자속 ϕ가 코일 ②를 쇄교하여 코일 ②에 유도되는 기전력의 크기를 결정하는 비례계수를 상호인덕턴스라고 한다.

$$M = \frac{N_2 \phi_{21}}{I_1} [H]$$

3) 유도기전력의 크기

상호유도작용에 의하여 발생하는 유도기전력의 크기는 자속 ϕ의 발생비율, 즉 전류 $I_1[A]$의 변화율에 비례한다.

$$e_2 = -N_2 \frac{\Delta \phi_{21}}{\Delta t} = -M \frac{\Delta I_1}{\Delta t} [V]$$

4) 환상코일에서의 상호인덕턴스

그림과 같이 환상코일에서의 상호인덕턴스 M은 코일 ①에 흐르는 전류 $I_1[A]$에 의한 자속 ϕ_1에 의하여 다음과 같이 구할 수 있다.

$$M = \frac{N_2 \phi_1}{I_1} = \frac{N_1 N_2}{R_m} = \frac{\mu A N_1 N_2}{l} [H]$$

3. 결합계수

1) 자기인덕턴스와 상호인덕턴스의 관계

유도결합상태에 있는 두 개의 코일 ①, ②에서 누설자속이 전혀 존재하지 않는다면 각각 코일에서의 자기 인덕턴스 $L_1 L_2$와 상호인덕턴스 M 사이에는 다음과 같은 식이 성립한다.

$$L_1 = \frac{N_1^2}{R_m}, \quad L_2 = \frac{N_2^2}{R_m}$$

$$M^2 = \left(\frac{N_1 N_2}{R_m}\right)^2 = L_1 L_2 \text{이므로}$$

$$M = \sqrt{L_1 L_2} [H]$$

2) 결합계수

실제 코일의 접속회로에 존재하는 누설자속으로 인하여 두 코일 ①, ②사이에 존재하는 상호인덕턴스 값이 작아지는 비율을 나타내는 상수를 결합계수라 한다.

① 누설자속이 없는 경우 : $M = \sqrt{L_1 L_2}\,[\mathrm{H}]$

② 누설자속이 존재하는 경우 : $M = k\sqrt{L_1 L_2}\,[\mathrm{H}]\,(0 \leq k \leq 1)$

3) 코일의 접속

상호인덕턴스를 가지는 2개의 코일을 직렬로 접속했을 때 발생하는 합성인덕턴스는 각각의 코일 접속 방법에 따라 다음과 같다.

① 가동접속 : 2개의 코일에 흐르는 전류에 의하여 발생한 자속이 서로 합해지는 방향이 되도록 접속한 경우

$$L_0 = L_1 + L_2 + 2M\,[\mathrm{H}]$$

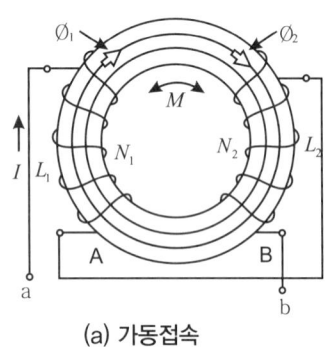

(a) 가동접속

② 차동접속 : 2개의 코일에 흐르는 전류에 의하여 발생한 자속이 서로 상쇄되는 방향이 되도록 접속한 경우

$$L_0 = L_1 + L_2 - 2M\,[\mathrm{H}]$$

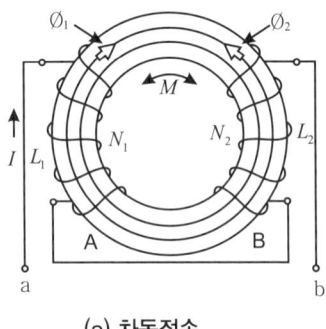

(a) 차동접속

STEP 08 전자에너지

1. 코일에 축적되는 전체에너지

$W = \dfrac{1}{2}LI^2\,[\mathrm{J}]$

2. 단위체적당 축적되는 에너지

환상철심에서 자기인덕턴스 $L[\mathrm{H}]$인 코일에 축적되는 에너지는 자기장의 세기 $H[\mathrm{AT/m}]$와 자속밀도 $B[\mathrm{Wb/m^2}]$로부터 다음과 같이 구할 수 있다.

$W_0 = \dfrac{1}{2}BH = \dfrac{1}{2}\mu H^2 = \dfrac{B^2}{2\mu}\,[\mathrm{J/m^3}]$

제01장_ 전기이론
출제예상문제
CHECK POINT QUESTION

01 쿨롱의 법칙을 옳게 나타낸 식은?(단, F : 힘[N], k : 상수, m_1, m_2는 자극의 세기[Wb], r은 점 자극 사이의 거리 [m]이다.)

① $F = r^2 \dfrac{m_1 m_2}{k}$ ② $F = k \dfrac{r^2}{m_1 m_2}$

③ $F = k \dfrac{m_1 m_2}{r^2}$ ④ $F = r \dfrac{k^2}{m_1 m_2}$

🔍 쿨롱의 법칙 : 두 자극 사이에 작용하는 힘은 두 자극의 세기의 곱에 비례하고 거리의 제곱에 반비례한다.
$F = k \dfrac{m_1 m_2}{r^2} = \dfrac{1}{4\pi\mu_0} \times \dfrac{m_1 m_2}{r^2}$
$= 6.33 \times 10^4 \times \dfrac{m_1 m_2}{r^2} [N]$

02 두 자극 사이에 작용하는 힘의 세기는 무엇에 비례하는가?

① 유전율 ② 투자율
③ 자극간의 거리 ④ 자극의 세기

🔍 쿨롱의 법칙에 의한 힘의 세기는 두 자극의 세기의 곱에 비례하고 거리에 제곱에 반비례한다.

03 영구 자석의 재료로서 적당한 것은?

① 잔류 자기가 크고 보자력이 작은 것
② 잔류 자기가 작고 보자력이 큰 것
③ 잔류 자기와 보자력이 큰 것
④ 잔류 자기와 보자력 모두 작은 것

🔍 영구자석의 재료는 히스테리시스 루프가 커서 손실도 클 뿐 아니라 잔류자기와 보자력도 크다.

04 같은 세기의 자극을 공기 중에서 1[m]의 거리로 떼어 놓았을 때 작용하는 힘이 6.33×10^4[N]이면 이 자극의 세기는 몇 [Wb]인가?

① 6.33×10^4 ② $\dfrac{1}{2}$
③ 1 ④ 2

🔍 자극의 세기가 같으므로 $m_1 = m_2 = m$ 이라 하면
$F = k \dfrac{m_1 m_2}{r^2} = 6.33 \times 10^4 \times \dfrac{m^2}{1^2} = 6.33 \times 10^4 [N]$
$m = \pm 1 [Wb]$

05 공기중에서 1.6×10^{-4}[Wb]와 2×10^{-3}[Wb]의 두 자극 사이에 작용하는 힘이 12.66[N]이었다면, 두 자극 사이의 거리[cm]는?

① 1 ② 2
③ 3 ④ 4

🔍 쿨롱의 법칙으로부터
$r^2 = \dfrac{6.33 \times 10^4 \times m_1 m_2}{F}$
$= \dfrac{6.33 \times 10^4 \times 1.6 \times 10^{-4} \times 2 \times 10^{-3}}{12.66}$
이므로
$r = \sqrt{16 \times 10^{-4}} = \sqrt{(4 \times 10^{-2})^2} = 0.04 [m] = 4 [cm]$

06 진공의 투자율 μ_0[H/m]는?

① 6.33×10^4 ② 8.855×10^{-12}
③ $4\pi \times 10^{-7}$ ④ 9×10^9

🔍 투자율 $\mu = \mu_0 \mu_s = 4\pi \times 10^{-7} \times \mu_s$[H/m]
진공, 공기의 투자율 $\mu_0 = 4\pi \times 10^{-7}$[H/m]

07 투자율 μ의 단위는 무엇인가?

① [AT/m] ② [Wb/m^2]
③ [AT/Wb] ④ [H/m]

08 다음 중 공기의 비투자율은 어느 것인가?

① 0.1 ② 1
③ 10^3 ④ 10^4

🔍 진공이나 공기 중에서의 비투자율은 항상 1이다.

정답 01 ③ 02 ④ 03 ③ 04 ③ 05 ④ 06 ③ 07 ④ 08 ②

09 다음 중 투자율이 가장 작은 것은?

① 공기　　② 강철
③ 주철　　④ 페라이트

- 강자성체($\mu_s \gg 1$) : 철, 니켈, 코발트, 망간 등
- 상자성체($\mu_s > 1$) : 주석, 백금, 공기 등
- 반자성체($\mu_s < 1$) : 물, 수소, 질소 등

10 자력선은 다음과 같은 성질이 있다. 옳지 않은 것은 다음 중 어느 것인가?

① N극에서 나와서 S극에서 끝난다.
② 자력선은 서로 교차한다.
③ 자력선에 그은 접선은 그 접점에서의 자장의 방향을 나타낸다.
④ 한 점의 자력선의 밀도는 그 점의 자장의 세기를 나타낸다.

자기력선은 서로 반발하며 교차하지 않는다.

11 공기 중에서 m[Wb]의 자극으로부터 나오는 자력선의 총수는 얼마인가?

① m　　② $\dfrac{\mu_0}{m}$
③ $\mu_0 m$　　④ $\dfrac{m}{\mu_0}$

자기력선의 총수는 가우스의 정리에 의하여 $N = \dfrac{m}{\mu_0}$개이다.

12 +1[Wb]의 자극에서 나오는 자력선(磁力線)의 수는 몇 [개]인가?

① 6.33×10^4[개]
② 7.958×10^5[개]
③ 8.855×10^3[개]
④ 1.256×10^6[개]

$N = \dfrac{m}{\mu_0} = \dfrac{1}{4\pi \times 10^{-7}} \fallingdotseq 7.958 \times 10^5$[개]

13 자장중의 한 점에 1[Wb]의 자극을 놓았을 때 이에 작용하는 힘의 크기와 방향을 그 점에 대한 무엇이라 하는가?

① 자장의 세기　　② 자위
③ 자속 밀도　　④ 자위차

자장의 세기 : 자장 안에 단위 점자극(+1[Wb])를 놓았을 때 작용하는 힘의 세기와 같다.
$H = \dfrac{m}{4\pi \mu_0 r^2} = 6.33 \times 10^4 \times \dfrac{m}{r^2}$[AT/m]

14 어느 자장에 의하여 생기는 자장의 세기를 $\dfrac{1}{2}$로 하려면 자극으로부터의 거리를 몇 배로 하면 되는가?

① 2배　　② $\sqrt{2}$ 배
③ $\dfrac{1}{4}$ 배　　④ $\dfrac{1}{\sqrt{2}}$ 배

자장의 세기는 거리에 제곱에 반비례하므로 거리를 2배로 해야 한다.

15 자장의 세기가 H[AT/m]인 곳에 m[Wb]의 자극을 놓았을 때 작용하는 힘이 F[N]라 하면 어떤 식이 성립되는가?

① $F = mH$　　② $F = 6.33 \times 10^4 mH$
③ $F = \dfrac{H}{m}$　　④ $F = \dfrac{m}{H}$

$H = \dfrac{m}{4\pi r^2} = 6.33 \times 10^4 \times \dfrac{m}{r^2}$[AT/m]
$F = 6.33 \times 10^4 \times \dfrac{m_1 m_2}{r^2}$[N]로부터 $F = mH$[N]이다.

16 자장의 세기 10[AT/m]인 점에 자극을 놓았을 때 50[N]의 힘이 작용했다. 이 자극의 세기[Wb]는?

① 5　　② 10
③ 15　　④ 25

$F = mH$[N] 식으로부터 $m = \dfrac{F}{H} = \dfrac{50}{10} = 5$[Wb]

정답　09 ①　10 ②　11 ④　12 ②　13 ①　14 ②　15 ①　16 ①

17 1,000[AT/m]의 자장 중에 어떤 자극을 놓았더니 500[N]의 힘이 작용하였다. 자극의 세기는 얼마인가?

① 5[Wb] ② 5×10^5[Wb]
③ 2[Wb] ④ 0.5[Wb]

🔍 $m = \dfrac{F}{H} = \dfrac{500}{1,000} = 0.5$[Wb]

18 자속 밀도 단위는?

① [Wb] ② [Wb/m²]
③ [AT/Wb] ④ [Wb·m²]

🔍 $B = \dfrac{\phi}{S} = \mu_0 \mu_s H$ [Wb/m²]

19 다음 중 단위가 틀린 것은?

① 자기 모멘트[Wb·m] ② 자계의 세기[AT/m]
③ 전계의 세기[V/m] ④ 자속밀도[Wb/m]

🔍 자속밀도 $B = \dfrac{\phi}{S}$[Wb/m²]

20 공심 솔레노이드의 내부 자장의 세기가 4,000[AT/m]일 때 자속 밀도 [Wb/m²]는 얼마인가?

① $16\pi \times 10^{-4}$ ② $1.6\pi \times 10^{-4}$
③ $32\pi \times 10^{-4}$ ④ $3.2\pi \times 10^{-4}$

🔍 자속밀도와 자장의 세기 관계식에 적용하면
$B = \mu_0 H = 4\pi \times 10^{-7} \times 4,000$
$= 16\pi \times 10^{-4}$[Wb/m²]

21 자장의 세기의 설명이 잘못된 것은?

① 수직단면의 자력선밀도와 같다.
② 단위길이당 기자력과 같다.
③ 단위 자극에 작용하는 힘과 같다.
④ 자속밀도에 투자율을 곱한 것과 같다.

🔍 자장의 세기에 투자율을 곱한 것이 자속밀도이다.

22 자극의 세기 10[Wb], 길이 20[cm]의 막대 자석의 자기 모멘트는 얼마가 되겠는가?

① 2[Wb·cm] ② 20[Wb·cm]
③ 2[Wb·m] ④ 20[Wb·m]

🔍 자기 모멘트의 세기 $M = m \cdot l = 10 \times 0.2 = 2$[Wb·m]

23 자극의 세기가 4×10^{-5}[Wb], 길이 10[cm,]의 막대 자석을 200[AT/m]의 평등 자계내에 자계와 30°의 각도로 놓았을 때 자석이 받는 회전력[N·m]은?

① 6×10^{-4} ② 5×10^{-4}
③ 4×10^{-4} ④ 3×10^{-4}

🔍 회전력(토크)의 세기 $T = m\ell H \sin\theta$
$= 4 \times 10^{-5} \times 0.1 \times 200 \times \sin 30°$
$= 4 \times 10^{-4}$[N·m]

24 다음은 강자성체의 투자율에 대한 설명이다. 옳게 된 것은?

① 투자율은 매질의 두께에 비례한다.
② 투자율은 자화력에 따라서 크기가 달라진다.
③ 투자율이 큰 것은 자속이 통하기 어렵다.
④ 투자율은 자속밀도에 반비례한다.

🔍 투자율
• 외부자기장의 세기(자화력)에 따라 변화한다.
• 매질의 두께에 반비례하고 자속밀도에 비례한다.
• 자속은 투자율이 클수록 잘 통과한다.

25 다음 자성체중 강자성체가 아닌 것은?

① 철(Fe) ② 알루미늄(Al)
③ 니켈(Ni) ④ 코발트(Co)

🔍 강자성체($\mu_s \gg 1$) : 철, 니켈, 코발트, 망간

26 다음 물질 중에서 반자성체가 아닌 것은?

① 납 ② 망간
③ 구리 ④ 아연

🔍 반자성체($\mu_s < 1$) : 구리, 비스무트, 안티몬, 아연, 납, 물

정답 17 ④ 18 ② 19 ④ 20 ① 21 ④ 22 ③ 23 ③ 24 ② 25 ② 26 ②

27 전류에 의한 자장의 방향을 결정하는 것은 무슨 법칙인가?

① 앙페르의 오른나사 법칙
② 플레밍의 오른손 법칙
③ 플레밍의 왼손 법칙
④ 렌쯔의 법칙

🔍 앙페르의 오른 나사 법칙 : 전류에 의한 자장의 방향을 결정하는 법칙으로 오른 나사의 진행 방향이 전류 방향이라면 회전 방향이 자장의 방향이다.

28 "전류의 방향과 자장의 방향은 각각 나사의 진행방향과 회전 방향에 일치한다."와 관계가 있는 것은?

① 플레밍의 왼손 법칙
② 앙페르의 오른나사 법칙
③ 플레밍의 오른손 법칙
④ 앙페르의 왼손나사 법칙

29 자기 분자간의 마찰로 주어진 에너지의 일부로 마찰로 인하여 발생하는 열로 소비되는 손실은 다음 중 어느 것인가?

① 분자 자석설 ② 자기 모우먼트
③ B-H곡선 ④ 히스테리시스손

30 전류에 의한 자계의 세기는 다음 어느 것과 관계가 있는가?

① 오옴의 법칙 ② 렌쯔의 법칙
③ 키르히호프의 법칙 ④ 비오-사바아르의 법칙

🔍 비오-사바르의 법칙 : 유한장 전류에 의한 미소 자장의 세기
$\Delta H = \dfrac{I\Delta l}{4\pi r^2}\sin\theta \, [\text{AT/m}]$

31 비오 사바아르의 법칙은 다음의 어떤 관계를 나타낸 것인가?

① 기전력과 자석의 변화
② 기전력과 회전력
③ 전기와 전장의 세기
④ 전류와 자장의 세기

32 다음 중 Boit-Savart의 법칙은 다음의 어떤 관계를 나타낸 것인가?

① $\Delta H = \dfrac{I\Delta l \sin\theta}{4\pi r}[\text{AT/m}]$
② $\Delta H = \dfrac{I\Delta l \sin\theta}{4\pi r^2}[\text{AT/m}]$
③ $\Delta H = \dfrac{I\Delta l \cos\theta}{4\pi r}[\text{AT/m}]$
④ $\Delta H = \dfrac{I\Delta l \cos\theta}{4\pi r^2}[\text{AT/m}]$

33 전류 및 자계의 관계로 거리가 가장 먼 것은?

① 플레밍의 왼손 법칙
② 비오-사바르의 법칙
③ 가우스의 법칙
④ 앙페르의 오른 나사의 법칙

🔍 가우스의 법칙은 전기장의 발산은 전하량에 비례하고 유전율에 반비례한다는 법칙으로 전장 내에서의 전기력선의 수 및 전기장의 세기 등을 구하는 데 이용한다.

34 $r=1.0[\text{m}]$, $I=1[\text{A}]$, $N=10$회일 때 원형코일 중심의 자장의 세기를 구하면 몇 [AT/m]인가?

① 3 ② 5
③ 7 ④ 9

🔍 자장의 세기 계산
원형 코일 중심의 자장의 세기이므로
$H = \dfrac{NI}{2r} = \dfrac{10 \times 1}{2 \times 1} = 5[\text{AT/m}]$

35 평균 반지름이 10[cm]이고 감은 횟수 10회의 원형코일에 5[A]의 전류를 흐르게 하면 코일 중심의 자장의 세기는 몇 [AT/m]인가?

① 250 ② 500
③ 750 ④ 1,000

🔍 원형코일 중심 자장
$H = \dfrac{NI}{2r} = \dfrac{10 \times 5}{2 \times 0.1} = \dfrac{50}{0.2} = 250[\text{AT/m}]$

정답 27 ① 28 ② 29 ④ 30 ④ 31 ④ 32 ② 33 ③ 34 ② 35 ①

36 긴 직선 도선에 의 전류가 흐를 때 이 도선으로부터 r만큼 떨어진 곳의 자장의 세기는?

① I에 반비례하고 r에 비례한다.
② I에 비례하고 r에 반비례한다.
③ I의 제곱에 비례하고 r에 반비례한다.
④ I에 비례하고 r의 제곱에 반비례한다.

> 직선 전류에 의한 자장의 세기는 전류에 비례하고 거리에 반비례한다.
> $H = \dfrac{I}{2\pi r}$ [AT/m]

37 반지름 r[m], 권수 N회의 환상 솔레노이드에 I[A]의 전류가 흐를 때 그 내부의 자장의 세기 H[AT/m]는?

① $\dfrac{NI}{2\pi r}$ ② $\dfrac{NI}{2r}$
③ $\dfrac{NI}{r^2}$ ④ $\dfrac{NI}{4\pi r^2}$

> 환상솔레노이드에 의한 자장의 세기 $H = \dfrac{NI}{2\pi r}$ [AT/m]

38 단위 길이당 권수가 200회인 무한장 솔레노이드가 있다. 이 코일에 20[A]의 전류가 흐를 때 솔레노이드 내부의 자장의 세기[AT/m]는 얼마인가?

① 5,000 ② 4,000
③ 1,000 ④ 2,000

> 1[m]당 권수 n_0 = 200 회이므로
> $H = n_0 I = 200 \times 20 = 4,000$ [AT/m]

39 무한장 솔레노이드에 의한 자장의 세기를 맞게 설명한 것은?

① 솔레노이드 내부 자장은 모든 점에서 같다.
② 솔레노이드 외부에서 가장 크다.
③ 솔레노이드 표면에서 가장 크다.
④ 솔레노이드 내부 중심부에서 가장 크다.

> 무한장 솔레노이드에 의한 자장은 모든 점에서 균일한 평등 자장이며 외부 자장은 0이다.

40 자화력을 표시하는 식과 관계있는 것은?

① NI ② $\dfrac{NI}{l}$
③ $\dfrac{NI}{\mu}$ ④ $\mu I l$

> 앙페르의 주회 적분 법칙 $Hl = NI$ 으로부터
> $H = \dfrac{NI}{l}$ [AT/m]이다.

41 M.K.S단위 중 기자력의 단위는?

① [AT] ② [V/m]
③ [Wb] ④ [W]

> 기자력 : 자속을 발생시키는 원천
> $F = NI = R_m \phi$ [AT]

42 단면적 5[cm²], 길이 1[m], 비투자율 10^3인 환상 철심에 600회의 권선을 감고 이것에 0.5[A]의 전류를 흐르게 한 경우의 기자력은?

① 100[AT] ② 200[AT]
③ 300[AT] ④ 400[AT]

> $F = NI = 600 \times 0.5 = 300$ [AT]

43 자기 저항의 단위는?

① [Ω] ② [Wb/AT]
③ [H/m] ④ [AT/Wb]

> 자기저항(R_m) : 자속이 폐자로를 따라 통하기 어려운 정도
> • 기자력 $F = NI = R_m \phi$ [AT]식으로부터
> $R_m = \dfrac{F}{\phi} = \dfrac{NI}{\phi}$ [AT/Wb]

44 다음 중 1,000[AT]의 기자력에서 5[Wb]의 자속이 생기는 자기 회로의 저항[AT/Wb]은 얼마인가?

① 50 ② 100
③ 150 ④ 200

> 기자력 $F = NI = R_m \phi$ [AT]의 식으로부터
> $R_m = \dfrac{F}{\phi} = \dfrac{1,000}{5} = 200$ [AT/Wb]

정답 36 ② 37 ① 38 ② 39 ① 40 ② 41 ① 42 ③ 43 ④ 44 ④

45 M. K. S유리 단위계에 있어서 자속의 단위는?

① 페럿(Farad) ② 헨리(Henry)
③ 웨버(Weber) ④ 가우스(Gauss)

🔍 자속의 단위 : 웨버[Wb]

46 자로의 단면적 A, 길이 l, 투자율 μ_s, 진공의 투자율 μ_0 일 때 자기저항은?

① $\mu_0 \mu_s \dfrac{l}{S}$ ② $\dfrac{l}{\mu_0 \mu_s S}$
③ $\dfrac{S}{\mu_0 \mu_s l}$ ④ $\dfrac{\mu_0 \mu_s S}{l}$

🔍 $R_m = \dfrac{F}{\phi} = \dfrac{l}{\mu_0 \mu_s S}$ [AT/Wb]

47 자기저항 100[AT/Wb]인 회로에 400[AT] 의 기자력을 가할 때 생기는 자속 [Wb]은?

① 40 ② 4
③ 400 ④ 4,000

🔍 $\phi = \dfrac{F}{R_m} = \dfrac{400}{100} = 4$ [Wb]

48 자기 히스테리시스 곡선의 횡축과 종축은 어느 것을 나타내는가?

① 자장의 세기와 자속밀도
② 투자율과 자장의 세기
③ 투자율과 잔류자기
④ 자장의세기와 보자력

🔍 히스테리시스 곡선은 횡축(가로축)에 자장(H[AT/m])을 취하고 종축(세로축)에 자속밀도(B[Wb/m²])를 취하여 자성체의 자화곡선을 나타낸 것이다.

49 히스테리시스 곡선이 종축과 만나는 점의 값은?

① 보자력 ② 기자력
③ 잔류자기 ④ 자속

🔍 히스테리시스 곡선
 • 종축과 만나는 점 : 잔류자기(B_r)
 • 횡축과 만나는 점 : 보자력(H_c)

50 히스테리시스손은 최대 자속 밀도의 몇 승에 비례하는가?

① 1 ② 1.6
③ 2 ④ 5

🔍 히스테리시스 손실 $p_h = \eta f B_m^{1.6}$ [J/m³]

51 불필요한 자속이 존재하는 공간의 어떤 점을 자속이 없는 상태로 하기 위해 강자성체로 싸주는 장치를 무엇이라 하는가?

① 자기 차폐 ② 전기 차폐
③ 자속 차폐 ④ 접지 차폐

52 플레밍 왼손법칙에서 엄지손가락이 나타내는 것은?

① 자장 ② 전류
③ 힘 ④ 기전력

🔍 플레밍의 왼손법칙 : 자장 안에서 도체를 놓았을 때 도체가 받는 힘(전자력)의 방향을 결정하는 법칙으로 전동기의 회전 방향을 알 수 있는 법칙이다.
전자력의 크기 : $F = BIl \sin\theta$ [N]
 • 엄지 : 힘의 방향(F[N])
 • 검지 : 자속밀도의 방향(B[Wb/m²])
 • 중지 : 전류의 방향(I[A])

53 쇠막대에 자장 H를 가할 때 H의 방향으로 늘어나거나 혹은 오므라드는 효과는?

① 자기 주울(Joule)효과
② 빌라리(Villari)효과
③ 비이데만(Wiedemann)효과
④ 에디슨(Edison)효과

54 전동기의 회전방향을 알기 위한 법칙은?

① 플레밍의 오른손 법칙
② 플레밍의 왼손 법칙

정답 45 ③ 46 ② 47 ② 48 ① 49 ③ 50 ② 51 ① 52 ③ 53 ① 54 ②

③ 렌츠의 법칙
④ 앙페르의 오른나사의 법칙

> 플레밍의 왼손법칙 : 전동기의 회전방향을 정의한 법칙
> - 엄지 : F[N]
> - 검지 : B[Wb/m^2]
> - 중지 : I[A]

55 평등 자장 내에 있는 도선에 전류가 흐를 때 자장의 방향과 어떤 각도로 되어 있으면 작용하는 힘이 최대가 되는가?

① 30° ② 45°
③ 60° ④ 90°

> 전자력의 크기 $F = BIl\sin\theta$[N]에서 힘이 최대가 되려면 sin 함수가 최대값일 때이므로 $\theta = 90°$이다.

56 공기중 자속밀도 4[Wb/m^2]의 평등 자장속에 10[cm]의 직선 도선이 자장과 직각방향으로 놓여 1[A]의 전류를 흘릴 때 이 도선이 받는 힘은 몇 [N]인가?

① 0 ② 0.4
③ 4 ④ 40

> 전자력의 크기
> $F = BIl\sin\theta = 4 \times 1 \times 0.1 \times \sin 90° = 0.4$[N]

57 자속밀도 1.5[Wb/m^2]의 자장에 수직으로 10개의 도선을 놓고 각 도선에 같은 방향으로 2[A]의 전류를 흘릴 때 전 도선에 가해지는 힘[N]은?(단, 도선이 자장 내에 있는 길이는 40[cm]이다.)

① 0.8 ② 1.2
③ 12   ④ 8

> 전자력의 크기
> $F = BIl\sin\theta = 1.5 \times 10 \times 2 \times 0.4 \times \sin 90° = 12$[N]

58 자속밀도 0.5[Wb/m^2]의 자장 안에 자장과 직각으로 20[cm]의 도체를 놓고 이것에 10[A]의 전류를 흘릴 때 도체가 50[cm] 운동한 경우의 일[J]은?

① 0.5 ② 1
③ 1.5 ④ 5

> 전자력의 크기
> $F = BIl\sin\theta = 0.5 \times 10 \times 0.2 \times \sin 90° = 1$[N]
> 이 때 도체가 힘을 받아 거리 r[m] 운동했다면 한 일은
> $W = Fr = 1 \times 0.5 = 0.5$[J]

59 평행한 두 도체에 같은 방향의 전류를 흘렸을 때 두 도체 사이에 작용하는 힘은 어떻게 되는가?

① 반발력
② 힘이 작용하지 않는다.
③ 흡인력
④ $\dfrac{1}{2\pi r}$의 힘

> 평행한 두 도체에 전류 방향이 같으면 흡인력이 작용하고 전류 방향이 반대(평행 왕복 도체)이면 이 때 전자력은 반발력이 작용한다.

60 매우 긴 평행한 두 도체 사이에 작용하는 힘[N/m]은?

① $\dfrac{I_1 I_2}{r} \times 10^{-7}$ ② $\dfrac{2I_1 I_2}{r} \times 10^{-7}$
③ $\dfrac{2I_1 I_2}{r^2} \times 10^{-7}$ ④ $\dfrac{I_1 I_2}{r^2} \times 10^{-7}$

> 평행 도체 사이에 작용하는 1[m]당 전자력의 크기
> $F = \dfrac{2I_1 I_2}{r} \times 10^{-7}$[N/m]

61 평행한 두 도선의 간격이 20[cm]로 각 도선에 20[A]의 전류가 흐를 때 단위 길이에 작용하는 전자력은 몇 [N/m]인가?

① 2×10^{-4} ② 3×10^{-4}
③ 4×10^{-4} ④ 5×10^{-4}

> $F = \dfrac{2I_1 I_2}{r} \times 10^{-7} = \dfrac{2 \times 20 \times 20}{0.2} \times 10^{-7}$
> $= 4 \times 10^{-4}$[N/m]

정답 55 ④ 56 ② 57 ③ 58 ① 59 ③ 60 ② 61 ③

62 전자 유도 현상에 의하여 생기는 유기 기전력의 방향을 정하는 법칙은?

① 플레밍의 오른손 법칙 ② 패러데이의 법칙
③ 플레밍의 왼손 법칙 ④ 렌쯔의 법칙

🔍 렌쯔의법칙 : 전자 유도 현상에 의한 유도 기전력의 방향을 정의한 법칙
"전자유도 현상에 의해 코일에 발생하는 유도전기력의 방향은 자속의 증가 또는 감소를 방해하는 방향으로 발생한다."

63 "전자 유도에 의하여 어떤 회로에 생긴 기전력은 이 회로와 쇄교하는 자속의 증가 또는 감소하는 정도에 비례한다."라는 것은 무슨 법칙인가?

① 오옴의 법칙
② 주울의 법칙
③ 전자 유도에 관한 패러데이의 법칙
④ 렌쯔의 법칙

🔍 패러데이의 법칙 : 전자 유도 현상에 의한 유도 기전력의 크기를 정의한 법칙으로 유도 기전력의 크기는 자속의 시간적인 감쇄율(증가 또는 감소)에 비례한다.
$e = N\dfrac{\Delta\phi}{\Delta t}[A]$

64 다음 중 변압기의 원리와 관계가 있는 것은?

① 전자 유도 작용 ② 표피 작용
③ 전기자 반작용 ④ 편자 작용

🔍 변압기의 원리 : 전자 유도 현상

65 2초 동안에 2[Wb]의 자속이 변할 때 유도되는 기전력[V]는?(단, $N=1$로 계산된다.)

① 1 ② 0.1 ③ 2 ④ 0.5

🔍 $e = N\dfrac{\Delta\phi}{\Delta t} = 1 \times \dfrac{2}{2} = 1[V]$

66 1회 감은 코일에 지나가는 자속이 1/100 [sec]동안에 0.3[Wb]에서 0.5[Wb]로 증가하였다면 유도 기전력[V]은?

① 5 ② 10 ③ 20 ④ 40

🔍 $e = N\dfrac{\Delta\phi}{\Delta t} = 1 \times \dfrac{(0.5-0.3)}{0.01} = 20[V]$

67 평행한 왕복 도체에 흐르는 전류에 의한 작용력은?

① 흡인력 ② 반발력
③ 회전력 ④ 0

🔍 왕복 도체이므로 전류 방향이 반대가 되어 반발력이 작용한다.

68 플레밍의 오른손 법칙에서 셋째 손가락의 방향은?

① 운동 방향 ② 자속 밀도의 방향
③ 유도 기전력의 방향 ④ 자력선의 방향

🔍 플레밍의 오른손 법칙 : 발전기의 전기자 도체가 회전하면서 발생하는 기전력의 방향을 정의한 법칙
• 엄지 : 도체의 운동 방향(v[m/sec])
• 검지 : 자장(자속밀도)의 방향(B[Wb/m²])
• 중지 : 기전력의 방향(e[V])

69 플레밍(fleming)의 오른손 법칙에 따라 기전력이 발생하는 기기는?

① 교류 발전기 ② 교류 전동기
③ 교류 정류기 ④ 교류 용접기

70 발전기의 유도전압의 방향을 나타내는 것은?

① 렌츠의 법칙
② 플레밍의 오른손 법칙
③ 오른 나사의 법칙
④ 패러데이의 법칙

71 도체가 운동하여 자속을 끊었을 때의 기전력의 방향을 알아내는데 편리한 법칙은?

① 패러데이의 법칙
② 렌쯔의 법칙
③ 플레밍의 오른손 법칙
④ 플레밍의 왼손 법칙

정답 62 ④ 63 ③ 64 ① 65 ① 66 ③ 67 ② 68 ③ 69 ① 70 ② 71 ③

72 자속밀도 B[Wb/m²]중의 길이 l[m]의 도체가 B에 직각으로 V[m/s]의 속도로 운동할 때 도선에 유기되는 기전력[V]는?

① $\frac{Bv}{l}$ ② Blv
③ $\frac{1}{Blv}$ ④ $\frac{Bl}{v}$

🔍 발전기에 의한 유도 기전력의 크기 $e = Blv\sin 90° = Blv$[V]

73 길이 0.5[m]의 쇠막대가 자속 밀도 1[Wb/m²]인 자계와 직각 방향으로 25[m/s] 이동할 때 유기 기전력은 얼마인가?

① 1.25[V] ② 50[V]
③ 12.5[V] ④ 125[V]

🔍 기전력의 크기
$e = Blv\sin\theta = 1 \times 0.5 \times 25 \times 1 = 12.5$[V]

74 자체 인덕턴스 200[mH]의 코일에서 0.1[sec] 동안에 30[A]의 전류가 변화하였다. 코일에 유도되는 기전력은?

① 6[V] ② 15[V]
③ 60[V] ④ 150[V]

🔍 $e = L\frac{\Delta i}{\Delta t} = 200 \times 10^{-3} \times \frac{30}{0.1} = 60$[V]

75 100회 감은 코일에 0.5[A]의 전류가 10^{-1}[sec] 동안에 0.3[A]로 감소하였을 때 유도 기전력이 2×10^{-4}[V]이었다면 이 코일의 자체 인덕턴스[μH]는?

① 300 ② 200
③ 100 ④ 50

🔍 $L = e\frac{\Delta t}{\Delta i} = 2 \times 10^{-4} \times \frac{0.1}{0.2}$
$= 10^{-4}$[H] $= 100$[μH]

76 권수 N회인 코일에 I[A]의 전류가 흘러 자속 ϕ[Wb]가 생겼다면 인덕턴스[H]는?

① $L = \frac{N\phi}{I}$ ② $L = \frac{I\phi}{N}$
③ $L = \frac{NI}{\phi}$ ④ $L = \frac{\phi}{NI}$

🔍 $LI = N\phi$의 식으로부터 $L = \frac{N\phi}{I}$[H]

77 1[Wb/A]와 같은 단위는?

① 1[H/m] ② 1[F/m]
③ 1[H] ④ 1[F]

🔍 $L = \frac{N\phi}{I}$[Wb/A] = [H]

78 권수 20회의 코일에 4[A]의 전류를 흘렸을 때 10^{-3}[Wb]의 자속이 코일과 쇄교했다면 이 코일의 자체 인덕턴스는 몇 [mH]인가?

① 2 ② 5
③ 10 ④ 20

🔍 $L = \frac{N\phi}{I} = \frac{20 \times 10^{-3}}{4} = 5 \times 10^{-3} = 5$[mH]

79 단면적 A[m²], 자로의 길이 l[m], 투자율 μ, 권수 N회인 환상 철심의 자체 인덕턴스의 식은 다음 중 어느 것인가?

① $\frac{\mu AN^2}{l}$ ② $\frac{AlN^2}{4\pi\mu}$
③ $\frac{4\pi\mu_s AN^2}{l}$ ④ $\frac{\mu lN^2}{A}$

🔍 $L = \frac{\mu AN^2}{l}$[H]

80 코일의 자체 인덕턴스는 어느 것에 따라 변하는가?

① 유전율 ② 투자율
③ 도전율 ④ 저항률

🔍 $L = \frac{\mu AN^2}{l}$[H]이므로 투자율 μ에 비례한다

정답 72 ② 73 ③ 74 ③ 75 ③ 76 ① 77 ③ 78 ② 79 ① 80 ②

81 환상 솔레노이드에서 코일의 권수를 N이라 하면 자체 인덕턴스 L은?

① N에 비례한다.　　② $\frac{1}{N}$에 비례한다.

③ N^2에 비례한다.　　④ $\frac{1}{N^2}$에 비례한다.

🔍 $L = \frac{N\phi}{I} = \frac{\mu A N^2}{l}$ [H]이므로 권수 N^2에 비례한다.

82 유한장 단층 솔레노이드의 권수를 2배로 하면 자체 인덕턴스 값은 몇 배가 되는가?

① 2　　② 4
③ 8　　④ $\sqrt{2}$

🔍 $L = \frac{N\phi}{I} = \frac{\mu A N^2}{l}$ [H]이므로 권수 N^2에 비례하므로
$L \propto 2^2 = 4$배가 된다.

83 자기 인덕턴스가 L_1, L_2이고 상호 인덕턴스 M, 결합계수가 1일 때의 관계는 다음 중 어느 것인가?

① $L_1, L_2 = M$
② $\sqrt{L_1 L_2} = M$
③ $\sqrt{L_1 L_2} > M$
④ $L_1, L_2 > M$

🔍 $M = k\sqrt{L_1 L_2} = \sqrt{L_1 L_2}$ [H]

84 자체 인덕턴스가 각각 160[mH], 250[mH]의 두 코일이 있다. 두 코일 사이의 상호 인덕턴스가 150[mH]이면 결합계수는 얼마인가?

① 0.866　　② 0.75
③ 0.62　　④ 0.5

🔍 $M = k\sqrt{L_1 L_2}$ [H]식으로부터
$k = \frac{M}{\sqrt{L_1 L_2}} = \frac{150}{\sqrt{160 \times 250}} = 0.75$

85 자체 인덕턴스 40[mH]와 90[mH]인 두 개의 코일이 있다. 양 코일 사이에 누설 자속이 없다고 하면 상호 인덕턴스는 몇 [mH]인가?

① 20　　② 40
③ 50　　④ 60

🔍 누설자속이 없으면 완전 결합이므로 k=1로 계산한다.
$M = \sqrt{L_1 L_2} = \sqrt{40 \times 90} = 60$ [mH]

86 자체 인덕턴스가 L_1, L_2[H]인 두 원형 코일이 서로 직교하고 있다. 두 코일간의 상호 인덕턴스는?

① $L_1 + L_2$　　② $L_1 \cdot L_2$
③ $\sqrt{L_1 L_2}$　　④ 0

🔍 두 코일이 서로 직교하면 자속이 결합계수가 0이다. 그러므로 상호 인덕턴스도 0이 된다.

87 자기 인덕턴스 L_1, L_2 상호 인덕턴스 M의 코일을 같은 방향으로 직렬 연결한 경우 합성 인덕턴스는?

① $L_1 + L_2 - M$　　② $L_1 + L_2 + M$
③ $L_1 + L_2 - 2M$　　④ $L_1 + L_2 + 2M$

🔍 • 직렬연결(가동접속) $L_0 = L_1 + L_2 + 2M$
• 차동접속 $L_0 = L_1 + L_2 - 2M$

88 자체 인덕턴스가 L_1, L_2 상호 인덕턴스가 M인 코일이 자기적으로 결합을 했을 때 합성 인덕턴스는?

① $L_1 + L_2 + M$　　② $L_1 - L_2 + M$
③ $L_1 + L_2 \pm 2M$　　④ $L_1 - L_2 \pm 2M$

89 0.25[H]와 0.23[H]의 자체 인덕턴스를 직렬로 접속할 때 합성 인덕턴스의 최대값[H]은?

① 0.96　　② 0.58
③ 0.48　　④ 0.27

🔍 $L_0 = L_1 + L_2 + 2M = L_1 + L_2 + 2\sqrt{L_1 L_2}$
$= 0.25 + 0.23 + 2 \times \sqrt{0.25 \times 0.23} = 0.96$ [H]

정답　81 ③　82 ②　83 ②　84 ②　85 ④　86 ④　87 ④　88 ③　89 ①

90 L[H] 코일에 I[A]의 전류가 흐를 때 저축되는 에너지는 몇 [J]인가?

① LI ② $\frac{1}{2}LI$

③ LI^2 ④ $\frac{1}{2}LI^2$

🔍 전자에너지 $W = \frac{1}{2}LI^2$[J]

---

91 L[H]의 코일에 W[J]의 에너지를 축적하려면 이 코일에 흘려 줄 전류[A]를 나타낸 것은?

① $I = \sqrt{\frac{2W}{L}}$ ② $I = \frac{2W}{L}$

③ $I = \frac{L}{2W}$ ④ $I = \sqrt{\frac{L}{2W}}$

🔍 $W = \frac{1}{2}LI^2$[J]식으로부터 $I = \sqrt{\frac{2W}{L}}$[A]

---

92 자기 인덕턴스 1[H]의 코일에 10[A]의 전류가 흐르고 있을 때 축적되는 에너지[J]는?

① 10   ② 50
③ 100   ④ 200

🔍 $W = \frac{1}{2}LI^2 = \frac{1}{2} \times 1 \times 10^2 = 50$[J]

---

93 코일에 흐르고 있는 전류가 5배로 되면 축적되는 전자 에너지는 몇 배가 되겠는가?

① 10   ② 15
③ 20   ④ 25

🔍 $W = \frac{1}{2}LI^2$[H]에서 I^2에 비례하므로 $5^2 = 25$배가 된다.

---

94 0.5[A]의 전류가 흐르는 코일에 저축된 전자 에너지를 0.2[J] 이하로 하기위한 인덕턴스[H]는 얼마인가?

① 0.8   ② 1.2
③ 1.6   ④ 2.2

🔍 $L = \frac{2W}{I^2} = \frac{0.2 \times 2}{0.5^2} = 1.6$[H]

---

95 자체 인덕턴스 4[H]의 코일에 18[J]의 에너지가 저장되어 있다. 이때 코일에 흐르는 전류는 몇 [A]가 되겠는가?

① 1.5   ② 3
③ 6   ④ 18

🔍 $I = \sqrt{\frac{2W}{L}} = \sqrt{\frac{2 \times 18}{4}} = 3$[A]

---

96 자속 밀도 B, 자장의 세기 H, 투자율 μ일 때 단위 체적당 저장 에너지 [J/m³]의 식이 옳지 않은 것은?

① $\frac{1}{2}BH$ ② $\frac{1}{2}\mu H^2$

③ $\frac{B^2}{2\mu}$ ④ $\frac{BH}{2\mu}$

🔍 $W = \frac{1}{2}BH = \frac{1}{2}\mu H^2 = \frac{B^2}{2\mu}$[J/m³]

정답 90 ④ 91 ① 92 ② 93 ④ 94 ③ 95 ② 96 ④

SECTION 04 교류회로

STEP 01 정현파 교류와 그 표시방법

1. 사인파(정현파)교류

1) 교류의 정의

교류란 그 크기와 방향이 사인파의 형태를 가지면서 주기적으로 변화하는 전압 또는 전류를 말한다.

2) 교류의 발생원리

그림과 같은 평등자기장 중에 전기자도체(코일)을 놓고 시계방향으로 회전시키면 전기자 도체에서는 플레밍의 오른손 법칙에 의하여 그 크기와 방향이 변화하는 유도기전력이 발생한다.

$e = Blv\sin\theta$ [V]

① v[m/sec] : 전기자 도체(코일)의 회전속도

② B[Wb/m²] : 자속밀도

③ l[m] : 전기자 도체의 길이

④ θ : 자장의 방향과 전기자 도체가 이루는 각

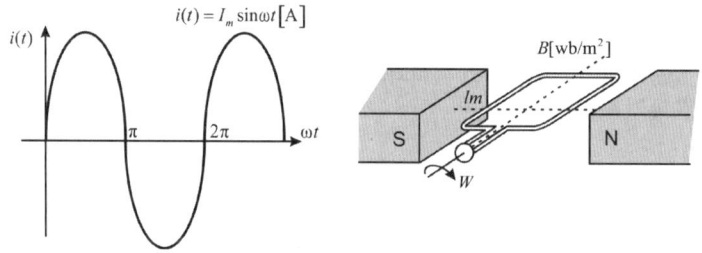

3) 교류의 기초

① 1주기(T) : 파형이 1(cycle)변화하는데 필요한 시간

$T = \dfrac{1}{f}$ [sec]

② 주파수(f) : 1[sec]동안 파형이 변화하는 사이클의 수

$f = \dfrac{1}{T}$ [Hz]

상용주파수 $f = 60[Hz]$는 1초 동안 이루는 사이클의 수가 60회, 주기는 $\frac{1}{60}[sec]$임을 나타낸다.

③ 각주파수(ω) : 회전운동 시 1[sec]동안 발생하는 각의 변화율

$$\omega = 2\pi f = \frac{2\pi}{T} [rad/sec]$$

④ 전기각(θ) : 회전운동 시 t[sec]동안 발생하는 각의 변화율
발전기의 전기자 도체가 자장과 이루는 각

$$\theta = \omega t [rad]$$

⑤ 전기각 $\omega t [rad]$인 발전기에서의 유도기전력

$$e_{(t)} = V_m \sin \omega t [V]$$

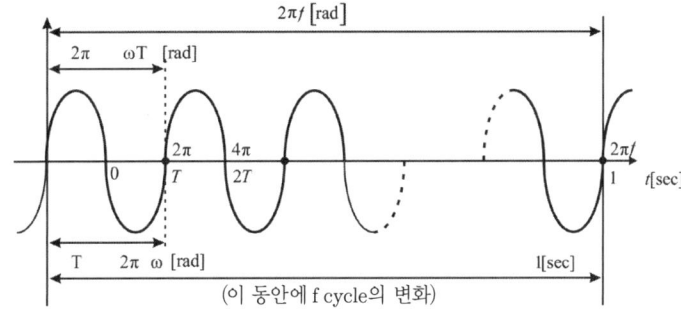

4) 호도법(radian법)

호도법이란 원의 반지름(r)에 대한 호(l)의 비율로 각도를 표현하는 방법으로 $\theta[rad]$로 표현한다.

$$\theta = \frac{l}{r} [rad]$$

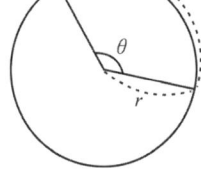

반원을 예로 들면 호의 길이 $l = 2\pi r$이고 각은 180°이므로 호도법으로 위상을 구해보면

$$\theta = 180° = \frac{\pi r}{r} = \pi [rad]$$

임을 알 수 있다.

호도법에 의한 각도 표시

$\frac{\pi}{6}$	$\frac{\pi}{4}$	$\frac{\pi}{3}$	$\frac{\pi}{2}$	π	2π
30°	45°	60°	90°	180°	360°

2. 위상과 위상차

1) 위상

위상이란 하나의 전기적 파의 어떤 임의의 기점에 대한 상대적인 위치로서 여러 개의 사인파 교류에서 각 파의 상승이 시작하는 0의 값에 대한 시간의 차를 위상차라고 한다.

① v_1은 v보다 위상 θ_1만큼 앞서 있다.
② v_2은 v보다 위상 θ_2만큼 뒤져 있다.

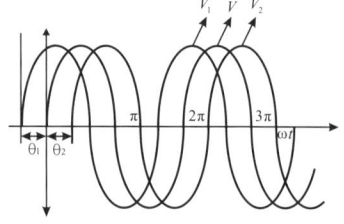

2) 동상(동위상)

2개 이상의 교류 파형에서 그 크기가 0이 될 때의 시점이 같은 교류를 『위상이 같다』 또는 『동상이다』라고 한다.

$v_1 = V_{m_1} \sin \omega t \, [\text{V}]$
$v_2 = V_{m_2} \sin \omega t \, [\text{V}]$

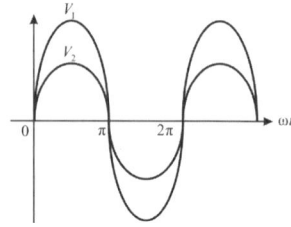

3. 정현파 교류의 크기

1) 순시값

어떤 임의의 순간에서의 전압이나 전류의 크기값으로 $v(t), i(t)$로 표기한다.

$v(t) = V_m \sin(\omega t + \theta) \, [\text{V}]$

2) 최대값

교류파형의 순시값 중 가장 큰 순시값을 말하며 V_m, I_m으로 표기한다.

$V_m = \sqrt{2} \, V \, [\text{V}]$

3) 평균값

교류의 방향이 변하지 않는 반주기 동안의 파형의 면적을 반주기로 나눈 값으로 V_{av}, I_{av}로 표기한다. $V_{av} = \dfrac{2}{\pi} V_m = 0.637 V_m \, [\text{V}]$

4) 실효값

크기가 같은 어느 저항체에서 일정시간동안 교류가 발생하는 열량과 직류가 발생하는 열량이 같아지는 순간의 교류값으로 V, I로 표현한다.

$V = \dfrac{V_m}{\sqrt{2}} = 0.707 V_m \, [\text{V}]$

5) 파고율

실효값에 대한 최대값의 비율

파고율 $= \dfrac{\text{최대값}}{\text{실효값}}$

6) 파형률

평균값에 대한 실효값의 비율

파형률 = $\dfrac{\text{실효값}}{\text{평균값}}$

4. 정현파 교류의 표시법

1) 벡터(정지벡터) 표시법

정현파 교류의 크기와 위상을 벡터로 나타내는 방법

① 크기(실효값) : 화살표 크기
② 위상(편각 θ) : 기준선과 이루는 각
③ + : 위상이 θ만큼 빠를 경우, − : 위상이 늦은 경우

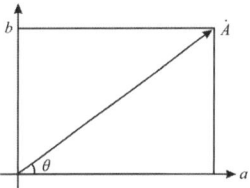

 벡터 : 크기와 방향을 가진 양(힘, 속도 등)

2) 극형식법(극좌표법)

정현파 교류의 크기와 위상을 극형식으로 나타내는 방법

① 크기 : 실효값   ② 위상 : 편각 θ

극형식법 = 크기(실효값) ∠위상(편각 θ)

 극형식법에 의한 곱셈과 나눗셈의 계산법

$A \angle \theta_1 \times B \angle \theta_2 = A \times B \angle \theta_1 + \theta_2$ $\dfrac{A \angle \theta_1}{B \angle \theta_2} = \dfrac{A}{B} \angle \theta_1 - \theta_2$

3) 복소수법

정현파 교류의 크기와 위상을 복소수로 표시하는 방법

$\dot{A} = a + jb$

① 크기(실효값) : $|A| = \sqrt{a^2 + b^2}$

② 위상(편각 θ) : $\theta = \tan^{-1} \dfrac{b}{a}$

 허수 j의 의미 : 위상관계를 표현하기 위한 하나의 벡터로 위상이 90° 빠름을 의미한다.

$j = \sqrt{-1},\ j^2 = -1,\ \dfrac{1}{j} = -j$

4) 삼각함수법

정현파 교류의 크기와 위상을 cos, sin으로 표시하는 방법

① 크기(실효값) : $|A| = \sqrt{a^2 + b^2}$

② 위상(편각 θ) : 실수부는 cos, 허수부는 sin으로 표시

삼각함수법=크기(실효값)$(\cos\theta + j\sin\theta)$

5) 지수함수법

정현파 교류의 크기와 위상을 지수함수 $e^{j\theta}$를 이용하여 표시하는 방법

① 크기 : 실효값　　　　② 위상 : 편각 θ

지수함수법 = 크기(실효값)·$e^{j\theta}$

(+j : 위상이 θ만큼 빠른 경우, −j : 위상이 만큼 느린 경우)

[예제] $i(t) = 10\sqrt{2}\sin\left(\omega t + \dfrac{\pi}{6}\right)$의 표시법

- 극형식법 : $\dot{I} = I\angle\theta = 10\angle\dfrac{\pi}{6}$
- 지수함수법 : $\dot{I} = I\cdot e^{j\theta} = 10e^{j\frac{\pi}{6}}$
- 삼각함수법 : $\dot{I} = I(\cos\theta + j\sin\theta) = 10\left(\cos\dfrac{\pi}{6} + j\sin\dfrac{\pi}{6}\right)$
- 복소수법 : $\dot{I} = a + jb = \left(10\cdot\cos\dfrac{\pi}{6}\right) + j\left(10\cdot\sin\dfrac{\pi}{6}\right) = 5\sqrt{3} + j5\,[\text{A}]$

STEP 02 기본교류회로

1. 단일소자회로의 전압과 전류

1) 저항(R)만의 회로

R만의 회로에 교류전압 $v = \sqrt{2}\,V\sin\omega t\,[\text{V}]$를 가했을 때 흐르는 전류 i는 서로 위상이 같다.

① 순시전류 : $i = \dfrac{v}{R} = \sqrt{2}\dfrac{V}{R}\sin\omega t = \sqrt{2}\,I\sin\omega t\,[\text{A}]$

② 기호법에 의한 전압과 전류의 표시 : $\dot{V} = \dot{I}R\,[\text{V}],\ \dot{I} = \dfrac{\dot{V}}{R}\,[\text{A}]$

③ 전압과 전류의 크기 : $V = IR\,[\text{V}],\ I = \dfrac{V}{R}\,[\text{A}]$ (V, I : 실효값)

④ 저항만의 회로에서의 전압과 전류의 위상은 같다.

[참고] 교류의 옴의 법칙

$V = IZ\,[\text{V}]$

$I = \dfrac{V}{Z}\,[\text{A}]$ (Z[Ω] : 임피던스로서 교류에서 전류를 방해하는 성분)

2) 인덕턴스(L)만의 회로

L만의 회로에 교류전류 $i = \sqrt{2}I\sin\omega t[A]$를 가했을 때 흐르는 전류 i는 인가전압 v보다 $\frac{\pi}{2}[rad]$만큼 위상이 뒤진다.

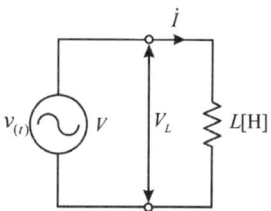

① 유도기전력(v_L) : 인덕턴스 $L[H]$인 코일 양단에 흐르는 전류 i의 변화를 방해하는 방향으로 발생하는 기전력

$$v_L = -L\frac{\Delta i}{\Delta t} = \sqrt{2}\omega LI\sin\left(\omega t - \frac{\pi}{2}\right)[V]$$

② 전압과 전류의 크기 : $V = \omega LI[V]$, $I = \frac{V}{\omega L}[A]$ (V, I : 실효값)

③ 유도성 리액턴스(X_L) : L만의 회로에서 흐르는 교류전류를 방해하는 작용을 하는 $L[H]$의 임피던스로서 주파수에 비례하는 특성을 가진다.

$$X_L = \omega L = 2\pi fL[\Omega]$$

④ 전압과 전류의 위상 : 전류가 전압보다 $\frac{\pi}{2}[rad]$ 만큼 뒤진 지상전류(유도성 회로)가 흐른다.

3) 정전용량(C)만의 회로

C만의 회로에 교류전압 $v = \sqrt{2}V\sin\omega t[V]$를 가했을 때 흐르는 전류 i는 인가 전압 v보다 $\frac{\pi}{2}[rad]$ 만큼 위상이 앞선 전류가 흐른다.

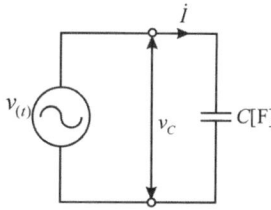

① 콘덴서에 축적되는 전기량 : $q = Cv = \sqrt{2}CV\sin\omega t[C]$

② 전압과 전류의 크기 : $V = \frac{1}{\omega C}I[V]$

③ 용량성 리액턴스(X_c) : C만의 회로에서 흐르는 교류전류를 방해하는 작용을 하는 $C[F]$의 임피던스로 주파수에 반비례하는 특성을 갖는다.

$$X_c = \frac{1}{\omega C} = \frac{1}{2\pi fC}[\Omega]$$

④ 전압과 전류의 위상 : 전류가 전압보다 위상이 $\frac{\pi}{2}[rad]$만큼 앞선 진상전류(용량성 회로)가 흐른다.

2. R-L-C 직렬회로

1) R-L 직렬회로

저항 $R[\Omega]$과 인덕턴스 $L[H]$인 코일을 접속한 회로로 저항 $R[\Omega]$과 유도성 리액턴스 $X_L[\Omega]$이 회로에 흐르는 전류의 크기를 제한하는 작용을 한다.

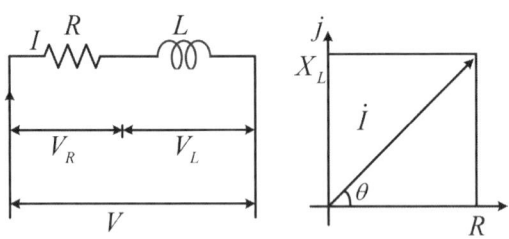

$$\dot{V} = \dot{V}_R + \dot{V}_L = R\dot{I} + jX_L\dot{I} = (R+j\omega L)\dot{I} = \dot{Z}\dot{I}[V]$$

① 합성임피던스

$$\dot{Z} = R + jX_L = R + j\omega L[\Omega]$$

㉮ 절대값 : $Z = \sqrt{R^2 + X_L^2} = \sqrt{R^2 + (\omega L)^2}[\Omega]$

㉯ 위상 : $\theta = \tan^{-1}\dfrac{X_L}{R}$

② 전류 : $I = \dfrac{V}{Z} = \dfrac{V}{\sqrt{R^2 + X_L^2}}[A]$

③ 전압과 전류의 위상 : 전류 $\dot{I}$가 전압 $\dot{V}$보다 위상 θ만큼 뒤진다(유도성, 지상 전류).

④ 역률 : $\cos\theta = \dfrac{R}{Z} = \dfrac{R}{\sqrt{R^2 + X_L^2}}$

2) R-C 직렬 회로

저항 $R[\Omega]$과 정전용량 $C[F]$인 콘덴서를 직렬로 접속한 회로로 저항 $R[\Omega]$과 용량성 리액턴스 $\dfrac{1}{\omega C}[\Omega]$인 회로에 흐르는 전류의 크기를 제한하는 작용을 한다.

$$\dot{V} = \dot{V}_R + \dot{V}_C = R\dot{I} - jX_C\dot{I} = (R-jX_C)\dot{I} = \dot{Z}\dot{I}$$

① 합성임피던스 : $\dot{Z} = R - jX_C = R - j\dfrac{1}{\omega C}[\Omega]$

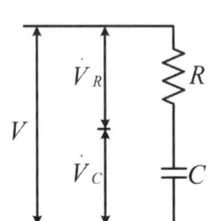

㉮ 크기 : $Z = \sqrt{R^2 + X_C^2} = \sqrt{R^2 + \left(\dfrac{1}{\omega C}\right)^2}[\Omega]$

㉯ 위상 : $\theta = \tan^{-1}\dfrac{X_C}{R} = \tan^{-1}\dfrac{1}{\omega CR}$

② 전류 : $I = \dfrac{V}{\sqrt{R^2 + X_C^2}} = \dfrac{V}{\sqrt{R^2 + \left(\dfrac{1}{\omega C}\right)^2}}[A]$

③ 전압과 전류의 위상 : 전류 $\dot{I}$가 전압 $\dot{V}$보다 위상 θ만큼 앞선다(용량성, 진상 전류).

3) $R-L-C$ 직렬회로

$$\dot{Z} = R + j(X_L - X_C)\,[\Omega]$$

① $X_L > X_C$ (유도성)인 경우

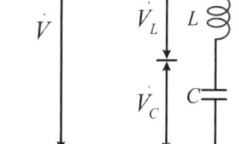

㉮ 임피던스 : $\dot{Z} = R + j(X_L - X_C)\,[\Omega]$
- 크기 : $Z = \sqrt{R^2 + (X_L - X_C)^2}\,[\Omega]$
- 위상 : $\theta = \tan^{-1}\dfrac{X_L - X_C}{R} = \tan^{-1}\dfrac{\omega L - \dfrac{1}{\omega C}}{R}$

㉯ 전압과 전류의 위상 : 전류 $\dot{I}$가 전압 $\dot{V}$보다 위상 θ만큼 뒤진다(유도성, 지상 전류).

② $X_L < X_C$ (용량성)인 경우

㉮ 임피던스 : $\dot{Z} = R - j(X_c - X_L)\,[\Omega]$
- 크기 : $Z = \sqrt{R^2 + (X_c - X_L)^2}\,[\Omega]$
- 위상 : $\theta = \tan^{-1}\dfrac{X_c - X_L}{R}$

㉯ 전압과 전류의 위상 : 전류 $\dot{I}$가 전압 $\dot{V}$보다 위상 θ만큼 앞선다(용량성, 진상 전류).

③ $X_L = X_C$인 경우(직렬공진)

직렬 공진이란 임피던스의 허수부가 0이 되는 것을 말하며 임피던스가 R성분만 남음 전압과 전류가 동상이 된다.

㉮ 임피던스 : $\dot{Z} = R\,[\Omega]$(최소임피던스)

㉯ 전압 : $\dot{V} = \dot{V}_R = R\dot{I}\,[\text{V}],\ V = RI\,[\text{V}]$

㉰ 전류 : $I = \dfrac{V}{R}\,[\text{A}]$ (최대전류)

㉱ 전압과 전류의 위상 : R만의 회로이므로 전압과 전류의 위상은 같다.

㉲ 역률 : $\cos\theta = \dfrac{R}{Z} = \dfrac{R}{R} = 1$

㉳ 공진주파수 : $\omega L = \dfrac{1}{\omega C} \to \omega^2 LC = 1 \to \omega = \dfrac{1}{\sqrt{LC}}$ $\quad \therefore f_r = \dfrac{1}{2\pi\sqrt{LC}}\,[\text{Hz}]$

3. $R-L-C$ 병렬회로

1) 어드미턴스

임피던스 $\dot{Z}$의 역수 $\dot{Y} = \dfrac{1}{\dot{Z}}$ 을 어드미턴스라고 하며 [℧](모우)라는 단위를 이용한다.

$\dot{Y} = G + jB$

① G(실수부) : 콘덕턴스 ② B(허수부) : 서셉턴스

회로	임피던스	어드미턴스
저항 회로	$R[\Omega]$(저항)	$\dfrac{1}{R}[\mho]$(콘덕턴스)
유도성 회로	$j\omega L[\Omega]$ (유도성 리액턴스)	$-j\dfrac{1}{\omega L}[\mho]$(유도성 서셉턴스)
용량성 회로	$-j\dfrac{1}{\omega C}[\Omega]$(용량성 리액턴스)	$j\omega C[\mho]$(용량성 서셉턴스)

2) 어드미턴스의 접속

① 직렬접속

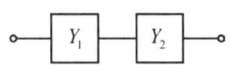

합성어드미턴스 $Y_0 = \dfrac{Y_1 Y_2}{Y_1 + Y_2}[\mho]$

② 병렬접속

합성어드미턴스 $Y_0 = Y_1 + Y_2 [\mho]$

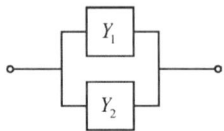

3) $R-L$ 병렬회로

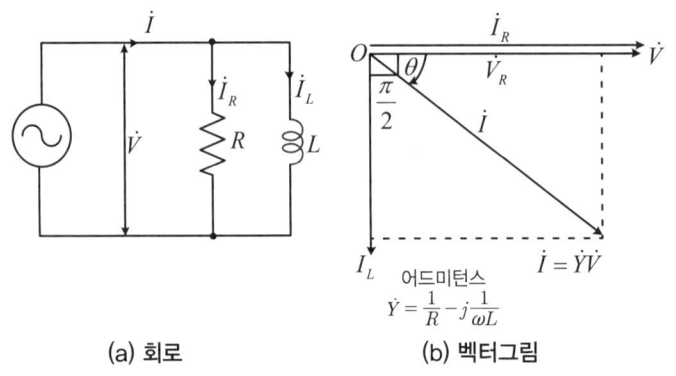

(a) 회로   (b) 벡터그림

① 어드미턴스 : $\dot{Y} = \dfrac{1}{R} - j\dfrac{1}{X_L} = \dfrac{1}{R} - j\dfrac{1}{\omega L}[\mho]$

㉮ 크기 : $Y = \sqrt{\left(\dfrac{1}{R}\right)^2 + \left(\dfrac{1}{X_L}\right)^2}$

㉯ 위상 : $\theta = \tan^{-1}\dfrac{\dfrac{1}{\omega L}}{\dfrac{1}{R}} = \tan^{-1}\dfrac{R}{\omega L}[\text{rad}]$

② 전류 : $\dot{I} = \dot{I}_R + \dot{I}_L = \dfrac{\dot{V}}{R} - j\dfrac{\dot{V}}{X_L} = \left(\dfrac{1}{R} - j\dfrac{1}{\omega L}\right)\dot{V}[\text{A}]$

③ 전압과 전류의 위상 : 전류 $\dot{I}$가 전압 $\dot{V}$보다 위상 θ만큼 뒤진다(유도성, 지상 전류).

④ 역률 $\cos\theta = \dfrac{X_L}{\sqrt{R^2 + (X_L)^2}}$

4) $R-C$ 병렬 회로

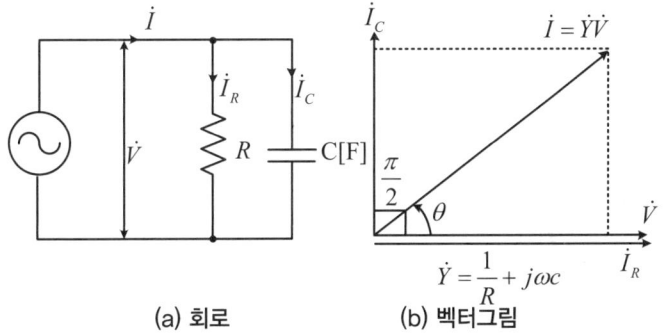

(a) 회로 (b) 벡터그림

$$\dot{I} = \dot{I}_R + \dot{I}_C = \frac{\dot{V}}{R} + j\frac{\dot{V}}{X_C} = \left(\frac{1}{R} + j\omega C\right)\dot{V} = \dot{Y}\dot{V}\,[\text{A}]$$

① 어드미턴스 : $\dot{Y} = \frac{1}{R} + j\frac{1}{X_C} = \frac{1}{R} + j\omega C\,[\text{℧}]$

㉮ 크기 : $Y = \sqrt{\left(\frac{1}{R}\right)^2 + \left(\frac{1}{X_C}\right)^2} = \sqrt{\left(\frac{1}{R}\right)^2 + (\omega C)^2}\,[\text{℧}]$

㉯ 위상 : $\theta = \tan^{-1}\omega CR\,[\text{rad}]$

② 전압과 전류의 위상 : 전류 $\dot{I}$가 전압 $\dot{V}$보다 위상 θ만큼 앞선다(용량성, 진상 전류).

③ 역률 $\cos\theta = \dfrac{X_C}{\sqrt{R^2 + (X_C)^2}}$

5) $R-L-C$ 병렬 회로

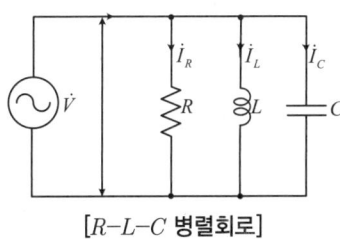

[$R-L-C$ 병렬회로]

① 전류

$\dot{I} = \dot{Y}\dot{V}\,[\text{A}]$

② 합성어드미턴스 : $\dot{Y} = \frac{1}{R} + j\left(\frac{1}{X_C} - \frac{1}{X_L}\right) = \frac{1}{R} + j\left(\omega C - \frac{1}{\omega L}\right)[\text{℧}]$

③ $X_L = X_C$ (병렬공진)

㉮ 어드미턴스 : $\dot{Y} = \frac{1}{R}\,[\text{℧}]$ (최소 어드미턴스)

㈏ 전류 : $\dot{I} = \dot{I}_R = \dfrac{\dot{V}}{R}$[A], $I = \dfrac{V}{R}$[A](최소전류)

㈐ 전압과 전류의 위상 : R만의 회로이므로 전압과 전류의 위상은 같다.

㈑ 역률 : $\cos\theta = 1$

㈒ 공진주파수 : $\dfrac{1}{\omega L} = \omega C \rightarrow \omega^2 LC = 1 \rightarrow \omega = \dfrac{1}{\sqrt{LC}}$

$f_r = \dfrac{1}{2\pi\sqrt{LC}}$ [Hz]

STEP 03 교류 전력

1. 교류전력

그림과 같이 저항과 유도성 리액턴스가 직렬로 접속된 회로에 순시전압 v를 인가했을 때 흐르는 전류 i는 유도성 리액턴스 부하에 의한 위상차 θ만큼 뒤지는 지상전류가 흐르면서 부하에 연결된 각각의 회로소자에서 소비되는 교류전력은 다음과 같다.

$$v(t) = \sqrt{2}\,V\sin\omega t\,[\mathrm{V}] \qquad i(t) = \sqrt{2}\,I\sin(\omega t - \theta)\,[\mathrm{A}]$$

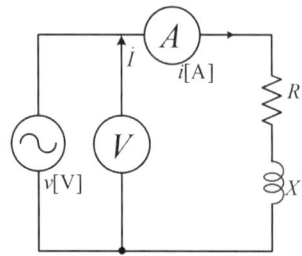

1) 피상전력(전체 임피던스 부하)

전압과 전류의 각각의 실효값을 곱한 것으로 변압기 용량 등과 같은 교류전원 용량을 표시하는데 사용한다.

$$P_a = VI = I^2 Z = \dfrac{V^2}{Z} = \dfrac{P}{\cos\theta} = \dfrac{P_r}{\sin\theta} = \sqrt{P^2 + P_r^2}\,[\mathrm{VA}]$$

2) 유효전력(저항 부하)

전원에서 공급된 피상전력중에서 부하에서 유효하게 이용하는 전력으로 소비전력, 평균전력 또는 단순히 전력이라 한다.

$$P = P_a \cos\theta = VI\cos\theta = I^2 R = \dfrac{V^2}{R}\,[\mathrm{W}]$$

3) 무효전력(리액턴스 부하)

전원과 부하사이를 순환하기만 하고 실제로 부하에서는 유효한 전력으로 이용할 수 없는 전력이다.

$$P_r = P_a \sin\theta = VI\sin\theta = I^2 X = \frac{V^2}{X} [\text{Var}]$$

4) 역률(cos θ)

피상전력에 대한 유효전력의 비로 전원에서 공급된 전력이 부하에서 실제로 유효하게 이용되는 비율이라는 의미에서 역률(power factor)이라고 하면서 전압과 전류의 위상차를 나타내는 각 θ를 역률각이라고 한다.

$$역률(\cos\theta) = \frac{유효전력(P)}{피상전력(P_a)}$$

STEP 04 대칭 3상 교류

1. 대칭 3상 교류의 발생

1) 대칭 3상 교류의 발생원리

기하학적으로 $\frac{2}{3}\pi$ [rad]만큼씩의 간격을 두고 배치한 코일 A, B, C를 하나씩 묶어 다음과 같은 평등 자기장 내에서 일정한 속도로 시계방향으로 회전시킬 때 서로 $\frac{2}{3}\pi$ [rad]만큼씩의 위상차를 가지면서 크기가 같은 3개의 사인파 전압이 발생하는데 이때 발생한 3개의 파형을 대칭 3상 교류라 한다.

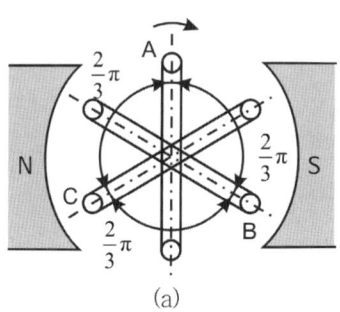 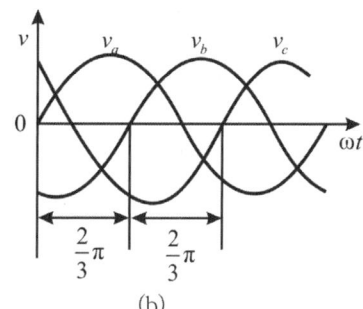

(a) (b)

[3상 교류의 발생]

2) 대칭 3상 교류의 순시값 및 벡터 표시

① 순시값 표시

$$v_a = \sqrt{2}\,V \sin \omega t\,[\text{V}]$$
$$v_b = \sqrt{2}\,V \sin \left(\omega t - \frac{2}{3}\pi\right)[\text{V}]$$
$$v_c = \sqrt{2}\,V \sin \left(\omega t - \frac{4}{3}\pi\right)[\text{V}]$$

② 벡터합 : $\dot{V}_a + \dot{V}_b + \dot{V}_c = 0$

3) 대칭 3상 교류의 조건

① 각상의 기전력의 크기가 같을 것
② 각상의 주파수가 같을 것
③ 각상의 위상차가 각각 $\frac{2}{3}\pi\,[\text{rad}]$일 것
④ 파형이 같을 것

2. 대칭 3상 교류의 결선

1) Y 결선 방식

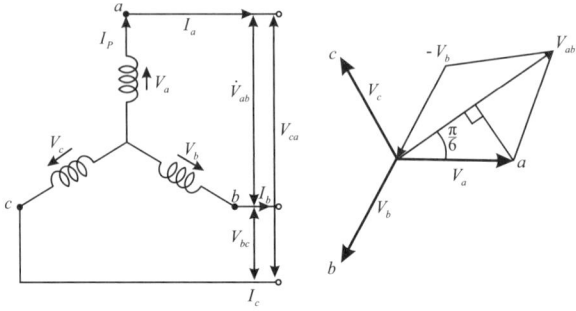

상전압(V_P) : $V_a = V_b = V_c\,[\text{V}]$, 선간전압 ($V_l$) : $V_{ab} = V_{bc} = V_{ca}\,[\text{V}]$

$$V_l = \sqrt{3}\,V_p$$

상전류(I_P)=선전류 (I_l) : $I_a = I_b = I_c\,[\text{A}]$

① 전압의 크기 및 위상관계 : $\dot{V}_l = \sqrt{3}\,V_P \underline{/\frac{\pi}{6}}$

선간전압의 크기는 상전압의 $\sqrt{3}$ 배이고, 위상은 선간전압이 상전압 보다 $\frac{\pi}{6}\,[\text{rad}]\,(30°)$ 만큼 앞선다.

② 전류의 크기 및 위상관계 : $I_l = I_p \underline{/0}$

선전류는 상전류와 크기 및 위상이 같다.

2) 환형(Δ형) 결선 방식

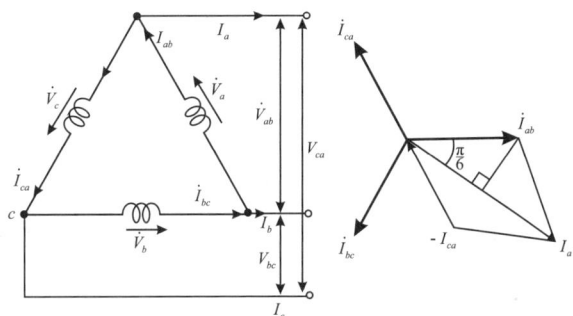

상전압(V_P) = 선간전압$(\dot{V}_l)$: $V_a = V_b = V_c = V_{ab} = V_{bc} = V_{ca}$ [V]

상전류(I_P) : $I_{ab} = I_{bc} = I_{ca}$ [A]　　　선전류(I_l) : $I_a = I_b = I_c$ [A]

$$I_l = \sqrt{3} \times I_P$$

① 전압의 크기 및 위상관계 : $V_l = V_P \underline{/0}$

　선간전압은 상전압과 크기 및 위상이 같다.

② 전류의 크기 및 위상관계 : $I_l = \sqrt{3}\, I_P \underline{/-\dfrac{\pi}{6}}$

　선전류의 크기는 상전류의 $\sqrt{3}$ 배이고, 위상은 선전류가 상전류보다 $\dfrac{\pi}{6}$[rad](30°)만큼 뒤진다.

3) 대칭 3상 교류의 전압과 전류의 관계

결선 방법	성형(Y형) 결선	환형(Δ형) 결선
선간선압 V_l	$V_l = \sqrt{3}\, V_p$	$V_l = V_P$
선전류 I_l	$I_l = I_P$	$I_l = \sqrt{3}\, I_P$

4) 3상 전력

평형 3상 회로의 전력 P는 부하의 결선 상태에 관계없이 항상 다음과 같이 각각의 전력을 나타낼 수 있다.

① 피상전력(P_a) : 임피던스 부하 Z에서 소비하는 전력

$$P_a = \sqrt{3}\, V_l I_l = 3 I_p^2 Z_p \, [\text{W}]$$

② 유효전력(소비전력, 평균전력)(P) : 저항 부하 R에서 소비하는 전력

$$P = \sqrt{3}\, V_l I_l \cos\theta = 3 I_p^2 R \, [\text{W}]$$

③ 무효전력(P_r) : 리액턴스 X에서 소비하는 전력

$$P_r = \sqrt{3}\, V_l I_l \sin\theta = 3 I_p^2 X \, [\text{Var}]$$

3. 저항의 Y, Δ 접속 및 변환

1) Y → Δ 변환

$$R_{ab} = \frac{R_aR_b + R_bR_c + R_cR_a}{R_c}[\Omega]$$

$$R_{bc} = \frac{R_aR_b + R_bR_c + R_cR_a}{R_a}[\Omega]$$

$$R_{ca} = \frac{R_aR_b + R_bR_c + R_cR_a}{R_b}[\Omega]$$

2) Δ → Y로 변환

$$R_a = \frac{R_{ab}R_{ca}}{R_{ab} + R_{bc} + R_{ca}}[\Omega]$$

$$R_a = \frac{R_{ab}R_{bc}}{R_{ab} + R_{bc} + R_{ca}}[\Omega]$$

$$R_c = \frac{R_{bc}R_{ca}}{R_{ab} + R_{bc} + R_{ca}}[\Omega]$$

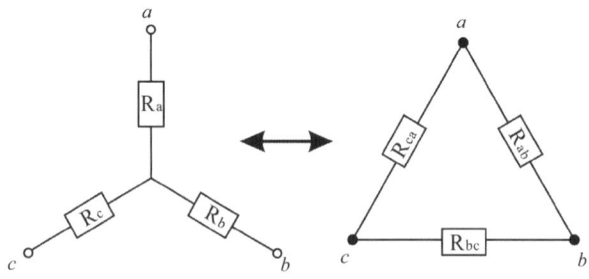

3) 평형회로에서의 결선 변환

① Y→Δ 변환 : Y결선에 비하여 Δ결선 저항값이 3배로 증가한다.

$R_\Delta = 3R_Y$

② Δ→Y 변환 : Δ결선에 비하여 Y결선 저항값이 $\frac{1}{3}$배로 감소한다.

$R_Y = \frac{1}{3}R_\Delta$

4) V결선

Δ결선된 3상 전원 중에서 1상을 제거한 상태, 즉 2개의 전원으로 3상 전원을 공급하여 운전하는 결선법이다.

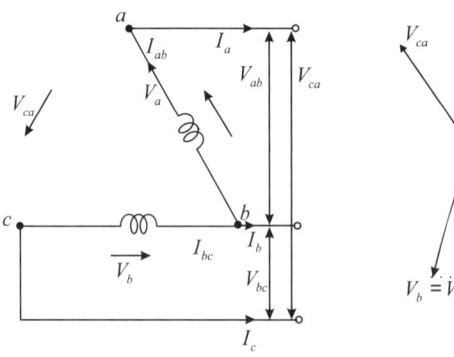 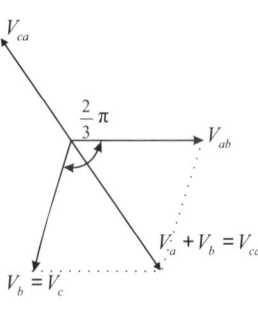

상전압(V_P) = 선간전압(V_l): $V_a = V_b = V_{ab} = V_{bc} = V_{ca}$[V]

상전류(I_P) = 선전류(I_l): $I_{ab} = I_{bc} = I_a = I_b = I_c$[A]

① 출력 : $P_V = \sqrt{3}\,V_P I_P \cos\theta$[W] $= \sqrt{3}\,P_1$ (P_1 : 1대의 허용용량)

② 출력비 = $\dfrac{V결선출력(P_V)}{\Delta결선출력(P_\Delta)} = \dfrac{\sqrt{3}\,V_l I_l \cos\theta}{3 V_P I_P \cos\theta} = 57.7\,[\%]$

③ 이용률 = $\dfrac{V결선용량(P_V)}{2대용량(P_2)} = \dfrac{\sqrt{3}\,VI}{2VI} = 86.6\,[\%]$

④ 피상전력(P_a) : 임피던스 부하 Z에서 소비하는 전력

⑤ 역률$(\cos\theta)$: 피상전력 P_a에 대한 유효전력 P의 비

$$\cos\theta = \dfrac{P}{P_a} = \dfrac{R}{Z}$$

5) 3상 교류 전력의 측정

2전력계법

단상 전력계 2대를 다음 그림과 같이 접속하여 측정하는 방법으로 전력계 W_1, W_2의 지시를 각각 P_1, $P_2\,[\text{W}]$라 할 때, 각각의 3상 전력은 다음과 같이 나타낼 수 있다.

· 유효전력, 소비전력 $P = P_1 + P_2 = \sqrt{3}\,V_l I_l \cos\theta\,[\text{W}]$

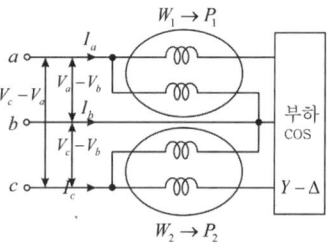

STEP 05 비사인파 교류 및 과도현상

1. 비사인파 교류

1) 비사인파 교류의 발생 및 분해

자기포화되어 있는 철심을 포함하는 회로 등에서는 입력과 출력이 비례하지 않는 특성으로 인하여 입력측에 사인파 교류를 가하더라도 출력측에서는 비사인파가 발생하는데 이때 발생한 비사인파 교류는 「푸리에 급수」에 의해 무수히 많은 주파수 성분을 갖는 삼각함수의 집합으로 표현하며 다음과 같이 나타낼 수 있다.

비사인파교류 = 직류분 + 기본파 + 고조파

2) 비사인파의 계산

직류분과 기본파, 고조파가 포함된 임의의 교류전압과 전류에서의 그 계산은 다음과 같다.

$$v(t) = V_0 + \sqrt{2}\,V_1 \sin\omega t + \sqrt{2}\,V_2 \sin 2\omega t + \sqrt{2}\,V_3 \sin 3\omega t + \cdots + \sqrt{2}\,V_n \sin n\omega t\,[\text{V}]$$

$$i(t) = I_0 + \sqrt{2}\,I_1 \sin(\omega t - \theta_1) + \sqrt{2}\,I_2 \sin(2\omega t - \theta_2) + \sqrt{2}\,I_3 \sin(3\omega t - \theta_3) + \cdots + \sqrt{2}\,I_n \sin(n\omega t - \theta_n)\,[\text{A}]$$

① 비정현파의 실효값 :

$$V = \sqrt{V_0^2 + V_1^2 + V_2^2 + V_3^2 + \cdots + V_n^2}\,[\text{V}], \quad I = \sqrt{I_0^2 + I_1^2 + I_2^2 + I_3^2 + \cdots + I_n^2}\,[\text{A}]$$

② 비정현파의 왜형율(일그러짐율)

$$왜형율(\varepsilon) = \frac{전고조파의\ 실효값}{기본파의\ 실효값} = \frac{\sqrt{V_2^2 + V_3^2 + \cdots + V_n^2}}{V_1}$$

③ 소비전력 : 주파수가 같은 전압과 전류의 실효값의 곱

$$P = V_0 I_0 + V_1 I_1 \cos\theta_1 + V_2 I_2 \cos\theta_2 + V_3 I_3 \cos\theta_3 + \cdots + V_n I_n \cos\theta_n [W]$$

3) 비사인파 교류의 임피던스와 전류

$R-L$ 직렬회로에 다음과 같은 비사인파 교류전압을 가한 경우 저항 R은 주파수에 관계없으므로 각 고조파에 대하여 균일하게 작용하지만 유도성 리액턴스나 용량성 리액턴스는 주파수에 비례 또는 반비례하여 그 값이 변화하므로 각각의 고조파에 대한 전류 I_n은 먼저 각 고조파에 대한 임피던스를 구하여 알 수 있으며 합성전류 I는 각각 별도로 구한 실효값 전류를 합성하여 나타낸다.

$$v_{(t)} = V_0 + \sqrt{2}\,V_1 \sin\omega t + \sqrt{2}\,V_3 \sin 3\omega t + \sqrt{2}\,V_5 \sin 5\omega t\,[V]$$

기본파의 임피던스 $Z_1 = \sqrt{R^2 + (\omega L)^2}\,[\Omega]$

제3고조파의 임피던스 $Z_3 = \sqrt{R^2 + (3\omega L)^2}\,[\Omega]$

① 기본파의 전류 : $I_1 = \dfrac{V_1}{Z_1} = \dfrac{V_1}{\sqrt{R^2 + (\omega L)^2}}\,[A]$

② 제3고조파의 전류 : $I_1 = \dfrac{V_3}{Z_3} = \dfrac{V_3}{\sqrt{R^2 + (3\omega L)^2}}\,[A]$

③ 전체 전류 : $I = \sqrt{I_1^2 + I_3^2}\,[A]$

제01장_ 전기이론
출제예상문제

01 1[Hz]의 전기각은 몇 도인가?

① 90도　　② 120도
③ 180도　　④ 360도

🔍 1[Hz]는 1주기이므로 360°이다.

02 다음 설명 중 옳지 않은 것은?

① 교류가 1[sec] 동안에 100번 변화가 반복되는 경우 100[Hz]라고 한다.
② 교류 1[kHz]의 주기는 10^{-3}[sec]이다.
③ 교류 1,000[kHz]의 파장은 300[m]이다.
④ 파장이라 함은 빛(光)이 1[sec]동안에 가는 거리를 말한다.

🔍 파장(λ)이란 빛이나 어떤 파가 1주기 동안 간 거리를 말한다.

03 T=0.002[sec] 일 때 f는?

① 200[Hz]　　② 250[Hz]
③ 500[Hz]　　④ 1,000[Hz]

🔍 $f = \dfrac{1}{T} = \dfrac{1}{0.002} = 500 [\text{Hz}]$

04 $e = 141 \sin\left(120\pi t - \dfrac{\pi}{3}\right)$[V]인 파형의 주파수는 몇 [Hz]인가?

① 120[Hz]　　② 60[Hz]
③ 30[Hz]　　④ 15[Hz]

🔍 순시값에서 $2\pi f = 120\pi$ 이므로 $f = \dfrac{120\pi}{2\pi} = 60$[Hz]

05 $e = 100\sqrt{2} \sin\left(100\pi t - \dfrac{\pi}{3}\right)$[V]인 정현파 교류 전압의 주파수는 얼마인가?

① 50[Hz]　　② 60[Hz]
③ 100[Hz]　　④ 314[Hz]

🔍 $e = V_m \sin(\omega t - 60) = V_m \sin(2\pi f t - 60)$[V]에서
$f = 50$[Hz]이므로 $e = V_m \sin(100\pi t - 60)$[V]

06 $i = 50 \cos 314 t$[A]의 주기 [sec]는 얼마인가?

① 0.002　　② 0.02
③ 0.04　　④ 0.05

🔍 $i = 50 \cos \omega t$[A]에서
$2\pi f = 314$이므로
주파수 $f = \dfrac{314}{2\pi} = 50$[Hz]
주기 $T = \dfrac{1}{f} = \dfrac{1}{50} = 0.02$[sec]

07 실효값이 100[V]인 정현파 교류의 최대값은 몇 [V]인가?

① 200　　② 150
③ 141.4　　④ 100

🔍 실효값 $V = \dfrac{V_m}{\sqrt{2}}$[V]에서
최대값 $V_m = \sqrt{2} V = \sqrt{2} \times 100 = 141.4$[V]

08 어떤 정현파 전압의 평균값이 200[V]이면 최대값은 몇 [V]인가?

① 314　　② 300
③ 100　　④ 141

🔍 평균값 $V_{av} = \dfrac{2}{\pi} V_m$[V]에서
최대값 $V_m = \dfrac{\pi}{2} V_{av} = \dfrac{\pi}{2} \times 200 = 314$[V]

정답　01 ④　02 ④　03 ③　04 ②　05 ①　06 ②　07 ③　08 ①

09 사인파 교류 전류에서 평균값(I_{av})과 최대값(I_m)사이의 관계식은 어떻게 되는가?

① $I_{av} = \frac{1}{\sqrt{2}} I_m$ ② $I_{av} = \frac{2}{\pi} I_m$

③ $I_{av} = \frac{\pi}{2} I_m$ ④ $I_{av} = \frac{1}{2\sqrt{2}} I_m$

🔍 평균값 $I_{av} = \frac{2}{\pi} I_m$

10 100[V], 100[W] 가정용 백열 전구의 전압의 평균값은 약 얼마인가?

① 약 90 ② 약 100
③ 약 110 ④ 약 141

🔍 실효값 $V = 100[V]$이므로
평균값 $V_{av} = \frac{2\sqrt{2}}{\pi} V = \frac{2\sqrt{2}}{\pi} \times 100 = 90.7[V]$

11 어떤 교류전압의 평균값이 382[V]일 때 실효값은 약 얼마인가?

① 164 ② 240
③ 365 ④ 424

🔍 $V_{av} = \frac{2\sqrt{2}}{\pi} V$에서 실효값으로 정리하면
$V = \frac{\pi}{2\sqrt{2}} V_{av} = \frac{\pi}{2} \times \frac{382}{\sqrt{2}} = 424[V]$

12 파고율을 옳게 나타내는 식은?

① $\frac{평균값}{실효값}$ ② $\frac{최대값}{실효값}$

③ $\frac{실효값}{최대값}$ ④ $\frac{실효값}{평균값}$

🔍 파고율 $= \frac{최대값}{실효값}$, 파형률 $= \frac{실효값}{평균값}$

13 다음에서 정현파의 파형률은?

① 1 ② 1.11
③ 1.414 ④ 1.732

🔍 파형률 $= \frac{실효값}{평균값} = \frac{\frac{1}{\sqrt{2}} I_m}{\frac{2}{\pi} I_m} = \frac{\pi}{2\sqrt{2}} = 1.11$

14 정현파 교류의 파고율은?

① $\sqrt{2}$ ② $\frac{1}{\sqrt{2}}$

③ $\frac{\pi}{2\sqrt{2}}$ ④ $\frac{2\sqrt{2}}{\pi}$

🔍 파고율 $= \frac{최대값}{실효값} = \frac{I_m}{\frac{1}{\sqrt{2}} I_m} = \sqrt{2}$

15 $i = I_m \sin \omega t$ 의 정현파에서 ωt가 얼마일 때 실효값과 순시값이 같은가?

① 30° ② 45°
③ 60° ④ 90°

🔍 순시값과 실효값을 같게 놓으면
$i = I_m \sin \omega t = \sqrt{2} I \sin \omega t = I$
$\sin \omega t = \frac{1}{\sqrt{2}}$ 이므로 $\omega t = \sin^{-1} \frac{1}{\sqrt{2}} = 45°$

16 10[Ω]의 저항 회로에 $e = 100 \sin\left(377t + \frac{\pi}{3}\right)[V]$ 의 전압을 가했을 때 t=0에서의 순시 전류는 몇 [A]인가?

① $5\sqrt{3}$ ② 5
③ $5\sqrt{2}$ ④ 10

🔍 순시값에서 $t = 0$이므로
$e = 100 \sin 60° = 100 \times \frac{\sqrt{3}}{2} = 50\sqrt{3} [V]$
$i = \frac{e}{R} = \frac{50\sqrt{3}}{10} = 5\sqrt{3} [A]$

17 $i = 60 \sin \omega t + 80 \sin(3\omega t + 60°)[A]$의 실효값 [A]은?

① 25 ② $25\sqrt{2}$
③ 50 ④ $50\sqrt{2}$

정답 09 ② 10 ① 11 ④ 12 ② 13 ② 14 ① 15 ② 16 ① 17 ④

$i = 60\sin\omega t + 80\sin(3\omega t + 60°)$[A]에서
각 성분에 대해 따로 계산하여야 하므로
$I_1 = \frac{60}{\sqrt{2}} = 42.4$[A], $I_3 = \frac{80}{\sqrt{2}} = 56.56$[A]
$\therefore I = \sqrt{I_1^2 + I_3^2} = \sqrt{42.4^2 + 56.56^2} = 70.68$[A] $\fallingdotseq 50\sqrt{2}$

18 $V = 100\sqrt{2}\sin\left(120\pi t + \frac{\pi}{4}\right)$[V], $i = 100\sin\left(120\pi t + \frac{\pi}{2}\right)$[A]인 경우 전류는 전압보다 위상은?

① $\frac{\pi}{2}$[rad] 앞선다.　② $\frac{\pi}{2}$[rad] 뒤진다.
③ $\frac{\pi}{4}$[rad] 앞선다.　④ $\frac{\pi}{4}$[rad] 뒤진다.

$e = 100\angle 45°$, $i = \frac{100}{\sqrt{2}}\angle 90°$이므로 전류가 전압보다 $\frac{\pi}{4}$[rad] 앞선다.

19 순저항만으로 구성된 회로에 흐르는 전류와 공급전압과의 위상관계는?

① 180° 앞선다.　② 90° 앞선다.
③ 동위상이다.　④ 90° 뒤진다.

저항만의 회로는 전압과 전류가 동상이다.

20 백열 전구를 점등했을 때 전압과 전류의 위상 관계는?

① 전류가 90° 앞선다.
② 전류가 90° 뒤진다.
③ 전류가 180° 뒤진다.
④ 전압과 전류는 동상이다.

백열 전구는 저항체이므로 전압과 전류가 동상이다.

21 L만의 회로에서 전압, 전류의 위상관계는?

① 동상이다.
② 전압이 전류보다 90° 앞선다.
③ 전압이 전류보다 90° 뒤진다.
④ 전압이 전류보다 30° 앞선다.

L만의 회로에서는 $\dot{V} = j\omega L \dot{I}$[V]이고 전압이 전류보다 90° 앞서며 유도성(지상)이다.

22 코일만의 회로에서 전압과 전류의 위상차는?

① 전압과 전류는 동상이다.
② 전압이 전류보다 $\frac{\pi}{2}$ 뒤진다.
③ 전류가 전압보다 $\frac{\pi}{2}$ 뒤진다.
④ 전류가 전압보다 $\frac{\pi}{3}$ 앞선다.

L만의 회로에서는 $\dot{V} = j\omega L \dot{I}$[V]이고 전압이 전류보다 90° 앞서므로 전류가 전압보다 90° 뒤진다.

23 어떤 회로에 전압을 가하니 90° 위상이 뒤진 전류가 흘렀다. 이 회로는?

① 무유도성　② 유도성
③ 용량성　④ 저항 성분

24 용량만의 회로에 정현파형의 교류 전압을 인가하면 전류는 전압보다 위상이 어떠한가?

① 90° 앞선다.
② 90° 늦다.
③ 180° 앞선다.
④ 180° 늦다.

C만의 회로에서는 $\dot{I} = j\omega C \dot{V}$[A]이고 전류가 전압보다 90° 앞서고 용량성(진상)이다.

25 주파수 1[MHz], 리액턴스 150[Ω]인 회로의 인덕턴스는 얼마인가?

① 24[μH]　② 12[μH]
③ 0.24[μH]　④ 0.48[μH]

$X_L = \omega L = 2\pi f L$[Ω]에서 $L = \frac{X_L}{2\pi f} = \frac{150}{2\pi \times 1 \times 10^6}$
$= \frac{150}{2\pi} \times 10^{-6}$[H] $= 24$[μH]

정답　18 ③　19 ③　20 ④　21 ②　22 ③　23 ②　24 ①　25 ①

26 용량 리액턴스와 반비례하는 것은?

① 전압 ② 저항
③ 임피던스 ④ 주파수

🔍 용량성 리액턴스 $X_C = \dfrac{1}{2\pi fC}[\Omega]$이므로 주파수에 반비례한다.

27 $-jX[\Omega]$로 표시되는 회로는 어떤 회로인가?

① 저항과 인덕턴스의 회로
② 저항과 콘덴서의 회로
③ 인덕턴스만의 회로
④ 콘덴서만의 회로

🔍 임피던스의 리액턴스 성분이 음수가 나오면 용량성이고 양수가 나오면 유도성이 된다.

28 $-j8[\Omega]$이라는 임피던스는?

① $8[\Omega]$의 용량 리액턴스이다.
② $8[\Omega]$의 유도 리액턴스이다.
③ 저항과 용량 리액턴스의 합성 임피던스이다.
④ 저항과 유도 리액턴스의 합성 리액턴스이다.

29 주파수 10[kHz]에 대하여 $16[\Omega]$의 용량 리액턴스로 작용하는 콘덴서의 정전 용량은 몇 [μF]인가?

① 0.01 ② 0.1 ③ 1 ④ 5

🔍 $X_C = \dfrac{1}{\omega C} = \dfrac{1}{2\pi fC}[\Omega]$에서
$C = \dfrac{1}{2\pi f X_C}$
$= \dfrac{1}{2\pi \times 10 \times 10^3 \times 16} \times 10^6 = 1[\mu F]$

30 5[mH]의 코일에 100[V], 60[Hz]의 교류를 가할 때 전류[A]는?

① 13.3 ② 53 ③ 26.5 ④ 40

🔍 $V = \omega LI[V]$이므로
$I = \dfrac{V}{\omega L} = \dfrac{100}{2\pi \times 60 \times 5 \times 10^{-3}} = 53.1[A]$

31 교류는 그 주파수가 증가함에 따라 어떻게 되는가?

① 코일에는 잘 흐르나 콘덴서는 흐르기 곤란해진다.
② 콘덴서는 잘 흐르나 코일에는 흐르기 곤란해진다.
③ 코일, 콘덴서 다 흐르기 곤란해진다.
④ 코일, 콘덴서 다 흐르기 쉽다.

🔍 콘덴서에서는 주파수와 전류가 비례하므로 전류가 잘 흐르고 코일에서는 주파수와 전류가 반비례하므로 잘 흐르지 못한다.

32 최대값이 141.4[V]이고 위상이 30° 앞선 교류 전압을 극형식법으로 표시하면?

① $100\angle 30°$
② $141.4\angle 30°$
③ $100\angle -30°$
④ $141.4\angle -30°$

🔍 복소수 $= V\angle\theta = \dfrac{141.4}{\sqrt{2}}\angle 30° = 100\angle 30°$

33 $A = 1 + j\sqrt{3}$으로 표시되는 벡터의 편각은?

① 30° ② 45°
③ 60° ④ 90°

🔍 $\dot{A} = 1 + j\sqrt{3}$이므로 $\theta = \tan^{-1}\dfrac{허수부}{실수부} = \tan^{-1}\sqrt{3} = 60°$

34 $\dot{V} = 50\left(\cos\dfrac{\pi}{6} + j\sin\dfrac{\pi}{6}\right)[V]$,
$\dot{I} = 25\left(\cos\dfrac{\pi}{3} - j\sin\dfrac{\pi}{3}\right)[A]$일 때 $Z[\Omega]$는 얼마인가?

① $2\angle 30°$ ② $2\angle -30°$
③ $2\angle 60°$ ④ $2\angle 90°$

🔍 $\dot{V} = 50\angle 30°$, $\dot{I} = 25\angle -60°$이므로
$Z = \dfrac{\dot{V}}{\dot{I}} = \dfrac{50\angle 30°}{25\angle -60°} = 2\angle 30° - (-60°) = 2\angle 90°$

정답 26 ④ 27 ④ 28 ① 29 ③ 30 ② 31 ② 32 ① 33 ③ 34 ④

35 저항 R과 유도 리액턴스 X_L을 직렬 접속할 때 임피던스는 얼마인가?

① $R + X_L$
② $\sqrt{R + X_L}$
③ $R^2 + X_L^2$
④ $\sqrt{R^2 + X_L^2}$

$\dot{Z} = R + jX_L$ $|Z| = \sqrt{R^2 + X_L^2}\,[\Omega]$

36 저항 4[Ω], 유도 리액턴스 3[Ω]이 직렬일 때 5[A]의 전류가 흐른다면 이 회로에 가한 전압은?

① 35[V]
② 25[V]
③ 20[V]
④ 15[V]

임피던스 $\dot{Z} = 4 + j3\,[\Omega]$이므로
$Z = \sqrt{4^2 + 3^2} = 5\,[\Omega]$
∴ $V = ZI = 5 \times 5 = 25\,[\text{V}]$

37 $R - L$ 직렬회로에서 전압과 전류의 위상차 $\tan\theta$는?

① L/R
② ωRL
③ $\omega L/R$
④ $R/\omega L$

R-L 직렬 회로에서 $\tan\theta$는 다음과 같다.
$\tan\theta = \dfrac{X_L}{R} = \dfrac{\omega L}{R}$

38 $R - L$ 직렬 회로에서 임피던스각 $\theta = \tan^{-1}\dfrac{1}{\sqrt{3}}$이면 역률은 얼마인가?

① 1
② $\dfrac{\sqrt{3}}{2}$
③ $\dfrac{1}{2}$
④ $\dfrac{1}{\sqrt{3}}$

$\theta = \tan^{-1}\dfrac{1}{\sqrt{3}} = 30°$이므로 $\cos\theta = \cos 30° = \dfrac{\sqrt{3}}{2}$

39 8[Ω]의 저항과 6[Ω]의 리액턴스의 직렬 회로의 역률은 몇 [%]인가?

① 40
② 60
③ 80
④ 90

$\cos\theta = \dfrac{R}{Z} = \dfrac{8}{\sqrt{8^2 + 6^2}} = 0.8 = 80\,[\%]$

40 R, L 직렬 회로에 교류 100[V] 전압을 가할 때 임피던스 $Z = 10[\Omega]$이고, 이 때 역률이 80[%]이면 X_L의 크기는 몇 [Ω]인가?

① 10
② 8
③ 6
④ 4

$\cos\theta = 0.8$이면 $\sin\theta = 0.6$이므로
$\dot{Z} = 10(\cos\theta + j\sin\theta) = 10(0.8 + j0.6)$
$= 8 + j6\,[\Omega]$

41 저항 $R[\Omega]$, 유도 리액턴스 $X_L[\Omega]$, 용량 리액턴스 $X_C[\Omega]$가 직렬접속인 경우 합성 임피던스 Z는?

① $Z = \sqrt{R^2 + X_L^2 + X_C^2}$
② $Z = \sqrt{R^2 + (X_L + X_C)^2}$
③ $Z = \sqrt{R^2 + (X_L - X_C)^2}$
④ $Z = \sqrt{(R + X_L)^2 + X_C^2}$

R–L–C 직렬 회로의 임피던스의 크기
$Z = \sqrt{R^2 + (X_L - X_C)^2}\,[\Omega]$

42 저항 6[Ω], 유도 리액턴스 2[Ω], 용량 리액턴스 10[Ω]인 직렬회로의 임피던스는 몇 [Ω]인가?

① 18
② 14
③ 10
④ 4

$\dot{Z} = R + j(X_L - X_C)$
$Z = \sqrt{R^2 + (X_L - X_C^2)}$
$= \sqrt{6^2 + (2 - 10)^2} = 10\,[\Omega]$

43 $R = 4[\Omega], X_L = 8[\Omega], X_c = 5[\Omega]$의 RLC 직렬 회로에 20[V]의 교류를 가할 때 유도 리액턴스 X_L에 걸리는 전압은?

① 16[V]
② 20[V]
③ 28[V]
④ 32[V]

정답 35 ④ 36 ② 37 ③ 38 ② 39 ③ 40 ③ 41 ③ 42 ③ 43 ④

🔍 $Z = R + j(X_L - X_C) = 4 + j(8-5) = 4 + j3[\Omega]$이므로
$Z = \sqrt{4^2 + 3^2} = 5[\Omega]$, $I = \dfrac{V}{Z} = \dfrac{20}{5} = 4[A]$
$V_L = X_L I = 8 \times 4 = 32[V]$

44 $R - L - C$ 직렬회로에서 임피던스가 최소가 되기 위한 조건은?

① $\omega L + \dfrac{1}{\omega C} = 1$ ② $\omega L + \dfrac{1}{\omega C} = 0$

③ $\omega L - \dfrac{1}{\omega C} = 0$ ④ $\omega L - \dfrac{1}{\omega C} = 1$

🔍 R-L-C 직렬 공진 조건(임피던스 최소, 전류 최대)은 $\omega L = \dfrac{1}{\omega C}$이므로 $\omega L - \dfrac{1}{\omega C} = 0$이다.

45 직렬 공진 시 최대가 되는 것은 다음 중 어느 것인가?

① 전류 ② 전압
③ 저항 ④ 임피던스

🔍 Z가 최소이므로 $I = \dfrac{V}{Z}$에서 전류는 최대가 된다.

46 직렬 공진 시 전류가 최대가 되기 위한 조건은?

① $\omega L = \omega C$ ② $\omega L = \dfrac{1}{\omega C}$

③ $\omega L - \dfrac{1}{\omega C} = 1$ ④ $\omega L + \dfrac{1}{\omega C} = 1$

47 $R - L - C$ 직렬 회로에서 직렬 공진인 경우 전압과 전류의 위상 관계가 어떻게 되는가?

① 전류가 전압보다 $\dfrac{\pi}{2}$[rad] 앞선다.
② 전류가 전압보다 $\dfrac{\pi}{2}$[rad] 뒤진다.
③ 전류가 전압보다 π[rad] 앞선다.
④ 전류와 전압은 동상이다.

48 저항 $R = 5[\Omega]$, 자체 인덕턴스 $L = 30[mH]$, 정전용량 $C = 100[\mu F]$의 직렬 회로에서 공진 주파수 f_r는 얼마인가?

① 약 90[Hz] ② 약 92[Hz]
③ 약 94[Hz] ④ 약 96[Hz]

🔍 $\omega L = \dfrac{1}{\omega C}$ 조건에서 $\omega^2 LC = 1$이 성립하므로
$f_r = \dfrac{1}{2\pi\sqrt{LC}} = \dfrac{1}{2\pi\sqrt{30 \times 10^{-3} \times 100 \times 10^{-6}}} = 91.9[Hz]$

49 $R - L - C$ 직렬 회로에서 전류가 전압보다 위상이 앞서기 위해서는 어느 조건이 만족되어야 하는가?

① $X_L > X_C$ ② $X_L < X_C$
③ $X_L = \dfrac{I}{X_C}$ ④ $X_L = X_C$

🔍 전류가 전압보다 위상이 앞서면 용량성 이므로 $X_L < X_C$ 조건을 만족하여야 한다.

50 임피던스의 역수는?

① 어드미턴스 ② 콘덕턴스
③ 서셉턴스 ④ 인덕턴스

🔍 $Y = \dfrac{1}{Z}[℧]$: 어드미턴스

51 어드미턴스의 실수부는 무엇을 나타내는가?

① 임피던스 ② 리액턴스
③ 컨덕턴스 ④ 서셉턴스

🔍 $\dot{Y} = \dfrac{1}{\dot{Z}} = G + jB[℧]$로서 실수부를 컨덕턴스, 허수부를 서셉턴스라 한다.

52 $\dot{Z} = R + jX$로 표시되는 임피던스의 어드미턴스는 $\dot{Y} = G - jB$로 표시된다. 콘덕턴스는 어느 것인가?

① R ② X
③ G ④ B

정답 44 ③ 45 ① 46 ② 47 ④ 48 ② 49 ② 50 ① 51 ③ 52 ③

53 어드미턴스 $Y = 4 + j3$ [S]를 임피던스 [Ω]로 고치면?

① 0.16
② 0.2
③ 0.31
④ 0.5

🔍 $Y = \sqrt{4^2 + 3^2} = 5$[S]이므로 $Z = \frac{1}{Y} = \frac{1}{5} = 0.2$[Ω]이다.

54 $Z = 6 + j8$ [Ω]을 벡터 어드미턴스 Y [℧]로 표시하면 어느 것인가?

① $0.08 + j0.06$
② $0.08 - j0.06$
③ $0.06 + j0.08$
④ $0.06 - j0.08$

🔍 $Y = \frac{1}{Z} = \frac{1}{6+j8} = \frac{6-j8}{(6+j8)(6-j8)}$
$= \frac{(6-j8)}{100} = 0.06 - j0.08$

55 어드미턴스 Y_1, Y_2가 병렬일 때 합성 어드미턴스[S]는?

① $\frac{Y_1 Y_2}{Y_1 + Y_2}$
② $Y_1 + Y_2$
③ $\frac{1}{Y_1 + Y_2}$
④ $\frac{1}{Y_1} + \frac{1}{Y_2}$

🔍 병렬 접속의 합성 어드미턴스 $Y_0 = Y_1 + Y_2$

56 저항 R 유도 리액턴스 X_L이 병렬로 연결된 회로의 임피던스는?

① $\frac{R}{\sqrt{R^2 + X_L^2}}$
② $\frac{X_L}{\sqrt{R^2 + X_L^2}}$
③ $\frac{1}{\sqrt{R^2 + X_L^2}}$
④ $\frac{RX_L}{\sqrt{R^2 + X_L^2}}$

🔍 $Y = \frac{1}{R} - j\frac{1}{X_L}$ [S]에서 어드미턴스의 크기는
$Y = \sqrt{\left(\frac{1}{R}\right)^2 + \left(\frac{1}{X_L}\right)^2}$ 이므로
$Z = \frac{1}{Y} = \frac{1}{\sqrt{\left(\frac{1}{R}\right)^2 + \left(\frac{1}{X_L}\right)^2}}$
$= \frac{R \times X_L}{\sqrt{R^2 + X_L^2}}$

57 R, X_L 병렬 회로의 역률은?

① $\frac{\sqrt{R^2 + X_L^2}}{R}$
② $\frac{\sqrt{R^2 + X_L^2}}{X_L}$
③ $\frac{R}{\sqrt{R^2 + X_L^2}}$
④ $\frac{X_L}{\sqrt{R^2 + X_L^2}}$

🔍 $\cos\theta = \frac{\frac{1}{R}}{Y} = \frac{\frac{1}{R}}{\sqrt{\left(\frac{1}{R}\right)^2 + \left(\frac{1}{X_L}\right)^2}} = \frac{X_L}{\sqrt{R^2 + X_L^2}}$

58 저항 3[Ω], 유도 리액턴스 4[Ω]의 병렬회로에서 역률은?

① 0.4
② 0.6
③ 0.8
④ 1

🔍 수식 $\cos\theta = \frac{X_L}{\sqrt{R^2 + X_L^2}} = \frac{4}{\sqrt{3^2 + 4^2}} = \frac{4}{5} = 0.8$

59 RL 병렬회로에 전압과 전류의 위상각 θ는 얼마인가?

① $\theta = \tan^{-1}\frac{\omega L}{R}$
② $\theta = \tan^{-1}\omega LR$
③ $\theta = \tan^{-1}\frac{R}{\omega L}$
④ $\theta = \tan^{-1}\frac{1}{\omega LR}$

🔍 위상각 $\theta = \tan^{-1}\frac{\frac{1}{\omega L}}{\frac{1}{R}} = \tan^{-1}\frac{R}{\omega L}$

60 $R - C$ 병렬회로의 위상각은?

① $\theta = \tan^{-1}\frac{R}{\omega C}$
② $\theta = \tan^{-1}\frac{\omega C}{R}$
③ $\theta = \tan^{-1}\omega CR$
④ $\theta = \tan^{-1}\frac{1}{\omega CR}$

🔍 $\theta = \tan^{-1}\frac{\frac{1}{X_C}}{\frac{1}{R}} = \tan^{-1}\frac{\omega C}{\frac{1}{R}} = \tan^{-1}\omega CR$

정답 53 ② 54 ④ 55 ② 56 ④ 57 ④ 58 ③ 59 ③ 60 ③

61 인덕턴스와 콘덴서가 병렬 공진되었을 때 임피던스 값은?

① 무한값이다.
② 0이다.
③ 유한값이다.
④ 공진 주파수에 따라 변한다.

🔍 병렬공진이 되면 어드미턴스의 허수 부분이 0이므로 어드미턴스는 최소, 임피던스는 최대가 된다.
$$\frac{1}{\omega L} = \omega C$$

62 100[V], 40[W]의 형광등에 전류가 0.8 [A]가 흐르고 소비전력은 50[W]이다. 이 형광등의 역률은?

① 0.50
② 0.63
③ 0.76
④ 0.89

🔍 $P_a = VI = 100 \times 0.8 = 80[VA]$
$\cos\theta = \frac{P}{P_a} = \frac{50}{80} = 0.625$

63 무효 전력이 0이 되는 부하는?

① 유도 리액턴스만의 부하
② 용량 리액턴스만의 부하
③ RC부하
④ 저항만의 부하

64 다음에서 무효 전력의 단위는?

① Var
② Watt
③ Volt-Amp
④ Coul/sec

🔍 [VA] : 피상전력, [W] : 소비전력, [Var] : 무효전력

65 교류 회로의 역률은?

① $\frac{전류 \times 전압}{전력}$
② $\frac{전력}{전압 \times 전류}$
③ $\frac{무효 전력}{전압 \times 전류}$
④ $\frac{피상 전력}{전압 \times 력류}$

🔍 역률이란 피상전력에 대한 소비 전력의 비율을 말한다.
$\cos\theta = \frac{P}{P_a}$

66 피상 전력이 400[kVA], 유효 전력이 300[kW]일 때, 역률은 얼마인가?

① 0.5
② 0.75
③ 0.85
④ 1.43

🔍 $\cos\theta = \frac{P}{P_a} = \frac{300}{400} = 0.75$

67 평형 3상 회로에서 한 상에서 소비하는 전력이 P라면 3상 회로 전체에서 소비하는 총전력은 얼마인가?

① P
② 2P
③ $\sqrt{3}$ P
④ 3P

🔍 1상 용량이 $P = V_p V_p$이라면
3상 용량은 $P_3 = 3V_p I_p = 3P[VA]$이다.

68 전압 220[V], 전류 20[A], 역률 0.6인 3상 회로의 전력은 약 몇 [kW]인가?

① 4.6
② 4.8
③ 5.0
④ 5.2

🔍 3상에서의 소비 전력
$P = \sqrt{3} VI\cos\theta = \sqrt{3} \times 220 \times 20 \times 0.6$
$= 4,572.2[W] ≒ 4.6[kW]$

69 평형 3상 대칭에서 한 상간의 위상각 θ는 얼마인가?

① $\frac{\pi}{6}$ [rad]
② $\frac{\pi}{4}$ [rad]
③ $\frac{\pi}{2}$ [rad]
④ $\frac{2}{3}\pi$ [rad]

🔍 대칭 3상 교류의 조건
• 각 상의 기전력의 크기가 같을 것
• 각상의 위상차가 $\frac{2}{3}\pi$ [rad]일 것
• 주파수가 같을 것

정답 61 ① 62 ② 63 ④ 64 ① 65 ② 66 ② 67 ④ 68 ① 69 ④

70 대칭 3상 교류의 조건에 해당되지 않는 것은?

① 기전력의 크기가 같을 것
② 주파수가 같을 것
③ 위상차가 각각 $\frac{4}{3}\pi[\text{rad}]$일 것
④ 파형이 같을 것

71 대칭 3상 교류의 순시값의 합은?

① 0[V]　　② 50[V]
③ 115[V]　　④ 220[V]

🔍 $\dot{V}_a + \dot{V}_b + \dot{V}_c = 0$

72 Y결선에서 선간 전압 V_l과 상전압 V_P의 관계는?

① $V_l = V_P$　　② $V_l = \frac{V_P}{3}$
③ $V_l = \sqrt{3}\,V_p$　　④ $V_l = 3V_p$

🔍 3상 성형(Y)결선에서의 전압과 전류 관계
$V_l = \sqrt{3}\,V_p \angle \frac{\pi}{6}[\text{V}]$　　$I_l = I_p \angle 0°[\text{A}]$

73 Y결선의 상전압이 V일 때 선간 전압은 얼마인가?

① $3V$　　② $\sqrt{3}\,V$
③ $\frac{V}{\sqrt{3}}$　　④ $\frac{V}{3}$

🔍 3상 성형(Y)결선에서의 전압　$V_l = \sqrt{3}\,V_p \angle \frac{\pi}{6}[\text{V}]$

74 평형 3상 Y결선에서 선간전압 E_l과 상전압 E_p와의 위상관계는?

① E_l이 E_p보다 $\frac{\pi}{6}[\text{rad}]$ 앞선다.
② E_l이 E_p보다 $\frac{\pi}{6}[\text{rad}]$ 뒤진다.
③ E_l이 E_p보다 $\frac{\pi}{3}[\text{rad}]$ 앞선다.
④ E_l이 E_p보다 $\frac{\pi}{3}[\text{rad}]$ 뒤진다.

🔍 Y 결선에서는 선전압이 상전압보다 $\frac{\pi}{6}[\text{rad}]$ 앞선다.
$V_l = \sqrt{3}\,V_p \angle \frac{\pi}{6}[\text{V}]$

75 상전압이 173[V]인 3상 평형 Y결선인 교류 전압의 선간 전압은 몇 [V]인가?

① 173　　② $173\sqrt{3}$
③ $\frac{173}{\sqrt{3}}$　　④ 300

🔍 $V_l = \sqrt{3}\,V_p = 173\sqrt{3}\,[\text{V}]$

76 대칭 3상 교류의 성형 결선에서 선간전압이 220[V]일 때 상전압은?

① 192[V]　　② 172[V]
③ 127[V]　　④ 117[V]

🔍 $V_P = \frac{V_l}{\sqrt{3}} = \frac{220}{\sqrt{3}} = 127[\text{V}]$

77 △결선 시 V_l(선간전압), V_p(상전압), I_l(선전류), V_p(상전류)의 관계식이 맞는 것은?

① $V_l = \sqrt{3}\,V_p,\ I_l = I_P$
② $V_l = V_p,\ I_l = \sqrt{3}\,I_p$
③ $V_l = V_p,\ I_l = I_p$
④ $V_l = \sqrt{3}\,V_p,\ I_l = \sqrt{3}\,I_p$

🔍 3상 환상(△) 결선의 전압과 전류
$V_l = V_p \angle 0°$　　$I_l = \sqrt{3}\,I_p \angle -\frac{\pi}{6}$

78 대칭 3상 △결선에서 선전류와 상전류의 위상 관계는?

① 상전류가 $\frac{\pi}{6}[\text{rad}]$ 앞선다.
② 상전류가 $\frac{\pi}{6}[\text{rad}]$ 뒤진다.
③ 상전류가 $\frac{\pi}{3}[\text{rad}]$ 앞선다.
④ 상전류가 $\frac{\pi}{3}[\text{rad}]$ 뒤진다.

정답　70 ③　71 ①　72 ③　73 ②　74 ①　75 ②　76 ③　77 ②　78 ①

🔍 Δ결선에서는 선전류가 상전류보다 $\sqrt{3}$배 크고 위상은 $\frac{\pi}{6}$[rad] 뒤진다.
$I_l = \sqrt{3}\, I_p \angle -\frac{\pi}{6}$[A]

79 Δ결선의 전원이 있다. 선로의 전류가 30[A], 선간 전압이 220[V]이다. 전원의 상전압 및 상전류는 각각 얼마인가?

① 220[V], 30[A]
② 127[V], 30[A]
③ 127[V], 17.3[A]
④ 220[V], 17.3[A]

🔍 $V_p = V_l = 220$[V]
$I_p = \frac{I_l}{\sqrt{3}} = \frac{30}{\sqrt{3}} = 17.32$[A]

80 출력 P[kVA]인 변압기 2대를 가지고 V결선으로 했을 경우 낼 수 있는 출력[kVA]은?

① P
② $\sqrt{3}\,P$
③ 2P
④ 3P

🔍 V 결선의 출력은 Δ결선 변압기 1대 용량의 $\sqrt{3}$배이므로
$P_V = \sqrt{3}\, VI = \sqrt{3}\,P$[VA]

81 V 결선 시 변압기의 이용률은 몇 [%]인가?

① 57.7
② 70.7
③ 86.6
④ 100

🔍 V 결선의 이용률 : $\frac{\sqrt{3}}{2} = 0.866 = 86.6$[%]

82 Δ결선된 3대의 변압기로 공급되는 전력에서 1대를 없애고 V 결선으로 바꾸어 전력을 공급하면 출력은 몇 [%]로 감소되는가?

① 40.7
② 57.7
③ 66.7
④ 86.7

🔍 V 결선의 출력비 : $\frac{\sqrt{3}}{3} = 57.7$[%]

83 평형 3상 회로에서 임피던스를 Δ결선에서 Y결선으로 변환하면 소비 전력은?

① $\frac{1}{3}$배
② $\sqrt{2}$배
③ 3배
④ $\sqrt{3}$배

🔍 Δ결선에서 Y결선으로 변환하면 임피던스(저항)값은 $\frac{1}{3}$배로 감소한다.
$P_\Delta = 3I^2R$[W] $P_Y = 3I^2 \times \frac{R}{3} = I^2R$[W]이므로 소비전력도 $\frac{1}{3}$배로 감소한다.

84 Y결선의 임피던스를 Δ결선했을 때의 소비 전력은 Y결선 때의 몇 배인가?

① 9
② 3
③ $\sqrt{3}$
④ 1

🔍 Y결선에서 Δ결선으로 변환하면 임피던스(저항)값은 3배로 증가하므로 소비 전력도 3배로 증가한다.

85 3상 기전력을 2개의 전력계 W_1, W_2로 측정해서 W_1의 지시값이 P_1, W_2의 지시값이 P_2,라고 하면 3상 전력은?

① $P_1 - P_2$
② $3(P_1 - P_2)$
③ $P_1 + P_2$
④ $3(P_1 + P_2)$

🔍 2전력계법에 의한 3상 전력
$P = P_1 + P_2 = \sqrt{3}\, V_l I_l \cos\theta$[W]

86 2전력계법으로 3상 전력을 측정하였더니 지시값 $P_1 = 200$[W], $P_2 = 200$[W]일 때 부하전력[W]은?

① 200
② $200\sqrt{3}$
③ 400
④ $400\sqrt{3}$

🔍 2전력계법에 의한 3상 전력
$P = P_1 + P_2 = 200 + 200 = 400$[W]

정답 79 ④ 80 ② 81 ③ 82 ② 83 ① 84 ② 85 ③ 86 ③

87 전력계법을 사용하여 대칭 평형 3상 전력을 측정하였더니 각 전력계가 +500[W], +300[W]를 지시하였다 전전력은 얼마인가?(단, 부하의 위상각은 60°보다 크며 90°보다 작다고 한다)

① 200[W]   ② 300[W]
③ 500[W]   ④ 800[W]

> 2전력계법에 의한 3상 전력
> $P = P_1 + P_2 = 500 + 300 = 800[\text{W}]$

88 $e = 10\sin\omega t + 20\sin(3\omega t + 60°)[\text{V}]$인 교류 전압의 실효치는 몇 [V]인가?

① 약 21.2   ② 약 15.8
③ 약 22.4   ④ 약 11.2

> 실효값의 크기
> $I = \sqrt{I_1^2 + I_3^2} = \sqrt{\left(\dfrac{10}{\sqrt{2}}\right)^2 + \left(\dfrac{20}{\sqrt{2}}\right)^2} = 15.8[\text{A}]$

89 $R = 20[\Omega]$인 저항만의 회로에 그림과 같은 기전력을 가했을 때 회로에 흐르는 전류의 순시값은?

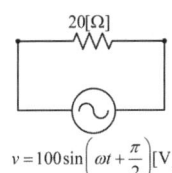

$v = 100\sin\left(\omega t + \dfrac{\pi}{2}\right)[\text{V}]$

① $i = 5\sin\left(\omega t + \dfrac{\pi}{2}\right)[\text{A}]$
② $i = 5\sqrt{2}\sin\left(\omega t + \dfrac{\pi}{2}\right)[\text{A}]$
③ $i = 5\sin\omega t\,[\text{A}]$
④ $i = 5\sqrt{2}\sin\omega t\,[\text{A}]$

정답 87 ④ 88 ② 89 ①

CHAPTER 02

전기기기

Section 01 직류기
Section 02 동기기
Section 03 변압기
Section 04 유도전동기
Section 05 정류기

SECTION 01 직류기

STEP 01 직류발전기

1. 직류 발전기의 기초이론

1) 앙페르의 오른손(나사) 법칙(1820년 경)

⇨ 전류에 의한 자기장(자기력선)의 방향관계

"임의의 도선에 전류를 흘리면, 도선 주변에 자기장이 형성되는데, 이 때, 전류의 방향과 자기력선의 방향이 오른손(나사)의 규칙에 따른다."는 법칙

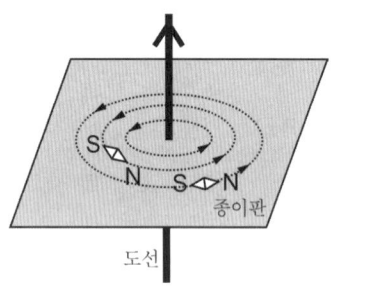
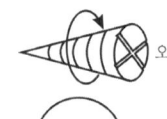
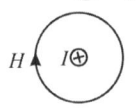
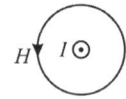

오른 나사 : 오른쪽으로 돌릴 때 앞으로 나아감

전류의 방향과 자기장의 방향

⊕ : 지면 속으로 전류가 흘러 들어가는 모양
⊙ : 지면 속으로부터 전류가 흘러나오는 모양

2) Faraday – Lenze의 전자유도 법칙(1831년 경)
   ※ 페러데이 법칙 : 기전력의 크기
   ※ 렌쯔의 법칙 : 기전력의 방향

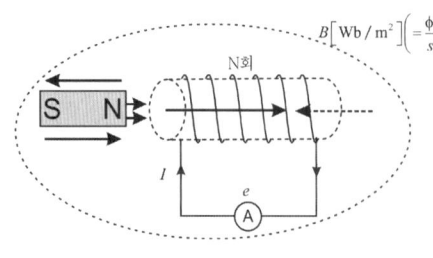
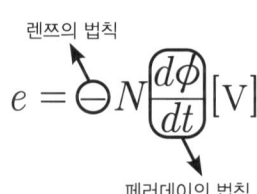

$B[\text{Wb}/\text{m}^2]\left(=\dfrac{\phi}{s}\right)$는 일정

렌쯔의 법칙

$$e = \ominus N \dfrac{d\phi}{dt}[\text{V}]$$

페러데이의 법칙

[페러데이-렌쯔의 법칙]

※ 페러데이 법칙 : 전자유도현상에 의한 유도 기전력의 크기는 자속 ϕ의 시간적인 감쇄율에 비례한다.
※ 렌쯔의 법칙 : "유도기전력은 자속 ϕ의 증가, 감소를 방해하는 방향으로 생긴다."는 법칙

3) 플레밍의 왼손 법칙(전동기의 원리)

전동기의 회전력이 발생하는 원리를 알 수 있는 법칙(자장 내에서 도체에 전류를 흘린다).

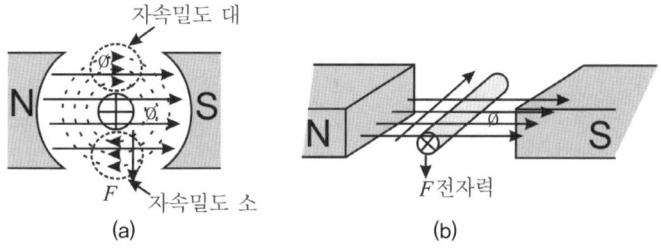

※ 전자력의 방향은 왼손에서 엄지손가락 방향이 된다.

① 엄지 : 힘(전자력)의 방향(F) [N]
② 검지 : 자속밀도의 방향(B) [Wb/m²]
③ 중지 : 전류의 방향(I) [A]

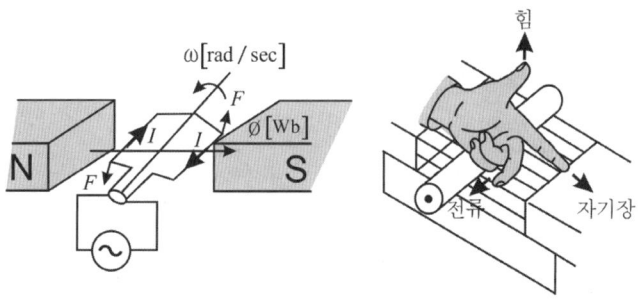

4) 플레밍의 오른손 법칙(발전기의 원리)

교류발전기에서 기전력의 방향을 알 수 있는 법칙

평등 자계 중에 전기자 도체를 놓고 시계 방향으로 회전시키면 회전하는 도체가 자속을 끊으면서 플레밍의 오른손 법칙에 의한 다음과 같은 방향으로 기전력이 유도된다.

① 엄지 : 도체의 운동 방향(v) [m/sec]
② 검지 : 자속밀도의 방향(B) [Wb/m²]
③ 중지 : 기전력의 방향(e) [v]

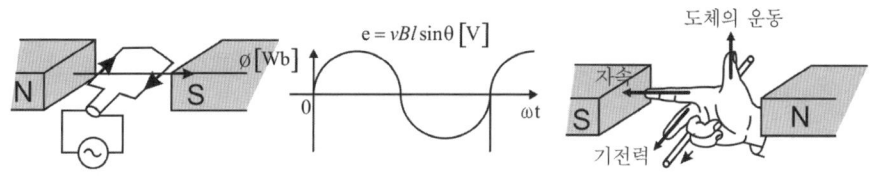

2. 직류발전기의 원리 및 구조

1) 교류발전기의 구조

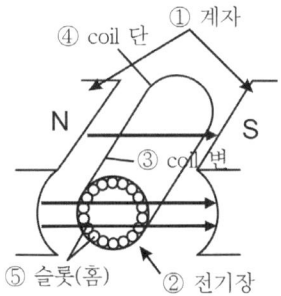

① 계자 : 자속(ϕ)를 발생하는 부분으로 계자(자석)라 하며, 발전기에서는 영구자석을 쓰지 않고 전자석을 쓴다.
② 전기자 : 계자사이에서 회전을 하면서 자속(ϕ)를 끊어(쇄교)가지고 기전력(e)을 유기시키는 "원통형 실린더"로 되어있다.
  • 전기자철심과 전기자권선으로 구성됨
③ coil변 : 자속(ϕ)를 끊어서 기전력을 유기시키는 부분
④ coil단 : 자속(ϕ)를 끊을 수 없어 기전력을 유기시키지 못하는 부분(누설자속발생)
⑤ 슬롯(홈) : 홈 안에 자속(ϕ)을 끊어서 기전력을 유기시킬 수 있는 도체를 집어넣어서 감아 놓은 것

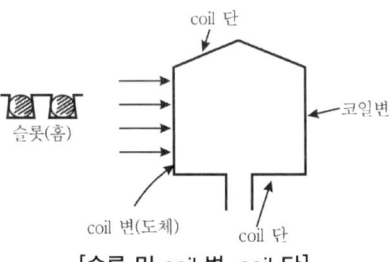

[슬롯 및 coil 변, coil 단]

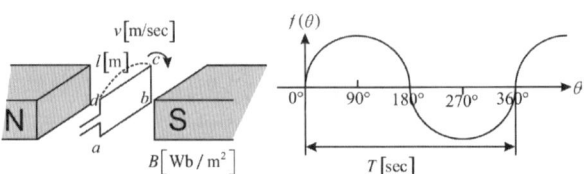

2) 직류발전기의 원리

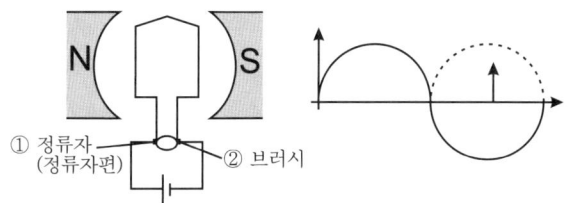

교류발전기는 전자유도작용에 의해 교류 기전력을 얻으며, 직류발전기는 교류발전기의 슬립링 대신에 정류자를 설치하여 직류 전원을 얻는다.

3) 직류발전기의 구조
　① 계자(계자철심 + 계자권선) : 자속 (ϕ)을 발생시키는 부분
　② 전기자(전기자 철심 + 전기자 권선) : 자속 (ϕ)를 끊어 기전력을 발생시키는 부분으로서 전기자 철심은 0.35~0.5mm의 규소강판(히스테리시스손 감소)을 성층(와류손 감소)하여 사용

참고
　• 히스테리시스손 : $p_h \propto f B_m^2$
　• 와류손 : $p_e \propto t^2 f^2 B_m^2$

4) 철손 (고정손, 무부하손) : 히스테리시스손, 와류손, 기타손실
　① 히스테리시스손 : 어떠한 자성체를 자화시킬 때 자기적인 늦음 현상이 발생하면서 열로써 소비되는 에너지 손실
　　⇨ 히스테리시스현상 : 자기장의 세기를 증가, 감소시킬 때 자속 밀도의 변화가 항상 자기장의 세기 변화보다 늦음이 발생하는 현상
　② 와류손(맴돌이 전류손) : 시간적으로 변화하는 자속 ϕ가 도체의 단면을 통과할 때 도체 내부에 렌쯔의 법칙에 의한 방향으로 유도 전류가 흐르면서 발생하는 손실

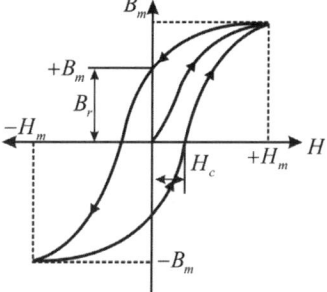

　③ 정류자 : 회전자에 붙어 있으면서, 교류를 직류로 바꾸어주는 역할을 한다. 정류자편 사이에는 절연물(운모)이 들어 있다.
　④ 브러시 : 정류자에서 변환된 직류기전력을 외부로 인출하기 위한 부분
　　㉮ 브러시 압력 : $0.1 \sim 0.25 [kg/cm^2]$
　　㉯ 탄소 브러시 (접촉저항↑) : 저전류, 저속기
　　㉰ 흑연 브러시 (접촉저항↓) : 대전류, 고속기
　　㉱ 금속 흑연 브러시 (접촉저항↓) : 대전류 기계

3. 직류 발전기의 이론

1) 직류발전기의 유도기전력

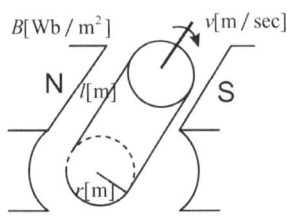

- 도체 1개의 유도기전력 : $e = vBl\sin\theta \, [V]$
- 도체 1개에 유기되는 최대기전력 : $e = vBl \, [V]$
- 회전자 주변속도 : $v = \pi Dn = 2\pi r \dfrac{N}{60} \, [\text{m/sec}]$
- 자속 밀도 : $B = \dfrac{\text{전체자속}}{\text{원통표면적}} = \dfrac{P\phi}{2\pi rl} \, [\text{Wb/m}^2]$

> - n : [rps] 초당 회전수
> - N : [rpm] 분당 회전수

① 도체 1개의 유도 기전력 : $e = vBl = \dfrac{P\phi N}{60}$

② 전체 유도 기전력

전기자 총 도체 수(Z), 병렬 회로 수 (a), 직렬접속 도체 수 $= \dfrac{Z}{a}$, $k = \dfrac{PZ}{60a}$

$$E = e \times \dfrac{Z}{a} = \dfrac{P\phi N}{60} \times \dfrac{Z}{a} = \dfrac{PZ}{60a}\phi N = K\phi N \, [V]$$

$\therefore E \propto \phi \, (N \text{ 일정}), \, E \propto N \, (\phi \text{ 일정})$

> - P : 극수
> - ϕ : 매 극당 자속 수
> - N : [rpm]

2) 전기자 권선법

고상권, 폐로권, 이층권, 중권(병렬권), 파권(직렬권) 채용

- 환상권(×) : 고상권에 비하여 효율이 떨어짐
- 고상권(○) :
  - 개로권(×) : 몇 개의 독립된 권선을 철심에 감아가는 방법
  - 폐로권(○) : 임의의 점에서 시작하여 권선을 쭉 감아 가면, 다시 시작점으로 와서 완전히 닫혀 지는 형태

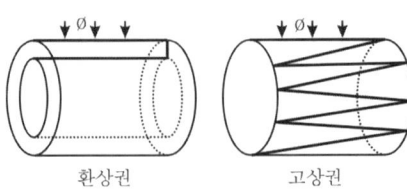

환상권   고상권

```
폐로권 ┬ 단층권(×)
      └ 이층권(○) ┬ 중권(병렬권)
                 └ 파권(직렬권) : 파도모양
```

이층권 : 한 슬롯에 도체를 이층으로 넣는 방법으로서, 높은 기전력을 얻기 위함

① 중권

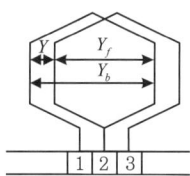 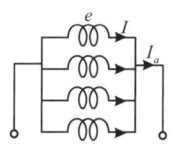

② 파권

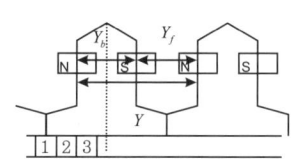 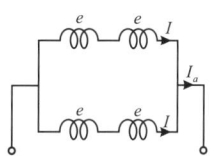

중권(병렬권)	파권(직렬권)
합성피치 : $Y = Y_b - Y_f$	합성피치 : $Y = Y_b + Y_f$
병렬 회로 수 : $a = p = b$	병렬 회로 수 : $a = 2 = b$
저전압, 대전류용 $\left(I = \dfrac{I_a}{a}\right)$	고전압, 소전류용 $\left(I = \dfrac{I_a}{2}\right)$
균압환 설치(4극 이상 중권)	

※ 균압환 : 공극의 불 균일에 의한 전압 불평형 발생시, 브러시 부근에서 순환전류가 흘러 불꽃(섬락)이 발생하는 것을 방지하기 위해서 설치

※ 기전력이 같은 점(등전위점)들을 저항이 거의 없는 굵은 도선으로 연결하여 순환전류를 순환하게 만드는 장치 ⇨ 기전력의 평형을 얻을 수 있음

3) 전기자 반작용

전기자 도체에 흐르는 전류에 의해 발생된 자속이 계자 자속(주 자속)에 영향을 주는 현상(발전기에 부하가 걸리고, 전기자 권선에 전류가 흐르면, 이 전기자 전류에 의한 기자력이 계자기자력에 영향을 미치고 자속의 분포가 찌그러진다.)

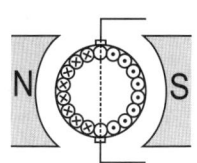 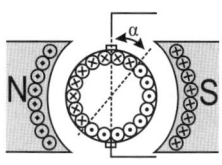 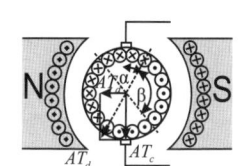

⇨ 전기자 기자력(AT_a) : 새로운 합성 기자력
감자 기자력(AT_d) : 주 자속 감소
교차 기자력(AT_c) : 중성 축 이동

주1) 자기적인 중성 축에 위치한 도체는 그 순간 기전력을 발생할 수 없다.
주2) 기자력 : 자속 가 발생하는 힘의 원천
주3) 편자 : 자속이 한쪽으로 쏠리는 현상

① 전기자 반작용 발생결과
㉮ 주 자속의 감소에 의한 감자 작용
$G : E↓\ E = kϕN$ (N 일정, ∅↓)
$M : ↓τ = kϕI_a$ (∅↓)
㉯ 편자 작용에 의한 중성축의 이동
G : 회전 방향, M : 회전 반대 방향
㉰ 자기적인 중성 축의 이동으로 인한 브러시에서의 기전력 발생으로 정류자 편간 전압이 불균일하게 되어 브러시에서 불꽃이 발생한다.(정류 불량의 원인)

② 전기자 반작용 방지 대책
㉮ 보상권선 : 주 자속 감소 방지(전기자 전류 방향과 반대로 자극면에 권선을 감아서 전류를 흘려준다.)
㉯ 보극 : 공극에서의 자속 밀도 균일화(브러시 부근에 별도의 자극을 설치하여 자속밀도가 소한 곳에 자속 $ϕ$를 보충하여 주고 자속밀도가 밀한 곳에 서는 자속 $ϕ$를 빼나가는 역할)

4) **정류작용**

전기자 도체의 전류가 브러시를 통과할 때마다 전류의 방향을 반전시켜 교류 기전력을 직류로 변환시키는 작용

① 정류시간 : 브러시가 정류자편을 단락시키는 순간부터 단락이 끝나는 때까지 정류가 이루어진다.
② 정류곡선
㉮ 직선 정류 : 이상적인 정류곡선
㉯ 정현 정류 : 양호한 정류곡선(보극이 적당한 경우)
㉰ 과 정류 : 정류 초기에 브러시 전단부에서 불꽃 발생(보극이 지나친 경우)
㉱ 부족 정류(L의 영향) : 정류말기에 브러시 후단부에서 불꽃 발생
(보극 설치)

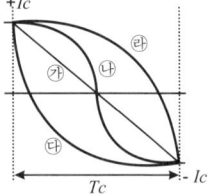

⇨ 리액턴스 전압(역 기전력) : $e_L = -L\dfrac{di}{dt}$ [V]
전기자 권선에 존재하는 자체 인덕턴스에 의해 발생

⇨ 평균 리액턴스 전압(크기만 고려한 전압) : $e_L = L\dfrac{2I_C}{T_C}$ [V] (정류 불량의 원인 이 되는 전압)

③ 양호한 정류 대책
㉮ 평균리액턴스 전압은 작게 할 것 : 보극 설치(전압 정류)
㉯ 인덕턴스(L)를 작게 할 것 : 단절권, 분포권 채용
㉰ 정류주기를 크게 할 것
㉱ 브러시의 접촉저항을 크게 하여 정류 할 것 : 탄소질 브러시 설치(저항 정류)

4. 직류발전기의 종류

1) 타 여자 발전기

발전기 외부의 다른 직류 전원에서 여자전류를 공급하여 계자를 여자시키는 발전기

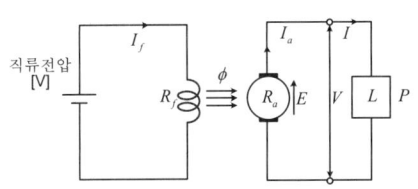

I_f : 계자 전류 R_f : 계자 저항
I_a : 전기자 전류 R_a : 전기자 저항
E : 유기 기전력 V : 단자 전압
I : 부하 전류 P : 출력[W]
L : 부하

주1) 여자 : 전자석의 권선에 전류를 흘려주는 것

① 정상상태(부하 존재)

$E = V + I_a R_a + e_a + e_b$

- e_a : 전기자 반작용에 의한 전압 강하
- e_b : 브러쉬 접촉저항에 의한 전압 강하

② 무부하 상태

$I_a = I = 0$

$E = V_0$ (무부하 단자 전압)

③ 무부하 포화곡선(N일정, $I = 0$) : I_f와 $E(V_0)$의 관계

유도 기전력 $E = k\phi N[\text{V}]$에서 회전 속도가 일정할 때 유도 기전력은 자속에 비례한다. I_f가 증가하면 ϕ가 증가하지만 어느 정도 ϕ가 증가하면 그 다음 부터는 I_f를 증가 시켜도 ϕ는 증가 하지 않는다. 이것은 자기회로의 철이 자기적으로 포화하기 때문이다.

④ 외부특성곡선(N일정, I_f일정) I와 V의 관계

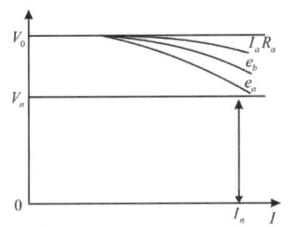

$I_a R_a$: 전기자 저항에 의한 전압 강하
e_b : 브러시 접촉 저항에 의한 전압 강하
e_a : 전기자 반작용에 의한 전압 강하
I_n 정격 전류(전 부하시 전류)
V_n 정격 전압

⑤ 단자 전압 조정 : 계자 저항 조절(R_f : 가변 저항기)

$R_f \downarrow \rightarrow I_f \uparrow \rightarrow \phi \uparrow \rightarrow E \uparrow \rightarrow V \uparrow (V = E - I_a R_a)$

⑥ 용도 : 계자 권선에 직렬로 저항을 넣고 이것을 가감함으로써 계자 전압을 전기자 전압과 관계없이 조정할 수 있어 워드레오너드 전압 제어 방식의 전원으로 사용하여 직류 전동기의 속도와 회전 방향을 제어하거나 교류 발전기의 여자 전원으로 사용한다.

2) 자 여자 발전기

발전기 자체에서 존재하는 잔류자기에 의해 계자를 여자시키는 발전기

① 분권발전기

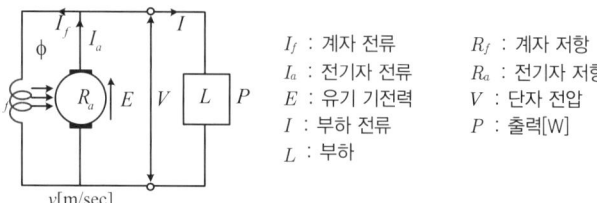

I_f : 계자 전류 R_f : 계자 저항
I_a : 전기자 전류 R_a : 전기자 저항
E : 유기 기전력 V : 단자 전압
I : 부하 전류 P : 출력[W]
L : 부하

㉮ 정상상태(부하존재 시)

$$I_a = I + I_f, \quad V = I_f R_f, \quad E = V + I_a R_a$$

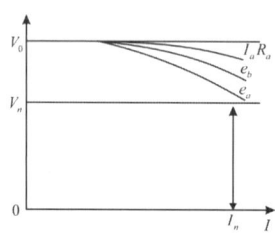

$I_a R_a$: 전기자 저항에 의한 전압 강하
e_b : 브러시 접촉 저항에 의한 전압 강하
e_a : 전기자 반작용에 의한 전압 강하
I_n : 정격 전류(전 부하시 전류)
V_n : 정격 전압

㉯ 무부하 상태

$I = 0 \rightarrow I_a = I_f \rightarrow \therefore$ 무부하 운전 금지(계자 권선의 소손 발생 우려)

㉰ 무부하 포화곡선(N일정, I = 0) : I_f와 E의 관계

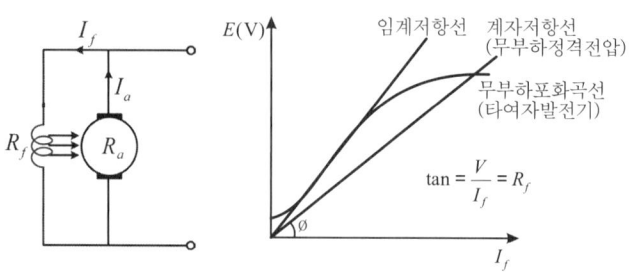

⇨ 전압확립 조건 : 잔류자기에 의한 기전력 발생으로 계자 전류가 증가하여 단자 전압이 상승, 정격전압이 확립되기 위한 조건

- 잔류자기가 존재할 것
- 계자저항이 임계저항보다 적을 것
- 잔류자속과 계자전류에 의한 발생 자속 방향은 반드시 같을 것
  (잔류자기 소멸 방지 → 역회전 금지)

㉱ 분권 발전기의 용도 : 전기 화학용 전원, 전지의 충전용, 동기기의 여자용

② 직권발전기

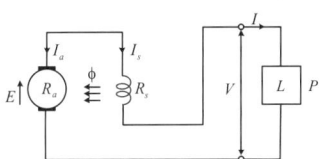

I_s : 직권 계자 전류 R_s : 직권 계자 저항
I_a : 전기자 전류 R_a : 전기자 저항
E : 유기 기전력 V : 단자 전압
I : 부하 전류 P : 출력[W]
L : 부하

㉮ 정상상태(부하존재 시)

$$I_a = I_s = I, \quad E = V + I_a(R_a + R_s)$$
$$V = E - I_a(R_a + R_s)$$

㉯ 무부하 상태(발전 불능) : 계자 전류가 흐르지 않으므로 여자가 안 된다.

$$I = 0 \rightarrow I_s = 0 \rightarrow E = 0$$

∴ 무부하 포화 곡선은 존재하지 않는다.

③ 복권발전기 : 계자회로와 전기자 회로가 혼합된 꼴

㉮ 내분권 복권발전기   ㉯ 외분권 복권발전기

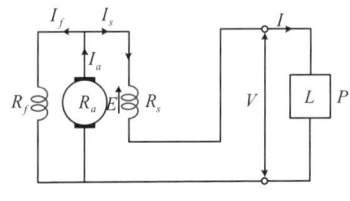   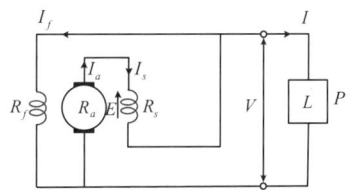

$I_a = I_f + I_s (= I)$ $I_a (= I_s) = I_f + I$
$E = V + I_a R_a + I_s R_s$ $E = V + I_a(R_a + R_s)$

직권 계자 권선을 단락시키면 분권발전기가 되고, 분권 계자 권선을 개방시키면 직권 발전기가 된다.

㉰ 복권 발전기의 외부특성곡선
  • 가동 복권발전기 : 직권 계자권선에 의한 자속과 분권 계자 권선에 의한 자속이 서로 합해져서 전체 유도기전력을 증가시키는 발전기

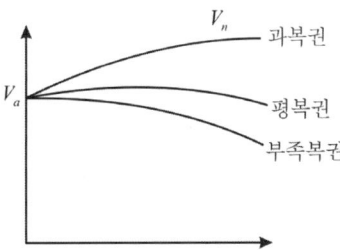

  – 과복권 발전기(전부하 전압(V_n) > 무부하 전압(V_0)) : 부하와 직류 발전기가 멀어서 발생하는 급전선의 전압 강하 보상용으로 사용

- 평복권 발전기(전부하 전압(V_n) = 무부하 전압(V_0)) : ϕ_s와 ϕ_f가 합쳐져서 전기자 반작용에 의한 자속 감소와 전기자 저항에 의한 전압 강하를 보충하여 단자 전압 V[V]를 부하의 증감에 관계없이 거의 일정하게 유지할 수 있다. 직류 전원 및 전기 기기의 여자 전원으로 사용된다.
- 부족 복권 발전기 : 전부하 전압(V_n) < 무부하 전압(V_0)
• 차동 복권 발전기: 분권 계자의 기자력을 직권 계자의 기자력으로 감소시켜 전체 유도 기전력을 감소시킨 발전기
  수하특성 : 부하 증가 시 단자전압이 현저하게 강하되면서 부하전류가 급격히 감소되어 소 전류가 일정해지는 정전류 특성
  - 용접용 발전기 : 차동 복권 발전기
  - 용접용 변압기 : 누설변압기

5. 직류발전기의 특성

1) 전압 변동률

$$\epsilon = \frac{무부하전압 - 정격전압}{정격전압} \times 100 [\%] = \frac{V_0 - V_n}{V_n} \times 100 [\%]$$

2) 속도 변동률

$$\epsilon = \frac{무부하 회전수 - 정격 회전수}{정격 회전수} \times 100 [\%]$$
$$= \frac{N_0 - N_n}{N_n} \times 100 [\%]$$

3) 직류 발전기의 병렬운전 조건

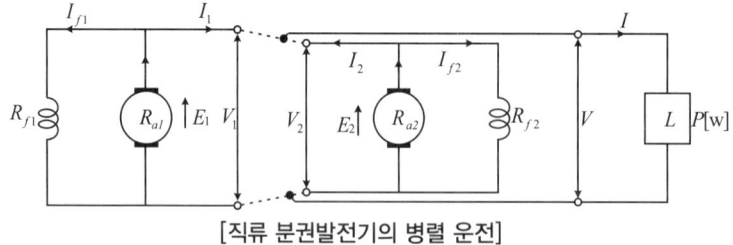

[직류 분권발전기의 병렬 운전]

① 극성이 같을 것(+는 +끼리, -는 -끼리 전류의 방향이 일치할 것)
② 단자 전압이 같을 것(외부특성 곡선이 같을 것)
③ 용량은 임의의 값이고 %부하전류 $\left(\%I = \dfrac{I}{P} \times 100 [\%]\right)$가 일치할 것
   ⇨ 부하 분담 : R_f 조정
   ㉮ $R_f \uparrow \to I_f \downarrow \to \phi \downarrow \to E \downarrow \to I \downarrow$ (부하 분담 감소)
   ㉯ $R_f \downarrow \to I_f \uparrow \to \phi \uparrow \to E \uparrow \to I \uparrow$ (부하 분담 증가)
④ 외부특성이 약간의 수하 특성일 것

㉮ 타여자, 분권, 부족복권, 차동복권 : 스스로 가진다.
㉯ 직권, 과복권 : 균압선 연결(저항이 아주 적은 동선으로 연결하여 발전기의 안정운전을 취한다)

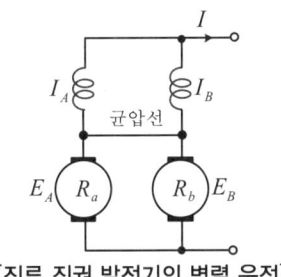

[직류 직권 발전기의 병렬 운전]

STEP 02 직류전동기

1. 직류전동기의 원리 및 이론

1) 전동기의 에너지 변환관계

[VI(전기적 입력) = $\omega\tau$(기계적 출력)]

2) 직류전동기의 원리

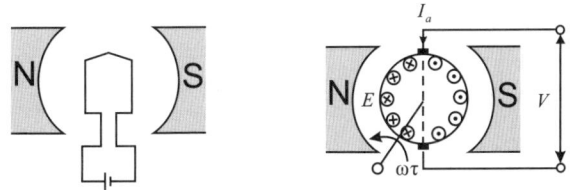

[EI_a(전기적 에너지) = $\omega\tau$(기계적 에너지)]

주) 직류 전동기의 역 기전력은 인가전압의 80~90[%]이다.

※ 분권전동기

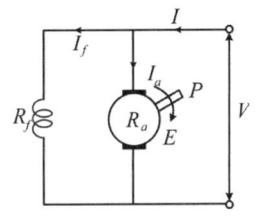

I : 부하전류
V : 인가전압
E : 역기전력
EI_a : 기계적 출력을 발생시킨 유효 전력
VI : 전기적 입력
$I_a^2 R_a$: 전기자 동손
P : 전동기의 출력

$$I_a = \frac{V-E}{R_a} = \frac{V-K\phi N}{R_a}\,[\text{A}]$$

$$V = E + I_a R_a \rightarrow E = V - I_a R_a$$

$$EI_a = VI - I_a^2 R_a$$

$$\therefore P = EI_a = \omega\tau$$

① $\tau = \dfrac{PZ}{2\pi a}\phi I_a = K\phi I_a\,[\text{N}\cdot\text{m}]$

② $\tau = 9.55\dfrac{P}{N}\,[\text{N}\cdot\text{m}]$

③ $\tau = 0.975\dfrac{P}{N}\,[\text{kg}\cdot\text{m}]$

④ $P = 1.026N\tau\,[\text{W}]$

 참고

$1\,[\text{kg}\cdot\text{m}] = 9.8\,[\text{N}\cdot\text{m}]$

2. 직류전동기의 속도 특성

단자 전압(V)을 일정하게 유지한 상태에서 부하 전류(I)와 회전수(N)와의 관계를 나타낸 것

1) 분권전동기

일정한 속도 특성을 가지며, 가변 속도 제어 가능(R_f : 가변저항기)

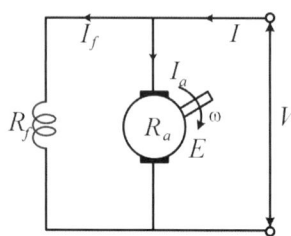

주) $V = I_f R_f$ 에서 $I_f = \dfrac{V}{R_f}$

$$V = E + I_a R_a \rightarrow E = V - I_a R_a, \quad K = \frac{PZ}{2\pi a}$$

$$E = k\phi N \rightarrow N = \frac{E}{k\phi} = k\frac{V - I_a R_a}{\phi}$$

$$\therefore N = k\frac{V - I_a R_a}{\phi}\,[\text{rpm}]$$

① 정상 상태(부하존재) : 부하↑ → I↑ → I_a↑ → N↓ $\therefore I \propto \dfrac{1}{N}$

　계자저항 R_f↑ → I_f↓ → ϕ_f↓ → N↑

② 부족여자특성 : 정격전압 인가 상태에서 계자회로의 단선 등에 의한 속도 특성.

　⇨계자회로 단선($I_f = 0$)→($I_f = 0$) → $\phi = 0$ → $N = \infty$(위험 상태)

　　$\therefore$ 계자 회로에는 퓨즈 설치 불가

2) 직권전동기

기중기, 전기자동차, 전기철도 등의 높은 속도 – 토크 특성을 가짐

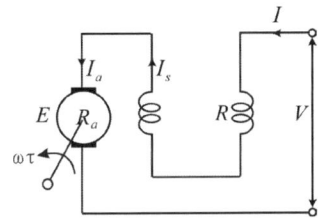

주) V : 인가전압 E : 역 기전력

$$N = k\frac{V - I(R_a + R_s)}{\phi}\bigg|_{\phi \propto I} = k'\frac{V - I(R_a + R_s)}{I}[\text{rpm}]$$
$$= k''\frac{V}{I}[V \gg I(R_a + R_S)]$$

① 정상 상태(부하 존재) : 부하↑ → I↑ → N↓ ∴ $I \propto \dfrac{1}{N}$
② 정격 전압, 무부하 상태에서의 속도 특성 : $I = I_s = I_a = 0 \to N = \infty$ (위험상태)
  벨트 운전 금지(체인 운전 또는 톱니바퀴 운전)

※ 직류 전동기의 속도 특성 비교

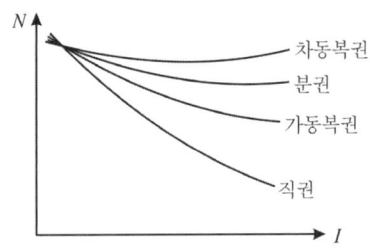

- 속도 변동이 가장 작은 전동기 : 타 여자 전동기는 정속도 전동기라 할 수 있다.
- 속도 변동이 가장 큰 전동기 : 직권전동기

3) 가동 복권전동기

속도 변동률이 분권전동기보다 큰 반면에 기동 토크도 크므로 크레인, 엘리베이터 등에 이용

4) 차동 복권전동기

일반적으로 사용하지 않는다.

3. 직류 전동기의 토크 특성

단자 전압(V)을 일정하게 유지한 상태에서 부하 전류(I)와 토크(τ)와의 관계를 나타낸 것

1) 분권전동기

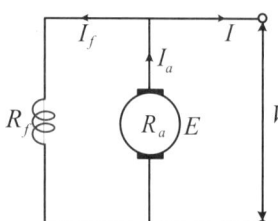

주) $V = I_f R_f$ 에서 $I_f = \dfrac{V}{R_f}$

$I = I_f + I_a \fallingdotseq I_a\,(\because I_f \ll I)$

$\tau = K\phi I_a[\mathrm{N\cdot m}]$

$\tau \propto I_a\,(I_a \fallingdotseq I)$ (단자 전압 일정 → R_f 일정 → I_f 일정 → ϕ 일정)

$\therefore \tau \propto I\,(\because I \propto \dfrac{1}{N}),\ \tau \propto \dfrac{1}{N}$

2) 직권전동기

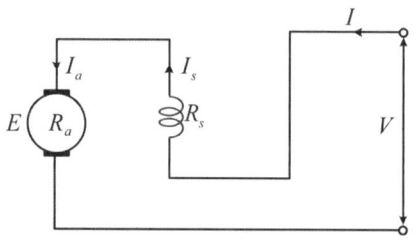

$\tau = K\phi I_a[\mathrm{N\cdot m}]$ $\qquad \phi \propto I_a\,(I_a = I_s = I)$

$\tau \propto \phi I_a \propto I_a^2$ $\qquad\quad \therefore \tau \propto I^2,\ I \propto \dfrac{1}{N},\ \tau \propto \dfrac{1}{N^2}$

※ 직류 전동기의 토크 특성 비교

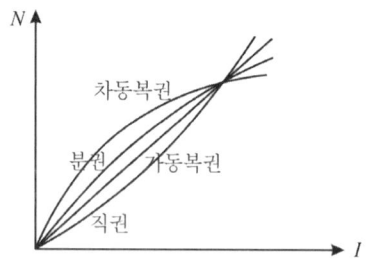

4. 직류 전동기의 운전

1) 직류 전동기의 기동

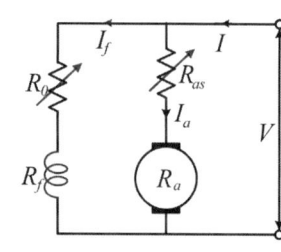

① 전동기는 기동 순간에 전기자가 회전하지 않으므로 역기전력 $E[\mathrm{V}] = 0[\mathrm{V}]$가 되어 전원 전압이 그대로 전기자 회로에 가해져서 대단히 큰 기동 전류가 흘러 전기자 권선, 정

류자 및 브러시를 손상시킨다.
② 전동기 운전 중에는 전기자에 역기전력이 발생하여 전기자에 적은 전압이 걸려 정격 전류가 흐르고 정격 속도로 운전한다.
③ 전동기는 기동 토크를 최대로 한다.
  ∴ 계자저항기(R_0 : 가변저항기)를 최소 위치에 놓고 기동시킬 것
    R_0최소 → I_f최대 → ϕ최대 → τ최대
④ 전기자 전류를 제한하기 위한 기동 저항기(R_{as} : 가변 저항기)를 최대의 위치에 둔다. → 서서히 감소 → 기동 전류의 크기를 정격 전류의 1.5~2배 이내로 제한 한다.

$$I_s = \frac{V}{R_a + R_{as}} \rightarrow I_s = (1.5\text{~}2)I_n \, (I_s : \text{기동 전류})$$

2) 직류 전동기의 속도 제어

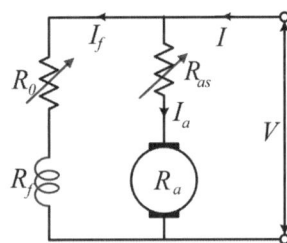

주) 운전중 : $R_f \uparrow \rightarrow I_f \downarrow \rightarrow \phi \downarrow \rightarrow N \uparrow$ 에서 $I_f = \frac{V}{R_f}$

$$N = k\frac{V - I_a R_a}{\phi}[\text{rpm}]$$

① 전압 제어 : 단자전압 V조정(정 토크 제어)
  ㉮ 워드레오너드방식 : 타 여자발전기(3상유도전동기) 출력 전압 이용 광범위한 속도 조정 (1 : 20) 가능, 효율 양호
  ㉯ 정지레오너드 방식 : SCR 이용
  ㉰ 일그너방식 : Fly-Wheel 효과 이용, 부하 변동이 심한 경우(제철용 압연기)
  ㉱ 쵸퍼 제어 방식 : 직류 쵸퍼 이용
  ㉲ 직·병렬 제어
② 계자 제어 : 자속 ϕ조정제어 범위(1 : 3)가 좁은 정 출력 제어 방식
③ 저항 제어 : 가변 R_{as}저항 조정 → 효율 불량

3) 직류 전동기의 역 회전

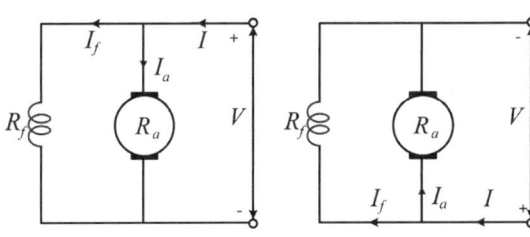

$$\tau = K\phi I_a [\text{N} \cdot \text{m}] = K(-\phi)(-I_a) = K\phi I_a [\text{N} \cdot \text{m}]$$

직류 전동기를 역 회전시키기 위해 계자 권선과 전기자 권선의 극성(전류 방향)을 동시에 접속 변경하면 전동기의 회전 방향은 변하지 않는다. 따라서 직류 전동기의 역회전은 계자 권

선이나 전기자 권선 중 어느 한 권선에 대한 극성(전류 방향)만 반대방향으로 접속 변경한다.

4) 직류 전동기의 제동
① 역 회전 제동(Plugging) : 전기자 회로의 극성을 반대로 접속하여 그 때 발생하는 역 토크를 이용하여 전동기를 급제동시키는 방식
② 발전 제동 : 전동기 전기자 회로를 전원에서 차단하는 동시에 계속적으로 회전하고 있는 전동기를 발전기로 동작시켜 이때 발생되는 전기자의 역기전력을 전기자에 병렬 접속된 외부저항에서 열로 소비하여 제동하는 방식
③ 회생 제동 : 전동기의 전원을 접속한 상태에서 전동기에 유기되는 역 기전력이 전원 전압보다 크게 될 때 발생하는 전력을 전원측에 반환하여 제동하는 방식(예 : 전기 기관차가 남태령 고개에서 내려갈 때)

5. 직류 전동기의 손실 및 효율

1) 직류기의 손실
① 고정 손(무부하 손) : 부하에 관계없이 항상 일정한 손실
　㉮ 철손(P_i) : 히스테리시스손 $P_h \propto fB_m^2$
　　와류손 $P_e \propto t^2 f^2 B_m^2$
　㉯ 기계손(P_m) : 마찰손, 풍손
② 가변 손(부하 손) : 부하에 따라 변화하는 손실
　㉮ 동손(P_c) : 전기자 동손 $P_a = I_a^2 R_a$
　　계자 동손 $P_f = I_f^2 R_f$
　㉯ 표유부하손(P_s) : 측정은 가능하나 계산으로 구할 수 없는 손실
③ 총손실 : $P_l = P_i + P_c + P_m + P_s$

2) 직류기의 효율
① 실측 효율 : $\eta = \dfrac{출력}{입력} \times 100\,[\%]$
② 규약 효율 : 전기적 에너지 기준
　㉮ 발전기 : $\eta_G = \dfrac{출력}{출력 + 손실} \times 100\,[\%]$
　㉯ 전동기 : $\eta_M = \dfrac{입력 - 손실}{입력} \times 100\,[\%]$
③ 최대 효율 조건 : 고정손 = 가변손

3) 직류 전동기의 토크 측정, 시험
① 전동기의 토크 측정
　㉮ 보조 발전기법
　㉯ 프로니 브레이크법 : 소형기에서 측정

㉕ 전기 동력계법 : 원동기의 출력측정
② 온도 시험
㉮ 실 부하법
㉯ 반환 부하법 : 홉킨슨법, 블론델법, 카프법

4) 직류 스테핑 모터

① 자동 제어 장치를 제어하는데 사용되는 특수 전기 기기로서, 특히 정밀한 서보기구(servo mechanism)에 많이 사용된다.
② 전기 신호를 받아 회전 운동으로 바꾸고 기계적 이동을 하게 한다.
③ 정류자, 브러시가 없으므로, 교류 동기 서보 모터에 비하여 수명이 길고, 신뢰성이 높으며, 보수 점검이 편리하며, 효율이 훨씬 좋고, 큰 토크를 발생한다.
④ 입력되는 각 전기 신호에 따라 규정된 각 만큼 회전한다.
⑤ 각 신호에 의한 회전 이동의 양은 입력되는 연속된 신호에 따라 정확하게 반복되며, 이 전동기의 출력을 이용하여 어떤 특수 기계의 속도, 거리, 방향 등을 정확하게 제어 할 수 있다.

제02장_ 전기기기 출제예상문제

01 전류에 의한 자기장의 방향을 결정하는 법칙은?

① 앙페르의 오른나사 법칙
② 플레밍의 오른손 법칙
③ 플레밍의 왼손 법칙
④ 렌츠의 법칙

🔍 자기장의 방향을 결정하는 법칙
 • 앙페르의 오른나사 법칙 : 전류에 의한 자계의 방향 결정
 • 플레밍의 오른손 법칙(발전기) : 운동에 의한 기전력(전류) 방향 결정
 • 플레밍의 왼손 법칙(전동기) : 전류에 의한 운동(힘)의 방향 결정
 • 렌츠의 법칙 : 전자 유도에 의한 기전력 방향 결정

02 "전자 유도에 의하여 어떤 회로에 생긴 기전력은 이 회로와 쇄교하는 자속의 증가 또는 감소하는 정도에 비례한다."라는 것은 무슨 법칙인가?

① 오옴의 법칙
② 주울의 법칙
③ 패러데이의 법칙
④ 렌쯔의 법칙

🔍 패러데이의 법칙 : 전자 유도 현상에 의한 유도 기전력의 크기를 정의한 법칙으로 유도 기전력의 크기는 자속의 시간적인 감쇄율(증가 또는 감소)에 비례한다.
$e = N \dfrac{\Delta \phi}{\Delta t}$ [A]

03 "유도 기전력은 자신의 발생 원인이 되는 자속의 변화를 방해하려는 방향으로 발생한다." 이것을 유도 기전력에 관한 무슨 법칙이라 하는가?

① 옴(Ohm)의 법칙
② 렌츠(Lenz)의 법칙
③ 쿨롱(Coulomb)의 법칙
④ 앙페르(Ampere)의 법칙

🔍 렌츠의 법칙 : 유도기전력의 방향은 자속 Ø의 증가 또는 감소를 방해하는 방향으로 발생한다.

04 코일에 그림과 같은 방향으로 유도 전류가 흘렀을 때 자석의 이동 방향은?

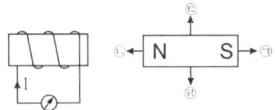

① ㉠의 방향
② ㉡의 방향
③ ㉢의 방향
④ ㉣의 방향

🔍 앙페르의 오른나사 법칙에 의해 왼쪽 그림의 코일은 왼쪽에서 오른쪽으로 진행하는 자속(렌쯔의 자속)에 의해서 전류가 흐르고 있다. 그러므로 자석의 이동 방향은 ㉡의 방향이 된다.

05 전동기의 회전방향을 알기 위한 법칙은?

① 플레밍의 오른손 법칙
② 플레밍의 왼손 법칙
③ 렌츠의 법칙
④ 앙페르의 오른나사의 법칙

🔍 전동기의 회전 방향 : 플레밍의 왼손 법칙(전류에 의한 운동의 방향 결정)

06 플레밍의 왼손 법칙에서 엄지손가락이 뜻하는 것은?

① 자기력선속의 방향
② 힘의 방향
③ 기전력의 방향
④ 전류의 방향

🔍 플레밍의 왼손 법칙
 • 엄지손가락 : 힘의 방향
 • 검지손가락 : 자속밀도의 방향
 • 중지손가락 : 전류의 방향

07 전자력의 방향과 관계가 있는 법칙은?

① 렌쯔의 법칙
② 패러데이의 법칙

정답 01 ① 02 ③ 03 ② 04 ② 05 ② 06 ②

③ 플레밍의 오른손 법칙
④ 플레밍의 왼손 법칙

🔍 전자력의 방향과 관계 있는 법칙
• 렌츠의 법칙 : 전자 유도에 의한 유도 기전력의 방향
• 패러데이의 법칙 : 전자 유도에 의한 유도 기전력의 크기
• 플레밍의 오른손 법칙 : 운동에 의한 기전력의 방향 결정
• 플레밍의 왼손 법칙 : 전류에 의한 운동의 방향 결정

08 다음 중 전자력 작용을 응용한 대표적인 것은?

① 전동기   ② 전열기
③ 축전기   ④ 전등

🔍 발전기 : 기전력(e[V])전동기 : 전자력(F[N])

09 플레밍(Fleming)의 오른손 법칙에 따르는 기전력이 발생하는 기기는?

① 교류발전기   ② 교류전동기
③ 교류정류기   ④ 교류용접기

🔍 플레밍의 오른손 법칙 : 발전기의 원리

10 플레밍의 오른손 법칙에서 셋째손가락의 방향은?

① 운동방향
② 자속밀도의 방향
③ 유도 기전력의 방향
④ 자력선의 방향

🔍 플레밍의 오른손 법칙은 검지손가락에 자계의 방향을, 엄지손가락에 운동의 방향을 일치시키면 셋째손가락 방향으로 유도 기전력이 나온다.

11 철심에 권선을 감고 전류를 흘려서 공극(air gap)에 필요한 자속을 만드는 것은?

① 정류자   ② 계자
③ 회전자   ④ 전기자

🔍 계자 : 철심에 권선을 감고 전류를 흘려서 공극(air gap)에 필요한 자속을 만드는 것

12 직류기의 주요 구성 3요소가 아닌 것은?

① 전기자
② 정류자
③ 계자
④ 보극

🔍 직류기의 3대 요소는 전기자, 계자, 정류자이다.

13 전기 기계에 있어서 히스테리시스손을 감소시키기 위하여 어떻게 하는 것이 좋은가?

① 성층 철심 사용
② 규소 강판 사용
③ 보극 설치
④ 보상 권선 설치

🔍 • 규소강판 사용 : 히스테리시스손 감소
• 성층 : 와류손 감소

14 전기기계의 철심을 성층하는 가장 적절한 이유는?

① 기계손을 적게하기 위하여
② 표유부하손을 적게하기 위하여
③ 히스테리시스손을 적게하기 위하여
④ 와류손을 적게하기 위하여

🔍 • 규소강판 사용 : 히스테리시스손 감소
• 성층 : 와류손 감소

15 직류발전기의 철심을 규소 강판으로 성층하여 사용하는 주된 이유는?

① 브러시에서의 불꽃 방지 및 정류개선
② 맴돌이 전류 손과 히스테리시스 손의 감소
③ 전기자 반작용의 감소
④ 기계적 강도 개선

🔍 직류발전기의 철심을 규소 강판으로 사용하면 히스테리시스 손이 감소되고, 성층하여 사용하면 맴돌이 전류 손이 감소된다.

정답 07 ④ 08 ① 09 ① 10 ③ 11 ② 12 ④ 13 ② 14 ④ 15 ②

16 금속 내부를 지나는 자속의 변화로 금속 내부에 생기는 맴돌이 전류를 작게 하려면 어떻게 하여야 하는가?

① 두꺼운 철판을 사용한다.
② 높은 전류를 가한다.
③ 얇은 철판을 성층하여 사용한다.
④ 철판 양면에 절연지를 부착한다.

🔍 맴돌이 전류(와전류)를 줄이기 위해서는 얇은 철판을 성층하여 사용한다.

17 직류기에서 브러시의 역할은?

① 기전력 유도
② 자속 생성
③ 정류 작용
④ 전기자 권선과 외부 회로 접속

🔍 브러시 : 전기자 권선과 외부 회로 접속

18 정류자와 접촉하여 전기자 권선과 외부회로를 연결시켜 주는 것은?

① 전기자   ② 계자
③ 브러시   ④ 공극

🔍 브러시 : 정류자와 접촉하여 전기자 권선과 외부회로를 연결시켜 주는 것

19 전기자 지름 0.2[m]의 직류발전기가 1.5[kW]의 출력에서 1,800[rpm]으로 회전하고 있을 때 전기자 주변 속도는 약 몇 [m/sec]인가?

① 9.42
② 18.84
③ 21.43
④ 42.86

🔍 회전 전기자 주변 속도
$V = \pi Dn = \pi \times 0.2 \times \dfrac{1,800}{60} = 18.84 [\text{m/sec}]$

20 직류 발전기에서 유기기전력 E를 바르게 나타낸 것은?(단, 자속은 ϕ, 회전속도는 n이다.)

① $E \propto \phi n$ ② $E \propto \phi n^2$
③ $E \propto \dfrac{\phi}{n}$ ④ $E \propto \dfrac{n}{\phi}$

🔍 직류 발전기에서 유기기전력 $E = \dfrac{PZ\phi N}{60a}[\text{V}]$ 이므로 $E \propto \phi n$

21 6극 단중 파권, 전기자 도체수 250의 직류 발전기가 1,200[rpm]으로 회전할 때 유기 기전력이 600[V]라면 매극 당 자속은 몇 [Wb]인가?

① 0.019   ② 0.002
③ 0.04   ④ 0.12

🔍 $E = \dfrac{PZ\phi N}{60a}[\text{V}]$에서 파권이므로 $a = 2$이고
$\phi = \dfrac{60aE}{PZN} = \dfrac{60 \times 2 \times 600}{6 \times 250 \times 1,200} = 0.04[\text{Wb}]$

22 다음 권선법 중에서 직류기에 주로 사용되는 것은?

① 폐로권, 환상권, 이층권
② 폐로권, 고상권, 이층권
③ 개로권, 환상권, 단층권
④ 개로권, 고상권, 이층권

🔍 직류기에서 주로 사용되는 권선법은 고상권, 폐로권, 이층권, 중권(병렬권), 파권(직렬권) 채용한다.

23 다극 중권 직류발전기의 전기자 권선에 균압 고리를 설치하는 이유는?

① 브러시에서 불꽃을 방지하기 위하여
② 전기자 반작용을 방지하기 위하여
③ 정류 기전력을 높이기 위하여
④ 전압강하를 방지하기 위하여

🔍 전기자 권선이 국부적으로 과열하여 브러시에서 불꽃이 발생하는 것을 방지하기 위해 균압고리(균압환)를 설치한다.

정답 16 ③ 17 ④ 18 ③ 19 ② 20 ① 21 ③ 22 ② 23 ①

24 단중 중권의 극수가 P인 직류기에서 전기자 병렬 회로수 a는 어떻게 되는가?

① 극수 P와 무관하게 항상 2가 된다.
② 극수 P와 같게 된다.
③ 극수 P의 2배가 된다.
④ 극수 P의 3배가 된다.

🔍 중권(병렬권) : 병렬회로 수 $a = P$이다.

25 직류기의 권선을 단중 파권으로 감으면?

① 내부 병렬 회로 수가 극수만큼 생긴다.
② 내부 병렬 회로 수는 극수에 관계없이 언제나 2이다.
③ 저전압 대전류용 권선이다.
④ 균압환을 연결해야 한다.

🔍 파권(직렬권) : 병렬회로 수 $a = 2$이다.

26 8극 파권 직류발전기의 전기자 권선의 병렬 회로수 a는 얼마로 하고 있는가?

① 1   ② 2   ③ 6   ④ 8

🔍 파권(직렬권) : 병렬회로 수 $a = 2$이다.

27 직류 발전기에 있어서 전기자 반작용이 생기는 요인이 되는 전류는?

① 동손에 의한 전류
② 전기자 권선에 의한 전류
③ 계자 권선의 전류
④ 규소 강판에 의한 전류

🔍 전기자 권선에 흐르는 전류에 의해서 전기자 반작용이 발생한다.

28 직류 발전기의 전기자 반작용의 영향이 아닌 것은?

① 절연 내력의 저하
② 유도 기전력의 저하
③ 중성축의 이동
④ 자속의 감소

🔍 전기자 반작용의 영향 : 편자작용으로 중성 축 이동
• 주 자속 감소 → 기전력 감소
• 주 자속 일그러짐 → 정류 불안정

29 직류기에서 전기자 반작용을 방지하기 위한 보상권선의 전류방향은 어떻게 되는가?

① 전기자 권선의 전류방향과 같다.
② 전기자 권선의 전류방향과 반대이다.
③ 계자권선의 전류방향과 같다.
④ 계자권선의 전류방향과 반대이다.

🔍 보상권선의 전류는 전기자 권선에 흐르는 전류와 크기는 같으면서, 반대 방향으로 흘려주어야 전기자 기자력을 상쇄시키게 된다.

30 직류기에서 보극을 두는 가장 주된 목적은?

① 기동 특성을 좋게 한다.
② 전기자 반작용을 크게 한다.
③ 정류 작용을 돕고 전기자 반작용을 약화시킨다.
④ 전기자 자속을 증가시킨다.

🔍 보극은 주 자극 사이에 설치하는 소 자석으로, 정류를 개선하고, 중성 축을 환원하여 전기자 반작용을 완화시키는 역할을 한다.

31 보극이 없는 직류기의 운전 중 중성점의 위치가 변하지 않는 경우는?

① 무부하일 때   ② 전부하일 때
③ 중부하일 때   ④ 과부하일 때

🔍 전기자 권선에 전류가 흐르면 전기자 반작용에 의해 자기적인 중성축이 이동하는 데 무부하인 경우에는 회전 전기자 코일에 전류가 흐르지 않으므로 전기자 반작용이 일어나지 않는다. 따라서 중성점의 위치도 변하지 않게 된다.

32 다음 중 직류발전기의 전기자 반작용을 없애는 방법으로 옳지 않은 것은?

① 보상권선 설치
② 보극 설치
③ 브러시 위치를 전기적 중성점으로 이동
④ 균압환 설치

정답 24 ② 25 ② 26 ② 27 ② 28 ① 29 ② 30 ③ 31 ① 32 ④

> 균압환은 공극의 불 균일에 의한 전압 불 평형 발생 시, 브러시 부근에서 순환전류가 흘러 불꽃(섬락)이 발생하는 것을 방지하기 위해서 설치한다.

33 다음은 직류 발전기의 정류 곡선이다. 이 중에서 정류 말기에 정류의 상태가 좋지 않은 것은?

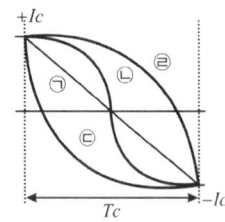

① ㉠
② ㉡
③ ㉢
④ ㉣

> ㉣의 부족정류가 정류 말기에 정류의 상태가 좋지 않다.

34 직류기에서 양호한 정류를 얻는 조건이 아닌 것은?

① 정류주기를 크게 할 것
② 정류코일에 인덕턴스를 작게 할 것
③ 리액턴스전압을 크게 할 것
④ 브러시 접촉저항을 크게 할 것

> 양호한 정류 대책
> • 평균리액턴스 전압은 작게 할 것 : 보극 설치 (전압 정류)
> • 인덕턴스(L)를 작게 할 것 : 단절권, 분포권 채용
> • 정류주기를 크게 할 것
> • 브러시의 접촉저항을 크게 할 것 : 탄소질 브러시 설치(저항 정류)

35 직류기에 있어서 불꽃 없는 정류를 얻는데 가장 유효한 방법은?

① 보극과 탄소브러시
② 탄소브러시와 보상권선
③ 보극과 보상권선
④ 자기포화와 브러시 이동

> 보극과 탄소브러시 설치

36 계자 철심에 잔류 자기가 없어도 발전되는 직류기는?

① 분권기
② 직권기
③ 복권기
④ 타여자기

> 타여자 발전기는 다른 직류 전원으로부터 계자 전류를 받아서 계자 자속을 만들기 때문에 계자 철심에 잔류 자기가 없어도 발전할 수 있다.

37 직류 발전기의 무부하 포화 곡선은 다음 중 어느 관계를 표시한 것인가?

① 계자전류 대 부하전류
② 부하전류 대 단자전압
③ 계자전류 대 유기기전력
④ 계자전류 대 회전속도

> 직류 발전기의 무부하 포화 곡선은 I_f와 E의 관계 그래프이다.

38 직류 발전기의 부하 포화 곡선은 다음 어느 것의 관계인가?

① 부하전류와 여자전류
② 단자전압과 부하전류
③ 단자전압과 계자전류
④ 부하전류와 유기기전력

> 직류 발전기의 부하 포화 곡선은 I_f와 V의 관계 그래프이다.

39 전기자 저항 0.1[Ω], 전기자 전류 104[A], 유도 기전력 110.4[V]인 직류 분권 발전기의 단자 전압은 몇 [V]인가?

① 98
② 100
③ 102
④ 105

> $V = E - I_a R_a = 110.4 - 104 \times 0.1 = 100[V]$

40 타여자 발전기와 같이 전압 변동률이 적고 자여자이므로 다른 여자 전원이 필요 없으며, 계자 저항기를 사용하여 전압 조정이 가능하므로 전기화학용 전원, 전지의 충전용, 동기기의 여자용으로 쓰이는 발전기는?

① 분권 발전기 ② 직권 발전기
③ 과 복권 발전기 ④ 차동복권 발전기

🔍 분권 발전기의 용도 : 전기화학용 전원, 전지의 충전용, 동기기의 여자용

41 분권발전기는 잔류 자속에 의해서 잔류 전압을 만들고 이때 여자전류가 잔류 자속을 증가시키는 방향으로 흐르면, 여자전류가 점차 증가하면서 단자전압이 상승하게 된다. 이러한 현상을 무엇이라 하는가?

① 자기 포화 ② 여자 조절
③ 보상전압 ④ 전압 확립

🔍 잔류 자기에 의해 전압이 발생하고 계자 전류가 증가하여 전압이 상승하는 현상을 자여자에 의한 전압의 확립 과정이라 한다.

42 직류 분권 발전기를 역회전하면 어떻게 되는가?

① 섬락이 일어난다.
② 과전압이 일어난다.
③ 정회전 때와 마찬가지이다.
④ 발전되지 않는다.

🔍 직류 분권 발전기의 회전 방향이 반대로 되면 전기자의 유도 기전력 극성이 반대로 되고 분권 회로에 따라 전류가 반대로 흘러서 잔류 자기를 소멸시키므로 전압이 유도되지 않는다.

43 직류 분권 발전기의 무부하 특성 시험을 할 때 계자 저항기의 저항을 증가시켜 무부하 전압을 증가시켰을 때 어느 값에 도달하면 전압을 안정하게 유지할 수 없다. 그 이유는?

① 전압계 및 전류계의 고장
② 잔류자기의 부족
③ 임계 저항치로 되었기 때문에
④ 계자저항기의 고장

🔍 직류 분권 발전기의 무부하 특성 시험을 할 때, 계자 저항기의 저항을 증가시켜 무부하 전압을 증가시켰을 때 임계 저항 값에 도달하면 전압을 안정하게 유지할 수 없다.

44 유도 기전력 110[V], 전기자 저항 및 계자저항이 각각 0.05[Ω]인 직권 발전기가 있다. 부하전류가 100[A]이면, 단자 전압[V]은?

① 95 ② 100
③ 105 ④ 110

🔍 $V = E - I_a(R_a + R_s)$
$= 110 - 100(0.05 + 0.05) = 100[V]$

45 직류 가동 복권 발전기의 내부 결선을 바꾸어 분권 발전기로 하자면?

① 내분권 복권형으로 해야 한다.
② 외분권 복권형으로 해야 한다.
③ 분권 계자를 개방시킨다.
④ 직권 계자를 단락시킨다.

🔍 직류 가동 복권발전기는 직권 계자 권선을 단락시키면 분권 발전기가 된다.

46 직류 복권전동기를 분권전동기로 사용하려면 어떻게 하여야 하는가?

① 분권 계자를 단락시킨다.
② 부하 단자를 단락시킨다.
③ 직권 계자를 단락시킨다.
④ 전기자를 단락시킨다.

🔍 직류 복권전동기의 구조는 직류 복권발전기의 구조와 같으므로 직권 계자 권선을 단락시키면 분권전동기가 된다.

47 부하의 변화가 있어도 그 단자 전압의 변화가 작은 직류발전기는?

① 가동 복권 발전기
② 차동 복권 발전기
③ 직권 발전기
④ 분권 발전기

정답 40 ① 41 ④ 42 ④ 43 ③ 44 ② 45 ④ 46 ③ 47 ①

가동 복권 발전기중 평복권 발전기는 무부하 전압과 전부하 전압이 같게 설계된 발전기이므로 정답은 가동 복권 발전기이다.

48 급전선의 전압 강하 보상용으로 사용되는 것은?

① 분권기
② 직권기
③ 과 복권기
④ 차동 복권기

부하와 직류 발전기가 멀어서 발생하는 급전선의 전압 강하 보상용으로 사용되는 발전기는 과 복권기이다.

49 용접용으로 사용되는 직류 발전기의 특성 중에서 가장 중요한 것은?

① 과부하에 견딜 것
② 경부하일 때 효력이 좋을 것
③ 전압변동률이 작을 것
④ 전류에 대한 전압 특성이 수하특성일 것

전기 용접용 발전기는 수하 특성이 있어야 한다.

50 다음 중 전기 용접기용 발전기로 가장 적당한 것은?

① 직류 분권형 발전기
② 차동 복권형 발전기
③ 가동 복권형 발전기
④ 직류 타여자식 발전기

전기 용접용 발전기는 수하 특성이 있는 차동 복권 발전기를 사용한다.

51 무부하 전압 137[V], 정격 전압 100[V]인 발전기의 전압 변동률은 몇 [%]인가?

① 21[%]
② 37[%]
③ 54[%]
④ 63[%]

$\varepsilon = \dfrac{V_0 - V_n}{V_n} \times 100 [\%]$
$= \dfrac{137 - 100}{100} \times 100 [\%] = 37 [\%]$

52 직류 발전기를 정격 속도, 정격 부하 전류에서 정격 전압 V_n[V]를 발생하도록 한 다음, 계자 저항 및 회전 속도를 바꾸지 않고 무부하로 하였을 때의 단자 전압을 V_0라 하면, 이 발전기의 전압 변동률 는?

① $\dfrac{V_0 - V_n}{V_0} \times 100$
② $\dfrac{V_0 + V_n}{V_0} \times 100$
③ $\dfrac{V_0 - V_n}{V_n} \times 100$
④ $\dfrac{V_0 + V_n}{V_n} \times 100$

전압 변동률은 정격 부하에서 무부하로 전환하였을 때 전압의 차를 백분율로 나타낸 것으로 다음과 같다.
$\varepsilon = \dfrac{V_0 - V_n}{V_n} \times 100 [\%]$

53 정격 전압 230[V], 정격 전류 28[A]에서 직류 전동기의 속도가 1,680[rpm] 이다. 무부하에서의 속도가 1,733[rpm]이라고 할 때 속도 변동률[%]은 약 얼마인가?

① 6.1
② 5.0
③ 4.6
④ 3.2

$\varepsilon = \dfrac{N_0 - N_n}{N_n} \times 100 [\%]$
$= \dfrac{1,733 - 1,680}{1,680} \times 100 [\%] ≒ 3.155 [\%]$

54 직류 발전기의 병렬운전 조건 중 잘못된 것은?

① 단자전압이 같을 것
② 유도기전력이 같을 것
③ 외부특성이 같을 것
④ 극성이 같을 것

직류 발전기의 병렬운전 조건은
• 극성이 같을 것
• 단자 전압이 같을 것
• 용량은 임의의 값일 것
• 외부특성이 수하 특성일 것

55 복권 발전기의 병렬 운전을 안전하게 하기 위해서 두 발전기의 전기자와 직권 권선의 접촉점에 연결해야 하는 것은?

① 균압선
② 집전환
③ 안정저항
④ 브러시

정답 48 ③ 49 ④ 50 ② 51 ② 52 ③ 53 ③ 54 ② 55 ①

🔍 직권 계자 권선이 있는 직류 발전기의 안정된 병렬운전을 하기 위해 균압선을 설치한다.

56 직류발전기를 병렬 운전할 때 균압선이 필요한 직류기는?

① 분권발전기, 직권발전기
② 분권발전기, 복권발전기
③ 직권발전기, 과복권발전기
④ 분권발전기, 단권발전기

🔍 직류 발전기의 병렬운전 할 때 균압선이 필요한 직류기는 직권, 과복권 발전기이다.

57 다음 중 토크(회전력)의 단위는?

① [rpm]
② [W]
③ [N·m]
④ [N]

🔍 토크의 단위는 [N·m] 또는 [kg·m]를 쓴다.

58 직류 전동기의 출력이 50[kW], 회전수가 1,800 [rpm]일 때 토크는 약 몇 [kg·m]인가?

① 12
② 23
③ 27
④ 31

🔍 $\tau[\text{kg}\cdot\text{m}] = 0.975 \times \dfrac{P[\text{W}]}{N[\text{rpm}]} = 0.975 \times \dfrac{50,000}{1,800}$
$= 27[\text{kg}\cdot\text{m}]$

59 다음 그림의 전동기는 어떤 전동기인가?

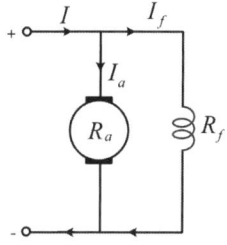

① 직권 전동기
② 타여자 전동기
③ 분권 전동기
④ 복권 전동기

60 정속도 전동기로 공작기계 등에 주로 사용되는 전동기는?

① 직류 분권전동기
② 직류 직권전동기
③ 직류 차동복권전동기
④ 단상 유도전동기

🔍 정속도 전동기는 직류 분권전동기이다.

61 직류 분권전동기를 운전 중 계자 저항을 증가 시켰을 때의 회전 속도는?

① 증가한다.
② 감소한다.
③ 변함없다.
④ 정지한다.

🔍 $R_f \uparrow \rightarrow I_f \downarrow \rightarrow \phi_f \downarrow \rightarrow N \uparrow$

62 직류 분권전동기의 계자 전류를 약하게 하면 회전수는?

① 감소한다.
② 정지한다.
③ 증가한다.
④ 변화 없다.

🔍 $I_f \downarrow \propto \phi_f \propto \tau \propto \dfrac{1}{N}\uparrow$

63 단자 전압 220[V], 부하 전류 50[A]인 분권전동기의 역기전력[V]은?(단, 여기서 전기자 저항은 0.2[Ω]이며 계자 전류 및 전기자 반작용은 무시한다.)

① 210
② 215
③ 225
④ 230

🔍 $V = E + I_a R_a \rightarrow E = V - I_a R_a = 220 - 50 \times 0.2 = 210[\text{V}]$

64 직류 분권전동기에서 위험한 상태로 놓인 것은?

① 정격 전압, 무여자
② 저전압, 과여자
③ 전기자에 고저항 접속
④ 계자에 저저항 접속

🔍 계자회로 단선 $(I_f = 0) \rightarrow \phi = 0 \rightarrow N = \infty$ (위험 상태)

정답 56 ③ 57 ③ 58 ③ 59 ③ 60 ① 61 ① 62 ③ 63 ① 64 ①

65 무부하로 운전 중 분권전동기의 계자 회로가 갑자기 끊어졌을 때 전동기의 속도는?

① 전동기가 갑자기 정지한다.
② 속도가 약간 낮아진다.
③ 속도가 약간 빨라진다.
④ 전동기가 갑자기 가속되어 고속이 된다.

🔍 계자회로 단선 ($I_f = 0$) → $\phi = 0$ → $N = \infty$ (위험 상태)

66 직류 직권 전동기에서 벨트를 걸고 운전하면 안 되는 이유는?

① 벨트가 벗어지면 위험 속도로 도달하므로
② 손실이 많아지므로
③ 직결하지 않으면 속도 제어가 곤란하므로
④ 벨트가 마모 보수가 곤란하므로

🔍 직권 전동기의 속도는 부하전류에 반비례하므로, 벨트가 벗겨지면 무부하가 되어 전류가 "0"이 되므로 속도는 무한대가 되어 위험하다.

67 직권 전동기에서 위험속도가 되는 경우는?

① 저전압, 과여자
② 정격 전압, 무부하
③ 정격 전압, 과부하
④ 전기자에 저저항 접속

🔍 정격전압, 무부하 상태에서의 속도 특성
$I = I_s = I_a = 0 → N = \infty$ (위험 상태)
∴ 벨트 운전 금지(톱니바퀴 운전)

68 다음 그림에서 직류 분권전동기의 속도 특성 곡선은?

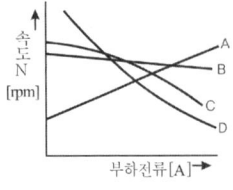

① A
② B
③ C
④ D

🔍 분권전동기 - 정속도 전동기

69 직류전동기의 속도특성 곡선을 나타낸것이다. 직권 전동기의 속도특성을 나타낸 것은?

① ⓐ
② ⓑ
③ ⓒ
④ ⓓ

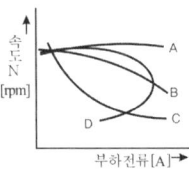

🔍 ⓐ 분권전동기 ⓒ 직권전동기

70 부하가 변하면 심하게 속도가 변하는 직류 전동기는?

① 직권전동기
② 분권전동기
③ 차동 복권전동기
④ 가동 복권전동기

🔍 부하가 변하면 속도 변동이 가장 큰 전동기 : 직권전동기

71 부하 변화에 대하여 속도 변동이 가장 적은 전동기는?

① 차동 복권
② 가동 복권
③ 분권
④ 직권

🔍 부하변화에 대하여 속도 변동이 가장 적은 전동기는 직류 분권 전동기이다.

72 분권전동기에 대한 설명으로 옳지 않은 것은?

① 토크는 전기자 전류의 자승에 비례한다.
② 부하 전류에 따른 속도 변화가 거의 없다.
③ 계자 회로에 퓨즈를 넣어서는 안 된다.
④ 계자 권선과 전기자 권선이 전원에 병렬로 접속되어 있다.

🔍 토크 $\tau \propto I_a (I_a ≒ I)$

정답 65 ④ 66 ① 67 ② 68 ② 69 ③ 70 ① 71 ③ 72 ①

73 정격 속도에 비하여 기동 회전력이 가장 큰 전동기는?

① 타여자기
② 직권기
③ 분권기
④ 복권기

🔍 정격 속도에 비하여 기동 회전력이 가장 큰 전동기는 직권전동기이다.

74 직류 가동 복권 발전기를 전동기로 사용하려면?

① 가동 복권전동기로 사용
② 차동 복권전동기로 사용
③ 속도가 급상승해서 사용 불가능
④ 직권 코일의 분리

🔍 직류 복권발전기를 전동기로 사용할 때는 가동은 차동으로, 차동은 가동으로 바뀌어 사용된다.

75 다음 직류 전동기에 대한 설명 중 옳은 것은?

① 전기 철도용 전동기는 차동 복권전동기이다.
② 분권전동기는 계자저항기로 쉽게 회전 속도를 조정할 수 있다.
③ 직권전동기에서는 부하가 줄면 속도가 감소한다.
④ 분권전동기는 부하에 따라 속도가 현저하게 변한다.

🔍 전동기의 특징
• 전기 철도용 전동기는 직류 직권전동기이다.
• $\frac{1}{R_f}\uparrow \propto I_f\uparrow \propto \phi_f\downarrow \propto \tau\downarrow \propto \frac{1}{N}\uparrow$
• $I_f(\text{부하})\downarrow \propto \phi_f\downarrow \propto \tau\downarrow \propto \frac{1}{N}\uparrow$
• 분권전동기는 부하에 관계없이 거의 속도가 변하지 않는 정속도 운전을 하는 직류 전동기이다.

76 직류 전동기를 기동할 때 전기자 전류를 제한하는 가감 저항기를 무엇이라 하는가?

① 단속기
② 제어기
③ 가속기
④ 기동기

🔍 직류 전동기를 기동할 때 전기자 전류를 제한하는 가감 저항기를 기동기라 한다.

77 그림은 전동기 속도 제어 회로이다. 〈보기〉에서 ⓐ와 ⓑ를 순서대로 나열한 것은?

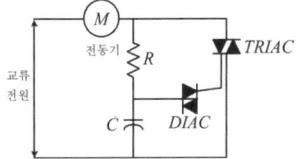

〈보기〉
전동기를 기동할 때는 저항 R을 (ⓐ), 전동기를 운전할 때는 저항 R을 (ⓑ)로 한다.

① ⓐ 최대, ⓑ 최대
② ⓐ 최소, ⓑ 최소
③ ⓐ 최대, ⓑ 최소
④ ⓐ 최소, ⓑ 최대

🔍 전동기를 기동할 때는 저항 R을(최대), 전동기를 운전할 때는 저항 R을(최소)로 한다.(R은 기동저항기)

78 각각 계자 저항기가 있는 직류 분권전동기와 직류 분권발전기가 있다. 이것을 직렬 접속하여 전동발전기로 사용하고자 한다. 이것을 기동할 때 계자 저항기의 저항은 각각 어떻게 조정하는 것이 가장 적합한가?

① 전동기 : 최대, 발전기 : 최소
② 전동기 : 중간, 발전기 : 최소
③ 전동기 : 최소, 발전기 : 최대
④ 전동기 : 최소, 발전기 : 중간

🔍 직류 분권전동기의 계자저항기의 저항은 최소, 직류 분권발전기의 계자 저항기의 저항은 최대로 하여 기동한다.

79 직류 분권전동기의 기동 방법 중 가장 적당한 것은?

① 기동 저항기를 전기자와 병렬 접속한다.
② 기동 토크를 작게 한다.
③ 계자 저항기의 저항 값을 크게 한다.
④ 계자 저항기의 저항 값을 0으로 한다.

🔍 직류 분권전동기를 기동할 때 계자 저항기의 저항은 최소로 한다.

정답 73 ② 74 ② 75 ② 76 ④ 77 ③ 78 ③ 79 ④

80 직류 분권전동기에서 운전 중 계자 권선의 저항을 증가하면 회전 속도는 어떻게 되는가?

① 감소한다.
② 증가한다.
③ 일정하다.
④ 증가하다가 계자 저항이 무한대가 되면 감소한다.

🔍 운전 중 : $R_f\uparrow \to I_f\downarrow \to \phi\downarrow \to N\uparrow$

81 직류 분권전동기의 계자 저항을 운전 중에 증가시키는 경우 일어나는 현상으로 옳은 것은?

① 자속 증가
② 속도 감소
③ 부하 증가
④ 속도 증가

🔍 운전 중 : $R_f\uparrow \to I_f\downarrow \to \phi\downarrow \to N\uparrow$

82 전압 제어에 의한 속도 제어가 아닌 것은?

① 정지형 레너드식
② 일그너식
③ 직·병렬 제어
④ 회생 제어

🔍 회생 제동은 있으나 회생 제어는 없다.

83 직류 전동기의 속도 제어 방법 중 속도 제어가 원활하고 정 토크 제어가 되며 운전 효율이 좋은 것은?

① 계자 제어
② 병렬저항 제어
③ 직렬저항 제어
④ 전압 제어

🔍 전압 제어 : 단자 전압 V조정(정 토크 제어)

84 워드네오나드 속도 제어는?

① 저항 제어
② 계자 제어
③ 전압 제어
④ 직·병렬 제어

🔍 워드레오너드 속도 제어는 전압 제어이다.

85 전기자 전압을 전원 전압으로 일정히 유지하고, 계자 전류를 조정하여 자속 Ø[Wb]를 변화시킴으로써 속도를 제어하는 제어법은?

① 계자 제어법
② 전기자 전압 제어법
③ 저항 제어법
④ 전압 제어법

🔍 계자 전류를 조정하여 자속 ϕ[Wb]를 변화시킴으로써 속도를 제어하는 제어법을 계자 제어법이라 한다.

86 직류 전동기의 속도 제어법에서 정 출력 제어에 속하는 것은?

① 계자 제어법
② 전기자 저항 제어법
③ 전압 제어법
④ 워드 네오너드 제어법

🔍 계자 제어 : 자속 ϕ조정제어 범위(1 : 3)가 좁은 정 출력 제어 방식

87 직류 전동기의 회전 방향을 바꾸려면?

① 전기자 전류의 방향과 계자 전류의 방향을 동시에 바꾼다.
② 발전기로 운전시킨다.
③ 계자 또는 전기자의 접속을 바꾼다.
④ 차동 복권을 가동 복권으로 바꾼다.

🔍 직류 전동기의 역 회전은 계자 권선이나 전기자 권선 중 어느 한 권선에 대한 극성(전류 방향)만 반대 방향으로 접속 변경한다.

88 직류 분권전동기의 공급 전압의 극성을 반대로 하면 회전 방향은?

① 변하지 않는다.
② 반대로 된다.
③ 회전하지 않는다.
④ 발전기로 된다.

🔍 직류 전동기를 역 회전시키기 위해 계자 권선과 전기자 권선의 극성(전류방향)을 동시에 접속 변경하면 전동기의 회전 방향은 변하지 않는다.

정답 80 ② 81 ④ 82 ④ 83 ④ 84 ③ 85 ① 86 ① 87 ③ 88 ①

89 제동 방법 중 급정지하는 데 가장 좋은 제동 방법은?

① 발전 제동 ② 회생 제동
③ 단상 제동 ④ 역전 제동

🔍 급정지하는 데 좋은 제동 방법은 역전 제동이다.

90 발전 제동의 설명으로 잘못된 것은?

① 직류 전동기는 전기자 회로를 전원에서 끊고 저항을 접속한다.
② 유도 전동기는 1차 권선에 직류를 통하고 2차 쪽(회전자)은 단락한다.
③ 전동기를 발전기로 운전하여 회전부분의 운동에너지를 전기회로 중의 저항에서 열로 소비시키면서 제동하는 방법이다.
④ 전동기의 유도 기전력을 전원 전압보다 높게 한다.

🔍 전동기를 발전기로 운전시켜 발생된 역기전력을 전원 전압보다 높게 하여 전원 측으로 반환하여 제동시키는 것은 회생 제동이다.

91 전동기의 제동에서 전동기가 가지는 운동에너지를 전기에너지로 변환시키고 이것을 전원에 변환하여 전력을 회생시킴과 동시에 제동하는 방법은?

① 발전 제동(dynamic braking)
② 역전 제동(plugging braking)
③ 맴돌이 전류 제동(eddy current braking)
④ 회생 제동(regenerative braking)

🔍 전동기가 가지는 운동에너지를 전기에너지로 변환시키고 이것을 전원에 변환하여 전력을 회생시킴과 동시에 제동하는 방법은 회생 제동이다.

92 측정이나 계산으로 구할 수 없는 손실로 부하 전류가 흐를 때 도체 또는 철심내부에서 생기는 손실을 무엇이라 하는가?

① 구리 손 ② 히스테리시스 손
③ 표류부하 손 ④ 맴돌이 전류 손

🔍 측정이나 계산으로 구할 수 없는 손실로 부하 전류가 흐를 때 도체 또는 철심 내부에서 생기는 손실을 표류부하손이라 한다.

93 효율 80[%], 출력 10[kW]일 때 입력은 몇 [kW]인가?

① 7.5 ② 10
③ 12.5 ④ 20

🔍 $\eta = \dfrac{출력}{입력} \times 100$에서 $80 = \dfrac{10}{P_i} \times 100$이므로

∴ $P_i = \dfrac{10}{80} \times 100 = 12.5 \,[\text{kW}]$

94 출력 10[kW], 효율 80[%]인 기기의 손실은 약 몇 [kW]인가?

① 0.6 ② 1.1
③ 2.0 ④ 2.5

🔍 효율$(\eta) = \dfrac{출력}{입력} \times 100$, 입력 $= \dfrac{출력}{\eta} \times 100 = 12.5$

∴ 손실 = 입력 − 출력 = 12.5 − 10 = 2.5[kW]

95 전기 기계의 효율 중 발전기의 규약 효율 η_G는?(단, 입력 P, 출력 Q, 손실 L로 표현한다.)

① $\eta_G = \dfrac{P - L}{P} \times 100 \,[\%]$
② $\eta_G = \dfrac{P - L}{P + L} \times 100 \,[\%]$
③ $\eta_G = \dfrac{Q}{P} \times 100 \,[\%]$
④ $\eta_G = \dfrac{Q}{Q + L} \times 100 \,[\%]$

🔍 발전기의 규약 효율 $\eta_G = \dfrac{출력}{출력 + 손실} \times 100 \,[\%]$

96 출력 10[kW], 효율 90[%]인 기기의 손실은 약 몇 [kW]인가?

① 0.6 ② 1.1
③ 2 ④ 2.5

🔍 $\eta = \dfrac{출력}{출력 + 손실} \times 100$[%]에서

$90 = \dfrac{10}{10 + 손실} \times 100 \,[\%]$

∴ 손실 = 1.1[KW]

정답 89 ④ 90 ④ 91 ④ 92 ③ 93 ③ 94 ④ 95 ④ 96 ②

97 직류 전동기의 규약 효율을 표시하는 식은?

① $\dfrac{출력}{출력 + 손실} \times 100\,[\%]$

② $\dfrac{출력}{입력} \times 100\,[\%]$

③ $\dfrac{입력 - 손실}{입력} \times 100\,[\%]$

④ $\dfrac{입력}{출력 + 손실} \times 100\,[\%]$

🔍 전동기의 규약 효율 $\eta_m = \dfrac{입력 - 손실}{입력} \times 100\,[\%]$

98 직류기의 손실 중에서 부하의 변화에 따라서 현저하게 변하는 손실은 다음 중 어느 것인가?

① 표유 부하 손
② 철손
③ 풍손
④ 기계 손

🔍 손실 중에서 부하의 변화에 따라서 현저하게 변하는 손실은 부하 손(가변 손)이므로 표유 부하 손이다.

99 직류 스테핑 모터(DC stepping motor)의 특징 설명 중 가장 옳은 것은?

① 교류 동기 서보 모터에 비하여 효율이 나쁘고 토크 발생도 작다.
② 이 전동기는 입력되는 각 전기 신호에 따라 계속하여 회전한다.
③ 이 전동기는 일반적인 공작 기계에 많이 사용된다.
④ 이 전동기의 출력을 이용하여 특수기계의 속도, 거리, 방향등을 정확하게 제어가 가능하다.

🔍 직류 스테핑 모터의 특징
- 교류 동기 서보 모터에 비하여 효율이 훨씬 좋고, 큰 토크를 발생한다.
- 입력되는 각 전기 신호에 따라 규정된 각 만큼 회전한다.
- 정밀한 서보 기구에 많이 사용된다.
- 이 전동기의 출력을 이용하여 어떤 특수 기계의 속도, 거리, 방향 등을 정확하게 제어 할 수 있다.

100 자동제어 장치의 특수 전기기기로 사용되는 전동기는?

① 전기 동력계
② 3상 유도 전동기
③ 직류 스테핑 모터
④ 초 동기전동기

🔍 자동 제어 장치를 제어하는데 사용되는 특수 전기 기기로서, 특히 정밀한 서보 기구에 많이 사용된다.

정답 97 ③ 98 ① 99 ④ 100 ③

SECTION 02 동기기

STEP 01 동기 발전기의 원리 및 구조(3∅)

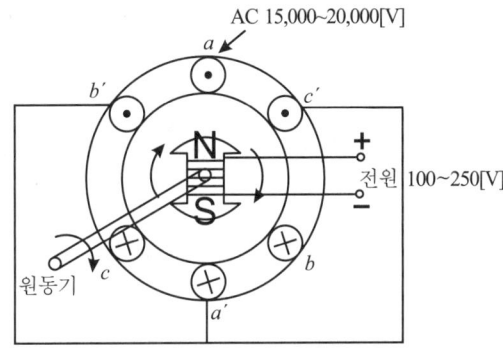

1. 동기발전기의 원리

회전자 도체에 직류 전류를 흘려주어 자속을 발생시킨 후, 회전자를 원동기의 회전력을 이용하여 일정한 속도로 회전시키면, 고정자 권선에는 각각 크기는 같고 위상차가 120°인 평형 3상 교류 기전력이 발생하게 된다.

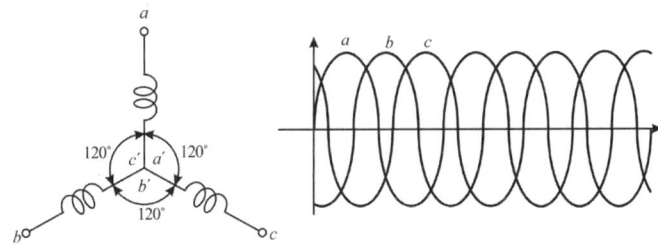

2. 동기속도

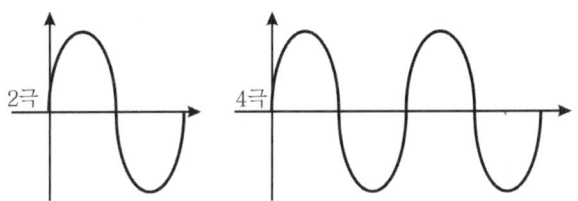

※ 극수가 P인 다 극기에서는 회전 마다 $\frac{P}{2}$ 사이클의 교류 기전력을 발생한다.

$$\therefore f = \frac{P}{2}n \rightarrow n = \frac{2f}{P} [\text{rps}] \quad (f : 주파수, \ P : 극수)$$

$$\therefore N_S = \frac{120f}{p} [\text{rpm}] \quad \therefore N_S P = 120f$$

3. 동기기의 구조

1) 고정 전기자 : Y 결선
   ① 선간 전압에 비해 상전압이 낮으므로 코로나에 의한 권선의 열화를 감소시킬 수 있다.
   ($\therefore V_l = \sqrt{3} \ V_p$)
   ② 제 3고조파 등에 의한 순환전류가 흐르지 않는다.
   ③ 중성점을 접지할 수 있으므로 이상전압에 대한 방지 대책이 용이하다.

2) 회전 계자 : ⇨ 회전자 형태에 의한 분류
   ① 돌극형(철극형) : 공극이 불균일하다, 극수가 많다, 저속기(수차 발전기)
   ② 비 돌극형(원통형) : 공극이 균일하다, 극수가 적다.(2극, 4극), 고속기(터빈 발전기), 풍손이 작다.

➡ 회전 계자형을 사용하는 이유
   ① 기계적인 측면
      ㉮ 계자의 철의 분포가 전기자에 비하여 크므로, 계자가 회전 시 더 안정적이다.
      ㉯ 원동기 측면에서 보면, 구조가 간단한 계자를 회전시키는 것이 더 유리하다.
   ② 전기적인 측면
      ㉮ 교류 고압인 전기자보다 직류 저압인 계자를 회전시키는 것이 위험성이 작다
      ㉯ 교류 고압인 전기자가 고정되어 있으므로 절연이 용이하다.

3) 여자기 : 자속 ϕ를 발생 시키는 기기
   $DC \ 100 \sim 250[\text{V}]$의 직류전압 인가

4) 베어링 : 축받이

5) 냉각 장치 : 수소 냉각방식
   ① 장점
      ㉮ 비중이 공기의 약 7[%]이므로 풍손이 약 $\frac{1}{10}$ 정도로 감소한다.
      ㉯ 비열이 공기의 약 14배이므로 열전도율이 약 7배가 되어 냉각효과가 커진다.
      ㉰ 냉각효과에 의한 발전기 출력이 약 25[%] 정도 증가한다.
      ㉱ 폐쇄형이므로 수명이 길고 소음이 작다.
   ② 단점
      ㉮ 방폭 설비를 갖추어야 한다.
      ㉯ 설비비가 고가이다.

STEP 02 동기발전기의 이론

1. 전기자 권선법

고상권, 폐로권, 이층권, 중권(병렬권), 단절권, 분포권 채용

1) 단절권

① 전절권 : 코일 간격과 극 간격을 같게 하는 권선법

② 단절권 : 코일 간격을 극 간격보다 작게 하는 권선법

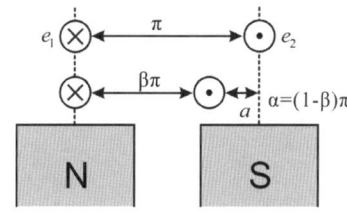

㉮ 전절권의 합성 기전력 : $|e_1| = |e_2| = e$이므로 $2e$

㉯ 단절권의 합성 기전력 : $2e\sin\dfrac{\beta\pi}{2}$

- 단절 비율 : $\beta = \dfrac{코일의\ 간격}{극간격} = \dfrac{코일\ 간격}{전\ 슬롯/극수}$

- 단절 계수 : $K_P = \dfrac{단절권의\ 합성\ 기전력}{전절권의\ 합성\ 기전력} = \sin\dfrac{\beta\pi}{2}$

③ 특징

㉮ 고조파 제거에 의한 파형의 개선

㉯ 동량의 감소에 의한 기계적인 크기 감소

㉰ 가격이 싸다.

㉱ 전절권에 비해 유기 기전력이 K_P배로 감소

2) 분포권

① 집중권 : 매극 매상의 도체를 한 슬롯에 집중시켜 감아 주는 권선법

② 분포권 : 매극 매상의 도체를 각각의 슬롯에 분포시켜 감아 주는 권선법

③ 매극 매상의 슬롯 수 : $q = \dfrac{총슬롯수}{상수 \times 극수}$

④ 매극 매상의 한 슬롯 간격 : $\alpha = \dfrac{\pi}{상수 \times 매극\ 매상의\ 슬롯수}$

⑤ 특징
- 고조파 제거에 의한 파형의 개선
- 누설 리액턴스가 작다($L \propto N^2$)
- 코일에서의 열 발산이 고르게 분포되므로 권선의 과열을 방지할 수 있다.
- 집중권에 비해 유기 기전력이 K_d배로 감소한다.

3) 권선 계수 : $K_\omega = K_p \times K_d$(1보다 적은 값이된다)

2. 동기 발전기의 유기 기전력

⇨ 한 상의 유기 기전력 : $E = 4.44fN\phi K_\omega \text{[V]}$

1) f : 주파수

$$f[\text{Hz}] \leftarrow N_S = \frac{120f}{P}[\text{rpm}]$$
N_S : 동기기의 동기 속도, P : 극 수

2) $N[\text{T}]$: 한 상의 직렬 권수

$$N = \frac{\text{총슬롯수} \times \text{한슬롯당 도체수}}{\text{상수} \times 2} = \frac{\text{총슬롯수} \times \text{코일 권수}}{3\text{상}}$$

3) $\phi[\text{Wb}]$: 매 극당 자속 수

4) K_w : 권선 계수

> **참고** 정격 전압, 공칭 전압, 단자 전압, 실효값 : 선간 전압
> - Y 결선 : $V = \sqrt{3} \times 4.44fN\phi K_\omega [\text{V}]$
> - △결선 : $V = 4.44fN\phi K_\omega [\text{V}]$(선간전압=상전압)

3. 동기기의 전기자 반작용

1) 동기 발전기의 전기자 반작용

3상 부하 전류(전기자 전류)에 의한 회전자속이 계자 자속에 영향을 미치는 현상

① 교차 자화 작용(횡축 반작용) : R 부하인 경우(기전력의 크기 감소)

전기자 전류 I_a와 기전력 E가 동상인 경우

전기자 전류에 의한 자기장의 축이 항상 주 자속의 축과 수직이 되면서 자극편 왼쪽에 있는 주 자속은 증가시키고, 오른쪽에 있는 주 자속은 감소 감자된 만큼 증자되지 않는다.

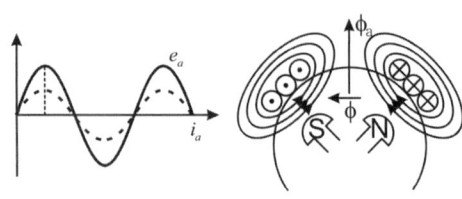

② 감자 작용(직축 반작용) : L 부하인 경우(기전력의 크기 월등히 감소)

전기자 전류 I_a가 기전력 E 보다 위상이 90° 늦은 경우

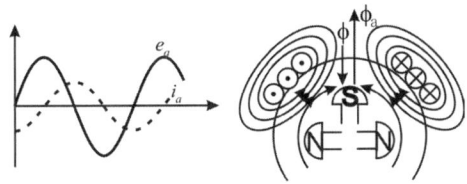

③ 증자 작용(직축 반작용) : C 부하인 경우(기전력의 크기 월등히 증가)

전기자 전류 I_a가 기전력 E 보다 위상이 90° 앞선 경우

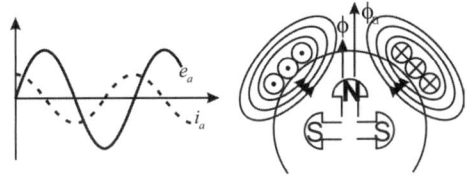

2) 동기 전동기의 전기자 반작용 : 동기 발전기와 반대

3) 동기 발전기의 외부 특성곡선과 전압 변동률

① 외부 특성곡선 : 단자 전압 V가 부하전류 I와 역률 $\cos\theta$에 따라 변화한다.

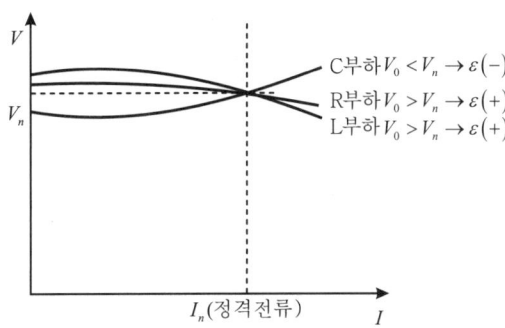

② 전압 변동률

$$\epsilon[\%] = \frac{무부하\ 전압\,(V_0) - 정격\ 전압\,(V_n)}{정격\ 전압\,(V_n)} \times 100\,[\%]$$

4) 동기 발전기의 출력

① 동기 발전기의 등가회로

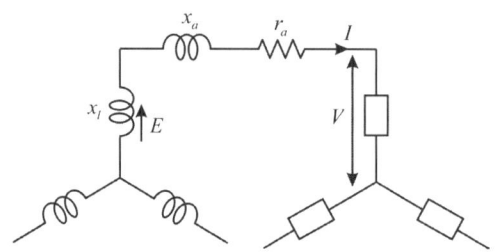

r_a : 전기자 저항
x_l : 전기자 누설 리액턴스
x_a : 전기자 반작용 리액턴스

㉮ 전기자 누설 리액턴스(x_l) : 전기자 전류에 의한 자속 중 전기자 권선에만 쇄교하는 자속에 의해 발생하는 리액턴스
㉯ 전기자 반작용 리액턴스(x_a) : 부하 존재 시 발생하는 전기자 반작용 자속에 의해 발생하는 리액턴스
㉰ 동기 리액턴스 : $x_s = x_l + x_a$
㉱ 동기 임피던스 : $\dot{Z}_s = r_a + jx_s \fallingdotseq jx_s$ (운전 중 : $x_a \uparrow \to x_s \uparrow$)
㉲ 전압 강하 : $\dot{V}z_s = jx_s\dot{I}$
㉳ 유기 기전력 : $\dot{E} = \dot{V} + \dot{I}\dot{Z}_s = \dot{V} + jx_s\dot{I}$

② 동기 발전기의 출력(비돌극형)

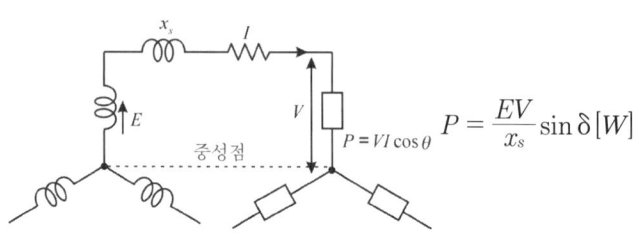

$P = VI\cos\theta \quad P = \dfrac{EV}{x_s}\sin\delta\,[W]$

중성점

∴ 비 돌극형 발전기는 부하각 $\delta = 90°$에서 최대 출력을 발생한다.

STEP 03 동기 발전기의 특성(3ϕ)

1. 무부하 포화 곡선과 단락 곡선

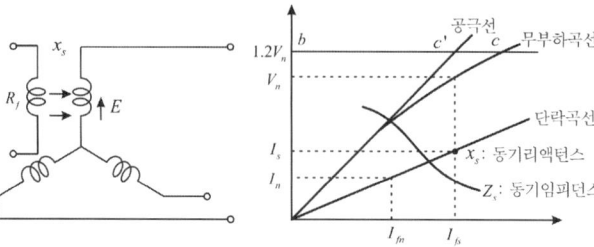

1) 무부하 포화 곡선

발전기를 무부하 상태에서 정격속도로 회전시킬 때 무부하 유도기전력이 정격전압이 될 때까지 계자 전류와의 관계를 나타낸 전압특성곡선

① $I_f \uparrow \rightarrow \phi \uparrow \rightarrow E \uparrow \rightarrow$ 정격전압(V_n)(이때의 전류계의 지시 값 : I_{fs})

② 포화율(포화계수) : $\sigma = \dfrac{c'c}{bc'}$

2) 단락 곡선

발전기를 3상 단락시키고 정격속도로 회전시킬 때 발전기에 정격전류가 흐를 때까지의 계자 전류와 단락 전류와의 관계를 나타낸 전류특성곡선

① 단락 전류 $I_s = \dfrac{E}{x_s}$ (1상의 경우이고, x_s : 동기 리액턴스)

$\therefore I_f \uparrow \rightarrow \phi \uparrow$(자기포화) $\rightarrow x_s \downarrow \rightarrow I_s \uparrow \left(\therefore L = \dfrac{N\phi(일정)}{I \uparrow} \downarrow \right)$

② 단락 곡선이 직선적으로 변화하는 것은 철심의 자기포화 때문이다.

2. 단락 전류의 파형 특성

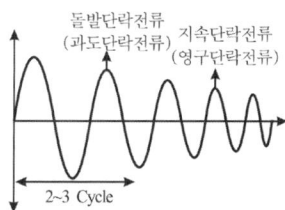

1) 돌발 단락 전류 : $I_s = \dfrac{E}{x_l}$[A]

돌발 단락전류의 크기를 제한하는 것은 전기자 누설리액턴스이다.

2) 지속 단락 전류 : $I_s = \dfrac{E}{x_a + x_l} = \dfrac{E}{x_s} ≒ \dfrac{E}{Z_s}$

① 지속 단락전류의 크기 제한은 전기자 반작용리액턴스가 한다.
② 지속 단락전류의 크기가 일정한 것은 전기자 반작용 때문이다.

3. 단락비

$K_s = \dfrac{\text{무부하시 정격전압}(V_n) \text{을 유기시키는데 필요한 계자전류}(I_{fs})}{\text{3상 단락시 정격전류와 같은 단락전류를 흘리는데 필요한 계자전류}(I_{fn})}$

4. 동기임피던스와 단락비

1) 동기임피던스(Z_s)

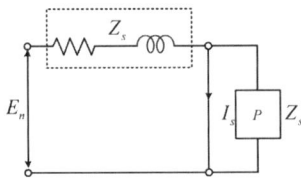

2) $\%Z_s = \dfrac{Z_s I_n}{E_n} \times 100\,[\%]$ $\%Z_s = \dfrac{Z_s P_n}{10 V_n{}^2}$ $\therefore K_s = \dfrac{I_s}{I_n} = \dfrac{100}{\%Z_s}$

(단 V_n 선간전압[Kv], $P_n = \sqrt{3}\,V_n I_n$[kVA] : 3상 전체분 용량)

3) 단락비가 큰 기계의 특성(철기계)

① 공극이 크다.　　　　　　　　② 단락 전류가 크다.
③ 계자 기자력이 크다.　　　　　④ 선로의 충전용량이 크다.
⑤ 전압 변동율이 작다.　　　　　⑥ 전기자 반작용이 작다.
⑦ 동기임피던스가 작다.　　　　⑧ 안정도가 높다.
⑨ 중량이 무겁고 가격이 비싸다.　⑩ 효율이 나쁘다.(철손증가)

4) 단락비가 작다(동 기계) : 철기계의 반대 특성을 가진다.

 발전기의 단락비
- 수차발전기: $K_s = 0.9 \sim 1.2$(철 기계)
- 터빈발전기: $K_s = 0.6 \sim 1.0$(동 기계)

5. 동기 발전기의 병렬 운전조건

1) 기전력의 크기가 같을 것

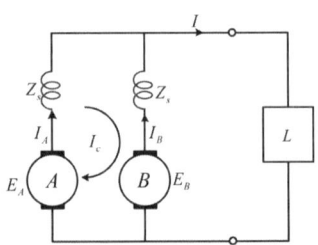

① 不일치($E_A \neq E_B$: 여자 전류의 변화) : 무효 순환 전류(I_c: 무효 횡류) 발생

$$I_c = \dfrac{E_A - E_B}{2Z_s}$$

② 방지 대책 : 여자 전류 조정(계자 저항 조정)

$$E = 4.44fN\phi K_\omega [\text{V}]$$

$$R_{fA}\uparrow \rightarrow I_{fA}\downarrow \rightarrow \phi_A\downarrow \rightarrow E_A\downarrow$$

2) 기전력의 위상이 같을 것

① 不일치($\theta_A \neq \theta_B$: 원동기 출력의 변화) : 유효 순환 전류(유효 횡류, 동기화 전류) 발생

② 수수 전력 : 동기화 전류에 의해 서로 주고받는 전력

수수전력 : $P_s = \dfrac{E_A^2}{2Z_s}\sin\delta\,[\text{W}]$, 동기화력 $\dot{P_s} = \dfrac{dP_s}{d\delta} = \dfrac{E_A^2}{2Z_s}\cos\delta\,[\text{W}]$, $I_s = \dfrac{E}{Z_s}\sin\dfrac{\delta}{2}\,[\text{A}]$

3) 기전력의 주파수가 같을 것 → 不일치 : 단자 전압 진동 발생

4) 기전력의 파형이 일치할 것 → 不일치 : 고조파 무효 순환 전류 발생

5) 기전력의 상 회전 방향이 같을 것(3상)

> **참고** 원동기의 병렬 운전 조건
> • 균일한 각속도를 가질 것
> • 적당한 속도 변동률을 가질 것

6. 동기 발전기의 자기 여자 및 안정도

1) 자기여자 현상

무부하로 운전하는 동기 발전기를, 장거리 송전선로 등에 접속한 경우, 선로의 충전용량(진상 전류)에 의한 전기자 반작용(증자 작용)이나, 무부하 동기 발전기의 잔류자기로 인한 미소 전압 발생 시, 송전 선로의 정전 용량 때문에 흐르는 진상 전류에 의해 발전기가 스스로 여자되어, 전압이 상승하는 현상

① 발생원인 : 정전용량에 의한 진상전류

② 방지대책 : 동기 조상기 설치 → 부족 여자로 운전

㉮ 분로 리액터 : 수전단에 병렬로 리액터 연결

㉯ 발전기 및 변압기의 병렬 운전

㉰ 단락비를 크게 할 것

2) 난조현상

병렬운전하고 있는 부하가 갑자기 급변하는 경우 발전기는 동기화력에 의해 새로운 부하에 대응하는 부하각으로 변화하고, 순간 속도가 동기 속도 전, 후로 진동 하는 현상

> **주** 제동 권선 : 제동 권선은 회전자 자극 표면에 설치한 유도전동기의 농형 권선과 같은 권선으로서 회전자가 동기속도로 회전하고 있는 동안에 전압을 유도하지 않으므로 아무런 작용이 없다. 그러나 조금이라도 동기 속도를 벗어나면 전기자 자속을 끊어 전압이 유도되어 단락 전류가 흐르므로 동기 속도로 되돌아가게 된다. 즉 진동 에너지를 열로 소비하여 진동을 방지한다.

① 발생원인
  ㉮ 부하 변동이 심한 경우
  ㉯ 관성모멘트가 작은 경우
  ㉰ 조속기가 너무 예민한 경우
  ㉱ 계자에 고조파가 유기된 경우
② 방지대책
  ㉮ 계자의 자극 면에 제동권선 설치
  ㉯ 관성모멘트를 크게 할 것(Fly wheel 부착)
  ㉰ 조속기의 성능을 너무 예민하지 않도록 할 것
  ㉱ 고조파의 제거(단절권, 분포권 채용)

3) 안정도 → 안정도 향상 대책
  ① 단락비를 크게 할 것
  ② 동기임피던스(리액턴스)를 작게 할 것
  ③ 관성모멘트를 크게 할 것(회전자의 플라이 휠 효과를 크게 할 것)
  ④ 조속기의 동작을 신속하게 할 것
  ⑤ 속응 여자 방식을 채용할 것

STEP 04 동기 전동기의 원리 및 이론

1. 동기 전동기의 회전 원리

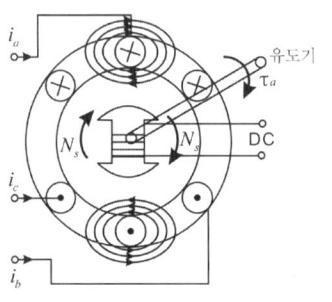

 동기 전동기는 회전 계자형의 동기발전기와 거의 같은 구조, 기동 및 제어용으로 자극면에 농형 권선이 설치되어 있음.

고정자 3상 권선에 3상 교류전류를 흘려주면, 고정자에는 시계방향으로 회전하는 회전자기장을 발생하여, 회전자기장 속도가 동기속도에 도달할 때, 회전자에 시계 방향으로 회전하는 기동토크를 가하면 회전자는 동기속도로 운전하는 전동기로 운전 한다.
⇨ 유도 전동기의 회전자계가 발생하는 원리와 같다.

2. 동기 전동기의 기동법

동기 전동기는 동기 속도로 회전하고 있을 때에만 토크를 발생한다. 즉, 기동토크는 0이다. 그러므로 스스로 기동을 못한다.

1) 자기 기동법

   유도 전동기의 2차권선 역할을 하는 제동 권선(계자 권선)을 계자 극면에 설치하여 기동 토크를 발생시켜 기동하는 방식
   ⇨ 계자 극면을 단락하는 이유는 고전압이 유도되기 때문이다.

2) 유도 전동기법

   기동 전동기로서 유도 전동기를 사용하여, 기동시키는 방식으로서, 극수가 2극적은 전동기를 채용한다.

3. 동기 전동기의 특성

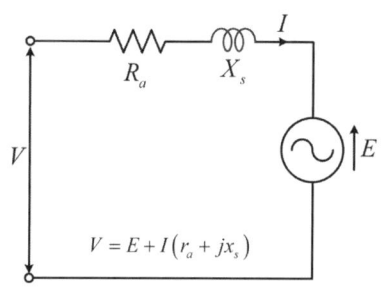

1) 출력
$$P_0 = \frac{EV}{x_s}\sin\delta \text{(1상의 출력)}$$

2) V 곡선(위상 특성 곡선)

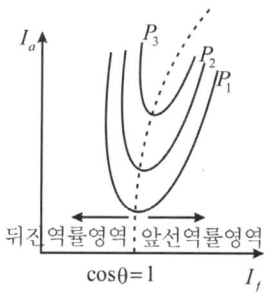

동기전동기의 공급전압과 부하를 일정하게 유지하면서 계자전류(I_f)를 변화시키면 전기자 전류(I_a)의 크기가 변화되고, 위상관계 즉 $\cos\theta$도 동시에 변화된다.
   ① 과 여자 : 앞선 전류 발생(콘덴서로 작용)
   ② 부족 여자 : 뒤진 전류 발생(리액터로 작용)

3) 토크 특성
   ① 토크
$$\tau = 9.55\frac{P_0}{N_s}[\text{N} \cdot \text{m}] = 0.975\frac{P_0}{N_s}[\text{kg} \cdot \text{m}]$$

 동기 이탈(탈조) : 부하 토크가 최대 토크(τ_m)보다 더 크면, 부하 각(δ)는 계속 증가하지만, 전동기 토크는 감소하게 되므로, 전동기는 동기 이탈을 해서 정지하게 되는 현상

② 동기와트
$P_0 = 1.026 N_s \tau \, [\text{W}]$

4) 동기 전동기의 특성
① 장점
㉮ 속도가 일정하다(동기속도 N_s 로 운전).
㉯ 역률을 조정할 수 있다(역률 $\cos\theta = 1$ 로 운전 가능).
㉰ 효율이 좋다.
㉱ 공극이 크고 기계적으로 튼튼하다.
② 단점
㉮ 기동토크가 작다(기동 토크 $\tau_s = 0$).
㉯ 속도 제어가 어렵다.
㉰ 직류여자기가 필요하다
㉱ 난조가 일어나기 쉽다.

5) 동기 전동기의 용도
시멘트 공장의 분쇄기, 압축기, 송풍기, 동기 조상기(역률 개선용)

4. 동기 전동기의 난조 현상
부하의 급변에 따른 부하각의 진동현상

제02장_ 전기기기 출제예상문제

01 전기자를 고정시키고 자극 N, S를 회전시키는 동기 발전기는?

① 회전 계자법 ② 직렬 저항형
③ 회전 전기자법 ④ 회전 정류자형

🔍 회전 계자법 : 전기자를 고정시키고, 계자를 회전시키는 방법

02 주파수 60[Hz]의 전원에 2극의 동기 전동기를 연결하면 회전수는 몇 [rpm]인가?

① 3,600 ② 1,800
③ 60 ④ 12

🔍 동기 전동기에서 동기 속도
$N_s = \dfrac{120f}{p} = \dfrac{120 \times 60}{2} = 3,600 [\text{rpm}]$

03 동기속도 1,800[rpm], 주파수 60[Hz]인 동기발전기의 극수는 몇 극인가?

① 2 ② 4 ③ 8 ④ 10

🔍 $P = \dfrac{120f}{N_s} = \dfrac{120 \times 60}{1,800} = 4$

04 4극인 동기 전동기가 1,800[rpm]으로 회전할 때 전원 주파수는 몇 [Hz]인가?

① 50 ② 60
③ 70 ④ 80

🔍 $N_s = \dfrac{120f}{P}$에서 $f = \dfrac{N_s P}{120} = \dfrac{1,800 \times 4}{120} = 60 [\text{Hz}]$

05 동기 발전기에 회전 계자 형을 사용하는 경우가 많다. 그 이유로 적합하지 않은 것은?

① 전기자보다 계자극을 회전자로 하는 것이 기계적으로 튼튼하다.
② 기전력의 파형을 개선한다.
③ 전기자 권선은 고전압으로 결선이 복잡하다.
④ 계자회로는 직류 저전압으로 소요 전력이 작다.

🔍 동기 발전기에 회전 계자 형을 사용하는 이유
• 전기자보다 계자극을 회전자로 하는 것이 기계적으로 튼튼하다.
• 전기자 권선은 고전압으로 결선이 복잡하다.
• 계자회로는 직류 저전압으로 소요 전력이 작다.

06 터빈 발전기의 특징 중 틀린 것은?

① 회전자는 지름을 크게 하고 축 방향으로 짧게 하여 원심력을 크게 한다.
② 회전자는 원통형 회전자로 하여 풍손을 작게 한다.
③ 회전자의 계자 철심, 계철 및 축은 강도가 큰 특수강으로 한다.
④ 수소 냉각 방식을 써서 풍손을 줄인다.

🔍 회전자는 지름을 작게 하고 축 방향으로 길게 하여 원심력을 작게 한다.

07 동기기의 전기자 권선법이 아닌 것은?

① 2층 분포권 ② 단절권
③ 중권 ④ 전절권

🔍 동기기의 전기자 권선법 : 고상권, 폐로권, 이층권, 중권(병렬권), 단절권, 분포권 채용

08 동기 발전기의 전기자 권선을 단절권으로 하면?

① 역률이 좋아진다.
② 절연이 잘 된다.
③ 고조파를 제거한다.
④ 기전력을 높인다.

🔍 단절권이란 극 간격보다 코일 간격을 짧게 감아 주는 권선법으로 고조파를 제거해기전력의 파형을 개선하고 동량을 감소시켜 경제적인 권선법이다.

정답 01 ① 02 ① 03 ② 04 ② 05 ② 06 ① 07 ④ 08 ③

09 4극 24홈 표준 농형 3상 유도 전동기의 매극 매상당의 홈수는?

① 6 ② 3 ③ 2 ④ 1

🔍 매극 매상의 슬롯수
$$q = \frac{\text{총슬롯수}}{\text{상수} \times \text{극수}} = \frac{24}{3 \times 4} = 2$$

10 동기 발전기의 권선을 분포권으로 사용하는 이유로 옳은 것은?

① 파형이 좋아진다.
② 권선의 누설 리액턴스가 커진다.
③ 집중권에 비하여 합성 유기 기전력이 높아진다.
④ 전기자 권선이 과열되어 소손되기 쉽다.

🔍 동기발전기의 권선을 분포권으로 사용하면
- 고조파 제거에 의한 파형의 개선
- 누설 리액턴스가 작다($L \propto N^2$)
- 코일에서의 열 발산이 고르게 분포되므로 권선의 과열을 방지할 수 있다.
- 집중권에 비해 유기기전력이 K_d 배로 감소한다.

11 동기기의 전기자 권선법 중 단절권, 분포권으로 하는 이유 중 가장 중요한 목적은?

① 높은 전압을 얻기 위해서
② 좋은 파형을 얻기 위해서
③ 일정한 주파수를 얻기 위해서
④ 효율을 좋게 하기 위해서

🔍 동기기의 전기자 권선법 중 단절권, 분포권으로 하는 이유 중 가장 중요한 목적은 고조파를 제거하여 파형을 개선하는 데 있다.

12 동기 발전기의 전기자 반작용 중에서 전기자 전류에 의한 자기장의 축이 항상 주 자속의 축과 수직이 되면서 자극편 왼쪽에 있는 주 자속은 증가시키고, 오른쪽에 있는 주 자속은 감소 시켜 편자 작용을 하는 전기자 반작용은?

① 증자 작용
② 감자 작용
③ 교차자화 작용
④ 직축 반작용

🔍 동기 발전기의 전기자 반작용 중에서 전기자 전류에 의한 자기장의 축이 항상 주 자속의 축과 수직이 되면서 자극편 왼쪽에 있는 주 자속은 증가시키고, 오른쪽에 있는 주 자속은 감소 시켜 편자 작용을 하는 전기자 반작용은 교차자화작용이다.

13 3상 동기 발전기에 무부하 전압보다 90도 뒤진 전기자 전류가 흐를 때 전기자 반작용은?

① 감자 작용을 한다.
② 증자 작용을 한다.
③ 교차 자화 작용을 한다.
④ 자기 여자 작용을 한다.

🔍 3상 동기 발전기에 무부하 전압보다 90도 뒤진 전기자 전류가 흐를 때 전기자 반작용은 감자작용이다.

14 동기 발전기에서 전기자 전류가 무부하 유도 기전력보다 $\frac{\pi}{2}$[rad] 앞서 있는 경우에 나타나는 전기자 반작용은?

① 증자 작용
② 감자 작용
③ 교차 자화 작용
④ 직축 반작용

🔍 동기 발전기에서 전기자 전류가 무부하 유도기전력보다 $\frac{\pi}{2}$[rad] 앞서있는 경우에 나타나는 전기자 반작용은 증자 작용이다.

15 동기발전기의 전기자 반작용에 대한 설명으로 틀린 사항은?

① 전기자 반작용은 부하 역률에 따라 크게 변화된다.
② 전기자 전류에 의한 자속의 영향으로 감자 및 자화 현상과 편자 현상이 발생된다.
③ 전기자 반작용의 결과 감자 현상이 발생될 때 반작용 리액턴스의 값은 감소된다.
④ 계자 자극의 중심축과 전기자 전류에 의한 자속이 전기적으로 90°를 이룰 때 편자 현상이 발생된다.

🔍 전기자 반작용의 결과 감자 현상이 발생될 때 반작용 리액턴스의 값은 증가된다.

정답 09 ③ 10 ① 11 ② 12 ③ 13 ① 14 ① 15 ③

16 동기 전동기에서 위상에 관계없이 증자 작용을 할 때는 어떤 경우인가?

① 전 전류가 흐를 때
② 지상 전류가 흐를 때
③ 동상 전류가 흐를 때
④ 전류가 흐를 때

🔍 동기 전동기
• 감자 작용 : 전류가 전압보다 위상이 90° 앞선다.
• 증자 작용 : 전류가 전압보다 위상이 90° 뒤진다.

17 동기 발전기의 역률 및 계자 전류가 일정할 때 단자 전압과 부하 전류와의 관계를 나타내는 곡선은?

① 단락 특성 곡선
② 외부 특성 곡선
③ 토크 특성 곡선
④ 전압 특성 곡선

🔍 동기 발전기의 단자 전압과 부하 전류와의 관계를 나타내는 곡선을 외부특성곡선이라 한다.

18 비 돌극형 동기발전기의 단자전압(1상)을 V, 유도기 전력을 E, 동기리액턴스를 X_S, 부하각을 δ라고 하면, 1상의 출력[W]은?(단, 전기자 저항 등은 무시한다.)

① $\dfrac{E^2 V}{X_s} \sin\delta$
② $\dfrac{E^2 V}{X_s} \cos\delta$
③ $\dfrac{EV}{X_s} \sin\delta$
④ $\dfrac{EV}{X_s} \cos\delta$

🔍 동기 발전기(비돌극형) 1상의 출력
$P = \dfrac{EV}{Z_s}\sin\delta ≒ \dfrac{EV}{X_s}\sin\delta$ [W]에서
V : 단자 전압(1상) E : 유도 기전력
X_s : 동기 리액턴스 δ : E 와 V의 상차 각(부하 각)

19 동기발전기의 무부하 포화곡선에 대한 설명으로 옳은 것은?

① 정격전류와 단자전압의 관계이다.
② 정격전류와 정격전압의 관계이다.
③ 계자전류와 정격전압의 관계이다.
④ 계자전류와 단자전압의 관계이다.

🔍 동기발전기의 무부하 포화곡선은 계자전류와 단자전압의 관계이다.

20 교류 발전기의 동기 임피던스는 철심이 포화하면?

① 증가한다.
② 진동한다.
③ 포화된다.
④ 감소한다.

🔍 동기기에서 철심이 포화하면 전기자 반작용이 감소하여 동기 임피던스는 감소한다.

21 동기 발전기의 3상 단락 곡선은 무엇과 무엇의 관계 곡선인가?

① 계자 전류와 단락 전류
② 정격 전류와 계자 전류
③ 여자 전류와 계자 전류
④ 정격 전류와 단락 전류

🔍 동기 발전기의 3상 단락 곡선은 계자 전류와 단락 전류의 관계이다.

22 동기기의 3상 단락곡선이 직선이 되는 이유는?

① 무부하 상태이므로
② 자기포화가 있으므로
③ 전기자 반작용으로
④ 누설 리액턴스가 크므로

🔍 철심의 자기포화 때문이다.

23 동기 발전기의 돌발 단락 전류를 주로 제한하는 것은?

① 누설 리액턴스
② 역상 리액턴스
③ 동기 리액턴스
④ 권선 저항

🔍 동기기에서 저항은 누설 리액턴스에 비하여 작으며 전기자 반작용은 단락 전류가 흐른 후에 작용하므로 돌발 단락 전류를 제한하는 것은 누설 리액턴스이다.

24 발전기의 단락비나 동기임피던스를 산출하는데 필요한 시험은?

① 무부하 포화시험과 3상 단락시험
② 정상·영상 리액턴스의 측정시험
③ 돌발 단락시험과 부하시험
④ 단상 단락시험과 3상 단락시험

정답 16 ② 17 ② 18 ③ 19 ④ 20 ④ 21 ① 22 ② 23 ① 24 ①

🔍 발전기의 단락비 : 무부하 포화시험과 3상 단락 시험

25 단락비가 1.2인 동기 발전기의 % 동기 임피던스는 약 몇 [%]인가?

① 68　　② 83
③ 100　　④ 120

🔍 단락비 $K_s = \dfrac{100}{\%Z_s}$

∴ $\%Z_s = \dfrac{100}{K_s} = \dfrac{100}{1.2} = 83[\%]$

26 단락비가 큰 동기 발전기를 설명하는 말 중 틀린 것은?

① 동기 임피던스가 작다.
② 단락 전류가 크다.
③ 전기자 반작용이 크다.
④ 공극이 크고 전압 변동률이 작다.

🔍 단락비가 크면 : 동기 임피던스가 작고, 단락 전류가 크고, 전기자 반작용이 작고, 공극이 크고, 전압변동률이 작다.

27 단락비가 큰 동기기는?

① 안정도가 높다.
② 기기가 소형이다.
③ 전압 변동률이 크다.
④ 전기자 반작용이 크다.

🔍 단락비가 크면 : 안정도가 높고, 기기가 대형이고, 전압 변동률이 작고, 전기자 반작용이 작다.

28 동기발전기의 병렬운전에서 같지 않아도 되는 것은?

① 위상　　② 주파수
③ 용량　　④ 전압

🔍 동기 발전기의 병렬 운전조건
 • 기전력의 크기가 같을 것
 • 기전력의 위상이 같을 것
 • 기전력의 주파수가 같을 것
 • 기전력의 파형이 같을 것
 • 상 회전 방향이 같을 것(3ϕ인 경우)

29 동기 발전기의 병렬운전에 필요한 조건이 아닌 것은?

① 기전력의 주파수 같을 것
② 기전력의 크기가 같을 것
③ 기전력의 용량이 같을 것
④ 기전력의 위상이 같을 것

🔍 기전력의 크기가 같을 것, 기전력의 위상이 같을 것, 기전력의 주파수가 같을 것, 기전력의 파형이 일치할 것, 기전력의 상회전 방향이 같을 것(3상)

30 동기 발전기를 계통에 병렬로 접속시킬 때 관계없는 것은?

① 주파수　　② 위상
③ 전압　　④ 전류

🔍 [29번 참조]

31 동기 발전기의 병렬 운전에서 한 쪽의 계자 전류를 증대시켜 유기 기전력을 크게 하면 어떤 현상이 발생하는가?

① 주파수가 변화되어 위상각이 달라진다.
② 두 발전기의 역률이 모두 낮아진다.
③ 속도 조정률이 변한다.
④ 무효 순환 전류가 흐른다.

🔍 동기 발전기의 병렬 운전에서 한 쪽의 계자 전류를 증대시켜 유기기전력을 크게 하면 무효 순환 전류가 흐르게 된다.

32 다음 중 2대의 동기 발전기가 병렬 운전하고 있을 때 무효 횡류(무효 순환 전류)가 흐르는 경우는?

① 부하 분담에 차가 있을 때
② 기전력의 주파수에 차가 있을 때
③ 기전력의 위상에 차가 있을 때
④ 기전력의 크기에 차가 있을 때

🔍 동기 발전기의 병렬 운전 중 기전력의 위상차가 있을 때는 동기화 전류가 흐르고, 크기가 다를 때는 무효 순환 전류가 흐른다.

정답　25 ②　26 ③　27 ①　28 ③　29 ③　30 ④　31 ④　32 ④

33 동기 임피던스 5[Ω]인 2대의 3상 동기 발전기의 유도 기전력에 100[V]의 전압 차이가 있다면 무효 순환 전류[A]는?

① 10 ② 15
③ 20 ④ 25

🔍 무효순환전류 $= \dfrac{E_s}{2Z_s} = \dfrac{100}{2 \times 5} = 10[A]$
(E_s : 병렬운전 중인 두 발전기의 기전력의 차)

34 동기 발전기의 병렬 운전 중 위상차가 생기면?

① 무효 횡류가 흐른다.
② 무효 전력이 생긴다.
③ 유효 횡류가 흐른다.
④ 출력이 요동하고 권선이 가열 된다.

🔍 동기 발전기의 병렬 운전 중 위상차가 생기면 유효 횡류가 흐른다.

35 2극 3,600[rpm]인 동기 발전기와 병렬 운전하려는 12극 발전기의 회전수는 몇 [rpm]인가?

① 600 ② 1,200
③ 1,800 ④ 3,600

🔍 $N_s p = 120f$ 에서
$f = \dfrac{N_s p}{120} = \dfrac{3,600 \times 2}{120} = 60[\text{Hz}]$이고,
병렬운전 시 주파수가 같아야 하므로,
$N_s = \dfrac{120f}{P} = \dfrac{120 \times 60}{12} = 600[\text{rpm}]$

36 동기기의 자기 여자 현상의 방지법이 아닌 것은?

① 단락비 증대
② 리액턴스 접속
③ 발전기 직렬연결
④ 변압기 접속

🔍 자기 여자 방지법
• 동기 조상기 설치 : 부족 여자로 운전
• 분로 리액터 : 수전단에 병렬로 리액터 연결
• 발전기 및 변압기의 병렬 운전
• 단락비를 크게 할 것

37 동기 발전기에서 난조 현상에 대한 설명으로 옳지 않은 것은?

① 부하가 급격히 변화하는 경우 발생할 수 있다.
② 제동 권선을 설치하여 난조 현상을 방지한다.
③ 난조 정도가 커지면 동기 이탈 또는 탈조라고 한다.
④ 난조가 생기면 바로 멈춰야 한다.

🔍 난조가 발생하면 동기 이탈하지 않고 정상 운전을 지속하여야 한다. 방지책으로는 제동 권선 설치, 플라이 휠 부착, 단절권, 분포권 채용

38 동기기에서 난조(hunting)를 방지하기 위한 것은?

① 계자 권선 ② 제동 권선
③ 전기자 권선 ④ 난조 권선

🔍 난조 방지 대책
• 계자의 자극 면에 제동권선 설치
• 관성모멘트를 크게 할 것(Fly wheel 부착)
• 조속기의 성능을 너무 예민하지 않도록 할 것
• 고조파의 제거(단절권, 분포권 채용)

39 3상 동기전동기의 자기 기동법에 관한 사항 중 틀린 것은?

① 기동 토크를 적당한 값으로 유지하기 위하여 변압기 탭에 의해 정격전압의 80[%] 정도로 저압을 가해 기동을 한다.
② 기동 토크는 일반적으로 적고 전 부하 토크의 40~60[%] 정도이다.
③ 제동권선에 의한 기동토크를 이용하는 것으로 제동권선은 2차 권선으로서 기동토크를 발생한다.
④ 기동할 때에는 회전 자속에 의하여 계자권선 안에는 고압이 유도되어 절연을 파괴할 우려가 있다.

🔍 3상 동기전동기의 자기 기동법에서 기동 토크를 적당한 값으로 유지하기 위하여 변압기 탭에 의해 정격전압의 30~50[%] 정도로 저전압을 가해 기동을 한다.

정답 33 ① 34 ③ 35 ① 36 ③ 37 ④ 38 ② 39 ①

40 50[Hz], 500[rpm]의 전동기에 직결하여 이것을 기동하기 위한 유도 전동기의 적당한 극수는?

① 4극   ② 8극
③ 10극   ④ 12극

🔍 $N_s p = 120f$ 에서
$P = \dfrac{120f}{N_s} = \dfrac{120 \times 50}{500} = 12$
∴ 기동 전동기의 극 수 = 12 − 2 = 10[극]

41 동기전동기의 자기 기동에서 계자권선을 단락하는 이유는?

① 기동이 쉽다.
② 기동권선으로 이용
③ 고전압 유도에 의한 절연파괴 위험 방지
④ 전기자 반작용을 방지한다.

🔍 동기전동기의 자기기동에서 계자권선을 단락하는 이유는 고전압 유도에 의한 절연파괴 위험이 있기 때문이다.

42 동기 조상기를 부족여자로 운전하면 어떻게 되는가?

① 콘덴서로 작용한다.
② 리액터로 작용한다.
③ 여자 전압의 이상 상승이 발생한다.
④ 일부 부하에 대하여 뒤진 역률을 보상한다.

🔍 동기 조상기를 부족여자로 운전하면 리액터로 작용한다.

43 그림은 동기기의 위상 특성 곡선을 나타낸 것이다. 전기자 전류가 가장 작게 흐를 때의 역률은?

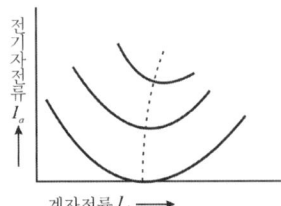

① 1   ② 0.9[진상]
③ 0.9[지상]   ④ 0

🔍 전기자 전류가 가장 작게 흐를 때의 역률은 1이다.

44 동기 전동기의 V곡선(위상 특성 곡선)에서 부하가 가장 큰 경우는?

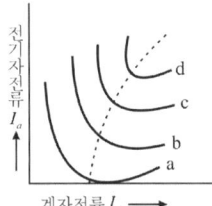

① a   ② b
③ c   ④ d

🔍 무부하 시 : 그림 a
곡선이 위로 올라 갈수록 출력이 크다.

45 3상 동기전동기의 단자 전압과부하를 일정하게 유지하고, 회전자 여자 전류의 크기를 변화시킬 때 옳은 것은?

① 전기자 전류의 크기와 위상이 바뀐다.
② 전기자 권선의 역기전력은 변하지 않는다.
③ 동기전동기의 기계적 출력은 일정하다.
④ 회전속도가 바뀐다.

🔍 3상 동기전동기의 단자 전압과부하를 일정하게 유지하고, 회전자 여자 전류의 크기를 변화시킬 때, 전기자 전류의 크기 V와 I의 위상관계 즉, $\cos\theta$도 바뀐다.(V곡선)

46 동기전동기의 여자전류를 변화시켜도 변하지 않는 것은?(단, 공급전압과 부하는 일정하다.)

① 역률   ② 역기전력
③ 속도   ④ 전기자 전류

🔍 동기전동기의 공급전압(V) 및 부하(즉, 전류의 유효분 $I\cos\theta$와 $E\sin\delta$)를 일정하게 유지하면서 여자전류(I_f)를 변화시키면, 전기자 전류(I_a)의 크기가 변화할 뿐만 아니라 V와 I의 위상관계 즉 역률 $\cos\theta$도 동시에 변화한다. 또한 역기전력도 변화하게 되며, 동기전동기는 여자전류의 크기와 관계없이 속도가 일정한 전동기이다.

정답 40 ③ 41 ③ 42 ② 43 ① 44 ④ 45 ① 46 ③

SECTION 03 변압기

STEP 01 변압기의 원리 및 이론

1. 변압기의 원리(패러데이-렌쯔의 전자 유도 현상)

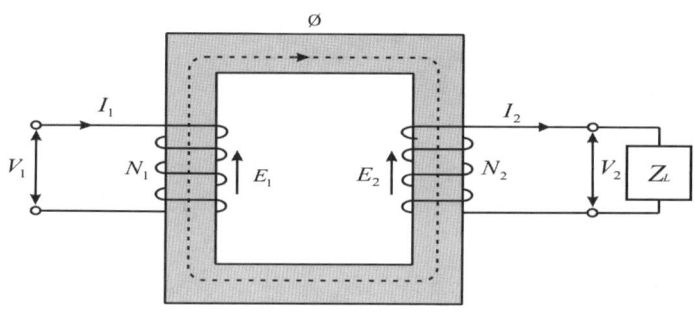

$i_0 = I_m \sin \omega t [\text{A}] \rightarrow \phi = \phi_m \sin \omega t [\text{Wb}]$

$e_1 = -N_1 \dfrac{d\phi}{dt}$ $\qquad e_2 = -N_2 \dfrac{d\phi}{dt}$

$E_1 = 4.44 f_1 N_1 \phi_m$ $\qquad E_2 = 4.44 f_2 N_2 \phi_m$

⇨ 이상 변압기
 ① 손실 및 누설자속, 자기포화가 없는 변압기
 ② 부하가 존재하는 경우 : $N_1 I_1 = N_2 I_2$

$$a = \underset{(\text{권수비})}{\dfrac{N_1}{N_2}} = \dfrac{E_1}{E_2} = \dfrac{V_1}{V_2} = \dfrac{I_2}{I_1} = \sqrt{\dfrac{Z_1}{Z_2}} = \sqrt{\dfrac{R_1}{R_2}} = \sqrt{\dfrac{L_1}{L_2}} = \sqrt{\dfrac{X_1}{X_2}}$$

2. 변압기의 등가 회로

1) 무부하 시험(2차 측 개방) : 무부하 전류(여자 전류)

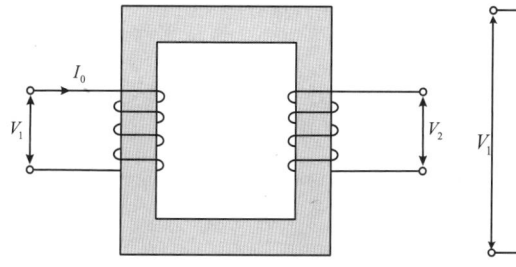

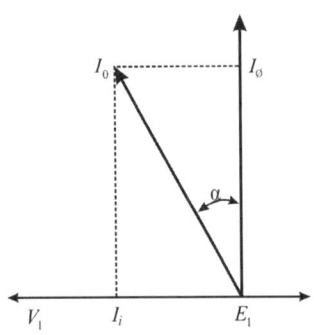

$\dot{I}_0 = \dot{I}_i + \dot{I}_\phi \to I_0^2 = I_i^2 + I_\phi^2$
I_0 (여자 전류) : 2차 측 개방 시 1차에 흐르는 전류
I_ϕ (자화 전류) : 자속 ϕ 발생
I_i (철손 전류) : 철손 P_i 발생

2) 부하 시험

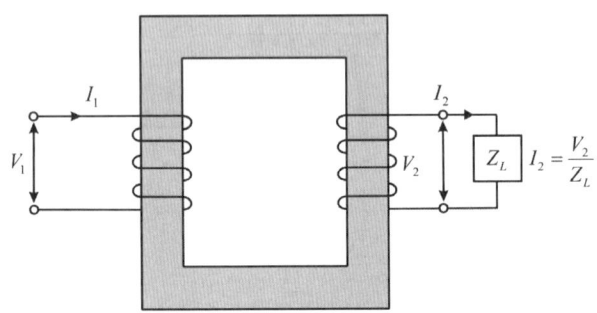

3) 변압기 등가회로

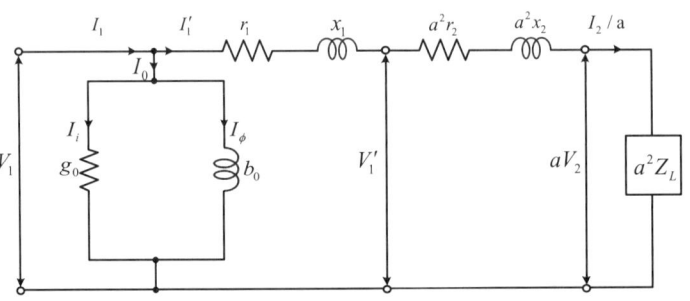

① 전 전류 : $I_1 = \dot{I}_0 + \dot{I}_1'$ ($\dot{I}_1$:부하전류)

$I_i = g_0 V_1 [\text{A}] \to P_i = V_1 I_i = g_0 V_1^2 [\text{W}]$

$I_\phi = b_0 V_1 [\text{A}] \to P_\phi = V_1 I_\phi = b_0 V_1^2 [\text{Var}]$

② 여자 어드미턴스 : $\dot{Y}_0 = g_0 - jb_0$

$$g_0 = \frac{I_i}{V_1} = \frac{V_1 I_i}{V_1^2} = \frac{P_i}{V_1^2} [\mho]$$

$$b_0 = \frac{I_\phi}{V_1} = \frac{V_1 I_\phi}{V_1^2} = \frac{P_\phi}{V_1^2} [\mho]$$

V_1 : 1차 전압
I_i : 철손전류
I_ϕ : 자화전류
I_0 : 무부하전류(여자전류)

4) 주파수와 철손과의 관계(전압이 일정시 히스테리시손은 주파수와 반비례)

$P_i = P_h + P_e$

$P_h \propto fB_m^2 = \dfrac{f^2 B_m^2}{f}$

$P_e \propto t^2 f^2 B_m^2 = t^2 (fB_m)^2$

$E = 4.44 fN\phi_m = 4.44 fNB_m A \left(B_m = \dfrac{\phi_m}{A} \right)$ (E : 인가전압)

$E \propto f B_m$ \qquad $\therefore f \propto \dfrac{1}{B_m}$ (인가전압이 일정할 때)

$\therefore P_h \propto \dfrac{E^2}{f}$ (히스테리시스손은 주파수와 반비례) $P_e \propto E^2$ (와류손은 주파수와 무관하다.)

① 주파수 증가 → 히스테리시스손 감소 → 철손감소 → 여자전류 감소, 리액턴스 증가
② 주파수 감소 → 히스테리시스손 증가 → 철손증가 → 여자전류 증가, 리액턴스 감소

STEP 02 변압기의 전압 변동률

1. 전압 변동률

1) 전압 변동률 : 2차 측 기준(변압기 용량 2차 측 기준)

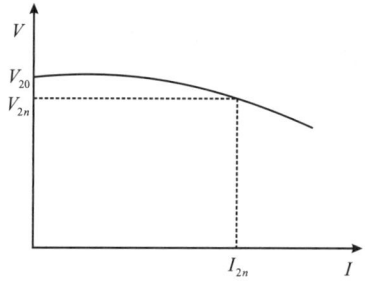

V_{20} : 무부하 2차 단자 전압
V_{2n} : 전 부하 2차 단자 전압

$\varepsilon = \dfrac{V_{20} - V_{2n}}{V_{2n}} \times 100 = \left(\dfrac{I_{2n} r_2}{V_{2n}} \cos\theta + \dfrac{I_{2n} x_2}{V_{2n}} \sin\theta \right) \times 100$
$= p \cos\theta + q \sin\theta$

① % 저항 강하 $p = \dfrac{I_{2n} r_2}{V_{2n}} \times 100 = \dfrac{P_s}{P_n} \times 100 [\%]$

② %리액턴스 강하 $q = \dfrac{I_{2n} x_2}{V_{2n}} \times 100 [\%]$

③ %임피던스 강하 $Z = \dfrac{I_{2n} Z_{12}}{V_{2n}} \times 100 = \dfrac{V_s}{V_{1n}} \times 100 = \sqrt{p^2 + q^2} [\%]$

2) 최대 전압 변동률

$\varepsilon = p \cos\theta + q \sin\theta$ 에서

① $\cos\theta = 1$ 일 때 : $\varepsilon = p$

② $\cos\theta \neq 1$ 일 때 : $\varepsilon_{\max} = \sqrt{p^2 + q^2}$

2. 임피던스 전압, 임피던스 와트

1) 임피던스 전압(V_s)

변압기 2차 측을 단락한 상태에서 1차 측에 정격전류(I_{1n})가 흐르도록 1차 측에 인가하는 전압 → 변압기 내부의 임피던스 전압 강하이다.

2) 임피던스 와트(P_s)

임피던스 전압을 인가한 상태에서 발생하는 와트(동손 : 권선의 저항손)
→ 변압기내의 부하손 측정

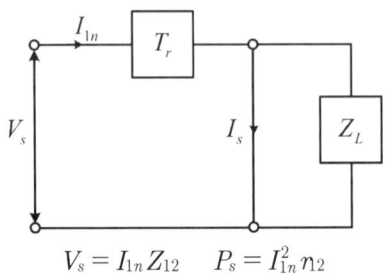

$V_s = I_{1n} Z_{12} \quad P_s = I_{1n}^2 n_2$

STEP 03 변압기 손실 및 효율

1. 변압기 손실

1) 무부하 손(고정손 : 무부하 시험) : 철손, 여자 전류

철 손(P_i) = 히스테리시스 손(P_h) + 와류 손(P_e)

$P_h = \eta f B_m^2 V [\text{W}]$ (V : 체적), $P_e = \sigma(tfB_m)^2 [\text{W}] (\therefore P_e \propto t^2)$

2) 부하손(가변손 : 단락 시험) : 동손, 전압 변동률, 임피던스 전압

동손(P_c) = 임피던스 와트(P_S) $\propto I^2$ (부하전류)^2

2. 변압기 효율

1) 실측 효율 : 부하를 접속한 상태에서 측정

$\eta = \dfrac{\text{출력}}{\text{입력}} \times 100 [\%]$

2) 규약 효율 : 정격 출력, 무부하 손, 부하손

$$\eta = \frac{출력}{출력 + 전체손실(철손 + 동손)} \times 100$$

$$= \frac{V_{2n}I_{2n}\cos\theta}{V_{2n}I_{2n}\cos\theta + P_i + P_C} \times 100\,[\%]$$

→ $\frac{1}{m}$ 부하(부분 부하)인 경우

$$\eta_{\frac{1}{m}} = \frac{\frac{1}{m}V_{2n}I_{2n}\cos\theta}{\frac{1}{m}V_{2n}I_{2n}\cos\theta + P_i + \left(\frac{1}{m}\right)^2 P_c} \times 100\,[\%]$$

3) 최대 효율 조건 : 무부하 손 = 부하손

① 전 부하인 경우 : $P_i = P_c$

② $\frac{1}{m}$ 부하인 경우 : $P_i = \left(\frac{1}{m}\right)^2 P_c \rightarrow \frac{1}{m} = \sqrt{\frac{P_i}{P_c}}$

$$\eta_{\max} = \frac{P\,[\text{kW}]}{P\,[\text{kW}] + 2P_i} \times 100\,[\%] \quad (P : 최대효율시의 출력)$$

4) 전일 효율

$$\eta_d = \frac{24시간의\ 출력\ 전력량[\text{kWh}]}{24시간의\ 입력\ 전력량[\text{kWh}]} \times 100\,[\%]$$

> **참고**
>
> **입력 전력량 : 출력 + 손실(철손 + 동손) → 일정 시간(n) 운전 시의 효율** $\eta_n = \frac{nP}{nP + 24P_i + nP_c} \times 100\,[\%]$
>
> 일정시간 운전 시의 최대 효율 조건 : 철손($24P_i$) = 동손(nP_c) → nP_c
>
> ∴ 전 부하 운전시간이 짧은 경우 최대 효율을 얻기 위해서는 무부하 손인 철손을 작게 하고, 부하손인 동손을 크게 한 과부하 운전을 하면 된다.

STEP 04 변압기의 결선 및 병렬운전 조건

1. 변압기의 결선

1) Y 결선

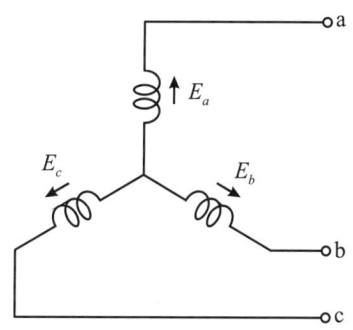

2) Δ 결선

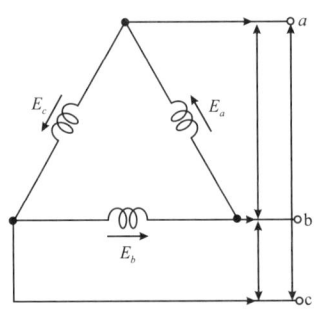

3) V 결선

Δ결선된 변압기의 한 대가 고장으로 제거되어 V 결선으로 공급할 때의 결선 법

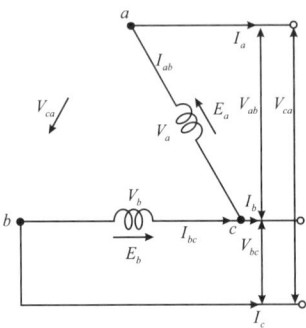

상전압(V_P) = 선간전압(V_l) : $V_a = V_b = V_{ab} = V_{bc} = V_{ca}$ [V]

상전류(I_P) = 선전류(I_l) : $I_{ab} = I_{bc} = I_a = I_b = I_c$ [A]

① 출력 $P_V = \sqrt{3} V_p I_p \cos\theta = \sqrt{3} P_1$ [W]

② 출력비(유효 전력비) = $\dfrac{V결선 출력 (P_v)}{\Delta 결선 출력 (P_\Delta)} = \dfrac{\sqrt{3}}{3} = 0.577$

③ 이용율 = $\dfrac{V결선 용량 (P_v)}{2대 용량 (P_2)} = \dfrac{\sqrt{3} VI}{2VI} = 0.866$

4) Y-Y 결선

① 1, 2차 전압에 위상차가 없다.
② 중성점을 접지 할 수 있으므로, 이상전압으로부터 변압기를 보호할 수 있다.
③ 상전압이 선간전압의 $\dfrac{1}{\sqrt{3}}$ 배 이므로, 절연이 용이하여 고전압에 유리하다.
④ 중성점이 접지되어 있지 않으면, 제 3고조파 통로가 없으므로, 기전력은 제 3고조파를 포함한 왜형파가 된다.
⑤ 중성점 접지 시, 접지선을 통해 제 3고조파가 흐르므로, 인접통신선에 유도 장해가 발생한다.

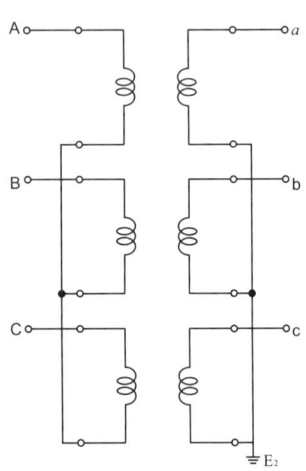

⑥ 역 V결선 운전이 가능하다.

5) △-△ 결선

① 1, 2차 전압에 위상차가 없고, 상전류는 선 전류의 $\frac{1}{\sqrt{3}}$배이다.

② 제 3고조파 여자전류가 통로를 가지게 되므로, 기전력은 사인파 전압을 유기한다.

③ 변압기 외부에 제 3고조파가 발생하지 않으므로, 통신장애가 발생하지 않는다.

④ 변압기 1대 고장 시, V결선에 의한 3상 전력 공급이 가능하다.

⑤ 비접지방식이므로, 이상전압 및 지락사고에 대한 보호가 어렵다.

⑥ 선간전압과 상전압이 같으므로, 고압인 경우 절연이 어렵다.

⑦ 60[kV] 이하 배전용 변압기에 사용한다.

6) △-Y 결선(승압용), (Y-△ 결선 : 강압용)

① △-Y 결선에서 1, 2차 전압 및 전류 간의 위상차는 $\frac{\pi}{6}$[rad](30°)이다.

② 제 3고조파에 의한 장해가 적다.

③ 1차 변전소의 승압용으로 사용된다.

④ Y 결선의 중성점을 접지할 수 있으므로, 이상전압으로부터 변압기를 보호할수 있다.

2. 변압기의 병렬운전

1) 변압기의 병렬운전 조건

① 극성이 일치할 것
→ 불일치 : 2차 권선의 순환회로에 2차 기전력의 합이 가해지므로, 2차 권선의 소손 발생이 일어날 수 있다.

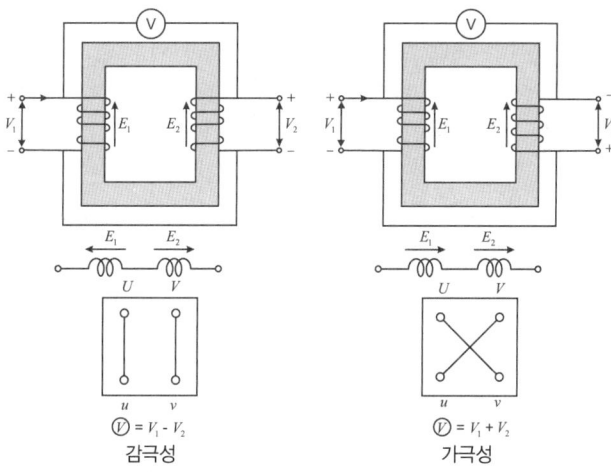

② 각 변압기의 권수비 및 1, 2차의 정격전압이 같을 것

→ 불일치 : 2차 기전력의 크기가 서로 다르게 되므로, 그 차에 의해서 2차 권선의 순환 회로에 순환전류가 흘러서 권선의 과열 발생이 일어난다.

③ 각 변압기의 %임피던스 강하와 저항과 리액턴스비가 같을 것
→ 불일치 : 부하 분담 불균형에 의한 과부하 발생 및 변압기 용량의 합만큼 부하 전력을 공급할 수 없다.

④ 각 변위(1, 2차 유도전압 간의 위상차)가 같을 것
→ 불일치 : 각 변압기의 전류 간에 위상차가 생겨서 동손이 증가하게 된다.

⑤ 상 회전 방향이 같을 것(3φ)

⑥ 부하 분담 시 용량에 비례하고 퍼센트 임피던스 강하에는 반비례할 것

2) 3상 변압기군의 병렬 운전 조합(위상차가 일치하지 않을 경우)

병렬운전 가능(짝수조합)	병렬 운전 불가능(홀수조합)
△ - △ 와 △ - △	△ - △ 와 △ - Y
Y - Y 와 Y - Y	Y - Y 와 △ - Y
Y - △ 와 Y - △	
△ - Y 와 △ - Y	
△ - △ 와 Y - Y	
V - V 와 V - V	

3. 상수 변환

1) 3상을 2상으로 변환하는 결선 법
① 스코트 결선(T 결선) : 전기 철도
② 메이어 결선
③ 우드브릿지 결선

2) 3상을 6상으로 변환하는 결선 법
① 2차 2종 Y 결선
② 2차 2종 △ 결선
③ 대각결선
④ Fork 결선(6상측 부하가 수은정류기 부하일 경우)

STEP 05 특수 변압기

1. 단권변압기(Tap 전환 변압기, 승압용, 전압조정용 변압기, 슬라이닥스)

1, 2차 권선이 공통으로 되어 있으며, 누설 자속이 적고, 전압 변동률이 작다.

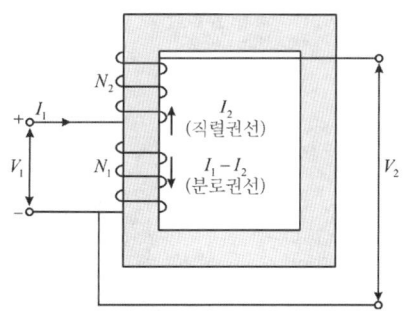

$$a = \frac{V_1}{V_2} = \frac{N_1}{N_1 + N_2}$$

단권변압기 용량(자기 용량) $= (V_2 - V_1)I_2$

부하 용량(2차 출력) $= V_2 I_2$

$$\therefore \frac{\text{자기 용량}}{\text{부하 용량}} = \frac{(V_2 - V_1)I_2}{V_2 I_2} = \frac{V_h - V_l}{V_h}$$

1) 단권변압기 1대 : $\dfrac{\text{자기 용량}}{\text{부하 용량}} = \dfrac{V_h - V_l}{V_h}$

2) 단권변압기(V결선) : $\dfrac{\text{자기 용량}}{\text{부하 용량}} = \dfrac{2}{\sqrt{3}}\left(\dfrac{V_h - V_l}{V_h}\right)$

3) 단권변압기(Y결선) : $\dfrac{\text{자기 용량}}{\text{부하 용량}} = \dfrac{V_h - V_l}{V_h}$

4) 단권변압기(△결선) : $\dfrac{\text{자기 용량}}{\text{부하 용량}} = \dfrac{V_h^2 - V_l^2}{\sqrt{3}\,V_h V_l}$

2. 누설 변압기(정전류 변압기)

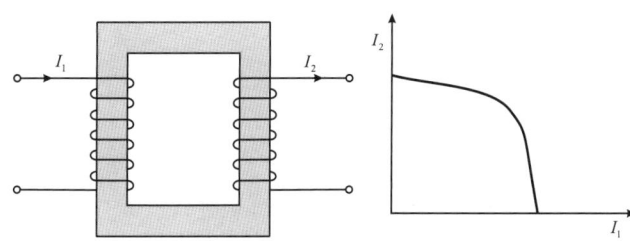

 공극 부분에서의 누설 자속이 증가하면, 누설 리액턴스 증가하고, 단자 전압이 떨어지면서, 부하 전류가 일정한 소(小) 전류가 흐른다.

1) 수하 특성 : 정전류 특성(일정한 전류 발생)

　부하 전류 I_2 증가 → 누설자속 ϕ_2 증가 → 누설 리액턴스 x_l 증가 → 단자 전압 V_2 감소 →

　부하 전류 I_2 감소 → 일정한 소(小) 전류 발생

2) 용도 : 용접용 변압기

3. 3상 변압기

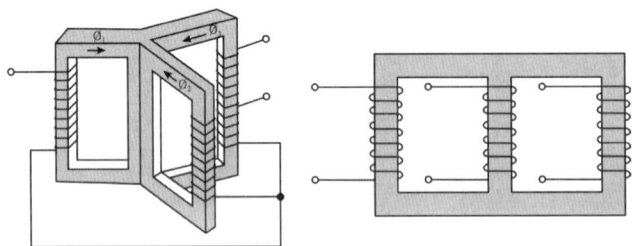

철심의 중앙 부분에서 합성 자속은 위상차 120°차가 발생하므로 $\dot{\phi}_1 + \dot{\phi}_2 + \dot{\phi}_3 = 0$이 되어 중앙 부분의 철심을 제거할 수 있다.

① 사용 철심양이 감소하여 철손이 감소하므로 효율이 좋다.
② 값이 싸고 설치 면적이 감소된다.
③ Y, △ 결선을 변압기 외함 내에서 하므로 부싱이 절약된다.
④ 단상 변압기로의 사용이 불가능하다(각 권선마다 독립된 자기 회로가 없기 때문).
⑤ 1상만 고장이 발생하여도 사용할 수 없고 보수가 어렵다.

4. 3권선 변압기

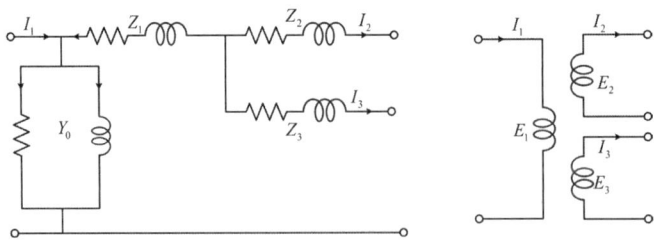

1) 권수비 : $E_2 = \dfrac{N_2}{N_1}E_1$, $E_3 = \dfrac{N_3}{N_1}E_1$, $I_1 = \dfrac{N_2}{N_1}I_2 + \dfrac{N_3}{N_1}I_3 + I_0$(여자 전류)

2) 3 권선변압기의 용도

　① Y-Y-△결선을 하여 제 3고조파를 제거할 수 있다.
　② 조상기를 접속하여 송전선의 전압과 역률을 조정할 수 있다.
　③ 발전소에서 소내 용 전력 공급이 가능하다.

5. 계기용변압기(PT : Potential Transformer)

고전압을 저전압으로 변성하여 계전기(OVR, UVR)나 측정용 계기(전압계)에 공급하기 위한 계기용변성기

1) PT의 권수비(상전압 비) : $a = \dfrac{N_1}{N_2} = \dfrac{E_1}{E_2}$

2) 2차 측 정격전압 : 110[V]

3) PT의 접속
   ① 3상 3선식 : V결선(2대)
   ② 3상 4선식 : Y결선(3대)

6. 계기용 변류기(CT : Current Transformer)

대 전류를 소 전류로 변성하여 계전기(OCR, UCR)나 측정 계기(전류계)에 공급하기 위한 계기용변성기

1) CT의 2차 정격 전류 : 5[A]

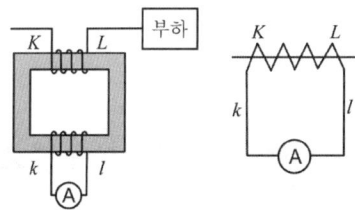

2) CT 점검 시 주의 사항 : 반드시 먼저 2차 측을 단락시킨 후 분리한다.
   CT 2차 측을 개방하면 CT 1차 측에 흐르는 부하 전류가 모두 여자전류가 되어 CT 2차 측에 고전압이 유기되어 CT 권선의 소손 및 절연파괴 우려가 있다.

7. 보호계전기

1) 차동계전기 : 권선의 층간 단락 사고 검출
   변압기 내부 고장 발생 시 고 · 저압 측에 설치한 CT 2차 전류의 차에 의하여 동작하는 계전기

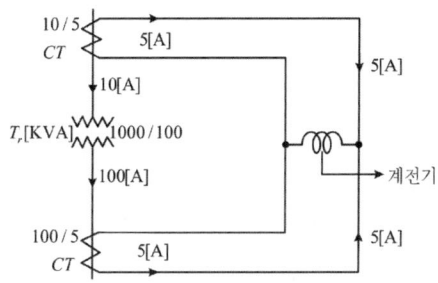

2) 비율차동계전기

변압기 내부고장 발생 시 고·저압 측에 설치한 CT 2차 측의 억제 코일에 흐르는 전류차가 일정비율 이상이 되었을 때 동작하는 계전기

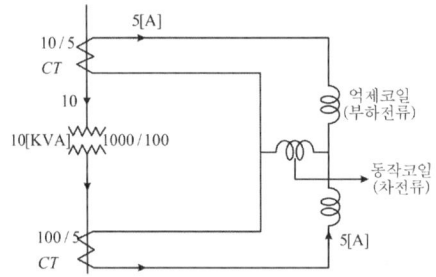

3) 부흐홀츠 계전기

변압기 내부 고장으로 인한 절연유의 온도 상승 시 발생하는 유증기를 검출하여 경보 및 차단을 하기위한 계전기로서, 변압기 주탱크와 콘서베이터 사이에 설치한다.

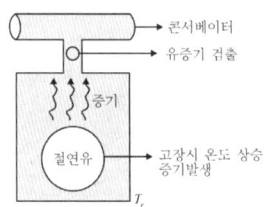

STEP 06 변압기의 기타 사항

1. 변압기의 열화 방지 대책

1) 브리더 설치

콘서베이터에 연결되어 있고, 호흡 작용의 역할을 하며, 유리제 용기에 흡습제를 넣어 호흡 작용 시 수분을 제거하여 기름의 내력을 높인다.

2) 콘서베이터 설치

변압기 외부 상부에 설치하여 공기가 외함 속으로 들어가지 못하게 하고, 내부에서는 기름과 공기와의 접촉면을 좁게 할 수 있으며, 또한 기름의 침전물이 발생해도 이것을 콘서베이터의 배출구에서 배출할 수 있다.

3) 질소가스 봉입

대형 변압기에서는 유면 위에 질소 가스를 봉입하여 공기와 기름의 접촉을 완전히 차단한다.

2. 변압기의 냉각 방식

1) 건식 자냉식(air-coold type)

공기의 대류에 의하여 냉각되며, 22[kV] 정도 이하의 소 용량의 계기용변압기나 배전용 변압기에서 사용된다.

2) 건식 풍냉식(air-blast type)

건식 변압기에 송풍기로 강제통풍을 하므로 냉각 효과를 크게 한 것이지만, 22[kV] 정도 이상의 고압에는 사용하지 않는다.

3) 유입 자냉식(air-immersed self-coold type)

절연유가 들어있는 외함 속에 철심과 권선을 넣고, 절연유의 대류 작용에 의하여 열을 대기로 방산 시키는 방식으로서, 설비가 간단하고 취급이나 보수가 쉬워 소형변압기에서 대형변압기까지 널리 사용되고 있다.

4) 유입 풍냉식(oil-immersed air-blast type)

방열기를 부착한 유압변압기에 송풍기를 설치해서 강제통풍으로 냉각 효과를 높이는 방식으로서, 대용량에 널리 사용되고 있다.

5) 유입 수냉식(oil-immersed water-blast type)

외함 상부의 절연유 속에 냉각관을 설치하고 냉각수를 순환시켜서 냉각하는 방식이다.

6) 유입 송유식(oil-immersed forced oil cir culating type)

절연유를 펌프(pump)로 외부에 있는 냉각기로 보내고 냉각된 절연유를 외함의 밑 부분에서 공급하는 방식으로서, 대용량 변압기에 많이 사용되고 있다.

3. 변압기의 권선과 철심 사이의 습기 제거법

① 열풍법 : 송풍기와 전열기로 열풍을 공급해서 건조시킨다.
② 단락법 : 변압기의 1차 권선 또는 2차 권선의 한 쪽을 단락하고, 다른 쪽의 권선에 임피던스 전압의 약 20[%] 정도를 가해서 단락 전류를 보내고 동손에 의하여 가열 건조한다.
③ 진공법 : 주로 공장에서 하는 방법이며, 건조가 빠르고 결과가 좋다. 변압기를 탱크에 넣어서 밀폐하고 이 속에 증기를 공급하여 가열하는 한편, 진공 펌프로 탱크 안의 공기를 빼고 절연물 안의 습기를 건조시킨다.

4. 변압기의 온도 상승 시험법

① 반환 부하법　　　　　② 단락 시험법

5. 변압기 절연유의 구비 조건

① 절연유의 절연 내력이 클 것　　② 인화점이 높고, 응고점이 낮을 것
③ 비열이 커 냉각 효과가 클 것　　④ 절연 재료 및 금속 재료에 화학 작용을 일으키지 않을 것
⑤ 점도가 낮을 것

6. 변압기 절연내력시험

① 가압시험　　② 유도시험　　③ 충격시험

7. 변압기의 정격 출력 단위 : [kVA]

제02장_ 전기기기 출제예상문제

01 변압기의 원리는 어느 작용을 이용한 것인가?

① 전자 유도작용
② 정류작용
③ 발열작용
④ 화학작용

🔍 변압기는 전자 유도작용을 이용하여 교류 전압과 전류의 크기를 변성하는 장치로, 2개 이상의 전기회로와 1개 이상의 공통 자기 회로로 이루어져 있는 정지기이다.

02 다음 중 변압기에서 자속과 비례하는 것은?

① 권수
② 주파수
③ 전압
④ 전류

🔍 변압기의 유기기전력 $E = 4.44fN\phi_m$[V]에서 자속은 전압과 비례하고, 권수 및 주파수와는 반비례하며, 전류와는 무관하다.

03 1차 권수 6,000, 2차 권수 200인 변압기의 전압 비는?

① 30
② 60
③ 90
④ 120

🔍 권수비 $a = \dfrac{N_1}{N_2} = \dfrac{6,000}{200} = 30$

04 권수비 30의 변압기의 1차에 6,600[V]를 가할 때 2차 전압은 몇 [V]인가?

① 220
② 380
③ 420
④ 660

🔍 권수비 $a = \dfrac{V_1}{V_2} = \dfrac{6,000}{V_2} = 30$에서 $V_2 = \dfrac{6,600}{30} = 220$[V]

05 권수비가 100의 변압기에 있어 2차 쪽의 전류가 10^3[A]일 때, 이것을 1차 측으로 환산하면 얼마인가?

① 16[A]
② 10[A]
③ 9[A]
④ 6[A]

🔍 권수비 $a = \dfrac{I_2}{I_1}$에서 2차를 1차로 환산한 전류
$I_1 = \dfrac{I_2}{a} = \dfrac{10^3}{100} = 10$[A]

06 변압기의 무부하인 경우에 1차 권선에 흐르는 전류는?

① 정격 전류
② 단락 전류
③ 부하 전류
④ 여자 전류

🔍 변압기의 무부하인 경우에 1차 권선에 흐르는 전류는 여자 전류이다.

07 변압기의 여자 전류가 일그러지는 이유는 무엇 때문인가?

① 와류(맴돌이 전류) 때문에
② 자기 포화와 히스테리시스 현상 때문에
③ 누설 리액턴스 때문에
④ 선간의 정전용량 때문에

🔍 변압기의 여자 전류가 일그러지는 이유는 자기포화와 히스테리시스 현상 때문이다.

08 변압기의 부하와 전압이 일정하고 주파수만 높아지면 어떻게 되는가?

① 철손 감소
② 철손 증가
③ 동손 증가
④ 동손 감소

🔍 기전력(전압) 일정 시 철손과 주파수는 반비례한다.
• $P_h \propto \dfrac{E^2}{f}$ • $P_e \propto E^2$

09 변압기의 부하 전류 및 전압이 일정하고 주파수만 낮아지면?

① 철손이 증가한다.
② 동손이 증가한다.
③ 철손이 감소한다.
④ 동손이 감소한다.

정답 01 ① 02 ③ 03 ① 04 ① 05 ② 06 ④ 07 ② 08 ① 09 ①

🔍 인가전압이 일정할 경우 철손은 주파수에 반비례한다.
- $P_h \propto \dfrac{E^2}{f}$
- $P_e \propto E^2$

10 변압기에서 퍼센트 저항 강하 3[%], 리액턴스 강하 4[%]일 때 역률 0.8(지상)에서의 전압 변동률은?

① 2.4[%] ② 3.6[%]
③ 4.8[%] ④ 6[%]

🔍 $\varepsilon = p\cos\theta + q\sin\theta = 3 \times 0.8 + 4 \times 0.6 = 4.8[\%]$

11 퍼센트 저항 강하 3[%], 리액턴스 강하 4[%]인 변압기의 최대 전압 변동률은 몇 [%]인가?

① 1 ② 3 ③ 4 ④ 5

🔍 최대 전압 변동률 $\varepsilon_{\max} = \sqrt{p^2 + q^2} = \sqrt{3^2 + 4^2} = 5$

12 변압기의 임피던스 전압에 대한 설명으로 옳은 것은?

① 여자전류가 흐를 때의 2차 측 단자전압이다.
② 정격전류가 흐를 때의 2차 측 단자전압이다.
③ 정격전류가 흐를 때의 변압기 내의 전압강하이다.
④ 2차 단락전류가 흐를 때의 변압기 내의 전압강하이다.

🔍 변압기의 임피던스 전압이란 정격전류가 흐를 때의 변압기 내의 전압강하이다.

13 변압기의 손실에 해당되지 않는 것은?

① 동손
② 와전류손
③ 히스테리시스손
④ 기계손

🔍 변압기(정지기)의 손실
- 무부하손(철손 : 히스테리시스손 + 와류손)
- 부하손(동손)
[참고] 기계손 : 회전기의 손실

14 변압기의 무부하 시험, 단락 시험에서 구할 수 없는 것은?

① 동손 ② 철손
③ 전압 변동률 ④ 절연 내력

🔍
- 무부하 시험(고정 손 : 무부하 손) : 철손, 여자 전류
- 단락 시험(가변 손 : 부하손) : 동손, 전압 변동률, 임피던스 전압

15 다음 중 변압기 무부하 손의 대부분을 차지하는 것은?

① 유전체손 ② 동손
③ 철손 ④ 저항손

🔍 변압기의 무부하 손은 철손(히스테리시스 손과 와류손)이 주를 이룬다.

16 변압기에 철심의 두께를 2배로 하면 와류손은 약 몇 배가 되는가?

① 2배로 증가한다.
② $\dfrac{1}{2}$배로 증가한다.
③ $\dfrac{1}{4}$배로 증가한다.
④ 4배로 증가한다.

🔍 변압기의 와전류 손
$P_e = \sigma_e(t \cdot f \cdot B_m)^2[W]$에서 와전류손은 두께(t)에 제곱에 비례하므로, 4배로 증가한다.

17 정격 2차 전압 및 정격 주파수에 대한 출력[kW]과 전체 손실[kW]이 주어졌을때 변압기의 규약 효율을 나타내는 식은?

① $\dfrac{\text{입력}[kW]}{\text{입력}[kW] - \text{전체손실}[kW]} \times 100[\%]$

② $\dfrac{\text{출력}[kW]}{\text{출력}[kW] + \text{전체손실}[kW]} \times 100[\%]$

③ $\dfrac{\text{출력}[kW]}{\text{출력}[kW] + \text{전체손실}[kW]} \times 100[\%]$

④ $\dfrac{\text{출력}[kW] - \text{철손}[kW] - \text{동손}[kW]}{\text{입력}[kW]} \times 100[\%]$

정답 10 ③ 11 ④ 12 ③ 13 ④ 14 ④ 15 ③ 16 ④ 17 ②

🔍 변압기의 규약 효율
$$\eta = \frac{출력[kW]}{출력[kW] + 전체손실[kW]} \times 100[\%]$$

18 출력에 대한 전 부하 동손이 2[%], 철손이 1[%]인 변압기의 전부하 효율 [%]은?

① 95 ② 96
③ 97 ④ 98

🔍 출력을 1이라 하면, 전 부하 효율
$$\eta = \frac{출력[kW]}{출력[kW] + 전체손실[kW]} \times 100[\%] 이므로$$
$$\eta = \frac{출력}{1 + 0.02 + 0.01} \times 100[\%] ≒ 97[\%]$$

19 출력 P[kVA]의 단상 변압기 전원 2대를 V 결선한 때의 3상 출력 [kVA]는?

① P ② $\sqrt{3}P$
③ $2P$ ④ $3P$

🔍 $P_v = \sqrt{3}P$[kVA]

20 용량이 250[kVA]인 단상변압기 3대를 Δ 결선으로 운전 중 1대가 고장 나서 V 결선으로 운전하는 경우 출력은 약 몇 [kVA]인가?

① 144 ② 353
③ 433 ④ 525

🔍 V 결선의 출력 $P_v = \sqrt{3}P = \sqrt{3} \times 250 = 433$[kVA]

21 변압기에서 V 결선의 이용률은?

① 0.577 ② 0.707
③ 0.866 ④ 0.977

🔍 변압기 V 결선 특징은
- 출력 $P_v = \sqrt{3}P$
- 이용률 = 86.6[%]
- 출력비 = 57.7[%]

22 Δ 결선 변압기의 한 대가 고장으로 제거되어 V 결선으로 공급할 때 공급할 수 있는 전력은 고장 전 전력에 대하여 약 몇 [%]인가?

① 57.7 ② 66.7
③ 70.5 ④ 86.6

🔍 V 결선의 출력비 = 57.7[%]

23 변압기 결선방식에서 Δ-Δ 결선방식에 대한 설명으로 틀린 것은?

① 단상 변압기 3대 중 1대의 고장이 생겼을 때 2대로 결선하여 사용할 수 있다.
② 외부에 고조파 전압이 나오지 않으므로 통신 장해의 염려가 없다.
③ 중성점을 접지할 수 없다.
④ 100[kV] 이상 되는 계통에서 사용되고 있다.

🔍 Δ-Δ 결선의 특징
- 변압기 1대 고장 시 V 결선에 의한 3φ전력 공급이 가능하다.
- 제 3고조파가 발생하지 않으므로 통신 장애가 발생하지 않는다.
- 중성점을 접지할 수 없다.
- 60[kV] 이하 배전용 변압기에 사용한다.

24 변압기를 Δ-Y로 결선할 때 1, 2차 사이의 위상차는?

① 0° ② 30°
③ 60° ④ 90°

🔍 변압기를 Δ-Y로 결선할 때 1, 2차 사이의 위상차는 30°이다.

25 변압기를 Δ-Y 결선(delta-star connection)한 경우에 대한 설명으로 옳지 않은 것은?

① 1차 선간전압 및 2차 선간 전압의 위상차는 60°이다.
② 제 3고조파에 의한 장해가 적다.
③ 1차 변전소의 승압용으로 사용된다.
④ Y 결선의 중성점을 접지할 수 있다.

정답 18 ③ 19 ② 20 ③ 21 ③ 22 ① 23 ④ 24 ② 25 ①

🔍 **Δ-Y 결선의 특징**
- Δ-Y 결선에서 1, 2차 전압의 위상차는 30°이다.
- 제 3고조파에 의한 장해가 적다.
- 1차 변전소의 승압용으로 사용된다.
- Y 결선의 중성점을 접지할 수 있다.

26 3상 변압기의 병렬운전 시 병렬운전이 불가능한 결선 조합은?

① Δ-Δ와 Y-Y ② Δ-Δ와 Δ-Y
③ Δ-Y와 Δ-Y ④ Δ-Δ와 Δ-Δ

🔍 변압기를 Δ-Δ로 결선하면 위상이 동상이고, Δ-Y로 결선할 때 1, 2차 사이의 위상차가 30° 발생한다. 그러므로 각 변압기 간에 위상차가 생겨서 병렬운전이 불가능하다.

27 3상 전원에서 2상 전력을 얻기 위한 변압기의 결선 방법은?

① V ② Δ
③ Y ④ T

🔍 3상 전원에서 2상 전력을 얻는 대표적인 결선법이 스콧트 결선(T 결선)이다.

28 3,000/3,300[V]인 단권변압기의 자기 용량은 약 몇 [kVA]인가?(단, 부하는 1,000 [kVA]이다.)

① 90 ② 70
③ 50 ④ 30

🔍 단권변압기 자기 용량
= 부하용량 × $\dfrac{V_h - V_l}{V_h}$
= $1{,}000 \times \dfrac{3{,}300 - 3{,}000}{3{,}300} = 90.90\,[\text{kVA}]$

29 계기용변압기의 2차 측 단자에 접속하여야 할 것은?

① OCR ② 전압계
③ 전류계 ④ 전열부하

🔍 계기용변압기인 PT는 고전압을 저전압으로 변성하는 장치이므로 PT 2차 측에는 전압계가 연결된다.

30 변류기 개방 시 2차 측을 단락하는 이유는?

① 2차 측 절연보호
② 2차 측 과전류보호
③ 측정오차 감소
④ 변류비 유지

🔍 CT 2차 측을 개방하면 CT 1차 측에 흐르는 부하 전류가 모두 여자 전류가 되어 CT 2차 측에 고 전압이 유기되어 CT 권선의 소손 및 절연파괴의 우려가 있다.

31 변압기 내부 고장 보호에 쓰이는 계전기는?

① 접지 계전기 ② 차동 계전기
③ 과전압 계전기 ④ 역상 계전기

🔍 차동 계전기 : 발전기, 변압기 내부 고장 보호용 계전기

32 일종의 전류 계전기로 보호 대상 설비에 유입되는 전류와 유출되는 전류의 차에 의해 동작하는 계전기는?

① 차동 계전기 ② 전류 계전기
③ 주파수 계전기 ④ 재폐로 계전기

🔍 차동 계전기 : 고장 시에 전류의 차가 생기면 동작하는 계전기

33 변압기, 동기기 등의 층간 단락 등의 내부 고장 보호에 사용되는 계전기는?

① 차동 계전기 ② 접지 계전기
③ 과전압 계전기 ④ 역상 계전기

🔍 차동 계전기 : 변압기, 동기기 등의 층간 단락 등의 내부 고장 보호에 사용되는 계전기

34 고장에 의하여 생긴 불평형의 전류차가 평형 전류의 어떤 비율 이상으로 되었을 때 동작하는 것으로, 변압기 내부 고장의 보호용으로 사용되는 계전기는?

① 과전류 계전기 ② 방향 계전기
③ 비율차동 계전기 ④ 역상 계전기

정답 26 ② 27 ④ 28 ① 29 ② 30 ① 31 ② 32 ① 33 ① 34 ③

🔍 비율차동 계전기 : 고장에 의하여 생긴 불평형의 전류차가 평형 전류의 어떤 비율이상으로 되었을 때 동작하는 것으로, 변압기 내부 고장의 보호용으로 사용되는 계전기

35 부흐홀츠 계전기로 보호되는 기기는?

① 변압기
② 발전기
③ 전동기
④ 회전 변류기

🔍 부흐홀츠 계전기 : 변압기 내부 고장으로 인한 절연유의 온도 상승 시 발생 하는 유증기를 검출하여 경보 및 차단을 하기 위한 계전기

36 부흐홀츠 계전기의 설치 위치로 가장 적당한 곳은?

① 변압기 주탱크 내부
② 콘서베이터 내부
③ 변압기 고압측 부싱
④ 변압기 주탱크와 콘서베이터 사이

🔍 부흐홀츠 계전기 : 변압기 탱크(함)와 콘서베이터 사이에 설치하여 고장 발생 시 유증기에 의해 동작하는 계전기

37 변압기의 콘서베이터의 사용 목적은?

① 일정한 유압의 유지
② 과부하로부터의 변압기 보호
③ 냉각 장치의 효과를 높임
④ 변압, 기름의 열화 방지

🔍 콘서베이터 : 변압기 외부 상부에 설치하여 공기가 외함 속으로 들어가지 못하게 하고, 내부에서는 기름이 공기와의 접촉면을 좁게 하여 기름의 열화를 방지한다.

38 변압기유의 열화 방지를 위해 쓰이는 방법이 아닌 것은?

① 방열기
② 브리이더
③ 컨서베이터
④ 질소봉입

🔍 변압기유의 열화 방지 대책
• 브리더 설치
• 콘서베이터 설치
• 질소 가스 봉입

39 다음 중 변압기의 냉각 방식 종류가 아닌 것은?

① 건식 자냉식
② 유입 자냉식
③ 유입 예열식
④ 유입 송유식

🔍 변압기의 냉각 방식
• 건식 자냉식   • 건식 풍냉식
• 유입 자냉식   • 유입 풍냉식
• 유입 송유식

40 변압기 외함 내에 들어 있는 기름을 펌프를 이용하여 외부에 있는 냉각 장치로 보내서 냉각시킨 다음, 냉각된 기름을 다시 외함의 내부로 공급하는 방식으로, 냉각 효과가 크기 때문에 30,000[kVA] 이상의 대용량 변압기에서 사용하는 냉각 방식은?

① 건식 풍냉식
② 유입 자냉식
③ 유입 풍냉식
④ 유입 송유식

🔍 변압기의 기름(oil)을 강제로 순환하여 냉각하는 방식을 유입 송유식이라 한다.

41 변압기의 권선과 철심 사이의 습기를 제거하기 위하여 건조하는 방법이 아닌 것은?

① 열풍법
② 단락법
③ 진공법
④ 가압법

🔍 변압기의 권선과 철심 사이의 습기 제거법
• 열풍법
• 단락법
• 진공법

42 다음 중 변압기의 온도 상승 시험법으로 가장 널리 사용되는 것은?

① 단락 시험법
② 유도 시험법
③ 절연 전압 시험법
④ 고조파 억제법

🔍 변압기의 온도 상승 시험법으로 가장 널리 사용되는 것은 단락 시험법이다.

정답 35 ① 36 ④ 37 ④ 38 ① 39 ③ 40 ④ 41 ④ 42 ①

43 변압기유로 쓰이는 절연유에 요구되는 성질이 아닌 것은?

① 점도가 클 것
② 비열이 커 냉각 효과가 클 것
③ 절연재료 및 금속재료에 화학작용을 일으키지 않을 것
④ 인화점이 높고 응고점이 낮을 것

> 변압기 절연유의 구비 조건
> • 절연유의 절연 내력이 클 것
> • 인화점이 높고, 응고점이 낮을 것
> • 비열이 커 냉각 효과가 클 것
> • 절연 재료 및 금속 재료에 화학 작용을 일으키지 않을 것
> • 점도가 낮을 것

44 유입 변압기에 기름을 사용하는 목적이 아닌 것은?

① 열발산을 좋게 하기 위하여
② 냉각을 좋게 하기 위하여
③ 절연을 좋게 하기 위하여
④ 효율을 좋게 하기 위하여

> 변압기 절연유의 사용 목적
> • 절연
> • 냉각
> • 열발산

45 변압기 절연내력 시험과 관계가 없는 것은?

① 가압시험 ② 유도시험
③ 충격시험 ④ 극성시험

> 변압기의 절연내력 시험
> • 가압시험 • 유도시험 • 충격시험

46 변압기 명판에 나타내는 정격에 대한 설명이다. 틀린 것은?

① 변압기의 정격출력 단위는 kW이다.
② 변압기 정격은 2차 측을 기준으로 한다.
③ 변압기의 정격은 용량, 전류, 전압, 주파수 등으로 결정된다.
④ 정격이란 정해진 규정에 적합한 범위 내에서 사용할 수 있는 한도이다.

> 변압기의 정격 출력 단위 : [kVA]

정답 43 ① 44 ④ 45 ④ 46 ①

SECTION 04 유도전동기

STEP 01 유도전동기의 회전 원리 및 구조

1. 회전원리(아라고의 원판)

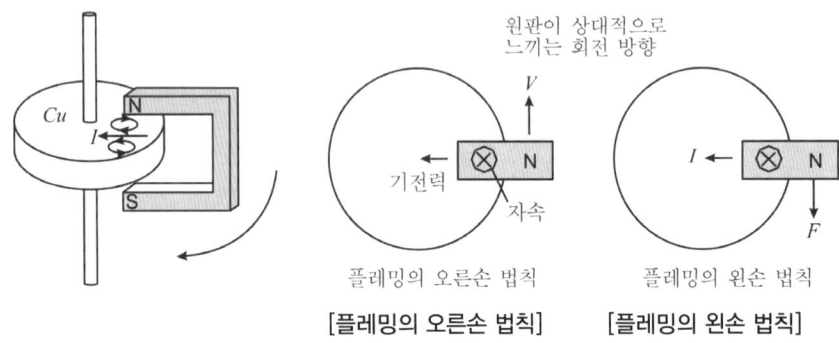

[플레밍의 오른손 법칙]   [플레밍의 왼손 법칙]

영구자석을 화살표 방향으로 이동하면 구리(또는 알루미늄) 원판은 자석이 이동하는 방향으로 이동한다.

이것을 전기적으로 설명하면 영구자석에서 나온 자속(ϕ[Wb])이 영구자석과 함께 이동하기 때문에 구리 원판 도체가 자속을 자르는 모양이 되어 그림과 같이 원판에는 맴돌이 전류가 플레밍의 오른손 법칙에 의해 흐른다.

이 맴돌이 전류와 자속 사이에는 전자력(F[N])이 생겨서 영구자석을 이동하는 방향(플레밍의 왼손 법칙)으로 원판이 회전한다.

이 원리는 프랑스의 아라고(Arago, 1786~1853)에 의해 1820년 경 실험되었기 때문에 아라고의 원판이라 불리 우는 것이다.

이와 같은 현상은 원통 도체에서도 동일하게 일어나고, 원통 도체는 자석의 회전방향을 따라 회전하게 되는데, 이것이 3상 유도전동기의 회전 원리이다.

2. 회전 자기장의 발생

① 3상 유도전동기 : 3상 교류 전원 인가 → 회전자계 발생
② 단상 유도전동기 : 단상 교류 전원 인가 → 교번 자계 발생

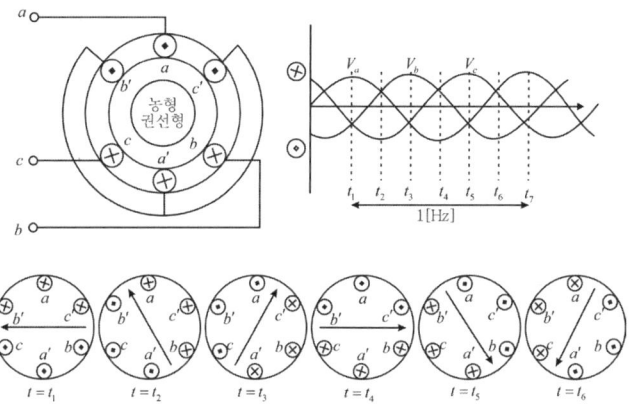

STEP 02 3상 유도전동기의 이론

1. 회전수와 슬립

1) 슬립 : 전동기의 회전속도를 나타내는 상수

$$s = \frac{동기속도 - 회전자\ 속도}{동기속도} = \frac{N_s - N}{N_s}$$

① 정지 상태(기동 시) : $s = 1\,(N = 0, N_s \neq 0)$

② 동기속도 회전(무부하 시) : $s = 0\,(N ≒ N_s)$

③ 전 부하 운전 : $s = 2.5$~$5\,[\%]$ 정도

④ 정 회전 시 슬립의 범위 : $0 < s < 1$

⑤ 역 회전 시 슬립 : $s' = \dfrac{N_s - (-N)}{N_s}$

⑥ 역 회전 시 슬립의 범위 : $1 < s < 2$

2) 전동기의 회전 속도

① 상대 속도 : $N_s - N = sN_s$

② 전동기 속도 : $N = (1-s)N_s = (1-s)\dfrac{120f}{p}\,[\text{rpm}]$

③ 속도 – 토크 특성

㉮ $s \uparrow \to N \downarrow \to \phi \uparrow \to I_2 \uparrow \to \tau \uparrow$

㉯ $s \downarrow \to N \uparrow \to \phi \downarrow \to I_2 \downarrow \to \tau \downarrow$

정리 슬립(s)과 속도 특성

동기속도	상대 속도	실제 속도
1	s	1-s

2. 유도기전력

정지 유도 전동기의 등가 회로 : 변압기와 똑같이 그린다.

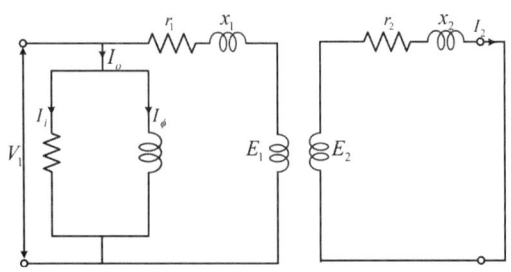

1) 정지 시 유도기전력($s = 1$)

$E_1 = 4.44 f_1 N_1 \phi K_{\omega_1} [\text{V}]$ $E_2 = 4.44 f_2 N_2 \phi K_{\omega_2} [\text{V}]$

① $f_1 = f_2$(정지 상태)   ② $\alpha = \dfrac{E_1}{E_2} = \dfrac{K_{\omega_1} N_1}{K_{\omega_2} N_2}$

2) 운전 시 유도기전력

$E_1 = 4.44 f_1 N_1 \phi K_{\omega_1} [\text{V}]$

$E_2 = 4.44 f_2 N_2 \phi K_{\omega_2} [\text{V}] = 4.44 s f_1 N_2 \phi K_{\omega_2} [\text{V}] \, (N_S - N = sN_S)$

$\therefore E_{2S} = 4.44 s f_1 N_2 \phi K_{\omega_2} [\text{V}]$

① $f_2 = sf_1$(슬립주파수)

② $E_{2s} = sE_2$

③ $\alpha' = \dfrac{E_1}{E_{2s}} = \dfrac{E_1}{sE_2} = \dfrac{\alpha}{s} = \dfrac{K_{\omega_1} N_1}{sK_{\omega_2} N_2}$

3. 유도전동기의 전력변환

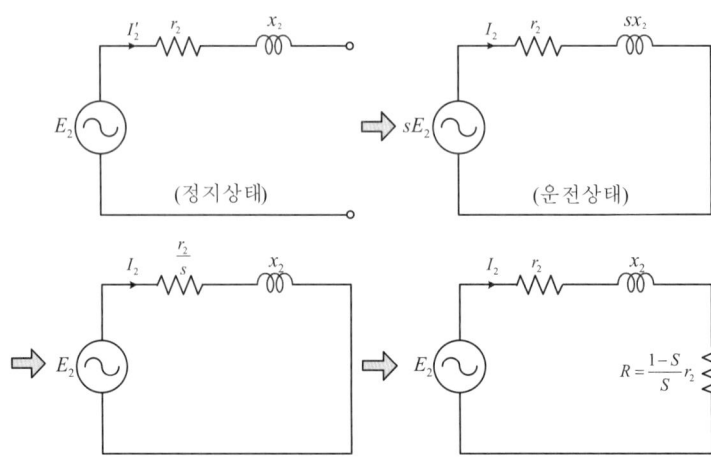

1) 2차 전류
   ① 정지 시 : $I_2 = \dfrac{E_2}{\sqrt{r_2^2 + x_2^2}}$ [A]
   ② 회전 시 : $I_2 = \dfrac{sE_2}{\sqrt{r_2^2 + (sx_2)^2}} = \dfrac{E_2}{\sqrt{\left(\dfrac{r_2}{s}\right)^2 + x_2^2}} = \dfrac{E_2}{\sqrt{(r_2 + R)^2 + x_2^2}}$ [A]

   $R = \dfrac{1-s}{s} r_2$

> **참고** R : 기계적인 2차 출력을 발생시키는 등가 저항
> 전 부하 토크와 같은 토크로 기동하기 위한 외부저항

2) 2차 입력(1차 출력 : P_2)

   P_2(2차 입력) $= P_0$(2차 출력) $+ P_{c2}$(2차 동손) $+ P_l$(기타 손실)

3) 2차 동손(저항손 : P_{c2})

   $P_{C2} = sP_2$

4) 2차 출력(=2차 입력−2차 동손)

   $P_0 = (1-s)P_2 = I_2^2 R$ [W]

5) 2차 효율(μ_2)

   $\mu_2 = \dfrac{P_0}{P_2} = 1 - s = \dfrac{N}{N_s}$

STEP 03 3상 유도전동기의 토크 특성

1. 3상 유도전동기의 토크 특성

$P_0 = \omega\tau = \dfrac{2\pi N}{60}\tau$ [W]

$\tau = \dfrac{60}{2\pi N} P_0 = 9.55 \dfrac{P_0}{N} = 9.55 \dfrac{P_2(1-s)}{N_s(1-s)} = 9.55 \dfrac{P_2}{N_s}$ [N·m]

① $\tau = 9.55 \dfrac{P_0}{N} = 9.55 \dfrac{P_2}{N_s}$ [N·m] $\tau = 0.975 \dfrac{P_0}{N} = 0.975 \dfrac{P_2}{N_s}$ [kg·m]

→ $\tau \propto P_2$ (N_s 일정)

② $P_2 = 1.026 N_s \tau$ [W]

2. 토크와 공급전압의 관계

$P_2 = E_2 I_2 \cos\theta_2 = E_2 \times \dfrac{E_2}{\sqrt{\left(\dfrac{r_2}{s}\right)^2 + x_2^2}} \times \dfrac{\dfrac{r_2}{s}}{\sqrt{\left(\dfrac{r_2}{s}\right)^2 + x_2^2}} = \dfrac{E_2^2}{\left(\dfrac{r_2}{s}\right)^2 + x^2} \times \dfrac{r_2}{s}$ [W]

∴ $\tau \propto E_2^2$ (공급전압)^2

3. 토크와 슬립의 관계

1) 토크

$$\tau = \frac{60}{2\pi N_S} P_2 = \frac{60}{2\pi N_S} \times \frac{\frac{r_2'}{s} V_1^2}{\left(r_1 + \frac{r_2'}{s}\right)^2 + (x_1 + x_2')^2} [\text{N} \cdot \text{m}]$$

2) 기동 토크(s=1)

$$\tau = \frac{60}{2\pi N_S} \times \frac{r_2' V_1^2}{(r_1 + r_2')^2 + (x_1 + x_2')^2} [\text{N} \cdot \text{m}]$$

① $\tau \propto V^2$

② 최대 토크 슬립 $s_t = \dfrac{r_2'}{\sqrt{r_1^2 + (x_1 + x_2')^2}} \fallingdotseq \dfrac{r_2'}{x_2'} = \dfrac{r_2}{x_2}$

③ 최대 토크 $\tau_t = K_0 \dfrac{V_1^2}{2x_2} = K \dfrac{E_2^2}{2x_2} [\text{N} \cdot \text{m}]$

최대 토크의 크기는 2차 저항 및 슬립에 관계없이 일정하다.

4. 비례추이(권선형 유도전동기)

토크 : $\tau_t = K_0 \dfrac{V_1^2}{2x_2} = K \dfrac{E_2^2}{2x_2} [\text{N} \cdot \text{m}]$

최대 토크 슬립 : $s_t = \dfrac{r_2'}{\sqrt{r_1^2 + (x_1 + x_2')^2}} = \dfrac{r_2'}{x_2'} = \dfrac{r_2}{x_2}$

⇨ 2차 저항(외부 저항 접속) 증가 → 슬립 증가 → 속도 감소 → 토크 증가(기동토크)

- 비례추이 : 권선형 유도전동기에 기동 시 2차에 외부저항을 삽입하여 2차 저항을 2배, 3배로 증가시키면 슬립도 2배, 3배로 비례하여 증가하기 때문에 기동 시 속도는 작아지고 토크는 증가한다. 이때 2차 저항이 증가하는 만큼 비례해서 슬립이 증가하기 때문에 최대 토크 $\tau_{\max}$는 항상 일정하다.

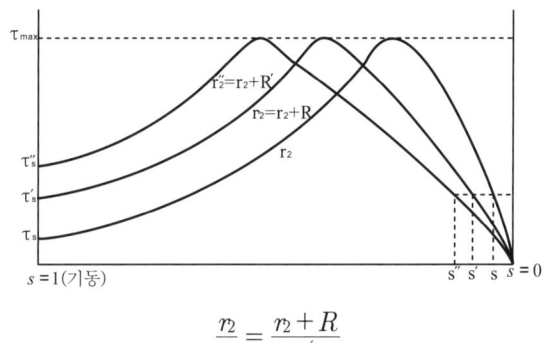

$$\frac{r_2}{s} = \frac{r_2 + R}{s'}$$

1) 기동 시 전 부하 토크와 같은 토크로 기동하기 위한 외부저항(R)

$$R = \frac{1-S}{S}r_2$$

2) 기동 시 최대토크와 같은 토크로 기동하기 위한 외부저항(R)

$$R = \frac{1-S_t}{S_t}r_2 = \sqrt{r_1^2 + (x_1 + x_2')^2} - r_2' \fallingdotseq (x_1 + x_2') - r_2'$$

3) 비례 추이 할 수 있는 것 : 1차 입력, 1차 전류, 2차 전류, 역률, 동기 와트, 토크

 비례 추이 할 수 없는 것 : 출력, 효율, 2차 동손, 부하

5. 유도 전동기의 원선도(Heyland 선도)

유도 전동기 1차 부하 전류의 선단의 부하의 증감과 더불어 그리는 그 궤적이 항상 반원주 상에 있는 것을 이용하여 유도전동기의 효율 및 역률 등을 구하기 위한 원선도(유도 전동기에 실제 부하를 걸지 않고, 여러 가지 부하 상태에서의 특성을 그림 상에서 구하는 방법)

$$I_1 = \frac{V_1}{\sqrt{\left(r_1 + \frac{r_2'}{s}\right)^2 + (x_1 + x_2')^2}}\,[\mathrm{A}]$$

1) 원선도 작성 시험

① 고정자 권선의 저항 측정 시험 : 1차 동손

② 무부하 시험 : 여자전류, 철손

③ 구속시험(단락시험) : 2차 동손

2) 원선도 특성

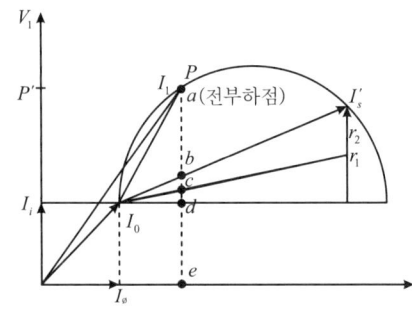

P_{ae} : 전 입력 P_{bc} : 2차 동손 P_{cd} : 1차 동손
P_{de} : 철손 P_{ac} : 2차 입력 P_{ab} : 2차 출력

① 전 부하 효율 : $\eta = \dfrac{2\text{차 출력}}{\text{전입력}} = \dfrac{P_{ab}}{P_{ae}}$

② 2차 효율 : $\eta_2 = \dfrac{2\text{차 출력}}{2\text{차 입력}} = \dfrac{P_{ab}}{P_{ac}}$

③ 슬립 : $s = \dfrac{2\text{차 동손}}{2\text{차 입력}} = \dfrac{P_{bc}}{P_{ac}}$

STEP 04 3상 유도전동기의 기동 및 속도 제어

1. 권선형 유도전동기(슬립링이 있음, 대형 전동기에 사용)

1) 2차 저항 기동법(기동 저항기법)
   ① 기동 전류 제한, 기동토크 증가시킴
   ② 비례추이 원리 이용

2) 괴르게스법

2. 농형 유도전동기

1) 전전압 기동법(직입기동, 소형 전동기에 사용)
   ① 5[kW] 이하
   ② 기동전류 : 정격전류의 4~6배 정도

2) 감전압기동법
   ① Y-△ 기동법
   ② 리액터 기동법(→ 콘도르파법)
   ③ 1차 저항 기동법
   ④ 기동 보상기법

㉮ Y-△ 기동법 : 5[kW]~15[kW], 기동전류 $\frac{1}{3}$배 감소 기동토크 $\frac{1}{3}$배 감소

(기동 전류 1.5~2I_n : , 기동 토크 : 0.4~0.5τ_n)
㉯ 리액터 기동법 : 5[kW]~15[kW], 전동기 1차 측 리액터에 의한 전압 강하 이용
㉰ 기동 보상기법 : 15[kW] 이상, 3상 단권변압기(탭 변압기, 3단계) 이용

3. 유도 전동기의 속도 제어

$N = (1-s)N_s = (1-s)\dfrac{120f}{p}$ [rpm]

- 농형 유도전동기 : 극수 변환법, 주파수 제어법, 전압 제어법
- 권선형 유도전동기 : 2차 저항 제어법(슬립제어), 2차 여자 제어법(슬립제어), 종속법

1) **극수 변환법**(농형 유도전동기 전용)

고정자 권선의 접속 상태를 변경하여 극수를 조절하는 방식

2) **주파수 제어법**(인버터 제어) : 슬립 일정 → 회전자 속도 주파수에 비례함

SCR 등을 이용하여 전동기 전원의 주파수를 변환하여 속도를 조정하는 방식
① $V \propto f, P \propto f$
② 선박 추진용 전동기, 인견 · 방직공장의 포트 모터 : 속도 변환이 심한 경우
③ $VVVF$(가변 전압 가변 주파수 변환 장치) : 유도전동기 속도 제어용 인버터

3) **1차 전압 제어법**

유도전동기의 토크가 전압의 2승에 비례하는 특성을 이용하여 부하 운전 시 슬립을 변화시켜 속도를 제어하는 방식

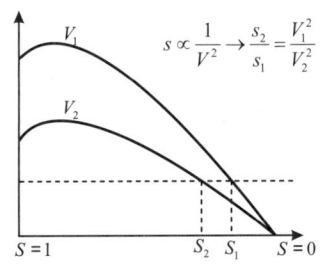

① SCR : 전동기 1차 측에 양방향으로 전류가 흐를 수 있는 SCR을 접속하여 제어하는 방식
② 리액터 : 전동기 1차 측에 접속한 리액터의 리액턴스 변화에 의해 전압을 제어하는 방식

4) **종속법**(권선형)

극수가 서로 다른 전동기 2대를 전기적, 기계적으로 종속시켜 전체 극수를 변화시킴으로써 속도를 제어하는 방식

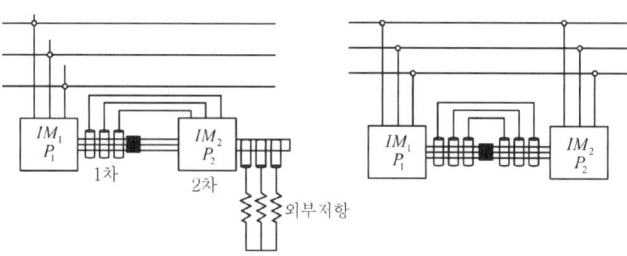

① 직렬접속 : $N = \dfrac{120f}{P_1 + P_2}$ ② 차동접속 : $N = \dfrac{120f}{P_1 - P_2}$ ③ 병렬접속 : $N = \dfrac{120f}{\dfrac{P_1 + P_2}{2}}$

5) **2차 저항 제어법**(슬립 제어) : 소·중형 권선형 유도전동기

비례추이의 원리를 이용한 것으로 2차 회로에 저항을 넣어 같은 토크에 대한 슬립 s를 변화시켜 속도를 제어하는 방식

① 장점
  ㉮ 구조간단, 제어 조작이 용이하다.
  ㉯ 속도 제어용 저항기를 기동용으로 사용할 수 있다.
② 단점
  ㉮ 저항을 이용하므로 속도 변화량에 비례하여 효율이 저하된다.
  ㉯ 부하변동에 대한 속도 변동이 크다.

6) **2차 여자법**(슬립 제어) : 대용량 권선형 유도전동기

유도 전동기 회전자의 외부에서 슬립링을 통하여 슬립주파수 전압을 인가하여 회전자 슬립에 의한 속도를 제어하는 방식

4. 3상 유도전동기의 회전 방향 바꾸는 방법

전동기에 가해지는 3개의 단자 중 어느 2개의 단자를 맞바꾸어 주는 방법으로 3ϕ 유도전동기의 급제동법에서 역상(역회전, 역전) 제동은 3상 유도전동기에서 3상 중 2상의 접속을 바꾸어 상회전을 역으로 하여 전동기를 급정지시키는 제동을 역상 제동이라 한다.

STEP 05 단상 유도전동기

1. 단상 유도전동기 원리(2전동기설)

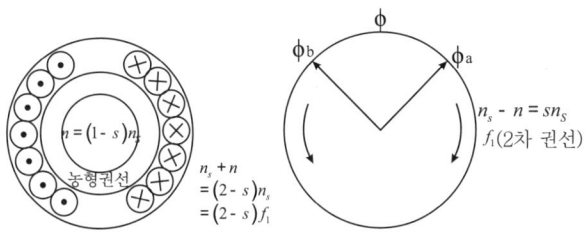

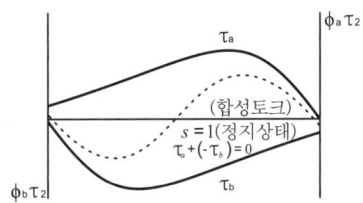

2. 단상 유도 전동기의 특성

① 기동 시 기동 토크가 존재하지 않으므로, 기동 장치가 필요하다.
② 슬립이 0이 되기 전에 토크는 미리 0이 된다.
③ 2차 저항이 증가되면 최대토크는 감소한다(비례추이 할 수 없다).
④ 2차 저항 값이 어느 일정 값 이상이 되면 토크는 부(-)가 된다.

3. 단상 유도 전동기의 기동방법에 따른 분류

1) 분상 기동형

위상이 서로 다른 두 전류에 의한 회전 자계를 발생시켜 기동하는 방식
① $R > X$(기동권선), $R < X$(주권선)
② 역 회전 법 : 주권선과 기동 권선 중 어느 한쪽 권선의 접속을 반대로 한다.

2) 콘덴서 기동형

진상용 콘덴서의 90° 앞선 전류에 의한 회전자계를 발생시켜 기동하는 방식
① 기동 토크가 크다.
② 효율이 높고, 소음이 적다.

3) 영구 콘덴서 기동형

기동 시나 운전 시 항상 콘덴서를 기동권선과 직렬로 접속 시켜 기동하는 방식
① 구조가 간단하고, 역률이 좋다.
② 선풍기, 세탁기 등에 이용된다.

4) 반발 기동형

회전자 권선의 전부 혹은 일부를 브러시를 통해 단락시켜 기동시키는 방식
① 기동 토크가 가장 크다.
② 역회전 법 : 브러시의 위치를 변경하여 역회전 시킬 수 있다.

5) 반발 유도형

반발 기동형의 회전자 권선(기동용)에 농형 권선(운전용)을 병렬접속하여 사용하는 방식
① 기동 토크가 크다.
② 속도 변화가 크다.

6) 셰이딩 코일형

자극에 슬롯을 만들어 단락된 셰이딩 코일을 끼워 넣어 기동하는 방식(회전방향을 변경할 수 없다.)

7) 모노 사이클형

각 권선에 불평형 3상전류를 흘려 기동하는 방식

> **참고**
> **기동 토크의 크기순서**
> 반발 기동형 〉 반발 유도형 〉 콘덴서 기동형 〉 분상 기동형 〉 셰이딩 코일형

STEP 06 유도 전압조정기

유도 전동기와 변압기 원리를 이용한 전압조정기

1. 단상 유도전압 조정기

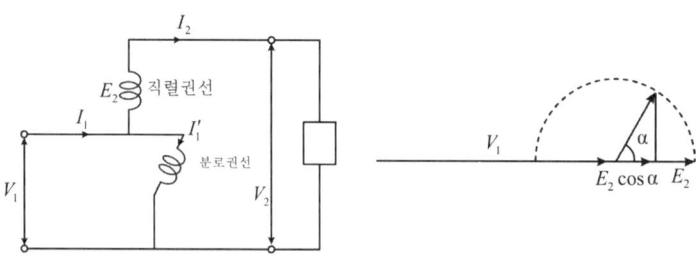

$\alpha = 0° : V_2 = V_1 + E_2$ (최대)
$\alpha = 90° : V_2 = V_1$
$\alpha = 180° : V_2 = V_1 - E_2$ (최소)
$\therefore V_2 = V_1 \pm E_2 \cos \alpha \, [\text{V}]$

① 전압조정 범위 : $V_2 = V_1 \pm E_2 \cos \alpha \, [\text{V}]$
② 조정 정격 용량 : $P_2 = E_2 I_2 \times 10^{-3} [\text{kVA}]$
③ 정격 출력(부하 용량) : $P = V_2 I_2 \times 10^{-3} [\text{kVA}]$

④ 교번 자계 발생
⑤ 입력 전압과 출력 전압과 위상이 같다.
⑥ 단락 권선이 필요하다.

 단락권선
직렬 권선에 부하 전류가 흐를 때 리액턴스에 의한 전압강하를 경감시키기 위해 감아 주는 권선이다.

2. 3상 유도전압 조정기

① 전압 조정 범위 : $V_2 = \sqrt{3}\,(V_1 \pm E_2 \cos\alpha)[\text{V}]$
② 조정 정격 용량 : $P_2 = \sqrt{3}\,E_2 I_2 [\text{VA}]$
③ 정격출력(부하 용량) : $P = \sqrt{3}\,V_2 I_2 [\text{VA}]$
④ 회전자계 이용
⑤ 입력 전압과 출력 전압 간에 위상차가 존재한다. (이상기)
⑥ 단락권선이 필요 없다.

3. 단상과 3상의 공통점

① 1차권선(분로권선)과 2차권선(직렬권선)이 분리되어 있다.
② 회전자의 위상각으로 전압조정이 가능하다.
③ 전압조정이 쉽다.

제02장_ 전기기기 출제예상문제

01 유도전동기 권선법 중 맞지 않는 것은?

① 고정자 권선은 단층 파권이다.
② 고정자 권선은 3상 권선이 쓰인다.
③ 소형 전동기는 보통 4극이다.
④ 홈 수는 24개 또는 36개이다.

🔍 3상 유도전동기의 고정자 권선은 2층 중권을 채용한다.

02 4극 고정자 홈 수 36의 3상 유도전동기의 홈 간격은 전기각으로 몇 도인가?

① 5° ② 10°
③ 15° ④ 20°

🔍 매극 매상의 홈 간격
$\alpha = \dfrac{\pi}{\text{상수} \times \text{매극매상의 홈수}}$ 에서
매극 매상의 홈수 $q = \dfrac{\text{총 홈수}}{\text{상수} \times \text{극수}}$
$= \dfrac{36}{3 \times 4} = 3$ 따라서 $\alpha = \dfrac{\pi}{3 \times 3} = 20°$

03 회전수 1,728[rpm]인 유도 전동기의 슬립[%]은? (단, 동기 속도는 1,800[rpm]이다.)

① 2 ② 3 ③ 4 ④ 5

🔍 슬립 $s[\%] = \dfrac{n_s - n}{n_s} \times 100$
$= \dfrac{1,800 - 1,728}{1,800} \times 100 = 4[\%]$

04 유도 전동기에서 슬립이 1이면 전동기의 속도 N은?

① 동기속도보다 빠르다.
② 정지한다.
③ 불변이다.
④ 동기속도와 같다.

🔍 슬립 $s = \dfrac{n_s - n}{n_s}$ 에서 $s = 1$이면, $N = 0$이므로 정지한다.

05 유도전동기에서 슬립이 가장 큰 상태는?

① 무부하 운전 시 ② 경부하 운전 시
③ 정격부하 운전 시 ④ 기동 시

🔍 유도기에서 슬립(S)이 가장 큰 경우는 정 회전 중에서는 기동 시이다.

06 유도 전동기의 무부하 시 슬립은 얼마인가?

① 4 ② 3 ③ 1 ④ 0

🔍 슬립 $s = \dfrac{n_s - n}{n_s}$ 에서 무부하 시에는 $Ns = N$이므로, $s = 0$

07 정지 상태에 있는 3상 유도전동기의 슬립 값은?

① ∞ ② 0 ③ 1 ④ −1

🔍 슬립 $s = \dfrac{n_s - n}{n_s}$ 에서 정지 상태에서의 $N = 0$이므로 슬립 $s = 1$

08 전 부하에서의 용량 10[kW] 이하인 소형 3상 유도 전동기의 슬립은?

① 0.1 ~ 0.5[%] ② 0.5 ~ 5[%]
③ 5 ~ 10[%]   ④ 25 ~ 50[%]

🔍 전 부하에서의 용량 10[kW] 이하인 소형 3상 유도전동기의 슬립은 5~10[%]이다.

09 6극 60[Hz] 3상 유도전동기의 동기 속도는 몇 [rpm]인가?

① 200   ② 750
③ 1,200 ④ 1,880

🔍 $N_s p = 120f$ 에서
$N_s[\text{rpm}] = \dfrac{120f}{P} = \dfrac{120 \times 60}{6} = 1,200[\text{rpm}]$

정답 01 ① 02 ④ 03 ③ 04 ② 05 ④ 06 ④ 07 ③ 08 ③ 09 ③

10 3상 유도전동기의 최고속도는 우리나라에서 몇 [rpm]인가?

① 3,600
② 3,000
③ 1,800
④ 1,500

> 3상 유도전동기의 최소 극수는 2극이어야 되고, 우리나라의 표준 주파수는 60[Hz]이므로, $N_s P = 120f$ 에서
> $N_s[\text{rpm}] = \dfrac{120f}{p} = \dfrac{120 \times 60}{2} = 3,600[\text{rpm}]$

11 회전자 입력 10[kW], 슬립 4[%]인 3상 유도전동기의 2차 동손은 몇 [kW]인가?

① 9.6   ② 4
③ 0.4   ④ 0.2

> 2차 동손(P_{c2}), 2차 입력(P_2), 슬립(S)과의 관계 $P_{c2} = sP_2$에서 $P_{c2} = sP_2 = 0.04 \times 10 = 0.4[\text{kW}]$

12 3[kW], 1,500[rpm] 유도 전동기의 토크[N·m]는 약 얼마인가?

① 1.91   ② 19.1
③ 29.1   ④ 114.6

> 토크 $\tau[\text{N}\cdot\text{m}] = 9.8 \times 0.975 \times \dfrac{P[\text{W}]}{N[\text{rpm}]}$
> $= 9.55 \times \dfrac{3,000[\text{W}]}{1,500[\text{rpm}]} = 19.1[\text{N}\cdot\text{m}]$

13 일정한 주파수의 전원에서 운전하는 3상 유도전동기의 전원 전압이 80[%]가 되었다면 토크는 약 몇 [%]가 되는가?(단, 회전수는 변하지 않는 상태로 한다.)

① 55   ② 64
③ 76   ④ 82

> 3상 유도전동기의 토크 $\tau \propto E_2^2$ (E_2 : 공급 전압)이므로
> $\tau \propto (0.8E_2)^2 = 0.64E_2^2$
> 따라서 토크는 약 64[%]가 된다.

14 3상 유도전동기의 토크는?

① 2차 유도기전력의 2승에 비례한다.
② 2차 유도기전력에 비례한다.
③ 2차 유도기전력과 무관하다.
④ 2차 유도기전력의 1.5승에 비례한다.

> 3상 유도전동기의 토크 $\tau \propto E_2^2$ 따라서 2차 유도기전력의 2승에 비례한다.

15 일반적으로 10[kW] 이하 소용량인 전동기는 동기속도의 몇 [%]에서 최대토크를 발생시키는가?

① 2[%]   ② 5[%]
③ 80[%]   ④ 98[%]

> 일반적으로 10[kW] 이하 소용량인 전동기는 동기속도의 80[%]에서 최대 토크를 발생시킨다.

16 3상 유도전동기에서 2차 측 저항을 2배로 하면 그 최대 토크는 어떻게 되는가?

① 변하지 않는다.   ② 2배로 된다.
③ $\sqrt{2}$ 배로 된다.   ④ $\dfrac{1}{2}$ 배로 된다.

> $\tau_m = \dfrac{KE_2^2}{2x_2}$에서 최대 토크는 2차 저항 r_2에 관계없이 일정하다.

17 비례추이를 이용하여 속도 제어가 되는 전동기는?

① 권선형 유도전동기   ② 농형 유도전동기
③ 직류 분권전동기   ④ 동기 전동기

> 비례추이를 이용하여 속도 제어가 되는 전동기는 권선형 유도전동기이다.

18 슬립 4[%]인 유도 전동기의 등가 부하 저항은 2차 저항의 몇 배인가?

① 5   ② 16   ③ 19   ④ 24

> 등가 부하저항
> $R = \dfrac{1-s}{s}r_2 = \dfrac{1-0.04}{0.04} \times r_2 = 24r_2$ $\therefore \dfrac{R}{r_2} = 24[\text{배}]$

정답 10 ① 11 ③ 12 ② 13 ② 14 ① 15 ③ 16 ① 17 ① 18 ④

19 다음 중 유도전동기에서 비례 추이를 할 수 있는 것은?

① 출력
② 2차 동손
③ 효율
④ 역률

- 비례 추이 할 수 있는 것 : 1차 입력, 1차 전류, 2차 전류, 역률, 동기 와트, 토크
- 비례 추이 할 수 없는 것 : 출력, 효율, 2차 동손, 부하

20 3상 유도전동기의 원선도를 그리는데 필요하지 않은 것은?

① 저항 측정
② 무부하 시험
③ 구속 시험
④ 슬립 측정

원선도 작성 시험
- 저항 측정 시험 : 1차 동손
- 무부하 시험 : 여자전류, 철손
- 구속시험(단락시험) : 2차 동손

21 슬립 링이 있는 유도 전동기는?

① 농형
② 권선형
③ 심홈형
④ 2중 농형

권선형 유도 전동기는 회전자에도 고정자와 마찬가지로 3상 권선을 한 것으로 각 상으로부터 나온 3줄의 인출선을 슬립링이라는 도체에 접속시킨 전동기이다. 슬립링은 회전자에 장치되어 있으므로 회전자와 더불어 회전한다.

22 권선형에서 비례 추이를 이용한 기동법은?

① 리액터 기동법
② 기동 보상기법
③ 2차 저항법
④ Y-△ 기동법

권선형 유도전동기의 기동법 : 2차 저항기법(기동 저항기법)

23 3상 권선형 유도 전동기의 기동 시 2차 측에 저항을 접속하는 이유는?

① 기동 토크를 크게 하기 위해
② 회전수를 감소시키기 위해
③ 기동 전류를 크게 하기 위해
④ 역률을 개선하기 위해

3상 권선형 유도 전동기의 기동 시 기동 전류는 작게, 기동 토크는 크게 하기 위해 2차 측에 저항을 접속한다.

24 농형유도 전동기의 기동법이 아닌 것은?

① 기동 보상기에 의한 기동법
② 2차 저항기법
③ 리액터 기동법
④ Y-△ 기동법

- 농형 유도전동기의 기동법
  - 전 전압 기동법
  - Y-△ 기동법
  - 리액터 기동법
  - 기동 보상기법
- 권선형 유도전동기의 기동법 : 2차 저항기법(기동 저항기법)

25 유도 전동기의 $Y-\triangle$ 기동 시 기동 토크와 기동 전류는 전 전압 기동 시의 몇 배가 되는가?

① $\dfrac{1}{\sqrt{3}}$
② $\sqrt{3}$
③ $\dfrac{1}{3}$
④ 3

Y-△ 기동법은 기동 시 기동 전류 및 기동 토크를 1/3로 감소시키는 기동법이다.

26 50[kW]의 농형 유도전동기를 기동하려고 할 때, 다음 중 가장 적당한 기동 방법은?

① 분상 기동법
② 기동보상기법
③ 권선형 기동법
④ 슬립부하 기동법

기동 보상기법 : 15[kW] 이상의 농형 유도전동기 기동법

27 3상 농형 유도 전동기의 속도 제어는 주로 어떤 제어를 사용하는가?

① 사이리스터 제어
② 2차 저항 제어
③ 주파수 제어
④ 계자 제어

2차 저항 제어는 권선형 유도 전동기, 계자 제어는 직류 전동기 속도 제어법이며, 농형 유도 전동기 속도 제어법에는 $N = (1-s)N_s = (1-s)\dfrac{120f}{p}$[rpm]에서 1차 주파수 제어법, 극수 변환 법이 있다.

정답 19 ④ 20 ④ 21 ② 22 ③ 23 ① 24 ② 25 ③ 26 ② 27 ③

28 반도체 사이리스터에 의한 전동기의 속도 제어 중 주파수제어는?

① 초퍼 제어 ② 인버터 제어
③ 컨버터 제어 ④ 브리지 정류 제어

🔍 반도체 사이리스터에 의한 전동기의 속도제어 중 주파수제어는 인버터 제어이다.

29 다음 중 유도전동기의 속도제어에 사용되는 인버터 장치의 약호는?

① CVCF ② VVVF
③ CVVF ④ VVCF

🔍 유도전동기의 속도제어에 사용되는 인버터 장치의 약호는 VVVF(가변 전압 가변주파수 변환 장치)이다.

30 인견 공업에 쓰여 지는 포트 전동기의 속도 제어는?

① 극수 변환에 의한 제어
② 1차 회전에 의한 제어
③ 주파수 변환에 의한 제어
④ 저항에 의한 제어

🔍 선박 추진용 전동기, 인견·방직공장의 포트 모터는 주파수 제어에 의해 속도를 조절한다.

31 유도 전동기의 회전자에 슬립 주파수의 전압을 공급하여 속도 제어를 하는 방법은?

① 주파수 변환법 ② 2차 여자법
③ 극수 변환법 ④ 2차 저항법

🔍 유도 전동기의 회전자에 슬립 주파수의 전압을 공급하여 속도 제어를 하는 방법은 2차 여자법이다.

32 3상 유도전동기의 회전 방향을 바꾸기 위한 방법으로 가장 옳은 것은?

① △-Y 결선
② 전원 주파수를 바꾼다.
③ 전동기에 가해지는 3개의 단자 중 어느 2개의 단자를 서로 바꾸어 준다.
④ 기동 보상기를 사용한다.

🔍 3상 유도전동기의 3선 중 2선의 결선을 바꾸면 회전자계의 회전 방향이 반대로 되어 역 회전을 한다.

33 3상 유도전동기의 운전 중 급속 정지가 필요할 때 사용하는 제동 방식은?

① 단상 제동 ② 회생 제동
③ 발전 제동 ④ 역상 제동

🔍 3상 유도전동기에서 3상 중 2상의 접속을 바꾸어 상 회전을 역으로 하여 전동기를 급정지시키는 제동을 역상 제동이라 한다.

34 다음 중 단상 유도 전동기의 기동 방법에 따른 분류에 속하지 않는 것은?

① 분상 기동형 ② 저항 기동형
③ 콘덴서 기동형 ④ 셰이딩 코일형

🔍 단상 유도 전동기의 기동 방법에 따른 분류에는 반발 기동형, 반발 유도형, 콘덴서 기동형, 분상 기동형, 셰이딩코일형 등이 있다.

35 선풍기, 드릴, 믹서, 재봉틀 등에 주로 사용되는 전동기는?

① 단상 유도전동기 ② 권선형 유도전동기
③ 동기 전동기 ④ 직류 직권 전동기

🔍 선풍기, 드릴, 믹서, 재봉틀 등에 주로 사용되는 전동기는 콘덴서 형 단상 유도전동기이다.

36 역률과 효율이 좋아서 가정용 선풍기, 전기세탁기, 냉장고 등에 주로 사용되는 것은?

① 분상 기동형 전동기
② 콘덴서 기동형 전동기
③ 반발 기동형 전동기
④ 셰이딩 코일형 전동기

🔍 콘덴서 기동형 단상 유도전동기의 특징
- 기동 토크가 크다.
- 효율이 높고, 소음이 적다.
- 구조가 간단하고, 역률이 좋다.
- 선풍기, 세탁기 등에 이용된다.

정답 28 ② 29 ② 30 ③ 31 ② 32 ③ 33 ④ 34 ② 35 ① 36 ②

37 다음 중 단상 유도 전동기의 기동 방법 중 기동 토크가 가장 큰 것은?

① 분상 기동형　② 반발 유도형
③ 콘덴서 기동형　④ 반발 기동형

🔍 단상 유도 전동기의 기동 방법에서 기동 토크가 가장 큰 전동기는 반발 기동형이다.

38 유도전동기에서 회전 방향을 바꿀 수 없고, 구조가 극히 단순하며, 기동 토크가 대단히 작아서 운전 중에도 코일에 전류가 계속 흐르므로 소형 선풍기 등 출력이 매우 작은 0.05마력 이하의 소형 전동기에 사용되고 있는 것은?

① 셰이딩 코일형 유도전동기
② 영구 콘덴서 형 단상 유도전동기
③ 콘덴서 기동형 단상 유도전동기
④ 분상 기동형 단상 유도전동기

🔍 단상 유도전동기 중 회전 방향을 바꿀 수 없고, 구조가 극히 단순하며, 기동 토크가 대단히 작아서 운전 중에도 코일에 전류가 계속 흐르므로 소형 선풍기 등 출력이 매우 작은 0.05마력 이하의 소형 전동기에 사용되고 있는 셰이딩 코일형 단상 유도 전동기이다.

39 단상 유도전동기를 기동하려고 할 때 다음 중 기동 토크가 가장 작은 것은?

① 셰이딩 코일형　② 반발 기동형
③ 콘덴서 기동형　④ 분상 기동형

🔍 단상 유도 전동기의 기동 방법에서 기동 토크가 가장 작은 전동기는 셰이딩 코일형이다.

40 단상 유도 전동기 중 ⊙ 반발 기동형, ⓒ 콘덴서 기동형, ⓒ 분상 기동형, ⓔ 셰이딩 코일형이 있을 때, 기동 토크가 큰 것부터 옳게 나열한 것은?

① ⊙ > ⓒ > ⓒ > ⓔ
② ⊙ > ⓔ > ⓒ > ⓒ
③ ⊙ > ⓒ > ⓔ > ⓒ
④ ⊙ > ⓒ > ⓔ > ⓒ

🔍 단상유도전동기 기동토크 크기순서
반발 기동형 > 반발 유도형 > 콘덴서 기동형 > 분상 기동형 > 셰이딩 코일형

41 단상유도전압 조정기의 단락 권선의 역할은?

① 철손 경감
② 절연 보호
③ 전압 조정용이
④ 전압 강하 경감

🔍 단락 권선은 2차 권선의 리액턴스에 의한 전압강하를 상쇄시키기 위해 감아주는 권선이다.

42 다음 설명 중 틀린 것은?

① 3상 유도 전압조정기의 회전자 권선은 분로권선이고, Y결선으로 되어있다.
② 디이프 슬롯형 전동기는 냉각 효과가 좋아 기동 정지가 빈번한 중·대형 저속기에 적당하다.
③ 누설 변압기가 네온사인이나 용접기의 전원으로 알맞은 이유는 수하특성 때문이다.
④ 계기용 변압기의 2차 표준은 110 / 220[V]로 되어 있다.

🔍 계기용변압기(PT)의 2차 표준은 110[V]로 되어 있다.

정답　37 ④　38 ①　39 ①　40 ①　41 ④　42 ④

SECTION 05 정류기

STEP 01 다이오드 정류회로

1. 다이오드(Diode)의 종류 및 특성

1) 접합 다이오드

   P형 반도체와 N형 반도체를 결합 시킨 것(정류 작용)

2) 제너 다이오드(정 전압 다이오드)

   제너 항복에 의한 전압 포화 특성 이용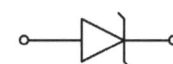

3) 발광 다이오드(LED)

   빛 발산 스위치, Pilot Lamp

4) 바렉터 다이오드(가변 용량 다이오드)

   P-N 접합에서 역 바이어스 시 전압에 따라 광범위하게 변화하는 다이오드의 공간 전하를 이용한다.

5) 터널 다이오드(에사끼 다이오드)

   불순물의 함량을 증가시켜 공간 전하 영역의 폭을 좁혀 터널 효과가 나타나도록 한 것이다.

2. 다이오드 정류회로

1) 단상반파 정류회로(반파 정현파)

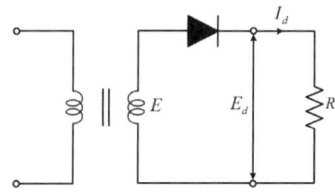

E : 교류 전압의 실효값
E_d : 직류분 전압
I_d : 직류분 전류
R : 부하

① 직류분 전압(다이오드 전압 강하를 고려하지 않은 경우)

$$E_d = \frac{\sqrt{2}}{\pi}E = 0.45E \rightarrow I_d = \frac{E_d}{R}$$

② 직류분 전압(다이오드 전압 강하를 고려한 경우)

$$E_d = \frac{\sqrt{2}}{\pi}E - e \rightarrow E = \frac{\pi}{\sqrt{2}}(E_d + e)$$

③ PIV(첨두 역전압)$= \sqrt{2}\,E = \pi(E_d + e)$

2) 단상전파 정류회로(전파 정현파)

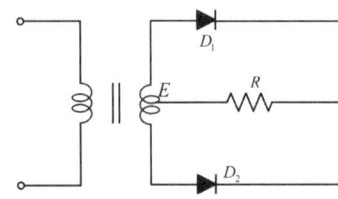

① 직류분 전압(다이오드 전압 강하를 고려하지 않은 경우)

$$E_d = \frac{2\sqrt{2}}{\pi}E = 0.9E$$

② 직류분 전압(다이오드 전압 강하를 고려한 경우)

$$E_d = \frac{2\sqrt{2}}{\pi}E - e \rightarrow E = \frac{\pi}{2\sqrt{2}}(E_d + e)$$

③ PIV(첨두 역전압)$= 2\sqrt{2}\,E = \pi(E_d + e)$

※ 브리지 회로 이용

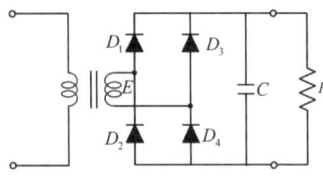

주) • 부하는 다이오드 2개가 나가거나, 들어오는 점 연결
 • 전원은 나머지 2점 연결

① $E_d = \frac{2\sqrt{2}}{\pi}E = 0.9E$ ② $I_d = \frac{E_d}{R}$ ③ $PIV = \sqrt{2}\,E$

3) 3상 반파 정류회로

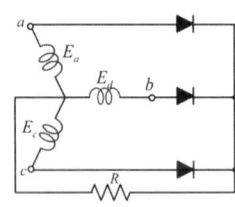

$E_d = 1.17E$

4) 3상 전파 정류 회로(3상 브릿지 회로)

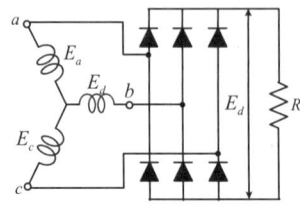

$E_d = 1.35E$

STEP 02 사이리스터 정류회로

1. 사이리스터의 종류 및 특성

1) SCR의 구조

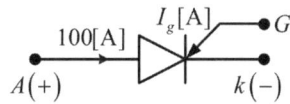

2) SCR의 특성

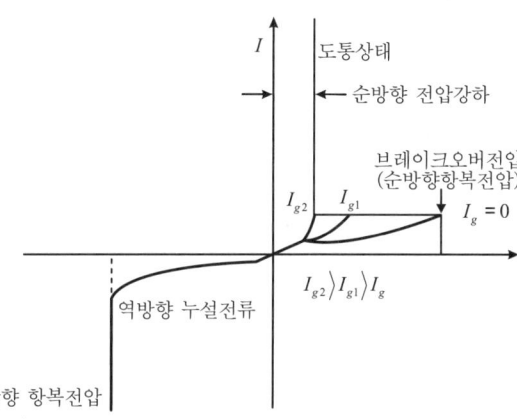

① SCR turn on 조건
  ㉮ 양극과 음극 간에 브레이크 오버전압 이상의 전압 인가($I_g = 0$)
  ㉯ 게이트에 래칭 전류 이상의 전류인가(펄스 전류)

> 참고
> - turn on 시간 : 게이트 전류를 가하여 도통 완료까지의 시간
> - 래칭 전류 : SCR을 turn on 시키기 위하여 게이트에 흘려야 할 최소 전류(80[mA])
> - 유지 전류 : SCR이 on 상태를 유지하기 위한 최소전류

② SCR turn off 조건
  ㉮ 애노드의 극성을 부(-)로 한다.
  ㉯ SCR에 흐르는 전류를 유지 전류 이하로 한다.

3) 사이리스터(SCR)의 종류

① 단방향성 3단자 : SCR, GTO, LASCR
② 단방향성 4단자 : SCS
③ 쌍방향성 2단자 : SSS, DIAC
④ 쌍방향성 3단자 : TRIAC
  ㉮ SCR(Silicon Controller Rectifier)
    다이오드에 래치 기능이 있는 스위치(게이트)를 내장한 단일 방향성
    3단자 소자로서 PNPN 구조이고, 정류 기능 및 통과 전류 제어

기능(Gate)이 있으며, 고속도 스위칭 작용을 한다.

㉯ GTO(Gate Turn off Thyristor)

게이트 신호로 Turn off할 수 있는 단일 방향성 3단자 사이리스터로서 자기소호 능력이 뛰어나다.

㉰ LASCR(light Activated SCR)

광 신호를 이용하여 트리거 시킬 수 있는 단일 방향성 3단자 사이리스터이다.

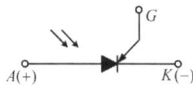

㉱ SCS(Silicon Controlled Switch)

2개의 게이트를 가지고 있는 단일 방향성 4단자 사이리스터이다.

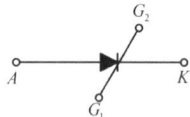

㉲ DIAC

쌍 방향성 2단자 교류 제어용 소자이다.

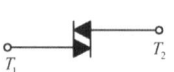

㉳ TRIAC(Triode AC Switch)

교류회로에서 양방향 점호(ON) 및 소호(OFF)를 이용하며, 위상 제어를 할 수 있는 쌍방향성 3단자 사이리스터이다.

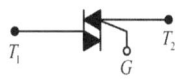

㉴ IGBT

2. SCR의 위상 제어 및 정류

1) 단상 반파 정류 회로

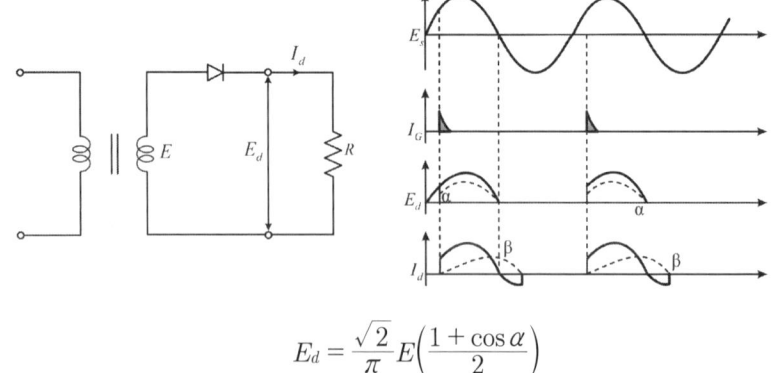

$$E_d = \frac{\sqrt{2}}{\pi} E \left(\frac{1+\cos\alpha}{2} \right)$$

⇨ 부하가 인덕턴스를 포함한 경우 : $L(=\infty)$이 크면 클수록 완전한 직류가 된다.

2) 단상 전파 정류 회로

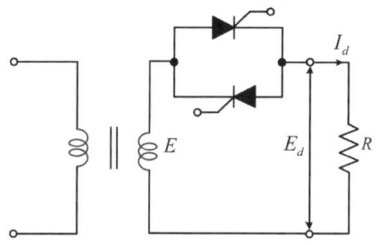

① 저항만의 부하 $E_d = \dfrac{2\sqrt{2}}{\pi} E \left(\dfrac{1 + \cos \alpha}{2} \right)$

② 유도성 부하 $E_d = \dfrac{2\sqrt{2}}{\pi} E \cos \alpha = 0.9 E \cos \alpha$

SCR은 항상 부하 역률 각 보다 큰 범위에서만 제어가 가능하다(제어각 〉 역률각).

3) 3상 반파 정류 회로

$E_d = \dfrac{3\sqrt{6}}{2\pi} E \cos \alpha = 1.17 E \cos \alpha$

4) 3상 전파 정류 회로

$E_d = \dfrac{3\sqrt{2}}{2\pi} E \cos \alpha = 1.35 E \cos \alpha$

STEP 03 전력 변환 장치

1) 컨버터(정류기 : 변환 장치)

AC → DC로 바꿔주는 전력 변환 장치

2) 인버터(역 변환 장치)

DC → AC로 바꿔주는 전력 변환 장치

3) 사이클로 컨버터

고정AC → 가변AC로 바꿔주는 전력 변환 장치
주파수 f_1에서 바로 주파수 f_2로 변환하는 변환기

4) 초퍼

고정DC → 가변DC로 바꿔주는 전력 변환 장치

제02장_ 전기기기
출제예상문제

01 PN 접합 다이오드의 대표적 응용 작용은?

① 증폭 작용
② 발진 작용
③ 정류 작용
④ 변조 작용

🔍 PN 접합 다이오드의 대표적 응용 작용은 정류 작용이다.

02 P-N 접합 정류기는 무슨 작용을 하는가?

① 증폭 작용
② 제어 작용
③ 정류 작용
④ 스위치 작용

🔍 P-N 접합 정류기는 정류 작용을 한다.

03 다이오드를 사용한 정류회로에서 다이오드를 여러 개 직렬로 연결하여 사용하는 경우의 설명으로 가장 옳은 것은?

① 다이오드를 과전류로부터 보호할 수 있다.
② 다이오드를 과전압으로부터 보호할 수 있다.
③ 부하출력의 맥동 률을 감소시킬 수 있다.
④ 낮은 전압 전류에 적합하다.

🔍 다이오드를 사용한 정류회로에서 다이오드를 여러 개 직렬로 연결하여 사용하는 경우에는 다이오드를 과전압으로부터 보호할 수 있다.

04 주로 정전압 다이오드로 사용되는 것은?

① 터널 다이오드
② 제너 다이오드
③ 쇼트키베리어 다이오드
④ 바렉터 다이오드

🔍 제너 다이오드는 제너 항복에 의한 전압 포화 특성을 이용하여 정 전압 다이오드로 이용된다.

05 다음 중 반도체 정류 소자로 사용할 수 없는 것은?

① 게르마늄
② 비스무트
③ 실리콘
④ 산화구리

🔍 반도체 정류 소자로는 게르마늄, 실리콘, 셀렌, 산화구리 등이 있다.

06 P형 반도체의 전기 전도의 주된 역할을 하는 반송자는?

① 전자
② 가전자
③ 불순물
④ 정공

🔍 P형 반도체는 정공, N형 반도체는 전자가 주된 역할을 하는 반송자이다.

07 반도체 내에서 정공은 어떻게 생성되는가?

① 결합 전자의 이탈
② 자유 전자의 이동
③ 접합 불량
④ 확산 용량

🔍 반도체내에서 정공은 결합 전자의 이탈로 생성된다.

08 진성 반도체인 4가의 실리콘에 N형 반도체를 만들기 위하여 첨가하는 것은?

① 게르마늄
② 칼륨
③ 인듐
④ 안티몬

🔍 진성 반도체인 4가의 실리콘에 N형 반도체를 만들기 위하여 첨가하는 것은 안티몬이다.

정답 01 ③ 02 ③ 03 ② 04 ② 05 ② 06 ④ 07 ① 08 ④

09 교류 전압의 실효값이 200[V]일 때 단상 반파 정류에 의하여 발생하는 직류 전압의 평균값은 약 몇 [V]인가?

① 45 ② 90 ③ 105 ④ 110

$E_d = \dfrac{\sqrt{2}}{\pi}E = 0.45 \times 200 = 90[V]$

10 단상 반파 정류 회로의 전원 전압 200[V], 부하저항이 10[Ω]이면 부하 전류는 약 몇 [A]인가?

① 4 ② 9 ③ 13 ④ 18

단상 반파 정류회로의 직류 분 전압
$E_d = 0.45E = 0.45 \times 200 = 90[V]$
따라서 단상 반파 정류회로의 직류 분 전류
$I_d = \dfrac{E_d}{R} = \dfrac{90}{10} = 9[A]$

11 전파 정류 회로의 브리지 다이오드 회로를 나타낸 것은?(단, 보기의 브리지 회로에서 왼쪽은 입력, 오른쪽은 출력이다.)

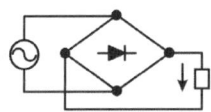

①②③④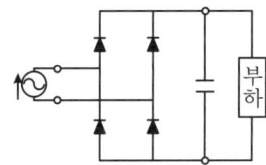

전파 정류 브릿지 회로는
• 부하는 다이오드 2개가 나가거나, 들어오는 점 연결
• 전원은 나머지 2점 연결

12 다음 그림에 대한 설명으로 틀린 것은?

① 브리지(bridge) 회로라고도 한다.
② 실제의 정류기로 널리 사용된다.
③ 전체 한 주기 파형 중 절반만 사용한다.
④ 전파 정류 회로라고도 한다.

다이오드 1개 : 반파 · 다이오드 2개 이상 : 전파

13 그림과 같은 회로에서 사인파 교류 입력 12[V](실효값)를 가했을 때 저항 R 양단에 나타나는 전압[V]은?

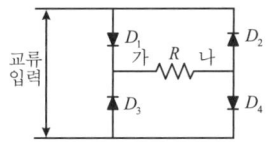

① 5.4[V] ② 6[V]
③ 10.8[V] ④ 12[V]

그림의 회로는 단상 전파 정류 브리지 회로이므로 부하 R에 걸리는 직류 분 전압
$E_d = 0.9E = 0.9 \times 12 = 10.8[V]$

14 상전압 300[V]의 3상 반파 정류 회로의 직류 전압은 약 몇 [V] 인가?

① 520[V] ② 350[V]
③ 260[V] ④ 50[V]

$E_d = 1.17E = 1.17 \times 300 = 351[V]$

15 다음 정류방식 중에서 맥동 주파수가 가장 많고 맥동률이 가장 작은 정류 방식은 어느 것인가?

① 단상 반파식 ② 단상 전파식
③ 3상 반파식 ④ 3상 전파식

맥동 주파수 = 기본파의 주파수 × 상수 × K
맥동률 ∝ $\dfrac{1}{상수 \times K}$
(K : 반파 정류 = 1, 전파 정류 = 2)이므로 3상 전파식이 답이다.

16 60[Hz] 3상 반파 정류 회로의 맥동 주파수 [Hz]는?

① 360 ② 180 ③ 120 ④ 60

맥동 주파수 = 기본파의 주파수 × 상수 × K = 60 × 3 × 1 = 180[Hz] (K : 반파 정류 = 1, 전파 정류 = 2)

정답 09 ② 10 ② 11 ① 12 ③ 13 ③ 14 ② 15 ④ 16 ②

17 역저지 3단자에 속하는 것은?

① SCR ② SSS
③ SCS ④ TRIAC

🔍 SCR(단방향성 3단자), SSS(쌍방향성 2단자), SCS(단방향성 4단자), TRIAC(쌍방향성 3단자)

18 SCR의 특성 중 적합하지 않은 것은?

① PNPN 구조로 되어 있다.
② 정류 작용을 할 수 있다.
③ 정 방향 및 역방향의 제어 특성이 있다.
④ 고속도의 스위칭 작용을 할 수 있다.

🔍 다이오드에 래치 기능이 있는 스위치(게이트)를 내장한 단일 방향성 3단자 소자로서 PNPN 구조이고, 정류 기능 및 통과 전류 제어 기능(gate)이 있으며, 고속도 스위칭 작용을 하며, 정 방향은 제어, 역방향은 차단작용이다.

19 게이트(gate)에 신호로 가해야만 동작되는 소자는?

① SCR ② MPS
③ UJT ④ DIAC

🔍 SCR은 다이오드에 래치 기능이 있는 스위치(게이트)를 내장한 단일 방향성 3단자 소자이다.

20 다음 중 SCR 기호는?

🔍 ① DIAC ② SCR ③ DIODE ④ 제너 DIODE

21 그림과 같은 기호가 나타내는 소자는?

① SCR ② TRIAC
③ IGBT ④ DIODE

🔍 그림의 기호는 SCR의 기호이다.

22 SCR의 애노드 전류가 20[A]로 흐르고 있었을 때 게이트 전류를 반으로 줄이면 애노드 전류는?

① 5[A] ② 10[A]
③ 20[A] ④ 40[A]

🔍 SCR의 애노드 전류가 20[A]로 흐르고 있었을 때 게이트 전류를 반으로 줄이면 애노드 전류는 불변이다.

23 자기 소호 제어용 소자는?

① SCR ② TRIAC
③ DIAC ④ GTO

🔍 자기 소호 제어용 소자는 GTO이다.

24 다음 기호 중 DIAC의 기호는?

🔍 ① DIAC ② TRIAC ③ SCR

25 트라이악(TRIAC)의 기호는?

🔍 ① DIAC ② TRIAC ③ SCR

26 SCR 2개를 역 병렬로 접속한 그림과 같은 기호의 명칭은?

① SCR ② TRIAC
③ GTO ④ UJT

🔍 TRIAC의 기호이다.

정답 17 ① 18 ③ 19 ① 20 ② 21 ① 22 ③ 23 ④ 24 ① 25 ② 26 ②

27 양방향성 3단자 사이리스터의 대표적인 것은?

① SCR   ② SSS
③ DIAC ④ TRIAC

🔍 양방향성 3단자 사이리스터는 SCR 2개를 역병렬로 접속한 TRIAC이다.

28 양 방향으로 전류를 흘릴 수 있는 양방향 소자는?

① SCR   ② GTO
③ TRIAC ④ MOSFET

🔍 TRIAC은 양방향성 3단자 소자이다.

29 그림의 기호는?

① SCR   ② TRIAC
③ IGBT ④ GTO

🔍 IGBT의 기호이다.

30 단상 전파 정류회로에서 $\alpha = 60°$일 때 정류 전압은 약 몇 [V]인가?(단, 전원측 실효값 전압은 100[V]이고, 저항만의 부하이다.)

① 15   ② 22
③ 35   ④ 68

🔍 $E_d = \dfrac{2\sqrt{2}}{\pi} E \left(\dfrac{1+\cos\alpha}{2} \right)$
$= 0.9 \times 100 \times \left(\dfrac{1+\frac{1}{2}}{2} \right) = 67.5 [V]$

31 3상 제어 정류 회로에서 점호각의 최대값은?

① 30[°]   ② 150[°]
③ 180[°] ④ 210[°]

🔍 3상 제어 정류 회로에서 점호각의 최대값은 150[°]이다.

32 제어 정류기의 용도는?

① 교류-교류 변환   ② 직류-교류 변환
③ 교류-직류 변환   ④ 직류-직류 변환

🔍 컨버터(정류기) : AC → DC로 바꿔주는 전력 변환 장치

33 직류를 교류로 변환하는 장치로서 초고속 전동기의 속도 제어용 전원이나 형광등의 고주파 점등에 이용되는 것은?

① 인버터   ② 컨버터
③ 변성기   ④ 변류기

🔍 인버터 : DC → AC로 바꿔주는 전력 변환 장치

34 인버터의 용도로 가장 적합한 것은?

① 교류-직류 변환
② 직류-교류 변환
③ 교류-증폭 교류 변환
④ 직류-증폭 직류 변환

🔍 인버터 : DC → AC로 바꿔주는 전력 변환 장치

35 교류 전동기를 직류 전동기처럼 속도 제어하려면 가변 주파수의 전원이 필요하다. 주파수 f_1에서 직류로 변환하지 않고 바로 주파수 f_2로 변환하는 변환기는?

① 사이클로 컨버터   ② 주파수원 인버터
③ 전압·전류원 인버터 ④ 사이리스터 컨버터

🔍 사이클로 컨버터 : 주파수 f_1에서 직류로 변환하지 않고 바로 주파수 f_2로 변환하는 변환기

36 직류 전압을 직접 제어하는 것은?

① 단상 인버터   ② 3상 인버터
③ 초퍼형 인버터 ④ 브리지형 인버터

🔍 초퍼형 인버터 : 고정 DC → 가변 AC로 바꿔주는 전력 변환 장치

정답 27 ④ 28 ③ 29 ③ 30 ④ 31 ② 32 ③ 33 ① 34 ② 35 ① 36 ③

CHAPTER 03

Craftsman Electricity

전기설비

Section 01 전선 및 전선의 접속
Section 02 배선재료와 공구
Section 03 옥내 배선 공사
Section 04 저압 전로 보호
Section 05 전로의 절연 및 접지공사
Section 06 전선로 및 배전 공사
Section 07 배·분전반 및 특수 장소의 공사
Section 08 기타 종합

SECTION 01 전선 및 전선의 접속

STEP 01 전선 및 케이블

1. 전선

1) 전선의 구비조건
    ① 도전율이 클 것
    ② 기계적강도(인장강도)가 클 것
    ③ 내식성이 클 것
    ④ 가요성이 클 것
    ⑤ 접속이 쉬울 것
    ⑥ 비중이 작을 것(중량이 가벼울 것)
    ⑦ 선, 판 등으로 가공하기 쉬울 것
    ⑧ 가격이 싸고 대량생산이 가능할 것

2) 전선의 종류
    ① 전선의 절연에 의한 분류
        ㉮ 나전선 : 전선의 절연피복이 없는 전선
            (철선, 동선, 동복강선, 강심알루미늄연선(ACSR), 중공전선)
        ㉯ 절연전선 : 전선의 도체를 적당한 절연재료 및 보호재료를 이용하여 피복을 한전선
    ② 전선의 구성 형태에 의한 분류
        ㉮ 단금속선(단선) : 전선 구성 재료가 한 가지 금속만으로 이루어진 전선
        ㉯ 합금선 : 전선 구성이 두 종류 이상의 금속 합금으로 이루어진 전선
        ㉰ 쌍금속선(동복강선) : 강선의 표면에 동을 피복하여 만든 전선
        ㉱ 합성연선(ACSR) : 전선 구성을 두 종류 이상의 금속선을 서로 꼬아 만든 연선의 전선

3) 전선의 종류별 특성
    ① 단선 : 전선의 구성이 1개의 원형의 도체로 이루어진 전선이다.
        ㉮ 전선의 크기 : 직경 [mm]으로 표시한다.
        ㉯ 전선의 종류 : 1.5, 2.5, 4, …6, 10[mm²]
    ② 연선
        중심소선 1가닥의 주위를 여러 개의 단선을 필요한 굵기에 따라 증가시켜 합쳐서 꼬아 만든 전선이다.
        ㉮ 전선의 굵기 : 공칭단면적 [mm²]으로 표시한다.
        ㉯ 전선의 규격 : 1.5, 2.5, 4, 6, 10, 16, 25, 35, 50, 70, 95, 120, 150, 185, 240, 300, 400, 500, 630, … (KEC, IEC, 규격)
        ㉰ 소선의 총수 : $N = 1 + 3n(n+1)$[가닥](n : 층수)

(N=7, 19, 37, 61, 91, ···)

  ㉰ 연선의 지름 : $D = (1 + 2n)d$[mm](d : 소선의 지름)

  ㉱ 연선의 단면적 : $A = \dfrac{\pi}{4}d^2 \times N$ [mm²]

③ 동선

 ㉮ 경동선 : 순도 99.9[%] 이상의 전기동을 상온에서 압연 처리한 전선으로 인장강도와 내식성이 다른 전선에 비해 매우 크기 때문에 주로 옥외 송, 배전선로에 이용한다.

 ㉯ 연동선 : 순도 99.9[%] 이상의 전기동을 상온에서 열처리한 전선으로 전기저항이 작고 부드러운 성질이 있어 주로 저압 옥내 배선에 이용한다.

④ 평각 구리선

발전기, 전동기등과 같은 전기 기계기구의 권선에 사용하는 전선으로 다음과 같은 특징이 있다.

 ㉮ 평각구리선의 크기 : 두께 [mm] × 나비 [mm]

 ㉯ 평각구리선의 종류
- 1호 평각구리선 : 경질인 것
- 2호 평각구리선 : 반경질인 것
- 3호 평각구리선 : 연질인 것
- 4호 평각구리선 : 연질인 것으로 에지와이어(edge wire)로 구부려 쓴다.

4) 절연 전선

① 고무절연전선(rubber insulated wire : RB전선)

전선의 도체(구리선)를 주석(Sn)으로 도금한 다음 천연고무나 합성고무 등과 같은 절연체를 이용하여 피복한 다음 겉을 무명실로 편조를 한 전선으로 주로 600[V] 이하의 일반 전기 공작물 등에 사용한다.

② 600[V] 비닐 절연 전선(polyvinyl chloride insulated wire, indoor vinyl : IV전선)

전선의 도체(구리선)를 절연물의 최고 허용온도 60[℃]인 폴리염화비닐수지 등을 이용하여 규정된 두께로 피복한 전선으로 주로 600[V] 이하 옥내공사용으로 사용하는 전선이다.

 ㉮ 전선의 특징
- 온도에 민감한 반응을 나타낸다.
- 내수성, 내유성, 내오존성, 내약품성을 가진다.

 ㉯ 색상구분(표준 9 종류)

  검정색, 흰색, 빨강색, 파랑색, 초록색, 노랑색, 보라색, 황적색, 회색

> **참고** **내열용 비닐 절연 전선(HIV전선)**
> 절연물의 최고허용온도가 75[℃]인 내열성 염화비닐수지를 이용 절연한 전선으로 600[V] 2종 비닐절연전선이라고도 한다.

③ 인입용 비닐 절연 전선(polyvinyl choride insulated drop wire : DV전선)

전선의 도체를 폴리염화비닐수지를 이용하여 절연한 다음 2가닥 또는 3가닥을 꼬아 만든 전선으로 주로 저압가공인입선이나 옥외조명용 가공전선로 등에서 사용한다.

④ 옥외용 비닐 절연 전선(outdoor polyvinyl chloride insulated wire : OW)

전선의 도체로 경동선을 사용하여 600[V] 비닐절연전선과 같은 절연체를 이용하여 피복한 전선으로, 주로 옥외 가공배전선로에 이용한다.

> **참고** **옥외용 비닐 절연 전선(OW전선)**
> 옥내용 일반전선에 비하여 절연체의 피복 두께가 약 $\frac{1}{2}$배에 불과하므로 관이나 몰드, 덕트 등을 이용한 모든 옥내배선 공사에서 사용할 수 없다.

⑤ 600[V] 폴리에틸렌 절연 전선(polyethylene insulated wire : IE전선)

전선의 도체를 내식성이 뛰어난 폴리에틸렌을 이용하여 피복한 전선으로 인화점이 85[℃] 이하의 내약품성을 요구하는 장소에 이용하는 전선이다.

> **참고** **가교폴리에틸렌 절연 전선(indoor crosslinked polyethylene : IC전선)**
> 전선의 도체를 절연물의 최고허용온도 90[℃]인 가교폴리에틸렌을 이용하여 피복한 전선으로 내열성이 매우 뛰어난 특성이 있는 전선이다.

⑥ 플루오르수지 절연 전선(fluorine resin)

$-70[℃] \sim 60[℃]$정도 범위에서도 내한성, 내열성, 내수성, 내약품성을 가질 뿐만 아니라 기계적 강도가 큰 테플론(teflon)이라는 절연체로 전선의 도체를 피복한 전선으로 주로 내열성 고주파 절연물에 적합한 전선이다.

⑦ 1,000[V] 형광 방전등 전선(FL)

주석(Sn) 도금한 $0.75[mm^2]$ (30/0.18)의 연동 연선 도체를 염화비닐수지를 이용하여 1.6[mm]두께로 피복 절연한 전선으로, 1,000[V] 이하 형광방전등에 사용하며, 특히 다른 전선과 구별하기 위하여 전선표면에 1,000[V] 형광방전등 전선을 나타내는 「1,000 VFL」이라는 전선의 약호가 연속적으로 표시되어있다.

⑧ 네온관용 전선

주석(Sn) 도금한 $2.0[mm^2]$ (19/0.35)의 연동 연선 도체를 염화비닐수지를 이용하여 2.8[mm] 두께로 피복 절연한 전선으로 주로 네온관등 회로의 고압측 배선에 사용하며 다른 전선과 구별하기 위하여 전선표면에 7.5[kV], 15[kV] 네온전선을 나타내는 「7.5[kV] N-RV」, 「15[kV] N-RV」라는 전선의 약호가 연속적으로 표시되어있다.

> **보기** 15[kV] N-RV : 15[kV] 고무절연 비닐시스(외장) 네온전선

2. 코드

1) 고무 코드

공칭단면적 $0.75 \sim 5.5[mm^2]$의 주석 도금한 연동 연선의 선심을 고무를 이용하여 절연하고 그 겉을 실로 편조한 것이다.

2) 전열기용 코드

높은 열에 의하여 전선의 피복이 열화되는 것을 방지하기 위하여 고무 코드의 겉면을 화학적으로 안정하고 내열성이 우수한 석면을 처리한 코드로 주로 전기난로, 전기밥솥, 전기담요등과 같은 전열기구 등에 사용한다.

3) 금실(금사)코드

심선에 주석 도금을 하지 않은 두께 0.02[mm], 나비 약 0.35[mm]의 연동 박을 2줄의 질긴 무명실에 감은 것을 18가닥 정도 모아 다시 그 위에 두께 약 0.2[mm], 나비 약 10[mm]의 순 고무테이프를 감고 밑 편조를 한 2조를 꼬아 종이테이프를 감은 다음, 무명실로 대편형의 표면건조를 한 코드로, 가요성이 좋아 매우 부드러우나 심선이 가늘게 되어 있으므로 주로 허용전류 0.5[A] 이하의 전기이발기, 헤어드라이기, 전기면도기 등에서 사용한다.

4) 캡타이어 코드

주석으로 도금한 연동 연선 위에 종이테이프나 무명실을 감아 절연한 심선을 2~4가닥 꼬아 모으고 캡타이어 고무나 클로로프렌 등 규정된 고무혼합물로 심선사이의 틈을 메워 피복한 코드로 주로 300[V] 이하의 소형 전기기계기구 등에 사용한다.

> **참고** 비닐, 천연고무 혼합물 절연 코드 및 형광등용 전선의 허용전류

도체	공칭단면적[mm²]	0.75	1.25	2.0	3.5	5.5	금실 코드
	소선수/지름[mm]	30/0.18	50/0.18	37/0.26	40/0.32	70/0.32	
허용전류[A]		7	12	17	23	35	0.5

3. 케이블

1) 캡타이어 케이블

주석으로 도금한 연동연선 위에 종이테이프나 무명실을 감아 절연한 다음 순고무 30[%] 이상을 함유한 고무혼합물로 심선사이의 틈을 메워 피복하고 내수성, 내산성, 내유성을 가진 질긴 고무혼합물로 외장한 케이블이다.

① 구조 및 고무의 질에 따른 분류
㉮ 1종 : 표면 피복을 일반적인 캡타이어 고무를 사용한 것
㉯ 2종 : 제 1종보다 좋은 캡타이어 고무를 사용한 것
㉰ 3종 : 캡타이어 고무 피복 중에 면포를 넣어 강도를 보강한 것
㉱ 4종 : 3종과 같이 한 다음 각 선심사이를 고무를 채워 보강한 것

② 케이블의 용도
광산, 공장, 농사, 의료, 무대 등의 이동용 케이블

③ 케이블의 공칭단면적
최소 0.75~최대 1,000[mm²]

④ 케이블의 접속
케이블의 접속 방법에 준하여 접속한다.

㉮ 캡타이어 케이블 상호간의 접속 : 코드접속기를 이용하여 접속한다.
㉯ 단면적 10[mm²] (50/0.4)이상의 굵은 전선 : 직접 접속이 가능하다.

2) 비닐 외장 케이블

2심 또는 3심의 비닐절연전선 위에 염화비닐수지 혼합물로 외장한 케이블로 원형, 편형, 동심형이 있으며 저압가공케이블, 옥외조명가공케이블, 인입구 및 옥측 배선 등에 사용한다.

3) 클로로프렌 외장 케이블

주석으로 도금한 연동 단선이나 연선을 순고무 30[%] 이상을 함유한 고무혼합물로 피복한 다음 가황 처리한 고무를 입힌 면테이프를 감고 심선을 2조, 3조 또는 4조로 모아 황마(jute)와 함께 꼬아서 원형으로 만들고 다시 고무를 칠한 면테이프로 감고 클로로프렌으로 겉을 외장한 케이블로 주로 고압옥내배선 및 고압가공전선, 고압인입선으로 사용한다.

4) 플렉시블 외장 케이블

고무 절연전선이나 비닐 절연전선을 2, 3조 모아 합친 것에 절연지(크래프트지)를 감고 외장 내면과 전기적 접촉을 하는 접지용 평각구리선을 심선과 나란히 넣어 그 위에 아연도금 연강대를 나사 모양으로 감은 케이블로 주로 저압 옥내 배선용으로 사용한다.

참고 플렉시블외장케이블은 저압용으로 고압에서는 사용하지 않는다.

[플렉시블 외장 케이블의 구조 및 용도]

형식	구조	주요용도
A.C	심선에 고무 절연 전선을 사용	건조한 곳의 노출, 은폐 배선용
A.C.T	심선에 비닐 절연 전선을 사용	
A.C.V	주트를 감고 절연 콤파운드를 먹임	공장, 상점용
A.C.L	외장 밑에 연피가 있는 것	습기, 기름기가 많은 곳

5) 연피 케이블

도금하지 않은 연동선을 절연 종이와 쥬트 개재물을 합하여 규정 값 이상의 두께로 감은 다음 연피로 외장한 케이블로 연피가 외부의 영향으로부터 손상을 받을 우려가 없는 곳이나 부식의 우려가 없는 관로식 지중전선로에 사용한다.

① 연피케이블의 노출배선 : 케이블의 연피가 손상 받지 않도록 반드시 금속관과 같은 방호 설비에 넣어 시설한다.
② 연피케이블의 곡률반경 : 케이블 바깥지름의 12배 이상으로 한다.
(단, 금속관에 넣어 시설 시 15배 이상으로 한다.)

일반케이블의 곡률 반경
바깥지름의 6배 이상(단심의 경우 8배)

6) 주트권 연피 케이블

주트권 연피케이블이란 연피케이블의 바깥 면에 방습성 컴파운드를 먹인 종이테이프나 면테이프를 충분히 감은 다음 그 위에 방부성 컴파운드를 함침한 쥬트에 백악(탄화칼슘)을 입혀 외장한 케이블로 부식성이 뛰어나 주로 직접매설식 지중선로나 지중인입선등에 사용한다.

7) 강대개장 연피 케이블

강대개장연피케이블이란 주트권 연피케이블의 바깥 면을 강대를 이용하여 나선형으로 감은 다음 그 위에 다시 방부성 컴파운드를 함침한 주트에 백악을 입혀 외장한 케이블로 주로 직접 매설식 지중전선로에서 가장 많이 이용하는 케이블로 별도의 방호 설비 없이 직접 매설할 수 있다.

8) 용접용 케이블

아크용접기의 2차 측에 사용하는 케이블로 그 종류 중 리드용 케이블은 도체에 종이 테이프 또는 무명실이나 견사를 감고, 그 위에 천연 고무 또는 캡타이어로 피복한 것이고, 홀더용 케이블은 테이프 위에 고무혼합물로 절연한 다음 고무, 또는 클로로프렌 캡타이어로 피복한 것이다.

종 류	기 호	비 고
리드용 제1종 케이블	WCT	천연고무 캡타이어로 피복한 것
리드용 제2종 케이블	WNCT	클로로프렌 캡타이어로 피복한 것
홀더용 제1종 케이블	WRCT	천연고무 캡타이어로 피복한 것
홀더용 제2종 케이블	WRNCT	클로로프렌 캡타이어로 피복한 것

STEP 02 전선의 접속

1. 전선 접속 일반

1) 전선의 피복 벗기기
   ① 절연전선의 피복 벗기기는 전공 칼이나 와이어스트리퍼(wire stripper)를 이용하여 심선이 손상되지 않도록 주의한다.
   ② 전공 칼을 이용하여 피복을 벗길 때에는 절연전선의 피복을 연필 깎는 모양으로 하여 전선의 피복을 벗긴다.
   ③ 와이어스트리퍼를 이용하여 전선을 벗길 때에는 전선의 지름에 알맞은 구멍(hole)을 선택하여 전선의 피복을 벗긴다.

2) 전선 접속 시 주의사항
   ① 전선 접속 부분의 전기저항을 증가시키지 않도록 한다.
   ② 전선 접속 부분의 강도(인장하중)를 20[%] 이상 감소하지 않을 것 즉, 80[%] 이상의 세기를 유지하여야 한다.

③ 전선 접속부분의 절연은 납땜 후 절연전선의 절연물과 동등이상의 절연효력이 있는 것으로 충분히 감는다.
④ 전선 접속부분의 테이프 감기는 나선형으로 반폭씩 겹쳐서 2회 이상(합 4겹) 감아준다
⑤ 구리(Cu)와 알루미늄(Al)의 접속은 두 도체간의 전위차로 인한 접속부분의 부식 현상을 방지하기 위하여 전용의 접속 기구를 이용한다.
⑥ 전선과 기구 단자 접속 시 나사를 덜 죄었을 경우 발생할 수 있는 위험 들
㉮ 누전 ㉯ 화재 위험 ㉰ 저항 증가 ㉱ 과열 발생

3) 전선 및 케이블 등의 접속
① 직접 접속이 불가능하여 접속 기구를 이용하는 경우
㉮ 케이블 + 케이블
㉯ 코드 + 케이블
㉰ 코드 + 코드
② 접속 기구를 이용하지 않는 경우(즉, 직접 접속이 가능)
㉮ 절연전선 + 절연전선
㉯ 절연전선 + 코드
㉰ 절연전선 + 케이블

2. 전선 접속의 종류

1) 직선 접속
① 단선의 직선접속
㉮ 트위스트 접속 : 6[mm²] 이하의 가는 단선에서의 접속법으로 먼저 두 심선을 그림과 같이 겹쳐서 2~3회 꼰 다음 전선의 끝을 각각상대편 전선에 5~6회 정도 감아서 접속하는 방법

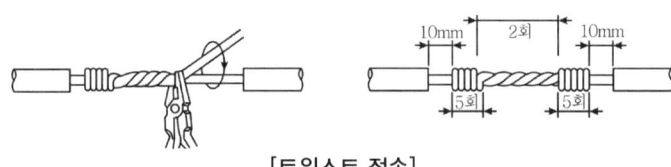

[트위스트 접속]

㉯ 브리타니아 접속 : 10[mm²] 이상 굵은 단선에서의 접속법으로 먼저 두 심선을 그림과 같이 나란히 한 다음 지름 1.0~1.2[mm] 정도의 첨선과 접속선(조인트선)을 이용하여 본선 지름의 15배 정도의 길이로 감아서 접속하는 방법

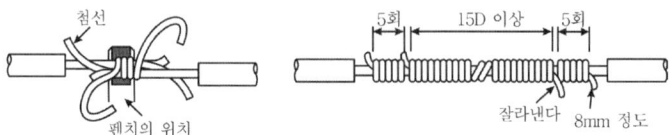

[브리타니아 접속]

② 연선의 직선 접속
  ㉮ 단권 접속(우산 형 접속) : 연선의 중심 소선을 제거한 다음 연선의 소선 자체를 하나씩 하나씩 나누어 감아서 접속하는 방법
  ㉯ 복권 접속 : 연선의 중심 소선을 제거한 후 연선의 소선 자체를 한꺼번에 감아서 접속하는 방법

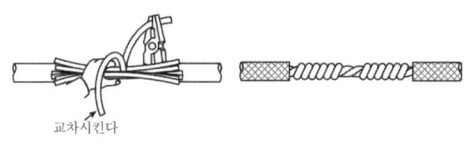

[연선의 단권접속]   [연선의 복권직선접속]

2) 분기 접속
 ① 단선의 분기 접속
  ㉮ 트위스트 접속 : 6[mm²] 이하의 가는 전선의 분기 접속법으로 본선과 분기선의 피복을 벗긴 후 분기선을 본선에 감기게 5회 이상 조밀하게감은 후 남은 부분을 잘라 내어 마무리하는 분기 접속법

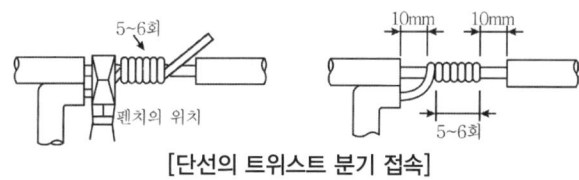

[단선의 트위스트 분기 접속]

  ㉯ 브리타니아 접속 : 10[mm²] 이상의 굵은 단선의 분기 접속법으로 본선과 분기선 사이에 첨선을 삽입한 후 조인트 선을 접속하는 분기 접속법

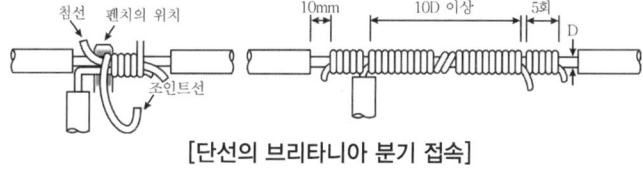

[단선의 브리타니아 분기 접속]

 ② 연선의 분기 접속
  ㉮ 권선 분기 접속 : 분기선의 소선을 풀어서 곧게 편 다음 본선에 대고 첨선을 삽입한 후 조인트 선을 이용하여 접속하는 분기 접속법

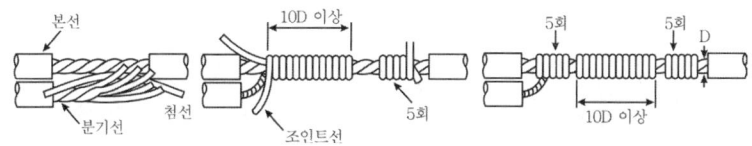

  ㉯ 단권 분기 접속 : 분기선의 소선을 풀어서 곧게 편 다음 분기선의 소선 자체를 하나씩 하나씩 나누어 감는데 감은 길이가 전선 직경의 10배 이상이 되도록 감아 접속하

는 분기 접속법

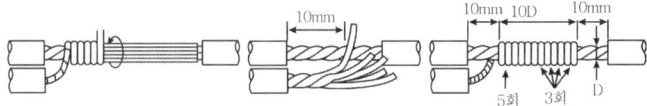

㈐ 분할 분기 접속 : 분기선의 소선을 두 개로 나누어 벌린 다음, 첨선과 접속선을 이용하여 접속하는 분기 접속법

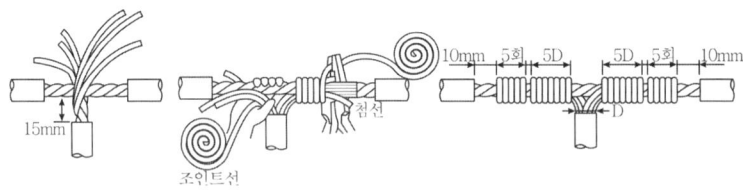

3) 쥐꼬리 접속(종단 접속)

① 단선의 쥐꼬리 접속

박스 안에서 굵기가 같은 가는 단선을 2, 3가닥 모아 서로 접속할 때 이용하는 접속법으로, 접속 방법은 접속한 부분에 테이프를 감는 방법과 박스용 커넥터를 끼워주는 방법이 있는데 박스용 커넥터를 사용할 때는 납땜이나 테이프감기를 하지 않으므로 심선이 밖으로 나오지 않도록 주의한다.

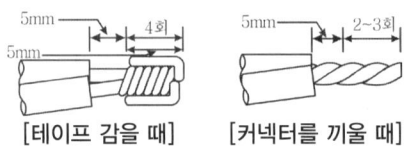

[테이프 감을 때] [커넥터를 끼울 때]

> **참고** **박스용 커넥터**
> 절연전선 접속 시 전선 심선을 꼬아 접속한 곳에 자기제의절연 캡을 틀어넣어서 전선 상호간을 접속하기 위한 접속기로 반드시 박스 안에서만 사용하며, 커넥터 자체가 절연물이므로 접속 후 별도의 절연 처리를 하지 않아도 된다.

② 연선의 쥐꼬리 접속

박스 안에서 연선을 접속할 때, 접속하려는 심선을 나란히 한 후 접속선(조인트선)을 이용하여 접속하는 방법으로 접속을 한 부분에는 테이프를 감는 방법과 박스용 커넥터를 끼워주는 방법이 있다.

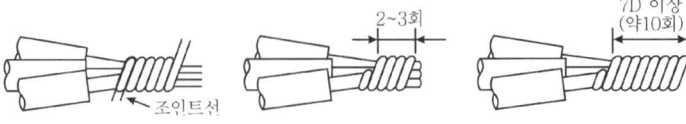

③ 링슬리브(압축 형 슬리브)를 이용한 쥐꼬리 접속

접속하려는 심선을 2, 3가닥 모아 2~3회 꼰 다음 Al, Cu용 링슬리브를 씌우고 압착펜치

로 압착하여 접속하는 접속 방법으로 전선 접속 시 납땜을 할 필요는 없지만 링슬리브를 절연하기 위한 비닐제 캡이 필요하다.

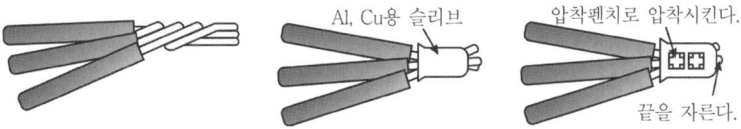

④ 와이어 커넥터를 이용한 쥐꼬리 접속

금속관 공사나 합성수지관 공사 시 박스 내에서 전선을 접속하는 경우, 접속하려는 심선을 나란히 합친 다음, 와이어커넥터를 돌려 끼워 넣어 전선을 접속하는 방법으로 와이어 커넥터 자체가 절연물이므로 접속 후 테이프 감기를 할 필요가 없다.

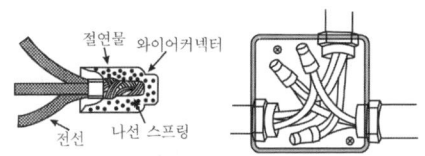

[와이어 커넥터를 사용한 쥐꼬리 접속]

> **참고 와이어 커넥터**
> 박스 내에서 전선을 접속할 때 접속한 부분에 씌워 돌려주면 내부에 특수합금이 나선상으로 삽입되어 있어 나선스프링이 도체를 압축하면서 전선을 접속하는 접속기

⑤ 터미널러그를 이용한 쥐꼬리 접속

접속하려는 심선 끝을 납땜 등으로 고정시킨 다음 볼트 등을 이용하여 접속하는 방법으로 주로 굵은 전선을 박스 안 등에서 접속할 때 이용한다.

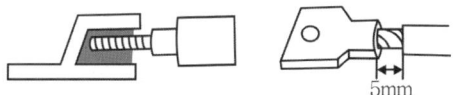

4) 슬리브 접속

주석도금을 한 연동판제의 전선접속기구로 직선 및 분기접속에 이용하는 S형과 직선접속형인 B형, O형이 있다. 슬리브 접속은 납땜을 할 필요는 없지만 슬리브를 절연할 테이프 감기가 필요한 접속법으로 특히 굵기가 다른 전선을 접속할 경우에 가는 첨선을 첨가한 후 펜치 등을 이용하여 견고하게 접속한다.

5) 전선과 기계기구의 단자 접속

① 동관단자

굵은 전선과 기계기구의 단자를 접속할 경우 접속하려는 전선의 심선 끝을 납땜 등으로 고정시킨 다음 볼트너트 등을 이용하여 접속하는 접속기구로 온도나 진동 등의 원인으로 접속단자가 풀릴 우려가 있는 경우에는 이중너트나 스프링와셔를 사용하여 완전하게 접속한다.

[동관단자]

② 압착단자

코드나 케이블 등을 기계기구의 단자 등에 접속할 때 이용하는 단자대로 접속 시에는 먼저 그 굵기에 적합한 단자를 선정한 다음 전용의 압착공구를 사용하여 완전하게 접속한 다음 볼트너트 등을 이용하여 접속하는 접속기구로 납땜을 할 필요가 없다.

[압착단자]

③ 고리형 단자의 기구 접속

전선의 굵기가 비교적 굵지 않은 10[mm²] 이하 등에서 기계기구의 단자에 전선을 직접 접속하는 단자로 접속 시 너트가 돌아가는 방향 쪽으로 전선을 구부려 사용한다.

④ 전선과 기구 심선의 접속

박스 안에서 배선과 전기 기구의 심선 등을 접속할 때 배선에 심선을 5회 이상 감고 굵은 배선의 끝을 접어 붙인 다음 다시 그 위에 심선을 2~3회 감은 다음 테이핑을 하는 접속법이다.

3. 납땜과 테이프

1) 납땜

전선 접속 시 커넥터나 슬리브를 이용하여 전선을 접속하는 경우를 제외하고는 접속 부분의 전기저항을 증가시키지 않도록 하기 위하여 반드시 납땜을 실시하는 데 납땜 실시는 납물의 고른 투입과 산화 방지를 위하여 페이스트(paste)라는 화학 약품을 바른 후 납물을 투입한다.

2) 테이프

① 테이핑 시 주의사항

㉮ 테이프를 감기 전 납땜 후 남은 페이스트를 닦아낸다.
㉯ 테이프를 감을 때 편조를 감지 않도록 주의한다.
㉰ 반폭씩 겹쳐 감은 테이프 두께가 피복 두께보다 얇지 않도록 감아준다.
㉱ 절연테이프 및 고무테이프를 이용 테이핑하는 경우 먼저 고무테이프를 반폭씩 겹쳐서 한번 감아 준 다음 다시 그 위에 면 절연테이프를 반폭씩 겹쳐서 1회 이상 감아준다.
㉲ 비닐테이프를 이용하여 테이핑하는 경우 비닐테이프를 반폭 이상 겹쳐서 두 번 이상 감아준다.

② 테이프의 종류

㉮ 비닐 테이프 : 염화비닐수지를 이용하여 만든 테이프로 테이프의 한쪽 면에 접착제를 바른 것과 바르지 않은 두 종류가 있다.
- 특징 : 표준색상 9종류 (흑색, 백색, 적색, 청색, 녹색, 황색, 갈색, 주황색, 회색)

㉯ 리노 테이프 : 건조한 목면 위에 절연성 니스를 몇 차례 칠한 다음 건조시킨 것으로 노란색과 검정색 두 종류가 있다.
- 특징 : 점착성은 없으나 내온성, 내유성 및 절연 내력이 뛰어나므로 연피 케이블의 접속에서는 반드시 사용한다.
- 용도 : 배전반, 분전반, 변압기, 전동기 단자 부근의 절연에 이용한다.

제03장_ 전기설비 출제예상문제

01 전선이 구비해야 될 조건으로 틀린 것은?

① 도전율이 클 것
② 기계적인 강도가 클 것
③ 비중이 클 것
④ 내구성이 있을 것

🔍 전선의 구비조건
• 도전율이 클 것
• 기계적강도(인장강도)가 클 것
• 내식성이 클 것
• 가요성이 클 것
• 비중이 작을 것(중량이 가벼울 것)

02 다음 중 연선에 대한 설명이 틀린 것은?

① 연선의 바깥지름은 $D = (1+2n)d$ [mm]로 구할 수 있다.
② 연선의 최대 공칭단면적은 600[mm²]이다.
③ 연선의 소선 수는 7, 19, 37, 61, 91, … 가닥으로 되어 있다.
④ 연선의 소선 수는 층수가 n인 경우 $N = 3n(n+1)+1$로 계산한다.

🔍 연선의 최대 공칭단면적은 1,000[mm²]이다.

03 배전선에 주로 사용되는 전선은 어느 것인가?

① 경동선
② 연동선
③ 알루미늄선
④ 철선

🔍 배전선에 주로 사용되는 전선은 경동선이다.

04 전기저항이 적고, 부드러운 성질이 있어 구부리기가 용이하므로 주로 옥내 배선에 사용하는 구리선의 명칭은?

① 경동선
② 연동선
③ 합성연선
④ 중공전선

🔍 전기저항이 적고, 부드러운 성질이 있어 구부리기가 용이하므로 주로 옥내 배선에 사용하는 구리선은 연동선이다.

05 다음 중 고무 절연 전선의 약호는?

① OV
② RB
③ IV
④ RV

🔍 고무 절연 전선의 약호는 RB이다.

06 고무 절연 전선의 심선은 고무의 열화 방지와 고무 중의 황(S)에 의한 구리의 부식을 방지하기 위하여 무슨 도금을 하는가?

① 크롬(Cr)
② 망간(Mn)
③ 주석(Sn)
④ 아연(Zn)

🔍 고무 절연 전선의 심선은 고무의 열화 방지와 고무 중의 황(S)에 의한 구리의 부식을 방지하기 위하여 주석(Sn) 도금을 한다.

07 다음 중 600[V] 비닐 절연 전선을 나타내는 약호는?

① IV
② DV
③ IC
④ NRC

🔍 600[V] 비닐 절연 전선의 약호는 IV이다.

08 폴리염화비닐을 연동선 위에 피복한 것으로 600[V] 고무 절연 전선 대신에 저압용 각종 배선 및 기기 배선용으로 많이 사용되는 전선은?

① 옥외용 비닐 절연 전선
② 600[V]비닐 절연 전선
③ 인입용 비닐 절연 전선
④ 비닐 외장 케이블

정답 01 ③ 02 ② 03 ① 04 ② 05 ② 06 ③ 07 ① 08 ②

폴리염화비닐을 연동선 위에 피복한 것으로 600[V] 고무 절연 전선 대신에 저압용 각종 배선 및 기기 배선용으로 많이 사용 되는 전선은 600[V] 비닐 절연 전선이다.

09 HIV 전선은 무슨 전선인가?

① 전열기용 캡타이어 케이블
② 전열기용 고무 절연전선
③ 전열기용 평형 절연전선
④ 내열용 비닐 절연전선

HIV 전선은 600[V] 비닐 절연 전선의 최고 허용 온도 [℃]를 개선하여, 최고 허용 온도를 75[℃]로 향상 시킨 내열용 비닐 절연 전선(제2종 비닐 절연전선)이다.

10 옥외용 비닐 절연 전선의 약호는?

① IV
② DV
③ OW
④ HIV

옥외용 비닐 절연 전선의 약호는 OW이다.

11 옥외용 비닐 절연 전선은 무슨 색인가?

① 검정색
② 빨간색
③ 흰색
④ 회색

옥외용 비닐 절연 전선은 검정색이다.

12 접지용 비닐 절연 전선의 기호는?

① OW
② HIV
③ GV
④ VV

접지용 비닐 절연 전선의 기호는 GV이다.

13 다음 중 폴리에틸렌 절연 전선의 기호는?

① IC
② OW
③ DV
④ IE

폴리에틸렌 절연 전선의 기호는 IE이다.

14 E종 절연물의 최고 허용 온도 [℃]는?

① 80
② 90
③ 105
④ 120

E종 절연물의 최고 허용 온도는 120[℃]이다.

15 단면적이 0.75[mm²]인 연동 연선에 염화비닐수지로 피복한 위에 1,000 VFL의 기호가 표시된 것은?

① 네온 전선
② 비닐 코드
③ 형광방전등 전선
④ 비닐절연 전선

1,000VFL에서 FL은 형광방전등 전선을 의미한다.

16 절연 전선의 피복에 "15[kV] NRV"라고 표기 되어 있다. 여기서 "NRV"는 무엇을 나타내는 약호인가?

① 형광등 전선
② 고무절연 폴리에틸렌 시스 네온전선
③ 고무절연 비닐 시스 네온 전선
④ 폴리에티렌 절연 비닐 시스 네온전선

"NRV"는 고무절연 비닐 시스 네온 전선의 약호이다.

17 높은 열에 의해 전선의 피복이 열화 되는 것을 막기 위해 사용되는 재료는?

① 비닐
② 면
③ 석면
④ 고무

높은 열에 의해 전선의 피복이 열화 되는 것을 막기 위해 사용되는 재료는 석면이다.

18 옥내 이동전선으로 사용되는 코드의 최소 단면적 [mm²]은?

① 0.6
② 0.75
③ 0.9
④ 1.25

옥내 이동전선으로 사용되는 코드의 최소 단면적은 0.75[mm²]이다.

정답 09 ④ 10 ③ 11 ① 12 ③ 13 ④ 14 ④ 15 ③ 16 ③ 17 ③ 18 ②

19 주석으로 도금한 연동 연선에 종이테이프 또는 무명실을 감고, 규정된 고무 혼합물을 입힌 후 질긴 고무로 외장한 것으로서 이동용 배선에 쓰이는 것은?

① 권선 류   ② 캡타이어 케이블
③ 에나멜선   ④ 면 절연 전선

🔍 주석으로 도금한 연동 연선에 종이테이프 또는 무명실을 감고, 규정된 고무 혼합물을 입힌 후 질긴 고무로 외장한 것으로서 이동용 배선에 쓰이는 것은 캡타이어 케이블이다.

20 옥내 저압 이동전선으로 사용하는 캡타이어 케이블의 단면적의 최소값 [mm²]은 얼마인가?

① 0.75   ② 2   ③ 5.5   ④ 8

🔍 옥내 전압 이동전선으로 사용하는 캡타이어 케이블의 단면적의 최소값은 0.75[mm²]이다.

21 600[V] 이하의 저압 회로에 사용하는 비닐절연 비닐외장 케이블의 약칭으로 맞는 것은?

① VV   ② EV   ③ FP   ④ CV

🔍 600[V] 이하의 저압 회로에 사용하는 비닐절연 비닐외장 케이블의 약칭으로 맞는것은 VV이다.

22 홀더용 1종 케이블의 약호는?

① WCT   ② WNCT
③ WRCT   ④ WRNCT

🔍 ① WCT : 리드용 제1종 케이블
② WNCT : 리드용 제2종 케이블
③ WRCT : 홀더용 제1종 케이블
④ WRNCT : 홀더용 제2종 케이블

23 케이블의 일부 표시 중 EE가 뜻하는 것은?

① 천연 고무 절연 비닐 외장 케이블
② 폴리에틸렌 절연 비닐 외장 케이블
③ 폴리에틸렌 절연 폴리에틸렌 가교 케이블
④ 폴리에틸렌 절연 폴리에틸렌 외장 케이블

🔍 EE : 폴리에틸렌 절연 폴리에틸렌 외장 케이블

24 변압기 1차 측 인하 선으로 사용하는 전선은?

① 클로로프렌 외장 케이블
② 옥외용 비닐 절연 전선
③ 비닐 외장 케이블
④ 고무 절연 전선

🔍 변압기 1차 측 인하 선으로 사용하는 전선은 클로로프렌 외장 케이블이다.

25 전선을 접속할 때 전선의 강도를 몇 [%] 이상 감소시키지 않아야 하는가?

① 10   ② 20   ③ 30   ④ 40

🔍 전선 접속 시 전선의 강도를 20[%] 이상 감소시키지 않아야 한다.

26 전선 접속에 관한 설명으로 틀린 것은?

① 접속 부분의 전기 저항을 증가시켜서는 안 된다.
② 전선의 세기를 20[%] 이상 유지해야 한다.
③ 접속 부분은 납땜을 한다.
④ 절연은 원래의 절연 효력이 있는 테이프로 충분히 한다.

🔍 전선 접속 시 전선의 세기는 80[%] 이상 유지해야 한다.

27 전선의 접속이 불안전하여 발생할 수 있는 사고로 볼 수 없는 것은?

① 감전   ② 누전
③ 화재   ④ 타박상

🔍 전선 접속이 불안전하면 접촉 저항이 증가하고 누설 전류가 크게 되어 화재 또는 감전의 위험에 노출된다.

28 전선과 기구 단자 접속 시 나사를 덜 죄었을 경우 발생할 수 있는 위험과 거리가 먼 것은?

① 누전   ② 화재 위험
③ 과열 발생   ④ 저항 감소

정답 19 ② 20 ① 21 ① 22 ③ 23 ④ 24 ① 25 ② 26 ② 27 ④ 28 ④

○ 전선과 기구 단자 접속 시 나사를 덜 죄면 전기 저항이 증가하고, 과열이 발생하여 화재의 우려가 있고, 또한 누설 전류가 발생한다.

29 전선과 기구 단자 접속 시 누름 나사를 덜 죄었을 때 발생할 수 있는 현상과 거리가 먼 것은?

① 과열
② 화재
③ 절전
④ 전파 잡음

○ 전선과 기구 단자 접속 시 누름 나사를 덜 죄었을 때 발생할 수 있는 현상은 과열, 화재, 전파 잡음 등이 있다.

30 코드 상호, 캡타이어케이블 상호 접속 시 사용하여야 하는 것은?

① 와이어 컨넥터
② 코드 접속기
③ 케이블 타이
④ 테이블 탭

○ 코드 상호, 캡타이어케이블 상호 접속 시 사용하여야 하는 것은 코드 접속기이다.

31 전선의 접속 방법 중 트위스트 접속의 용도는?

① $6[mm^2]$ 이하 단선의 직선 접속
② $10[mm^2]$ 이상 단선의 직선 접속
③ $3.5[mm^2]$ 이상 연선의 직선 접속
④ $5.5[mm^2]$ 이상 연선의 분기 접속

○ 전선의 접속 방법 중 트위스트 접속은 6[mm²] 이하 가는 단선의 접속 방법이다.

32 단선의 접속에서 전선의 굵기가 $10[mm^2]$ 이상 되는 굵은 전선을 직선 접속할 때 어떤 방법으로 하는가?

① 슬리브 접속
② 우산형 접속
③ 트위스트 접속
④ 브리타니아 접속

○ 단선의 접속에서 전선의 굵기가 10[mm²] 이상의 굵은 단선은 브리타니아 접속을 하여야 한다.

33 다음 중 단선의 브리타니아 직선 접속에 사용되는 것은?

① 조인트선
② 파라핀선
③ 바인드선
④ 에나멜선

○ 브리타니아 접속 시 감는 선을 조인트선이라 하고 필요에 따라 첨가 선을 사용한다.

34 다음 중 전선의 접속방법에 해당되지 않는 것은?

① 슬리브 접속
② 직접 접속
③ 트위스트 접속
④ 커넥터 접속

○ 전선의 접속 방법에 직접 접속은 없다.

35 박스 안에서 가는 전선을 접속할 때에 어떤 접속으로 하는가?

① 슬리브 접속
② 브리타니아 접속
③ 쥐꼬리 접속
④ 트위스트 접속

○ 박스 안에서 가는 전선을 접속할 때는 쥐꼬리 접속을 한다.

36 절연전선 서로를 접속할 때 어느 접속기를 사용하면 접속부분에 절연을 할 필요가 없는가?

① 전선 피박이
② 박스용 커넥터
③ 전선 커버
④ 목대

○ 절연전선 서로를 접속할 때, 쥐꼬리 접속에서 박스용 커넥터(또는 와이어 커넥터)를 이용하면, 접속부분에 절연을 할 필요가 없다.

37 정션 박스 내에서 절연전선을 쥐꼬리 접속한 후 접속과 절연을 위해 사용되는 재료는?

① 링형 슬리브
② S형 슬리브
③ 와이어 커넥터
④ 터미널 러그

○ 정션 박스 내에서 절연전선을 쥐꼬리 접속한 후 접속과 절연을 위해 사용되는 재료는 와이어 커넥터이다.

정답 29 ③ 30 ② 31 ① 32 ④ 33 ① 34 ② 35 ③ 36 ② 37 ③

38 동전선의 접속에서 직선 접속에 해당하는 것은?

① 직선 맞대기용 슬리브(B형)에 의한 압착 접속
② 비틀어 꽂는형의 전선 접속기에 의한 접속
③ 종단 겹침용 슬리브(E형)에 의한 접속
④ 동선 압착 단자에 의한 접속

🔍 동전선의 접속에서 직선 접속에 해당하는 것은 직선 맞대기용 슬리브(B형)에 의한 압착 접속법이다.

39 동전선의 접속방법에서 종단 접속의 방법이 아닌 것은?

① 비틀어 꽂는형의 전선 접속기에 의한 접속
② 종단 겹침용 슬리브(E형)에 의한 접속
③ 직선 맞대기용 슬리브(B형)에 의한 압착 접속
④ 직선 겹침용 슬리브(P형)에 의한 접속

🔍 직선 맞대기용 슬리브(B형)에 의한 압착 접속법은 동전선의 접속 방법 중 직선 접속법이다.

40 다음 중 알루미늄전선의 접속 방법으로 적합하지 않은 것은?

① 직선접속
② 분기접속
③ 종단접속
④ 트위스트 접속

🔍 알루미늄전선의 접속 방법
• 직선접속   • 분기접속
• 종단접속   • 터미널 러그에 의한 접속

41 다음 중 굵은 Al(알루미늄)선을 박스 안에서 접속하는 방법으로 적합한 것은?

① 링 슬리브에 의한 접속
② 비틀어 꽂는형의 전선 접속기에 의한 방법
③ C형 접속기에 의한 접속
④ 맞대기용 슬리브에 의한 압착 접속

🔍 굵은 알루미늄(Al) 전선을 박스 내에서 접속하는 경우 C형 전선접속기 등에 의한 접속(종단 접속)과 터미널 러그에 의한 접속이 있다.

42 전선 접속 방법이 잘못된 것은?

① 트위스트 접속은 6[mm^2] 이하의 가는 단선을 직선 접속할 때 적합하다.
② 브리타니아 접속은 6[mm^2] 이상의 굵은 단선의 접속에 적합하다.
③ 쥐꼬리 접속은 박스 내에서 가는 전선을 접속할 때 적합하다.
④ 와이어 커넥터 접속은 납땜과 테이프가 필요 없이 접속할 수 있고 누전의 염려가 없다.

🔍 브리타니아 접속은 10[mm^2] 이상의 굵은 단선의 접속에 적합하다.

43 전선과 기계기구의 단자를 접속할 때 사용되는 것은?

① 절연 테이프   ② 동관 단자
③ 관형 슬리브   ④ 압축형 슬리브

🔍 전선과 기계기구의 단자를 접속할 때 사용되는 것은 동관 단자, 압착 단자 등이 사용된다.

44 진동이 있는 기계 기구의 단자에 전선을 접속할 때 사용하는 것은?

① 압착 단자   ② 스프링 와셔
③ 코드 스패너   ④ 십자머리 볼트

🔍 진동이 있는 기계 기구의 단자에는 스프링와셔 또는 이중 너트를 사용한다.

45 점착성은 없으나 절연성, 내온성 및 내유성이 있어 연피 케이블 접속에 사용되는 테이프는?

① 고무테이프
② 리노테이프
③ 비닐테이프
④ 자기융착테이프

🔍 점착성은 없으나 절연성, 내온성 및 내유성이 있어 연피 케이블 접속에 사용되는 테이프는 리노테이프이다.

정답 38 ① 39 ③ 40 ④ 41 ③ 42 ② 43 ② 44 ② 45 ②

SECTION 02 배선재료와 공구

Craftsman Electricity

STEP 01 개폐기(Switch)

1. 나이프 스위치(knife switch)

600[V] 이하의 직, 교류 회로의 개폐에 사용하는 직접 수동식 개폐기로 대리석이나 베이클라이트 등의 절연대 위에 고정된 칼, 칼받이 및 퓨즈 죔나사 등으로 구성된 개방형 스위치로 사용 시 감전 우려가 있으므로 일반용에는 사용할 수 없고 전기실과 같이 취급자만이 출입하는 장소의 배전반이나 분전반등에 설치하여 사용한다.

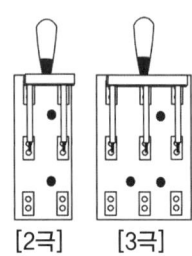

[2극]　[3극]

1) 나이프 스위치의 종류

① 전선의 접속 수 : 단극(single pole), 2극(double pole), 3극(triple pole)
② 나이프를 투입하는 방향 : 단투(single throw), 쌍투(double throw)

명 칭	약 호	명 칭	약 호
단극 단투형	SPST	단극 쌍투형	SPDT
2극 단투형	DPST	2극 쌍투형	DPDT
3극 단투형	TPST	3극 쌍투형	TPDT

2) 나이프 스위치 정격

① 정격전압 : 250[V]
② 정격전류 : 30, 60, 100, 200, 300, 400, 500, 600[A]

2. 커버나이프 스위치

나이프 스위치 전면의 충전부를 커버를 씌워 덮은 것으로 커버를 열지 않고 수동으로 개폐하며 전열 및 동력용 부하의 인입개폐기나 분기개폐기 등에 설치한다.

1) 커버나이프 스위치의 종류

① 전선 접속 수 : 2극(double pole), 3극(triple pole)
② 투입 방향 : 단투(single throw), 쌍투(double throw)

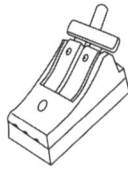

2) 커버나이프 스위치의 정격
① 정격전압 : 250[V]
② 정격전류 : 30, 60, 100, 150, 200[A]

3. 점멸스위치(옥내용 소형스위치)

1) 점멸 장치와 타임스위치 등의 시설
① 가정용 전등에는 매 등기구마다 점멸 기구를 전압측 전선에 접속할 것
② 사무실, 공장, 상점, 병원 기타 이와 유사한 장소에는 부분 조명이 가능하도록 여러 개의 전등 군으로 나누어 1개의 점멸기에 속하는 등기구수는 6개 이내로 할 것
③ 조명용 백열등을 관광 사업법이나 숙박업 법에 의하여 이용되는 여관이나 호텔 객실의 입구는 1분, 일반 주택 및 아파트 현관에는 3분 이내에 소등되는 타임 스위치를 시설할 것

2) 점멸스위치의 종류
① 텀블러 스위치(tumbler switch)
노브(knob)를 위아래로 움직여 점멸하는 것으로 벽이나 기둥 등에 시설한 박스 안에 설치하는 매입 형과 벽이나 기둥 등의 바깥 면에 직접붙이는 노출형이 있다.
② 로터리 스위치(rotary switch)
노브를 좌우로 돌려가며 개로나 폐로 또는 강약을 조절하여 점멸하는 것으로 저항선이나 전구를 직·병렬로 접속 변경하여 발열량 또는 광도를 조절할 수 있는 형태의 스위치이다.
③ 누름단추 스위치(push button switch)
매입 형만이 사용되는 스위치로 위, 아래 단추가 동시에 동작하는 전등용 푸시버튼 스위치와 전동기의 기동, 정지 시 각각 폐로, 개로 되는 전동기용 푸시버튼 스위치가 있다.
④ 풀 스위치(pull switch)
끈을 잡아당겨 폐로, 개로를 할 수 있는 스위치로 끈을 당기면 한번은 개로, 다음은 폐로가 되는 것이다.
⑤ 캐노피 스위치(canopy switch)
조명기구의 플랜지 안에 부착하는 소형의 단극 스냅 스위치의 일종으로 끈을 잡아당김으로써 점멸을 하는 구조의 스위치이다.
⑥ 코드 스위치(cord switch)
전기담요나 전기방석 같은 소형전기기구의 코드 중간에 부착하여 회로를 개폐하는 스위치로 중간스위치라고도 한다.
⑦ 펜던트 스위치(pendant switch)
코드 끝단이나 전등을 하나씩 하나씩 따로 점멸하는 곳에서 사용하는 스위치로 빨간 단추를 누르면 개로가 되고, 하얀 단추가 반대쪽에 튀어나와 점멸표시가 되도록 만들어져 있다.
⑧ 히터 스위치(heater switch)
2개 저항선을 직렬이나 병렬로 변경하여 발열량을 조절할 수 있는 일종의 로터리 스위치

로 3단 스위치라고 한다.
⑨ 도어 스위치(door switch)
문이나 문기둥에 부착하여 문을 열고 닫을 때 자동적으로 회로를 개폐하는 형태의 스위치이다.
⑩ 타임 스위치(time switch)
시계 기구를 내장한 스위치로 지정 시간에 점멸할 수 있는 것과 일정 시간 동작할 수 있는 것이 있다.
⑪ 3로 스위치
3개의 단자를 가진 전환용 스위치로 1개의 전등을 2개소에서 점멸이 가능한 스위치이다.
⑫ 4로 스위치
스위치 접점이 교대로 바뀌는 구조로 된 스위치로 보통 3로 스위치와 조합하여 3개소 이상의 점멸 시 사용하는 스위치이다.

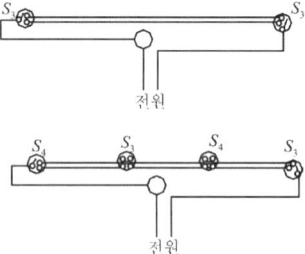

STEP 02 콘센트와 플러그 및 소켓

1. 콘센트(consent)
콘센트란 전기기구와 배선과의 접속에 사용하는 접속기로 벽이나 기둥의 표면에 부착하는 노출형 콘센트와 벽이나 기둥에 매입하여 시설하는 매입형 콘센트가 있다.

1) 콘센트의 시설 원칙
① 콘센트는 꽂음형 또는 걸림형의 것을 사용할 것
② 일반적인 옥내 장소에 시설하는 콘센트의 바닥면상 이격거리는 30[cm]정도를 유지할 것
③ 옥측의 우선 외 또는 옥외에 시설하는 경우에는 지상 1.5[m] 이상의 높이에 시설하고 방수함속에 넣거나 방수형 콘센트를 사용할 것
④ 욕실 내에는 콘센트를 설치하지 않는 것이 원칙이나 환기용 선풍기로 방수형의 것을 사람이 쉽게 접촉되지 아니하는 위치에 시설하는 경우 바닥면상 80[cm] 이상으로 하고 욕조에서 가급적 충분한 이격거리를 둘 것
⑤ 전기세탁기용과 전기 조리대용의 콘센트는 접지극이 부착되어 있는 것을 사용하거나 콘센트 박스에 접지용 단자가 있는 것을 사용할 것

2) 콘센트의 종류
① 방수용 콘센트 : 물이 들어가지 않도록 덮개가 부착되어 있는 구조로 된 콘센트로 욕실이나 가옥의 외부 등에 시설할 때 사용한다.
② 플로어 콘센트 : 플로어 덕트 공사 시 바닥면에 부착하여 사용하는 콘센트로 시설 시 주의 사항은 방수구조의 플로어 박스나 아우트렛 박스 내에 시설하거나 이들 박스위 표면 플레이트에 틀어서 부착할 수 있도록 된 콘센트를 사용한다.

③ 턴 로크 콘센트 : 콘센트에 끼운 플러그가 빠지는 것을 방지하기 위하여 플러그를 끼우고 약 90° 정도 돌려줄 수 있는 구조로 된 콘센트이다.

2. 플러그

2극용과 3극용 플러그가 있으며, 2극용에는 평행형과 T형이 있다.

1) 코드 접속기(cord connection)
코드와 코드를 서로 접속할 때 사용하는 접속기로 플러그와 커넥터 바디로 구성되어 있다.

2) 멀티 탭(multi-tap)
하나의 콘센트에 여러 개의 전기기구를 꽂아 사용할 수 있는 구조의 접속기를 말한다.

3) 테이블 탭(table tap)
코드 길이가 짧을 때 연장하여 사용하는 것으로 익스텐션 코드라고도 한다.

3. 소켓(Socket)

소켓이란 코드의 끝 단 등에 부착하여 전구를 끼우기 위한 것으로 점멸장치의 유무에 따라 키 소켓과 키리스 소켓으로 분류할 수 있다.

1) 분기용 소켓
전구 2, 3개를 동시에 끼울 수 있는 구조된 소켓이다.

2) 리셉터클(receptacle)
코드 없이 천장이나 벽에 직접 붙이는 일종의 소켓으로 주로 천장 조명이나 글로브 조명 시 안에 부착하여 사용한다.

3) 로제트(rosette)
코드 펜던트를 시설할 때 천장에 코드를 매기위해 사용하는 배선기구로 섬유 등 먼지가 많은 장소에 사용할 경우 화재발생 방지를 위해 로제트 안에는 절대로 퓨즈를 설치하지 않는다.

> **참고** **코드펜던트(cord pendant)**
> 목조 주택 등에서 천장에 조명기구를 부착할 때 천장 또는 건물의 조영재에서 코드를 드리우고 여기에 소켓을 부착하기 위한 배선기구로서 달아 맬 수 있는 중량은 코드에 걸리는 중량의 총 합계가 3[kg] 이하일 것

STEP 03 전기 공사용 공구

1. 측정용 계기

1) 마이크로미터
미소한 길이까지 측정할 수 있는 계기로 전선의 굵기, 얇은 철판 또는 구리판 등의 두께를 정

밀하게 측정하는데 사용하는 계기로 원형 눈금과 축 눈금을 합하여 읽는다.

2) 와이어 게이지

전선의 굵기 및 원형도체의 굵기를 측정하는데 사용하는 계기로 측정하고자 하는 전선을 홈에 끼워 굵기 등을 측정할 수 있다.

3) 버니어 캘리퍼스

전선의 굵기 및 원형도체의 두께, 깊이, 안지름, 바깥지름까지 측정할 수 있는 계기로 $\frac{1}{20}$ [mm] 까지 측정할 수 있다.

2. 공사용 기구

1) 펜치

전선의 절단이나 접속 바인드 등에 사용하는 공구로 그 크기 및 용도는 다음과 같다.
① 150[mm] : 소기구의 전선 접속용
② 175[mm] : 일반 옥내배선 공사용
③ 200[mm] : 일반 옥외배선 공사용

2) 드라이버

배선기구나 조명기구 등의 시설 시 나사못을 조여줄 때 사용하는 공구이다.

3) 전공 칼

전선의 피복을 벗길 때나 그 밖의 배선공사시 간단한 절단에 사용하는 칼이다.

4) 와이어 스트리퍼

절연전선의 피복 절연물을 직각으로 벗기기 위한 자동공구로 도체의 손상을 방지하기 위하여 정확한 크기의 구멍을 선택하여 피복절연물을 벗겨야 한다.

5) 플라이어

금속관공사 등에서 나사나 로크너트, 볼트너트 등을 조여줄 때 사용하는 공구로 슬리브 접속 등과 같은 전선 접속 시에는 펜치의 대용으로 사용할 수 있다.

6) 스패너

볼트 너트나 로크너트 등을 조여주기 위한 공구로 너트의 크기에 따라 조절이 가능한 잉글리시스패너(English Spaner)와 멍키 스패너(Monkey Spaner)가 있다. 크기 조절이 불가능한 것을 스패너라한다.

7) 프레셔툴

전선 접속 시 사용하는 압착 단자 등을 압착시키기 위한 공구이다.

8) 파이프렌치

금속관공사 시 금속관을 커플링을 이용하여 접속할 때 금속관과 커플링을 단단히 물고 조여줄 때 사용하는 공구로 작업 시에는 2개의 파이프 렌치가 필요하다.

9) 쇠톱

금속관이나 합성수지관과 같은 전선관이나 굵은 전선의 절단에 사용하는 공구로 쇠톱 날의 길이에 따라 20[cm], 25[cm], 30[cm]의 세 종류가 있다.

10) 클리퍼

펜치로 절단하기 힘든 $25[mm^2]$ 이상의 케이블 등과 같은 굵은 전선이나 철선, 볼트 등을 절단하기 위한 공구이다.

11) 파이프 커터

금속관이나 프레임 파이프 등을 절단하는 데 사용하는 공구로 금속관 등을 쉽게 절단할 수 있다는 장점이 있지만 관 안쪽 단면이 거칠어지는 단점도 있으므로 가급적이면 쇠톱을 이용하는 것이 좋다.

12) 파이프 바이스

금속관의 절단이나 나사내기를 할 때 관을 단단히 물고 고정시켜 주기 위한 공구이다.

13) 파이어 포트

전선 접속부의 납땜 시 납땜인두의 가열이나 납 물을 제조하기 위한 납땜 냄비를 가열하기 위한 일종의 화로이다.

14) 토치램프

전선 접속 시 땜납의 가열이나 합성수지관의 가공 시 가공부가열에 이용하는 가열 램프이다.

15) 오스터

금속관 공사 시 금속관의 끝단에서 나사를 내기위한 공구로 손잡이가 달린 랫치와 금속관에 나사를 내기위한 오스터 본체에 부착되어 있는 나사날인 다이스로 구성된다.

16) 리머

금속관이나 합성수지관을 쇠톱이나 파이프 커터를 이용하여 자른 후 관 끝부분에 남아있는 날카로운 부분을 매끈하게 다듬어 주기위한 공구로 클릭볼 등에 접속하여 사용한다.

17) 도래송곳

벽이나 나무판, 지지물, 목판 등에 구멍을 뚫을 때 사용하는 일종의 나사송곳이다.

18) 클릭 볼

금속관 등의 절단면을 다듬어 주기 위한 리머나 구멍을 뚫기 위한 도래송곳 등에 부착하여 회전 조작하기 위한 공구이다.

19) 비트

전동드릴 등에 끼워 나사못을 조이거나 콘크리트나 금속 등에 구멍을 뚫기 위해 연결하여 사용하는 것이다.

20) 히키

구부리고자 하는 금속관을 끼워서 조금씩 위치를 바꿔가며 구부리고자 하는 공구이다.

21) 벤더
구부리고자 하는 금속관을 구부릴 곳에 직접 대고 한 번에 목적한 각도로 관을 구부리고자 하는 공구이다.

22) 유압식 벤더
히키나 벤더 등을 이용하여 구부릴 수 없는 굵은 전선관 등을 유압을 이용하여 구부리기 위한 공구이다.

23) 녹아웃 펀치(홀소와 같은 용도)
배전반이나 분전반 등의 금속제 캐비닛의 구멍을 확대하거나 철판의 구멍 뚫기에 사용하는 공구로 그 크기에 따라 15, 19, 25[mm] 등이 있다. (천공기라고도 함)

24) 드라이브 이트
화약의 폭발력을 이용하여 콘크리트 벽 등에 구멍을 뚫어 핀을 강제적으로 박기 위한 공구로 취급자는 안전을 위하여 보안 훈련을 받아야 한다.

25) 피시 테이프
전선관에 전선을 1가닥 넣을 때 사용한다.

26) 철망 그래프
전선관에 전선을 여러 가닥 넣을 때 사용한다.

제03장_ 전기설비
출제예상문제

01 다음 개폐기 중 DPST는?

① 단극 쌍투형　② 2극 쌍투형
③ 단극 단투형　④ 2극 단투형

🔍 DPST(double pole single throw)는 2극 단투형이다.

02 가정용 전등에 사용되는 점멸스위치를 설치하여야 할 위치에 대한 설명으로 가장 적당한 것은?

① 접지측 전선에 설치한다.
② 중성선에 설치한다.
③ 부하의 2차 측에 설치한다.
④ 전압측 전선에 설치한다.

🔍 가정용 전등에 사용되는 점멸스위치는 전압측 전선에 설치한다.

03 공장·사무실·학교·상점 등의 옥내에 시설하는 전등은 부분조명이 가능하도록 시설하여야 하는데 이때 전등군은 몇 등 기구 이내로 하는 것이 바람직한가?

① 6　② 8
③ 10　④ 12

🔍 공장·사무실·학교·상점 등의 옥내에 시설하는 전등은 부분조명이 가능하도록 시설하여야 하는데 이때 전등군은 6등 기구 이내로 하는 것을 원칙으로 한다.

04 조명용 백열전등을 호텔 또는 여관 객실의 입구에 설치할 때나 일반 주택 및 아파트 각 실의 현관에 설치할 때 사용되는 스위치는?

① 타임스위치　② 누름버튼스위치
③ 토글스위치　④ 로터리스위치

🔍 호텔 또는 여관 객실 입구에는 1분 이내 소등, 일반 주택 및 아파트 현관 입구에는 3분 이내 소등할 수 있는 타임스위치를 시설한다.

05 조명용 백열전등을 일반주택 및 아파트 각 호실에 설치할 때 현관 등은 최대 몇 분 이내에 소등되는 타임스위치를 시설하여야 하는가?

① 1　② 2
③ 3　④ 4

🔍 조명용 백열전등을 일반주택 및 아파트 각 호실에 설치할 때 현관 등은 최대 3분 이내에 소등되는 타임스위치를 시설하여야 한다.

06 호텔 또는 여관 각 객실의 입구에 조명용 백열전등을 설치할 경우 몇 분 이내에 소등되는 타임스위치를 시설하여야 하는가?

① 1분　② 2분
③ 3분　④ 5분

🔍 호텔 또는 여관 각 객실의 입구에 조명용 백열전등을 설치할 경우 1분 이내에 소등되는 타임스위치를 시설하여야 한다.

07 손잡이를 상반되는 두 방향에 조작함으로써 접촉자를 개폐하는 스위치는?

① 로터리스위치
② 텀블러스위치
③ 누름 버튼스위치
④ 코드스위치

🔍 손잡이를 상반되는 두 방향에 조작함으로써 접촉자를 개폐하는 스위치는 텀블러스위치이다.

08 저항선 또는 전구를 직렬이나 병렬로 접속 변경하여 발열량 또는 광도를 조절할 수 있는 스위치는?

① 로터리스위치　② 텀블러스위치
③ 나이프스위치　④ 풀스위치

🔍 저항선 또는 전구를 직렬이나 병렬로 접속 변경하여 발열량 또는 광도를 조절 할 수 있는 스위치는 로터리스위치이다.

정답　01 ④　02 ④　03 ①　04 ①　05 ③　06 ①　07 ②　08 ①

09 캐노피 스위치는?

① 코드 끝에 붙이는 점멸기
② 코드 중간에 붙이는 점멸기
③ 전등기구의 플랜지에 붙이는 점멸기
④ 벽에 매입시킨 스위치

🔍 캐노피 스위치는 전등기구의 플랜지에 붙이는 점멸기이다.

10 소형 전기 기구의 코드 중간에 쓰는 개폐기는?

① 플루트스위치   ② 캐노피 스위치
③ 컷아웃스위치   ④ 코드스위치

🔍 소형 전기 기구의 코드 중간에 쓰는 개폐기는 코드스위치이다.

11 다음 중 부하를 개폐하기 위해 코드 선단에 붙이는 스위치는?

① 펜던트스위치   ② 텀블러스위치
③ 캐노피 스위치 ④ 로터리스위치

🔍 부하를 개폐하기 위해 코드 선단에 붙이는 스위치는 펜던트스위치이다.

12 전환 스위치의 종류로 한 개의 전등을 두 곳에서 자유롭게 점멸 할 수 있는 스위치는?

① 펜던트스위치   ② 3로 스위치
③ 코드스위치   ④ 단로 스위치

🔍 전환 스위치의 종류로 한 개의 전등을 두 곳에서 자유롭게 점멸 할 수 있는 스위치는 3로 스위치이다.

13 다음 중 3로 스위치를 나타내는 그림 기호는?

① ●EX   ② ●₃
③ ●2P   ④ ●15A

🔍 ●EX : 방폭형 점멸기
●₃ : 3로 스위치
●2P : 2극 점멸기
●15A : 15[A] 이하용 점멸기

14 전등 한 개를 2개소에서 점멸하고자할 때 옳은 배선은?

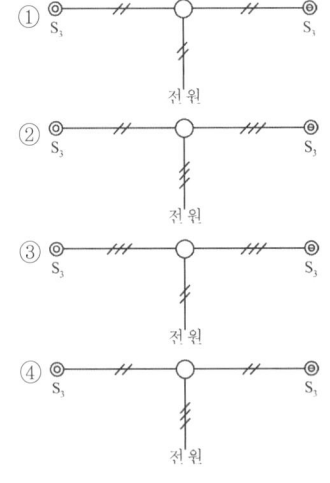

15 다음 심벌의 명칭은?

① 과전압 계전기
② 환풍기
③ 콘센트
④ 룸 에어콘

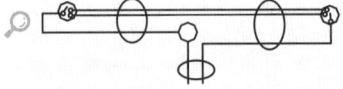

🔍 그림의 심벌은 콘센트의 심벌이다.

16 다음 중 방수형 콘센트의 심벌은?

①   ②   ③   ④

🔍 방수형 콘센트의 심벌은 ③이다.

17 하나의 콘센트에 둘 또는 세 가지의 기계 기구를 끼워서 사용할 때 사용되는 것은?

① 노출형 콘센트   ② 키리스 소켓
③ 멀티 탭   ④ 아이언 플러그

🔍 하나의 콘센트에 둘 또는 세 가지의 기계 기구를 끼워서 사용할 때 사용되는 것은 멀티 탭이다.

정답 09 ③ 10 ④ 11 ① 12 ② 13 ② 14 ③ 15 ③ 16 ③ 17 ③

18 코드 길이가 짧을 때 연장하여 사용하는 것으로, 익스텐션 코드(extension cord)라고도 부르는 것은?

① 아이언 플러그(iron plug)
② 작업등(extension light)
③ 테이블 탭(table tap)
④ 멀티 탭(multi tap)

🔍 코드 길이가 짧을 때 연장하여 사용하는 것으로, 익스텐션 코드(extension cord) 라고도 부르는 것은 테이블 탭(table tap)이다.

19 코드 없이 천정이나 벽에 붙이는 일종의 배선재료이며 주 용도는 실링라이트 속이나문, 변소 등의 글러브 안에 붙이게 되는 것은?

① 로제트(rosette)
② 콘센트(consent)
③ 리셉터클(receptacle)
④ 소켓(socket)

🔍 코드 없이 천정이나 벽에 붙이는 일종의 배선재료이며 주 용도는 실링라이트 속이나 문, 변소 등의 글러브 안에 붙이게 되는 것은 리셉터클이다.

20 다음 중 천장에 코드를 매달기 위해 사용하는 소켓은?

① 리셉터클   ② 로제트
③ 키 소켓   ④ 키리스 소켓

🔍 천장에 코드를 매달기 위해 사용하는 소켓은 로제트이다.

21 먼지가 많은 장소의 로제트에는 어떻게 해야 하는가?

① 자기 제에 한하여 퓨즈를 넣는다.
② 반드시 퓨즈를 넣는다.
③ 퓨즈를 넣지 않는다.
④ 뚜껑이 흔들리지 않는 구조의 것에 한하여 퓨즈를 사용한다.

🔍 먼지가 많은 장소의 로제트 안에는 절대로 퓨즈를 넣지 않는다.

22 다음 중 소형 소켓에 알맞은 전구는?

① 300[W] 의 전구
② 150[W] 의 전구
③ 사인 전구
④ 장식용 전구

🔍 • 소형 소켓 전구 : 150[W]의 전구
• 대형 소켓 전구 : 300[W]의 전구

23 옥내 조명기구를 시설할 때 그 중량이 3[kg] 이하인 경우 이용하는 설비는 다음 어느 것인가?

① 코드 펜던트
② 다운 라이트
③ 파이프 펜던트
④ 체인 펜던트

🔍 옥내 조명기구를 시설할 때 그 중량이 3[kg] 이하인 경우 이용하는 설비는 코드 펜던트이다.

24 다음 중 전선의 굵기를 측정하는 공구는?

① 권척
② 메거
③ 와이어 게이지
④ 와이어 스트리퍼

🔍 • 권척 : 줄자
• 메거 : 절연 저항 측정
• 와이어 게이지 : 전선 굵기 측정
• 와이어 스트리퍼 : 전선 피복 제거

25 어미자와 아들자의 눈금을 이용하여 두께, 안지름 및 바깥지름 측정용에 사용하는 것은?

① 버니어 캘리퍼스
② 스패너
③ 와이어 스트리퍼
④ 잉글리시 스패너

🔍 어미자와 아들자의 눈금을 이용하여 두께, 깊이 안지름 및 바깥지름 측정용에 사 용하는 것은 버니어 캘리퍼스이다.

정답 18 ③ 19 ③ 20 ② 21 ③ 22 ② 23 ① 24 ③ 25 ①

26 절연전선의 피복 절연물을 벗기는 자동 공구의 명칭은?

① 와이어 스트리퍼　② 나이프
③ 파이어 포트　　　④ 클리퍼

🔍 절연전선의 피복 절연물을 벗기는 자동 공구의 명칭은 와이어 스트리퍼이다.

27 다음 중 전선의 슬리브 접속에 있어서 펜치와 같이 사용되고 금속관 공사에서 로크너트를 조일 때 사용하는 공구는 어느 것인가?

① 펌프 플라이어(Pump Plier)
② 히키(Hickey)
③ 비트 익스텐션(Bit Extension)
④ 클리퍼(Clipper)

🔍 전선의 슬리브 접속에 있어서 펜치와 같이 사용되고 금속관 공사에서 로크너트를 조일 때 사용하는 공구는 펌프 플라이어(Pump Plier)이다.

28 전선에 압착 단자 접속 시 사용되는 공구는?

① 와이어 스트리퍼　② 프레셔툴
③ 클리퍼　　　　　　④ 니퍼

🔍 전선에 압착 단자 접속 시 사용되는 공구는 프레셔툴이다.

29 다음 중 금속관을 서로 접속할 때 사용하는 공구는?

① 파이프 렌치　② 파이프 커터
③ 파이프 밴더　④ 파이프 바이스

🔍 금속관을 서로 접속할 때 사용하는 공구는 파이프렌치이다.

30 펜치로 절단하기 힘든 굵은 전선을 절단할 때 사용하는 공구는?

① 스패너　　　　② 프레셔 툴
③ 파이프 바이스　④ 클리퍼

🔍 전선의 단면적이 22[mm²] 이상인 경우 전선 절단은 클리퍼를 이용한다.

31 쇠톱처럼 금속관의 절단이나 프레임 파이프의 절단에 사용하는 공구의 명칭은?

① 리머　　　　② 파이프 커터
③ 파이프 렌치　④ 파이프 바이스

🔍 쇠톱처럼 금속관의 절단이나 프레임 파이프의 절단에 사용하는 공구는 파이프 커터이다.

32 금속관 끝에 나사를 내는 공구는?

① 오스터　② 파이프 커터
③ 리머　　④ 스패너

🔍 금속관 끝에 나사를 내는 공구는 오스터이다.

33 금속관을 가공할 때 절단된 내부를 매끈하게 하기 위하여 사용하는 공구의 명칭은?

① 리머　　② 프레셔 툴
③ 오스터　④ 녹아웃 펀치

🔍 금속관을 가공할 때 절단된 내부를 매끈하게 하기 위하여 사용하는 공구는 리머이다.

34 배전반, 분전반 등에 구멍을 뚫을 때 필요한 공구는?

① 녹아웃 펀치　② 오스터
③ 파이프 커터　④ 파이프 렌치

🔍 배전반, 분전반 등에 구멍을 뚫을 때 필요한 공구는 녹아웃 펀치이다.

35 노크아웃펀치(knockout punch)와 같은 용도의 것은?

① 리머(remaer)　② 벤더(bender)
③ 클리퍼(cliper)　④ 홀쏘(hole saw)

🔍 노크아웃펀치(knockout punch)와 같은 용도의 것은 홀쏘이다.

정답　26 ①　27 ①　28 ②　29 ①　30 ④　31 ②　32 ①　33 ①　34 ①　35 ④

36 녹아웃 펀치와 같은 용도로 배전반이나 분전반 등에 구멍을 뚫을 때 사용하는 것은?

① 클리퍼(Cliper)
② 홀 소(hole saw)
③ 프레스 툴(press tool)
④ 드라이브이트 툴(driveit tool)

🔍 녹아웃 펀치와 같은 용도로 배전반이나 분전반 등에 구멍을 뚫을 때 사용하는 것은 홀 소(hole saw)이다.

37 화약의 폭발력을 이용하여 콘크리트에 구멍을 뚫는 공구는?

① 햄머 드릴
② 드라이브 이트
③ 카바이드 드릴
④ 익스텐션 볼트

🔍 화약의 폭발력을 이용하여 콘크리트에 구멍을 뚫는 공구는 드라이브 이트이다.

38 피시 테이프(fish tape)의 용도로 옳은 것은?

① 전선을 테이핑하기 위하여 사용된다.
② 전선관의 끝마무리를 위해서 사용된다.
③ 배관에 전선을 넣을 때 사용된다.
④ 합성수지관을 구부릴 때 사용된다.

🔍 피시 테이프는 배관에 전선을 한 가닥 넣을 때 사용한다.

39 금속관에 여러 가닥의 전선을 넣을 때 매우 편리하게 넣을 수 있는 방법으로 쓰이는 것은?

① 비닐전선
② 철망그래프
③ 접지선
④ 호밍사

🔍 금속관에 여러 가닥의 전선을 넣을 때 매우 편리하게 넣을 수 있는 방법으로 쓰이는 것은 철망그래프이다.

40 전기 공사에 사용하는 공구와 작업 내용이 잘못된 것은?

① 토치램프 – 합성수지 관 가공하기
② 홀소 – 분전반 구멍 뚫기
③ 와이어 스트리퍼 – 전선 피복 벗기기
④ 피시 테이프 – 전선관 보호

🔍 피시 테이프 – 전선관 내에 전선을 넣을 때 사용

41 금속 전선관 공사에 필요한 공구가 아닌 것은?

① 파이프 바이스
② 스트리퍼
③ 리머
④ 오스터

🔍 스트리퍼는 전선의 피복을 벗기는 공구이다.

정답 36 ② 37 ② 38 ③ 39 ② 40 ④ 41 ②

SECTION 03 옥내 배선 공사

STEP 01 저압 옥내 배선의 전압 및 전선

1. 전압의 종별

1) 전압의 구분
   ① 저압 : AC 1,000[V] 이하, DC 1,500[V] 이하의 전압
   ② 고압 : AC 1,000[V] 초과, DC 1,500[V] 초과하고, AC, DC 모두 7[kV] 이하의 전압
   ③ 특고압 : AC, DC 모두 7[kV] 초과의 전압

2) 공칭 전압에 의한 분류
   ① 저압 : 110[V], 220[V], 380[V], 440[V]
   ② 고압 : 3,300[V], 5,700[V], 6,600[V]
   ③ 특고압 : 11.4[kV], 22.9[kV], 154[kV], 345[kV], 765[kV]

2. 옥내전로의 대지전압

1) 주택의 옥내전로의 대지전압
   주택의 옥내전로의 대지전압은 300[V] 이하이어야 하며, 다음 각 호에 의한다(단, 대지전압 150[V] 이하인 경우는 예외로 한다.).
   ① 사용전압은 400[V] 이하일 것
   ② 전기 기계기구 및 옥내의 배선은 사람이 쉽게 접촉할 우려가 없도록 시설할 것
   ③ 주택의 전로 인입구는 인체감전보호용 누전차단기를 시설하여야만 한다.
   ④ 백열전등 또는 방전등용 안정기는 저압의 옥내 배선과 직접 접속하여 시설할 것
   ⑤ 백열전등의 전구 수구는 키나 그 밖의 점멸기구가 없는 것일 것
   ⑥ 정격소비전력이 3[kW] 이상인 전기기계기구를 옥내배선과 직접 접속시키고 이에 전기를 공급하는 전로는 전용의 개폐기 및 과전류 차단기를 시설할 것

2) 주택 이외의 옥내에 시설하는 백열전등 등의 옥내전로 대지전압
   주택 이외의 옥내에 시설하는 백열전등 또는 방전등에 전기를 공급하는 옥내전로 대지전압은 300[V] 이하여야 하며, 다음 각 호에 의한다.(단, 대지전압 150[V] 이하인 경우는 예외로 한다.)
   ① 백열전등 또는 방전등 및 이에 부속하는 전선은 사람이 접촉할 우려가 없도록 시설할 것
   ② 백열전등 또는 방전등용 안정기는 저압의 옥내 배선과 직접 접속하여 시설할 것

③ 백열전등의 전구수구는 키나 그 밖의 점멸기구가 없는 것일 것
④ 백열전등회로의 대지전압이 150[V]를 초과하는 경우는 고속형 누전차단기를 시설하는 것이 바람직하다.

3) 저압 배선의 전압 강하

인입구로부터 기기까지의 전압강하는 조명설비의 경우 3[%]이하로 할 것(기타설비의 경우 5[%] 이하로 할 것)

4) 3상 전선의 식별

상(문자)	색상
L1	갈색
L2	검은색
L3	회색
N	파란색
보호도체	녹색-노란색

3. 저압 옥내 배선의 전선

1) 옥내 배선의 중성선 및 접지측 전선의 표시
   ① 다선식 옥내 배선인 경우의 중성선(절연전선, 케이블 및 코드)은 흰색 또는 회색의 표시를 하여야 한다.
   ② 인입구에서 중성선(다선식인 경우) 또는 1선(2선식의 경우)을 접지한 옥내 배선은 흰색 또는 회색의 표시를 하여야 한다.

2) 옥내에 시설하는 저압전선은 반드시 절연전선을 사용하지만 다음 사항은 예외로 한다 (즉, 나전선을 사용하여도 된다).
   ① 애자사용 공사에 의하여 시설하는 경우로서 전기로용 전선이나 전선의 피복이 쉽게 부식하는 장소에 시설하는 전선, 또는 취급자 이외의 자가 출입할 수 없도록 설비한 장소에 시설한 전선
   ② 버스 덕트나 라이팅 덕트와 같이 나전선으로 배선하는 경우, 트롤리선을 시설하는 경우 또는 크레인 등의 접촉전선을 시설하는 경우

3) 저압 옥내 배선에 사용하는 전선은 단면적 2.5[mm²] 이상의 연동절연전선(단, OW제외)이거나 또는 도체의 단면적 1[mm²] 이상의 MI(미네랄 인슐레이션) 케이블일 것(단, 사용전압이 400[V] 미만이며, 다음 사항과 같을 때는 예외로 한다.)
   ① 전광표시장치, 출퇴표시등 또는 제어회로에는 1.5[mm²] 이상의 연동선을 사용하는 경우
   ② 전구선과 이동전선 및 진열장 내의 배선공사에 단면적 0.75[mm²] 이상의 코드 또는 캡타이어 케이블을 사용하는 경우
   ③ 엘리베이터 등의 승강로 내의 저압 옥내 배선으로서 엘리베이터용 케이블을 사용하는 경우

STEP 02 저압 옥내 배선 공사

전선 또는 케이블의 종류에 따른 배선설비의 설치방법 표에 따르며 외부적인 영향을 고려하여야 한다.

전선 및 케이블		설치방법							
		비고정	직접 고정	전선관	케이블트렁킹 (몰드형, 바닥 매입형 포함)	케이블 덕트	케이블 트레이 (래더, 브래킷 등 포함)	애자 사용	지지선
나전선		−	−	−	−	−	−	+	−
절연전선(b)		−	−	+	+(a)	+	−	+	−
케이블(외장 및 무기질절연물을 포함)	다심	+	+	+	+	+	+	△	+
	단심	△	+	+	+	+	+	△	+

+ : 사용할 수 있다.
− : 사용할 수 없다.
△ : 적용할 수 없거나 실용상 일반적으로 사용할 수 없다.

a 케이블트렁킹이 IP4X 또는 IPXXD급의 이상의 보호조건을 제공하고, 도구 등을 사용하여 강제적으로 덮개를 제거할 수 있는 경우에 한하여 절연전선을 사용할 수 있다.
b 보호 도체 또는 보호 본딩도체로 사용되는 절연전선은 적절하다면 어떠한 절연 방법이든 사용할 수 있고 전선관시스템, 트렁킹시스템 또는 덕트시스템에 배치하지 않아도 된다.

[설치방법에 해당하는 배선방법의 종류]

설치방법	배선방법
전선관시스템	합성수지관배선, 금속관배선, 가요전선관배선
케이블트렁킹시스템	합성수지몰드배선, 금속몰드배선, 금속덕트배선(a)
케이블덕트시스템	플로어덕트배선, 셀룰러덕트배선, 금속덕트배선(b)
애자사용방법	애자사용배선
케이블트레이시스템(래더, 브래킷 포함)	케이블트레이배선
고정하지 않는 방법, 직접 고정하는 방법, 지지선 방법(c)	케이블배선

a 금속본체와 커버가 별도로 구성되어 커버를 개폐할 수 있는 금속덕트를 사용한 배선방법을 말한다.
b 본체와 커버 구분없이 하나로 구성된 금속덕트를 사용한 배선방법을 말한다.
c 비고정, 직접고정, 지지선의 경우 케이블의 시설방법에 따라 분류한 사항이다.

1. 애자사용 공사

절연성, 난연성, 내수성이 있는 애자에 전선을 지지하여 전선이 조영재, 기타 물질에 접촉할 우려가 없도록 배선하는 것을 애자사용공사라 한다.

1) 사용전선

절연전선일 것(단, 옥외용 비닐절연전선(OW), 인입용 비닐절연전선(DV)은 제외)

2) 전선의 이격거리

① 전선 상호간 간격은 6[cm] 이상일 것

② 전선과 조영재 사이의 이격거리는 사용전압이 400[V] 이하인 경우는 2.5[cm] 이상, 400[V] 초과인 경우는 4.5[cm] 이상(단, 건조한 장소인 경우 2.5[cm] 이상)일 것
③ 전선의 지지점간 거리는 전선을 조영재 윗면 또는 옆면에 따라 붙일 경우 2[m] 이하일 것
(단, 400[V] 초과인 경우로서 조영재에 따르지 않는 경우 6[m] 이하도 가능)

애자 사용 공사에 의한 고압 옥내 배선
- 전선 상호간 이격거리 : 8[cm] 이상
- 전선과 조영재와의 이격거리 : 5[cm] 이상

2. 합성수지몰드 공사

1) 시설장소 및 사용전압
   ① 전개된 장소나 은폐장소로서 점검할 수 있는 건조한 장소에 시설한다.
   ② 사용 전압은 400[V] 이하이어야 한다.

2) 몰드의 구성 및 구비조건
   ① 몰드 두께 : 2.0[mm] 이상의 합성수지(베이스와 뚜껑으로 구성)
   ② 몰드 홈의 폭 및 깊이 : 3.5[cm] 이하(단, 사람의 접촉우려가 없는 경우 5[cm] 이하도 가능하다.)

3) 시설원칙
   ① 전선은 절연전선을 사용할 것(단, OW는 제외)
   ② 몰드 안에는 전선의 접속점이 없도록 할 것
   ③ 몰드 안에 비닐절연외장 케이블이나 캡타이어 케이블을 넣어 시설하는 경우 케이블 공사로 취급한다.

3. 합성수지관 공사

1) 시설장소
   열적 영향을 받을 우려가 있는 곳이나 기계적 충격에 의한 외상을 받기 쉬운 장소를 제외한 모든 전개된 장소나 은폐된 장소 어느 곳에나 시설이 가능하다.

2) 합성수지관의 크기 및 호칭(합내짝)
   ① 합성수지관의 크기 : 관의 안지름(내경)에 가까운 짝수
   ② 표준길이 : 4[m]
   ③ 종류 : 14, 16, 22, 28, 36, 42, 54, 70, 82[mm]

합성수지관의 최소두께 : 2[mm] 이상

3) 시설원칙
   ① 전선 선정 및 시공 시 주의 사항

⑦ 전선은 절연전선일 것(단, OW는 제외)
㉯ 전선은 연선일 것(단, 단선일 경우 10[mm²] 이하도 가능)
㉰ 관 안에는 전선의 접속점이 없을 것
㉱ 습기나 물기가 많은 장소 등에서는 방습장치를 할 것

② 합성수지관 구부리기
⑦ 토치램프를 이용 구부리고자 하는 부분을 적당히 가열한 다음 천천히 원하는 각도로 구부려준다.
㉯ 구부리고자하는 관 각도가 90°일 경우 곡률 반지름은 최소 관 안지름의 6배 이상으로 한다.

③ 합성수지관 접속
⑦ 커플링(1, 2호)에 의한 것과 토치램프를 이용한 가열 삽입접속이 있다.
㉯ 관 상호, 관과 박스의 접속 시 관의 삽입 깊이는 관 바깥지름의 1.2배 이상(단, 접착제 사용의 경우 0.8배)으로 꽂음 접속에 의하여 견고하게 접속한다.

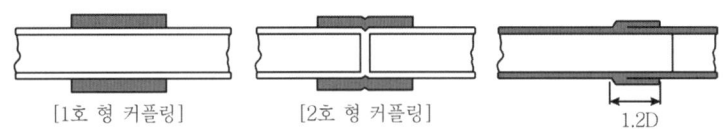

[1호 형 커플링]   [2호 형 커플링]   1.2D

④ 합성수지관의 지지
새들을 이용하여 지지하는 경우 그 지지 점간 거리는 1.5[m] 이하이지만 관 끝이나 박스 부근에서는 0.3[m] 이하에서 지지한다.

⑤ 합성수지관 내 전선 단면적
⑦ 서로 다른 굵기의 절연전선을 동일 관내에 삽입하는 경우 전선 절연물을 포함한 전선 전체단면적이 관내 총 단면적의 32[%] 이하가 되도록 한다.
㉯ 관의 굴곡이 적어 쉽게 전선을 인입 및 교체가 가능하면서, 전선 굵기가 10[mm²] 이하로서 동일한 굵기인 경우 48[%] 이하까지 가능하다.

4) 합성수지관 공사의 특징(금속관과의 비교)
① 장점
⑦ 무게가 가볍고 시공이 쉽다.
㉯ 관 자체가 절연물이므로 누전의 우려가 없다.
㉰ 내식성이 크므로 약품 등에 의한 부식의 우려가 적다.
② 단점
⑦ 금속관에 비하여 기계적 강도가 약하므로 외상을 받을 우려가 많다.
㉯ 온도 변화에 따른 신축작용이 커서 고온이나 저온 등에서 파열될 우려가 크다.

5) 합성수지관 배선 (예)(내선규정 그림 2220-1)

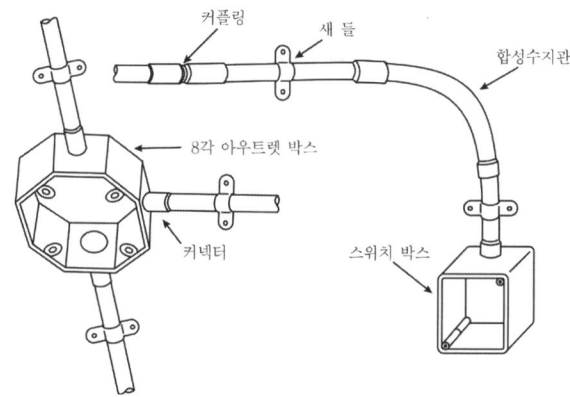

6) 합성수지관 공사 부속품
① 아웃트렛박스 : 배관 도중에서 조명 기구나 콘센트, 점멸기 등에 공급하는 전기를 인출하기 위하여 설치하는 박스
② 스위치 박스 : 점멸기를 부착하기 위한 박스
③ 커넥터 : 관과 박스를 접속하기 위한 것(1호, 2호가 있음)
④ 커플링 : 합성수지관 상호간을 접속하기 위한 것
⑤ 노멀 밴드 : 배관 공사 시 직각으로 구부러지는 곳에서 관 상호간을 접속하기 위한 것
⑥ 부싱 : 배관 공사 시 관 끝단에 부착하여 전선의 절연 피복을 보호하기 위한 것
⑦ 엔트런스 캡(우에사캡) : 배관 공사 시 인입구나 인출구의 관 끝단에 설치하여 빗물의 침투를 막기 위한 것
⑧ 터미널 캡(서비스캡) : 전동기에 접속하거나 애자사용 공사로 넘어가는 장소에서 관 끝단에 설치하여 전선피복 절연물을 보호하기 위한 것

4. 금속몰드 공사

1) 시설장소 및 사용전압

외상을 받을 우려가 없는 전개된 건조한 장소나 점검할 수 있는 은폐 장소 등에 시설하는 공사로 사용전압은 400[V] 이하이어야 한다.

2) 몰드 구성 및 구비 조건
① 두께 0.5[mm] 이상의 연강 판으로 만든 베이스와 뚜껑으로 구성되어 있으며 몰드홈의 폭 및 깊이는 5[cm] 이하로 한다.
② 몰드에는 황동제 또는 동제의 몰드는 폭 50mm 이하, 두께 0.5mm 이상일것.

3) 시설원칙
① 전선은 절연전선일 것(단, OW전선은 제외한다.)
② 몰드 안에서 전선의 접속점이 없도록 할 것(단, 전선을 분기하는 경우 접속점을 쉽게 점검할 수 있도록 하는 경우에는 제외한다.)

③ 접지설비를 할 것
④ 1종 금속 몰드 공사 시 동일 몰드 내에 넣는 전선 수는 최대 10본 이하로 할 것
⑤ 2종 금속 몰드에 넣는 전선 수는 전선의 피복절연물을 포함한 단면적의 총합계가 해당 몰드 내 단면적의 20[%] 이하로 할 것
⑥ 금속 몰드의 지지 점간의 거리는 1.5[m] 이하가 바람직하다.

4) 금속몰드 공사 부속품
① 콤비네이션 커플링 : 금속몰드와 금속관을 접속하기 위한 것
② 플랫 엘보(1종) : 평면에서 90°로 구부러지는 곳에서 몰드 상호간을 접속하기 위한 것
③ 부싱 : 몰드 끝단에 부착하여 전선을 보호하기 위한 것
④ 접지 클램프 : 몰드의 접지 공사 시 사용하는 접속기구
⑤ 정크션 박스 : 몰드의 분기점에서 전선을 접속하기 위한 것

5. 금속관 공사

1) 시설장소
전개된 장소나 은폐된 장소 어느 곳에서나 시설이 가능하며 물기가 있는 장소, 먼지가 있는 장소에도 시설할 수 있다.

2) 금속관 크기 및 호칭
① 후강전선관(후내짝) : 두께 2.3[mm] 이상의 두꺼운 전선관
  ㉮ 관의 호칭 : 관 안지름의 크기에 가까운 짝수
  ㉯ 관의 종류(10종류) : 16, 22, 28, 36, 42, 54, 70, 82, 92, 104[mm]
  ㉰ 관의 표준길이 : 3.6[m]
② 박강전선관(박외홀) : 두께 1.2[mm] 이상의 얇은 전선관
  ㉮ 관의 호칭 : 관 바깥지름의 크기에 가까운 홀수
  ㉯ 관의 종류(8종류) : 15, 19, 25, 31, 39, 51, 63, 75[mm]
  ㉰ 관의 표준길이 : 3.6[m]

3) 시설원칙
① 전선의 선정 및 시설 시 주의 사항
  ㉮ 전선은 절연전선일 것(단, OW는 제외)
  ㉯ 전선은 연선일 것(단, 단선일 경우 10[mm^2] 이하도 가능)
  ㉰ 관 안에는 전선의 접속점이 없도록 할 것
  ㉱ 옥내배선 공사 시 회로사용 전압은 저압일 것
  ㉲ 금속관을 콘크리트 등에 매입하는 경우 그 두께는 1.2[mm] 이상일 것
② 금속관의 나사내기
나사내려는 금속관을 파이프 바이스를 이용하여 고정시킨 다음 오스터나 다이스 등을 이용하여 나사부의 각도를 약 80°정도로 하여 나사를 낸다.
③ 금속관의 절단 및 다듬기

㉮ 금속관 절단 : 절단하려는 금속관을 파이프바이스 등을 이용하여 고정시킨 다음 쇠톱이나 파이프 커터 등을 이용하여 절단한다.

㉯ 금속관 다듬기 : 금속관 절단 시 절단 부분에 발생하는 거친 부분에 대한 전선 피복 손상 방지를 위해 리머나 펜치 등을 이용하여 다듬어 준다.

④ 금속관 구부리기

㉮ 금속관 구부리기 : 28[mm] 이하의 가는 전선관은 히키나 밴더를 이용하지만, 그 이상의 굵은 전선관에서는 주로 유압식 밴더를 이용한다.

㉯ 금속관 굴곡 반경 : 구부러진 금속관의 굴곡 반지름은 관 안지름의 6배 이상으로 한다.

㉰ 16[mm] 금속전선관의 나사내기를 할 때, 반 직각 구부리기를 한 곳의 나사산은 3~4산이고 금속관을 직각 구부리기 할 때, 굽힘 반지름 $r = 6d + \dfrac{D}{2}$(d : 금속관의 안지름, D : 금속관의 바깥지름)이다.

⑤ 금속관의 접속

㉮ 금속관 상호간의 접속은 커플링이나 나사 없는 커플링을 이용하여 접속할 것(단, 금속관이 고정되어 있어 금속관을 회전시킬 수 없는 경우에는 유니온 커플링이나 보내기 커플링 등을 이용하여 접속할 것)

㉯ 커플링에 삽입하는 관의 깊이는 관 바깥지름의 1.2배 이상으로 할 것

㉰ 금속관과 박스 기타 이와 유사한 것 등을 접속할 때에는 로크너트 2개를 사용하여 박스나 캐비넷 양쪽 접속부분을 단단히 고정할 것

> **용어해설**
> - 로크너트 : 박스에나 캐비넷에 금속관을 고정할 때 사용하는 접속기구
> - 링리듀서 : 박스나 캐비넷에 금속관 고정 시 노크아웃 지름이 금속관의 지름보다 클 경우 박스나 캐비넷 내외 양측에 부착 사용하는 보조접속기구
> - 절연부싱 : 박스나 캐비넷 안에서 전선의 절연 피복을 보호하기 위하여 금속관 끝단에 부착하여 사용하는 전선보호기구

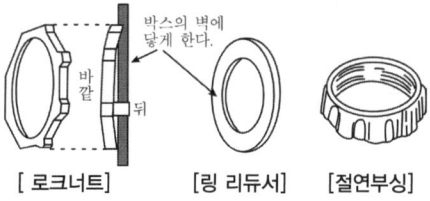

[로크너트] [링 리듀서] [절연부싱]

⑥ 금속관에 전선 넣기

박스 간의 거리가 짧고 관의 굴곡이 적은 경우에는 직접 전선을 밀어 넣어 뽑아내지만 일반적으로 피시테이프나 철망그래프 등을 이용하여 그 끝에 전선을 묶은 다음 잡아당겨 뽑아낸다.

* 피시테이프 : 폭 3.2~6.4[mm], 두께 0.8~1.5[mm] 정도의 평각강철선

⑦ 금속관에 넣는 전선 단면적

㉮ 서로 다른 굵기의 절연전선을 동일 관내에 삽입하는 경우 전선 절연물을 포함한 전선 전체단면적이 관내 총 단면적의 32[%] 이하가 되도록 한다.

㉯ 관의 굴곡이 적어 쉽게 전선을 인입 및 교체가 가능하면서, 전선 굵기가 10[mm²] 이

하로서 동일한 굵기인 경우 48[%] 이하까지 삽입할 수 있다.
㉰ 교류회로에서는 전선 1가닥만을 1개의 금속관에 넣어 시설하면 관내에 흐르는 부하전류에 의한 자력선의 변화로 기전력이 유도되어 금속관을 가열시킬 우려가 있으므로 반드시 1회로의 전선 전부를 동일관내에 시설하여 자력선의 방향이 서로 반대가 되어 상쇄시키도록 한다. : 전자적 불 평형 방지

[교류회로의 금속관 배선]

⑧ 관 끝의 전선보호
금속관 끝 부분에서 전선의 인입이나 교환 시 발생할 수 있는 전선 피복 손상 방지를 위해 사용 장소에 따라 다음과 같은 보호 기구를 시설한다.
㉮ 절연부싱 : 박스나 캐비넷 안에서 전선의 절연 피복을 보호하기 위하여 금속관 끝단에 부착하여 사용하는 전선보호기구
㉯ 엔트런스 캡(우에사 캡) : 저압 가공 인입선의 인입구에서 빗물의 침입 방지용으로 사용된다.
㉰ 터미널 캡(서비스 캡) : 저압 가공 인입선에서 금속관 공사로 옮겨지는 곳 또는 금속관으로부터 전선을 뽑아 전동기 단자부근에 접속하는 곳

> **참고 배관 부속설비**
> • 노멀 밴드 : 매입이나 노출배관에서 금속관의 굴곡부에서의 관 상호간의 접속을 위한 접속기구
> • 유니버셜 엘보 : 노출배관에서 배관이 직각으로 구부러지는 경우 사용하는 접속 기구

⑨ 습기나 물기가 많은 장소에서의 배관공사
금속관을 습기, 물기가 많은 장소나 비에 젖을 우려가 있는 장소 등에 시설하는 경우 관 내부에 물이 스며들거나 고이지 않도록 시설하고 필요에 따라서 그 배수방법을 강구하여 시설한다.
㉮ 박스나 기타 부속품은 U자형이나 방수형의 것을 사용하고, 필요에 따라서는 패킹 등을 부착할 것
㉯ 관 상호간의 접속 부는 나사 있는 커플링을 사용하고 배관에는 방수, 방식성 도료를 칠할 것
㉰ 배수방법이 없어 그 최대부에 물이 고일 우려가 있는 U자형 배관은 가급적 피할 것
㉱ 배수구의 설치는 배관 시 가장 낮고, 가장 적절한 장소에 시설할 것
• 수평배관 : 배수되는 쪽으로 기울여 시설하면서 그 최대부에 배수구멍을 설치한다.
• U자형 배관 : 그 최대부에 유니버설 엘보 등을 이용하여 배수구멍을 설치한다.
• 수직배관 : 그 최대부에 뚜껑 있는 엘보 등을 이용하여 배수구멍을 설치한다.

⑩ 접지공사
사용전압에 따라 금속관 및 그 부속품 등에는 접지공사를 실시하며, 금속관과 접지선의 접속은 접지클램프를 이용하거나 기타 적당한 방법에 의하여 접속한다.

6. 가요전선관 공사

두께 0.8[mm] 이상 연강대에 아연 도금을 한 다음, 이것을 약 반폭씩 겹쳐서 나선모양으로 감아 만들어 자유로이 구부러지게 한 제 1종(플랙시블 콘디트)과 테이프 모양의 납 도금을 한 금속편과 파이버를 조합하여 내수성 및 가요성을 가지도록 제작한 제 2종 가요전선관(플리커 튜브)이 있다.

1) 시설장소

① 제 1종 가요전선관 : 노출장소나 점검 가능한 은폐장소로서 건조한 장소에 한하여 사용할 수 있으며 옥내배선 사용전압이 400[V] 초과인 경우에는 전동기의 접속과 가요성을 요하는 부분에 한 한다.

② 제 2종 가요전선관 : 저압 옥내 배선 공사를 실시하는 모든 장소에 시설 가능하다.

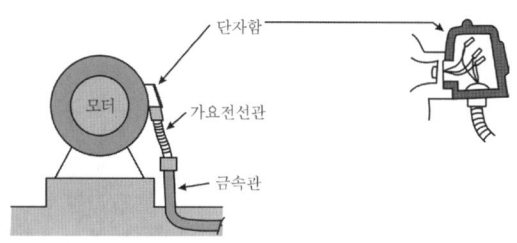

[전동기에 접속하는 제 1종 가요전선관(예)]

2) 제 2종 가요전선관의 크기 및 호칭

① 가요전선관의 호칭 : 관 안지름에 가까운 크기
② 관의 종류(12종) : 10, 12, 15, 17, 24, 30, 38, 50, 63, 76, 83, 101[mm]

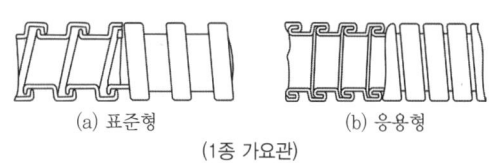

(a) 표준형　　(b) 응용형
(1종 가요관)

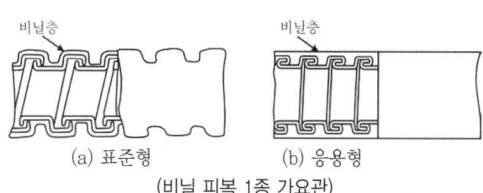

(a) 표준형　　(b) 응용형
(비닐 피복 1종 가요관)

- 외 층 : 금속조편
- 중간층 : 금속 조편
- 내 층 : 비금속 조편

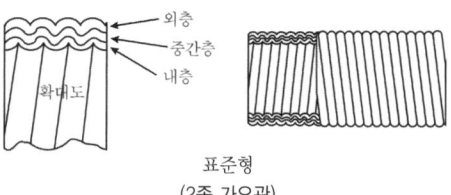

표준형
(2종 가요관)

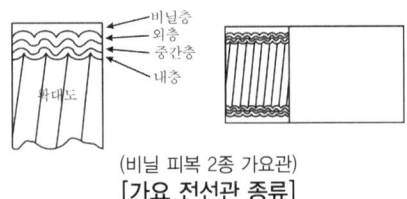

(비닐 피복 2종 가요관)
[가요 전선관 종류]

3) **시설원칙**
   ① 전선의 선정 및 시공 시 주의사항
      ㉮ 전선은 절연전선일 것(단, OW는 제외)
      ㉯ 전선은 연선일 것(단, 단선일 경우 절연전선은 단면적 10[mm²] 이하, 알루미늄 전선은 단면적 16[mm²] 이하까지 가능)
      ㉰ 전선관은 제 2종 금속제 가요전선관으로 관 안에서는 전선의 접속점이 없도록 할 것
   ② 가요전선관 구부리기
      ㉮ 제 1종 가요관의 굴곡 반경 : 관안지름의 6배 이상으로 한다.
      ㉯ 제 2종 가요관으로 노출장소 또는 점검 가능한 은폐 장소에서 관을 제거하는 것이 자유로운 장소에 설치한 가요관의 굴곡 반경은 관 안지름의 3배 이상으로 한다.
      ㉰ 제 2종 가요관으로 노출장소 또는 점검 가능한 은폐 장소에서 관을 시설하고 제거하는 것이 어렵거나 점검 불가능한 장소에 설치한 가요관의 굴곡반경은 관안지름의 6배 이상으로 한다.
   ③ 가요전선관의 접속
      ㉮ 스플릿 커플링 : 가요전선관 상호간의 접속
      ㉯ 콤비네이션 커플링 : 가요전선관과 금속관의 접속(이종(異種) 접속)
      ㉰ 스트레이트박스 커넥터 : 가요전선관과 박스 또는 가요전선관과 캐비넷과의 접속 시 전선관이 곧 바르게 나올 때
      ㉱ 앵글박스 커넥터 : 가요전선관과 박스 또는 가요전선관과 캐비넷과의 접속 시 전선관이 직각으로 꺽어져 나올 때

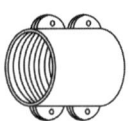 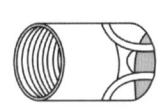 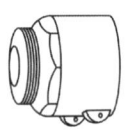 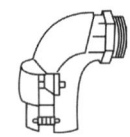

[스플릿커플링]　**[콤비네이션커플링]**　**[스트레이트박스커넥터]**　**[앵글박스커넥터]**

   ④ 가요전선관의 지지
      새들을 이용하여 지지하는 경우, 그 지지점간의 거리는 다음사항에 의하면서 공사상 부득이한 경우에는 지지하지 않아도 된다.
      ㉮ 조영재의 측면 또는 하면에 수평방향으로 시설하는 경우 : 1[m] 이하
      ㉯ 사람이 접촉될 우려가 있는 경우 : 1[m] 이하
      ㉰ 기타의 경우 : 2[m] 이하

⑤ 가요전선관 내의 전선단면적

서로 다른 굵기의 절연전선을 동일관내에 삽입하는 경우의 관 굵기는 전선 절연물을 포함한 단면적의 총합계가 관내 단면적의 32[%] 이하가 되도록 할 것(단, 전선 굵기가 동일하면서 관의 굴곡이 심하지 않아 쉽게 전선을 교체할 수 있는 경우 48[%]까지 삽입 가능)

7. 덕트 공사

1) 금속 덕트 공사

폭 5[cm]를 넘고 두께 1.2[mm] 이상인 강판 또는 동등 이상의 세기를 가지는 금속제로 제작한 함으로 산화 방지를 위해 아연 도금을 하거나 에나멜 등으로 피복하여 사용한다.

MD : 금속 덕트의 심벌

① 시설 장소

옥내 건조한 장소, 노출 장소 또는 점검 가능한 은폐 장소에 한하여 시설할 수 있으며 주로 공장, 빌딩의 간선 등과 같은 다수의 전선을 수용하는 장소에 시설한다.

② 시설 원칙
- ㉮ 전선은 절연전선일 것(단, OW전선은 제외)
- ㉯ 덕트 내에서는 전선의 접속점이 없도록 할 것(단, 전선을 분기하는 경우로서 그 접속점을 쉽게 점검할 수 있는 경우에는 접속이 가능하다.)
- ㉰ 덕트에 넣는 전선은 절연물을 포함한 단면적의 총합이 덕트 내부 단면적의 20[%] 이하가 되도록 하며 동일 덕트 내에 넣는 전선은 30본 이하로 할 것(단, 제어회로나 출퇴근 표시등의 배선에 사용하는 전선만을 넣는 경우에는 50[%] 이하도 가능)
- ㉱ 덕트의 지지점간 거리는 3[m] 이하로 할 것(단, 취급자 이외에는 출입할 수 없는 곳에서 수직으로 설치하는 경우 6[m] 이하까지도 가능)
- ㉲ 덕트의 끝 부분은 수분, 먼지 등의 침입 방지를 위하여 밀폐시켜야 한다.

2) 버스 덕트 공사

철판제의 덕트 안에 단면적 20[mm²] 이상의 평각구리선이나 지름 5[mm] 이상의 관이나 둥근 막대 모양의 나동봉 도체, 또는 30[mm²] 이상인 평각 알루미늄 선을 자기제 절연물로 간격 50[cm] 이하마다 지지하여 만든 덕트

① 버스덕트의 종류

종류	형식	비고
피더 버스 덕트	옥내용	도중에 부하를 접속하지 아니한 것
플러그인 버스 덕트		도중에 부하접속용으로서 꽂음 플러그를 만든 것
트롤리 버스 덕트		도중에 이동 부하를 접속할 수 있도록한 것

② 시설장소

옥내의 건조한 장소로서 누출장소, 점검 가능한 은폐장소에 한하여 시공할 수 있다.

③ 시설원칙
- ㉮ 덕트의 지지 점간거리는 3[m] 이하로 할 것(단, 취급자 이외에는 출입할 수 없는 곳에서 수직으로 설치하는 경우 6[m] 이하까지도 가능)
- ㉯ 덕트나 전선 상호간은 견고하고 전기적으로 완전하게 접속할 것
- ㉰ 덕트의 끝 부분은 밀폐하여 먼지의 침입을 방지할 것

3) 플로어 덕트 공사

강철제 덕트를 콘크리트 바닥 지면에 부설하는 방식으로 바닥면의 원하는 장소에서의 전화선이나 콘센트 전원을 인출하기 위하여 시설하는 덕트

① 시설 장소

옥내의 건조한 콘크리트 또는 신더(Cinder)콘크리트 플로어 내에 매입할 경우에 한하여 시설할 수 있다.

② 시설 원칙
- ㉮ 전선은 절연전선일 것(단, OW전선은 제외)
- ㉯ 전선은 연선일 것(단, 단선일 경우 10[mm^2] 이하까지도 가능)
- ㉰ 전선의 접속은 반드시 전용의 접속함 내에서 할 것(단, 전선을 분기하는 경우로서 그 접속점을 쉽게 점검할 수 있는 경우에는 예외로 한다.)
- ㉱ 사용전압은 400[V] 이하일 것

③ 절연전선을 동일 덕트 내에 넣을 경우 전선 단면적은 전선 피복절연물을 포함한 단면적의 총합계가 덕트 내 단면적 32[%] 이하가 되도록 할 것

④ 플로어 덕트 공사에서 금속제 박스는 강판이 2.0[mm] 이상 되는 것을 사용하여야 한다.

⑤ 플로어 덕트 부속품 중 박스의 플러그 구멍을 메우는 것을 인서트 마커라 한다.

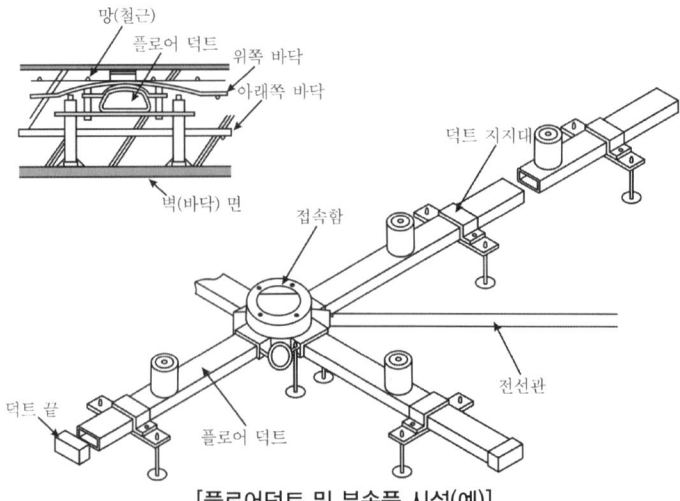

[플로어덕트 및 부속품 시설(예)]

8. 케이블 공사

1) 비닐, 클로로프렌 및 폴리에틸렌 외장 케이블과 같은 비금속성(NM)케이블의 배선
   ① 시설 원칙
      ㉮ 중량물의 압력 또는 심한 기계적 충격을 받을 우려가 있는 장소에서는 반드시 금속관이나 합성수지관 같은 적당한 방호설비를 이용하여 시설할 것
         • 케이블을 금속관 등에 넣어 시설하는 경우 관 안지름은 케이블의 바깥지름의 1.5배 이상으로 한다.
         • 옥측 및 옥외에서의 방호범위는 구내에서는 지표상 1.5[m], 구외에서는 지표상 2[m] 높이까지 시설한다.
      ㉯ 케이블을 금속제 박스 등에 삽입하는 경우 고무 부싱, 케이블 접속기 등을 사용하여 케이블의 손상을 방지할 것
   ② 케이블의 지지
      ㉮ 케이블을 조영재 측면 또는 하면에 따라 지지할 경우 지지 점간 거리는 2[m] 이하로 하면서 클리트, 새들, 스테이플 등을 이용하여 지지한다.
         (단, 케이블을 수직으로 설치하면서 사람이 접촉할 우려가 없는 장소에는 6[m] 이하로 할 수 있다.)
      ㉯ 단면적 10[mm²] 이하 케이블을 노출장소에서 조영재에 따라 시설할 경우 지지 점간 거리는 다음사항에 의한다.

시설장소의 구분	지지점간의 거리
조영재 측면 또는 하면에 수평방향으로 시설하는 것	1[m] 이하
사람이 접촉할 우려가 있는 곳	1[m] 이하
케이블 상호 및 박스, 기구와의 접속개소	접속개소에서 0.3[m] 이하
기타의 장소	2[m] 이하

   ③ 케이블 구부리기
      케이블을 구부리는 경우 그 굴곡 반경은 케이블 완성품 바깥지름의 6배(단심인 것은 8배) 이상으로 한다.
   ④ 케이블의 접속
      ㉮ 케이블 상호간의 접속이나 기구 단자와의 접속은 캐비닛, 아우트렛박스 또는 접속함 내부에서 실시하거나, 적당한 접속함을 사용하여 접속부분이 노출되지 않도록 접속한다.
      ㉯ 케이블과 애자사용 배선을 접속하는 경우에는 외장을 벗겨내고 심선을 애자로 지지하여 IV전선 상호간의 접속방법에 의하여 접속한다.
      ㉰ 케이블과 절연전선 접속은 절연전선 상호간의 접속법에 의하면서 우선 외에서는 빗물의 침투 방지 등을 위해 케이블 끝을 아래쪽으로 구부려준다.

2) 연피 또는 알루미늄피로 된 케이블 배선
   ① 시설 원칙
      ㉮ 중량물의 압력 또는 심한 기계적 충격을 받을 우려가 있는 장소에 시설하는 경우에는

반드시 금속관이나 합성수지관등과 같은 적당한 방호설비를 이용하여 시설할 것(단, 강대개장 연피케이블, 황동대 연피케이블 등과 같은 개장케이블을 시설하는 경우는 방호설비를 생략 가능)

㉮ 방식 피복이 없는 알루미늄피로 된 케이블을 부식 우려가 있는 부분에 시설하는 경우에는 그 부분에 대하여 적당한 방식조치를 할 것

② 케이블의 지지

케이블의 연피 또는 알루미늄피와 케이블의 부속품은 견고하고 전기적으로 완전하게 접속하면서 그 지지는「비금속성 케이블 배선의 규정」에 준하여 실시할 것

③ 케이블 구부리기

연피 또는 알루미늄피를 갖는 케이블을 구부리는 경우 그 피복이 손상되지 않도록 하면서 그 굴곡부의 굴곡 반경은 케이블 바깥지름의 12 배 이상으로 할 것(단, 케이블을 금속관 등에 넣어 시설하는 경우에는 15 배 이상)

④ 케이블의 접속

케이블과 절연전선의 접속점에서는 케이블 헤드를 사용하면서 케이블 헤드를 우선 외등에 시설하는 경우에는 리드선을 타고 내부에 빗물이 스며들지 아니하도록 시설할 것

3) 캡타이어 케이블 배선 공사

캡타이어케이블의지지 : 케이블을 조영재에 따라 시설하는 경우의 지지점간 거리는 1[m] 이하로 하면서 새들, 스테이플 등을 이용하여 지지한다.

9. 케이블 트레이공사

금속제 케이블 트레이의 종류에는 통풍 채널형, 사다리형, 바닥 밀폐형이 있다.

케이블트레이배선은 케이블을 지지하기 위하여 사용하는 금속재 또는 불연성 재료로 제작된 유닛 또는 유닛의 집합체 및 그에 부속하는 부속재 등으로 구성된 견고한 구조물을 말하며 사다리형, 펀칭형, 메시형, 바닥밀폐형 기타 이와 유사한 구조물을 포함하여 적용한다.

10. 배선의 기호

배선의 종류	기호
천장 은폐 배선	————————
바닥 은폐 배선	----------------
노출 배선	....
지중 매설 배선	-·-·-·-·-·-

제03장_ 전기설비

출제예상문제

01 다음 직류를 기준으로 저압에 속하는 범위는 최대 몇 [V] 이하인가?

① 600[V] 이하 ② 750[V] 이하
③ 1,000[V] 이하 ④ 1,500[V] 이하

🔍 전압의 구분
- 저압 : AC 1,000[V] 이하, DC 1,500[V] 이하의 전압
- 고압 : AC 1,000[V] 초과, DC 1,500[V] 초과하고 AC, DC 모두 7[kV] 이하의 전압
- 특고압 : AC, DC 모두 7[kV] 초과의 전압

02 다음 중 교류를 기준으로 저압에 속하는 범위는 최대 몇 [V] 이하인가?

① 600[V] 이하 ② 750[V] 이하
③ 1,000[V] 이하 ④ 1,500[V] 이하

🔍 전압의 구분
- 저압 : AC 1,000[V] 이하, DC 1,500[V] 이하의 전압
- 고압 : AC 1,000[V] 초과, DC 1,500[V] 초과하고 AC, DC 모두 7[kV] 이하의 전압
- 특고압 : AC, DC 모두 7[kV] 초과의 전압

03 전압의 구분에서 고압에 대한 설명으로 가장 옳은 것은?

① 직류 1,000[V] 초과하고 7[kV] 이하의 전압
② 직류 1,500[V] 초과하고 5[kV] 이하의 전압
③ 교류 1,000[V] 초과하고 7[kV] 이하의 전압
④ 교류 1,000[V] 초과하고 5[kV] 이하의 전압

🔍 고압의 구분 : AC 1,000[V] 초과, DC 1,500[V] 초과하고 AC, DC 모두 7[kV] 이하의 전압

04 전압의 종별에서 특고압이란 몇 [kV]를 초과한 것인가?

① 5[kV] ② 7[kV]
③ 10[kV] ④ 20[kV]

🔍 특고압의 구분 : AC, DC 모두 7[kV] 초과의 전압

05 3상 전선 구분시 전선의 색상은 $L1$, $L2$, $L3$ 순서대로 어떻게 되는가?

① 흑색, 적색, 청색 ② 흑색, 적색, 황색
③ 갈색, 흑색, 회색 ④ 흑색, 청색, 녹색

🔍 3상 전선 구분시 전선의 색상은 $L1$, $L2$, $L3$ 순서대로 갈색, 흑색, 회색으로 구분한다.

06 보호도체의 전선 색상은 무슨 색인가?

① 흑색 ② 적색
③ 노란색 ④ 녹색

🔍 보호도체의 전선 색상은 노란색으로 구분한다.

07 저압 배선을 조명설비로 배선하는 경우 인입구로부터 기기까지의 전압강하는 몇 [%] 이하로 해야 하는가?

① 2 ② 3
③ 4 ④ 6

🔍 인입구로부터 기기까지의 전압강하는 조명설비의 경우 3[%] 이하로 할 것(기타설비의 경우 5[%] 이하로 할 것)

08 전선관 시스템에 시설하는 배선 방법이 아닌 것은?

① 합성수지관 배선 ② 금속몰드 배선
③ 가요전선관 배선 ④ 금속관 배선

🔍 전선관 시스템 배선 방법 : 합성수지관배선, 금속관배선, 가요전선관 배선

09 케이블 트렁킹 시스템에 시설하는 배선 방법이 아닌 것은?

① 합성수지몰드배선 ② 금속몰드배선
③ 금속덕트배선 ④ 플로어덕트 배선

🔍 케이블트렁킹시스템 배선 방법 : 합성수지몰드배선, 금속몰드배선, 금속덕트배선

정답 01 ④ 02 ③ 03 ③ 04 ② 05 ③ 06 ③ 07 ② 08 ② 09 ④

10 케이블 덕트 시스템에 시설하는 배선 방법이 아닌 것은?

① 플로어덕트 배선　② 셀룰라덕트배선
③ 버스덕트배선　　④ 금속덕트배선

🔍 케이블 덕트 시스템 배선방법 : 플로어덕트 배선, 셀룰라덕트배선, 금속덕트배선

11 케이블 트레이 시스템에 시설하는 배선 방법으로 옳은 것은?

① 케이블 배선
② 케이블 트레이 배선
③ 애자사용배선
④ 합성수지관 배선

🔍 케이블 트레이 시스템 배선 방법 : 케이블 트레이 배선

12 공칭 전압의 종류가 아닌 것은?(단위 [V])

① 220　　　　② 440
③ 6,600　　　④ 23,000

🔍 공칭 전압에 의한 분류
- 저압 : 110[V], 220[V], 380[V], 440[V]
- 고압 : 3,300[V], 5,700[V], 6,600[V]
- 특고압 : 11.4[kV], 22.9[kV], 154[kV], 345[kV], 765[kV]

13 백열전등 또는 방전등 및 이에 부속하는 전선은 사람이 접촉 할 우려가 없는 경우 대지 전압은 최대 몇 [V] 인가?

① 100　② 150　③ 300　④ 450

🔍 백열전등 또는 방전등 및 이에 부속하는 전선은 사람이 접촉 할 우려가 없는 경우 대지 전압은 최대 300[V] 이다.

14 공장 내 등에서 대지 전압이 150[V] 를 초과하고 300[V] 이하인 전로에 백열전등을 시설할 경우 다음 중 잘못된 것은?

① 백열전등은 사람이 접촉될 우려가 없도록 시설하였다.
② 백열전등은 옥내 배선과 직접 접속을 하지 않고 시설하였다.
③ 백열전등의 소켓은 키 및 점멸 기구가 없는 것을 사용하였다.
④ 백열전등 회로에는 규정에 따라 누전차단기를 설치하였다.

🔍 백열등은 옥내 배선에 직접 접속하여야 한다.

15 접지선의 절연 전선 색상은 특별한 경우를 제외하고는 어느 색으로 표시를 하여야 하는가?

① 적색　　② 황색
③ 녹색　　④ 흑색

🔍 접지선의 절연 전선 색상은 특별한 경우를 제외하고는 녹색으로 표시를 하여야 한다.

16 저압 옥내 배선공사에 사용할 수 있는 MI 케이블의 최소 굵기는 단면적이 몇 [mm²] 이상의 것인가?

① 1.0　　② 1.2
③ 1.6　　④ 2.0

🔍 저압 옥내 배선공사에 사용할 수 있는 MI 케이블의 최소 굵기는 단면적이 1.0[mm²] 이상일 것

17 일반 가정용 옥내 배선의 전로에 사용되는 전선의 최소 단면적은 몇 [mm²] 이상인가?

① 0.75　　② 1.5
③ 2.5　　　④ 4.0

🔍 일반 가정용 옥내 배선의 전로에 사용되는 전선은 단면적 2.5[mm²] 이상의 절연전선을 사용한다.

18 습기가 많은 장소 또는 물기가 있는 장소의 바닥 위에서 사람이 접촉될 우려가 있는 장소에 시설하는 사용 전압이 400[V] 미만인 전구선 및 이동전선은 단면적이 최소 몇 [mm²] 이상인 것을 사용하여야 하는가?

① 0.75　　② 1.25
③ 2.0　　　④ 3.5

정답　10 ③　11 ②　12 ④　13 ③　14 ②　15 ③　16 ①　17 ③　18 ①

> 옥내에 시설하는 전구선은 굵기 0.75[mm²] 이상의 코드 또는 캡타이어케이블을 사용하여야 한다.(내선규정 제3310-3)

19 저압 440[V]옥내 배선 공사에서 건조하고 전개된 장소에 시설할 수 없는 배선공사는?(단, 400[V]를 넘는 것)

① 애자 사용 공사　② 금속 덕트 공사
③ 플로어 덕트 공사　④ 버스 덕트 공사

> 플로어 덕트 공사는 사용 전압이 400[V] 미만이다.

20 건조하고 전개된 장소에서 440[V]옥내 배선을 할 때 사용할 수 없는 공사 종류는 어느 것인가?

① 합성수지관 공사　② 케이블 공사
③ 금속관 공사　　　④ 금속 몰드 공사

> 금속 몰드 공사는 사용 전압이 400[V] 미만이다.

21 저압 옥내 배선에서 400[V] 이상 점검할 수 있는 은폐 장소에 시공할 수 없는 공사는?

① 합성수지 몰드 공사　② 애자 사용 공사
③ 버스 덕트 공사　　　④ 금속 덕트 공사

> 합성수지 몰드 공사는 사용 전압이 400[V] 미만이다.

22 다음 중 애자사용공사에 사용되는 애자의 구비조건과 거리가 먼 것은?

① 광택성　② 절연성
③ 난연성　④ 내수성

> 애자사용공사에 사용되는 애자의 구비 조건은 절연성, 난연성, 내수성

23 애자 사용 공사에 의한 저압 옥내배선에서 일반적으로 전선 상호간의 간격은 몇 [cm] 이상 이어야 하는가?

① 2.5[cm]　② 6[cm]
③ 25[cm]　 ④ 60[cm]

> 애자사용 공사에 의한 저압 옥내배선에서 일반적으로 전선 상호간의 간격은 6[cm] 이상 이어야한다.

24 부식성 가스 등이 있는 장소에 전기 설비를 시설하는 방법으로 적합하지 않은 것은?

① 애자사용 배선 시 부식성 가스의 종류에 따라 절연 전선인 DV 전선을 사용한다.
② 애자사용 배선에 의한 경우에는 사람이 쉽게 접촉될 우려가 없는 노출 장소에 한한다.
③ 애자사용 배선 시 부득이 나전선을 사용하는 경우에는 조영재와의 거리를 4.5 [cm] 이상으로 한다.
④ 애자사용 배선 시 전선의 절연물이 상해를 받는 장소는 나전선을 사용할 수 있으며, 이 경우 바닥 위 2.5[m] 이상 높이에 시설한다.

> 애자사용 배선 시 OW, DV 절연 전선 제외인 절연전선을 사용한다.

25 애자사용 공사에서 전선의 지지점 간 거리는 전선을 조영재의 위면 또는 옆면에 따라 붙이는 경우에는 몇 [m] 이하인가?

① 1　　② 1.5
③ 2　　④ 3

> 애자사용 공사에서 전선의 지지점 간 거리는 전선을 조영재의 위면 또는 옆면에 따라 붙이는 경우에는 2[m] 이하 이어야 한다.

26 합성수지 몰드공사는 사용전압이 몇 [V] 미만의 배선에 사용되는가?

① 200[V]　② 400[V]
③ 600[V]　④ 800[V]

> 합성수지 몰드공사, 금속몰드공사, 플로워덕트공사는 사용전압이 400[V] 미만의 배선공사에 사용된다.

27 PVC(Polyvinyl chloride pipe) 전선관의 표준 규격품 1 본의 길이는 몇 [m]인가?

① 3.0　② 3.6
③ 4.0　④ 4.5

정답　19 ③　20 ④　21 ①　22 ①　23 ②　24 ①　25 ③　26 ②　27 ③

🔍 합성수지관(PVC 전선관) 표준 규격품 1본의 길이는 4[m]이다.

28 경질 비닐 전선관의 호칭으로 맞는 것은?

① 크기는 관 안지름의 크기에 가까운 짝수의 [mm]로 나타낸다.
② 크기는 관 안지름의 크기에 가까운 홀수의 [mm]로 나타낸다.
③ 크기는 관 바깥지름의 크기에 가까운 짝수의 [mm]로 나타낸다.
④ 크기는 관 바깥지름의 크기에 가까운 홀수의 [mm]로 나타낸다.

🔍 합내짝(합성수지관(P.V.C), 경질비닐전선관(VE)은 근사내경, 짝수로 나타낸다.)

29 합성수지제 가요전선관(PF관 및 CD관)의 호칭에 포함되지 않는 것은?

① 16 ② 28
③ 38 ④ 42

🔍 합성수지제 가요전선관(PF관 및 CD관)의 수치에는 14, 16, 22, 28, 36, 42[mm]가 있다.(내선규정 표 2220-2, 2220-3)

30 440[V] 저압 옥내 배선을 합성수지관 공사로서 시설하는 경우, 사용할 수 없는 전선은?

① 비닐 절연 전선
② 고무 절연 전선
③ 옥외용 비닐 절연 전선
④ 부틸 고무 절연 전선

🔍 저압 옥내 배선을 합성수지관 공사로 시설하는 경우, 옥외용 비닐절연전선(OW)는 사용할 수 없다.

31 합성수지관 상호 및 관과 박스와의 접속 시에 삽입하는 깊이를 관 바깥지름의 몇 배 이상으로 하여야 하는가?(단, 접착제를 사용하지 않는다.)

① 0.8 ② 1.2
③ 2.0 ④ 2.5

🔍 합성수지관 상호 및 합성수지관과 박스의 접속은 삽입 접속으로 하고, 삽입 깊이는 바깥지름의 1.2 배 이상으로 하고, 단, 접착제를 사용하면 0.8 배로 한다.

32 합성수지관 상호 및 관과 박스는 접속 시에 삽입하는 깊이를 관 바깥지름의 몇 배 이상으로 하여야 하는가?(단, 접착제를 사용하는 경우이다.)

① 0.6 배 ② 0.8 배
③ 1.2 배 ④ 1.6 배

🔍 합성수지관 상호 및 관과 박스는 접속 시에 접착제를 사용하는 경우에는 삽입하는 깊이를 관 바깥지름의 0.8 배 이상으로 하여야 한다.

33 합성수지관을 새들 등으로 지지하는 경우에는 그 지지점 간의 거리를 몇 [m] 이하로 하여야 하는가?

① 1.5[m] 이하 ② 2.0[m] 이하
③ 2.5[m] 이하 ④ 3.0[m] 이하

🔍 합성수지관을 새들 등으로 지지하는 경우에는 그 지지점 간의 거리를 1.5[m] 이하로 하여야 한다.

34 합성수지관이 금속관과 비교하여 장점으로 볼 수 없는 것은?

① 누전의 우려가 없다.
② 온도 변화에 따른 신축 작용이 크다.
③ 내식성이 있어 부식성 가스 등을 사용하는 사업장에 적당하다.
④ 관 자체를 접지할 필요가 없고, 무게가 가벼우며 시공하기 쉽다.

🔍 단점 : 온도 변화에 따른 신축 작용이 크다.

35 합성수지 전선관의 장점이 아닌 것은?

① 절연이 우수하다.
② 기계적 강도가 높다.
③ 내 부식성이 우수하다.
④ 시공하기 쉽다.

정답 28 ① 29 ③ 30 ③ 31 ② 32 ② 33 ① 34 ② 35 ②

ⓐ 합성수지 전선관의 장점
- 무게가 가볍고, 시공이 쉽다.
- 관 자체가 절연물이므로 누전의 우려가 없다.
- 내 부식성이 우수하다.

ⓑ 합성수지 전선관의 단점
- 기계적 강도가 약하다.
- 열에 약하다.

36 경질 비닐 전선관의 설명으로 틀린 것은?

① 1본의 길이는 3.6[m]이다.
② 굵기는 관 안지름의 크기에 가까운 짝수 [mm]로 나타낸다.
③ 금속관에 비해 절연성이 우수하다.
④ 금속관에 비해 내식성이 우수하다.

경질 비닐 전선관의 1본의 길이는 4[m]이다.

37 합성수지관 상호간을 연결하는 접속재가 아닌 것은?

① 로크너트   ② TS커플링
③ 콤비네이션 커플링   ④ 2호 커넥터

로크너트는 박스에 금속관을 고정 시킬 때 사용하는 부속품이다.

38 합성수지관공사에서 옥외와 같이 온도 차가 큰 장소에서 노출 배관을 할 때 사용하는 커플링은?

① 신축커플링(0 C)   ② 신축커플링(1 C)
③ 신축커플링(2 C)   ④ 신축커플링(3 C)

합성수지관공사에서 옥외와 같이 온도 차가 큰 장소에서 노출 배관을 할 때 사용하는 커플링은 신축커플링(3 C), 접착제를 사용할 때는 신축커플링(4 C)을 사용한다.

39 경질 비닐 전선관의 가공 작업으로 볼 수 없는 것은?

① 90 도 구부리기
② 2 호 박스 커넥터 만들기
③ S 형 및 반 오프셋 만들기
④ 커플링과 부싱 만들기

경질 비닐 전선관 가공 작업의 종류는 직각으로 구부리기, S형(오프셋) 및 반 L형(반 오프셋)만들기, 커플링과 부싱 만들기 등이 있고, 박스 커넥터는 별도의 부속품을 사용한다.

40 합성수지관 공사에 대한 설명 중 옳지 않은 것은?

① 습기가 많은 장소 또는 물기가 있는 장소에 시설하는 경우에는 방습 장치를 한다.
② 관 상호간 및 박스와는 관을 삽입하는 깊이를 관의 바깥지름의 1.2 배 이상으로 한다.
③ 관의 지지점 간의 거리는 3[m] 이상으로 한다.
④ 합성 수지관 안에는 전선에 접속점이 없도록 한다.

합성수지관 공사에서 관의 지지점 간의 거리는 1.5[m] 이하로 한다.

41 합성수지관 배선에 대한 설명으로 틀린 것은?

① 합성수지관 배선은 절연 전선을 사용하여야 한다.
② 합성수지관 내에서 전선에 접속점을 만들어서는 안 된다.
③ 합성수지관 배선은 중량물의 압력 또는 심한 기계적 충격을 받는 장소에 시설하여서는 안 된다.
④ 합성수지관의 배선에 사용되는 관 및 박스, 기타 부속품은 온도 변화에 의한 신축을 고려할 필요가 없다.

합성수지관의 배선에 사용되는 관 및 박스, 기타 부속품은 온도 변화에 의한 신축을 고려하여야 한다.

42 1종 금속 몰드 배선 공사를 할 때 동일 몰드 내에 넣는 전선 수는 최대 몇 본 이하로 하여야 하는가?

① 3   ② 5   ③ 10   ④ 12

1종 금속 몰드 배선 공사를 할 때 동일 몰드 내에 넣는 전선 수는 최대 10 본 이하로 하여야 한다.

43 2종 금속 몰드 공사에서 같은 몰드 내에 들어가는 전선은 피복 절연물을 포함하여 단면의 총합이 몰드 내의 내면 단면적의 몇 [%] 이하로 하여야 하는가?

① 20   ② 30

정답 36 ① 37 ① 38 ④ 39 ② 40 ③ 41 ④ 42 ③ 43 ①

③ 40 ④ 50

🔍 전선의 피복을 포함한 총 단면적은 몰드 및 덕트 내부 단면적의 20[%] 이하로 한다.

44 다음 금속몰드공사 시설 기준에서 적합하지 않은 것은?

① 금속몰드 안에는 전선의 접속점이 없도록 할 것
② 몰드 안의 전선을 외부로 인출하는 부분에서는 전선이 손상될 우려가 없도록 시설할 것
③ 전선은 절연전선일 것
④ 몰드의 사용전압은 600[V] 이하이다.

🔍 금속 몰드는 사용전압이 400[V] 이하이다.

45 2종 금속 몰드의 구성 부품으로 조인트 금속의 종류가 아닌 것은?

① L 형 ② T 형
③ 플랫 엘보 ④ 크로스 형

🔍 • 1종 금속 몰드 부속품 : 플랫 엘보, 조인트 커플링, 인터널 엘보
• 2종 금속 몰드 부속품 : L 형, T 형, 크로스 형

46 2종 금속 몰드의 구성 부품에서 조인트 금속 부품이 아닌 것은?

① 노멀 밴드형 ② L 형
③ T 형 ④ 크로스 형

🔍 2종 금속 몰드의 구성 부품에서 조인트 금속 부품은 L형, T형, 크로스 형 등이 있다. 노멀 밴드는 금속관 공사에서 콘크리트에 매입 및 노출 시에 사용하는 부속품이다.

47 다음 중 후강전선관의 최소 두께 [mm]는?

① 1.1 ② 2.3
③ 2.7 ④ 3.0

🔍 후강 전선관은 2.3[mm] 이상의 두꺼운 전선관이다.

48 박강 전선관의 표준 굵기가 아닌 것은?

① 15[mm] ② 16[mm]
③ 25[mm] ④ 39[mm]

🔍 박외홀 : 박강 전선관은 근사 외경 홀수로 호칭한다.

49 다음 중 금속전선관의 호칭을 맞게 기술한 것은?

① 박강, 후강 모두 내경으로 [mm]로 나타낸다.
② 박강은 내경, 후강은 외경으로 [mm]로 나타낸다.
③ 박강은 외경, 후강은 내경으로 [mm]로 나타낸다.
④ 박강, 후강 모두 외경으로 [mm]로 나타낸다.

🔍 • 후내짝 : 후강 전선관은 근사 내경 짝수로 호칭한다.
• 박외홀 : 박강 전선관은 근사 외경 홀수로 호칭한다.

50 금속관(규격품) 1 본의 표준 길이 [m]는?

① 약 3.3 ② 약 3.6
③ 약 3.5 ④ 약 4.4

🔍 금속관 1 본의 표준 길이는 3.6[m] 이다.

51 다음 그림과 같이 금속관을 구부릴 때 일반적으로 A와 B 의 관계식은?

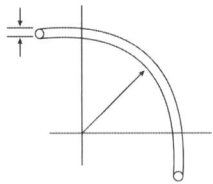

A : 구부려지는 금속관 안측의 반지름
B : 금속관 안지름

① $A = 2B$ ② $A \geq B$
③ $A = 5B$ ④ $A \geq 6B$

🔍 금속전선관의 굴곡 반경은 관의 안지름의 6배 이상으로 한다.

정답 44 ④ 45 ③ 46 ① 47 ② 48 ② 49 ③ 50 ② 51 ④

52 금속 전선관을 구부릴 때 금속관의 단면이 심하게 변형되지 않도록 구부려야 하며, 일반적으로 그 안측의 반지름은 관안지름의 몇 배 이상이 되어야 하는가?

① 2배 ② 4배 ③ 6배 ④ 8배

> 전선관의 구부림 반지름은 관의 안지름의 6배 이상으로 하여야 한다.

53 16[mm] 금속 전선관의 나사 내기를 할 때 반 직각 구부리기를 한 곳의 나사산은 몇 산 정도로 하는가?

① 3~4 산 ② 5~6 산
③ 8~10 산 ④ 11~12 산

> 16[mm] 금속 전선관의 나사 내기를 할 때 반 직각 구부리기를 한 곳의 나사산은 3~4 산 정도로 한다.

54 금속 전선관을 직각 구부리기 할 때 굽힘 반지름 r은?(단, d는 금속 전선관의 안지름, D는 금속 전선관의 바깥지름이다.)

① $r = 6d + \dfrac{D}{2}$ ② $r = 6d + \dfrac{D}{4}$
③ $r = 2d + \dfrac{D}{6}$ ④ $r = 4d + \dfrac{D}{6}$

> 금속 전선관을 직각 구부리기 할 때 굽힘 반지름 r은 $r = 6d + \dfrac{D}{2}$이다(단, d는 금속 전선관의 안지름, D는 금속 전선관의 바깥지름이다).

55 유니온 커플링의 사용 목적은?

① 내경이 틀린 금속관 상호 접속
② 금속관 상호 접속용으로 관이 고정되어 있을 때 관 자체를 돌릴 수 없을 때에 사용
③ 금속관의 박스와 접속
④ 배관의 직각 굴곡 부분에 사용

> 유니온 커플링은 수도 계량기 교체 시와 같이 금속관이 고정되어 있어서 관을 돌릴 수 없는 경우 등에 사용하는 금속관 접속용 부속품이다.

56 금속관 공사에서 관을 박스 내에 고정시킬 때 사용하는 것은?

① 부싱 ② 로크너트
③ 새들 ④ 커플링

> 금속관 공사에서 관을 박스 내에 고정시킬 때 사용하는 것은 로크너트이다.

57 합성수지관 상호간을 연결하는 접속재가 아닌 것은?

① 로크너트 ② TS 커플링
③ 콤비네이션 커플링 ④ 2호 커넥터

> 로크너트는 박스에 금속관을 고정시킬 때 사용하는 부속품이다.

58 금속관을 아웃렛 박스에 로크너트만으로 고정하기 어려울 때 보조적으로 사용되는 재료는?

① 링 리듀서 ② 유니온 커플링
③ 커넥터 ④ 부싱

> 금속관을 아웃렛 박스에 로크너트만으로 고정하기 어려울 때 보조적으로 사용되는 재료는 링 리듀서이다.

59 아웃렛 박스 등의 녹아웃의 지름이 관의 지름보다 클 때에 관을 박스에 고정 시키기 위해 쓰는 재료의 명칭은?

① 터미널 캡 ② 링 리듀서
③ 엔트런스 캡 ④ 유니버설

> 아웃렛 박스 등의 녹아웃의 지름이 관의 지름보다 클 때에 관을 박스에 고정시키기 위해 쓰는 재료의 명칭은 링 리듀서이다.

60 금속관 배관 공사에서 절연 부싱을 사용하는 이유는?

① 박스 내에서 전선의 접속을 방지
② 관이 손상되는 것을 방지
③ 관 단에서 전선의 인입 및 교체 시 발생하는 전선의 손상 방지
④ 관의 입구에서 조영재의 접속을 방지

정답 52 ③ 53 ① 54 ① 55 ② 56 ② 57 ① 58 ① 59 ② 60 ③

절연부싱이란 관 끝에서 전선 입, 출입 시 전선의 피복 손상을 방지한다.

61 금속관 속에 굵기가 다른 전선을 넣을 때 절연선 피복을 포함한 총 전선의 단면적은 금속관 단면적의 몇 [%] 이하여야 하는가?

① 30 ② 32 ③ 50 ④ 60

금속관 속에 굵기가 다른 전선을 넣을 때 절연선 피복을 포함한 총 전선의 단면적은 금속관 단면적의 32[%] 이하여야 한다.

62 교류 전등 공사에서 금속관내에 전선을 넣어 연결한 방법 중 옳은 것은?

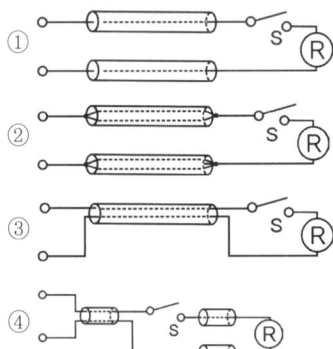

교류 회로에서는 전선 1가닥만을 1개의 금속관에 넣어 시설하면 관내에 흐르는 부하 전류에 의한 자기력선의 변화로 기전력이 유도되어 금속관을 가열시킬 우려가 있으므로 반드시 1회로의 전선 전부를 동일관내에 시설하여 자기력선의 방향이 서로 반대가 되어 상쇄시키도록 하여야 한다. : 전자적 불 평형 방지

63 피시 테이프(fish tape)의 용도로 옳은 것은?

① 전선을 테이핑하기 위하여 사용된다.
② 전선관의 끝마무리를 위해서 사용된다.
③ 배관에 전선을 넣을 때 사용된다.
④ 합성수지관을 구부릴 때 사용된다.

피시 테이프는 배관에 전선을 한 가닥 넣을 때 사용한다.

64 금속관에 여러 가닥의 전선을 넣을 때 매우 편리하게 넣을 수 있는 방법으로 쓰이는 것은?

① 비닐전선 ② 철망그래프

③ 접지선 ④ 호밍사

금속관에 여러 가닥의 전선을 넣을 때 매우 편리하게 넣을 수 있는 방법으로 쓰이는 것은 철망그래프이다.

65 금속관공사를 할 때 엔트런스 캡의 사용으로 옳은 것은?

① 금속관이 고정되어 회전시킬 수 없을 때 사용
② 저압 가공 인입선의 인입구에 사용
③ 배관의 직각의 굴곡부분에 사용
④ 조명기구가 무거울 때 조명기구 부착용으로 사용

금속관공사를 할 때 엔트런스 캡(우에사 캡)은 저압 가공 인입선의 인입구에서 빗물침입 방지용으로 사용된다.

66 저압 가공 인입선의 인입구에 사용하는 부속품은?

① 플로어 박스 ② 링 리듀서
③ 엔트런스 캡 ④ 노멀밴드

저압 가공 인입선의 인입구에서 빗물의 침입 방지를 목적으로 사용하는 부속품은 엔트런스 캡이다.

67 서비스 캡이라고 하며 노출 배관에서 금속관 배관으로 할 때 관 단에 사용하는 재료는?

① 부싱 ② 엔트런스 캡
③ 터미널 캡 ④ 로크너트

서비스 캡이라고 하며 노출 배관에서 금속관 배관으로 할 때 관 단에 사용하는 재료는 터미널 캡이다.

68 금속관을 조영재에 따라서 시설하는 경우는 새들 또는 행거 등으로 견고하게 지지하고 그 간격을 몇 [m] 이하로 하는 것이 가장 바람직한가?

① 2 ② 3 ③ 4 ④ 5

내선규정 2225-7[관 및 부속품의 연결과 지지] : 금속관을 조영재에 따라서 시설하는 경우는 새들 또는 행거 등으로 견고하게 지지하고 그 간격을 2[m] 이하로 하여야 한다.

정답 61 ② 62 ③ 63 ③ 64 ② 65 ② 66 ③ 67 ③ 68 ①

69 콘크리트에 매입하는 금속관 공사에서 직각으로 배관할 때 사용하는 것은?

① 노멀 밴드
② 뚜껑이 있는 엘보
③ 서비스 엘보
④ 유니버설 엘보

> 엘보는 직각으로 구부러진 곳에서 노출 공사로 시공하는 금속관 부속품이고, 노멀밴드는 직각으로 구부러진 곳에 노출 및 매입 공사로 시공하는 금속관 부속품이다.

70 배관의 직각 굴곡 부분에 사용하는 것은?

① 로크너트
② 절연부싱
③ 플로어박스
④ 노멀밴드

> 배관의 직각 굴곡 부분에 사용하는 것은 노멀밴드이다.

71 철근콘크리트 건물에 노출 금속관 공사를 할 때 직각으로 굽히는 곳에 사용되는 금속관 재료는?

① 엔트런스캡
② 유니버셜엘보
③ 4각 박스
④ 터미널캡

> 철근콘크리트 건물에 노출 금속관 공사를 할 때 직각으로 굽히는 곳에 사용되는 금속관 재료는 유니버셜엘보 또는 노멀밴드를 사용한다.

72 금속관 공사에서 금속관을 콘크리트에 매설할 경우 관의 두께는 몇 [mm] 이상의 것이어야 하는가?

① 0.8[mm]
② 1.0[mm]
③ 1.2[mm]
④ 1.5[mm]

> 금속관 공사에서 금속관을 콘크리트에 매설할 경우 관의 두께는 1.2[mm] 이상의 것이어야 한다.

73 금속관 공사 시 관을 접지하는 데 사용하는 것은?

① 노출 배관용 박스
② 엘보
③ 접지 클램프
④ 터미널 캡

> 금속관 공사 시 관을 접지하는 데 사용하는 것은 접지 클램프이다.

74 다음 중 금속관 공사에 의한 저압 옥내 배선 공사 방법으로 적합하지 못한 것은?

① 전선은 연선을 사용하였다.
② 옥외용 비닐 절연 전선을 사용하였다.
③ 콘크리트에 매설하는 금속관의 두께는 1.2[mm]를 사용하였다.
④ 사람이 접촉할 우려가 없어 관에는 제3종 접지를 하였다.

> 금속관 공사에 의한 저압 옥내 배선 공사에서는 옥외용 비닐절연전선을 사용하지 않는다.

75 금속관 공사에 대한 설명으로 틀린 것은?

① 전선이 금속관 속에 보호되어 안정적이다.
② 단락사고, 접지사고 등에 있어서 화재의 우려가 적다.
③ 방습장치를 할 수 있으므로 전선을 내수적으로 시설할 수 있다.
④ 접지공사를 하지 않아도 감전의 우려가 없다.

> 금속관은 금속이기 때문에 누전으로 인한 감전 사고가 우려되므로 반드시 접지공사를 하여 인축에 대한 감전 사고를 방지하여야 한다.

76 다음 중 금속관공사의 설명으로 잘못된 것은?

① 교류회로는 1회로의 전선 전부를 동일관내에 넣는 것을 원칙으로 한다.
② 교류회로에서 전선을 병렬로 사용하는 경우에는 관내에 전자적 불 평형이 생기지 않도록 시설한다.
③ 금속관 내에서는 절대로 전선 접속선을 만들지 않아야 한다.
④ 관의 두께는 콘크리트에 매입하는 경우 1[mm] 이상이어야 한다.

> 관의 두께는 콘크리트에 매입하는 경우 1.2[mm] 이상이어야 한다.

정답 69 ① 70 ④ 71 ② 72 ③ 73 ③ 74 ② 75 ④ 76 ④

77 습기가 많은 장소 또는 물기가 있는 장소에 사용하는 금속제 외함으로 된 전압 440[V] 인 저압 전기 기계 기구의 접지 공사는?

① 제1종　　② 제2종
③ 제3종　　④ 특별 제3종

> 습기가 많은 장소 또는 물기가 있는 장소에 사용하는 금속제 외함으로 된 전압 440[V] 인 저압 전기 기계 기구의 접지 공사는 사용 전압이 400[V]~600[V] 이므로, 특별 제3종 접지 공사를 한다.

78 가요전선관 공사에 사용하는 가요전선관의 최소 두께 [mm]는?

① 0.6　　② 0.8
③ 1.0　　④ 1.2

> 가요전선관 공사에 사용하는 가요전선관의 최소 두께는 0.8[mm] 이다.

79 2종 가요전선관의 굵기(관의 호칭)가 아닌 것은?

① 10[mm]　　② 12[mm]
③ 16[mm]　　④ 24[mm]

> 2종 가요 전선관의 호칭은 10, 12, 15, 17, 24, 30, 38, 50, 63, 76, 83, 101[mm](12종)이다.

80 가요전선관 공사에 대한 설명으로 잘못된 것은?

① 전선은 옥외용 비닐 절연전선을 제외한 절연전선을 사용한다.
② 일반적으로 전선은 연선을 사용한다.
③ 가요전선관 안에는 전선의 접속점이 없도록 한다.
④ 사용전압 400[V] 이하인 경우에 만 사용한다.

> 가요전선관 공사는 600[V] 이하에서 사용한다.

81 가요전선관 공사에 다음의 전선을 사용하였다. 맞게 사용한 것은?

① 알루미늄 35[mm^2]의 단선
② 절연전선 16[mm^2]의 단선
③ 절연전선 10[mm^2]의 단선
④ 알루미늄 25[mm^2]의 단선

> 내선규정 2235-1. 가요전선관 배선
> • 절연전선일 것(단, OW제외)
> • 전선은 연선일 것(단, 단선일 경우 절연전선은 단면적 10[mm²] 이하, 알루미늄전선은 단면적 16[mm²] 이하까지 가능)

82 1종 가요전선관을 구부릴 경우의 곡률 반지름은 관 안지름의 몇 배 이상으로 하여야 하는가?

① 3　　② 4
③ 5　　④ 6

> 1종 가요전선관을 구부릴 경우의 곡률 반지름은 관 안지름의 6배 이상으로 하여야 한다.

83 노출 장소 또는 점검 가능한 장소에서 제2종 가요전선관을 시설하고 제거하는 것이 자유로운 경우의 곡률 반지름은 안지름의 몇 배 이상으로 하여야 하는가?

① 2배　　② 3배
③ 4배　　④ 6배

> 노출 장소 또는 점검 가능한 장소에서 제2종 가요전선관을 시설하고 제거하는 것이 자유로운 경우의 곡률 반지름은 안지름의 3배 이상으로 하여야 한다.

84 가요전선관 공사에서 가요전선관의 상호 접속에 사용하는 것은?

① 유니언 커플링
② 2호 커플링
③ 콤비네이션 커플링
④ 스플릿 커플링

> • 유니언 커플링 : 금속 전선관을 돌리지 않고 전선관 상호 접속
> • 2호 커플링 : 합성수지 전선관 상호 접속
> • 콤비네이션 커플링 : 금속관과 다른 종류의 전선관 접속

정답　77 ④　78 ②　79 ③　80 ④　81 ③　82 ④　83 ②　84 ④

85 가요전선관과 금속관의 상호 접속에 이용되는 것은?

① 앵글 박스 커넥터
② 플렉시블 커플링
③ 콤비네이션 커플링
④ 스트레이트 박스 커넥터

> 가요 전선관과 금속관을 상호 접속할 때에는 전선관의 종류가 같지 않으므로 콤비네이션 커플링을 사용한다.

86 건물의 모서리(직각)에서 가요 전선관을 박스에 연결할 때 필요한 접속기는?

① 스트레이트 박스 커넥터
② 앵글 박스 커넥터
③ 플렉시블 커플링
④ 콤비네이션 커플링

> 건물의 모서리(직각)에서 가요 전선관을 박스에 연결할 때 필요한 접속기는 앵글 박스 커넥터이다.

87 금속제 가요전선관 공사 방법의 설명으로 옳은 것은?

① 가요전선관과 박스와의 직각부분에 연결하는 부속품은 앵글박스 커넥터이다.
② 가요전선관과 금속관과의 접속에 사용하는 부속품은 스트레이트박스 커넥터이다.
③ 가요전선관 상호접속에 사용하는 부속품은 콤비네이션 커플링이다.
④ 스위치박스에는 콤비네이션 커플링을 사용하여 가요전선관과 접속한다.

> • 가요전선관과 금속관과의 접속에 사용하는 부속품은 콤비네이션 커플링이다.
> • 가요전선관 상호 접속에 사용하는 부속품은 스플릿 커플링이다.
> • 스위치 박스와 가요전선관과의 접속은 스트레이트박스 커넥터, 앵글박스 커넥터 등을 이용한다.

88 가요전선관에 사용되는 부속품이 아닌 것은?

① 콤비네이션 커플링
② 스플릿 커플링
③ 앵글박스 커넥터
④ 유니언 커플링

> • 콤비네이션 커플링 : 가요전선관과 금속관 등서로 다른 종류의 관을 연결할 때 사용
> • 스플릿 커플링 : 가요전선관 상호 연결 시에 사용
> • 앵글박스 커넥터 : 박스에서 나와서 직각으로 굽을 때 사용하는 커넥터
> • 유니언 커플링 : 금속관 상호 연결 시 금속관이 콘크리트 벽 등에 고정되어 있어서 금속관을 돌릴 수 없을 때 사용

89 금속제 가요전선관을 새들 등으로 지지하여 조영재의 측면에 수평방향으로 시설하는 경우 지지점 간의 거리는 몇 [m] 이하로 하여야 하는가?

① 1
② 1.2
③ 1.5
④ 2.0

> 전선관을 조영재에 지지하는 경우, 합성수지관은 1.5[m] 이하, 금속관은 2[m] 이하, 가요 전선관은 1[m] 이하 마다 지지하여야 한다.

90 사람이 접촉될 우려가 있는 것으로서 가요전선관을 새들 등으로 지지하는 경우 지지점 간의 거리는 얼마 이하 이어야 하는가?

① 0.3[m] 이하
② 0.5[m] 이하
③ 1[m] 이하
④ 1.5[m] 이하

> 사람이 접촉될 우려가 있는 것으로서 가요전선관을 새들 등으로 지지하는 경우 지지점 간의 거리는 1[m] 이하 이어야 한다.

91 전선의 도체 단 면적이 2.5[mm²] 인 전선 3 본을 동일 관내에 넣는 경우의 2종 가요전선관의 최소 굵기는?

① 10[mm]
② 15[mm]
③ 17[mm]
④ 24[mm]

> 2종 가요전선관의 최소 굵기

도체 단면적 (mm²)	전선 본수									
	1	2	3	4	5	6	7	8	9	10
	2종 가요전선관의 최소 굵기(mm)									
2.5	10	15	15	17	24	24	24	24	30	30
4	10	17	17	24	24	24	24	30	30	30
6	10	24	24	24	30	30	30	30	38	38
10	12	24	24	24	30	30	38	38	38	38

정답 85 ③ 86 ② 87 ① 88 ④ 89 ① 90 ③ 91 ②

92 가요 전선관 공사에 대한 설명으로 틀린 것은?

① 가요 전선관 상호의 접속은 커플링으로 하여야 한다.
② 1종 금속제 가요 전선관은 두께 0.7[mm] 이하인 것을 사용하여야 한다.
③ 가요 전선관 및 그 부속품은 기계적, 전기적으로 완전하게 연결하고 적당한 방법으로 조영재 등에 확실하게 지지하여야 한다.
④ 가요전선관 및 부속품은 접지하여야 한다.

> 가요 전선관 공사 시 1종 금속제 가요 전선관은 두께 0.8[mm] 이상인 것을 사용하여야 한다.

93 전선관 지지점 간의 거리에 대한 설명으로 옳은 것은?

① 합성수지관을 새들 등으로 지지하는 경우 그 지지점 간의 거리는 2.0[m] 이하로 한다.
② 금속관을 조영재에 따라서 시설하는 경우 새들 등을 견고하게 지지하고 그 간격을 2.5[m] 이하로 하는 것이 바람직하다.
③ 합성수지제 가요 관을 새들 등으로 지지하는 경우 그 지지점 간의 거리는 2.5[m] 이하로 한다.
④ 사람이 접촉될 우려가 있을 때 가요 전선관을 새들 등으로 지지하는 경우 그 지지점 간의 거리는 1[m] 이하로 한다.

> 전선관, 덕트 등의 지지점 간 거리
> • 합성수지관 : 1.5[m] 이하
> • 금속관 : 2[m] 이하
> • 가요 전선관 : 1[m] 이하
> • 금속 덕트, 버스 덕트 등 : 3[m] 이하

94 그림과 같은 심벌의 명칭은?

MD

① 금속 덕트
② 피드 버스 덕트
③ 버스 덕트
④ 플러그인 버스 덕트

> 그림의 심벌은 금속 덕트이다.

95 절연 전선을 동일 금속 덕트 내에 넣을 경우 금속 덕트의 크기는 전선의 피복 절연물을 포함한 단면적의 총합계가 금속 덕트 내 단면적의 몇 [%] 이하가 되도록 선정하여야 하는가?(단, 제어회로 등의 배선에 사용하는 전선만을 넣는 경우이다.)

① 30   ② 40   ③ 50   ④ 60

> 금속 덕트에 전광 표시장치 · 출퇴 표시 등 또는 제어회로 등의 배선에 사용하는 전선만을 넣을 경우 금속 덕트의 크기는 전선의 피복 절연물을 포함한 단면적의 총 합계가 금속 덕트 내 단면적의 50[%] 이하가 되도록 선정하여야 한다.

96 금속 덕트에 넣은 전선의 단면적(절연피복의 단면적 포함)의 합계는 덕트 내부 단면적의 몇 [%] 이하로 하여야 하는가?(단, 전광표시 장치 · 출퇴 표시등 기타 이와 유사한 장치 또는 제어회로 등의 배선만을 넣는 경우가 아니다.)

① 20[%]   ② 40[%]   ③ 60[%]   ④ 80[%]

> 금속 덕트에 넣은 전선의 단면적(절연피복의 단면적 포함)의 합계는 덕트 내부 단면적의 20[%] 이하로 하여야 한다.(단, 전광 표시 장치 · 출퇴 표시등 기타 이와 유사한 장치 또는 제어회로 등의 배선만을 넣는 경우가 아니다.)

97 금속 덕트 공사에 관한 사항이다. 다음 중 금속 덕트의 시설로서 옳지 않은 것은?

① 덕트의 끝부분은 열어 놓을 것
② 덕트를 조영재에 붙이는 경우에는 덕트의 지지점 간의 거리를 3[m] 이하로 하고 견고하게 붙일 것
③ 덕트의 뚜껑은 쉽게 열리지 않도록 시설할 것
④ 덕트 상호간은 견고하고 또한 전기적으로 완전하게 접속할 것

> 덕트의 끝부분은 수분, 먼지, 쥐 등의 침입 방지를 위하여 밀폐시켜야 한다.

98 금속 덕트 배선에서 금속 덕트를 조영재에 붙이는 경우 지지점 간의 거리는?

① 0.3[m] 이하   ② 0.6[m] 이하
③ 2.0[m] 이하   ④ 3.0[m] 이하

정답 92 ② 93 ④ 94 ① 95 ③ 96 ① 97 ① 98 ④

🔍 금속 덕트의 지지점 간의 거리는 3[m] 이하이다.

🔍 절연전선을 동일 플로어덕트 내에 넣을 경우 플로어덕트 크기는 전선의 피복 절연물을 포함한 단면적의 총 합계가 플로어덕트 단면적의 32[%] 이하가 되도록 선정하여야 한다.

99 버스 덕트 공사에서 도중에 부하를 접속할 수 있도록 제작한 덕트는?

① 피더 버스 덕트
② 플러그인 버스 덕트
③ 트롤리 버스 덕트
④ 이동 부하 버스 덕트

🔍 • 피더 버스 덕트 : 도중에 부하 접속을 할 수 없다.
• 플러그인 버스 덕트 : 도중에 부하를 접속할 수 있는 플러그가 있다.
• 트롤리 버스 덕트 : 이동 부하를 사용한다.

100 모양 변경, 배치 변경 등 전기배선이 빈번하게 변경되는 장소에 쉽게 적용할 수 있는 저압 옥내배선공사는?

① 가요전선관 공사
② 금속덕트 공사
③ 합성수지관 공사
④ 버스덕트 공사

🔍 모양 변경, 배치 변경 등 전기 배선이 빈번하게 변경되는 장소에 쉽게 적용할 수 있는 저압 옥내 배선공사는 버스덕트 공사이다.

101 버스덕트 공사에서 덕트를 조영재에 붙이는 경우에는 덕트의 지지점 간의 거리를 몇 [m] 이하로 하여야 하는가?

① 3   ② 4.5   ③ 6   ④ 9

🔍 버스덕트 공사에서 덕트를 조영재에 붙이는 경우에는 덕트의 지지점 간의 거리를 3[m] 이하로 하여야 한다.

102 절연전선을 동일 플로어덕트 내에 넣을 경우 플로어덕트 크기는 전선의 피복 절연물을 포함한 단면적의 총 합계가 플로어덕트 단면적의 몇 [%] 이하가 되도록 선정하여야 하는가?

① 12[%]   ② 22[%]
③ 32[%]   ④ 42[%]

103 플로어덕트 공사에서 금속제 박스는 강판이 몇 [mm] 이상 되는 것을 사용하여야 하는가?

① 2.0   ② 1.5
③ 1.2   ④ 1.0

🔍 플로어 덕트 공사에서 금속제 박스는 강판이 2.0[mm] 이상 되는 것을 사용하여야 한다.

104 플로어 덕트 부속품 중 박스의 플러그 구멍을 메우는 것의 명칭은?

① 덕트 서포트
② 아이언 플러그
③ 덕트 플러그
④ 인서트 마커

🔍 플로어 덕트 부속품 중 박스의 플러그 구멍을 메우는 것을 아이언 플러그라 한다.

105 라이팅 덕트공사에 의한 저압 옥내배선 시 덕트의 지지점 간의 거리는 몇 [m] 이하로 해야 하는가?

① 1.0   ② 1.2
③ 2.0   ④ 3.0

🔍 내선규정 2250-4. 라이팅 덕트 공사에 의한 저압 옥내 배선 시 덕트의 지지점 간의 거리는 2[m] 이하로 하여야 한다.

106 케이블을 조영재에 지지하는 경우 이용 되는 것으로 맞지 않는 것은?

① 새들   ② 클리트
③ 스테이플   ④ 터미널 캡

🔍 케이블을 조영재에 지지하는 경우 새들, 클리트, 스테이플 등을 이용하고, 터미널캡은 저압 가공 인입선에서 금속관 공사로 옮겨지는 곳 또는 금속관으로부터 전선을 뽑아 전동기 단자 부근에 접속하는 곳 등에 이용한다.

정답 99 ② 100 ④ 101 ① 102 ③ 103 ① 104 ② 105 ③ 106 ④

107 케이블 공사에 의한 저압 옥내배선에서 케이블을 조영재의 아랫면 또는 옆면에 따라 붙이는 경우에는 전선의 지지점 간의 거리는 몇 [m] 이하이어야 하는가?

① 0.5
② 1
③ 1.5
④ 2

🔍 케이블 공사에 의한 저압 옥내배선에서 케이블을 조영재의 아랫면 또는 옆면에 따라 붙이는 경우에는 전선의 지지점 간의 거리는 1[m] 이하이어야 한다.

108 콘크리트 직매용 케이블 배선에서 일반적으로 케이블을 구부릴 때는 피복이 손상되지 않도록 그 굴곡 부 안쪽의 반경은 케이블 외경의 몇 배 이상으로 하여야 하는가?(단, 단심이 아닌 경우이다.)

① 2배
② 3배
③ 6배
④ 12배

🔍 콘크리트 직매용 케이블 배선에서 일반적으로 케이블을 구부릴 때는 피복이 손상되지 않도록 그 굴곡 부 안쪽의 반경은 케이블 외경의 6배 이상으로 하여야 한다.(단, 단심인 경우에는 8배이다.)

109 콘크리트 직매용 케이블 배선에서 일반적으로 케이블을 구부릴 때는 피복이 손상되지 않도록 그 굴곡 부 안쪽의 반경은 케이블 외경의 몇 배 이상으로 하여야 하는가?(단, 단심인 경우이다.)

① 4
② 8
③ 10
④ 14

🔍 크리트 직매용 케이블 배선에서 일반적으로 케이블을 구부릴 때는 피복이 손상되지 않도록 그 굴곡 부 안쪽의 반경은 단심인 경우에는 케이블 외경의 8배 이상으로 하여야 한다.

110 연피 케이블이 구부러지는 곳은 케이블 바깥지름의 최소 몇 배 이상의 반지름으로 구부려야 하는가?

① 5
② 12
③ 15
④ 30

🔍 연피 케이블이 구부러지는 곳은 케이블 바깥지름의 최소 12배 이상의 반지름으로 구부려야 한다.

111 점검할 수 있는 은폐 장소의 저압 옥내 배선에서 사용할 수 없는 캡타이어 케이블은?

① 1종 캡타이어 케이블
② 2종 캡타이어 케이블
③ 3종 캡타이어 케이블
④ 4종 캡타이어 케이블

🔍 점검할 수 있는 은폐 장소의 저압(600[V] 이하) 옥내 배선에서 사용할 수 없는 캡타이어 케이블은 1종 캡타이어 케이블이다.

112 캡타이어 케이블을 조영재에 시설하는 경우 그 지지점 간 거리는 얼마로 하여야 하는가?

① 1[m] 이하
② 1.5[m] 이하
③ 2.0[m] 이하
④ 2.5[m] 이하

🔍 캡타이어 케이블을 조영재에 시설하는 경우 그 지지점 간 거리는 1[m] 이하로 하여야 한다.

113 다음 중 덕트 공사의 종류가 아닌 것은?

① 금속덕트 공사
② 버스덕트 공사
③ 케이블덕트 공사
④ 플로어덕트 공사

🔍 케이블 공사라고 한다.(케이블덕트 공사라는 말은 없다.)

114 금속제 케이블트레이의 종류가 아닌 것은?

① 통풍채널형
② 사다리형
③ 바닥 밀폐형
④ 크로스형

🔍 금속제 케이블트레이의 종류에는
• 통풍채널형
• 사다리형
• 바닥 밀폐형 등이 있다.

115 다음 그림 기호의 배선 명칭은?

──────────

① 천장 은폐 배선
② 바닥 은폐 배선
③ 노출 배선
④ 지중 매설 배선

정답 107 ② 108 ③ 109 ② 110 ② 111 ① 112 ① 113 ③ 114 ④ 115 ①

SECTION 04 저압 전로 보호

STEP 01 전선 및 기계기구의 보호

1. 과전류에 대한 보호

과전류로 인하여 회로의 도체, 절연체, 접속부, 단자부 또는 도체를 감싸는 물체 등에 유해한 열적 및 기계적인 위험이 발생하지 않도록, 그 회로의 과전류를 차단하는 보호장치를 설치해야 한다.

1) 보호장치의 종류

① 과부하전류 및 단락전류 겸용 보호장치
② 과부하전류 전용 보호장치
③ 단락전류 전용 보호장치

2) 과전류 차단기의 시설

과전류 차단기란 전로에 과부하나 단락 사고 발생 시 자동으로 전로를 차단하기 위한 장치로, 저압 전로에서는 퓨즈나 배선용 차단기(NFB) 등을 시설하고, 고압 및 특고압 전로에서는 퓨즈 또는 계전기 등에 의하여 동작하는 차단기 등을 시설한다.

> **참고** 과전류=과부하전류+단락전류
> - 과부하 전류 : 기기에 대해서는 그 정격전류, 전선에 대해서는 그 허용전류를 어느 정도 초과하여 계속되는 시간을 합하여 생각하였을 때, 기기 또는 전선의 손상 방지 상 자동 차단을 필요로 하는 전류(기동전류는 제외).
> - 단락전류 : 전로의 선간이 임피던스가 적은 상태로 접촉되었을 경우에 그 부분을 통하여 흐르는 큰 전류

3) 과부하전류에 대한 보호

① 도체와 과부하 보호장치 사이의 협조 : 과부하에 대해 케이블(전선)을 보호하는 장치의 동작특성은 다음 조건을 충족해야 한다.

$$I_B \leq I_n \leq I_z$$
$$I_2 \leq 1.45 \leq I_z$$

I_B: 회로의 설계전류
I_z: 케이블의 허용전류
I_n: 보호장치의 정격전류
I_2: 보호장치가 규약시간 이내에 유효하게 동작하는 것을 보장하는 전류

② 과부하 보호 장치의 설계조건도

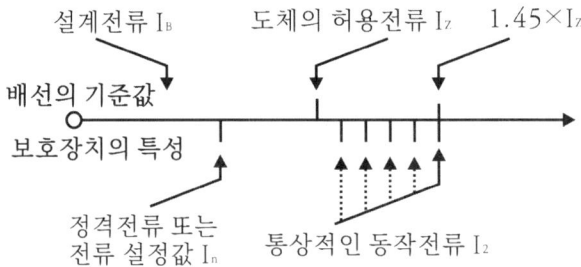

② 과부하 보호장치의 설치 위치

과부하 보호장치는 전로 중 도체의 단면적, 특성, 설치방법, 구성의 변경으로 도체의 허용전류 값이 줄어드는 곳(이하 분기점)에 설치해야 한다.

③ 과부하 보호장치의 설치위치 예외

과부하 보호장치는 분기점(O)에 설치해야 하나, 분기점(O)점과 분기회로의 과부하 보호장치의 설치점 사이의 배선 부분에 다른 분기회로나 콘센트 회로가 접속되어 있지 않고, 다음 중 하나를 충족하는 경우에는 변경이 있는 배선에 설치할 수 있다.

㉮ 분기회로(S_2)의 과부하 보호장치(P_2)의 전원 측에 다른 분기회로 또는 콘센트의 접속이 없고 분기회로에 대한 단락보호가 이루어지고 있는 경우, P_2는 분기회로의 분기점(O)으로부터 부하 측으로 거리에 구애받지 않고 이동하여 설치할 수 있다.

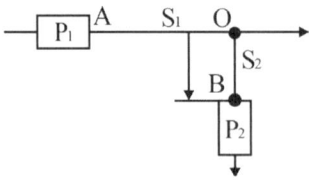

㉯ 분기회로 (S_2)의 보호장치 (P_2)는 (P_2)의 전원 측에서 분기점(O) 사이에 다른 분기회로 또는 콘센트의 접속이 없고, 단락의 위험과 화재 및 인체에 대한 위험성이 최소화 되도록 시설된 경우, 분기회로의 보호장치 (P_2)는 분기회로의 분기점(O)으로부터 3[m]까지 이동하여 설치할 수 있다.

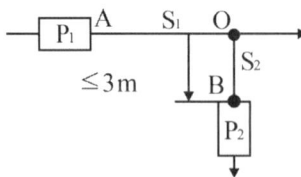

④ 과부하보호장치의 생략

㉮ 일반사항

- 분기회로의 전원 측에 설치된 보호장치에 의하여 분기회로에서 발생하는 과부하에 대해 유효하게 보호되고 있는 분기회로
- 규정에 따라 단락보호가 되고 있으며, 분기점 이후의 분기회로에 다른 분기회로 및 콘센트가 접속되지 않는 분기회로 중, 부하에 설치된 과부하 보호장치가 유효하게 동작하여 과부하전류가 분기회로에 전달되지 않도록 조치를 하는 경우

- 통신회로용, 제어회로용, 신호회로용 및 이와 유사한 설비
㉮ IT 계통에서 과부하 보호장치 설치위치 변경 또는 생략
- 2차 고장이 발생할 때 즉시 작동하는 누전차단기로 각 회로를 보호
- 지속적으로 감시되는 시스템의 경우 다음 중 어느 하나의 기능을 구비한 절연 감시 장치의 사용
- 중성선이 없는 IT 계통에서 각 회로에 누전차단기가 설치된 경우에는 선도체 중의 어느 1개에는 생략 가능
㉯ 안전을 위해 과부하 보호장치를 생략할 수 있는 경우
- 회전기의 여자회로
- 전자석 크레인의 전원회로
- 전류변성기의 2차회로
- 소방설비의 전원회로
- 안전설비(주거침입경보, 가스누출경보 등)의 전원회로

4) 단락전류에 대한 보호

① 단락전류 보호장치는 분기점(O)에 설치해야 한다. 단, 분기회로의 단락보호장치 설치점 (B)과 분기점(O) 사이에 다른 분기회로 또는 콘센트의 접속이 없고 단락, 화재 및 인체에 대한 위험이 최소화될 경우, 분기회로의 단락 보호장치 P_2는 분기점(O)으로부터 3[m]까지 이동하여 설치할 수 있다.

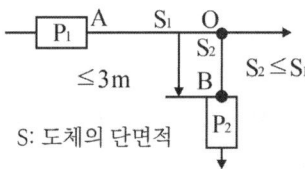

② 도체의 단면적이 줄어들거나 다른 변경이 이루어진 분기회로의 시작점(O)과 이 분기회로의 단락보호장치(P_2) 사이에 있는 도체가 전원측에 설치되는 보호장치(P_1)에 의해 단락보호가 되는 경우에, P_2의 설치위치는 분기점(O)으로부터 거리제한이 없이 설치할 수 있다.

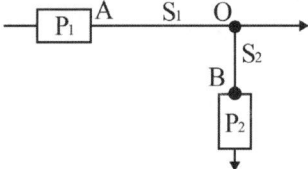

③ 단락보호장치의 생략 : 배선을 단락위험이 최소화할 수 있는 방법과 가연성 물질 근처에 설치하지 않는 조건을 충족되면 다음과 같은 경우 생략가능하다.
- 발전기, 변압기, 정류기, 축전지와 보호장치가 설치된 제어반을 연결하는 도체
- 전원차단이 설비의 운전에 위험을 가져올 수 있는 회로

2. 보호장치의 종류

1) 과전류 차단기

개폐기에 의하여 구분된 전로 안에 발생한 과부하나 단락 사고 등으로 인하여 대단히 큰 전류가 흐를 경우 회로를 자동적으로 차단하여 보호하는 장치로 퓨즈, 배선용 차단기 등이 있다.

① 저압용 퓨즈(fuse)

과전류가 흐를 때 발생하는 줄열에 의하여 녹아 끊어짐으로써 회로를 자동 차단하여 보호하는 장치로 그 용단 특성 및 종류는 다음과 같다.

㉮ 퓨즈의 용단특성 : 저압 전로에 사용하는 퓨즈는 다음 표에 적합한 것이어야 한다.

정격전류의 구분	시간	정격전류의 배수	
		불용단전류	용단전류
4[A] 이하	60분	1.5배	2.1배
4[A] 초과 16[A] 이하	60분	1.5배	1.9배
16[A] 초과 63[A] 이하	60분	1.25배	1.6배
63[A] 초과 160[A] 이하	120분	1.25배	1.6배

㉯ 저압용 퓨즈의 종류
- 통형 퓨즈(cartrige fuse) : 유리관 내부에 가용체(납, 납과 주석의 합금, 아연, 알루미늄)를 넣은 다음 관의 양 끝에 동형 단자나 나이프 단자를 퓨즈 홀더에 꽂아 만든 구조의 퓨즈로 주로 전류 용량이 큰 배전반, 분전반 등에서 이용하는 퓨즈.
- 관형 퓨즈 : 유리관 내부에 퓨즈를 봉입한 구조의 퓨즈로 전류 용량이 작은 라디오, TV 등에서 이용하는 퓨즈.
- 텅스텐 퓨즈 : 유리관 내부에 가는 텅스텐 선을 봉입한 구조의 퓨즈로 0.2~2[A] 정도의 작은 전류에도 민감하게 반응하므로 주로 전압계, 전류계 등의 소손 방지용으로 이용하는 퓨즈
- 온도 퓨즈 : 온도 퓨즈는 퓨즈에 흐르는 과전류에 의해 용단되는 것 아니고, 주위 온도에 의하여 용단되는 특성을 가진 퓨즈로서 전기담요 등 전열기에 설치하는 퓨즈이다.

② 배선용 차단기

전류가 비정상적으로 흐를 때 자동적으로 회로를 끊어서 전선 및 기계 기구를 보호하는 것으로 재사용이 가능하다.

㉮ 과전류차단기로 저압전로에 사용하는 산업용 배선용 차단기와 주택용 배선차단기는 다음 표에 적합한 것이어야 한다. 다만, 일반인이 접촉할 우려가 있는 장소(세대내 분전반 및 이와 유사한 장소)에는 주택용 배선차단기를 시설하여야 한다.

㉯ 배선용 차단기의 과전류트립 동작시간 및 특성

정격 전류의 구분	시간	정격전류의 배수(모든 극에 통전)			
		산업용		주택용	
		부동작전류	동작전류	부동작전류	동작전류
63[A] 이하	60분	1.05배	1.3배	1.13배	1.45배
63[A] 초과	120분	1.05배	1.3배	1.13배	1.45배

㉰ 순시트립에 따른 구분(주택용 배선용 차단기)
- B형 : 3In 초과 ~ 5In 이하
- C형 : 5In 초과 ~ 10In 이하
- D형 : 10In 초과 ~ 20In 이하

2) 누전 차단기 설치
① 사람이 쉽게 접촉될 우려가 있는 장소에 시설하는 사용 전압이 50[V]를 초과하는 저압의 금속제 외함을 가지는 기계 기구에 전기를 공급하는 전로에 지락이 발생했을 때에 자동적으로 전로를 차단하는 누전 차단기 등을 설치할 것
② 주택의 전로 인입구는 전기용품 안전관리법의 적용을 받는 인체보호용 누전 차단기를 시설할 것

STEP 02 간선 및 분기회로

1. 간선의 수용률

간선이란 전기 사용 기계 기구에 전기를 공급하기 위한 전로 중에서 인입 개폐기나 변전실 배전반 등에서 전기 사용 기계기구가 직접 접속되는 전로인 분기회로에 설치한 분기 개폐기에 이르는 전로를 말한다.

1) 간선의 허용 전류
① 전선은 저압옥내 간선의 각 부분마다 그 부분을 통하여 공급되는 전기사용 기계기구의 정격 전류 합계 이상의 허용전류를 가지는 것 사용할 것
② 수용률, 역률 등이 명확한 경우에는 이것로 적당히 수정한 부하 전류치 이상의 허용전류를 가지는 전선을 사용할 수 있으며 전등 및 소형 전기 기계기구의 용량 합계가 10[kVA]를 초과하는 것 그 초과 용량에 대하여 다음 [표]의 수용률을 적용할 것

[간선의 수용률]

건 축 물 의 종류	수용률[%]
주택, 기숙사, 여관, 호텔, 병원, 창고	50
학교, 사무실, 은행	70

2. 분기회로의 시설

분기회로란 간선에서 분기하여 분기 과전류 차단기를 거쳐 전기 사용 기계 기구에 이르는 전로로 일반적인 가정용 옥내배선 등과 같은 전기 배선 분기회로는 15[A] 분기회로를 사용하며, 전선의 최소 굵기는 2.5[mm^2] 이상이다.

1) 분기 개폐기는 각 극에 시설할 것
2) 분기회로의 과전류 차단기에 플러그 퓨즈를 사용하는 등 절연저항의 측정 등을 할때에 그 저압 전로를 개폐할 수 있도록 하는 경우에는 분기 개폐기의 시설을 안해도 된다.
3) 분기회로의 과전류 차단기는 각 극에 시설할 것

3. 부하의 상정과 분기회로 수 결정

1) 부하 상정 시 표준부하와 분기회로

① 건물의 종류에 대응한 표준 부하

건물의 종류	표준 부하[VA/m²]
공장, 공회당, 사원, 교회, 극장, 영화관, 연회장 등	10
기숙사, 여관, 호텔, 병원, 학교, 음식점, 다방, 대중목욕탕	20
사무실, 은행, 상점, 이발소, 미용원	30
주택, 아파트	40

※ ㉠ 건물이 음식점과 주택 부분 2종류인 경우는 각각 그에 따른 표준 부하를 사용할 것
　㉡ 학교와 같이 건물의 일부분이 사용되는 경우에는 그 부분만을 적용할 것

② 건조물(주택, 아파트를 제외) 중 별도 계산할 부분은 표준 부하

건물의 종류	표준 부하[VA/m²]
복도, 계단, 세면장, 창고, 다락 등	5
강당, 관람석 등	10

2) 분기회로의 종류

분기회로의 종류는 이것 보호하는 분기 과전류 차단기의 정격 전류에 따르면서 모든 부하는 다음에 표시하는 분기회로 중에 사용한다.

분기회로의 종류	분기과전류 차단기의 정격전류
15[A] 분기회로	15[A]
20[A] 배선용 차단기 분기회로	20[A](배선용 차단기에 한함)
20[A] 분기회로	20[A](퓨즈에 한함)
30[A] 분기회로	30[A]
40[A] 분기회로	40[A]
50[A] 분기회로	50[A]
50[A]를 초과하는 분기회로	배선의 허용 전류 이하

3) 분기회로 수의 결정

사용전압 220[V]의 15[A], 20[A](배선용 차단기에 한함) 분기회로 수는 「부하의 상정」에 따라 상

정한 설비부하용량(전등 및 소형전기기계기구에 한함)을 $220 \times 15[VA]$로 나눈 값을 원칙으로 하면서 다음과 같은 사항에 따른다.
① 설비부하용량을 기준 용량으로 나눈 계산 결과에 단수가 발생 시 반드시 절상할 것
② 3[kW] 이상의 대형 전기기계기구에 대해서는 별도의 전용 분기회로를 만들 것

- 소형 전기기계기구 : 정격 소비전력 3[kW] 미만의 가정용 전기기계기구
- 대형 전기기계기구 : 정격 소비전력 3[kW] 이상의 가정용 전기기계기구

4. 전동기의 보안

옥내에 시설하는 0.2[kW]를 넘는 전동기에는 전동기 과부하에 의한 소손 방지를 위하여 과부하 전류나 단락 전류와 같은 과전류가 발생하는 경우 그 소손 방지를 위해 전동기용 퓨즈, 열동계전기, 전동기보호용 배선용차단기, 유도형 계전기, 정지형계전기(전자식계전기, 디지털계전기 등) 등의 전동기용 과부하 보호 장치를 사용하여 자동적으로 회로를 차단하거나 과부하시에 경보를 내는 장치를 사용하여야 하나 다음의 경우에는 예외로 할 수 있다.

1) 전동기 과부하 보호 장치의 생략
① 전동기를 운전 중 상시 취급자가 감시할 수 있는 위치에 시설하는 경우
② 전동기의 구조나 부하의 성질로 보아 전동기가 손상될 수 있는 과전류가 생길 우려가 없는 경우
③ 단상전동기로써 그 전원측 전로에 시설하는 과전류 차단기의 정격전류가 16[A](배선용 차단기는 20[A]) 이하인 경우

2) 전동기 과부하 보호 장치의 종류
① 금속상자 개폐기 : 전동기의 과전류 보호용 퓨즈가 부착된 보호 개폐기로 철제 외함 안에 나이프 스위치를 넣어 충전 부분을 덮은 다음, 조작을 안전하고 간편하게 하기 위하여 외부에서 핸들을 조작하여 개폐하는 스위치로 외함을 닫지 않으면 동작하지 않는 안전장치가 부착되어 있으므로 안전 스위치(safety switch)라고도 한다.
② 마그넷 스위치(EOCR, 전자 개폐기) : 전동기 등과 같은 기계 기구의 운전과 정지, 과부하 등으로부터 보호를 하며 저전압에도 동작하는 스위치로 전동기 운전 시 발생하는 과전류에 의한 소손 방지를 위하여 열동형 과전류계전기와 조합하여 사용하는 스위치이다.
③ 전동기용 퓨즈 : 전동기 기동 전류와 같은 단시간의 과전류에는 동작하지 않고 사용 중 과전류에 의하여 회로를 차단하는 특성을 가진 퓨즈로 정격 전류는 2~16[A]까지 있고, 전동기의 과전류 보호용으로 사용한다.

3) 자동 스위치
① 플로트 스위치(float switch) : 물탱크 물의 양에 따라 동작하는 스위치로 학교, 공장, 빌딩 등의 옥상에 설비되어 있는 급수 펌프에 설치된 전동기 운전용 마그넷 스위치와 조합하여 사용하는 스위치이다.
② 압력 스위치(pressure switch) : 액체 또는 기체의 압력이 높고 낮음에 따라 자동 조절되는 것

로 공기 압축기나 가스 탱크, 기름 탱크 등의 펌프용 전동기에 사용된다.
③ 수은 스위치(mercury switch) : 유리구에 봉입한 수은이 유리구의 기울어짐에 따라 접점이 자동으로 바꾸어지는 것로 생산 공장의 자동화에 널리 사용되고, 또 바이메탈과 조합하여 실내 난방 장치의 자동 온도 조절에도 사용된다.

제03장_ 전기설비 출제예상문제

01 차단기에서 ELB의 용어는?

① 유입 차단기 ② 진공 차단기
③ 배전용 차단기 ④ 누전 차단기

> 차단기에서 ELB의 용어는 누전 차단기이다.

02 다음 중 과전류차단기를 설치하는 곳은?

① 간선의 전원 측 전선
② 접지 공사의 접지선
③ 접지 공사를 한 저압 가공 전선의 접지측 전선
④ 다선식 전로의 중성선

> 접지 공사의 접지선과 다선식 전선로의 중성 선, 저압 가공 전선로의 접지측 전선을 제외한 곳에는 과전류로부터 전선과 기계 기구를 보호하기 위하여 과전류차단기를 시설하여야 한다.

03 저압개폐기를 생략하여도 무방한 개소는?

① 부하 전류를 끊거나 흐르게 할 필요가 있는 장소
② 인입구 기타 고장, 점검, 측정, 수리 등에서 개로할 필요가 있는 개소
③ 퓨즈의 전원 측으로 분기회로용 과전류 차단기 이후의 퓨즈가 플러그퓨즈와 같이 퓨즈 교환 시에 충전부에 접촉될 우려가 없을 경우
④ 퓨즈에 근접하여 설치한 개폐기인 경우의 퓨즈 전원 측

> 퓨즈의 전원 측으로 분기회로용 과전류 차단기 이후의 퓨즈가 플러그퓨즈와 같이 퓨즈 교환 시에 충전부에 접촉될 우려가 없을 경우에는 저압개폐기를 생략하여도 무방하다.

04 전압계, 전류계 등의 소손 방지용으로 계기 내에 장치하고 봉입하는 퓨즈는 어느 것인가?

① 통형 퓨즈 ② 판형 퓨즈
③ 온도 퓨즈 ④ 텅스텐 퓨즈

> 텅스텐 퓨즈는 유리관 내에 가용체로 텅스텐을 봉입한 것으로 정격전류는 0.2~2[A] 정도이고, 작은 전류에 민감하므로 각종 계기(전압계, 전류계 등)의 소손 방지용으로 사용된다.

05 배선용 차단기의 심벌은?

① B ② E
③ BE ④ S

> B : 배선용 차단기, B : 누전차단기, S : 개폐기

06 다음 중 보호 장치의 종류가 아닌 것은?

① 과부하전류 및 단락전류 겸용 보호장치
② 누설전류 전용 보호 장치
③ 과부하전류 전용 보호장치
④ 단락전류 전용 보호장치

> 과전류를 차단하는 보호장치
> • 과부하전류 및 단락전류 겸용 보호장치
> • 과부하전류 전용 보호장치
> • 단락전류 전용 보호장치

07 과부하 보호장치를 설치하는 위치로 적당한 곳은?

① 전로 중 도체의 단면적, 특성, 설치방법, 구성의 변경으로 도체의 허용전류 값이 줄어드는 곳(이하 분기점이라 함)에 설치해야 한다.
② 전로 중 도체의 단면적, 특성, 설치방법, 구성의 변경으로 도체의 허용전류 값이 증가하는 곳에 설치해야 한다.
③ 전로 중 도체의 단면적, 특성, 설치방법, 구성의 변경과 상관없이 도체의 허용전류 값이 증가했다가 줄어드는 곳(이하 분기점이라 함)에 설치해야 한다.
④ 전로 중 도체의 단면적, 특성, 설치방법, 구성의 변경과 상관없이 허용전류 값이 증가하는 곳(이하 분기점이라 함)에 설치해야 한다.

정답 01 ④ 02 ① 03 ③ 04 ④ 05 ① 06 ② 07 ①

> 과부하 보호장치의 설치위치는 전로 중 도체의 단면적, 특성, 설치방법, 구성의 변경으로 도체의 허용전류 값이 줄어드는 곳(이하 분기점이라 함)에 설치해야 한다.

08 저압 전로에 사용하는 과전류 차단기용 퓨즈의 정격전류가 10[A]라고 하면 정격전류의 몇 배가 되었을 경우 용단되어야 하는가?

① 1.9 ② 1.25
③ 1.2 ④ 1.1

> 저압 퓨즈의 용단특성
>
> | 정격전류의 구분 | 시간 | 정격전류의 배수 | |
> |---|---|---|---|
> | | | 불용단전류 | 용단전류 |
> | 4[A] 초과 16[A] 미만 | 60분 | 1.5배 | ※1.9배 |
> | 16[A] 이상 63[A] 이하 | 60분 | 1.25배 | 1.6배 |
> | 63[A] 초과 160[A] 이하 | 120분 | 1.25배 | 1.6배 |

09 저압 전로에 사용하는 과전류 차단기용 퓨즈가 정격이 20[A]라고 하면 견뎌야 할 전류는 정격 전류의 몇 배인가?

① 1.5 ② 1.25
③ 1.2 ④ 1.1

> 저압 퓨즈의 용단특성
>
> | 정격전류의 구분 | 시간 | 정격전류의 배수 | |
> |---|---|---|---|
> | | | 불용단전류 | 용단전류 |
> | 4[A] 초과 16[A] 미만 | 60분 | 1.5배 | 1.9배 |
> | 16[A] 이상 63[A] 이하 | 60분 | ※1.25배 | 1.6배 |
> | 63[A] 초과 160[A] 이하 | 120분 | 1.25배 | 1.6배 |

10 주택용 배선용 차단기는 정격적류가 63[A] 이하인 경우 정격 전류의 몇 [%]에 확실하게 동작되어야 하는가?

① 115 ② 125
③ 145 ④ 150

> 배선용 차단기의 과전류트립 동작시간 및 특성
>
> | 정격 전류의 구분 | 시간 | 정격전류의 배수(모든 극에 통전) | | | |
> |---|---|---|---|---|---|
> | | | 산업용 | | 주택용 | |
> | | | 부동작전류 | 동작전류 | 부동작전류 | 동작전류 |
> | 63[A] 이하 | 60분 | 1.05배 | 1.3배 | 1.13배 | ※1.45배 |
> | 63[A] 초과 | 120분 | 1.05배 | 1.3배 | 1.13배 | 1.45배 |

11 정격전류가 60[A]인 주택의 전로에 정격 전류의 1.45배의 전류가 흐를 때 주택에 사용하는 배선용 차단기는 몇 분 내에 자동적으로 동작하여야 하는가?

① 10분 이내 ② 30분 이내
③ 60분 이내 ④ 120분 이내

> 과전류 차단기로 주택에 사용하는 63[A] 이하의 배선용 차단기는 정격전류의 1.45배 전류가 흐를 때 60분 내에 자동으로 동작하여야 한다.

12 정격 전류가 30[A]인 저압 전로의 과전류 차단기를 산업용 배선용 차단기로 사용하는 경우 정격 전류의 1.3배의 전류가 통과하였을 때 몇 분 이내에 자동적으로 동작하여야 하는가?

① 1분 ② 60분
③ 2분 ④ 120분

> 과전류 차단기로 저압 전로에 사용하는 63[A] 이하의 산업용 배선용 차단기는 정격전류의 1.3배 전류가 흐를 때 60분 내에 자동으로 동작하여야 한다.

13 저압 옥내 분기회로에 개폐기 및 과전류 차단기를 시설하는 경우 분기점과 설치점 사이의 배선 부분에 다른 분기회로나 콘센트 회로가 접속되어 있지 않으면 분기점에서 몇 [m] 이하에 시설하여야 하는가?

① 3 ② 5
③ 8 ④ 12

> 저압 옥내 분기회로에 분기회로 보호용 개폐기 및 과전류 차단기를 시설하는 경우 원칙상 간선에서 분기한 3[m] 이하의 곳에 설치한다.

14 주택, 아파트인 경우 표준부하는 몇 [VA/m²]인가?

① 10 ② 20 ③ 30 ④ 40

> 건물의 종류에 대응한 표준 부하
>
> | 건물의 종류 | 표준 부하 [VA/m²] |
> |---|---|
> | 공장, 공회당, 사원, 교회, 극장, 영화관, 연회장 등 | 10 |
> | 기숙사, 여관, 호텔, 병원, 학교, 음식점, 다방, 대중목욕탕 | 20 |
> | 사무실, 은행, 상점, 이발소, 미용원 | 30 |
> | 주택, 아파트 | 40 |

정답 08 ① 09 ② 10 ③ 11 ③ 12 ② 13 ① 14 ④

15 분기회로 설계에서 표준 부하를 30[VA/m²]으로 하여야 하는 건물은?

① 교회   ② 학교
③ 은행   ④ 아파트

🔍 건물의 종류에 대응한 표준 부하

건물의 종류	표준 부하 [VA/m²]
공장, 공회당, 사원, 교회, 극장, 영화관, 연회장 등	10
기숙사, 여관, 호텔, 병원, 학교, 음식점, 다방, 대중목욕탕	20
사무실, 은행, 상점, 이발소, 미용원	30
주택, 아파트	40

16 과전류차단기로 시설하는 퓨즈 중 고압전로에 사용하는 포장 퓨즈는 정격전류의 몇 배의 전류에 견디어야 하는가?

① 1배   ② 1.25배
③ 1.3배   ④ 3배

🔍 고압 전로에 사용하는 포장 퓨즈는 정격 전류 1.3배에 견디고, 2배의 전류에는 120분 이내에 용단되어야 한다.

17 과전류 차단기로 시설하는 퓨즈 중 고압 전로에 사용하는 포장 퓨즈는 정격전류의 2배의 전류로 몇 분 이내에 용단되는 것이어야 하는가?

① 10분   ② 30분
③ 60분   ④ 120분

🔍 고압 전로에 사용하는 포장 퓨즈는 정격 전류 2배의 전류에는 120분 이내에 용단되어야 한다.

18 과전류차단기로 시설하는 퓨즈 중 고압 전로에 사용하는 비포장 퓨즈는 정격전류의 몇 배 전류에 의하여 몇 분 이내에 용단되어야 하는가?

① 2배로 2분   ② 1.3배로 5분
③ 1.25배로 2분   ④ 1.1배로 120분

🔍 고압 전로에 사용하는 비포장 퓨즈는 정격 전류 2배의 전류에는 2분 이내에 용단되어야 한다.

19 저압 옥내간선에서 전동기의 정격전류가 40[A]일 때 전선의 허용 전류는 몇 [A] 인가?

① 44   ② 50
③ 60   ④ 100

🔍 전동기의 정격전류가 50[A] 이하 이므로 1.25배를 한다.
즉, 허용 전류 $I_a = 40 \times 1.25 = 50[A]$

20 전동기의 정격 전류가 60[A]이다. 전선의 허용 전류는 얼마인가?

① 50[A]   ② 66[A]
③ 70[A]   ④ 80[A]

🔍 전동기의 정격 전류가 50[A]를 초과하므로
$I_a = 60 \times 1.1 = 66[A]$

21 간선에 접속하는 전동기의 정격 전류의 합계가 100[A]인 경우에 간선의 허용 전류가 몇 [A]인 전선의 굵기를 선정하여야 하는가?

① 100   ② 110
③ 125   ④ 200

🔍 전동기의 정격 전류의 합계가 50[A]를 초과하므로, 허용 전류는 1.1배
즉, $I_a = 100 \times 1.1 = 110[A]$

22 저압 옥내 간선에 사용되는 전선에 관한 사항이다. 간선에 접속하는 전동기 등의 정격 전류의 합계가 50[A]를 초과하는 경우에 그 정격 전류 합계의 몇 배의 허용 전류가 있는 전선이어야 하는가?

① 0.8   ② 1.1
③ 1.25   ④ 3.0

🔍 저압 옥내 간선에 접속하는 부하 중에서 전동기 또는 이와 유사한 기동전류가 큰 전기 기계 기구의 정격 전류의 합계가 다른 전기 사용 기계 기구의 정격 전류의 합계보다 큰 경우에는 다른 전기 사용 기계 기구의 정격 전류의 합계에 다음 값을 더한 값 이상의 허용 전류가 있는 전선을 사용하여야 한다.
• 전동기 등의 정격 전류의 합계가 50[A] 이하인 경우 : 그 정격 전류의 합계의 1.25배
• 전동기 등의 정격 전류의 합계가 50[A]를 넘는 경우 : 그 정격 전류의 합계의 1.1배

정답   15 ③   16 ③   17 ④   18 ①   19 ②   20 ②   21 ②   22 ②

23 전동기에 공급하는 간선의 굵기는 그 간선에 접속하는 전동기의 정격 전류의 합계가 50[A]를 초과하는 경우 그 정격 전류 합계의 몇 배 이상의 허용 전류를 갖는 전선을 사용하여야 하는가?

① 1.1 배　　② 1.25 배
③ 1.3 배　　④ 2 배

🔍 전동기에 공급하는 간선의 굵기는 그 간선에 접속하는 전동기의 정격 전류의 합계가 50[A]를 초과하는 경우 그 정격 전류 합계의 1.1 배 이상의 허용 전류를 갖는 전선을 사용하여야 한다.

24 학교, 사무실, 은행 등의 간선 굵기 선정 시 수용률은 몇 [%]를 적용하는가?

① 50[%]　　② 60[%]
③ 70[%]　　④ 80[%]

🔍 학교, 사무실, 은행 등의 간선 굵기 선정 시 수용률은 70[%]를 적용한다.

25 저압 옥외 조명 시설에 전기를 공급하는 가공 전선 또는 지중 전선에서 분기하여 전등 또는 개폐기에 이르는 배선에 사용하는 절연전선의 단면적은 몇 [mm²] 이상이어야 하는가?

① 2.0[mm²]
② 2.5[mm²]
③ 6[mm²]
④ 16[mm²]

🔍 저압 옥외 조명 시설에 전기를 공급하는 가공 전선 또는 지중 전선에서 분기하여 전등 또는 개폐기에 이르는 배선에 사용하는 절연전선의 단면적은 2.5 [mm²] 이상이어야 한다.

26 다음 중 금속상자 개폐기라고도 불리는 스위치는?

① 안전스위치
② 마그네트스위치
③ 타임스위치
④ 부동스위치

🔍 금속상자 개폐기라고도 불리는 스위치는 안전스위치이다.

27 다음 중 과부하 뿐만 아니라 정전 시나 저전압일 때 자동적으로 차단되어 전동기의 소손을 방지하는 스위치는?

① 안전 스위치　　② 마그네트 스위치
③ 자동 스위치　　④ 압력 스위치

🔍 과부하 뿐만 아니라 정전 시나 저전압일 때 자동적으로 차단되어 전동기의 소손을 방지하는 스위치는 마그네트 스위치이다.

28 전자 개폐기에 부착하여 전동기의 소손 방지를 위하여 사용되는 것은?

① 퓨즈　　② 열동 계전기
③ 배선용 차단기　　④ 수은 계전기

🔍 열동 계전기(THR)는 전자 개폐기에 부착하여 전동기의 소손방지를 위하여 사용된다.

29 전동기 과부하 보호 장치에 해당되지 않는 것은?

① 전동기용 퓨즈
② 열동 계전기
③ 전동기 보호용 배선용 차단기
④ 전동기 기동장치

🔍 전동기 기동 장치란 전동기 기동 시에 기동 토크를 크게 하고, 기동 전류를 작게하기 위한 장치를 말한다.

30 급·배수 회로공사에서 탱크의 유량을 자동제어 하는데 사용되는 스위치는?

① 리밋 스위치　　② 플로트 스위치
③ 텀블러 스위치　　④ 타임 스위치

🔍 급·배수 회로공사에서 탱크의 유량을 자동제어 하는데 플로트 스위치를 사용한다.

31 급수용으로 수조의 수면 높이에 의해 자동적으로 동작하는 스위치는?

① 팬던트 스위치　　② 플로트 스위치
③ 캐노피 스위치　　④ 텀블러 스위치

🔍 급수용이나 배수용으로 사용하는 수면 높이 검출 장치는 플로트스위치를 사용한다.

SECTION 05 전로의 절연 및 접지공사

STEP 01 전로의 절연

1. 전로의 절연

1) 전로의 절연

전로는 다음 경우를 제외하고는 대지로부터 반드시 절연하여야 한다.
① 접지 공사를 실시한 경우의 모든 접지 점
② 시험용 변압기, 전기 울타리 전원 장치, X선 발생 장치 등과 같이 전로의 일부를 대지로부터 절연하지 않고 사용하는 것 부득이 어려운 경우
③ 전기로, 전기보일러, 전기 욕기, 전해조 등과 같이 대지로부터의 절연이 기술적으로 대단히 어려운 경우

2) 전로의 절연 저항($= \dfrac{정격전압}{누설전류}$)

① 사용전압이 저압인 전로의 전선 상호간 및 전로와 대지 사이의 절연저항은 개폐기 또는 과전류차단기로 구분할 수 있는 전로마다 다음 표에서 정한 값 이상이어야 한다.

전로의 사용전압[V]	DC시험전압[V]	절연저항[MΩ]
SELV 및 PELV	250	0.5
FELV, 500[V] 이하	500	1.0
500[V] 초과	1,000	1.0

[주] 용어 정의
· 특별저압(extra low voltage) : 인체에 위험을 초래하지 않을 정도의 저압 2차 공칭전압 AC 50[V], DC 120[V] 이하
· SELV(Safety Extra Low Voltage) : 비접지회로로 구성된 특별저압
· PELV(Protective extra low voltage) : 접지회로로 구성된 특별저압
· FELV 1차와 2차가 전기적으로 절연되지 않은 회로로 구성된 특별저압

② 측정 시 영향을 주거나 손상을 받을 수 있는 SPD 또는 기타 기기 등은 측정 전에 분리시켜야 하고, 부득이하게 분리가 어려운 경우에는 시험전압을 250[V] DC로 낮추어 측정할 수 있지만 절연저항 값은 1M[Ω] 이상이어야 한다.
※ 서지보호장치(SPD, Surge Protective Device) : 과도 과전압을 제한하고 서지전류를 분류하기 위한 장치

③ 정전이 어려운 경우 등 절연저항 측정이 곤란한 경우에는 누설전류를 1 [mA] 이하로 유지하여야 한다.

3) 절연 저항의 측정

절연 저항의 측정은 영구자석과 교차 코일로 구성된 메거(megger)라는 측정 기구를 이용하여 측정한다.

2. 절연내력시험전압

절연내력시험 : 전로에서 정한 시험 전압을 전로와 대지 사이에 연속적으로 10분간 가하여 견딜 것

- 변압기, 기구의 전로 : 권선과 다른 권선 간, 철심 외함 간, 전로와 대지 간

최대사용전압	전로의 접지방식	절연내력시험전압비 (최저 시험 전압)
7[kV] 이하	비접지	1.5배 (최저 500[V])
7[kV] 초과~25[kV] 이하	중성점 다중접지	0.92배
7[kV] 초과~60[kV] 이하	중성점 접지	1.25배 (최저 10.5[kV])
60[kV] 초과	중성점 비접지식 전로	1.25배
60[kV] 초과	중성점접지(성형결선, 또는 스콧결선)으로서 중성점 접지식 전로(전위 변성기를 사용하여 접지)	1.1배 (최저 75[kV])
60[kV] 초과	중성점 직접 접지	0.72배(중성점에 피뢰기 시설한 경우 0.3배)
170[kV] 초과	중성점 직접접지	0.64배
60[kV] 초과	정류기에 접속하는 권선 교류 및 직류에 접속하는 기구	1.1배(직류, 교류 동일)
기타 권선		1.1배 (최저 75[kV])

STEP 02 접지 공사

1. 접지 공사의 목적
① 이상 전압의 억제
② 감전 및 화재 사고 방지
③ 보호 계전기의 동작 확보
④ 전로의 대지 전압 상승 방지

2. 접지 시스템
"접지시스템(Earthing System)"이란 기기나 계통을 개별적 또는 공통으로 접지하기 위하여 필요한 접속 및 장치로 구성된 설비를 말한다.
1) 접지시스템의 구분 : 계통접지, 보호접지, 피뢰시스템 접지
2) 접지시스템의 시설 종류 : 단독접지, 공통접지, 통합접지
3) 접지시스템 구성요소 : 접지극, 접지도체, 보호도체, 기타설비(접지극은 접지도체를 사용하여 주 접지단자에 연결하여야 한다.)
   ① 접지시스템 적합한 요구사항
      ㉠ 전기설비의 보호 요구사항과 기능적 요구사항을 충족하여야 한다.
      ㉡ 지락전류와 보호도체 전류를 대지에 전달할 것 다만, 열적, 열·기계적, 전기·기계적 응력 및 이런 전류로 인한 감전위험이 없어야 한다.
   ② 접지저항 값은 다음과같이 충족 사항
      ㉠ 부식, 건조, 동결, 대지환경 변화에 충족하여야 한다.
      ㉡ 인체감전보호를 위한 값과 전기설비의 기계적 요구에 의한 값을 만족하여야 한다.

3. 보호도체 및 접지도체

1) 접지도체
   ① 최소 단면적 : 구리 6[mm²], 철제 50[mm²](피뢰시스템에 접속된 경우 : 구리 16[mm²], 철제 50[mm²])
   ② 고장 시 흐르는 전류를 안전하게 통할 수 있는 접지도체의 굵기
   ③ 접지도체의 굵기

구 분	접지도체의 굵기
특고압·고압 전기설비용	• 6 [mm²] 이상의 연동선
중성점 접지용	• 16 [mm²] 이상의 연동선 • 7 [kV] 이하의 전로 또는 25 [kV] 이하인 중성선 다중접지식으로서 전로에 지락이 생겼을 때 2초 이내에 자동적으로 이를 전로로부터 차단하는 장치가 되어 있는 경우 : 6[mm²] 이상의 연동선

이동하여 사용하는 전기기계기구의 금속제 외함 등	• 특고압 · 고압 전기설비용 접지도체 및 중성점 접지용 접지도체 : : 클로로프렌캡타이어케이블(3종 및 4종) 또는 클로로설포네이트폴리에틸렌캡타이어케이블(3종 및 4종)의 1개 도체 또는 다심 캡타이어케이블의 차폐 또는 기타의 금속체로 단면적이 10 [mm²] 이상인 것 • 저압 전기설비용 접지도체 : : 다심 코드 또는 다심 캡타이어케이블의 1개 도체의 단면적이 0.75 [mm²] 이상인 것단, 기타 유연성이 있는 연동연선은 1개 도체의 단면적이 1.5 [mm²] 이상인 것 사용)

④ 접지도체의 보호

접지도체는 지하 0.75[m] 부터 지표 상 2[m] 까지 부분은 합성수지관(두께 2 [mm] 미만의 합성수지제 전선관 및 가연성 콤바인덕트관은 제외한다) 또는 이와 동등 이상의 절연효과와 강도를 가지는 몰드로 덮어야 한다.

2) 보호도체의 최소 단면적

상도체 단면적 S[mm²]에 따라 선정

상도체의 단면적 S([mm²], 구리)	보호도체의 최소 단면적([mm²], 구리) 보호도체의 재질
S ≤ 16	S
16 < S ≤ 35	16
S > 35	S/2

또는 차단시간 5초 이하의 경우

$S = \sqrt{I^2 t}/k$

여기서 S : 단면적[mm²]

I : 보호장치를 통해 흐를 수 있는 예상 고장전류 실효값[A]

t : 자동차단을 위한 보호장치의 동작시간[s]

k : 재질 및 온도에 따른 계수

3) 보호도체의 단면적(상도체와 동일 외함에 설치되지 않은 경우)

① 기계적손상에 대해 보호 되는 경우 구리 2.5 [mm²], 알루미늄 16 [mm²] 이상

② 기계적손상에 대해 보호 되지 않는 경우 구리 4 [mm²], 알루미늄 16 [mm²] 이상

4) 보호도체로 사용가능한 도체(하나 또는 복수로 구성)

① 다심케이블의 도체

② 충전도체와 같은 트렁킹에 수납된 절연도체 또는 나도체

③ 고정된 절연도체 또는 나도체

④ 금속케이블 외장, 케이블 차폐, 케이블 외장, 전선묶음(편조전선), 동심도체, 금속관(기계적, 열적, 화학적 손상 등이 없을 것

5) 보호도체 또는 보호본딩도체로 사용해서는 안되는 도체

① 금속 수도관, 가요성 금속전선관, 가요성 금속배관(단, 보호도체의 목적으로 설계된 경우 제외)

② 가스 · 액체 · 분말과 같은 잠재적인 인화성 물질을 포함하는 금속관

③ 상시 기계적 응력을 받는 지지 구조물 일부
④ 지지선, 케이블트레이 및 이와 비슷한 것

6) 보호도체와 계통도체 겸용

보호도체와 계통도체를 겸용하는 겸용도체라 함은 중성선과 겸용, 상도체와 겸용, 중간도체와 겸용 등을 말하며 다음에 해당하는 계통의 기능에 대한 조건을 만족하여야 한다.
① 단면적은 구리 10[mm²] 또는 알루미늄 16[mm²] 이상
② 중성선과 보호도체의 겸용도체는 전기설비의 부하 측으로 시설하여서는 안 된다.
③ 폭발성 분위기 장소는 보호도체를 전용으로 하여야 한다.

7) 보호접지 및 기능접지의 겸용도체를 사용할 경우 보호도체와 조건은 모두 같고 전자통신기기에 전원공급을 위한 직류귀환 도체는 겸용도체(PEL 또는 PEM)로 사용 가능하고, 기능접지도체와 보호도체를 겸용할 수 있다.

8) 감전보호에 따른 보호도체

과전류보호장치를 감전에 대한 보호용으로 사용하는 경우, 보호도체는 충전도체와 같은 배선설비에 병합시키거나 근접한 경로로 설치하여야 한다.

9) 접지시스템은 주 접지단자를 설치하고 등전위본딩도체, 접지도체, 보호도체, 기능성 접지도체를 접속해야 한다.

4. 접지극의 시설 및 접지저항

1) 접지극
① 콘크리트에 매입된 기초 접지극
② 토양에 매설된 기초 접지극
③ 토양에 수직 또는 수평으로 직접 매설된 금속전극(봉, 전선, 테이프, 배관, 판 등)
④ 케이블의 금속외장 및 그 밖에 금속피복
⑤ 지중 금속구조물(배관 등)
⑥ 대지에 매설된 철근콘크리트의 용접된 금속 보강재(강화콘크리트는 제외)

2) 접지극의 매설
① 접지극은 매설하는 토양을 오염시키지 않아야 하며, 가능한 다습한 부분에 설치한다.
② 접지극은 지표면으로부터 지하 0.75[m] 이상으로 하되 동결 깊이를 감안하여 매설 깊이를 정해야 한다.
③ 접지도체를 철주 기타의 금속체를 따라서 시설하는 경우에는 접지극을 철주의 밑면으로부터 0.3[m] 이상의 깊이에 매설하는 경우 이외에는 접지극을 지중에서 그 금속체로부터 1[m] 이상 떼어 매설하여야 한다.

3) 수도관, 철골 등의 접지극 사용가능한 전기저항
① 지중에 매설된 금속제 수도관은 대지와의 전기 저항이 3[Ω] 이하
② 건축물, 구조물의 철골, 기타 금속제는 대지와의 전기 저항이 2[Ω] 이하

4) 접지 저항 저감법
  ① 접지봉의 길이, 접지판의 면적과 같은 접지극의 크기를 크게 한다.
  ② 접지극의 매설 깊이(지표면 하 0.75[m] 이상)를 깊게 한다.
  ③ 접지극을 상호 2[m] 이상 이격하여 병렬 접속한다.
  ④ 메시 공법이나 매설지선 공법 등에 의한 접지극의 형상을 변경한다.
  ⑤ 접지 저항 저감제와 같은 화학적 재료를 사용하여 토지를 개량한다.

접지극의 종류 및 규격:
- 동판 : 두께 0.7[mm]이상, 단면적 900[mm²] 편면(片面) 이상의 것
- 동봉, 동피복강봉 : 지름 8[mm]이상, 길이 0.9[m] 이상의 것
- 철관 : 외경 25[mm]이상, 길이 0.9[m]이상 아연도금 가스철관 또는 후강전선관일 것
- 철봉 : 지름 12[mm]이상, 길이 0.9[m]이상의 아연도금한 것

5. 기계기구의 철대 및 외함의 접지

1) 전로에 시설하는 기계기구의 철대 및 금속제 외함(외함이 없는 변압기 또는 계기용변성기는 철심)에는 접지공사를 하여야 한다.

2) 접지공사의 생략
  ① 사용 전압이 직류 300[V], 교류 대지 전압 150[V] 이하인 전기 기계 기구를 건조한 장소에 설치한 경우
  ② 저압, 고압, 22.9[kV-Y] 계통 전로에 접속한 기계 기구를 목주 위 등에 시설한 경우
  ③ 저압용 기계 기구를 목주나 마루 위 등에 설치한 경우
  ④ 전기용품 안전관리법에 의한 2중 절연 기계 기구
  ⑤ 외함이 없는 계기용 변성기 등을 고무 절연물 등으로 덮은 경우
  ⑥ 철대 또는 외함이 주위의 적당한 절연대를 이용하여 시설한 경우
  ⑦ 2차 전압 300[V] 이하, 정격 용량 3[kVA] 이하인 절연 변압기를 사용하고 2차측을 비접지 방식으로 하는 경우
  ⑧ 동작 전류 30[mA] 이하, 동작 시간 0.03[sec] 이하인 인체 감전 보호 누전 차단기를 설치한 경우

제03장_ 전기설비 출제예상문제

01 저압전로의 전선 상호간 및 전로와 대지사이의 절연 저항의 값에 대한 설명으로 틀린 것은?

① 측정 시 SPD 또는 기타 기기 등은 측정 전 위험사항이 아니므로 분리시키지 않아도 된다.
② 사용전압이 SELV 및 PELV는 DC 250[V] 시험전압으로 0.5[MΩ] 이상이어야 한다.
③ 사용전압이 FELV 및 500[V] 이하는 DC 500[V] 시험전압으로 1.0[MΩ] 이상이어야 한다.
④ 사용전압이 500[V] 초과하는 경우 DC 1,000[V] 시험전압으로 1.0[MΩ] 이상이어야 한다.

🔍 전로의 절연저항
ⓐ 사용전압이 저압인 전로의 전선 상호간 및 전로와 대지 사이의 절연저항은 개폐기 또는 과전류차단기로 구분할 수 있는 전로마다 다음 표에서 정한 값 이상이어야 한다.

전로의 사용전압[V]	DC시험전압[V]	절연저항[MΩ]
SELV 및 PELV	250	0.5
FELV, 500[V] 이하	500	1.0
500[V] 초과	1,000	1.0

[주] 용어 정의
- 특별저압(extra low voltage) : 인체에 위험을 초래하지 않을 정도의 저압
  2차 공칭전압 AC 50[V], DC 120[V] 이하
- SELV(Safety Extra Low Voltage) : 비접지회로로 구성된 특별저압
- PELV(Protective extra low voltage) : 접지회로로 구성된 특별저압
- FELV 1차와 2차가 전기적으로 절연되지 않은 회로로 구성된 특별저압

ⓑ 측정 시 영향을 주거나 손상을 받을 수 있는 SPD 또는 기타 기기 등은 측정 전에 분리시켜야 하고, 부득이하게 분리가 어려운 경우에는 시험전압을 250[V] DC로 낮추어 측정할 수 있지만 절연저항 값은 1[MΩ] 이상이어야 한다.

02 교류 380[V]를 사용하는 공장의 전선과 대지 사이의 절연 저항은 몇 [MΩ] 이상이어야 하는가?

① 0.1   ② 1.0
③ 0.5   ④ 100

🔍 FELV, 500V 이하 이면 1.0[MΩ] 이상이어야 한다.

03 400[V] 이하 옥내 배선의 절연 저항 측정에 가장 알맞은 절연 저항계는?

① 250[V] 메거   ② 500[V] 메거
③ 1,000[V] 메거   ④ 1,500[V] 메거

🔍 전압의 종류에 따른 절연저항계의 사용
- FELV, 500V 이하 : 500[V]급 절연저항계 사용
- 500V 초과 : 1,000[V]급 절연저항계 사용

04 절연저항을 측정하는데 정전이 어려워 측정이 곤란한 경우에는 누설전류를 몇[mA] 이하로 유지하여야 하는가?

① 1   ② 2
③ 5   ④ 10

🔍 정전이 어려운 경우 등 절연저항 측정이 곤란한 경우에는 누설전류를 1[mA] 이하로 유지하여야 한다.

05 절연저항 측정시 영향을 주거나 손상을 받을 수 있는 SPD 또는 기타 기기 등은 측정 전에 분리시켜야 하고, 부득이하게 분리가 어려운 경우에는 시험전압을 몇 [V] 이하로 낮추어서 측정하여야 하는가?

① 100   ② 200
③ 250   ④ 300

🔍 절연 측정 시 영향을 주거나 손상을 받을 수 있는 SPD 또는 기타 기기 등은 측정 전에 분리시켜야 하고, 부득이하게 분리가 어려운 경우에는 시험전압을 250[V] DC로 낮추어 측정할 수 있다.

정답 01 ① 02 ② 03 ② 04 ① 05 ③

06
최대 사용 전압이 220[V]인 3상 유도 전동기가 있다. 이것의 절연 내력 시험 전압은 몇 [V]로 하여야 하는가?

① 330　　② 500
③ 750　　④ 1,050

🔍 절연내력시험전압

기기	절연내력시험전압
발전기, 전동기 (권선과 대지간)	7,000[V] 이하 1.5배(최저 500[V])
	7,000[V] 초과 1.25배(최저 10,500[V])

절연내력시험전압 220×1.5 = 330[V]이지만 최저시험전압은 500[V]이다.

07
최대사용전압이 3.3[kV]인 차단기 전로의 절연 내력 시험 전압은 몇 [V]인가?

① 3,036　　② 4,125
③ 4,950　　④ 6,600

🔍 기기 및 전로의 절연내력시험

종류	절연내력시험전압(최저시험전압)
비접지 기기의 전로	7,000[V] 이하 1.5배(최저 500[V])
	7,000[V] 초과 1.25배(최저 10,500[V])

절연내력시험전압 3,300×1.5 = 4,950[V]

08
최대사용전압이 70[kV]인 중성점 직접 접지식 전로의 절연내력 시험 전압은 몇 [V]인가?

① 35,000[V]　　② 42,000[V]
③ 44,800[V]　　④ 50,400[V]

🔍 절연내력 시험 : 최대 사용전압의 0.72배의 전압을 연속으로 10분간 가할 때 견딜 것

최대 사용 전압	전로의 접지방식	절연내력시험전압비 (최저 시험 전압)
60[kV] 초과	중성점 비접지식 전로	1.25배
	중성점접지(성형결선, 또는 스콧결선)으로서 중성점 접지식 전로 (전위 변성기를 사용하여 접지)	1.1배 (최저 75[kV])
	중성점 직접 접지	※0.72배

절연내력시험전압 = 70,000×0.72 = 50,400[V]

09
접지설비에 사용하는 접지선을 사람이 접촉할 우려가 있는 곳에 시설하는 경우에는 동결깊이를 감안하여 지하 몇 [cm] 이상까지 매설하여야 하는가?

① 50　　② 100
③ 75　　④ 150

🔍 접지극(전극)의 매설깊이는 지하 75[cm] 이상 깊이에 매설하되 동결 깊이를 감안할 것

10
접지공사에서 접지극으로 동봉을 사용하는 경우 최소길이는 몇 [m]인가?

① 1　　② 1.2
③ 0.9　　④ 0.6

🔍 접지극의 종류와 규격
동봉:지름 8[mm] 이상, 길이 0.9[m] 이상

11
특고압·고압 전기설비용 접지도체는 단면적 몇 [mm²] 이상의 연동선 또는 동등 이상의 단면적 및 강도를 가져야 하는가?

① 0.75　　② 4
③ 6　　④ 10

🔍 특고압·고압 전기설비용 접지도체는 단면적 6[mm²] 이상의 연동선 또는 동등 이상의 단면적 및 강도를 가져야 한다.

12
중성점 접지용 접지도체는 공칭단면적 단면적 몇 [mm²] 이상의 연동선 또는 동등 이상의 단면적 및 강도를 가져야 하는가?

① 4　　② 6
③ 10　　④ 16

🔍 중성점 접지용 접지도체는 공칭단면적 16[mm²] 이상의 연동선 또는 동등 이상의 단면적 및 세기를 가져야 한다.

13
피뢰시스템에 접지도체가 접속된 경우 접지저항은 몇 [Ω] 이하이어야 하는가?

① 5　　② 10　　③ 15　　④ 20

🔍 피뢰시스템에 접지도체가 접속된 경우 접지저항은 10[Ω] 이하이어야 한다.

정답 06 ②　07 ③　08 ④　09 ③　10 ③　11 ③　12 ④　13 ②

14 피뢰시스템에 접지도체가 접속된 경우 접지선의 굵기는 구리선인 경우 최소 몇 [mm²] 이상이어야 하는가?

① 6 ② 10
③ 16 ④ 22

> 접지도체가 피뢰시스템에 접속된 경우 : 구리 16[mm²] 이상, 철제 50[mm²] 이상

15 지중에 매설된 금속제 수도관은 전기저항이 몇 [Ω] 이하인 경우 각종 접지공사의 접지극으로 사용할 수 있는가?

① 1 ② 2
③ 3 ④ 4

> 수도관, 철골 등의 접지극 사용가능한 전기저항
> • 지중에 매설된 금속제 수도관은 대지와의 전기 저항이 3[Ω] 이하
> • 건축물, 구조물의 철골, 기타 금속제는 대지와의 전기 저항이 2[Ω] 이하

16 다음 보호도체로 다음 중 하나 또는 복수로 구성해야 하는데 사용할 수 있는 도체가 아닌 것은 무엇인가?

① 다심케이블의 도체
② 충전도체와 같은 트렁킹에 수납된 절연도체 또는 나도체
③ 고정된 절연도체 또는 나도체
④ 가요성 금속전선관

> 보호도체로 사용할수 있는 도체
> • 다심케이블의 도체
> • 충전도체와 같은 트렁킹에 수납된 절연도체 또는 나도체
> • 고정된 절연도체 또는 나도체
> • 금속케이블 외장, 케이블 차폐, 케이블 외장, 전선묶음(편조전선), 동심도체, 금속관(기계적, 열적, 화학적 손상 등이 없을 것)

17 보호도체와 계통도체를 겸용하는 겸용도체는 중선선과 겸용, 상도체와 겸용, 중간도체와 겸용을 말하여 단면적은 구리선을 사용하는 경우 최소 몇 [mm²]이상 이어야 하는가?

① 6 ② 10 ③ 16 ④ 22

> 겸용도체의 최소 굵기 : 구리 10[mm²] 또는 알루미늄 16[mm²] 이상

18 접지시스템은 주 접지단자를 설치하고 다음의 도체를 설치해야하는데 이 도체가 아닌 것은?

① 등전위본딩도체 ② 접지도체
③ 보호도체 ④ 나경동선 도체

> 접지시스템은 주 접지단자를 설치하고 등전위본딩도체, 접지도체, 보호도체, 기능성 접지도체를 접속해야 한다.

19 다음 중 접지극으로 사용할 수 있는 것이 아닌 것은?

① 콘크리트에 매입된 기초 접지극
② 토양에 매설된 기초 접지극
③ 대지에 매설된 강화 콘크리트에 용접된 금속 보강재
④ 케이블의 금속외장 및 그 밖에 금속피복

> 접지극으로 사용가능한 시설물
> • 콘크리트에 매입된 기초 접지극
> • 토양에 매설된 기초 접지극
> • 토양에 수직 또는 수평으로 직접 매설된 금속전극(봉, 전선, 테이프, 배관, 판 등)
> • 케이블의 금속외장 및 그 밖에 금속피복
> • 지중 금속구조물(배관 등)
> • 대지에 매설된 철근콘크리트의 용접된 금속 보강재(강화콘크리트는 제외)

20 다음 중 접지공사를 시설하는데 접지극의 시설 방법으로 잘못된 것은?

① 접지극은 지중 금속구조물(배관 등)을 사용하였다.
② 접지극은 동결깊이를 감안하여 지표면으로부터 50[cm]깊이에 매설하였다.
③ 지중에 매설된 수도관의 전기저항값이 3[Ω] 이하이면 접지극으로 사용할 수 있다.
④ 접지극은 매설하는 토양을 오염시키지 않아야 한다.

> 접지극의 시설 규정
> • 접지극은 매설하는 토양을 오염시키지 않아야 하며, 가능한 다습한 부분에 설치한다.
> • 접지극은 지표면으로부터 지하 0.75 [m] 이상으로 하되 동결 깊이를 감안하여 매설 깊이를 정해야 한다.
> • 지중에 매설된 대지와의 전기 저항이 3[Ω] 이하인 금속제 수도관은 각종 접지 공사의 접지극으로 사용할 수 있다.

정답 14 ③ 15 ③ 16 ④ 17 ② 18 ④ 19 ③ 20 ②

21 전기용품 안전관리법의 적용을 받는 인체 감전보호용 누전차단기를 시설하면 접지공사를 생략할 수 있는데 이때 누전차단기의 정격으로 알맞은 것은?

① 정격 감도전류 30[mA], 동작시간 0.03[sec] 이하의 전류 동작형
② 정격감도전류 50[mA], 동작시간 0.1[sec] 이하의 전류 동작형
③ 정격 감도전류 30[mA], 동작시간 0.1[sec] 이하의 전류 동작형
④ 정격 감도전류 50[mA], 동작시간 0.03[sec] 이하의 전류 동작형

🔍 접지공사 생략 가능한 누전차단기는 정격 감도전류 30[mA], 동작시간 0.03[sec] 이하의 전류 동작형이어야 한다.

22 접지공사시 접지저항을 감소시키는 저감 대책이 아닌 것은?

① 접지봉의 길이를 증가시킨다.
② 접지판의 면적을 감소시킨다.
③ 접지극을 매설 깊이를 깊게 매설한다.
④ 접지저항 저감제를 이용하여 토양의 고유저항을 화학적으로 저감시킨다.

🔍 접지저항 저감 대책
• 접지봉의 연결 개수를 증가시킨다.
• 접지판의 면적을 증가시킨다.
• 접지 극을 깊게 매설한다.
• 토양의 고유저항을 화학적으로 저감시킨다.

23 접지공사시 접지저항을 감소시키는 저감 대책 중 접지극을 병렬로 접속해야 하며 접지극간의 이격거리는 최소 몇 [m] 이상인가?

① 1 ② 2
③ 1.5 ④ 3

🔍 접지저항 저감 대책 중 접지극은 상호 2[m] 이상 이격하여 병렬 접속한다.

24 변압기의 중성점접지 저항 값은 다음 어느 값이 결정하는가?

① 변압기의 용량
② 고압 가공 전선로의 전선 연장
③ 변압기 1차 측에 넣는 퓨즈 용량
④ 변압기 고압 또는 특고압 측 전로의 1선 지락 전류의 암페어 수

🔍 변압기 중성점 접지 저항값의 크기
일반적인 변압기의 고압·특고압측 전로의 접지저항값은 1선 지락전류로 150을 나눈 값과 같은 저항 값 이하이어야 한다.
※ 전로의 1선 지락전류는 실측값에 의한다. 다만, 실측이 곤란한 경우에는 선로정수 등으로 계산한 값에 의한다.

25 전로에 시설하는 기계기구의 철대 및 금속제 외함에는 접지공사를 해야하는데 접지공사를 생략할 수 있는 경우가 아닌 것은?

① 사용 전압이 교류 대지전압 150[V] 이하인 전기 기구를 건조한 장소에 설치한 경우
② 전기용품 안전관리법에 의한 2중 절연 기계기구
③ 철대 또는 외함이 주위의 적당한 절연대를 이용하여 시설한 경우
④ 정격 용량 5[kVA] 이하인 절연 변압기를 사용하고 2차측을 비접지 방식으로 하는 경우

🔍 절연변압기를 2차 전압 300[V] 이하, 정격 용량 3[kVA] 이하를 사용하고 2차측을 비접지 방식으로 한 경우 접지공사를 생략할 수 있다.

정답 21 ① 22 ② 23 ② 24 ① 25 ④

SECTION 06 전선로 및 배전 공사

STEP 01 전선로

수용장소의 구내에 시설하는 저압, 고압 및 특고압의 전선로, 인입선 및 옥외 배전용 변압기 등의 시설에 적용한다.

1) 전선로의 분류
   ① 옥측 전선로
   ② 옥상 전선로
   ③ 가공 전선로
   ④ 지중 전선로
   ⑤ 수상 전선로
   ⑥ 물밑 전선로
   ⑦ 터널 내 전선로

2) 저압 전선로 등의 중성선 또는 접지측 전선의 식별
   ① 애자의 빛깔에 의하여 식별하는 경우는 청색 표식을 한 애자를 접지측으로 사용할 것
   ② 전선피복의 식별에 의하는 경우는 백색 또는 녹색(DV전선을 사용하는 경우에 한한다)을 중성선 또는 접지측으로 사용할 것

3) 저압 전선의 배열
   전선로와 인입선의 전선 배열은 상과 극성을 통일하는 것을 원칙으로 한다.

STEP 02 가공전선로

발전소등에서 발전된 전력이나 변전소등에서 변성된 전력을 목주나 철근콘크리트주와 같은 지지물을 통하여 수용가 등으로 전송하기 위한 가공전선을 말한다.

1. 가공전선로의 시설

1) 가공전선로의 굵기
   ① 사용전압 400[V] 미만
      ㉮ 절연 전선 : 인장강도 2.3[kN] 이상, 2.6[mm] 이상의 경동선
      ㉯ 나전선(중성선) : 인장강도 3.43[kN] 이상, 3.2[mm] 이상의 경동선
   ② 사용전압 400[V] 이상, 고압
      ㉮ 시가지내 : 인장강도 8.01[kN] 이상, 5.0[mm] 이상의 경동선
      ㉯ 시가지외 : 인장강도 5.26[kN] 이상, 4.0[mm] 이상의 경동선
   ③ 특고압 : 인장강도 8.71[kN] 이상, 22 [mm^2] 이상의 경동선

2) 가공전선의 안전율
- ① 경동선, 내열 동합금선 : 2.2 이상
- ② 기타 전선 : 2.5 이상

3) 가공전선의 높이 [m]

구 분	저 압	고 압	특고압
도 로	6	6	6
철 도	6.5	6.5	6.5
횡단보도교	3	3.5	4
기 타	5	5	5 (35[kV] 이하)

2. 가공지선의 시설

직격뢰로부터 가공 전선을 보호하기 위한 나전선

1) 가공지선의 굵기
- ① 고압 : 인장강도 5.26[kN] 이상, 4.0[mm] 이상의 경동선
- ② 특고압 : 인장강도 8.01[kN] 이상, 5.0[mm] 이상의 경동선

2) 안전율
- ① 경동선, 내열 동합금선 : 2.2 이상
- ② 기타 전선 : 2.5 이상

3. 가공전선의 병가

동일 지지물에 별도의 완금을 설치하여 서로 다른 전선로를 동시에 시설하는 것

1) 고·저압의 병가
- ① 고압 측을 상부에 시설할 것
- ② 이격거리 : 50[cm] 이상(단, 고압측이 케이블인 경우는 30[cm] 이상)

2) 특고압과 저·고압의 병가
- ① 특고압 측을 상부에 시설할 것
- ② 이격거리
  - ㉮ 35[kV] 이하 : 1.2[m] 이상(단, 22.9[kV-Y]의 경우는 1.0[m] 이상)
  - ㉯ 35[kV] 넘고 100[kV] 미만 : 2[m] 이상

4. 가공전선과 건조물 등과 접근상태에서의 이격거리[m]

		저압	고압	25[kV] 이하 중성점다중접지	35[kV] 이하
건조물 (조영재)	상부 조영재 위쪽	2	2	3	3
	상부 조영재 옆쪽, 아래쪽	1.2	1.2	1.5	3
	건조물 아래쪽	0.6	0.8	1.5	3
	도로, 횡단보도, 철도	3	3	3	3
	삭도, 저압 전차선, 저·고압 가공전선, 가공 약전선, 안테나	0.6 (고압 0.8)	0.8	2	2
다른 시설물	상부 조영재 위쪽	2	2	3	2
	상부 조영재 옆쪽, 아래쪽	0.6	0.8	1.5	1

- 건조물 : 사람이 거주 또는 근무하거나 빈번히 출입하거나 모이는 조영 물
- 다른 시설물 : 건조물이나 도로 등을 제외한 간판, 동상등과 같은 별도의 시설물

5. 가공전선로의 경간제한 [m]

	표준경간	장경 간	저, 고압 보안공사
목주, A종	150	300	100
B종	250	500	150
철탑	600	1,200	400

* 장경간 조건 : 고압의 경우 22[mm^2], 특고압의 경우 55[mm^2] 이상의 전선을 사용하는 경우의 값이다.

STEP 03 인입선

1. 가공인입선

가공전선로의 지지물로부터 다른 지지물을 거치지 않고 직접 수용가의 붙임 점에 이르는 가공전선을 말한다.

1) 선로 긍장 : 50[m] 이하일 것

2) 전선 : 절연전선, 다심형전선, 케이블일 것

　① 저압 : 인장강도 2.3[kN] 이상, 2.6[mm] 이상의 절연전선(단, 경간 15[m] 이하는 2.0[mm] 이상도 가능)
　② 고압 : 인장강도 8.01[kN] 이상, 5.0[mm] 이상의 고압절연전선, 케이블
　③ 특고압 : 케이블(단, 10만 [V] 이하)

3) 저압, 고압 가공인입선의 최소높이

구분	저압	고압
도로 횡단	5	6
철도 횡단	6.5	6.5
횡단 보도교	3	3.5
기타 장소	4	5(*a)

*절연전선으로서 하단에 위험표시한 경우 : 3.5[m] 이상

2. 저압연접인입선

한 수용가의 인입구에서 분기하여 지지물을 거치지 않고 다른 수용가의 인입구에 이르는 전선
① 저압에 한하며 선로 긍장 100[m] 를 넘지 않을 것
② 폭 5[m] 를 넘는 도로를 횡단하지 않을 것
③ 옥내를 관통하지 않을 것

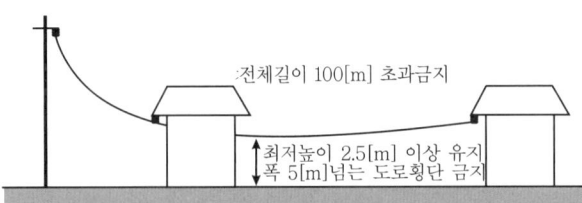

STEP 04 가공 배전선로의 구성

1. 지지물

가공전선로의 지지물에는 목주, 철근콘크리트주가 주로 사용되며, 필요에 따라 철탑 및 철주를 사용한다.

1) 목주
   ① 목주의 말구지름 : 12[cm] 이상
   ② 목주의 지름증가율 : $\frac{9}{1,000}$ 이상

2) 철근콘크리트 주
   원형의 단면으로 중심부가 비어있는 중공콘크리트주로 완금 등의 접지 시 그 중공부를 통하여 접지선을 지중에 접지한다.
   ① A 종 : 전체길이가 16[m] 이하이면서 설계하중 6.8[kN] 이하인 것
   ② B 종 : A 종 이외의 것
   ③ 철근콘크리트 주의 지름 증가율 : $\frac{1}{75}$ 이상

3) 철주, 철근콘크리트 주 또는 철탑의 사용 목적에 따른 분류
   ① 직선형 : 수평각도 3° 이하에 사용하는 것
   ② 각도형 : 수평각도 3° 초과에 사용하는 것
   ③ 인류형 : 인류하는 곳에 사용하는 것
   ④ 내장형 : 경간 차가 큰 곳에 사용하는 것
   ⑤ 보강형 : 전선로의 직선 부분에 그 보강을 위하여 사용하는 것

4) 지지물의 풍압 하중(수직 투영 면적 1[m^2]에 대한 풍압)
   목주, 원형 주(콘크리트 주, 철주) : 588[Pa]

5) 지지물의 기초 안전율
   가공 전선로의 지지물에 하중이 가하여지는 경우 그 하중을 받는 지지물의 기초안전율은 2.0 이상이다.

2. 애자

애자는 전선과 대지 간 절연이나 전선을 지지물에 고정시키는 역할을 한다.

1) 애자의 분류
   ① 사용전압 : 저압용(백색), 고압, 특고압용(적색), 중성선, 접지선용(청색)
   ② 사용목적 : 핀애자, 노브애자, 지지애자, 인류애자, 내장애자, 가지애자, 구형(지선)애자

2) 애자의 종류
   ① 핀애자 : 가공전선로의 직선부분을 지지하기 위한 애자
   ② 노브애자 : 옥내 배선의 은폐 또는 건조하고 전개된 곳의 노출 공사에 사용하는 애자는

놉(노브)애자이다.
③ 지지애자 : 발전소나 변전실 등에서 모선이나 단로기 등을 지지하기 위한 애자
④ 인류애자 : 가공전선이나 가공인입선등이 끝나는 부분에서 전선을 인류하여 인류용 조영재에 고정, 지지하기 위한 애자
⑤ 내장애자 : 고압 가공전선로 등에서 지지물로부터 전선의 장력 방향으로 인장하여 전선을 인류, 지지하기 위한 애자
⑥ 가지애자 : 전선로를 다른 방향으로 돌리는 경우에 사용하는 애자
⑦ 구형(지선)애자 : 지선 중간에 설치하여 지지물과 대지 사이를 절연하는 동시에 지선의 장력 하중을 담당하기 위한 애자
⑧ 내무 애자 : 해안 지역 등 염해에 견디는 애자
⑨ 현수 애자 : 철탑용으로 인류하는 곳이나 분기하는 곳에 사용하는 애자

3. 지선

지선이란 전선로의 안정성을 증가시키고 지지물의 강도를 보강하기 위하여 철탑을 제외한 지지물 등에 설치하는 금속선으로 전선로의 수평장력이 가까운 곳에 설치한다.

1) 지선의 종류
   ① 보통지선(인류지선) : 전선로가 끝나는 부분에 설치하는 지선
   ② 수평지선 : 도로나 하천 등을 횡단하는 부분에 설치하는 지선

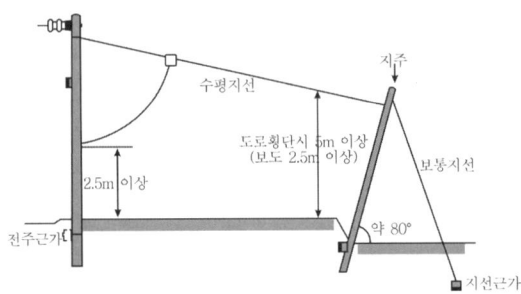

   ③ 공동지선 : 지지물 사이에 경간차가 비교적 짧은 부분에 설치하는 지선

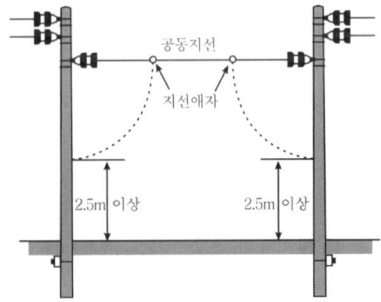

   ④ Y 지선 : 여러 개의 완금을 시설할 경우나 수평장력이 크게 작용하는 부분에 설치하는 지선

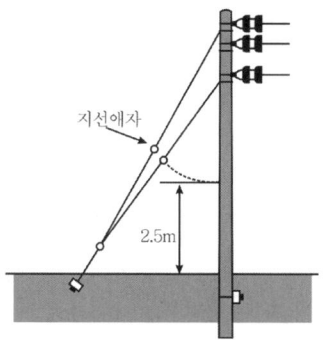

⑤ 궁지선 : 건물 등이 인접하여 있어 비교적 장력이 적고 타 종류의 지선 설치가 곤란한 장소 등에서 설치하는 지선

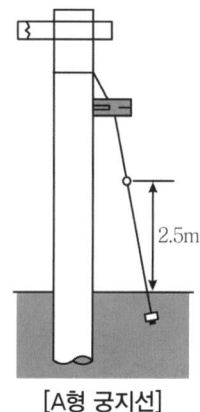

[A형 궁지선]

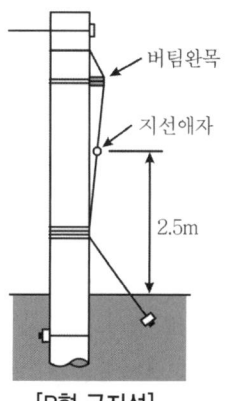

[R형 궁지선]

2) 지선의 구비조건

① 지선의 안전율은 2.5 이상 일 것
② 지선의 구성은 2.6[mm] 이상 금속선을 3조 이상 꼬아서 시설할 것 (단, 인장강도 0.68[kN] 이상인 아연도금 강선은 2.0[mm] 이상도 가능)
③ 지선의 최저 인장하중은 4.31[kN] 이상일 것
④ 지중 및 지표상 30[cm]까지의 부분에는 아연 도금한 철봉을 사용할 것
⑤ 도로 횡단의 경우 지선의 높이는 5[m] 이상을 유지할 것

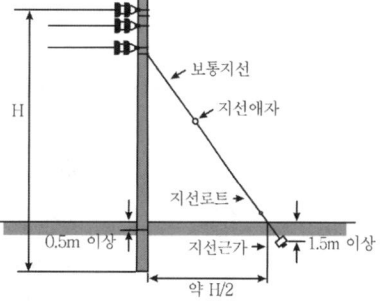

참고 **보통지선의 시설**
- 지선밴드 : 지선을 지지물에 고정하기 위한 밴드
- 지선봉 : 지중 및 지표상 30~60[cm] 부분에서 지선의 부식방지를 위해 사용하는 아연도금 철봉.
- 지선근가(앵커) : 지중에서 지선의 끝을 고정하기 위한 고정 대.
- U 볼트 : 지중에서 지지물에 근가를 실시할 때 근가블록을 지지물에 고정하기 위한 볼트

4. 배전용 주상기기

1) 주상변압기
고압배전선로의 전압을 낮추어 수용가에 알맞은 전력을 공급하기 위한 변압기를 배전용 변압기라 하면서, 이때 전주위에 설치하는 변압기를 주상변압기라 한다.
① 주상변압기의 종류 : 단상 변압기, 3상 변압기
② 주상변압기의 결선 : △-△ 결선, Y-Y 결선, △-Y(Y-△)결선, V-V 결선

2) 개폐기 및 차단기
① 주상개폐기
배전선로의 분기점이나 시가지에서의 가공배전선로의 2[km] 이하마다 전주 위에 설치하는 개폐기로 배전 구역의 전환, 원방 제어 또는 고장 시의 구분 조작에 이용하는 개폐기(일종의 단로기)이다.
㉮ 기중개폐기(AS : air break switch)
㉯ 유입개폐기(OS : oil switch)
㉰ 가스개폐기(GIS : gas interrupt switch)
가스 절연 개폐기로서 감전사고 감소, 밀폐 형이므로 배기 및 소음이 적고, 신뢰도가 높음
㉱ 리클로우져(Recloser) : 배전 선로 보호용 차단기 겸 개폐기로 자동 차단, 자동 복귀 형이다.(3φ전자식 진공형)
㉲ 자동 고장 구분 개폐기(ASS : automatic section switch) : 자동 차단, 수동 복귀 형이다.
㉳ 선로개폐기(LS : line switch)
② 부하개폐기 : 수·변전 설비의 인입구 개폐기로 많이 사용되고 있으며, 전력퓨즈의 용단 시 결상 방지 목적으로 사용

> **참고** 우리나라의 대표적인 배전 방식으로는 다중 접지방식인 22.9[kv-y] 계통으로 되어있고, 이 배전선에 사고가 생기면 그 배전선 전체가 정전이 되지 않도록 선로 도중이나 분기선에 변전소의 차단기 → 리클로우져 → 섹셔널라이져 → 라인 퓨즈 등의 보호 장치를 설치하여 상호 협조를 기함으로써 사고 구간을 국한하여 제거시킬 수 있다.

③ 차단기의 소호 매질에 따른 분류 : 선로에서의 부하전류 개폐 및 과부하전류나 단락전류를 차단하기 위한 개폐기로 그 소호매질에 따라 다음과 같이 분류할 수 있다.
㉮ 유입차단기 (OCB : oil circuit breaker) : 소호 실에서 아크에 의한 절연유 분해가스의 열 전도 및 압력에 의한 blast를 이용해서 차단
㉯ 공기차단기 (ABB : air blast circuit breaker) : 압축된 공기를 아크에 불어 넣어서 차단
㉰ 기중차단기 (ACB : air circuit breaker) : 대기 중에서 아크를 길게 하여 소호 실에서 냉각 차단(저압에서만 사용)
㉱ 진공차단기 (VCB : vaccum circuit breaker) : 고 진공 중에서 전자의 고속도 확산에 의해 차단
㉲ 가스차단기 (GCB : gas circuit breaker) : SF_6(육불황)
• 열 전달성이 공기보다 1.6 배로 뛰어나다.

- 무색, 무취, 무독성, 불연성 가스이다.
- 절연유보다 $\frac{1}{140}$로 가볍고, 공기보다 5배 무겁다.
- 공기보다 절연 내력이 크다. (1기압에서 약 3배 정도)
- 소호능력이 공기보다 뛰어나다.
  ㉾ 자기차단기 (MBB : magnetic blast circuit breaker) : 대기 중에서 전자력을 이용하여 아크를 소호실 내로 유도해서 냉각 차단

3) 주상변압기의 보호기구

변압기 1차 측에 채용하여 변압기를 과부하전류나 단락전류로부터 보호하기 위한 퓨즈가 부착되어있는 개폐기로 변압기 용량에 따라 다음과 같이 분류할 수 있다.

① 전력퓨즈(PF : power fuse) : 고전압 회로 및 기기의 단락보호용 퓨즈로 변압기 용량 300[kVA] 이상에서는 반드시 채용한다.

② 고압컷아웃스위치(COS : cut-out switch) : 절연내력이 높은 자기제의 개폐기에 퓨즈를 장착한 소형 단극개폐기로, 배전용 변압기 1차 측에 시설하여 변압기의 과부하보호용으로 쓰이며, 변압기 용량 300[kVA] 이하에서 채용한다.

4) 피뢰기(LA)

① 낙뢰나 개폐 시 발생하는 이상전압으로부터 고압전로 및 주상변압기를 보호하기 위하여 설치하는 보호 장치이다.

② 피뢰기의 제1 보호 대상 : 전력용 변압기

③ 피뢰기의 설치장소
  ㉮ 발전소, 변전소의 가공 전선 인입구 및 인출구
  ㉯ 가공 전선로에 접속하는 배전용 변압기의 고압 측 및 특고압 측
  ㉰ 고압 및 특고압 가공 전선로로부터 공급을 받는 수용가의 인입구
  ㉱ 가공 전선로와 지중 전선로가 접속되는 곳

④ 피뢰 방식
  ㉮ 돌침 방식
  ㉯ 용마루 위 도체 방식
  ㉰ 돌침 방식용마루 위 도체 방식
  ㉱ 케이지 방식
  ㉲ 이온 방사형 피뢰 방식

STEP 05 건주 및 장주

1. 건주

목주나 철근콘크리트 주와 같은 지지물을 땅에 세우는 것을 건주라 한다.

1) 건주 시 지지물의 매설깊이

① 전체길이 16[m] 이하이고, 설계하중 6.8[kN] 이하인 철근콘크리트 주, 목주

  ㉮ 전체길이 15[m] 이하인 경우 : 전체길이 × $\frac{1}{6}$ 이상 매설

  ㉯ 전체길이 15[m]초과하는 경우 : 2.5[m] 이상 매설

  ㉰ 지반이 약한 장소 : 지중 50[cm]정도에 근가를 실시한다.

② 전체길이 16[m] 이상 20[m] 이하, 설계하중 6.8[kN] 이하 철근콘크리트 주 논, 지반이 약한 곳 이외의 장소 : 2.8[m] 이상 매설

③ 전체길이 14[m] 이상 20[m] 이하, 설계하중 6.8[kN]초과 9.8[kN] 이하의 철근콘크리트 주

  ㉮ 전체길이 15[m] 이하인 경우 : 전체길이 × $\frac{1}{6}$ + 0.3[m] 이상 매설

  ㉯ 전체길이 15[m]초과하는 경우 : 2.5 + 0.3[m] 이상 매설

2) 지지물 근가 시설 (단위 : [m])

지지물 근가 시 지지물의 길이에 따른 근가의 표준 깊이 및 근가의 길이는 다음과 같다.

전주 길이	7	8	9	10
표준 깊이	1.2	1.4	1.5	1.7
근가 길이	1.0	1.0	1.2	1.2

2. 장주

지지물에 전선이나 개폐기 등을 고정시키기 위하여 완목이나 완금(완철), 애자 등을 시설하는 것을 장주라 한다.

1) 장주의 종류

① 보통 장주 ② 창출 장주 ③ 편출 장주 ④ 래크(rack) 장주

2) 완목, 완금(완철), 암 타이 공사

① 완목이나 완금을 목주에 붙일 경우 : 볼트 사용
② 완목이나 완금을 철근콘크리트 주에 붙일 경우 : U 볼트 사용
③ 완목이나 완금의 상하 이동방지를 위한 금구류 : 암 타이 사용
④ 암 타이를 지지물에 붙일 경우 : 암 타이 밴드 사용

가공전선로의 완금표준길이[mm]

전선의 조수	전압의 구분	저압	고압	특고압
2조		900	1,400	1,800
3조		1,400	1,800	2,400

3) 발판 볼트의 시설
  ① 개폐기, 변압기 등이 설치된 지지물이나 저압선이 가선된 지지물의 경우 지표상 1.8[m]부터 완금 하부 0.9[m]까지 부착한다.
  ② 위의 ①번 사항을 제외한 그 밖의 지지물의 경우는 지표상 3.6[m]부터 완금 하부 0.9[m]까지 부착한다.

4) 주상변압기의 설치
  지지물 위에 설치하는 변압기의 고정은 행거밴드(hanger band)를 사용하면서, 변압기 용량이 다른 2대 이상의 변압기를 설치하는 경우에는 소형변압기 측에 보조어댑터를 사용하여 고정한다.

5) 배전 선로 공사용 활선 공구
  ① 와이어 통(wire tong) : 배전 선로 공사에서 충전되어 있는 활선을 움직이거나 작업 권 밖으로 밀어낼 때 또는 활선을 다른 장소로 옮길 때 사용하는 활선 공구
  ② 데드엔드커버 : 인류주 또는 내장주의 선로에서 활선 공법을 할 때 작업자가 현수애자 등에 접촉되어 생기는 안전사고 예방을 위해 사용
  ③ 전선 피박기 : 활선 상태에서 전선의 피복을 벗기는 공구

STEP 06 고압 및 특고압용 기계기구의 시설

1. 특고압 배전용 변압기의 시설
  ① 1차 전압은 35,000[V] 이하, 2차 전압은 저압, 고압일 것
  ② 1차 측에 전용개폐기 및 과전류차단기를 시설할 것
  ③ 2차 측이 고압일 경우 개폐기를 시설하고 지상에서 쉽게 개폐할 수 있는 시설을 할 것

2. 고압용 기계기구의 시설

1) 지지물 위에 설치한 경우
  ① 시가지내 : 지표상 4.5[m] 이상
  ② 시가지외 : 지표상 4[m] 이상

2) 울타리 안에 설치하는 경우

　　울타리 높이와 울타리로부터 충전부분까지의 거리 합계는 5[m] 이상일 것
　　① 울타리, 담 등의 높이는 2[m] 이상일 것
　　② 울타리, 담 등의 하단 간격은 15[cm] 이하로 할 것

3) 특고압용 기계기구의 시설

　　① 지표상 최소 높이는 5[m] 이상으로 할 것
　　② 전압별 울타리의 높이와 울타리로부터 충전부분까지의 거리의 합계 또는 지표상의 높이
　　③ 35[kV] 이하 : 5[m] 이상
　　④ 35[kV] 넘고 160[kV] 이하 : 6[m] 이상
　　⑤ 160[kV] 초과 : 160[kV]를 넘는 10[kV] 단수마다 12[cm]가산(6[m]+(단수 n×0.12[m]) 이상)

4) 아크 발생 기계기구의 시설

　　목재의 벽 또는 천정, 기타 가연성 물체로부터의 이격거리
　　① 고압용 : 1[m] 이상
　　② 특고압용 : 2[m] 이상

STEP 07 지중 전선로의 매설방식

① 관로식 : 차량 기타 중량을 받을 우려가 있는 장소의 매설깊이 1.0[m] 이상
② 암거식
③ 직접 매설 식 : 지중 전선로를 직접 매설식에 의하여 시설하는 경우 차량, 기타 중량물의 압력을 받을 우려가 있는 장소의 매설 깊이는 1.0[m] 이상, 기타 장소는 0.6[m] 이상이어야 한다.

제03장_ 전기설비 출제예상문제

01 전선로의 종류가 아닌 것은?

① 옥측 전선로　　② 지중 전선로
③ 가공 전선로　　④ 선간 전선로

🔍 전선의 설치 장소에 의한 분류
- 옥측 전선로　・옥내 전선로
- 옥상 전선로　・가공 전선로
- 지중 전선로　・수상 전선로
- 물밑 전선로　・터널 내 전선로

02 저·고압 가공전선이 도로를 횡단하는 경우 지표상 몇 [m] 이상으로 시설하여야 하는가?

① 4[m]　　② 6[m]
③ 8[m]　　④ 10[m]

🔍 저·고압 가공전선이 도로를 횡단하는 경우 지표상 높이는 6[m] 이상으로 시설하여야 한다.

03 동일 지지물에 고·저압을 병가 할 때 저압선의 위치는?

① 상부에 시설
② 동일 완금에 평행되게 시설
③ 하부에 시설
④ 옆쪽으로 평행되게 시설

🔍 동일 지지물에 고·저압을 병가 할 때 저압선의 위치는 하부에 시설하여야 한다.

04 저압 가공 전선과 고압 가공 전선을 동일 지지물에 시설하는 경우 상호 이격거리는 몇 [cm] 이상이어야 하는가?

① 20　　② 30
③ 40　　④ 50

🔍 저압 가공 전선과 고압 가공 전선을 동일 지지물에 시설하는 경우 상호 이격거리는 50[cm] 이상이어야 한다.

05 고압 가공 전선로의 경간은 지지물이 목주 또는 A종 콘크리트주일 때에는 최대 몇 [m]인가?

① 150　　② 250
③ 400　　④ 600

🔍 고압 가공전선로의 지지물로 목주 또는 A종 콘크리트주를 사용할 경우, 경간은 150[m] 이하이어야 한다.

06 고압 가공전선로의 지지물로 철탑을 사용하려는 경우 경간은 몇 [m] 이하 이이어야 하는가?

① 150　　② 300
③ 500　　④ 600

🔍 고압 가공전선로의 지지물로 철탑을 사용하려는 경우 경간은 600[m] 이하이어야 한다.

07 일반적으로 저압 가공 인입선이 도로를 횡단하는 경우 노면 상 높이는?

① 4[m] 이상　　② 5[m] 이상
③ 6[m] 이상　　④ 6.5[m] 이상

🔍 일반적으로 저압 가공 인입선이 도로를 횡단하는 경우 노면 상 높이는 5[m] 이상으로 한다.

08 가공 인입선 중 수용 장소의 인입선에서 분기하여 다른 수용 장소의 인입구에 이르는 전선을 무엇이라 하는가?

① 소주인입선
② 연접인입선
③ 본주인입선
④ 인입간선

🔍 가공 인입선 중 수용 장소의 인입선에서 분기하여 지지물을 거치지 않고 다른 수용 장소의 인입구에 이르는 전선을 저압연접인입선이라 한다.

정답　01 ④　2 ②　03 ③　04 ④　05 ①　06 ④　07 ②　08 ②

09 하나의 수용장소의 인입선 접속점에서 분기하여 지지물을 거치지 아니하고 다른 수용장소의 인입선 접속점에 이르는 전선은?

① 가공인입선 ② 구내 인입선
③ 연접인입선 ④ 옥측배선

🔍 하나의 수용장소의 인입선 접속점에서 분기하여 지지물을 거치지 아니하고 다른 수용장소의 인입선 접속점에 이르는 전선을 저압연접인입선이라고 한다.

10 저압 연접 인입선 시설에서 제한 사항이 아닌 것은?

① 인입선의 분기점에서 100[m]를 초과하는 지역에 미치지 아니할 것
② 폭 5[m]를 넘는 도로를 횡단하지 말 것
③ 다른 수용가의 옥내를 관통하지 말 것
④ 지름 2.5[mm] 이하의 경동선을 사용하지 말 것

🔍 저압 연접 인입선은 지름 6[mm] 이상의 인입용 절연 전선을 사용한다.

11 저압연접인입선의 시설과 관련된 설명으로 틀린 것은?

① 옥내를 통과하지 아니할 것
② 전선의 굵기는 1.5[mm] 이하일 것
③ 폭 5[m]를 넘는 도로를 횡단하지 아니할 것
④ 인입선에서 분기하는 점으로부터 100[m]를 넘는 지역에 미치지 아니할 것

🔍 저압연접인입선의 최소 굵기는 6[mm] 이상일 것

12 가공 전선로의 지지물이 아닌 것은?

① 목주 ② 지선
③ 철근 콘크리트 주 ④ 철탑

🔍 • 가공 전선로의 지지물은 목주, 철주, 철근콘크리트 주·철탑 등이 있다.
• 지선의 설치 목적은 지지물의 강도 보강, 전선로의 안정성 증대 및 보안, 불평형 하중에 대한 평형 유지 등이 있다.

13 다음 철탑의 사용목적에 의한 분류에서 서로 인접하는 경간의 길이가 크게 달라서 지나친 불평형 장력이 가해지는 경우 등에는 어떤 형의 철탑을 사용하여야 하는가?

① 직선형 ② 각도형
③ 인류형 ④ 내장형

🔍 철탑의 사용목적에 의한 분류에서 서로 인접하는 경간의 길이가 크게 달라서 지나친 불평형 장력이 가해지는 경우 등에는 내장형의 철탑을 사용하여야 한다.

14 철근콘크리트주가 원형의 것인 경우 갑종 풍압하중 [Pa]은?(단, 수직 투영면적 1[m²]에 대한 풍압 임)

① 588[Pa] ② 882[Pa]
③ 1,039[Pa] ④ 1,412[Pa]

🔍 철근콘크리트주가 원형인 경우 갑종풍압하중 588[Pa] 이다.

15 가공 전선로의 지지물에 하중이 가하여지는 경우에 그 하중을 받는 지지물의 기초의 안전율은 일반적으로 얼마 이상이어야 하는가?

① 1.5 ② 2.0
③ 2.5 ④ 4.0

🔍 가공 전선로의 지지물에 하중이 가하여지는 경우에 그 하중을 받는 지지물의 기초의 안전율은 2.0 이상이다.

16 저압 전로의 접지측 전선을 식별하는 데 애자의 빛깔에 의하여 표시하는 경우 어떤 빛깔의 애자를 접지측으로 하여야 하는가?

① 백색 ② 청색
③ 갈색 ④ 황갈색

🔍 저압 전로의 접지측 전선을 식별하는 데 애자의 빛깔에 의하여 표시하는 경우 청색의 애자를 접지측으로 하여야 한다.

17 전선로의 직선 부분을 지지하는 애자는 어떤 애자인가?

① 핀애자 ② 지지애자
③ 가지애자 ④ 구형애자

정답 09 ③ 10 ④ 11 ② 12 ② 13 ④ 14 ① 15 ② 16 ② 17 ①

🔍 전선로의 직선 부분을 지지하는 애자는 핀애자이다.

18 옥내 배선의 은폐 또는 건조하고 전개된 곳의 노출 공사에 사용하는 애자는?

① 현수 애자 ② 놉(노브)애자
③ 장간 애자 ④ 구형 애자

🔍 옥내 배선의 은폐 또는 건조하고 전개된 곳의 노출 공사에 사용하는 애자는 놉(노브)애자이다.

19 지선의 중간에 넣는 애자는?

① 저압 핀 애자 ② 구형 애자
③ 인류 애자   ④ 내장 애자

🔍 지선의 중간에 사용하는 애자의 명칭은 '지선 애자' '구형애자' '옥 애자' 등으로 한다.

20 가공전선로의 지선에 사용되는 애자는?

① 노브 애자 ② 인류 애자
③ 현수 애자 ④ 구형 애자

🔍 가공전선로의 지선에 사용되는 애자는 구형 애자이다.

21 인류하는 곳이나 분기하는 곳에 사용하는 애자는?

① 구형 애자 ② 가지 애자
③ 새클 애자 ④ 현수 애자

🔍 인류하는 곳이나 분기하는 곳에 사용하는 애자는 현수 애자이다.

22 가공 전선로의 지지물에 지선을 사용해서는 안 되는 곳은?

① A종 철근콘크리트 주
② 목주
③ A종 철주
④ 철탑

🔍 철탑은 지선을 사용할 수가 없다.

23 가공 전선로의 지지물을 지선으로 보강하여서는 안 되는 것은?

① 목주
② A종 철근콘크리트 주
③ 철탑
④ B종 철근콘크리트 주

🔍 철탑은 지선으로 보강할 수 없다.

24 다단의 크로스 암이 설치되고 또한 장력이 클 때와 H 주 일 때 보통지선을 2단으로 부설하는 지선은?

① 보통지선 ② 공동지선
③ 궁지선   ④ Y 지선

🔍 다단의 크로스 암이 설치되고 또한 장력이 클때와 H주 일 때 보통지선을 2단으로 부설하는 지선은 Y 지선이다.

25 비교적 장력이 적고 타 종류의 지선을 시설할 수 없는 경우에 적용되는 지선은?

① 공동지선 ② 궁지선
③ 수평지선 ④ Y 지선

🔍 비교적 장력이 적고 타 종류의 지선을 시설할 수 없는 경우에 적용되는 지선은 궁지선이다.

26 가공전선로의 지지물에 시설하는 지선에서 맞지 않는 것은?

① 지선의 안전율은 2.5 이상일 것
② 지선의 안전율은 2.5 이상일 것 이 경우 인장하중은 440[kg] 으로 한다.
③ 소선의 지름이 1.6[mm] 이상의 동선을 사용한 것일 것
④ 지선에 연선을 사용할 경우에는 소선 3가닥 이상의 연선일 것

🔍 지선의 시설 기준에서 소선은 2.6[mm] 이상의 아연 도금 철 연선을 3가닥 이상 꼬아서 사용한다.

정답 18 ② 19 ② 20 ④ 21 ④ 22 ④ 23 ③ 24 ④ 25 ② 26 ③

27 가공 전선로의 지지물에 시설하는 지선의 안전율은 얼마 이상이어야 하는가?

① 3.5
② 3.0
③ 2.5
④ 1.0

🔍 지선의 시설 기준
- 소선은 지름 2.6[mm] 이상의 금속선
- 소선 3가닥 이상의 연선일 것
- 허용 인장 하중 : 4.31[kN]
- 지선의 안전율 : 2.5 이상

28 가공 전선로의 지지물에 시설하는 지선에 연선을 사용할 경우 소선 수는 몇 가닥 이상이어야 하는가?

① 3가닥
② 5가닥
③ 7가닥
④ 9가닥

🔍 지선의 시설 기준
- 소선은 지름 2.6[mm] 이상의 금속선
- 소선 3가닥 이상의 연선일 것
- 허용 인장 하중 : 4.31[kN]
- 지선의 안전율 : 2.5 이상

29 도로를 횡단하여 시설하는 지선의 높이는 지표상 몇 [m] 이상이어야 하는가?

① 5
② 6
③ 8
④ 10

🔍 도로를 횡단하여 시설하는 지선의 높이는 지표상 5[m] 이상이어야 한다.

30 선로의 도중에 설치하여 회로에 고장 전류가 흐르게 되면 자동적으로 고장 전류를 감지하여 스스로 차단하는 차단기의 일종으로 단상용과 3상용으로 구분되어 있는 것은?

① 리클로저
② 섹셔널라이저
③ 선로용 퓨즈
④ 자동 고장 구간 개폐기

🔍 선로의 도중에 설치하여 회로에 고장 전류가 흐르게 되면 자동적으로 고장 전류를 감지하여 스스로 차단하는 차단기의 일종으로 단상용과 3상용으로 구분되어 있는 것은 차단기 기능이 있는 리클로우저이다.

31 배전 선로 보호를 위하여 설치하는 보호 장치는?

① 기중 차단기
② 진공 차단기
③ 자동 재폐로 차단기
④ 누전 차단기

🔍 배전 선로 보호를 위하여 설치하는 보호 장치는 자동 재폐로 차단기(리클로우져)이고, 나머지는 수용가의 인입 부근에서 사용하는 차단기의 종류 들이다.

32 낙뢰, 수목 접촉, 일시적인 섬락 등 순간적인 사고로 계통에서 분리된 구간을 신속히 계통에 재투입시킴으로써 계통의 안정도를 향상시키고 정전 시간을 단축시키기 위해 사용되는 계전기는?

① 차동 계전기
② 과전류 계전기
③ 거리 계전기
④ 재폐로 계전기

🔍 재폐로 계전기 : 낙뢰, 수목 접촉, 일시적인 섬락 등 순간적인 사고로 계통에서 분리된 구간을 신속히 계통에 재투입시킴으로써 계통의 안정도를 향상시키고 정전시간을 단축시키기 위해 사용되는 계전기

33 수·변전 설비의 인입구 개폐기로 많이 사용되고 있으며 전력 퓨즈의 용단시 결상을 방지하는 목적으로 사용되는 개폐기는?

① 부하 개폐기
② 선로 개폐기
③ 자동 고장 구분 개폐기
④ 기중부하 개폐기

🔍 수·변전 설비의 인입구 개폐기로 많이 사용되고 있으며 전력 퓨즈의 용단 시 결상을 방지하는 목적으로 사용되는 개폐기는 부하 개폐기이다.

34 다음 중 용어와 약호가 바르게 짝지어진 것은?

① 유입 차단기 - ABB
② 공기 차단기 - ACB
③ 가스 차단기 - GCB
④ 자기 차단기 - OCB

🔍
- 유입 차단기 - OCB
- 공기 차단기 - ABB
- 기중 차단기 - ACB
- 가스 차단기 - GCB
- 자기 차단기 - MBB

정답 27 ③ 28 ① 29 ① 30 ① 31 ③ 32 ④ 33 ① 34 ③

35 변전소에 사용되는 주요 기기로서 ABB는 무엇을 의미하는가?

① 유입 차단기
② 자기 차단기
③ 공기 차단기
④ 진공 차단기

🔍 ABB는 공기 차단기이다.

36 자연 공기 내에서 개방할 때 접촉자가 떨어지면서 자연 소호되는 방식을 가진 차단기로 저압의 교류 또는 직류 차단기로 많이 사용되는 것은?

① 유입차단기
② 자기차단기
③ 가스차단기
④ 기중차단기

🔍 자연 공기 내에서 개방할 때 접촉자가 떨어지면서 자연 소호되는 방식을 가진 차단기로 저압의 교류 또는 직류 차단기로 많이 사용되는 것은 기중차단기이다.

37 가스 절연 개폐기나 가스 차단기에 사용되는 가스인 SF_6의 성질이 아닌 것은?

① 연소하지 않는 성질이다.
② 색깔, 독성, 냄새가 없다.
③ 절연유의 1/140로 가볍지만 공기보다 5배 무겁다.
④ 공기의 25배 정도로 절연 내력이 낮다.

🔍 SF_6는 공기의 3배 정도로 절연 내력이 높다.

38 수·변전 설비에서 차단기의 종류 중 가스차단기에 들어가는 가스의 종류는?

① CO_2
② LPG
③ SF_6
④ LNG

🔍 수·변전 설비에서 차단기의 종류 중 가스 차단기에 들어가는 가스의 종류는 SF_6이다.

39 가스 절연 개폐기나 가스 차단기에 사용되는 가스인 SF_6의 성질이 아닌 것은?

① 같은 압력에서 공기의 2.5배~3.5배의 절연내력이 있다.
② 무색, 무취, 무해 가스이다.
③ 가스 압력 3~4[kgf/cm^2]에서는 절연내력은 절연유 이상이다.
④ 소호 능력은 공기보다 2.5배 정도 낮다.

🔍 SF_6는 소호 능력이 공기보다 뛰어나다.

40 배전용 기구인 COS(컷 아웃 스위치)의 용도로 알맞은 것은?

① 배전용 변압기의 1차 측에 시설하여 변압기의 단락 보호용으로 쓰인다.
② 배전용 변압기의 2차 측에 시설하여 변압기의 단락 보호용으로 쓰인다.
③ 배전용 변압기의 1차 측에 시설하여 배전구역 전환용으로 쓰인다.
④ 배전용 변압기의 2차 측에 시설하여 배전구역 전환용으로 쓰인다.

🔍 배전용 변압기의 단락으로부터 전선로를 보호하기 위해 1차 측에 COS를 시설하고, 부하의 과전류에 의한 변압기 보호는 2차 측에 캐치 홀더를 사용한다.

41 주상변압기의 1차 측 보호 장치로 사용하는 것은?

① 컷아웃 스위치
② 유입개폐기
③ 캐치홀더
④ 리클로저

🔍 주상변압기의 1차 측 보호 장치로 사용하는 것은 컷아웃 스위치이다.

42 수전 전력 500[kW] 이상인 고압 수전설비의 인입구에 낙뢰나 혼촉 사고에 의한 이상전압으로부터 선로와 기기를 보호할 목적으로 시설하는 것은?

① 단로기(DS)
② 배선용차단기(MCCB)
③ 피뢰기(LA)
④ 누전차단기(ELB)

정답 35 ③ 36 ④ 37 ④ 38 ③ 39 ④ 40 ① 41 ① 42 ③

🔍 수전 전력 500[kW] 이상인 고압 수전 설비의 인입구에 낙뢰나 혼촉 사고에 의한 이상전압으로부터 선로와 기기를 보호할 목적으로 피뢰기(LA)를 시설한다.

43 고압 또는 특고압 가공전선로에서 공급을 받는 수용 장소의 인입구 또는 이와 근접한 곳에 시설해야 하는 것은?

① 계기용변성기
② 과전류 계전기
③ 접지 계전기
④ 피뢰기

🔍 피뢰기의 설치 장소
- 발·변전소에서 가공 전선으로 인입하는 곳 또는 인출하는 곳
- 고압 또는 특고압 가공 전선로에서 공급 받는 수용가의 인입구
- 가공 전선로에 있는 배전용 변압기의 고압 측 또는 특고압 측
- 가공 전선로와 지중 전선로가 접속하는 곳

44 돌침 부에서 이온 또는 펄스를 발생시켜 뇌운의 전하와 작용토록 하여 멀리있는 뇌운의 방전을 유도하여 보호 범위를 넓게 하는 방식은?

① 돌침 방식
② 용마루 위 도체 방식
③ 이온 방사형 피뢰방식
④ 케이지 방식

🔍 돌침 부에서 이온 또는 펄스를 발생시켜 뇌운의 전하와 작용토록 하여 멀리 있는 뇌운의 방전을 유도하여 보호 범위를 넓게 하는 방식은 이온 방사형 피뢰방식이다.

45 전주의 길이가 15[m] 이하인 경우 땅에 묻히는 깊이는 전주 길이의 얼마 이상으로 하여야 하는가?

① 1/2
② 1/3
③ 1/5
④ 1/6

🔍 전주의 길이가 15[m] 이하인 경우 땅에 묻히는 깊이는 전주 길이의 1/6 이상 이어야 한다.

46 전주의 길이별 땅에 묻히는 표준 깊이에 관한 사항이다. 전주의 길이가 16[m] 이상의 철근 콘크리트 주를 시설할 때 땅에 묻히는 표준 깊이는 최소 얼마 [m] 이상이어야 하는가?

① 1.2
② 1.4
③ 2.0
④ 2.5

🔍
- 지지물의 길이 15[m] 이하 : 매설 깊이 → 길이 $\times \frac{1}{6}$
- 지지물의 길이 15[m] 초과 : 매설깊이 → 2.5[m] 이상

47 전주의 길이가 16[m]인 지지물을 건주하는 경우에 땅에 묻히는 최소 깊이는 몇 [m]인가?(단, 설계하중이 6.8[kN] 이하이다.)

① 1.5
② 2
③ 2.5
④ 3

🔍 전주의 길이가 15[m]초과이고, 설계하중이 6.8[kN] 이하인 지지물을 건주하는 경우에 땅에 묻히는 깊이는 2.5[m] 이상이다.

48 철근 콘크리트 주의 길이가 14[m]이고, 설계 하중이 6.8[kN]초과 9.8[kN] 이하일 때, 땅에 묻히는 표준 깊이는 몇 [m]이어야 하는가?

① 2[m]
② 2.3[m]
③ 2.5[m]
④ 2.7[m]

🔍 표준 깊이 $H_0 = 14 \times \frac{1}{6} + 0.3 ≒ 2.7[m]$
설계하중이 6.8[kN]~9.8[kN]이므로 0.3[m]가산하여야 한다.)

49 철근 콘크리트주의 길이가 16[m]이고, 설계하중이 800[kg]인 것을 지반이 약한 곳에 시설하는 경우, 그 묻히는 깊이를 다음과 같이 하였다. 옳게 시공된 것은?

① 1[m]
② 1.8[m]
③ 2[m]
④ 2.8[m]

🔍 전체의 길이 14[m] 이상 20[m] 이하, 설계 하중 6.8[kN] 초과 9.8[kN] 이하의 철근콘크리트 주 2.5 ± 0.3[m] 이상 매설한다.

정답 43 ④ 44 ③ 45 ④ 46 ④ 47 ③ 48 ④ 49 ④

50 지지물에 전선 그 밖의 기구를 고정시키기 위해 완목, 완금, 애자 등을 장치하는 것을 무엇이라 하는가?

① 장주　　② 건주
③ 터파기　　④ 가선 공사

🔍 장주 : 지지물에 전선 그 밖의 기구를 고정시키기 위해 완목, 완금, 애자 등을 장치 하는 것

51 저압 배전선로에서 전선을 수직으로 배열 지지하는 데 사용되는 장주용 자재명은?

① 경완 철　　② 래크
③ LP 애자　　④ 현수 애자

🔍 저압 가공 배전선로를 수직으로 배열 지지하는 데 사용되는 자재는 래크이다.

52 철근 콘크리트 주에 완금을 고정 시키려면 어떤 밴드를 사용하는가?

① 암 밴드　　② 지선 밴드
③ 래크 밴드　　④ 암 타이 밴드

🔍 철근 콘크리트 주에 완금을 고정 시키려면 암 밴드를 사용한다.

53 고압 가공 전선로의 전선의 조수가 3조일 때 완금의 길이는?

① 1,200[mm]　　② 1,400[mm]
③ 1,800[mm]　　④ 2,400[mm]

🔍 완금의 길이는

구 분	저압	고압	특 · 고
2 조	900	1,400	1,800
3 조	1,400	1,800	2,400

54 일반적으로 가공 전선로의 지지물에 취급자가 오르고 내리는데 사용하는 발판 볼트 등은 지표상 몇 [m] 미만에 시설하여서는 아니 되는가?

① 0.75[m]　　② 1.2[m]
③ 1.8[m]　　④ 2.0m]

🔍 일반적으로 가공 전선로의 지지물에 취급자가 오르고 내리는데 사용하는 발판 볼트 등은 지표상 1.8[m] 미만에 시설하여서는 안 된다.

55 가공 전선의 지지물에 승탑 또는 승강용으로 사용하는 발판 볼트 등은 지표상 몇 [m] 미만에 시설하여서는 안 되는가?

① 1.2[m]　　② 1.5[m]
③ 1.6[m]　　④ 1.8[m]

🔍 가공 전선의 지지물에 승탑 또는 승강용으로 사용하는 발판 볼트 등은 지표상 1.8[m] 이상에 시설하여야 한다.

56 배전선로 기기설치 공사에서 전주에 승주 시 발판 못 볼트는 지상 몇 [m] 지점에서 180° 방향에 몇 [m]씩 양 쪽으로 설치하여야 하는가?

① 1.5[m], 0.3[m]　　② 1.5[m], 0.45[m]
③ 1.8[m], 0.3[m]　　④ 1.8[m], 0.45[m]

🔍 배전선로 기기설치 공사에서 전주에 승주 시 발판 못 볼트는 지상 1.8[m] 지점에서 180° 방향에 0.45[m] 씩 양 쪽으로 설치하여야 한다.

57 주상 변압기를 철근 콘크리트 전주에 설치할 때 사용되는 것은?

① 암 밴드　　② 암 타이 밴드
③ 앵커　　④ 행거 밴드

🔍 주상 변압기를 철근 콘크리트 전주에 설치할 때는 행거 밴드를 사용한다.

58 배전 선로 공사에서 충전되어 있는 활선을 움직이거나 작업 권 밖으로 밀어낼 때 또는 활선을 다른 장소로 옮길 때 사용하는 활선공구는?

① 피박기　　② 활선 커버
③ 데드엔드 커버　　④ 와이어 통

🔍 배전 선로 공사에서 충전되어 있는 활선을 움직이거나 작업 권 밖으로 밀어낼 때 또 은 활선을 다른 장소로 옮길 때 사용하는 활선 공구는 와이어 통(wire tong)이다.

정답　50 ①　51 ②　52 ①　53 ③　54 ③　55 ④　56 ④　57 ④　58 ④

59 다음 중 인류 또는 내장주의 선로에서 활선공법을 할 때 작업자가 현수애자 등에 접촉되어 생기는 안전사고를 예방하기 위해 사용하는 것은?

① 활선커버
② 가스개폐기
③ 데드엔드커버
④ 프로텍터차단기

🔍 인류 또는 내장주의 선로에서 활선공법을 할 때 작업자가 현수애자 등에 접촉되어 생기는 안전사고를 예방하기 위해 사용하는 것은 데드엔드커버이다.

60 절연전선으로 가선된 배전 선로에서 활선 상태인 경우 전선의 피복을 벗기는 것은 매우 곤란한 작업이다. 이런 경우 활선 상태에서 전선의 피복을 벗기는 공구는?

① 전선 피박기
② 애자커버
③ 와이어 통
④ 데드엔드 커버

🔍 절연전선으로 가선된 배전 선로에서 활선 상태에서의 전선의 피복을 벗기는 공구는 전선 피박기이다.

61 다음 중 지중전선로의 매설 방법이 아닌 것은?

① 관로식
② 암거식
③ 직접 매설식
④ 행거식

🔍 지중전선로의 매설 방법에는 관로식, 암거식, 직접 매설식이 있다.

62 연피 케이블을 직접 매설 식에 의하여 차량 기타 중량물의 압력을 받을 우려가 있는 장소에 시설하는 경우 매설 깊이는 몇 [m] 이상이어야 하는가?

① 0.6　　② 1.0
③ 1.2　　④ 1.6

🔍 직접 매설식인 경우 매설 깊이는 차량 기타 중량물의 압력을 받을 우려가 있는 장소는 1.0[m] 이상, 기타 장소 0.6[m] 이상이다.

정답　59 ③　60 ①　61 ④　62 ②

SECTION 07 배·분전반 및 특수 장소의 공사

STEP 01 배전반 공사

배전반이란 전력 계통의 감시, 제어, 보호 기능을 유지할 수 있도록 전력 계통의 전압, 전류, 전력 등을 측정하기 위한 계측 장치와 기기류의 조작 및 보호를 위한 제어 개폐기, 보호 계전기 등을 일정한 판넬에 부착하여 변전실의 제반 기기류를 집중 제어하는 전기 설비를 말한다.

1. 배전반의 구성 및 설치 장소

1) 배전반의 구성
   ① 전력계통 감시를 위한 측정 장치 : 전압계, 전류계, 전력계, 무효 전력계, 역률계 등
   ② 기기류 조작을 위한 제어 장치 : 차단기, 단로기, 전압 조정기
   ③ 기기류 보호를 위한 보호 장치 : 과전류 계전기, 비율 차동계전기
   ④ 고장 상태 및 종류를 표시하는 고장 표시기 및 신호등(lamp)
   ⑤ 계기, 계전기 등의 보수를 위한 시험용 단자대

2) 배전반의 설치 장소
   ① 전기 회로를 쉽게 조작할 수 있는 장소
   ② 개폐기를 쉽게 조작할 수 있는 장소
   ③ 노출된 장소
   ④ 안정된 장소

2. 배전반의 종류

1) 라이브 프런트식 배전반
   지시 계기류나 조작 개폐기, 계전기 등이 배전반 표면에 부착되어 있는 구조의 것

2) 데드 프런트식 배전반
   각종 기기류와 개폐기 조작 핸들만 배전반 표면에 나타나고, 모든 기기 류 및 개폐기와 충전 부분은 배전반 표면에 노출되지 않는 구조의 것

3) 폐쇄식 배전반(큐비클형)
   폐쇄식 배전반이란 단위 회로의 변성기, 차단기 등의 주기기류와 이를 감시, 제어, 보호하기 위한 각종 계기 및 조작 개폐기, 계전기 등 전부 또는 일부를 금속제 상자 안에 조립하

는 방식의 것
① 배전반의 충전부가 노출되지 않으므로 안전하다.
② 배전반의 소형화에 의한 점유 면적이 작아진다.
③ 배전반의 표준화에 의한 운전 및 증설, 보수가 쉽다.
④ 신뢰도가 높아 공장이나 빌딩 등의 전기실에 적합하다.

3. 변압기, 배전반 등의 이격 거리

배전반, 변압기 등 수전설비 주요 부분이 유지하여야 할 거리 기준

위치별 기기별	앞면 또는 조작, 계측 면	뒷면 또는 점검 면	열상호간 (점검하는면)[주]
특고압배전반	1.7	0.8	1.4
저압, 고압배전반	1.5	0.6	1.2

① 앞면 또는 조작계측 면은 배전반 앞에서 계측기를 판독할 수 있거나 필요조작을 할 수 있는 최소 거리임.
② 뒷면 또는 점검 면은 사람이 통행할 수 있는 최소 거리임. 무리 없이 편안히 통행하기 위하여 0.9[m] 이상으로 함이 좋다.

4. 변압기 종류

1) 변압기의 종류

① 유입형 변압기 : 변압기 철심에 감은 코일을 절연유를 이용하여 절연한 A종 절연변압기 (절연물의 최고허용온도 105[℃]).
② 몰드형 변압기 : 변압기 권선을 에폭시수지에 의하여 고진공 침투시키고, 다시 그 주위를 기계적 강도가 큰 에폭시수지로 몰딩한 변압기.
③ 건식형 변압기 : 변압기 코일을 유리섬유 등의 내열성이 높은 절연물을 내열 니스 처리한 H종 절연변압기(허용 최고온도 180[℃]).

참고 절연물의 최고 허용온도

절연종별	Y종	A종	E종	B종	F종	H종	C종
최고허용온도	90[℃]	105[℃]	120[℃]	130[℃]	155[℃]	180[℃]	180[℃]초과

2) 변압기 용량 결정

① 수용률
"전력 소비 부하가 동시에 사용되는 정도"로 수용가에 설비된 모든 수용설비용량의 합에 대한 실제 사용되고 있는 최대 수용전력과의 비율을 나타낸 것

$$수용률 = \frac{최대\ 수용전력[kW]}{수용\ 설비용량[kW]} \times 100[\%]$$

② 부등률

"최대 수용전력의 발생 시기나 발생 시각의 분산 지표"로 다수의 수용가가 존재할 때 어느 임의의 시점에서 동시에 사용되고 있는 합성 최대수용전력에 대한 각 수용가의 최대수용전력의 합에 대한 비율을 나타낸 것

$$부등률 = \frac{수용설비\ 각각의\ 최대수용전력의\ 합[kW]}{합성최대\ 수용전력[kW]} > 1$$

③ 부하율

어떤 임의의 수용가에서 "어느 일정 기간 중의 부하 변동의 정도"를 나타내는 것으로 최대 수용전력에 대한 그 기간 중 발생하는 평균 수용전력과의 비율을 나타낸 것

㉮ $부하률 = \dfrac{평균\ 수용전력}{최대\ 수용전력} \times 100[\%]$

㉯ $평균수용전력 = \dfrac{전력량[kWh]}{기준시간[h]} \times 100[\%]$

5. 고압 및 특고압 수전설비 명칭 및 약호

※고압 수전 설비기기의 명칭 및 약호, 용도

명칭	약호	심벌	용도 및 기능
개폐기		S	
차단기	CB	○○	부하 전류 및 과부하 전류, 단락 전류, 지락전류 등을 차단하여 전로의 기기 및 전선을 보호하기 위한 장치
배선용 차단기		B	
누전차단기		E	
케이블헤드	CH	△	케이블과 절연 전선을 접속하기 위한 기구
단로기	DS		무 부하 상태의 전로를 개방, 분리하기 위한 개폐기
피뢰기	LA		
전력퓨즈	PF		설비계통에서의 단락전류에 대한 보호 및 차단기의 부족 차단 용량을 보완하기 위한 퓨즈
진상용 콘덴서	SC		부하 설비 계통의 역률 개선용 콘덴서
지진감지기		EQ	
비상콘센트			소방법 화재안전기준에 따른 비상콘센트
매입용 콘센트			방수형 : WP, 접지극 붙이형 : E
점검구		O	
금속덕트		MD	

배선	———————	천장 은폐 배선
	-------------------	바닥 은폐 배선
	･････････････････････	노출 배선
	—･･—･･—･･—･･	지중 매설 배선
배전반	◧	
분전반	◤	
제어반	◼	

STEP 02 분전반 공사

분전반이란 간선에서 각각의 전기 기계 기구로 배선하는 전선을 분기하는 곳에 배선용 차단기 등과 같은 분기 과전류 보호 장치나 분기 개폐기를 내열성, 난연성의 철제 캐비닛 안에 집합시킨 것 말한다.

1. 분전반의 시설 원칙 및 구비 조건

① 분전반의 이면에는 배선 및 기구를 배치하지 말 것
② 난연성 합성수지로 제작된 것 두께 1.5[mm] 이상의 내 아크일 것
③ 강판제인 경우 두께 1.2[mm] 이상일 것
④ 거터스페이스(분전함 안에서 전선을 위, 아래로 자유롭게 구부리기 위해 비워두는 빈 공간)의 폭은 전선의 굵기에 알맞도록 충분히 할 것
⑤ 한 분전반에 사용전압이 각각 다른 분기회로가 있을 때, 분기회로를 쉽게 식별하기 위해 차단기나 차단기 가까운 곳에 각각의 전압을 표시하는 명판을 붙여 놓을 것

2. 분전반의 종류

1) 나이프식 분전반

두께 25[mm] 이상의 대리석판이나 베이클라이트판에 퓨즈가 부착된 나이프 스위치와 모선을 시설하여 철제 캐비닛 안에 장치한 구조의 것

2) 텀블러식 분전반

텀블러 스위치 등을 사용한 개폐기와 훅 퓨즈나 통형 퓨즈 등을 조합하여 철제 캐비닛 안에 시설한 구조의 것

3) 브레이크식 분전반

텀블러 스위치 등을 사용한 개폐기와 퓨즈가 없는 배선용 차단기를 조합하여 철제 캐비닛 안에 시설한 구조의 것

STEP 03 특수 장소의 공사

위험 장소의 구분	공사 방법
폭연성 분진, 화약류 분말	금속관 공사, 케이블 공사
가연성 분진(소맥분, 전분)	금속관 공사, 케이블 공사, 합성수지관 공사, 캡타이어케이블 공사
가연성 가스, 인화성 액체 증기	금속관 공사, 케이블 공사
위험물(셀룰로이드, 성냥, 석유)	금속관 공사, 케이블 공사, 합성수지관 공사
화약류 저장하는 창고	금속관 공사, 케이블 공사
부식성 가스(산류, 알칼리류)	금속관 공사, 케이블 공사, 합성수지관 공사 제2종가요전선관 공사, 애자사용 공사, 캡타이어케이블 공사
불연성 먼지(정미소, 제분소)	금속관 공사, 케이블 공사, 합성수지관 공사, 가요전선관 공사, 애자사용 공사, 금속덕트 및 버스덕트 공사, 캡타이어케이블 공사
습기나 수분이 있는 곳	금속관 공사, 케이블 공사, 합성수지관 공사 제2종가요전선관 공사, 애자사용 공사, 캡타이어케이블 공사
전시회, 쇼, 공연장	금속관 공사, 케이블 공사, 합성수지관 공사, 캡타이어케이블 공사
터널, 갱도 이와 유사한 곳	금속관 공사, 케이블 공사, 합성수지관 공사 가요전선관 공사, 애자사용 공사

1. 폭연성 분진이나 화학류의 분말이 있는 장소

마그네슘, 알루미늄, 티탄, 지르코늄 등과 같은 먼지가 쌓여 있는 상태에서 불이 붙었을 때 폭발할 우려가 있는 분진이나 화학류 등의 분진이 있는 장소의 저압 옥내 배선(사용 전압 400[V] 미만)은 금속관 공사나 케이블 공사(캡타이어 케이블 제외)등에 의하여 시설할 것

① 박강 전선관 이상으로 하면서 관 상호간이나 관과 박스, 기타 부속품의 접속은 5턱 이상의 나사 조임으로 접속할 것
② 개장된 케이블이나 MI 케이블을 사용하는 경우 이외에는 강제 전선관과 같은 보호관 등에 넣어 시설하고 분진이 내부에 침입하지 않도록 패킹을 설치할 것
③ 전동기에 접속하는 부분고 같이 가요성을 필요로 하는 부분의 배선에는 분진 방폭형 플렉시블 피팅을 사용할 것
④ 이동 전선은 접속점이 없는 0.6/1[kV] EP 고무절연 클로로프렌 캡타이어 케이블을 사용할 것
⑤ 콘센트 및 콘센트 플러그 등을 시설하지 않도록 할 것

2. 가연성 분진이 있는 장소

소맥분, 전분, 유황 등 기타 가연성의 먼지로 공중에 떠다니는 상태에서 착화하였을 때 폭발할 우려가 있는 분진이 있는 장소의 저압 옥내 배선은 두께 2[mm] 이상 합성 수지관 공사 또는 금속관 공사, 케이블 공사 등에 의하여 시설할 것

① 합성 수지관 및 기타 부속품은 쉽게 마모되거나 손상될 우려가 없도록 패킹을 사용하여 분진이 관 내부로 침입하는 것 방지할 것
② 박강 전선관 이상으로 하면서 관 상호간이나 관과 박스, 기타 부속품의 접속은 5턱 이상의 나사 조임으로 접속할 것
③ 개장된 케이블이나 MI 케이블을 사용하는 경우 이외에는 강제 전선관과 같은 보호관 등에 넣어 시설하고 분진이 내부에 침입하지 않도록 패킹을 설치할 것
④ 이동 전선은 접속점이 없는 0.6/1[kV] EP 고무절연 클로로프렌 캡타이어 케이블을 사용할 것
⑤ 콘센트 및 콘센트 플러그는 분진 방폭형 보통 방진 구조의 것

3. 가연성 가스나 인화성 액체 증기가 있는 장소

프로판가스, 에탄올, 메탄올 등의 인화성 가스나 액체 등을 다른 용기에 옮기거나 나누는 등의 작업을 하는 장소의 저압 옥내 배선은 금속관 공사, 케이블 공사(캡타이어 케이블 제외) 등에 의하여 시설할 것

① 후강 전선관 이상으로 하면서 관 상호간이나 관과 박스, 기타 부속품의 접속은 5턱 이상의 나사 조임으로 접속할 것
② 개장 케이블이나 MI 케이블을 사용하는 경우 이외에는 강제 전선관 등과 같은 보호관에 넣어 시설하고 분진이 내부에 침입하지 않도록 패킹을 시설할 것
③ 이동 전선은 접속점이 없는 0.6/1[kV] EP 고무절연 클로로프렌 캡타이어 케이블을 사용할 것
④ 가연성 가스가 존재하는 곳에 시설하는 모든 기계 기구는 내압(耐壓) 방폭 구조나 압력 방폭 구조, 유입 방폭 구조 또는 이와 동등 이상의 방폭 성능을 가지는 구조의 것 사용할 것

4. 위험물 등이 존재하는 장소

셀룰로이드, 성냥, 석유류 등 기타 가연성 위험 물질을 제조 또는 저장하는 장소의 배선은 두께 2[mm] 이상의 합성수지관 공사, 금속관 공사, 케이블 공사(캡타이어 케이블 제외)에 의하여 시설할 것

① 합성수지관 공사에 사용하는 합성수지관 및 박스, 기타 부속품은 손상될 우려가 없도록 시설할 것
② 금속관 공사에 사용하는 금속관은 박강 전선관 이상으로 할 것
③ 케이블 공사에 사용하는 케이블은 개장된 케이블이나 MI 케이블을 사용하는 경우 이외에는 강제 전선관과 같은 보호 장치에 넣어 시설할 것
④ 이동 전선은 접속점이 없는 0.6/1[kV] EP 고무절연 클로로프렌 캡타이어 케이블을 사용할 것

5. 화약고 등의 위험 장소

화약류 등을 저장하는 화약고에는 전기 설비를 시설하지 않는 것 원칙이나 백열등이나 형광등

과 같은 조명 설비나 이들에 전기를 공급하기 위한 전기 설비를 시설하는 경우는 다음 각 사항에 의하면서 금속관 공사나 케이블 공사 등에 의하여 시설할 것
① 전로의 대지 전압은 300[V] 이하로 할 것
② 전기 기계 기구는 전폐형의 것으로 보통 방폭 구조의 것 사용할 것
③ 금속관 배선의 경우 후강 전선관 또는 동등 이상의 강도가 있는 것 사용할 것
④ 케이블 공사에 사용하는 케이블은 개장 케이블이나 MI 케이블을 사용하는 경우 이외에는 강제 전선관과 같은 보호 장치에 넣어 시설할 것
⑤ 화약류 저장소 안의 설비에 전기를 공급하는 전로에는 저장소 이외의 곳에서 취급자 이외 사람이 쉽게 조작할 수 없도록 전용의 개폐기 및 과전류 차단기를 각 극에 시설하고, 전로에 지기 발생 시 자동으로 차단하거나 경보하는 장치를 시설할 것
⑥ 개폐기 및 과전류 차단기에서 화약고의 인입구까지의 배선에는 케이블을 사용하고 또한 반드시 지중에 시설할 것

6. 부식성 가스 등이 존재하는 장소

산류, 알칼리류, 염소산칼륨, 표백분, 염료나 인조비료 제조 공장, 동·아연 등의 제련소, 전기 도금 공장, 개방형 축전지 등을 설치한 축전지실 등과 같은 부식성 가스 등이 존재하는 장소의 배선은 애자 사용 공사, 두께 2[mm] 이상의 합성 수지관 공사, 금속관 공사, 2종 금속제 가요 전선 관공사, 케이블 공사(캡타이어 케이블 포함) 등에 의하여 시설할 것
① 애자 사용 공사에 의한 경우 배선은 부식성 가스나 용액의 종류에 따라서 절연 전선(단, DV 전선 제외) 또는 이와 동일한 절연 효력 이상의 전선을 사용할 것
② 합성수지관 공사에 의한 경우 관 상호간 또는 관과 부속품 등의 접속 부분은 기밀형으로 하여 관 내부에 부식성 가스나 용액 등이 침입하지 못하도록 할 것
③ 금속관이나 금속제 가요 전선관 공사에 의한 경우 전선관이나 2종 금속제 가요 전선관 및 그 부속품에는 방식성 도료를 칠하고 관 내부에 부식성 가스나 용액 등이 침입하지 못하도록 시설할 것
④ 케이블 공사 또는 캡타이어 케이블 공사에 의한 경우 배선은 부식성 가스나 용액에 의하여 외장이 손상을 입지 않도록 시설할 것
⑤ 이동 전선은 접속점이 없는 0.6/1[kV] EP 고무절연 클로로프렌 캡타이어 케이블을 사용하면서 필요에 따라 방식 도료를 칠할 것 이동 전선은 비닐 캡타이어 케이블 이외의 캡타이어 케이블을 사용하면서 필요에 따라 방식 도료를 칠하여 사용할 것
⑥ 부식성 가스 등이 존재하는 장소에서의 개폐기나 과전류 차단기, 콘센트 등의 시설은 하지 않는 것 원칙이지만 부득이한 경우 내부에 부식성 가스 등이 침입할 우려가 없도록 할 것
⑦ 전등은 사용 가능 하나 틀어 끼우는 글로브 등이 구비되어 부식성 가스와 용액의 침입을 방지할 수 있도록 할 것

7. 불연성 먼지가 많은 장소

정미소, 제분소, 시멘트 공장 등과 같은 불연성 먼지가 많은 장소의 저압 옥내 배선은 애자 사용 공사, 두께 2[mm] 이상의 합성 수지관 공사, 금속관 공사, 금속제 가요 전선관 공사, 금속

덕트 공사, 버스 덕트 공사, 케이블 공사(캡타이어 케이블 포함)등에 의하여 시설할 것
① 이동 전선은 캡타이어 케이블을 사용할 것
② 개폐기나 과전류 차단기, 콘센트, 코드 접속기, 배전반, 분전반 등의 시설은 먼지가 침입할 수 없도록 견고한 외함이나 캐비닛에 넣어 시설할 것
③ 먼지가 부착될 우려가 있는 위치에 설치하는 조명 기구 및 전동기 등은 먼지로 인해 절연이 저하되거나 착화될 우려가 없도록 시설할 것

8. 전시회, 쇼 및 공연장의 전기설비

① 적용범위와 사용전압
전시회, 쇼 및 공연장 기타 이들과 유사한 장소에 시설하는 저압전기설비에 적용하며 무대·무대마루 밑·오케스트라 박스·영사실 기타 사람이나 무대 도구가 접촉할 우려가 있는 곳에 시설하는 저압 옥내배선, 전구선 또는 이동전선의 사용전압이 400[V] 이하이어야 한다.

② 배선용 케이블은 구리 단면적 $1.5[mm^2]$이상, 정격전압 450/750[V] 이하 염화비닐 절연 케이블(제1부:일반요구사항), 정격전압 450/750[V] 이하 고무 절연케이블(제1부:일반요구사항)에 적합하여야 한다.

③ 이동전선(①번)은 0.6[kV]/1 EP 고무 절연 클로로프렌 캡타이어케이블 또는 0.6/1[kV] 비닐 절연 비닐캡타이어케이블을 사용해야 하며 보더라이트에 부속된 이동 전선은 0.6[kV]/1 EP 고무 절연 클로로프렌 캡타이어케이블이어야 한다

④ 무대마루 밑에 시설하는 전구선은 300/300[V] 편조 고무코드, 0.6/1 kV[EP] 고무절연 클로로프렌 캡타이어케이블

⑤ 전시회 등에 사용하는 건축물에 화재경보기가 시설하여야 하며 기계적 손상의 위험이 있는 경우에는 외장케이블 또는 적당한 방호 조치를 한 케이블을 시설하여야 한다.

⑥ 회로 내에 접속이 필요한 경우를 제외하고 케이블의 접속 개소는 없어야 한다.

9. 터널, 갱도, 기타 이와 유사한 장소의 시설

① 사람이 상시 통행하는 터널 안의 배선은 그 사용 전압이 저압의 것 한하여 금속관 공사, 2종 금속제 가요 전선관 공사, 케이블 공사(캡타이어 케이블 제외), 합성 수지관 공사 또는 단면적 $2.5[mm^2]$ 이상의 연동선을 사용한 애자 사용 공사에 의하여 노면상 2.5[m] 이상의 높이에 시설할 것

② 광산, 기타 갱도 안의 배선은 저압이나 고압의 것 한하여 케이블 공사를 실시할 것단, 사용 전압 400[V] 이하의 경우에는 단면적 $2.5[mm^2]$ 이상의 절연전선(OW, DV 제외)을 사용한 애자사용 공사도 가능)

③ 터널 등에 시설하는 이동 전선은 용접용 케이블이나 300[V] 편조 고무코드·비닐코드 또는 캡타이어 케이블을 사용할 것

④ 터널 등에 시설하는 사용 전압 400[V] 이하 저압 전구선은 단면적 $0.75[mm^2]$ 이상의 300[V] 편조 고무 코드 또는 0.6[kV]/1 EP 고무절연 클로로프렌 캡타이어 케이블을 사용할 것

10. 기타 특수 장소의 시설

1) 저압 옥외 조명시설

저압 옥외 조명시설에 전기를 공급하는 가공전선 또는 지중전선에서 분기하여 전등 또는 개폐기에 이르는 배선의 시설 원칙은 다음과 같다.

① 전로의 대지전압은 300[V] 이하로 할 것
② 전선은 단면적은 2.5[mm²] 이상의 절연 전선(단, 애자사용 배선 시 DV 제외)을 사용할 것
③ 배선 방법
- 애자사용배선 : 지표 상 1.8[m] 이상인 곳에 한함
- 금속관 배선
- 합성수지관 배선
- 케이블 배선

2) 진열장 안의 배선 공사 시설

건조한 곳에 시설하고 또한 내부를 건조한 상태로 사용하는 진열장 안의 사용전압이 400[V] 이하인 저압 옥내배선은 외부에서 보기 쉬운 곳에 한하여 코드나 캡타이어 케이블을 조영재에 접촉하여 시설할 수 있다.

① 전선은 단면적 0.75[mm²] 이상인 코드나 캡타이어 케이블일 것
② 전선은 건조한 목재 · 석재 등 기타 이와 유사한 절연성이 있는 조영재에 그 피복을 손상하지 아니하도록 적당한 기구로 붙일 것
③ 전선의 붙임점 간 거리는 1[m] 이하로 하고 또한 배선에는 전구 또는 기구의 중량을 지지시키지 아니할 것

3) 옥내에 시설하는 저압 접촉전선 공사 시설

이동기중기, 자동청소기 그 밖에 이동하며 사용하는 저압의 전기기계기구에 전기를 공급하기 위하여 사용하는 접촉전선을 전개된 장소 또는 점검할 수 있는 은폐장소에 한하여 애자사용공사, 버스덕트공사 또는 절연트롤리 공사에 의한다.

① 전선의 바닥에서의 높이는 3.5[m] 이상으로 하고, 사람 접촉 우려가 없도록 할 것
② 전선의 지지점 간 거리는 6[m] 이하일 것

4) 전기울타리 시설

① 전로의 사용전압 250[V] 이하일 것
② 전선은 2[mm] 이상의 경동선일 것
③ 전선과 기둥과의 이격 거리는 2.5[cm] 이상일 것
④ 전선과 다른 시설물 또는 수목과의 이격 거리는 30[cm] 이상일 것

5) 교통신호등의 시설

① 제어장치의 2차측 배선의 최대사용전압 300[V] 이하일 것
② 전선은 케이블이나 2.5[mm²] 이상의 450/750[V] 일반용 단심 비닐절연전선을 사용할 것

③ 사용전압이 150[V] 초과하는 전로에 지락이 생겼을 경우 자동적으로 전로를 차단하는 누전차단기를 시설할 것
④ 인하선은 지표상 2.5[m] 이상 높이에 시설할 것
⑤ 제어장치의 금속제 외함 : '접지공사'를 실시할 것

6) 전기 부식 방지 시설기준 :
① 사용 전압은 직류 60[V] 이하일 것
② 양극은 지중에 매설하거나 수중에서 쉽게 접촉할 우려가 없는 곳에 시설할 것
③ 지중에 시설하는 양극의 매설 깊이는 75[cm] 이상일 것
④ 수중에 시설하는 양극과 그 주위 1[m] 안의 임의의 점과의 전위차는 10[V]를 넘지 않을 것
⑤ 지표 또는 수중에서 1[m] 간격의 임의의 2점 간의 전위차가 5[V]를 넘지 않을 것

제03장_ 전기설비 출제예상문제

01 점유 면적이 좁고 운전, 보수에 안전하므로 공장, 빌딩 등의 전기 실에 많이 사용되며, 큐비클(cubicle) 형이라고 불리는 배전반은?

① 라이브 프런트식 배전반
② 데드 프런트식 배전반
③ 포우스트형 배전반
④ 폐쇄식 배전반

> 큐비클 형이란 폐쇄식 배전반을 말한다.

02 수전 설비의 저압 배전반은 배전반 앞에서 계측기를 판독하기 위하여 앞면과 최소 몇 [m] 이상 유지하는 것을 원칙으로 하고 있는가?

① 0.6[m]   ② 1.2[m]
③ 1.5m]   ④ 1.7[m]

> 수전 설비의 저압 배전반은 배전반 앞에서 계측기를 판독하기 위하여 앞면과 최소 1.5[m] 이상 유지하는 것을 원칙으로 한다.

03 분전반 및 배전반은 어떤 장소에 설치하는 것이 바람직한가?

① 전기회로를 쉽게 조작할 수 있는 장소
② 개폐기를 쉽게 개폐할 수 없는 장소
③ 은폐된 장소
④ 이동이 심한 장소

> 분전반 및 배전반은 ① 전기회로를 쉽게 조작할 수 있는 전개된 장소에 설치하는 것이 바람직하다.

04 다음 중 교류 차단기의 단선도 심벌은?

① ② ③ ④

> • 교류 차단기의 복선도 심벌
> • 유입 개폐기의 단선도 심벌
> • 유입 개폐기의 복선도 심벌

05 일정 값 이상의 전류가 흘렀을 때 동작하는 계전기는?

① OCR   ② OVR
③ UVR   ④ GR

> • OCR : 과전류 계전기
> • OVR : 과전압 계전기
> • UVR : 부족전압 계전기(저전압 계전기)
> • GR : 지락 계전기

06 고압 전기 회로의 전기 사용량을 적산하기 위한 계기용 변압 변류기의 약자는?

① APCT   ② MOF
③ DCS   ④ DSPF

> 계기용 변압 변류기는 MOF 또는 PCT라고 한다.

07 다음 중 변류기의 약호는?

① CB   ② CT
③ DS   ④ COS

> CB : 차단기, CT : 변류기 DS : 단로기, COS : 컷아웃 스위치

08 변전소의 전력 기기를 시험하기 위하여 회로를 분리하거나 또는 계통의 접속을 바꾸거나 하는 경우에 사용되는 것은?

① 나이프스위치   ② 차단기
③ 퓨즈   ④ 단로기

> 변전소의 전력 기기를 시험하기 위하여 회로를 분리하거나 또는 계통의 접속을 바꾸거나 하는 경우에 사용되는 것은 단로기이다.

정답 01 ④ 02 ③ 03 ① 04 ① 05 ① 06 ② 07 ② 08 ④

09 전력용 콘덴서를 회로로 부터 개방하였을 때 전하가 잔류함으로써 일어나는 위험의 방지와 재투입할 때 콘덴서에 걸리는 과전압의 방지를 위하여 무엇을 설치하는가?

① 직렬 리액터
② 전력용 콘덴서
③ 방전 코일
④ 피뢰기

🔍 전력용 콘덴서를 회로로 부터 개방하였을 때 전하가 잔류함으로써 일어나는 위험의 방지와 재투입 할 때 콘덴서에 걸리는 과전압의 방지를 위하여 방전코일을 설치한다.

10 설치 면적과 설치비용이 많이 들지만 가장 이상적이고 효과적인 진상용 콘덴서 설치 방법은?

① 수전단 모선에 설치
② 수전단 모선과부하 측에 분산하여 설치
③ 부하 측에 분산하여 설치
④ 가장 큰 부하 측에만 설치

🔍 설치 면적과 설치비용이 많이 들지만 가장 이상적이고 효과적인 진상용 콘덴서 설치 방법은 부하 측에 분산하여 설치하는 방법이다.

11 배전반 및 분전반을 넣은 강판제로 만든 함의 최소 두께는?

① 1.2[mm] 이상
② 1.5[mm] 이상
③ 2.0[mm] 이상
④ 2.5[mm] 이상

🔍 배전반 및 분전반을 넣은 강판제로 만든 함의 최소 두께는 1.2[mm] 이상 이어야한다.

12 간선에서 각 기계기구로 배선하는 전선을 분기하는 곳에 주개폐기, 분기 개폐이기 및 자동 차단기를 설치하기 위하여 무엇을 설치하는가?

① 분전반
② 배전반
③ 운전반
④ 스위치반

🔍 간선에서 각 기계기구로 배선하는 전선을 분기하는 곳에 주개폐기, 분기 개폐이기 및 자동 차단기을 설치하기 위하여 분전반을 설치한다.

13 한 분전반에 사용 전압이 각각 다른 분기 회로가 있을 때 분기 회로를 쉽게 식별하기 위한 방법으로 가장 적합한 것은?

① 차단기 별로 분리해 놓는다.
② 차단기나 차단기 가까운 곳에 각각 전압을 표시하는 명판을 붙여 놓는다.
③ 왼쪽은 고압 측, 오른쪽은 저압 측으로 분류해 놓고 전압 표시는 하지 않는다.
④ 분전반을 철거하고 다른 분전반을 새로 설치한다.

🔍 한 분전반에 사용 전압이 각각 다른 분기 회로가 있을 때 분기 회로를 쉽게 식별하기 위 한 방법은 차단기나 차단기 가까운 곳에 각각 전압을 표시하는 명판을 붙여 놓는 것이다.

14 다음 중 개폐기와 자동 차단기 두 가지 역할을 동시에 하여 분전반 전체가 소형으로 되고, 또 조작이 안전하고 간편하여 누구나 쉽게 취급할 수 있는 분전반은?

① 나이프식 분전반
② 텀블러식 분전반
③ 브레이크식 분전반
④ 거터 스페이스식 분전반

🔍 개폐기와 자동 차단기 두 가지 역할을 동시에 하여 분전반 전체가 소형으로 되고, 또 조작이 안전하고 간편하여 누구나 쉽게 취급할 수 있는 분전반은 브레이크식 분전반이다.

15 폭연성 분진이 존재하는 곳의 금속관 공사에 있어서 관 상호간 및 관과 박스 기타의 부속품, 풀 박스 또는 전기 기계 기구와의 접속은 몇 턱 이상의 나사 조임으로 접속하여야 하는가?

① 2턱
② 3턱
③ 4턱
④ 5턱

🔍 폭연성 분진이 존재하는 곳의 금속관 공사에 있어서 관 상호간 및 관과 박스 기타의 부속품, 풀 박스 또는 전기 기계 기구와의 접속은 5턱 이상의 나사 조임으로 접속하여야 한다.

정답 09 ③ 10 ③ 11 ① 12 ① 13 ② 14 ③ 15 ④

16 폭연성 분진 또는 화약류의 분말이 존재하는 곳의 저압 옥내 배선 공사 시 시공할 수 없는 것은?

① 금속관 공사
② 캡타이어케이블 공사
③ MI케이블 공사
④ 개장케이블 공사

🔍 폭연성 분진 또는 화약류의 분말이 존재하는 곳의 저압 옥내 배선 공사는 금속관 공사, 개장 케이블 공사, MI케이블 공사 등이며, 캡타이어 케이블 공사는 제외가 된다.

17 가연성 분진(소맥분, 전분, 유황 기타 가연성 먼지 등)으로 인하여 폭발할 우려가 있는 저압 옥내 설비공사로 적절하지 않은 것은?

① 케이블 공사
② 합성수지관 공사
③ 금속관 공사
④ 플로어 덕트 공사

🔍 가연성 분진(소맥분, 전분, 유황 기타 가연성 먼지 등)으로 인하여 폭발할 우려가 있는 저압 옥내 설비공사는 두께 2[mm] 이상의 합성수지관 공사, 금속관 공사, 케이블 공사 등에 의하여 시설할 것

18 가스 증기 위험 장소의 배선 방법으로 적합하지 않은 것은?

① 옥내배선은 금속관 배선 또는 합성수지관 배선으로 할 것
② 전선관 부속품 및 전선 접속함에는 내압 방폭 구조의 것을 사용할 것
③ 금속관 배선으로 할 경우 관 상호 및 관과 박스는 5턱 이상의 나사 조임으로 견고하게 접속할 것
④ 금속관과 전동기의 접속 시 가요성을 필요로 하는 짧은 부분의 배선에는 안전증가방폭 구조의 플렉시블 피팅을 사용할 것

🔍 가스 증기 위험 장소의 배선 방법은 금속관 공사, 케이블(캡타이어 케이블 제외) 공사 등으로 할 수 있다.

19 가연성 가스가 새거나 체류하여 전기설비가 발화원이 되어 폭발할 우려가 있는 곳에 있는 저압 옥내전기설비의 시설 방법으로 가장 적합한 것은?

① 애자사용 공사   ② 가요전선관 공사
③ 셀룰러 덕트 공사   ④ 금속관 공사

🔍 가스 증기 위험 장소의 배선 방법은 금속관 공사, 케이블(캡타이어 케이블 제외) 공사 등으로 할 수 있다.

20 셀룰로이드, 성냥, 석유류 등 기타 가연성 위험물질을 제조 또는 저장하는 장소의 배선으로 잘못된 배선은?

① 금속관 배선
② 합성수지관 배선
③ 플로어 덕트 배선
④ 케이블 배선

🔍 셀룰로이드, 성냥, 석유류 등 기타 가연성 위험물질을 제조 또는 저장하는 장소의 배선으로는 금속관 배선, 케이블 배선(캡타이어 케이블 제외), 두께 2[mm] 이상의 합성수지관 배선에 의하여 시설 하여야 한다.

21 화약고 등의 위험 장소의 배선 공사에서 전로의 대지 전압은 몇 [V] 이하 이이어야 하는가?

① 300   ② 400
③ 500   ④ 600

🔍 화약고 등의 위험 장소의 배선 공사에서 전로의 대지 전압은 300[V] 이하 이어야한다.

22 화약류 저장장소의 배선공사에서 전용 개폐기에서 화약류 저장소의 인입구까지는 어떤 공사를 하여야 하는가?

① 케이블을 사용한 옥측 전선로
② 금속관을 사용한 지중 전선로
③ 케이블을 사용한 지중 전선로
④ 금속관을 사용한 옥측 전선로

🔍 화약류 저장장소의 배선 공사에서 전용 개폐기에서 화약류 저장소의 인입구까지는 케이블을 사용한 지중 전선로로 한다.

정답 16 ② 17 ④ 18 ① 19 ④ 20 ③ 21 ① 22 ③

23 부식성 가스 등이 있는 장소에서 시설이 허용되는 것은?

① 과전류 차단기
② 전등
③ 콘센트
④ 개폐기

🔍 부식성 가스 등이 있는 장소에서 시설이 허용되는 것은 전등이다.

24 부식성 가스 등이 있는 장소에 시설할 수 없는 배선은?

① 금속관 배선
② 제1종 금속제 가요전선관 배선
③ 케이블 배선
④ 캡타이어 케이블 배선

🔍 부식성 가스가 존재하는 장소의 전기 배선은 금속관 공사 및 케이블 공사로 시공하고, 이동하는 전선은 3종 및 4종 캡타이어 케이블을 사용한다.

25 불연성 먼지가 많은 장소에 시설할 수 없는 저압 옥내 배선의 방법은?

① 금속관 배선
② 두께가 1.2[mm]인 합성수지관 배선
③ 금속제 가요전선관 배선
④ 애자 사용 배선

🔍 합성 수지관의 두께는 2[mm] 이상이어야 한다.

26 터널·갱도 기타 이와 유사한 장소에서 사람이 상시 통행하는 터널 내의 배선 방법으로 적절하지 않은 것은?(단, 사용 전압은 저압이다.)

① 라이팅 덕트 배선
② 금속제 가요전선관 배선
③ 합성수지관 배선
④ 애자 사용 배선

🔍 터널·갱도 기타 이와 유사한 장소에서 사람이 상시 통행하는 터널 내의 배선 방법은 금속관, 두께 2[mm] 이상의 합성수지관, 금속제 가요전선관, 케이블, 애자사용배선에 의한다.

27 목장의 전기 울타리에 사용하는 경동선의 지름은 최소 몇 [mm] 이상이어야 하는가?

① 1.6
② 2.0
③ 2.6
④ 3.2

🔍 목장의 전기 울타리에 사용하는 경동선의 지름은 최소 2.0[mm] 이상이어야 한다.

28 전시회나 쇼, 공연장 등의 전기설비는 옥내배선이나 이동전선인 경우 사용전압이 몇 [V] 이하이어야 하는가?

① 100
② 200
③ 300
④ 400

🔍 전시회, 쇼 및 공연장 기타 이들과 유사한 장소에 시설하는 저압전기설비에 적용하며 무대·무대마루 밑·오케스트라 박스·영사실 기타 사람이나 무대 도구가 접촉할 우려가 있는 곳에 시설하는 저압 옥내배선, 전구선 또는 이동전선의 사용전압이 400[V] 이하이어야 한다.

29 전시회나 쇼, 공연장 등의 전기설비시 배선용 케이블은 구리선인 경우 최소 단면적[mm²]은 얼마인가?

① 0.75
② 1.0
③ 1.5
④ 2.5

🔍 전시회, 쇼 및 공연장의 배선용 케이블
배선용 케이블은 구리 단면적 1.5[mm²] 이상, 정격전압 450/750[V] 이하 염화비닐 절연 케이블(제1부 : 일반요구사항), 정격전압 450/750[V] 이하 고무 절연케이블(제1부 : 일반요구사항)에 적합하여야 한다.

30 전시회나 쇼, 공연장 등의 전기설비는 이동전선으로 사용할 수 있는 케이블은?

① 0.6/1[kV] EP 고무 절연 클로로프렌 캡타이어 케이블
② 0.8/1[kV] EP 고무 절연 클로로프렌 캡타이어 케이블
③ 0.6/1.5[kV] EP 고무 절연 클로로프렌 캡타이어 케이블
④ 0.8/1.5[kV] 비닐절연 클로로프렌 캡타이어 케이블

정답 23 ② 24 ② 25 ② 26 ① 27 ② 28 ④ 29 ③ 30 ①

🔍 전시회, 쇼 및 공연장의 가능한 이동전선
- 0.6/1 [kV] EP 고무 절연 클로로프렌 캡타이어케이블
- 0.6/1 [kV] 비닐 절연 비닐캡타이어케이블

31 사람이 상시 통행하는 터널 안의 배선을 단면적 2.5[mm²] 이상의 연동선을 사용한 애자사용공사로 배선하는 경우 노면상 최소 높이는 몇 [m] 이상 높이에 시설하여야 하는가?

① 1.5
② 2.0
③ 2.5
④ 3.5

🔍 사람이 상시 통행하는 터널 안의 배선공사 : 금속관, 제2종가요전선관, 케이블, 합성수지관, 단면적 2.5[mm²] 이상의 연동선을 사용한 애자 사용 공사에 의하여 노면상 2.5[m] 이상의 높이에 시설할 것

32 사람이 상시 통행하는 터널에 시설하는 400[V] 이하 저압 전구선은 단면적 몇 [mm²] 이상의 300[V] 편조 고무 코드 또는 0.6/1[kV] EP 고무절연 클로로프렌 캡타이어 케이블을 사용하여야 하는가?

① 0.75
② 1.0
③ 1.5
④ 2.5

🔍 사람이 상시 통행하는 터널에 시설하는 400[V] 이하 저압 전구선은 단면적 0.75[mm²] 이상의 300[V] 편조 고무 코드 또는 0.6/1[kV] EP 고무절연 클로로프렌 캡타이어 케이블을 사용할 것

33 화약류 저장소에서 백열전등이나 형광등 또는 이들에 전기를 공급하기 위한 전기설비를 시설하는 경우 전로의 대지전압은?

① 100[V] 이하
② 150[V] 이하
③ 220[V] 이하
④ 300[V] 이하

🔍 화약류 저장소에서 전로의 대지전압은 300[V] 이하로 한다.

34 다음 [보기] 중 금속관, 케이블, 합성수지관, 애자사용 공사가 모두 가능한 특수 장소를 옳게 나열한 것은?

〈보기〉
ⓐ 화약류 등의 위험 장소
ⓑ 부식성 가스가 있는 장소
ⓒ 위험물 등이 존재하는 장소
ⓓ 불연성 먼지가 많은 장소
ⓔ 습기가 많은 장소

① ⓐ, ⓒ, ⓔ
② ⓐ, ⓑ, ⓓ
③ ⓑ, ⓓ, ⓔ
④ ⓑ, ⓒ, ⓓ

🔍 금속관, 케이블 공사는 어느 장소든 모두 가능하지만 합성수지관은 ⓐ 공사가 불가능하고 애자사용공사는 ⓐ, ⓒ 공사가 불가능하므로 모두 가능한 특수 장소는 ⓑ, ⓓ, ⓔ가 된다.

35 저압 옥외 조명시설에 전기를 공급하는 가공전선 또는 지중전선에서 분기하여 전등 또는 개폐기에 이르는 배선의 시설시 공사방법이 아닌 것은?

① 금속관
② 케이블
③ 합성수지관
④ 가요전선관

🔍 저압 옥외 조명시설 배선 방법
- 애자사용배선 : 지표 상 1.8[m] 이상인 곳에 한함.
- 금속관 배선
- 합성수지관 배선
- 케이블 배선

36 저압 크레인 또는 호이스트 등의 절연 트롤리선을 애자사용 공사에 의하여 옥내의 노출장소에 시설하는 경우 트롤리선의 바닥에서의 최소 높이는 몇 [m] 이상으로 설치하는가?

① 2
② 2.5
③ 3.5
④ 4.5

🔍 이동기중기, 자동청소기 그 밖에 이동하는 저압의 전기기계기구에 전기를 공급하기 위하여 사용하는 접촉전선을 전개된 장소나 점검할 수 있는 은폐장소에 한하여 애자사용공사, 버스덕트공사, 절연트롤리 공사에 의하여 시설하며 전선의 바닥에서의 높이는 3.5[m] 이상으로 하고, 사람 접촉 우려가 없도록 할 것

정답 31 ③ 32 ① 33 ④ 34 ③ 35 ④ 36 ③

37 교통신호등의 사용전압은 몇 [V]인가?

① 300
② 400
③ 600
④ 1,000

🔍 교통신호등의 시설
- 전로의 사용전압은 300[V] 이하일 것
- 사용 전선은 케이블이나 2.51.5[mm²] 이상의 450/750[V] 일반용 단심 비닐절연전선을 사용할 것
- 인하선은 지표상 2.5[m] 이상 높이에 시설할 것

38 교통신호등의 사용전압은 몇 [V]인가?

① 300
② 400
③ 600
④ 1,000

🔍 교통신호등의 시설시 제어장치의 2차측 배선의 최대사용전압 300[V] 이하일 것

39 교통신호등의 사용전압 몇 [V]를 초과하는 경우 자동적으로 전로를 차단하는 누전차단기를 시설해야 하는가?

① 50
② 100
③ 150
④ 300

🔍 교통신호등의 사용전압이 150[V]를 초과하는 전로에 지락이 생겼을 경우 자동적으로 전로를 차단하는 누전차단기를 시설할 것

40 전기울타리 시설 시 전로의 사용전압은 얼마 이하인가?

① 150
② 250
③ 300
④ 400

🔍 전기울타리 전로의 사용전압 250[V] 이하일 것

41 지중 또는 수중에 시설되는 금속체의 부식을 방지하기 위한 전기 부식 방지용 회로의 사용 전압은?

① 직류 60[V] 이하
② 교류 60[V] 이하
③ 직류 750[V] 이하
④ 교류 600[V] 이하

🔍 전기부식 방지용 회로의 사용전압은 DC 60[V] 이하로 한다.

42 진열장 안에 400[V] 이하인 저압 옥내 배선 시 외부에서 찾기 쉬운 곳에 사용하는 전선은 단면적이 몇 [mm²] 이상의 코드 또는 캡타이어케이블이어야 하는가?

① 0.75
② 1.25
③ 2
④ 3.5

🔍 진열장 안의 배선 공사 시설시 사용전선은 전선은 단면적 0.75[mm²] 이상인 코드나 캡타이어 케이블일 것

43 부식성 가스 등이 있는 장소에서 시설이 허용되는 것은?

① 과전류 차단기
② 전등
③ 콘센트
④ 개폐기

🔍 부식성 가스 등이 존재하는 장소에서의 개폐기나 과전류 차단기, 콘센트 등의 시설은 하지 않는 것이 원칙이고 전등은 사용 가능하며 틀어 끼우는 글로브 등이 구비되어 부식성 가스와 용액의 침입을 방지할 수 있도록 할 것

정답 37 ① 38 ① 39 ③ 40 ② 41 ① 42 ① 43 ②

SECTION 08 기타 종합

STEP 01 실내 조명

1. 조명 방식

구 분	하향 광속
직접 조명 방식	90[%] 이상
반직접 조명 방식	60 ~ 90[%]
전반 조명 방식	40 ~ 60[%]
반간접 조명 방식	10 ~ 40[%]
간접 조명 방식	10[%] 이하

2. 조명 기구의 용량 표시

① H_{40} : 수은등 40[W]
② N_{40} : 나트륨등 40[W]
③ M_{40} : 메탈할라이드등 40[W]
④ F_{40} : 형광등 40[W]

3. 우수한 조명 방식

① 조도가 적당할 것
② 균등한 발산도 분포일 것
③ 광색이 적당할 것
④ 적당히 그림자가 있을것

STEP 02 변전소

1. 변전소의 역할
① 전압의 변성 ② 전력의 집중과 배분
③ 전력 계통 보호 ④ 역률 개선

2. 저압 옥외 전기 설비 (내염 공사)
① 바인드 선은 철제의 것을 사용하지 말 것
② 철제 류는 아연도금 또는 방청도장을 실시할 것
③ 나사못류는 동합금(놋쇠)제의 것 또는 아연도금한 것을 사용할 것

3. 변압기의 용량
① 수용률 = $\dfrac{\text{최대수용 전력}}{\text{설비용량의 합}} \times 100[\%]$

② 부하율 = $\dfrac{\text{평균부하 전력}}{\text{최대수용 전력}} \times 100[\%]$

③ 부등률 = $\dfrac{\text{개개의 최대수용 전력의 합}}{\text{합성최대수용 전력}} \times 100[\%]$

4. 변압기의 종류
① 건식 변압기 : 변압기유를 넣지 않은 변압기로 주로 소 용량의 변압기이다.
② 유입 변압기 : 변압기유를 넣은 변압기로 주로 대 용량의 변압기이다.
③ 몰드 변압기 : 코일 주위에 전기적 특성이 큰 에폭시 수지를 고진공으로 침투시키고, 다시 그 주위를 기계적 강도가 큰 에폭시 수지로 몰딩한 변압기
④ 타이 변압기

5. 보호계전기
동작 원리에 따른 분류로는 유도형(입력된 전기량에 의한 전자력으로 회전 원판을 이동시켜 출력 값을 얻는 계기), 정지형, 디지털형이 있다.

STEP 03 배전 선로의 전기 공급 방식

1) 배전 선로의 전기 공급 방식

① 1선당 전력공급비와 전선 중량비
전압 및 전류가 일정할 경우 단상 2선식을 기준으로 환산한 값

결선 방식	공급 전력	1선당 공급전력	1선당 공급전력비	전선 중량비
단상 2선식	$P_1 = VI$	$\frac{1}{2}VI$	기준	기준
단상 3선식	$P_2 = 2VI$	$\frac{2}{3}VI = 0.67$	$\frac{\frac{2}{3}VI}{\frac{1}{2}VI} = \frac{4}{3}$ = 1.33배	$\frac{3}{8} = 37.5\%$
3상 3선식	$P_3 = \sqrt{3}VI$	$\frac{\sqrt{3}}{3}VI = 0.57VI$	$\frac{\frac{\sqrt{3}}{3}VI}{\frac{1}{2}VI} = \frac{2\sqrt{3}}{3}$ = 1.15배(115[%])	$\frac{3}{4} = 75\%$
3상 4선식	$P_4 = \sqrt{3}VI$	$\frac{\sqrt{3}}{4}VI = 0.43VI$	$\frac{\frac{\sqrt{3}}{4}VI}{\frac{1}{2}VI} = \frac{2\sqrt{3}}{4}$ = 0.866배(86.6[%])	$\frac{1}{3} = 33.3\%$

② 배전선로의 표준 전압의 변동 한도

표준전압	유지 전압	전압조정장치
110[V]	110[V] ± 6[V]	• 변압기의 탭 변환 • 승압기(단권변압기) • 유도전압조정기
220[V]	220[V] ± 13[V]	
380[V]	380[V] ± 38[V]	

2) 설비 불평형률

① 단상 3선식
단상 3선식은 중성선이 단선되면 부하 불평형이 발생하기 때문에 이를 방지하기 위하여 다음과 같은 시설 원칙으로 한다.
  ㉮ 중성선에 시설하는 개폐기는 개폐 시 전압 불평형이 발생하는 것 방지하기 위하여 3극이 동시에 개폐되는 것으로 시설한다.
  ㉯ 중성선에는 부하 불평형에 의한 중성선 단선 시 부하 양측 단자전압의 심한 불평형이 발생할 수 있으므로 중성선에는 과전류차단기를 시설하지 않고 동선으로 직결한다.
  ㉰ 저압수전의 단상 3선식에서 중성선과 각 전압 측 전선간의 부하는 평형이 되게 하는

것 원칙으로 하지만, 부득이한 경우 발생하는 설비불평형률은 40[%]까지 할 수 있다.

④ 계약전력 5[kW] 정도 이하의 설비에서 소수의 전열 기구류를 사용할 경우 등 완전한 평형을 얻을 수 없을 경우에는 설비불평형률 40[%]를 초과할 수 있다.

⑤ 설비불평형률 = $\dfrac{중성선과 \ 전압측 \ 선간에 \ 접속된 \ 설비용량의 \ 차}{총 \ 설비 \ 용량의 \ \frac{1}{2}} \times 100[\%]$

⑥ 계산예

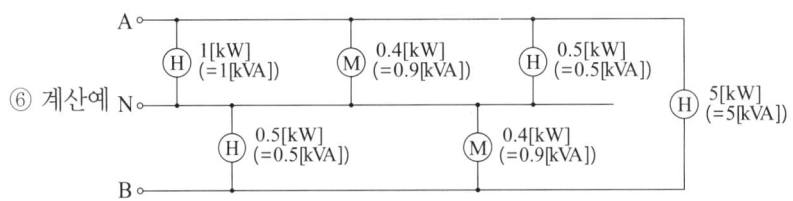

◎ 설비불평형률 = $\dfrac{(1+0.9+0.5)-(0.5+0.9)}{(1+0.9+0.5+0.5+0.9+5) \times \frac{1}{2}} \times 100 = 22.73[\%]$

2) 3상 3선식·4선식 선로의 설비 불평형률

설비 불평형률을 30[%] 이하로 하는 것을 원칙으로 한다.

◎ 설비불평형률 = $\dfrac{중성선과 \ 전압측 \ 선간에 \ 접속된 \ 설비용량의 \ 차}{총 \ 설비 \ 용량의 \ \frac{1}{2}} \times 100[\%]$

3) 설비불평형률 30[%] 초과 가능한 경우

① 저압수전에서 전용변압기 등으로 수전하는 경우
② 고압 및 특고압 수전에서는 100kW[kVA] 이하의 단상부하인 경우
③ 특고압 및 고압수전에서는 단상부하용량의 최대와 최소 차가 100kW[kVA] 이하인 경우
④ 특고압수전에서는 100kW[kVA] 이하의 단상변압기 2대로 역 V결선하는 경우
⑤ 3상3선식 설비불평형률

◎ 설비불평형률 = $\dfrac{각 \ 선간에 \ 접속된 \ 총설비용량 \ [VA]의 \ 최대최소의 \ 차}{총 \ 설비 \ 용량의 \ \frac{1}{3}} \times 100[\%]$

제03장_ 전기설비
출제예상문제

01 실내 전반조명을 하고자 한다. 작업대로 부터 광원의 높이가 2.4[m]인 위치에 조명기구를 배치할 때 벽에서 한 기구 이상 떨어진 기구에서 기구간의 거리는 일반적인 경우 최대 몇 [m]로 배치하여 설치하는가? (단, S≤1.5 H를 사용하여 구하도록 한다.)

① 1.8　　② 2.4
③ 3.2　　④ 3.6

🔍 $S \leq 1.5H = 1.5 \times 2.4 = 3.6[m]$

02 조명기구의 배광에 의한 분류 중 40~60 [%] 정도의 빛이 위쪽과 아래쪽으로 균일하게 향하고 가장 일반적인 용도를 가지고 있으며 상·하 좌우로 빛이 모두 나오므로 부드러운 조명이 되는 조명방식은?

① 직접 조명방식　　② 반 직접 조명방식
③ 전반 확산 조명방식　　④ 반 간접 조명방식

🔍 조명기구의 배광에 의한 조명방식

구 분	하향 광속
직접 조명 방식	90[%] 이상
반직접 조명 방식	60 ~ 90[%]
전반 조명 방식	40 ~ 60[%]
반간접 조명 방식	10 ~ 40[%]
간접 조명 방식	10[%] 이하

03 조명 기구의 용량 표시에 관한 사항이다. 다음 중 F40의 설명으로 알맞은 것은?

① 수은등 40[W]
② 나트륨등 40[W]
③ 메탈 할라이드등 40[W]
④ 형광등 40[W]

🔍 • 수은등 : H　　• 나트륨등 : N
　• 메탈 할라이드등 : M　　• 형광등 : F

04 우수한 조명의 조건이 되지 못하는 것은?

① 조도가 적당할 것
② 균등한 광속 발산도 분포일 것
③ 그림자가 없을 것
④ 광색이 적당할 것

🔍 그림자가 없는 조명 방법은 없다.

05 천장에 작은 구멍을 뚫어 그 속에 등기구를 매입시키는 방식으로 건축의 공간을 유효하게 하는 조명방식은?

① 코브방식　　② 코퍼방식
③ 밸런스방식　　④ 다운라이트방식

🔍 천장에 작은 구멍을 뚫어 그 속에 등기구를 매입시키는 방식으로 건축의 공간을 유효하게 하는 조명 방식을 라이트방식이라고 한다.

06 변전소의 역할로 볼 수 없는 것은?

① 전압의 변성
② 전력 생산
③ 전력의 집중과 배분
④ 전력 계통 보호

🔍 전력 생산은 발전소에서 한다.

07 저압 옥외 전기 설비(옥측의 것을 포함한다.)의 내염(耐鹽) 공사에서 설명이 잘못 된 것은?

① 바인드 선은 철제의 것을 사용하지 말 것
② 계량기함 등은 금속제를 사용할 것
③ 철제류는 아연도금 또는 방청도장을 실시 할 것
④ 나사못류는 동합금(놋쇠)제의 것 또는 아연 도금한 것을 사용할 것

🔍 염(鹽)은 금속제를 녹슬게 한다.

정답 01 ④　02 ③　03 ④　04 ③　05 ④　06 ②　07 ②

08 지중 또는 수중에 시설되는 금속 체의 부식을 방지하기 위한 전기 부식 방지용 회로의 사용 전압은?

① 직류 60[V] 이하
② 교류 60[V] 이하
③ 직류 750[V] 이하
④ 교류 600[V] 이하

🔍 지중 또는 수중에 시설되는 금속 체의 부식을 방지하기 위한 전기 부식 방지용 회로의사용 전압은 직류 60[V] 이하이다.

09 어느 수용가의 설비용량이 각각 1[kW], 2[kW], 3[kW], 4[kW]인 부하설비가 있다. 그 수용률이 60[%]인 경우 그 최대 수용 전력은 몇 [kW]인가?

① 3
② 6
③ 30
④ 60

🔍 • 수용률 = $\frac{최대수용전력}{설비용량의 합}$
• 최대수용전력 = 수용률 × 설비용량의합
• 0.6 × (1 + 2 + 3 + 4) = 6[kW]

10 $\frac{부하의 평균 전력(1시간 평균)}{최대수용전력(1시간 평균)} \times 100[\%]$의 관계를 가지고 있는 것은?

① 부하율
② 부등률
③ 수용률
④ 설비율

🔍 부하율 = $\frac{부하의 평균 전력(1시간 평균)}{최대수용전력(1시간 평균)} \times 100[\%]$

11 각 수용가의 최대 수용 전력이 각각 5[kW], 10[kW], 15[kW], 22[kW]이고, 합성 최대 수용 전력이 50[kW]이다. 수용가 상호간의 부등률은?

① 1.04
② 2.34
③ 4.25
④ 6.94

🔍 부등률 = $\frac{개개의 최대수용 전력의 합}{합성최대수용전력}$
= $\frac{5 + 10 + 15 + 22}{50}$ = 1.04

12 보호 계전기를 동작 원리에 따라 구분할 때 입력된 전기량에 의한 전자력으로 회전 원판을 이동시켜 출력 값을 얻는 계기는?

① 유도형
② 정지형
③ 디지털형
④ 저항형

🔍 유도기의 원리

13 보호계전기를 동작 원리에 따라 구분할 때 해당되지 않는 것은?

① 유도형
② 정지형
③ 디지털형
④ 저항형

🔍 보호계전기를 동작 원리에 따라 구분할 때 ① 유도형, ② 정지형, ③ 디지털형 등이 있다.

14 보호계전기 시험을 하기 위한 유의 사항이 아닌 것은?

① 시험 회로 결선 시 교류와 직류 확인
② 영점의 정확성 확인
③ 계전기 시험 장비의 오차 확인
④ 시험 회로 결선 시 교류의 극성 확인

🔍 교류에는 극성(+, −극)이 없다.

15 옥내에서 두 개 이상의 전선을 병렬로 사용하는 경우 동선은 각 전선의 굵기는 몇 [mm²] 이상 이어야 하는가?

① 50[mm²]
② 70[mm²]
③ 95[mm²]
④ 150[mm²]

🔍 옥내에서 두 개 이상의 전선을 병렬로 사용하는 경우 동선은 각 전선의 굵기가 50[mm²] 이상 이어야 한다.

정답 08 ① 09 ② 10 ① 11 ① 12 ① 13 ④ 14 ④ 15 ①

16 저압 단상 3선식 회로의 중성 선에는 어떻게 하는가?

① 다른 선의 퓨즈와 같은 용량의 퓨즈를 넣는다.
② 다른 선의 퓨즈의 2배 용량의 퓨즈를 넣는다.
③ 다른 선의 퓨즈의 $\frac{1}{2}$배 용량의 퓨즈를 넣는다.
④ 퓨즈를 넣지 않고, 동선으로 직결한다.

> 저압 단상 3선식 중성 선에 퓨즈를 넣어, 고장 시 퓨즈가 용단되어 중성선이 개방되면 중성 선에 연결된 부하가 직렬 접속하는 결과이므로 과전압이 걸려 절연이 파괴될 수 있다. 그러므로 중성 선에 고장전류가 생겨도 개방되지 않도록 하기 위해 동선으로 직결하여야 한다.

17 교류 단상 3선식 배전선로를 잘못 표현한 것은?

① 두 종류의 전압을 얻을 수 있다.
② 중성 선에는 퓨즈를 사용하지 않고 동선으로 연결한다.
③ 개폐기는 동시에 개폐하는 것으로 한다.
④ 변압기 부하 측 중성선은 접지공사를 생략하였다.

> 교류 단상 3선식 배전선로의 변압기 부하 측 중성선은 규정에 의해 접지공사를 시행해야 한다.

18 자동 화재 탐지설비는 화재의 발생을 초기에 자동적으로 탐지하여 소방대상 물의 관계자에게 화재의 발생을 통보해 주는 설비이다. 이러한 자동 화재 탐지설비의 구성요소가 아닌 것은?

① 수신기   ② 비상경보기
③ 발신기   ④ 중계기

> 자동 화재 탐지 설비의 구성 요소는 감지기, 수신기, 발신기, 중계기, 음향 장치 등이 있다.

19 두 개 이상의 회로에서 선행 동작 우선 회로 또는 상대 동작 금지 회로인 동력 배선의 제어 회로는?

① 자기유지회로   ② 인터록 회로
③ 동작지연회로   ④ 타이머 회로

> 전동기 정·역전 운전 회로를 제어하기 위해서는 동시 운전 방지를 위해 정·역전 운전 제어용 전자 개폐기의 동시 투입을 방지하고, 상대 동작 금지 회로를 구성한다. 이것을 인터록 회로라 한다.

20 전동기의 정·역 운전을 제어하는 회로에서 2개의 전자 개폐기의 작동이 동시에 일어나지 않도록 하는 회로는?

① Y-△ 회로   ② 자기유지 회로
③ 촌동 회로   ④ 인터록 회로

> 전동기 정·역전 운전 회로를 제어하기 위해서는 동시 운전 방지를 위해 정·역전 운전 제어용 전자 개폐기의 동시 투입을 방지하고, 상대 동작 금지 회로를 구성한다. 이것을 인터록 회로라 한다.

21 2개의 입력 가운데, 앞서 동작한 쪽이 우선하고, 다른 쪽은 동작을 금지시키는 회로는?

① 자기유지회로   ② 한시운전회로
③ 인터록회로   ④ 비상운전회로

> 전동기 정·역전 운전 회로를 제어하기 위해서는 동시 운전 방지를 위해 정·역전 운전 제어용 전자 개폐기의 동시 투입을 방지하고, 상대 동작 금지 회로를 구성한다. 이것을 인터록 회로라 한다.

22 동력 배선에서 경보를 표시하는 램프의 일반적인 색깔은?

① 백색   ② 오렌지색
③ 적색   ④ 녹색

> 동력 배선에서 경보를 표시하는 램프의 일반적인 색깔은 오렌지색이다.

23 역률 개선의 효과로 볼 수 없는 것은?

① 감전사고 감소
② 전력 손실 감소
③ 전압 강하 감소
④ 설비 용량의 여유분 증가

> 역률 개선 효과(현상)
> • 전력 손실 경감   • 전압 강하 감소
> • 설비 용량의 여유 증가   • 전기 요금 감소

정답 16 ④ 17 ④ 18 ② 19 ② 20 ④ 21 ③ 22 ② 23 ①

24 무효전력을 조정하는 전기기계기구는?

① 조상설비　　② 개폐설비
③ 차단설비　　④ 보상설비

🔍 조상설비 : 무효전력을 조정하는 전기기계기구

25 변류 비 100/5[A]의 변류기(C.T)와 5[A]의 전류계를 사용하여 부하 전류를 측정한 경우 전류계의 지시가 4[A]이었다. 이때 부하 전류는 몇 [A]인가?

① 30　　② 40
③ 60　　④ 80

🔍 $I_1 = aI_2$, $a = \frac{100}{5} = 20$, $I_1 = 20 \times 4 = 80[A]$

26 지중 배전선로에서 케이블을 개폐기와 연결하는 몸체는?

① 스틱형 접속단자　　② 엘보 커넥터
③ 절연 캡　　④ 접속플러그

🔍 지중 배전선로에서 케이블을 개폐기와 연결하는 몸체는 엘보 커넥터이다.

27 절연물을 전극 사이에 삽입하고 전압을 가하면 전류가 흐르는데 이 전류는?

① 과전류　　② 접촉전류
③ 단락전류　　④ 누설전류

🔍 절연물을 전극 사이에 삽입하고 전압을 가하면 전류가 흐르는데 이 전류를 누설 전류라고 한다.

28 엘리베이터 장치를 시설할 때 승강기 내에서 사용하는 전등 및 전기기계기구에 사용할 수 있는 최대 전압은?

① 110[V] 이하　　② 220[V] 이하
③ 400[V] 이하　　④ 440[V] 이하

🔍 엘리베이터 장치를 시설할 때 승강기 내에서 사용하는 전등 및 전기기계기구에 사용할 수 있는 최대 전압은 400[V] 이하이다.

29 송전방식에서 선간 전압, 선로 전류, 역률이 일정할 때 (3상 3선식/단상 2선식)의 전선 1선당의 전력비는 약 몇 [%]인가?

① 87.5　　② 94.7
③ 133　　④ 141.4

🔍

결선 방식		공급전력	1선당 공급전력	1선당 공급전력비
단상 2선식		$P_1 = VI$	$\frac{1}{2}VI$	기준
단상 3선식		$P_2 = 2VI$	$\frac{2}{3}VI$ $= 0.67VI$	$\frac{\frac{2}{3}VI}{\frac{1}{2}VI} = \frac{4}{3}$ =1.33배

30 송전전력, 송전거리, 전선로의 전력손실이 일정하고 같은 재료의 전선을 사용한 경우 단상2선식에 대한 3상3선식의 1선당의 전력비는 얼마인가?

① 0.7　　② 1.0
③ 1.15　　④ 1.33

🔍

결선 방식		공급전력	1선당 공급전력	1선당 공급전력비
단상 2선식		$P_1 = VI$	$\frac{1}{2}VI$	기준
단상 3선식		$P_2 = 2VI$	$\frac{\sqrt{3}}{3}VI$ $= 0.57VI$	$\frac{\frac{\sqrt{3}}{3}VI}{\frac{1}{2}VI} = \frac{2\sqrt{3}}{3}$ =1.15배 (115[%])

31 송전전력, 선간전압, 부하역률, 전력손실 및 송전거리를 동일하게 하였을 경우 단상 2선식에 대한 3상 3선식의 총 전선량(중량)비는 얼마인가?

① 0.75　　② 0.94
③ 1.15　　④ 1.33

🔍 단상 2선식에 대한 3상 3선식의 전선 중량비 $\frac{3}{4} = 0.75$ 배

정답　24 ①　25 ④　26 ②　27 ④　28 ③　29 ③　30 ③　31 ①

32 저압 수전 방식중 단상 3선식은 평형이 되는게 원칙이지만 부득이한 경우 설비 불평형률은 몇 [%] 이내로 유지해야 하는가?

① 10　　　　　② 20
③ 30　　　　　④ 40

🔍 단상 3선식에서 중성선과 각 전압 측 전선 간의 부하는 평형이 되게 하는 것을 원칙으로 하지만, 부득이한 경우 발생하는 설비 불평형률은 40[%]까지 할 수 있다.

33 수전 방식중 3상 4선식은 부득이한 경우 설비 불평형률은 몇 [%] 이내로 유지해야 하는가?

① 10　　　　　② 20
③ 30　　　　　④ 40

🔍 3상 3선식, 4선식의 각 전압 측 전선 간의 부하는 평형이 되게 하는 것을 원칙으로 하지만, 부득이한 경우 발생하는 설비 불평형률은 30[%]까지 할 수 있다.

34 다음 설비불평형률에 대한 설명으로 틀린 것은?

① 중성선에 시설하는 개폐기는 개폐 시 전압 불평형이 발생하는 것을 방지하기 위하여 3극이 동시에 개폐되는 것으로 시설한다.
② 중성선에는 부하 불평형에 의한 중성선 단선 시 부하 양측 단자전압의 심한 불평형이 발생할 수 있으므로 중성선에는 과전류차단기를 시설해야 한다.
③ 단상 3선식의 부하는 평형이 원칙으로 하지만, 부득이한 경우 발생하는 불평형률은 40[%] 이하로 할 수 있다.
④ 3상 4선식의 설비불평형률은 30[%] 이하를 원칙으로 한다.

🔍 중성선에는 부하 불평형에 의한 중성선 단선 시 부하 양측 단자전압의 심한 불평형이 발생할 수 있으므로 중성선에는 과전류차단기를 시설하지 않고 동선으로 직결한다.

정답 32 ④ 33 ③ 34 ②

CHAPTER 04

CBT 복원문제

01 2021년 1회(CBT 복원문제)
02 2021년 2회(CBT 복원문제)
03 2021년 3회(CBT 복원문제)
04 2021년 4회(CBT 복원문제)
05 2022년 1회(CBT 복원문제)
06 2022년 2회(CBT 복원문제)
07 2022년 3회(CBT 복원문제)
08 2022년 4회(CBT 복원문제)
09 2023년 1회(CBT 복원문제)
10 2023년 2회(CBT 복원문제)
11 2023년 3회(CBT 복원문제)
12 2023년 4회(CBT 복원문제)
13 2024년 1회(CBT 복원문제)
14 2024년 2회(CBT 복원문제)
15 2024년 3회(CBT 복원문제)
16 2024년 4회(CBT 복원문제)
17 2025년 1회(CBT 복원문제)
18 2025년 2회(CBT 복원문제)
19 2025년 3회(CBT 복원문제)
20 2025년 4회(CBT 복원문제)

2021년 1회 CBT 복원문제

01 22.9[kV] 변압기의 중성점 접지 저항값은 몇 [Ω]인가?(단, 전로에 자동차단장치가 1초에서 2초 이내 자동차단하는 장치가 있는 경우이다.)

① 100　② 150　③ 200　④ 360

> 35[kV] 이하 변압기 중성점 접지
> 접지저항 $R = \frac{(150, 300, 600)}{I_g} = \frac{300}{2} = 150[\Omega]$
> ($I_g[A]$: 1선 지락전류, 최소 2[A])
> • 150 : 자동차단장치가 없는 경우
> • 300 : 자동차단장치가 1초 ~ 2초 이내 자동차단하는 경우
> • 600 : 1초 이내에 전로를 자동으로 차단하는 경우

02 다음 중 전기 용접용 발전기로 가장 적당한 것은?

① 직류 분권형 발전기
② 차동 복권형 발전기
③ 가동 복권형 발전기
④ 직류 타여자식 발전기

> 전기용접용 발전기는 용접 시 전류가 일정해야 하므로 수하특성을 지니는 차동복권 발전기를 사용하여야 한다.

03 직류 발전기에서 정류자와 접촉하여 전기자 권선과 외부 회로를 연결하는 역할을 하는 일반적인 브러시는?

① 금속 브러시　② 탄소 브러시
③ 전해 브러시　④ 저항 브러시

> 브러시 : 정류자에서 변환된 직류 기전력을 외부로 인출하기 위한 장치로서 일반적으로 양호한 정류를 얻기 위하여 접촉저항이 큰 탄소브러시를 사용한다.

04 저항 3[Ω], 인덕턴스 10.6[mH]의 직렬 회로에 교류 500[V], 주파수 60[Hz]를 가할 때 흐르는 전류[A]는?

① 10　② 50　③ 100　④ 500

> R-L직렬 회로의 임피던스 : $\dot{Z} = R + jK_L = R + j2\pi fL[\Omega]$
> • $Z = \sqrt{R^2 + (2\pi fL)^2} = \sqrt{3^2 + (2\pi \times 60 \times 10.6 \times 10^{-3})^2}$
> $= 5[\Omega]$
> • $I = \frac{V}{Z} = \frac{500}{5} = 100[A]$

05 긴 직선 도선에 i의 전류가 흐를 때 이 도선으로부터 r 만큼 떨어진 곳의 자장의 세기는?

① 전류 i에 반비례하고 r에 비례한다.
② 전류 i에 비례하고 r에 반비례한다.
③ 전류 i의 제곱에 반비례하고 r에 반비례 한다.
④ 전류 i에 반비례하고 r의 제곱에 반비례 한다.

> 직선 도선에 의한 자장의세기
> $H = \frac{I}{2\pi r}[\text{AT/m}]$이므로, H는 전류 i에 비례하고 거리 r에 반비례한다.

06 R-L직렬 회로에 200[V]의 교류전압을 가하면 10[A]의 전류가 흐르고 전압과 전류의 위상차가 30°일 때 코일의 리액턴스는 몇 [Ω]인가?

① 6　② 8
③ 10　④ $10\sqrt{3}$

> 임피던스 크기 $Z = \frac{V}{I} = \frac{200}{10} = 20[\Omega]$
> 임피던스 복소수
> $\dot{Z} = Z\cos\theta + jZ\sin\theta = 20 \times \cos 30° + j20 \times \sin 30°$
> $= 10\sqrt{3} + j10[\Omega]$
> 리액턴스는 임피던스의 허수부이므로 10[Ω]이다.

07 동기전동기의 특징으로 틀린 것은?

① 전 부하 효율이 양호하다.
② 부하의 역률을 조정할 수가 있다.
③ 공극이 좁으므로 기계적으로 튼튼하다.
④ 부하가 변해도 같은 속도로 운전할 수 있다.

> 동기전동기의 특징
> • 속도(N_s)가 일정하다.
> • 역률을 조정할 수 있다.
> • 효율이 좋다.
> • 공극이 넓고 기계적으로 튼튼하다.

08 동선을 직선으로 접속할 경우 동선의 굵기가 10[mm²] 이하일 때 메킹타이어 슬리브 접속 시 슬리브를 최소 몇 회 이상 비틀림을 해야 하는가?

① 3.5회 ② 2회
③ 2.5회 ④ 3회

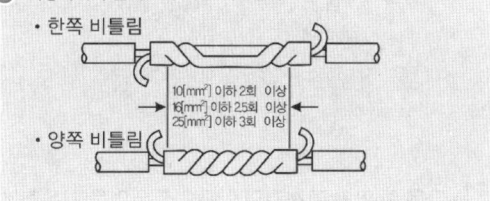
- 메킹타이어 슬리브에 의한 직선접속
- 한쪽 비틀림
  - 10[mm²] 이하 2회 이상
  - 16[mm²] 이하 2.5회 이상
  - 25[mm²] 이하 3회 이상
- 양쪽 비틀림

09 자성체를 자석 가까이에 두었을 때 서로 달라붙는 자성체는?

① 비자성체 ② 반자성체
③ 강자성체 ④ 상자성체

○ 강자성체는 자화시키면 서로 끌어당기면서 강하게 자화가 된다.

10 자기인덕턴스 L_1 에 전류 I_1 이 흘러 에너지가 축적되었다. 이때 전류를 $I_2 = 3I_1$ 로 한 경우 동일한 자기에너지를 유지하려면 L_2는?

① $3L_1$ ② $9L_1$
③ $\frac{1}{3}L_1$ ④ $\frac{1}{9}L_1$

○ 코일에 축적되는 전자 에너지
$W = \frac{1}{2}L_1I_1^2[J]$ 에서 전류가 $I_2 = 3I_1$ 가 되면
$W = \frac{1}{2}L_2(3I_1)^2 = \frac{1}{2}L_2 \times 9I_1^2[J]$ 이 되므로 에너지가 일정하게 유지되려면 $L_2 = \frac{1}{9}L_1$ 이 되면 에너지가 일정해진다.

11 납축전지가 충전이 완료되었을 때 양극은 무엇인가?

① H_2SO_4 ② H_2O
③ PbO_2 ④ $PbSO_4$

○ 납축전지의 방전 시 전기분해식
$PbO_2 + 2H_2SO_4 + Pb \rightleftarrows PbSO_4 + 2H_2O + PbSO_4$
(양극) (전해액) (음극)   (황산납) (물) (황산납)

12 다음 (   )안의 말을 찾으시오.

두 자극 사이에 작용하는 자기력의 크기는 양 자극의 세기의 곱에 (㉮)하며, 자극 간의 거리의 제곱에 (㉯) 한다.

① 반비례, 비례 ② 비례, 반비례
③ 반비례, 반비례 ④ 비례, 비례

○ 두 자극 사이에 작용하는 자기력의 크기는 양 자극의 세기의 곱에 비례하며, 자극 간의 거리의 제곱에 반비례한다.
쿨롱의 법칙 $F = \frac{m_1 \cdot m_2}{4\pi\mu_0 r^2}[N]$

13 전류에 의한 자기장의 세기를 구하는 비오-사바르의 법칙을 옳게 나타낸 것은?

① $\Delta H = \frac{I\Delta l \sin\theta}{4\pi r^2}[AT/m]$

② $\Delta H = \frac{I\Delta l \sin\theta}{4\pi r}[AT/m]$

③ $\Delta H = \frac{I\Delta l \cos\theta}{4\pi r}[AT/m]$

④ $\Delta H = \frac{I\Delta l \cos\theta}{4\pi r^2}[AT/m]$

○ 전류에 의한 자기장의 세기 : 비오-사바르의 법칙

14 전지의 기전력 $E[V]$, 내부저항 $r[\Omega]$인 전지 n개를 직렬로 접속한 후 부하저항을 연결할 경우 부하에서 최대 전력이 발생하려면 부하저항은 내부저항의 몇 배가 되어야 하겠는가?

① n배 ② $\frac{1}{n}$ 배
③ n^2 배 ④ $\frac{1}{n^2}$ 배

○ 최대전력전달조건 : 부하저항 = 내부저항
$R = nr[\Omega]$

15 변전소의 전력 기기를 시험하기 위하여 회로를 분리하거나 또는 계통의 접속을 바꾸거나 하는 경우에 사용되는 것은?

① 나이프스위치 ② 차단기
③ 퓨즈 ④ 단로기

단로기는 고전압 기기류의 1차 측에 부착하여 기기점검이나 보수시 회로를 분리하거나 계통의 접속을 바꿀 때 사용하며 부하전류나 고장전류의 개폐 능력이 없다.

16 직렬 공진회로에서 최대가 되는 것은?

① 전류   ② 임피던스
③ 리액턴스   ④ 저항

교류직렬 공진회로 조건은 임피던스의 허수부가 0이므로 임피던스가 최소가 되고 전류가 최대가 된다.

17 동기 발전기의 돌발 단락 전류를 주로 제한하는 것은?

① 누설 리액턴스
② 역상 리액턴스
③ 동기 리액턴스
④ 권선 저항

동기 발전기의 돌발 단락 전류를 제한하는 것은 누설 리액턴스이다.

18 저압 연접 인입선을 시설하는 경우 다음 내용이 틀린 것은?

① 저압연접인입선이 횡단보도교를 횡단하는 경우 지면으로부터의 높이는 3.5[m]이상 높이에 시설할 것
② 인입구에서 분기하여 100[m]를 초과하지 말 것
③ 도로 5[m]를 횡단하지 말 것
④ 옥내를 관통하지 말 것

저압 연접인입선이 횡단보도를 횡단하는 경우 지면으로부터의 높이는 3[m] 이상 높이에 시설할 것

19 다음은 전기력선의 성질이다. 틀린 것은?

① 전기력선의 밀도는 전기장의 크기를 나타낸다.
② 전위가 낮은 점에서 높은 전위로 향한다.
③ 전기력선은 서로 교차하지 않는다.
④ 전기력선은 도체의 표면에 수직이다.

전기력선은 전위가 높은 점에서 낮은 점으로 향한다.

20 3상 4극 60[MVA], 역률 0.8, 60[Hz], 22.9[kV] 수차 발전기의 전부하 손실이 1,000[kW]이면 전부하 효율 [%]는?

① 93   ② 95   ③ 98   ④ 99

전부하 효율 $\eta = \dfrac{출력}{출력+손실} \times 100$
수차발전기의 출력 $P = P_a \cos\theta = 60 \times 0.8 = 48$[MW]
손실 $1,000$[kW] $= 1$[MW]
효율 $\eta = \dfrac{48}{48+1} \times 100 ≒ 98$[%]

21 다음 중 망간 건전지의 양극으로 무엇을 사용하는가?

① 아연판   ② 구리판
③ 탄소 막대   ④ 묽은 황산

망간건전지는 대표적인 1차 전지로서 음극은 아연, 양극은 탄소 막대를 사용한다.

22 수전 전력 500[kW] 이상인 고압 수전설비의 인입구에 낙뢰나 혼촉 사고에 의한 이상전압으로부터 선로와 기기를 보호할 목적으로 시설하는 것은?

① 단로기(DS)   ② 배선용차단기(MCCB)
③ 피뢰기(LA)   ④ 누전차단기(ELB)

수전 전력 500[kW] 이상 고압수전설비 인입구에는 이상전압으로부터 설비를 보호하기 위해서 반드시 피뢰기를 설치해야 한다.

23 옥내의 건조한 콘크리트 또는 신더 콘크리트 플로어 내에 매입하여 시설하며 전화선이나 콘센트 전원을 내기 위해 설치하는 공사방법은?

① 플로어덕트   ② 셀룰러덕트
③ 금속덕트   ④ 버스덕트

24 티탄을 제조하는 공장으로 먼지가 쌓여진 상태에서 착화된 때에 폭발할 우려가 있는 저압 옥내 배선을 설치하고자 한다. 알맞은 공사 방법은?

① 금속관 공사   ② 라이팅 덕트공사
③ 금속 몰드공사   ④ 합성수지 몰드공사

폭연성 분진이나 화약류 분말이있는 장소, 금속관, 케이블 공사(캡타이어 케이블 제외)에 준하여 설치한다.

25 분권발전기의 정격전압이 100[V]이고 전기자 저항 0.2[Ω], 정격 전류가 50[A]인 경우 유도 기전력은 몇 [V]인가?

① 100　　　② 110
③ 120　　　④ 130

🔍 발전기의 유도 기전력
$E = V + I_a R_a = 100 + 50 \times 0.2 = 110[V]$

26 계자 권선이 전기자에 병렬로만 접속된 직류기는?

① 타여자기　　② 직권기
③ 분권기　　　④ 복권기

🔍 분권기 : 계자권선과 전기자 회로가 병렬로 접속되어 있는 직류기

27 동기기에서 제동권선을 설치하는 이유로 옳은 것은?

① 역률 개선　　② 난조 방지
③ 전압 조정　　④ 출력 증가

🔍 제동권선의 설치 목적: 난조 방지와 기동토크 발생

28 농형 유도전동기의 기동법이 아닌 것은?

① Y-△ 기동법
② 2차 저항기동법
③ 기동보상기법
④ 전전압 기동법

🔍 농형 유도전동기의 기동법
- 전전압 기동법　・Y-△ 기동법
- 리액터 기동법　・1차 저항 기동법
- 기동 보상기법

권선형 유도전동기 기동법 : 구조가 간단하고 제어조작이 용이하며 2차 저항기를 사용하므로 2차 저항으로 임의의 최대, 최소 토크를 조정할 수 있는 2차저항기동법(기동저항기법)을 사용한다.

29 100[μF]의 콘덴서에 1,000[V]의 전압을 가하여 충전한 뒤 저항을 통하여 방전시키는 에너지[J]는?

① 25　② 50　③ 100　④ 10

🔍 콘덴서에 축적되는 에너지
$W = \frac{1}{2}CV^2 = \frac{1}{2} \times 100 \times 10^{-6} \times 1,000^2 = 50[J]$

30 역률이 좋아 가정용 선풍기, 세탁기, 냉장고 등에 주로 사용되는 단상유도 전동기는?

① 분상 기동형　　② 영구콘덴서 기동형
③ 반발 기동형　　④ 세이딩 코일형

🔍 영구콘덴서 기동형은 전동기 기동 시나 운전 시 항상 콘덴서를 기동 권선과 직렬로 접속시켜 기동하는 방식으로 콘덴서 기동형에 비해 콘덴서 정전용량이 적기 때문에 큰 기동토크를 발생하지는 않지만 기동 완료 후 콘덴서를 분리하기 위한 원심력 개폐기가 없으므로 구조가 간단하고 역률이 좋아 큰 기동 토크를 요하지 않고 속도를 조정할 필요가 있는 선풍기나 세탁기 등에서 이용한다.

31 다음 중 ( ) 안에 알맞은 말은?

회로망 해석에서 「중첩의 원리」란 회로망 내에 다수의 전원을 포함하는 회로망에 있어서 임의의 한 소자에 흐르는 전류 또는 소자에 걸리는 전압은 각각의 전원을 개별적으로 독립시켰을 때 흐르는 전류의 총합 또는 전압의 총합과 같다는 원리로 이때 전원을 단독으로 독립시키면서 다른 전원을 제거할 때에는 『전압원은 (㉠), 전류원은 (㉡)』하여 독립시킨다.

① ㉠ 개방 ㉡ 단락
② ㉠ 단락 ㉡ 개방
③ ㉠ 개방 ㉡ 개방
④ ㉠ 단락 ㉡ 단락

🔍 전원이 여러 개가 존재하는 경우 중첩의 원리를 이용하여 회로망을 해석하며 이때 전원을 제거할 때는 전압원은 단락시키고, 전류원은 개방시킨다.

32 그림은 전력 제어 소자를 이용한 위상 제어 회로이다. 전동기의 속도를 제어하기 위하여 '부하'부분에 사용되는 소자는?

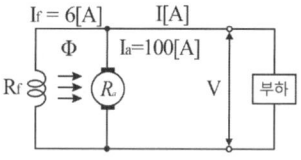

① 전력용 트랜지스터
② 제어 다이오드
③ 트라이악
④ 레귤레이터 78XX 시리즈

트라이악(TRIAC)은 교류를 제어하는 반도체 소자로서 적합한 특성을 갖추고 있으며 교류전류 스위치로서 연속적으로 변화하는 교류 제어용으로 사용되는 양방향성 소자이다.

33 출력 10[kW], 효율 80[%]인 기기의 손실은 몇 [kW]인가?

① 2.5　　② 10
③ 20　　④ 5

- 효율 $\eta = \dfrac{출력}{입력} \times 100[\%]$
- 입력 $P_i = \dfrac{출력}{\eta} = \dfrac{10}{0.8} = 12.5[\text{kW}]$
- 손실 $P_\ell = 입력 - 출력 = 12.5 - 10 = 2.5[\text{kW}]$

34 3상 100[kVA], 13,200/200[V] 부하의 저압 측 유효분 전류는? (단, 역률은 0.8이다.)

① 130　　② 230
③ 260　　④ 173

피상전력 $P_a = \sqrt{3}\, VI[\text{VA}]$
전류 $I = \dfrac{P_a}{\sqrt{3}\, V} = \dfrac{100}{\sqrt{3} \times 0.2} ≒ 288[\text{A}]$
복소수 전류 $\dot{I} = I\cos\theta + jI\sin\theta$
$= 288 \times 0.8 + j288 \times 0.6 = 230 + j173[\text{A}]$
그러므로 유효분 전류는 230[A]이다.

35 금속관 공사에서 금속 전선관의 나사를 낼 때 사용하는 공구는?

① 밴더　　② 커플링
③ 로크너트　　④ 오스터

오스터 : 금속관 나사내는 공구

36 큰 건물의 공장에서 콘크리트에 구멍을 뚫어 드라이브 핀을 경제적으로 고정하는 공구는?

① 스패너　　② 드라이브 이트 툴
③ 오스터　　④ 녹 아웃 펀치

드라이브 이트 : 화약의 폭발력 이용하여 콘크리트에 구멍을 뚫는 공구

37 S형 슬리브에 의한 직선접속에서 슬리브는 몇 회 이상 꼬아야 하는가?

① 2　　② 4
③ 5　　④ 7

S형 슬리브에 의한 직선 접속

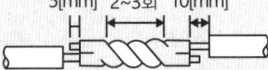

- 단선, 연선 모두 사용가능
- 전선의 끝은 슬리브 끝에서 조금 나오는 것이 바람직하다.
- 슬리브의 양단을 펜치 등으로 2회 이상 비틀 것

38 옥외용 비닐 절연 전선의 약호는?

① IV　　② DV
③ OW　　④ HIV

옥외용 비닐 절연 전선 (OW)은 옥내 배선공사에는 사용할 수 없다.

39 발전기나 변압기 내부 고장 보호에 쓰이는 계전기는?

① 접지 계전기　　② 차동 계전기
③ 과전압 계전기　　④ 역상 계전기

발전기, 변압기 내부 고장 보호용 계전기는 차동계전기, 비율차동계전기, 부흐홀쯔 계전기가 있다.

40 교통신호등의 제어 장치로부터 신호등의 전구까지의 전로에 사용하는 전압은 몇 [V] 이하인가?

① 60　　② 100
③ 300　　④ 440

교통신호등 전로의 사용전압은 300[V] 이하일 것

41 다음 중 지중전선로의 매설 방법이 아닌 것은?

① 관로식　　② 암거식
③ 직접 매설식　　④ 행거식

지중전선로의 종류 : 관로식, 암거식, 직접매설식

42 가연성 가스가 존재하는 저압 옥내전기 설비 공사 방법으로 옳은 것은?

① 가요전선관 공사 ② 합성수지관 공사
③ 금속관 공사 ④ 금속몰드 공사

🔍 가연성 가스가 존재하는 장소의 공사 : 금속관 공사, 케이블 공사(캡타이어 케이블 제외)

43 슬립이 일정한 경우 유도 전동기의 공급 전압이 $\frac{1}{2}$로 감소하면 토크는 처음에 비해 어떻게 되는가?

① 2배가 된다. ② 1배가 된다.
③ $\frac{1}{2}$로 줄어든다. ④ $\frac{1}{4}$로 줄어든다.

🔍 유도전동기의 토크와 공급전압과의 관계 : $\tau \propto V^2$이므로 $\left(\frac{1}{2}\right)^2 = \frac{1}{4}$로 감소한다.

44 6극 직렬권 발전기의 전기자 도체 수 300, 매극 자속 0.02[Wb], 회전수 900[rpm]일 때 유도기전력[V]은?

① 300 ② 400
③ 270 ④ 120

🔍 발전기의 유도기전력 $e = \frac{PZ\phi N}{60a}$[V]
직렬권은 파권이므로 $a = 2$이다.
$e = \frac{PZ\phi N}{60a} = \frac{6 \times 300 \times 0.02 \times 900}{60 \times 2} = 270$[V]

45 공심솔레노이드 내부의 자기장의 세기가 500[AT/m]일 때 자속밀도 [Wb/m²]의 세기는?

① $2\pi \times 10^{-5}$ ② $4\pi \times 10^{-3}$
③ $2\pi \times 10^{-4}$ ④ $4\pi \times 10^{-4}$

🔍 자속밀도와 자기장 관계식
$B = \mu_0 H = 4\pi \times 10^{-7} \times 500 = 2\pi \times 10^{-4}$[Wb/m²]

46 1[cm] 당 권선수가 10인 무한 길이 솔레노이드에 1[A]의 전류가 흐르고 있을 때 솔레노이드 외부 자계의 세기[AT/m]는?

① 0 ② 10
③ 100 ④ 1,000

🔍 무한장 솔레노이드의 외부 자계의 세기는 0이다.

47 고압 가공 인입선이 도로를 횡단하는 경우 노면 상 시설하여야 할 높이는 몇 [m] 이상인가?

① 8.5 ② 5 ③ 6 ④ 6.5

🔍 고압 가공인입선의 최저높이[m]

장소 구분	저압
도로횡단	5
철도 횡단	6.5
횡단 보도교	3
기타 장소	5(a)

a:절연전선으로서 하단에 위험표시한 경우 : 3~5[m] 이상

48 전지의 기전력, E[V]내부저항 r[Ω]인 전지 n개를 직렬로 접속한 후 부하저항을 연결할 경우 부하에서 최대 전력이 발생하려면 부하저항은 내부저항의 몇 배가 되어야 하겠는가?

① $R = nr$ ② $R = r$
③ $R = n^2$ ④ $R = \frac{r}{n}$

🔍 최대전력전달조건 : 부하저항 = 내부저항
$R = nr$[Ω]

49 피상전력 60[kVA], 무효전력이 36[kVar]라면 유효전력은?

① 24 ② 48 ③ 52 ④ 96

🔍 유효전력 $P = \sqrt{60^2 - 36^2} = 48$[kW]

50 다음 중 금속덕트 공사 방법과 거리가 가장 먼 것은?

① 덕트의 종단은 막을 것
② 금속덕트 배선에 사용하는 금속덕트의 철판 두께는 1.6[mm] 이상일 것
③ 금속덕트의 뚜껑은 쉽게 열리지 않도록 시설할 것
④ 금속덕트 상호는 견고하고 또한 전기적으로 완전하게 접속할 것

🔍 금속덕트 배선에 사용하는 금속덕트의 철판 두께는 1.2[mm] 이상이어야 한다.

51 합성수지관 상호 및 관과 박스는 접속 시에 삽입하는 깊이를 관 바깥지름의 몇 배 이상으로 하여야 하는가? (단, 접착제를 사용하지 않은 경우이다.)

① 0.2　　② 0.5
③ 1　　　④ 1.2

> 합성수지관 상호 및 관과 박스 접속 시 관의 삽입깊이
> • 접착제를 미사용 시 : 관 바깥지름의 1.2배 이상
> • 접착제를 사용 시 : 관 바깥지름의 0.8배 이상

52 다이오드를 사용한 정류회로에서 다이오드를 여러 개 직렬로 연결하여 사용하는 경우의 설명으로 가장 옳은 것은?

① 다이오드를 과전류로부터 보호할 수 있다.
② 다이오드를 과전압으로부터 보호할 수 있다.
③ 부하출력의 맥동률을 감소시킬 수 있다.
④ 낮은 전압 전류에 적합하다.

> 다이오드를 직렬로 접속하면 전압강하에 의해 과전압으로부터 보호 할 수 있다.

53 일정한 주파수의 전원에서 운전하는 3상 유도전동기의 전원 전압이 80[%]가 되었다면 토크는 약 몇 [%]가 되는가? (단, 회전수는 변하지 않는 상태로 한다.)

① 55　　② 64　　③ 76　　④ 80

> 3상 유도전동기에서 토크는 공급전압의 제곱에 비례하므로 전압의 80[%]로 운전하면 토크는 $0.8^2 = 0.64$로 감소하므로 64[%]가 된다.

54 한국전기설비규정에 의한 중성점 접지용 접지도체는 공칭단면적 몇 [mm²] 이상의 연동선을 사용하여야 하는가? (단, 25[kV] 이하인 중성선 다중접지식으로서 전로에 지락발생시 2초 이내에 자동적으로 이를 전로로부터 차단하는 장치가 되어 있는 경우이다.)

① 16　　② 6　　③ 2.5　　④ 10

> 중성점 접지용 접지도체는 공칭단면적 16이상의 연동선을 사용하여야 한다. 단, 25[kV] 이하인 중성선 다중접지식으로서 전로에 지락발생시 2초 이내에 자동적으로 이를 전로로부터 차단하는 장치가 되어 있는 경우는 6[mm²]를 사용하여도 된다.

55 전로에 시설하는 기계기구의 철대 및 금속제 외함(외함이 없는 변압기 또는 계기용변성기는 철심)에는 접지공사를 하여야 한다. 다음 사항 중 접지공사 생략이 불가능한 장소는?

① 전기용품 안전관리법에 의한 2중 절연 기계 기구
② 철대 또는 외함이 주위의 적당한 절연대를 이용하여 시설한 경우
③ 사용 전압이 직류 300[V] 이하인 전기 기계 기구를 건조한 장소에 설치한 경우
④ 대지 전압 교류 220[V] 이하인 전기 기계 기구를 건조한 장소에 설치한 경우

> 전로에 시설하는 기계기구의 철대 및 금속제 외함(외함이 없는 변압기 또는 계기용변성기는 철심)에는 접지공사를 하여야 하지만 다음 항목에 대해서는 접지공사 생략이 가능하다.
> • 사용 전압이 직류 300[V], 교류 대지 전압 150[V] 이하인 전기 기계 기구를 건조한 장소에 설치한 경우
> • 저압, 고압, 22.9[kV-Y] 계통 전로에 접속한 기계 기구를 목주 위 등에 시설한 경우
> • 저압용 기계 기구를 목주나 마루 위 등에 설치한 경우
> • 전기용품 안전관리법에 의한 2중 절연 기계 기구
> • 외함이 없는 계기용 변성기 등을 고무 절연물 등으로 덮은 경우
> • 철대 또는 외함이 주위의 적당한 절연대를 이용하여 시설한 경우
> • 2차 전압 300[V] 이하, 정격 용량 3[kVA] 이하인 절연 변압기를 사용하고 2차측을 비접지 방식으로 하는 경우
> • 동작 전류 30[mA] 이하, 동작 시간 0.03[sec] 이하인 인체 감전 보호 누전 차단기를 설치한 경우

56 분상기동형 단상 유도전동기의 기동권선은?

① 운전권선보다 굵고 권선이 많다.
② 운전권선보다 가늘고 권선이 많다.
③ 운전권선보다 굵고 권선이 적다.
④ 운전권선보다 가늘고 권선이 적다.

> 분상기동형 단상 유도전동기의 권선
> • 운전권선 (L만의 회로) : 굵은 권선으로 길게 하여 권선을 많이 감아서 L성분을 크게 한다.
> • 기동권선 (R만의 회로) : 운전권선보다 가늘고 권선을 적게 하여 저항값을 크게 한다.

57 어떤 변압기에서 임피던스강하가 5[%]인 변압기가 운전 중 단락되었을 때 그 단락 전류는 정격 전류의 몇 배인가?

① 5   ② 20   ③ 50   ④ 200

🔍 단락 전류 $I_s = \frac{100}{\%Z} I_n$에서 $\frac{I_s}{I_n} = \frac{100}{\%Z} = \frac{100}{5} = 20$

58 다음 중 전동기의 원리에 적용되는 법칙은?

① 렌츠의 법칙
② 플레밍의 오른손 법칙
③ 플레밍의 왼손 법칙
④ 옴의 법칙

🔍 플레밍의 왼손법칙: 도체가 받는 힘(전자력)의 방향을 알기 쉽게 정의한 법칙으로 이 힘의 원리로 만들어진 기기가 전동기이다.

59 무부하 전압 103[V]인 직류 발전기의 정격전압 100[V]인 경우 이 발전기의 전압 변동률 [%]은?

① 2   ② 3
③ 6   ④ 9

🔍 전압변동률 $\epsilon = \frac{V_o - V_n}{V_n} \times 100$
$= \frac{103 - 100}{100} \times 100 = 3[\%]$

60 단상 유도 전동기의 기동 방법 중 기동 토크가 가장 큰 것은?

① 반발 기동형   ② 분상 기동형
③ 반발 유도형   ④ 콘덴서 기동형

🔍 단상 유도전동기 토크 크기 순서
반발기동형 > 반발유도형 > 콘덴서기동형 > 분상기동형 > 셰이딩 코일형

정답 2021년 1회

01 ②	02 ②	03 ②	04 ③	05 ②
06 ③	07 ③	08 ②	09 ③	10 ④
11 ③	12 ②	13 ①	14 ①	15 ④
16 ①	17 ①	18 ①	19 ②	20 ③
21 ③	22 ②	23 ①	24 ①	25 ②
26 ③	27 ②	28 ②	29 ③	30 ②
31 ②	32 ③	33 ①	34 ②	35 ④
36 ②	37 ①	38 ②	39 ②	40 ③
41 ④	42 ③	43 ④	44 ②	45 ③
46 ①	47 ③	48 ①	49 ②	50 ②
51 ④	52 ②	53 ②	54 ②	55 ④
56 ④	57 ②	58 ③	59 ②	60 ①

2021년 2회 CBT 복원문제

01 분기회로(S_2)의 보호장치 (P_2)는 (P_2)의 전원 측에서 분기점(O) 사이에 다른 분기회로 또는 콘센트의 접속이 없고, 단락의 위험과 화재 및 인체에 대한 위험성이 최소화 되도록 시설된 경우, 분기회로의 보호장치 (P_2)는 분기회로의 분기점(O)으로부터 $x[m]$까지 이동하여 설치할 수 있다. $x[m]$는?

① 1
② 2
③ 3
④ 4

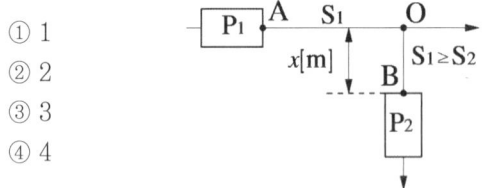

🔍 전원측(P_2)에서 분기점(O) 사이에 다른 분기회로 또는 콘센트의 접속이 없고, 단락의 위험과 화재 및 인체에 대한 위험성이 최소화 되도록 시설된 경우, 분기회로의 보호장치 (P_2)는 분기회로의 분기점(O)으로부터 몇 3[m] 까지 이동하여 설치할 수 있다.

02 변압기 중성점에 접지공사를 하는 이유는?

① 전류 변동의 방지
② 고저압 혼촉 방지
③ 전력 변동의 방지
④ 전압 변동의 방지

🔍 변압기는 고압, 특고압을 저압으로 변성시키는 기기로서 고·저압 혼촉 사고를 방지하기 위하여 반드시 2차측 중성점에 접지공사를 하여야 한다.

03 전기부식 방지 시설에 대한 설명 중 잘못된 것은?

① 지중에 매설하는 양극의 매설깊이는 0.75[m] 이상일 것
② 지표 또는 수중에서 1[m] 간격의 임의의 2점 간의 전위차가 5[V]를 넘지 아니할 것
③ 수중에 시설하는 양극과 그 주위 1[m] 이내의 거리에 있는 임의 점과의 사이의 전위차는 10[V]를 넘지 아니할 것
④ 전기부식방지 회로의 사용 전압은 직류 60[V] 이상일 것

🔍 전기부식방지 시설 규정
• 부식방지회로의 사용 전압 : 직류 60[V] 이하
• 지중에 매설하는 양극의 매설깊이는 0.75[m] 이상일 것
• 수중에 시설하는 양극과 그 주위 1[m] 이내의 거리에 있는 임의 점과의 사이의 전위차는 10[V]를 넘지 아니할 것
• 지표 또는 수중에서 1[m] 간격의 임의의 2점간의 전위차가 5[V]를 넘지 아니할 것

04 변압기의 2차 저항이 0.1[Ω]일 때 1차로 환산하면 360[Ω]이 된다. 이 변압기의 권수비는?

① 30   ② 40   ③ 50   ④ 60

🔍 변압기의 권수비 $a = \sqrt{\dfrac{R_1}{R_2}} = \sqrt{\dfrac{360}{0.1}} = 60$

05 두 금속을 접속하여 여기에 전류를 흘리면, 줄열 외에 그 접점에서 열의 발생 또는 흡수가 일어나는 현상은?

① 줄 효과
② 홀 효과
③ 제벡 효과
④ 펠티에 효과

🔍 스테핑 모터(stepping motor) : 입력 펄스수에 비례하여 회전각도를 정확하게 제어하는 모터로서 산업용 기계의 정확한 각도, 속도, 거리, 방향 등의 위치를 정확하게 제어하는 기능이 있다.

06 다음 중 접지의 목적으로 알맞지 않은 것은?

① 감전의 방지
② 전로의 대지 전압 상승
③ 보호계전기의 동작확보
④ 이상 전압의 발생 억제

🔍 접지공사의 목적
• 이상전압 발생의 억제
• 전로의 대지전압 상승 억제
• 보호계전기의 동작확보
• 감전 및 화재 사고 방지

07 동기기의 전기자 권선법이 아닌 것은?

① 이층권
② 단절권
③ 중권
④ 전층권

> 동기기의 전기자 권선법 : 고상권, 이층권, 중권, 단절권, 분포권

08 옥내배선 공사에서 절연전선의 심선이 손상되지 않도록 피복을 벗길 때 사용하는 공구는?

① 와이어 스트리퍼　② 플라이어
③ 압착펜치　　　　 ④ 프레셔 툴

> 와이어 스트리퍼 : 절연 전선의 피복 절연물을 벗기기 위한 자동 공구로 도체의 손상을 방지하기 위하여 정확한 크기의 구멍을 선택하여 피복 절연물을 벗겨야 한다.

09 노출장소 또는 점검 가능한 장소에서 제2종 가요전선관을 시설하거나 제거하는 것이 자유로운 경우 곡률 반지름은 안지름의 몇 배 이상으로 하여야 하는가?

① 6　② 3　③ 12　④ 10

> 제2종 가요전선관의 굴곡반경 : 관 내경의 6배 (단, 관을 시설하거나 제거하는 것이 자유로운 경우 곡률 반지름은 3배 이상)

10 가공 인입선을 시설할 때 경간이 15[m]를 초과한 경우 인입용 비닐절연전선의 최소 굵기는 몇 [mm]인가?

① 2.0　② 2.6　③ 3.2　④ 1.5

> 가공 인입선의 사용 전선 : 2.6 [mm] 이상 경동선 또는 이와 동등 이상일 것.(단, 경간 15[m] 이하는 2.0[mm] 이상도 가능)

11 점유면적이 좁고 운전, 보수에 안전하므로 공장, 빌딩 등의 전기실에 많이 사용되며, 큐비클(cubicle)형이라고 불리는 배전반은?

① 라이브 프런트식 배전반
② 폐쇄식 배전반
③ 포우스트형 배전반
④ 데드 프런트식 배전반

> 폐쇄식 배전반이란 단위 회로의 변성기, 차단기 등의 주기기류와 이를 감시, 제어, 보호하기 위한 각종 계기 및 조작 개폐기, 계전기 등 전부 또는 일부를 금속제 상자 안에 조립하는 방식

12 다음 물질 중 강자성체로만 짝지어진 것은?

① 철, 구리, 니켈, 아연
② 구리, 비스무트, 코발트, 망간
③ 니켈, 코발트, 철
④ 철, 니켈, 아연, 망간

> 강자성체 : 비투자율이 아주 큰 물질로서 철, 니켈, 코발트, 망간 등이 있다.

13 4[Ω]의 저항과 6[Ω]의 저항을 직렬로 접속할 때 합성 컨덕턴스는 몇 [℧]인가?

① 10　② 5　③ 1　④ 0.1

> 직렬합성저항 $R = 4 + 6 = 10[\Omega]$
> 합성 컨덕턴스 $G = \frac{1}{R} = \frac{1}{10} = 0.1[\mho]$

14 저항 3[Ω], 인덕턴스 10.6[mH]의 직렬 회로에 교류 500[V], 주파수 60[Hz]를 가할 때 흐르는 전류[A]는?

① 10　② 50　③ 100　④ 500

> $R-L$직렬 회로의 임피던스 : $\dot{Z} = R + jX_L[\Omega]$
> • 유도 리액턴스
> $X_L = 2\pi fL = 2\pi \times 60 \times 10.6 \times 10^{-3} = 4[\Omega]$
> $Z = \sqrt{R^2 + (X_L)^2} = \sqrt{3^2 + 4^2} = 5[\Omega]$
> • 전류 $I = \frac{V}{Z} = \frac{500}{5} = 100[A]$

15 $R-L$직렬 회로에 200[V]의 교류전압을 가하면 10[A]의 전류가 흐르고 전압과 전류의 위상차가 30°일 때 코일의 리액턴스는 몇 [Ω]인가?

① 6　② 8　③ 10　④ $10\sqrt{3}$

> 임피던스 크기 $Z = \frac{V}{I} = \frac{200}{10} = 20[\Omega]$
> 임피던스 복소수
> $\dot{Z} = Z\cos\theta + jZ\sin\theta = 20 \times \cos 30° + j20 \times \sin 30°$
> $= 10\sqrt{3} + j10[\Omega]$
> 리액턴스는 임피던스의 허수부이므로 10[Ω]이다.

16 RLC 직렬 공진회로에서 최대가 되는 것은?

① 전류　② 임피던스
③ 리액턴스　④ 저항

> 교류 직렬 회로의 임피던스 $\dot{Z} = R + j(X_L - X_C)$에서 공진 조건은 임피던스의 허수부 $X_L - X_C = 0$이므로 임피던스는 최소, 전류는 최대가 된다.

17 저압 가공 인입선 공사 시 저압 가공인입선이 도로를 횡단하는 경우 지표면상에서 몇 [m] 이상 시설하여야 하는가?

① 3　　② 4　　③ 5　　④ 6

저압 가공인입선의 최소높이[m]

구분	저압
도로 횡단	*5
철도 횡단	6.5
횡단 보도교	3
기타 장소	4

18 동기전동기의 특징으로 틀린 것은?

① 전 부하 효율이 양호하다.
② 부하의 역률을 조정할 수가 있다.
③ 공극이 좁으므로 기계적으로 튼튼하다.
④ 부하가 변하여도 같은 속도로 운전할 수 있다.

동기전동기의 특징
- 속도가 일정하다.
- 부하 역률을 조정할 수 있다.
- 효율이 좋다.
- 공극이 넓고 기계적으로 튼튼하다.

19 진공의 투자율 μ_0[H/m]는?

① 6.33×10^4　　② 8.55×10^{-12}
③ $4\pi \times 10^{-7}$　　④ 9×10^9

진공의 투자율 $\mu_0 = 4\pi \times 10^{-7}$ [H/m]

20 최대 사용 전압이 220[V]인 3상 유도 전동기가 있다. 이것의 절연 내력 시험 전압은 몇 [V]로 하여야 하는가?

① 330　　② 500
③ 750　　④ 1,050

절연내력시험전압

발전기, 전동기 (권선과 대지간)	7,000[V] 이하 1.5배(최저 500[V])
	7,000[V] 초과 1.25배(최저 10,500[V])
	직류시험 : 교류시험전압 × 1.6배

절연내력시험전압 220×1.5 = 330[V]이지만 최저시험전압은 500[V]이다.

21 주파수 60[Hz]의 회로에 접속되어 슬립 3[%], 회전수 1,164[rpm]으로 회전하고 있는 유도전동기의 극수는?

① 4　　② 6
③ 8　　④ 10

동기속도 $N_s = \dfrac{N}{1-s} = \dfrac{1,164}{1-0.03} = 1,200$ [rpm]

극수 $P = \dfrac{120f}{N_s} = \dfrac{120 \times 60}{1,200} = 6$극

22 코일에 흐르는 전류가 0.5[A], 축적되는 에너지가 0.2[J]이 되기 위한 자기인덕턴스는 몇 [H]인가?

① 0.8　　② 1.6
③ 10　　④ 16

코일에 축적되는 $W = \dfrac{1}{2}LI^2$ [J]에서

$L = \dfrac{2W}{I^2} = \dfrac{2 \times 0.2}{0.5^2} = 1.6$ [H]

23 어느 회로의 전류가 다음과 같을 때, 이 회로에 대한 전류의 실효값[A]은?

$$i = 3 + 10\sqrt{2} \sin\left(\omega t - \dfrac{\pi}{6}\right) + 5\sqrt{2} \sin\left(2\omega t - \dfrac{\pi}{3}\right) [A]$$

① 11.6　　② 23.2
③ 32.2　　④ 48.3

왜형파의 실효값 $I = \sqrt{3^2 + 10^2 + 5^2} = 11.6$ [A]

24 절연물 중에서 가교폴리에틸렌(XLPE)과 에틸렌프로필렌고무혼합물(EPR)의 허용온도[℃]는?

① 70
② 90
③ 95
④ 105

가교폴리에틸렌(XLPE), 에틸렌프로필렌고무혼합물(EPR) 절연전선의 허용온도 : 90[℃]

25 지중전선로를 직접 매설식에 의하여 차량 기타 중량물의 압력을 받을 우려가 있는 장소에 시설할 경우에는 그 매설 깊이를 최소 몇 [m] 이상으로 하여야 하는가?

① 1.2　　② 1.0
③ 1.5　　④ 1.8

🔍 직접 매설식에 의하여 시설하는 경우
차량 기타 중량물의 압력을 받을 우려가 있는 장소에는 1.0[m], 기타 장소 60[cm] 이상으로 하고 또한 지중 전선을 견고한 트라프 기타 방호물에 넣어 시설하여야 한다.

26 기전력 50[V], 내부저항 5[Ω]인 전원이 있다. 이 전원에 부하를 연결하여 얻을 수 있는 최대 전력은?

① 125[W]　　② 250[W]
③ 500[W]　　④ 1,000[W]

🔍 최대전력전달조건 $r = R[\Omega]$
최대전력 $P_{max} = \dfrac{E^2}{4r} = \dfrac{50^2}{4 \times 5} = 125[W]$

27 전류 10[A], 전압 100[V], 역률 0.6인 단상부하의 유효전력은 몇 [W]인가?

① 800　　② 600
③ 1,000　　④ 1,200

🔍 유효전력 $P = VI\cos\theta = 100 \times 10 \times 0.6 = 600[W]$

28 전압계 및 전류계의 측정 범위를 넓히기 위하여 사용하는 배율기와 분류기의 접속 방법은?

① 배율기는 전압계와 병렬접속, 분류기는 전류계와 직렬접속
② 배율기는 전압계와 직렬접속, 분류기는 전류계와 병렬접속
③ 배율기 및 분류기 모두 전압계와 전류계에 직렬접속
④ 배율기 및 분류기 모두 전압계와 전류계에 병렬접속

🔍 배율기는 전압 분배 기능이므로 직렬 접속
분류기는 전류 분배 기능이므로 병렬 접속

29 중성 상태의 도체에 (-)로 대전된 물체를 가까이 갖다대면 그림과 같이 음과 양으로 전하가 분리되는 현상을 무엇이라 하는가?

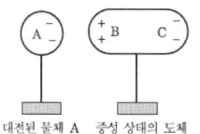

① 자기 차폐　　② 정전 유도
③ 전자 유도　　④ 분극 현상

🔍 정전 유도 현상 : 전기적으로 중성 상태인 도체에 음(-)으로 대전된 물체 A를 가까이 대면 A에 가까운 부분 B에는 양(+)의 전하가 나타나고, 그 반대쪽 C부분에는 음(-)의 전하가 나타나는 현상

30 자기회로와 전기회로의 대응 관계가 잘못된 것은?

① 전류 - 자속
② 도전율 - 투자율
③ 전계 - 자계
④ 기전력 - 자속밀도

🔍 전기회로와 자기회로 대응관계

전기회로	자기회로
기전력	기자력
전류	자속
전계	자계
도전율	투자율

31 다음 중 전기력선의 성질로 틀린 것은?

① 전기력선은 전위가 낮은 점에서 높은 전위로 향한다.
② 전기력선의 접선 방향이 그 점의 전장의 방향이며 전기력선의 밀도는 전기장의 크기를 나타낸다.
③ 전기력선은 도중에 갈라지거나 교차하지 않는다.
④ 전기력선은 양전하에서 나와 음전하에서 끝난다.

🔍 전기력선은 전위가 높은 점에서 낮은 점으로 향한다.

32 다음 중 전동기의 원리에 적용되는 법칙은?

① 렌츠의 법칙
② 플레밍의 오른손 법칙
③ 플레밍의 왼손 법칙
④ 옴의 법칙

🔍 플레밍의 왼손법칙 : 도체가 받는 힘(전자력)의 방향을 알기 쉽게 정의한 법칙으로 이 힘의 원리로 만들어진 기기가 전동이다.

33 직류전동기의 전부하 속도가 1,200[rpm]이고 속도변동률이 2[%]일 때, 무부하 회전 속도는 몇 [rpm]인가?

① 1,224
② 1,236
③ 1,176
④ 1,164

🔍 $N_0 = N_n(1+\varepsilon)$
$N_0 = 1,200(1+0.02) = 1,224[rpm]$

34 직류기에 있어서 불꽃 없는 정류를 얻는데 가장 유효한 방법은?

① 보극과 탄소브러시
② 탄소브러시와 보상권선
③ 보극과 보상권선
④ 자기포화와 브러시 이동

🔍 불꽃 없는 정류를 위한 방법 : 보극 설치, 탄소 브러시 사용

35 배전반 및 분전반의 설치 장소로 적합하지 않는 곳은?

① 안정된 장소
② 은폐된 장소
③ 개폐기를 쉽게 개폐할 수 있는 장소
④ 전기회로를 쉽게 조작할 수 있는 장소

🔍 배전반 및 분전반 설치 장소 : 전개된 노출장소나 점검 가능한 은폐장소

36 굵은 전선이나 케이블을 절단할 때 사용되는 공구는?

① 펜치
② 클리퍼
③ 나이프
④ 플라이어

🔍 클리퍼 : 전선 단면적 25[mm²] 이상의 굵은 전선이나 볼트 절단시 사용하는 공구

37 동기 발전기의 병렬 운전 중 기전력의 위상차가 발생하면 어떤 현상이 나타나는가?

① 무효 횡류
② 동기화 전류
③ 무효 순환 전류
④ 고조파 전류

🔍 동기발전기 병렬운전 조건중 기전력의 크기가 같고 위상차가 존재할 때는 위상을 일치시키기 위해 유효순환전류(동기화전류)가 흐른다.

38 1차 전압 6,300[V], 2차 전압 210[V], 주파수 60[Hz]의 변압기가 있다. 이 변압기의 권수비는?

① 30
② 40
③ 50
④ 60

🔍 변압기의 권수비 $a = \dfrac{N_1}{N_2} = \dfrac{E_1}{E_2} = \dfrac{6,300}{210} = 30$

39 부흐홀츠 계전기의 설치 위치로 가장 적당한 곳은?

① 변압기 주 탱크 내부
② 변압기 주 탱크와 콘서베이터 사이
③ 변압기 고압 측 부싱
④ 콘서베이터 내부

🔍 부흐홀츠 계전기 : 변압기 내부고장으로 인해 온도 상승시 유증기를 검출하여 동작하는 계전기로서 변압기와 콘서베이터를 연결하는 파이프 도중에 설치

40 분기회로를 보호하기 위한 장치로서 보호장치 및 차단기 역할을 하는 것은?

① 컷 아웃 스위치
② 단로기
③ 배선용 차단기
④ 누전차단기

🔍 분기회로 보호장치 : 분기회로를 보호하는 장치로서 과전류 차단기(퓨즈)와 배선용 차단기를 사용한다.

41 저압 가공인입선을 분기할 때 과부하, 단락보호 목적으로 전압측 전선에 퓨즈대로 사용되는 것은?

① 누전차단기
② 유입차단기
③ 캐치홀더
④ 컷 아웃 스위치

🔍 캐치홀더 : 배전 변압기의 2차측을 보호하는 장치로서 가공인입선의 분기점에 설치되는 퓨즈이며 수용가

42 보극이 없는 직류기의 운전 중 중성점의 위치가 변하지 않는 경우는?

① 무부하 ② 전부하
③ 중부하 ④ 과부하

> 중성점의 위치가 변하는 이유는 전기자 도체에 흐르는 전류에 의해 발생된 자속이 계자 자속에 영향을 미치는 현상(전기자 반작용)으로 발생하므로, 만약 전기자 도체에 전류가 흐르지 않으면 전기자 반작용이 발생하지 않는다. 즉, 무부하인 경우 중성점의 위치가 변하지 않는다.

43 계자의 한쪽 끝에 홈을 파서 돌출극을 만들고 이 돌출극에 구리 단락고리를 끼운 단상 유도 전동기는 다음 중 어느 것인가?

① 분상 기동형 ② 셰이딩 코일형
③ 콘덴서 기동형 ④ 반발 기동형

> 단상 유도전동기중 셰이딩 코일형은 기동 토크가 대단히 작고 역률과 효율이 낮으며 전축, 선풍기 등 수십와트 이하의 소형 전동기에 널리 사용 전동기이다.

44 5.5[kW], 200[V] 유도전동기의 전전압 기동 시의 기동전류가 150[A] 이었다. 여기에 $Y-\triangle$ 기동 시 기동전류는 몇 [A]가 되는가?

① 50 ② 70 ③ 87 ④ 95

> $Y-\triangle$ 기동 시 기동전류는 전전압 기동전류의 $\frac{1}{3}$로 감소하므로 $I = \frac{1}{3} \times 150 = 50$ [A]가 된다.

45 변압기에서 임피던스 전압을 측정하기 위한 시험법은?

① 단락 시험 ② 무부하 시험
③ 가압 시험 ④ 유도 시험

> 변압기의 임피던스 전압 : 단락시험을 통해 변압기의 한쪽 권선을 단락시키고 다른 한쪽 권선에 정격전류를 흘려주기 위해 가해주는 전압

46 동기기의 손실에서 고정손에 해당되는 것은?

① 계자철심의 철손
② 브러시의 전기손
③ 계자 권선의 저항손
④ 전기자 권선의 저항손

> 고정손(무부하손) : 부하에 관계없이 항상 일정한 손실
> • 철손 : 히스테리시스손, 와류손
> • 기계손 : 마찰손, 풍손
> • 부하손 : 브러시 동손, 저항손

47 동기발전기의 무부하 포화곡선에 대한 설명으로 옳은 것은?

① 정격전류와 단자전압의 관계이다.
② 정격전류와 정격전압의 관계이다.
③ 계자전류와 정격전압의 관계이다.
④ 계자전류와 단자전압의 관계이다.

> 무부하 포화 곡선은 계자전류에 대한 유기기전력(단자전압)을 나타낸 전압특성 곡선이다.

48 60[Hz] 3상 유도전동기 동기속도의 최고속도는 몇 [rpm]인가?

① 3,600 ② 3,000
③ 1,800 ④ 1,500

> 상용주파수가 60[Hz]이므로,
> 동기속도 $N_s = \frac{120f}{P} = \frac{120 \times 60}{2} = 3,600$ [rpm]

49 나전선 상호를 접속하는 경우 일반적으로 전선의 세기는 몇 [%] 이상 감소시키지 않아야 하는가?

① 2 ② 3 ③ 20 ④ 80

> 전선 접속시 전선의 세기는 80[%]이상 유지해야하므로 20[%] 이상 감소시키지 않아야 한다.

50 저압 옥내배선공사에 대한 설명 중 공사방법이 적절한 것은?

① 합성수지몰드 공사에서 몰드내 접속점을 만들었다.
② 박스 내에서 쥐꼬리접속을 시행하였다.
③ 합성수지관 공사에서 전선관 내에서 전선을 접속하였다.
④ 금속몰드 공사에서 몰드 내에서 전선을 접속하였다.

옥내배선 공사에서 전선의 접속점은 정크션 박스 내에서 쥐꼬리 접속을 하거나 와이어 커넥터를 사용하여 접속하여야 한다.

51 연선 결정에 있어서 중심 소선을 뺀 층수가 3층이다. 전체 소선수는?

① 91　　　　② 61
③ 37　　　　④ 19

연선의 소선 총수 $N = 1 + 3n(n+1)$[가닥]에서 $n = 3$층 이므로, 전체 소선수 $N = 1 + 3 \times 3(3+1) = 37$[가닥]

52 금속전선관과 박스에 고정 시킬 때 사용되는 것은 어느 것인가?

① 새들　　　　② 부싱
③ 로크너트　　④ 클램프

관과 박스를 접속할 경우 로크너트 2개를 이용하여 금속관을 박스에 고정시킬때 사용한다.

53 가연성 분진에 전기설비가 발화원이 되어 폭발의 우려가 있는 곳에 시설하는 저압 옥내배선 공사방법은?

① 금속관 공사　　② 금속덕트
③ 애자사용 공사　④ 가요전선관

가연성 분진(소맥분, 전분, 유황 기타 가연성 먼지 등)으로 인하여 폭발할 우려가 있는 저압 옥내 설비 공사는 금속관 공사, 케이블 공사, 두께 2[mm] 이상의 합성 수지관 공사 등에 의하여 시설한다.

54 그림과 같은 전동기 제어회로에서 전동기 M의 전류 방향으로 올바른 것은? (단, 전동기의 역률은 100[%]이고, 사이리스터의 점호각은 0이라고 본다.)

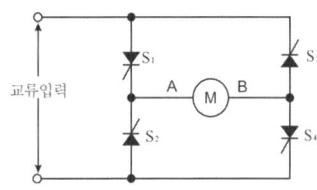

① 항상 "A"에서 "B"의 방향
② 입력의 반주기마다 "A"에서 "B"의 방향, "B"에서 "A"의 방향
③ 항상 "B"에서 "A"의 방향
④ S_1과 S_4, S_2와 S_3의 동작 상태에 따라 "A"에서 "B"의 방향, "B"에서 "A"의 방향

다이오드는 순방향인 경우만 도통이 되므로 교류를 인가하면 반주기마다 항상 "A"에서 "B"의 방향으로 전동기에 전류가 흐른다.

55 다음 중 역률이 좋은 단상유도전동기는?

① 콘덴서 구동형　　② 분상 기동형
③ 반발 기동형　　　④ 콘덴서 기동형

콘덴서 기동형은 전동기 기동 시 항상 콘덴서를 기동 권선과 직렬로 접속시켜 기동하는 방식으로 큰 기동토크를 발생지는 않지만 기동 완료 후 콘덴서를 분리하기 위한 원심력 개폐기가 없으므로 구조가 간단하고 역률이 좋기 때문에 큰 기동 토크를 요하지 않고 속도를 조정할 필요가 있는 선풍기나 세탁기 등에서 이용한다.

56 전원 측 전로에 시설한 배선용 차단기의 정격 전류가 몇 [A] 이하의 것이면, 이 전로에 접속하는 단상 전동기에 과부하 보호 장치를 생략할 수 있는가?

① 15　　② 20　　③ 30　　④ 50

전원 측 전로에 시설한 배선용 차단기 정격 전류가 20[A] 이하의 것이면, 이 전로에 접속하는 단상 전동기는 과부하 보호 장치를 생략할 수 있다.

57 다음 중 접지 공사를 시행하여야 하는 곳은?

① 대지전압이 150[V] 초과 300[V] 이하의 기계 기구가 건조한 지상에 설치된 경우
② 저압용 기계 기구를 목재 위에 시설한 경우
③ 철대 또는 외함이 주위의 적당한 절연대에 시설된 경우
④ 외함이 없는 계기용 변성기가 고무 등으로 피복된 경우

접지 공사의 생략 가능한 경우
• 직류 사용 전압이 300[V], 교류 대지 전압 150[V] 이하인 전기 기계 기구를 건조한 장소에 설치한 경우
• 저압, 고압, 22.9[kV-Y] 계통 전로에 접속한 기계 기구를 목주 위 등에 시설한 경우
• 저압용 기계 기구를 목주나 마루 위 등에 설치한 경우
• 전기용품 안전관리법에 의한 2중 절연 기계 기구
• 외함이 없는 계기용 변성기 등을 고무 절연물 등으로 덮은 경우
• 철대 또는 외함이 주위의 적당한 절연대를 이용하여 시설한 경우

58 일반적으로 전철이나 화학용과 같이 비교적 용량이 큰 수은 정류기용 변압기의 2차측 결선 방식으로 쓰이는 것은?

① 6상 2중 성형 ② 3상 반파
③ 3상 전파   ④ 3상 크로즈파

> 6상 2중 성형 결선은 일반적으로 전철이나 화학용과 같이 용량이 큰 수은 정류기용 변압기의 2차측 결선 방식으로 사용된다.

59 직류를 교류로 변환하는 장치로서 초고속 전동기의 속도 제어용 전원이나 형광등의 고주파 점등에 이용되는 것은?

① 인버터 ② 컨버터
③ 변성기 ④ 변류기

> 인버터 : 직류를 교류로 변환하는 장치

60 정류자와 접촉하여 전기자 권선과 외부 회로를 연결하는 역할을 하는 것은?

① 계자   ② 전기자
③ 브러시   ④ 계자철심

> 브러시 : 정류자에 접촉하여 직류 기전력을 외부로 인출하는 역할

정답 2021년 2회				
01 ③	02 ②	03 ④	04 ④	05 ④
06 ②	07 ④	08 ①	09 ②	10 ②
11 ②	12 ③	13 ④	14 ③	15 ③
16 ①	17 ③	18 ③	19 ③	20 ②
21 ②	22 ②	23 ①	24 ②	25 ②
26 ①	27 ②	28 ②	29 ②	30 ④
31 ①	32 ③	33 ①	34 ①	35 ②
36 ②	37 ②	38 ①	39 ②	40 ③
41 ③	42 ①	43 ②	44 ①	45 ①
46 ①	47 ④	48 ①	49 ③	50 ②
51 ③	52 ③	53 ①	54 ①	55 ④
56 ②	57 ①	58 ①	59 ①	60 ③

2021년 3회 CBT 복원문제

01 회전수 1,728[rpm]인 유도전동기의 슬립[%]은?(단, 동기속도는 1,800[rpm]이다.)

① 2
② 3
③ 4
④ 5

슬립 $s[\%] = \dfrac{N_s - N}{N_s} \times 100[\%]$ 에서
$s = \dfrac{1,800 - 1,728}{1,800} \times 100 = 4[\%]$

02 지선의 중간에 넣는 애자의 종류는?

① 저압 핀 애자
② 인류 애자
③ 구형 애자
④ 내장 애자

지선의 중간에 사용하는 애자를 구형애자, 지선애자, 옥애자, 구슬애자 라고 한다.

03 450/750[V] 일반용 단심 비닐절연전선의 약호는?

① NR
② NI
③ FRI
④ FR

전선의 약호
NR : 450/750[V] 일반용 단심 비닐절연전선

04 다음 중 과전류 차단기를 설치하는 곳은?

① 간선의 전원 측 전선
② 접지 공사의 접지선
③ 접지 공사를 한 저압 가공 전선의 접지 측 전선
④ 다선 식 전로의 중성선

과전류 차단기는 모든 회로의 접지선, 접지측 전선, 중성선에는 시설하지 않는다.

05 성냥, 석유류, 셀룰로이드 등 기타 가연성 위험물질을 제조 또는 저장하는 장소의 배선으로 틀린 것은?

① 합성수지관(두께 2mm 미만 콤바인덕트관 제외) 배선
② 플렉시블 배선
③ 케이블 배선
④ 금속관 배선

가연성분진, 위험물 장소의 배선 공사 : 금속관, 케이블, 합성수지관 공사

06 유도 전동기의 Y-Δ 기동 시 기동 토크와 기동 전류는 전전압 기동 시의 몇 배가 되는가?

① $\dfrac{1}{\sqrt{3}}$
② $\sqrt{3}$
③ $\dfrac{1}{3}$
④ 3

Y-Δ 기동 시 기동토크와 기동전류는 전전압 기동 시 보다 $\dfrac{1}{3}$로 감소된다.

07 동기 발전기의 전기자 권선을 단절권으로 하면?

① 역률이 좋아진다.
② 절연이 잘 된다.
③ 고조파를 제거한다.
④ 기전력을 높인다.

동기발전기에서 단절권과 분포권을 사용하는 가장 큰 이유는 고조파를 제거하여 파형을 개선하기 위함이다.

08 박강 전선관의 표준 굵기가 아닌 것은?

① 15 [mm]
② 16 [mm]
③ 25 [mm]
④ 39 [mm]

박강 전선관의 크기는 관 바깥지름에 가까운 크기를 홀수로 호칭한다.

09 가연성 및 폭연성 먼지를 제외한 불연성 먼지가 많은 장소에 시설할 수 없는 옥내배선 공사 방법은?

① 금속관 공사
② 금속제 가요 전선관 공사
③ 플로어덕트공사
④ 애자사용 공사

🔍 불연성 먼지(정미소, 제분소)
금속관 공사, 케이블 공사, 합성수지관 공사, 가요전선관 공사, 애자사용 공사, 금속덕트 및 버스덕트 공사, 캡타이어케이블 공사

10 1[W · s]와 같은 것은?

① 1[J]
② 1[F]
③ 1[kacl]
④ 860[kWh]

🔍 전력량 $W = Pt$[J=W · sec]

11 다음 중 반자성체는?

① 안티몬
② 알루미늄
③ 코발트
④ 니켈

🔍 반자성체 : 구리, 안티몬, 비스무트, 아연, 은

12 "유도 기전력은 자신이 발생 원인이 되는 자속의 변화를 방해하려는 방향으로 발생 한다" 이것을 나타내는 법칙은?

① 렌츠의 법칙
② 플레밍의 법칙
③ 패러데이의 법칙
④ 줄의 법칙

🔍 • 유도기전력의 크기 : 패러데이의 법칙
• 유도기전력의 방향 : 렌츠의 법칙

13 자기 인덕턴스 200[mH]의 코일에서 0.1[s] 동안에 10[A]의 전류가 변화하였다. 코일에 유도되는 기전력 9[V]은?

① 200 ② 1 ③ 20 ④ 100

🔍 $e = L\dfrac{di}{dt} = 200 \times 10^{-3} \times \dfrac{10}{0.1} = 20$[V]

14 부흐홀쯔 계전기로 보호되는 기기는?

① 변압기
② 발전기
③ 전동기
④ 회전 변류기

🔍 변압기 내부고장 발생 시 유증기를 검출하여 변압기를 보호하는 계전기는 부흐홀쯔 계전기이다.

15 3[V]의 기전력으로 300[C]의 전기량이 이동할 때 몇 [J]의 일을 하게 되는가?

① 1,200
② 900
③ 600
④ 100

🔍 전하가 한 일 $W = QV = 300 \times 3 = 900$[J]

16 하나의 콘센트로 2 또는 3 가지의 기구를 사용할 수 있는 기구의 명칭은?

① 멀티 탭
② 테이블 탭
③ 아이언 플러그
④ 코드 접속기

🔍 멀티 탭 : 하나의 콘센트에 여러 개의 전기기계 기구를 끼워 사용하는 기구

17 $R = 3[\Omega], \omega L = 8[\Omega], \dfrac{1}{\omega C} = 4[\Omega]$인 RLC 직렬 회로의 임피던스는 몇 [Ω]인가?

① 5
② 8.5
③ 12.4
④ 15

🔍 $\dot{Z} = R + j\left(\omega L - \dfrac{1}{\omega C}\right) = 3 + j(8-4)$
$= 3 + j4[\Omega]$
$Z = \sqrt{3^2 + 4^2} = 5[\Omega]$

18 SCR 2개를 역병렬로 접속한 그림과 같은 기호의 명칭은?

① SCR
② TRIAC
③ GTO
④ UJT

🔍 TRIAC(트라이액)의 기호이다.

19 1차 권수 6,000, 2차 권수 200인 변압기의 전압비는?

① 30
② 60
③ 90
④ 120

변압기의 전압비(권수비) $a = \dfrac{V_1}{V_2} = \dfrac{N_1}{N_2} = \dfrac{6,000}{200} = 30$

20 배관 공사 시 노출 배관에서 금속 배관으로 변경 하는 경우 또는 금속관이나 합성수지관으로부터 전선을 뽑아 전동기 단자 부근에 접속할 때 관 끝단에 사용하는 재료는?

① 부싱
② 엔트런스 캡
③ 터미널 캡
④ 로크 너트

터미널 캡은 배관 공사 시 금속관이나 합성수지관으로부터 전선을 뽑아 전동기 단자 부근에 접속할 때 또는 노출 배관에서 금속 배관으로 변경 시 전선 보호를 위해 관 끝에 설치하는 것으로 서비스 캡이라고도 한다.

21 어떤 물질이 정상 상태보다 전자의 수가 많거나 적어져서 전기를 띠는 상태의 물질을 무엇이라 하는가?

① 전기량
② 전하
③ 대전
④ 기전력

어떤 물질이 대전이 되어서 전자 수가 많아지면 음의 전기, 전자 수가 적어지면 양의 전기를 띠게 되는데 이를 대전이라 한다. 또한 전기를 띠게 하는 물질을 전하라고 한다.

22 저항 R_1, R_2를 병렬로 접속하고 전전류를 I라고 하면 R_2에 흐르는 전류는?

① $\dfrac{R_1 \cdot R_2}{R_1 + R_2} I$
② $\dfrac{R_2}{R_1 + R_2} I$
③ $\dfrac{R_1}{R_1 + R_2} I$
④ $\dfrac{R_1 + R_2}{R_1 \cdot R_2} I$

R_2에 흐르는 전류는 저항에 반비례 분배되므로
$I_2 = \dfrac{R_1}{R_1 + R_2} \times I[\text{A}]$이 된다.

23 어떤 전하로부터 r[m] 떨어진 곳에 1[C]의 전하를 놓으면 10[N]의 힘이 작용한다. 전계의 세기는 몇 [V/m]인가?

① 10
② 10^{-4}
③ 10^{-2}
④ 10^4

힘과 전계 관계식 $F = Q \cdot E$[N]
전계 $E = \dfrac{F}{Q} = \dfrac{10}{1} = 10$ [V/m]

24 3상 동기발전기에 무부하 전압보다 90도 뒤진 전기자 전류가 흐를 때 전기자 반작용은?

① 감자작용을 한다.
② 증자작용을 한다.
③ 교차 자화 작용을 한다.
④ 자기 여자 작용을 한다.

동기발전기의 전기자 반작용
- 위상이 90° 늦은 전류가 흐르면 감자작용
- 위상이 90° 앞선 전류가 흐르면 증자작용

25 전선 6[mm²] 이하의 가는 단선을 직선 접속할 때 어느 방법으로 하여야 하는가?

① 브리타니아 접속
② 트위스트 접속
③ 슬리브 접속
④ 우산형 접속

단선의 접속
- 6[mm²] 이하 : 트위스트 접속
- 10[mm²] 이상 : 브리타니아 접속

26 직류전동기의 속도제어법이 아닌 것은?

① 전압제어법
② 계자제어법
③ 저항제어법
④ 주파수제어법

직류전동기 속도 제어
- 전압제어
- 워드레오너드 방식
- 일그너방식 : 계자제어, 저항제어

27 다음 중 속도 변동이 가장 적은 전동기에 속하는 것은?

① 유도 전동기
② 직권 전동기
③ 교류 정류자 전동기
④ 분권 전동기

분권전동기의 특징
- 토크식 $\tau = K\phi I_a$ [N·m]
- 부하전류에 따른 속도 변화가 거의 없다.

28 직류발전기의 전기자 반작용의 영향에 대한 설명으로 틀린 것은?

① 브러시 사이의 불꽃을 발생시킨다.
② 주자속이 찌그러지거나 감소된다.
③ 전기자 전류에 의한 자속이 주자속에 영향을 준다.
④ 회전방향과 반대방향으로 자기적 중성축이 이동된다.

🔍 전기자 반작용 결과
- 주자속 감소
- 전기적 중성축 이동
  즉, 전기자 반작용으로 인하여 전기적 중성축을 이동시킨다
- 브러쉬 부근 불꽃 발생(정류 불량 원인)

29 접지 저항 측정 방법으로 가장 적당한 것은?

① 절연 저항계
② 전력계
③ 교류의 전압, 전류계
④ 코올라우시 브리지

🔍 접지저항 측정 : 접지저항계, 코올라우시 브리지법, 어스테스터기

30 전주에 대지전압 150[V] 초과하는 외등 설치 시 백열전등 및 형광등의 조명기구를 전주에 부착하는 경우 바닥으로부터 설치높이는 [m] 이상으로 하여야 하는가?

① 3.5   ② 4   ③ 4.5   ④ 5

🔍 전주 외등 설치 시 주의사항
- 돌출되는 수평거리 : 1[m]
- 설치높이 : 4.5[m]이상(단, 교통지장 없을 경우 3.0[m] 이상)

31 소세력 회로의 전선을 조영재에 붙여 시설하는 경우에 틀린 것은?

① 전선은 금속제의 수관·가스관 또는 이와 유사한 것과 접촉하지 아니하도록 시설할 것
② 전선은 코드·캡타이어 케이블 또는 케이블일 것
③ 전선이 손상을 받을 우려가 있는 곳에 시설하는 경우에는 적당한 방호장치를 할 것
④ 전선의 굵기는 2.5[mm²] 이상일 것

🔍 소세력 회로의 배선(전선을 조영재에 붙여 시설하는 경우)
- 전선은 코드나 캡타이어 케이블 또는 케이블을 사용할 것
- 케이블 이외에는 공칭단면적 1[mm²] 이상의 연동선 또는 이와 동등 이상의 것일 것

32 절연 전선으로 가선된 배전 선로에서 활선 상태인 경우 전선의 피복을 벗기는 것은 매우 곤란한 작업이다. 이런 경우 활선 상태에서 전선의 피복을 벗기는 공구는?

① 전선 피박기   ② 애자 커버
③ 와이어 통   ④ 데드엔드 커버

🔍 전선 피박기 : 활선 상태에서 전선 피복을 벗기는 공구로서 활선피박기라고도 한다.

33 비유전율이 큰 산화티탄 등을 유전체로 사용한 것으로 극성이 없으며 가격에 비해 성능이 우수하여 널리 사용되고 있는 콘덴서의 종류는?

① 마일러 콘덴서
② 마이카 콘덴서
③ 전해 콘덴서
④ 세라믹 콘덴서

🔍 세라믹 콘덴서(자기 콘덴서) : 유전율이 높은 산화티탄이나 타이타늄산바륨 등의 세라믹을 유전체로 사용하는 콘덴서로서 내열성이 좋고 극성이 없어서 교류용으로 사용하는 콘덴서

34 투자율의 단위는?

① $[F/m]$ ② $[V/m]$
③ $[C/m^2]$ ④ $[H/m]$

🔍 투자율 단위는 [H/m], 유전율 단위는 [F/m]이다.

35 동기발전기의 종류 중에서 신호용이나 실험용에 사용되는 특수 동기기는?

① 동기조상기   ② 회전변류기
③ 동기검정기   ④ 고주파발전기

🔍 고주파 발전기는 극수가 많은 동기발전기를 고속으로 회전시켜서 고주파 전압을 얻기 때문에 구조가 튼튼하며 신호용이나 실험용으로 사용되는 특수 전동기이다.

36 전주에서 COS용 완철의 설치위치는?

① 최하단 전력선용 완철에서 0.75[m] 하부에 설치한다.
② 최하단 전력선용 완철에서 0.3[m] 하부에 설치한다.
③ 최하단 전력선용 완철에서 1.2[m] 하부에 설치한다.
④ 최하단 전력선용 완철에서 1.0[m] 하부에 설치한다.

🔍 COS용 완철 설치규정
• 설치위치 : 최하단 전력선용 완철에서 0.75[m]하부에 설치한다.
• 설치방향 : 선로방향(전력선 완철과 직각 방향)으로 설치하고 COS는 건조물 측에 설치하는 것이 바람직하다.(만약 설치하기 곤란한 장소 또는 도로 이외의 장소에서는 COS 조작 및 작업이 용이하도록 설치할 수 있다.)

37 도체의 전기저항에 영향을 주는 요소가 아닌 것은?

① 도체의 성분
② 도체의 길이
③ 도체의 모양
④ 도체의 단면적

🔍 도체의 전기저항 $R = \rho \dfrac{l}{S}[\Omega]$
• $\rho[\Omega \cdot m]$: 고유저항 (도체의 성분에 따라 다르다.)
• $l[m]$: 도체의 길이
• $S[m^2]$: 도체의 단면적

38 지선의 안전율은 2.5이상으로 하여야 한다. 이 경우 허용 인장하중[kN]은 얼마 이상으로 하여야 하는가?

① 4.31
② 6.8
③ 9.8
④ 0.68

🔍 지선의 시설 규정
• 안전율은 2.5 이상일 것
• 지선의 허용 인장 하중은 4.31 [kN]이상일 것
• 소선 3가닥 이상의 아연도금 연선일 것

39 110/220[V] 단상 3선식 회로에서 110[V] 전구 ⓡ, 100[V] 콘센트 ⓒ, 220[V] 전동기 ⓜ의 연결이 올바른 것은?

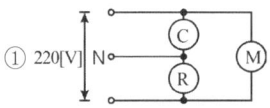

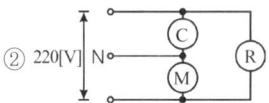

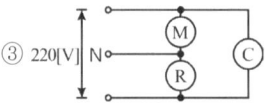

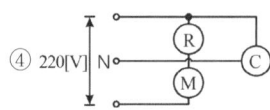

🔍 전구와 콘센트는 110[V]를 사용하므로 한선과 중성선 사이에 연결해야 하고 전동기 M은 220[V]를 사용하므로 두선 사이에 연결하여야 한다.

40 1[eV]는 몇 [J]인가?

① 1.602×10^{-19}
② 1×10^{-10}
③ 1
④ 1.16×10^4

🔍 $1[eV] = 1.602 \times 10^{-19}[J]$

41 △-Y결선(delta-star connection)한 경우에 대한 설명으로 옳지 않은 것은?

① Y결선의 중성점을 접지할 수 있다.
② 제3고조파에 의한 장해가 적다.
③ 1차 선간 전압 및 2차 선간 전압의 위상차는 60°이다.
④ 1차 변전소의 승압용으로 사용된다.

🔍 △-Y 결선의 특징
• 승압용
• Y 결선은 중성점을 접지할 수 있다.
• △결선은 제3고조파 장해가 적다.
• 1, 2차 전압 위상차 : $\dfrac{\pi}{6}[rad] = 30°$

42 3상 반파 정류 회로의 인가해준 전압이 E[V]라면 직류 전압은 약 몇 [V]인가?

① 1.17E ② 1.35E
③ 0.09E ④ 0.45E

🔍 직류전압의 크기
- 단상 반파 정류분 $E_d = 0.45E$
- 단상 전파 정류분 $E_d = 0.9E$
- 3상 반파 정류분 $E_d = 1.17E$
- 3상 전파 정류분 $E_d = 1.35E$

43 최대사용전압이 70[kV]인 중성점 직접접지식 전로의 절연내력 시험 전압은 몇 [V]인가?

① 35,000 ② 42,000
③ 44,800 ④ 50,400

🔍 절연내력 시험전압 = 최대 사용 전압 × 0.72
= 70,000 × 0.72 = 50,400[V]

44 다음 [보기] 중 금속관, 애자, 합성수지관 및 케이블 공사가 모두 가능한 특수 장소를 옳게 나열한 것은?

〈보기〉
ⓐ 화약고 등의 위험 장소
ⓑ 부식성 가스가 있는 장소
ⓒ 위험물 등이 존재하는 장소
ⓓ 불연성 먼지가 많은 장소

① ⓐ, ⓑ ② ⓐ, ⓓ
③ ⓒ, ⓓ ④ ⓑ, ⓓ

🔍 애자사용 공사는 ⓐ와 ⓒ 장소에는 시설할 수 없으므로 ⓑ, ⓓ의 주어진 옥내배선에 적합한 장소이다.

45 지중에 매설되어있는 금속제 수도관로는 접지공사의 접지 극으로 사용할 수 있다. 이때 수도관로는 대지와의 전기저항치가 얼마이하이어야 하는가?

① 1[Ω] ② 2[Ω]
③ 3[Ω] ④ 4[Ω]

🔍 접지극 대용이 가능한 전기저항 값
- 수도관 : 3[Ω] 이하
- 철골, 철대 : 2[Ω] 이하

46 어떤 변압기에서 임피던스강하가 5[%]인 변압기가 운전 중 단락되었을 때 그 단락 전류는 정격 전류의 몇 배인가?

① 5 ② 20 ③ 50 ④ 200

🔍 단락 전류 $I_s = \frac{100}{\%Z} I_n$ 에서 $\frac{I_s}{I_n} = \frac{100}{\%Z} = \frac{100}{5} = 20$

47 금속관과 금속관을 접속할 때 커플링을 사용하는데 커플링을 접속할 때 사용되는 공구는?

① 히키 ② 녹 아웃 펀치
③ 파이프 커터 ④ 파이프 렌치

🔍
- 파이프 커터 : 금속관 절단 공구
- 오스터 : 금속관에 나사내는 공구
- 녹 아웃 펀치 : 콘크리트벽에 구멍을 뚫는 공구
- 파이프 렌치 : 금속관 접속부분을 조이는 공구

48 가공전선로의 지지물에서 다른 지지물을 거치지 아니하고 수용장소의 인입선 접속점에 이르는 가공전선을 무엇이라 하는가?

① 옥외 전선 ② 가공 전선
③ 가공 인입선 ④ 관등회로

🔍 가공전선로의 지지물에서 다른 지지물을 거치지 아니하고 수용장소의 인입구선 접속점에 이르는 가공전선을 가공인입선이라고 한다.

49 정격전류가 60[A]인 주택의 전로에 정격 전류의 1.45배의 전류가 흐를 때 주택에 사용하는 배선용 차단기는 몇 분 내에 자동적으로 동작하여야 하는가?

① 10분 이내 ② 30분 이내
③ 60분 이내 ④ 120분 이내

🔍 주택용 배선용 차단기의 동작특성

정격 전류	시간 (분)	정격전류의 배수	
		부동작전류	동작전류
63[A] 이하	*60분	1.13배	*1.45배
63[A] 초과	120분	1.13배	1.45배

50 전원과 부하가 다같이 △결선된 3상 평형회로가 있다. 상전압이 200[V], 부하 임피던스가 $\dot{Z} = 6 + j8\,[\Omega]$ 인 경우 선전류는 몇 [A]인가?

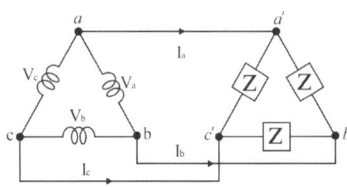

① 20
② $\dfrac{20}{\sqrt{3}}$
③ $20\sqrt{3}$
④ $10\sqrt{3}$

🔍 △결선의 특징
- 선간전압 $V_\ell = V_p = 200\,[V]$
- 선전류 $V_\ell = \sqrt{3}\,I_p\,[A]$
- 한상의 임피던스 $\dot{Z} = 6 + j8\,[\Omega] \rightarrow Z = 10\,[\Omega]$
- 선전류 $I_\ell = \sqrt{3}\,I_p = \sqrt{3} \times \dfrac{V_p}{Z}$
  $= \sqrt{3} \times \dfrac{200}{10} = 20\sqrt{3}\,[A]$

51 자기회로의 자기저항이 5,000[AT/Wb]이고 기자력이 50,000[AT]이라면 자속[Wb]은?

① 5
② 10
③ 15
④ 20

🔍 자속 $\phi = \dfrac{F}{R_m} = \dfrac{50,000}{5,000} = 10\,[\text{Wb}]$

52 유도전동기 1차 입력 P_1, 동기 와트 P_2, 출력 P_0, 슬립 s, 2차 동손 P_{c2}일 때 효율 표기로 틀린 것은?

① $\eta = \dfrac{P_0}{P_1}$
② $\eta_2 = 1 - s$
③ $\eta_2 = \dfrac{P_{c2}}{P_2}$
④ $\eta = \dfrac{\text{입력} - \text{손실}}{\text{입력}}$

🔍 2차 효율 $\eta_2 = \dfrac{P_0}{P_2} = \dfrac{(1-s)P_2}{P_2} = 1 - s = \dfrac{N}{N_s}$

53 무부하 전압 103[V]인 직류 발전기의 정격전압 100[V]인 경우 이 발전기의 전압 변동률 [%]은?

① 2
② 3
③ 6
④ 9

🔍 전압변동률 $\epsilon = \dfrac{V_o - V_n}{V_n} \times 100$
$= \dfrac{103 - 100}{100} \times 100 = 3\,[\%]$

54 묽은 황산(H_2SO_4) 용액에 구리(Cu)와 아연(Zn)판을 넣으면 전지가 된다. 이때 양극(+)에 대한 설명으로 옳은 것은?

① 구리판이며 수소 기체가 발생한다.
② 구리판이며 산소 기체가 발생한다.
③ 아연판이며 수소 기체가 발생한다.
④ 아연판이며 산소 기체가 발생한다.

🔍 볼타 전지의 구성
- 전해질 : 묽은 황산
- 음극제 : 아연판(아연이 묽은 황산에 녹는다.)
- 양극제 : 구리판(구리판에 수소기체가 발생한다.)

55 중성점 접지용 접지도체는 공칭단면적 몇 [mm²] 이상의 연동선 또는 동등 이상의 단면적 및 강도를 가져야 하는가?

① 4
② 6
③ 10
④ 16

🔍 중성점 접지용 접지도체는 공칭단면적 16[mm²] 이상의 연동선 또는 동등 이상의 단면적 및 세기를 가져야 한다.

56 코드나 케이블 등을 기계 기구의 단자 등에 접속할 때 연선의 굵기가 몇 [mm²]가 넘으면 그림과 같은 터미널러그(압착단자)를 사용하여야 하는가?

① 6
② 4
③ 8
④ 10

- 코드 또는 캡타이어 케이블과 전기사용 기계기구와의 접속
  - 동전선과 전기기계 기구 단자의 접속은 접속이 완전하고 헐거워질 우려가 없도록 해야 한다.
  - 전선을 1본만 접속할수 있는 구조는 2본 이상 접속하지 말 것
  - 기구단자가 누름나사형, 크램프형이거나 이와 유사한 구조가 아닌 경우는 단면적 6[mm²]를 초과하는 연선에 터미널 러그를 부착할 것
  - 터미널 러그는 납땜으로 전선을 부착하고 접속점에 장력이 걸리지 않도록 할 것

57 분권전동기 부하전류(I)가 100[A], 계자전류(I_f)가 6[A]일 때 전기자전류(I_a)는?

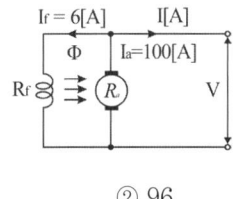

① 94
② 96
③ 106
④ 104

- 전기자 전류 $I_a = I - I_f = 100 - 6 = 94[A]$

58 1[μF]의 콘덴서에 30[kV]의 전압을 가하여 200[Ω]의 저항을 통해 방전시키면 이 때 발생하는 에너지[J]는 얼마인가?

① 450
② 900
③ 1,000
④ 1,200

- 콘덴서에 축적되는 에너지
  $W = \frac{1}{2}CV^2 = \frac{1}{2} \times 1 \times 10^{-6} \times (30 \times 10^3)^2 = 450[J]$

59 6,600[V], 1,000[kVA] 3상 변압기의 저압측 전류 (㉠)와 역률 70[%]일 때 출력 (㉡)은?

① 67.8[A], 700[kW]
② 87.5[A], 700[kW]
③ 78.5[A], 600[kW]
④ 76.8[A], 600[kW]

- 3상 피상전력 $P_a = \sqrt{3}\,VI\,[VA]$이므로
  전류 $I = \frac{P_a}{\sqrt{3}\,V} = \frac{1,000}{\sqrt{3} \times 6.6} = 87.5[A]$
  출력 $P = P_a \cos\theta = 1,000 \times 0.7 = 700[kW]$

60 그림과 같은 회로에서 전류는 얼마인가?

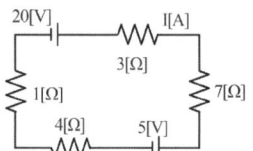

① 1
② 5
③ 10
④ 15

- $I = \frac{E}{R} = \frac{20-5}{3+7+4+1} = \frac{15}{15} = 1[A]$

정답 2021년 3회

01 ③	02 ③	03 ①	04 ①	05 ②
06 ③	07 ③	08 ②	09 ③	10 ①
11 ①	12 ①	13 ③	14 ①	15 ②
16 ①	17 ①	18 ②	19 ①	20 ③
21 ②	22 ③	23 ①	24 ①	25 ②
26 ④	27 ④	28 ④	29 ④	30 ④
31 ④	32 ①	33 ④	34 ①	35 ④
36 ①	37 ①	38 ①	39 ①	40 ①
41 ③	42 ①	43 ④	44 ①	45 ①
46 ②	47 ④	48 ③	49 ①	50 ③
51 ②	52 ③	53 ②	54 ①	55 ④
56 ①	57 ①	58 ①	59 ②	60 ①

2021년 4회 CBT 복원문제

01 한국전기설비규정에 따르면 교통신호등 회로의 사용전압이 몇 [V]를 초과하는 경우에는 지락 발생 시 자동적으로 전로를 차단하는 장치를 시설하여야 하는가?

① 50 ② 100
③ 150 ④ 200

🔍 교통신호등 회로의 사용전압이 150[V]를 초과한 경우는 전로에 지락이 발생했을 때 자동적으로 전로를 차단하는 누전차단기를 시설하여야 한다.

02 욕실 내에 방수형 콘센트를 시설하는 경우 바닥면상 설치높이[cm]는?

① 30 ② 60 ③ 80 ④ 150

🔍 일반적인 옥내 장소에 시설 시 콘센트 설치 높이는 바닥면상 30[cm] 정도, 욕실 내에 시설시 방수형의 것으로 바닥면상 80[cm] 이상으로 한다. 옥측의 우선 외 또는 옥외에 시설하는 경우 지상 1.5[m] 이상의 높이에 시설하고 방수함 속에 넣거나 방수형 콘센트를 사용한다.

03 코일을 나선형으로 감으면 예상치 못한 현상들이 발생하게 된다. 다음 중 설명이 틀린 것은?

① 직류보다는 교류에서 전류가 더 잘 흐른다.
② 상호유도작용이 발생한다.
③ 전자석이 된다.
④ 공진현상이 발생한다.

🔍 코일에 교류를 인가하면 전류의 시간적인 변화로 인해 이를 방해하는 방향으로 기전력이 발생하므로 코일에교류를 흘려주면 전류가 잘 흐르지 못한다.

04 금속관 배관 공사에서 절연 부싱을 사용하는 이유는?

① 관의 입구에서 조영재의 접속을 방지
② 관 단에서 전선의 인입 및 교체 시 발생하는 전선의 손상 방지
③ 관이 손상되는 것을 방지
④ 박스 내에서 전선의 접속을 방지

🔍 금속관 공사 시 절연 부싱은 관 끝단에 설치하여 전선의 인입 및 교체 시 전선의 손상 방지를 하기 위해 설치한다.

05 동기 발전기의 병렬운전 조건 중 같지 않아도 되는 것은?

① 주파수 ② 위상
③ 전류 ④ 전압

🔍 동기발전기 병렬 운전 시 일치할 조건 : 기전력(전압)의 크기, 위상, 주파수, 파형

06 단상 전파 사이리스터 정류회로에서 부하가 큰 인덕턴스가 있는 경우 점호각이 60°일 때의 정류 전압은 몇 [V]인가?(단, 전원 측 전압의 실효값은 100[V]이고, 직류 측 전류는 연속이다.)

① 45 ② 100 ③ 90 ④ 141

🔍 단상전파 사이리스터 정류전압
$E_d = 0.9E \cos\alpha = 0.9 \times 100 \times \cos 60° = 45[V]$

07 접지공사에서 접지극에 동봉을 사용할 때 최소길이[m]는?

① 1 ② 1.2 ③ 0.9 ④ 0.6

🔍 접지극의 종류 및 규격
• 동판 : 두께 0.7[mm] 이상, 단면적 900[cm²] 편면(片面) 이상의 것
• 동봉, 동피복강봉 : 지름 8[mm] 이상, 길이 0.9[m] 이상의 것
• 철관 : 외경 25[mm] 이상, 길이 0.9[m] 이상 아연도금 가스철관 또는 후강전선관일 것
• 철봉 : 지름 12[mm] 이상, 길이 0.9[m] 이상의 아연도금한 것

08 물탱크의 급·배수 회로에서 탱크의 유량을 자동제어 하는데 사용되는 스위치는?

① 리밋 스위치 ② 플로트레스 스위치
③ 텀블러 스위치 ④ 타임 스위치

🔍 급배수 회로에서 유량을 측정하는 센서는 플로트레스 스위치라 한다. 보통 레벨 콘트롤러와 조합하여 사용한다.

09 변압기의 중성점 접지 저항 값은 다음 어느 값이 결정하는가?

① 변압기의 용량
② 고압 가공 전선로의 전선 연장
③ 변압기 1차 측에 넣는 퓨즈 용량
④ 변압기 고압 또는 특고압 측 전로의 1선 지락 전류의 암페어 수

> 변압기 중성점 접지 접지저항 : 사용전압 35,000[V] 이하인 경우
> $R = \dfrac{150\,(300,\,600)}{I_g}[\Omega]$
> • 150 : 특별한 보호 장치가 없는 경우
> • 300 : 혼촉 보호장치동작이 1초 넘고 2초 이내인 경우
> • 600 : 혼촉 보호장치동작이 1초이내인 경우
> • I_g : 1선 지락 전류, 최소 2[A]

10 전동기의 과전류로 인해 결상, 구속보호 등에 사용되며 단락시간과 기동시간을 정확히 구분하는 계전기는?

① 전자식 과전류 계전기
② 임피던스계전기
③ 선택고장 계전기
④ 부족전압 계전기

> 전자식 과전류 계전기(EOCR) : 설정된 전류값 이상의 전류가 흘렀을 때 EOCR 접점이 동작하여 회로를 차단시켜 보호하는 계전기로서 전동기의 과전류나 결상을 보호하는 계전기이다.

11 전선의 길이를 체적을 일정하게 한 후 4배로 늘리면 저항은 처음의 몇 배가 되는가?

① 16   ② 8   ③ 6   ④ 4

> 체적이 일정한 상태에서 길이를 4배 늘리면 면적이 $\dfrac{1}{4}$ 배 감소되므로 저항값은 $R = \rho\dfrac{l}{A}[\Omega]$에서 $4^2 = 16$배가 증가한다.

12 변압기의 권수비가 60이고 2차 저항이 0.1[Ω]일 때 1차로 환산한 저항값[Ω]은 얼마인가?

① 30   ② 360
③ 300   ④ 250

> 권수비 $a = \sqrt{\dfrac{R_1}{R_2}}$ 이므로
> 1차 저항 $R_1 = a^2 R_2 = 60^2 \times 0.1 = 360[\Omega]$

13 유도 발전기의 장점이 아닌 것은?

① 동기발전기에 비해 가격이 저렴하다.
② 효율과 역률이 높다.
③ 동기발전기처럼 동기화할 필요가 없고 난조가 발생하지 않는다.
④ 조작이 간편하다.

> 유도발전기는 유도전동기를 동기속도 이상으로 회전시켜서 전력을 얻어내는 발전기로서 동기기에 비해 조작이 쉽고 가격이 저렴하지만 효율과 역률이 낮다.

14 전기자저항 0.2[Ω], 전기자 전류 100[A], 전압 120[V]인 분권전동기의 발생동력[kW]은?

① 20   ② 15   ③ 12   ④ 10

> 유기기전력 $E = V - I_a R_a = 120 - 100 \times 0.2 = 100[V]$
> 소비전력 $P = E I_a = 100 \times 100 = 10,000[W] = 10[kW]$

15 낮은 전압을 높은 전압으로 승압할 때 일반적으로 사용되는 변압기의 3상 결선 방식은?

① Δ−Δ   ② Δ−Y
③ Y−Y   ④ Y−Δ

> Δ−Y는 승압용으로 사용하며 1차와 2차 위상차는 30°이다.

16 동기 전동기의 용도로 적당하지 않은 것은?

① 분쇄기   ② 압축기
③ 송풍기   ④ 크레인

> 동기전동기는 속도가 일정하므로 속도 조절이 빈번하게 조절해야 하는 크레인은 적합하지 않다.

17 자동화설비에서 기구 위치선정에 사용하는 전동기는?

① 전기 동력계   ② 스텐딩 모터
③ 스테핑 모터   ④ 반동 전동기

> 스테핑 모터(stepping motor) : 입력 펄스수에 비례하여 회전각도를 정확하게 제어하는 모터로서 산업용 기계의 정확한 각도, 속도, 거리, 방향 등의 위치를 정확하게 제어하는 기능이 있다.

18 지선의 안전율은 2.5이상으로 하여야 한다. 이 경우 허용최저인장하중[kN]은 얼마 이상으로 하여야 하는가?

① 4.31　　② 6.8
③ 9.8　　　④ 0.68

🔍 지선의 시설 규정
- 안전율은 2.5 이상일 것
- 지선의 허용 인장 하중은 4.31 [kN]이상일 것
- 소선 3가닥 이상의 아연도금 연선일 것

19 다음 중 큰 값일수록 좋은 것은?

① 접지저항　　② 절연저항
③ 도체저항　　④ 접촉저항

🔍 절연저항은 감전 사고 방지를 위해 기기나 철대에 절연을 시켜야 하므로 값이 클수록 좋다.

20 3상 유도전동기의 원선도를 그리는데 필요하지 않은 것은?

① 저항 측정　　② 무부하 시험
③ 슬립(slip) 측정　　④ 구속 시험

🔍
- 저항측정 시험 : 1차동손
- 무부하 시험 : 여자전류, 철손
- 구속시험(단락시험) : 2차동손

21 성냥, 석유류, 셀룰로이드 등 기타 가연성 위험물질을 제조 또는 저장하는 장소의 배선으로 틀린 것은?

① 2.0[mm] 이상 합성수지관 공사(난연성 콤바인 덕트관 제외)
② 애자공사
③ 케이블공사
④ 금속관공사

🔍 가연성분진, 위험물 장소의 배선 공사 : 금속관, 케이블, 합성수지관 공사

22 래크(Rack) 배선을 사용하는 공사는?

① 저압 지중전선　　② 고압 가공전선
③ 저압 가공전선　　④ 고압 지중전선

🔍 래크(Rack)는 저압가공전선을 수직 배선하고자 할 때 지지물에 전선을 부착하기 위한 기구이다.

23 자극의 세기 5[Wb] 인 점에 자극을 놓았을 때 50 [N]의 힘이 작용하였다. 이 자계의 세기는 몇 [AT/m] 인가?

① 5　　② 10
③ 15　　④ 25

🔍 힘과 자계 관계식
$F = mH[\text{N}]$이므로 자계 $H = \dfrac{F}{m} = \dfrac{50}{5} = 10[\text{AT/m}]$

24 반도체 사이리스터에 의한 전동기의 속도 제어 중 주파수제어는?

① 초퍼 제어
② 인버터 제어
③ 컨버터 제어
④ 브리지 정류제어

🔍 주파수 제어법(VVVF) : 인버터를 이용하여 가변전압 가변주파수를 변환하여 속도를 제어하는 방법

25 9.8[kW], 1,200[rpm]인 전동기의 토크는 약 몇 [kg · m] 인가?

① 8.4[kg · m]
② 8.2[kg · m]
③ 7.9[kg · m]
④ 7.5[kg · m]

🔍 토크 $\tau = 0.975 \times \dfrac{P}{N}[\text{kg} \cdot \text{m}]$
$= 0.975 \times \dfrac{9,800[\text{W}]}{1,200[\text{rpm}]} = 7.9[\text{kg} \cdot \text{m}]$

26 자속밀도 1[Wb/m²] 은 몇 [gauss]인가?

① $4\pi \times 10^{-7}$　　② 10^{-6}
③ 10^4　　　　　　　④ $\dfrac{4\pi}{10}$

🔍 자속밀도 환산
$1[\text{Wb/m}^2] = \dfrac{10^8[\text{max}]}{10^4[\text{cm}^2]} = 10^4 [\text{max/cm}^2 = \text{gauss}]$

27 KEC(한국전기설비규정)에 의한 저압 가공전선의 굵기 및 종류에 대한 설명 중 틀린 것은?

① 사용전압이 400[V] 초과인 저압 가공전선에는 인입용 비닐절연전선을 사용한다.
② 저압 가공전선에 사용하는 나전선은 중성선 또는 다중접지된 접지측 전선으로 사용하는 전선에 한한다
③ 사용전압이 400[V] 이하인 저압 가공전선은 지름 2.6[mm] 이상의 경동선이어야 한다.
④ 사용전압이 400[V] 초과인 저압 가공전선으로 시가지 외에 시설하는 것은 4[mm] 이상의 경동선이어야 한다.

> 저압, 고압 가공전선의 굵기
>
> | 사용전압 | 전선의 굵기 |
> |---|---|
> | 400[V] 이하 | • 절연전선 : 2.6[mm] 이상 경동선
• 나전선 : 3.2[mm] 이상 경동선 |
> | 400[V] 초과 | • 시가지내 : 5.0[mm] 이상의 경동선
• 시가지외 : 4.0[mm] 이상 경동선 |

28 인입용 비닐절연전선을 나타내는 약호는?

① OW   ② NR
③ DV   ④ NV

> 전선의 약호
> • OW : 옥외용 비닐 절연 전선
> • NR : 450/750V 일반용 단심 비닐 절연 전선
> • NV : 클로로프렌 절연 비닐 외장 케이블

29 전기 저항이 작고, 부드러운 성질이 있어 구부리기가 용이하므로 주로 옥내 배선에 사용하는 구리선의 명칭은?

① 경동선   ② 연동선
③ 합성연선   ④ 중공연선

> 경동선은 인장 강도가 뛰어나므로 주로 옥외 전선로에서 사용하고, 연동선은 부드럽고 가요성이 뛰어나므로 주로 옥내 배선에서 사용한다.

30 동기전동기 중 안정도 증진법으로 틀린 것은?

① 단락비를 크게 한다
② 관성 효과 증대
③ 동기임피던스 증대
④ 속응 여자 채용

> 안정도 향상 대책
> • 단락비를 크게 한다.
> • 동기임피던스를 감소시킨다.
> • 속응여자방식을 채용한다.
> • 조속기 성능을 개선시킨다.

31 [그림]의 휘트스톤 브리지의 평형 조건은?

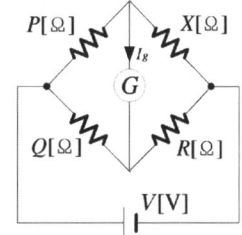

① $X = \dfrac{Q}{P}R$ ② $X = \dfrac{P}{Q}R$

③ $X = \dfrac{Q}{R}P$ ④ $X = \dfrac{P^2}{R}Q$

> 휘트스톤 브리지 회로의 평형 조건 : $P \cdot R = Q \cdot X$
> ∴ $X = \dfrac{P}{Q}R$

32 전원과 부하가 다같이 Y결선된 3상 평형회로가 있다. 상전압이 200[V], 부하 임피던스가 $\dot{Z} = 8 + j6[\Omega]$인 경우 선전류는 몇 [A]인가?

① 20   ② $\dfrac{20}{\sqrt{3}}$
③ $20\sqrt{3}$ ④ $10\sqrt{3}$

> • 한상의 임피던스 $\dot{Z} = 8 + j6[\Omega] \rightarrow Z = 10[\Omega]$
> • 상전류 $I_p = \dfrac{V}{Z} = \dfrac{200}{10} = 20[A]$

33 반도체 재료로 인산갈륨(GaP)을 쓰며 탁상시계, 탁상용 계산기 등에 사용되는 다이오드는?

① 제너 다이오드   ② 광 다이오드
③ 발광 다이오드   ④ 터널 다이오드

> 발광 다이오드 : 전류를 순방향으로 흘려줬을 때 빛을 내는 소자로서 시계나 전광판 계산기 등에 사용되는 다이오드

34 가동접속한 자기인덕턴스 값이 L_1=50[mH], L_2=70[mH], 상호인덕턴스 M=60[mH]일 때 합성인덕턴스[mH]는? (단, 누설자속이 없는 경우이다.)

① 120 ② 240
③ 200 ④ 100

> 가동 합성인덕턴스
> $L_{\text{가}} = L_1 + L_2 + 2M = 50 + 70 + 2 \times 60 = 240$[mH]

35 나전선 상호를 접속하는 경우 일반적으로 전선의 세기를 몇 [%] 이상 감소시키지 않아야 하는가?

① 2 [%] ② 3 [%]
③ 20 [%] ④ 80 [%]

> 나전선 상호 접속 시 전선의 세기는 20[%] 이상 감소시키면 안 된다.

36 6극 72홈 표준 농형 3상 유도전동기의 매극 매상당의 홈 수는?

① 2 ② 3
③ 4 ④ 6

> 매극 매상당 홈수 = $\dfrac{\text{총 슬롯수}}{\text{극수} \times \text{상수}} = \dfrac{72}{6 \times 3} = 4$

37 패러데이의 전자 유도 법칙에서 유도 기전력의 크기는 코일을 지나는 (㉠)의 매초 변화량과 코일의 (㉡)에 비례한다.

① ㉠ 자속 ㉡ 굵기 ② ㉠ 자속 ㉡ 권수
③ ㉠ 전류 ㉡ 권수 ④ ㉠ 전류 ㉡ 굵기

> 패러데이의 전자 유도 법칙 : 코일에서 유도되는 유도 기전력의 크기는 코일을 지나는 자속의 매초 변화량과 코일의 권수에 비례한다.

38 저압 수전 방식중 단상 3선식은 평형이 되는게 원칙이지만 부득이한 경우 설비 불평형률은 몇 [%] 이내로 유지해야 하는가?

① 10 ② 20
③ 30 ④ 40

> 단상 3선식에서 중성선과 각 전압 측 전선 간의 부하는 평형이 되게 하는 것을 원칙으로 하지만, 부득이한 경우 발생하는 설비 불평형률은 40[%]까지 할 수 있다.

39 굵은 전선이나 케이블을 절단할 때 사용되는 공구는?

① 펜치
② 클리퍼
③ 나이프
④ 플라이어

> 클리퍼 : 전선 단면적 25[mm²] 이상의 굵은 전선이나 볼트 절단 시 사용하는 공구

40 금속덕트를 취급자 이외에는 출입할 수 없는 곳에서 수직으로 설치하는 경우 지지점 간의 거리는 최대 몇 [m] 이하로 하여야 하는가?

① 1.5 ② 2
③ 3 ④ 6

> 덕트의 지지점 간 거리는 3[m] 이하로 할 것.(단, 취급자 이외에는 출입할 수 없는 곳에서 수직으로 설치하는 경우 6[m] 이하까지도 가능)

41 단위시간당 5[Wb]의 자속이 통과하여 2[J]의 일을 하였다면 전류는 얼마인가?

① 0.25 ② 2.5
③ 0.4 ④ 4

> 자속이 통과하면서 한 일 $W = \phi I$[J]
> $I = \dfrac{W}{\phi} = \dfrac{2}{5} = 0.4$[A]

42 480[V] 가공인입선이 철도를 횡단할 때 레일면상의 최저 높이는 약 몇 [m]인가?

① 4[m] ② 4.5[m]
③ 5.5[m] ④ 6.5[m]

> 가공인입선이 철도 횡단 시 레일면상 최저높이 : 6.5[m]

43 2[μF], 3[μF], 5[μF]의 콘덴서 3개를 병렬로 접속했을 때의 합성 정전 용량은 몇 [F]인가?

① 1.5　　② 4　　③ 8　　④ 10

> 콘덴서 병렬 접속
> 합성 정전 용량 $C_0 = 2 + 3 + 5 = 10[\mu F]$

44 금속덕트 배선에 사용하는 금속덕트의 철판 두께는 몇 [mm] 이상이어야 하는가?

① 0.8　　② 1.2　　③ 1.5　　④ 1.8

> 금속 덕트 : 폭 5[cm]를 넘고 두께 1.2[mm] 이상인 강판 또는 동등 이상의 세기를 가지는 금속제로 제작하므로 사용하는 전선은 산화 방지를 위해 아연 도금을 하거나 에나멜 등으로 피복하여 사용한다.

45 수변전 설비에서 계기용 변류기(CT)의 설치 목적은?

① 고전압을 저전압으로 변성
② 대전류를 소전류로 변성
③ 선로전류 조정
④ 지락전류 측정

> 계기용 변류기(CT) : 대전류를 소전류(5[A])로 변성하여 측정계기나 전기의 전류원으로 사용하기 위한 전류 변성기

46 전기 배선용 도면을 작성할 때 사용하는 매입콘센트 도면 기호는?

① ● ② ● ③ ○ ④ ▢

> 도면기호
> ①매입 콘센트 ② 점멸기 ③ 전등 ④ 점검구

47 실내 전체를 균일하게 조명하는 방식으로 광원을 일정한 간격으로 배치하며 공장, 학교, 사무실 등에서 채용되는 조명 방식은?

① 국부조명　　② 전반조명
③ 직접조명　　④ 간접조명

> 전반(확산) 조명 : 상향 광속과 하향 광속이 거의 동일하고 하향 광속은 직접 작업 면에 직사, 상향 광속의 반사광으로 작업면의 조도를 증가시키는 방식으로 공장, 학교, 사무실 등에 사용하는 조명방식

48 다음에 ( ) 안에 알맞은 낱말은?

> 뱅크(Bank)란 전로에 접속된 변압기 또는 ( )의 결선 상 단위를 말한다.

① 차단기　　② 콘덴서
③ 단로기　　④ 리액터

> 뱅크(Bank)란 전로에 접속된 변압기 또는 콘덴서의 결선 상 단위를 말한다.

49 전자 접촉기 2개를 이용하여 유도 전동기 1대를 정·역 운전하고 있는 시설에서 전자 접촉기 2개가 동시에 여자되어 상간 단락되는 것을 방지하기 위하여 구성하는 회로는?

① 자기 유지 회로　　② 순차 제어 회로
③ Y-△ 기동 회로　　④ 인터록 회로

> 인터록 회로 : 선행 입력 우선 동작회로로서 응답을 하는 동시에 다른 동작을 금지시키는 회로

50 주파수가 1,000[Hz]일 때 용량성 리액턴스에 10[A]의 전류가 흘렀다면 주파수가 2,000[Hz]인 경우 전류는 몇 [A]인가?

① 5　　　　② 10
③ 20　　　④ 40

> 용량성 리액턴스 $X_c = \dfrac{1}{\omega C} = \dfrac{1}{2\pi f C}[\Omega]$에 의한 전류는
> $I_c = \dfrac{V}{X_c} = 2\pi f CV[A]$ 이므로 전류와 비례관계가 성립한다.
> 주파수가 2배가 되면 전류도 비례하여 2배가 되므로
> $I_c' = 2 \times 10 = 20[A]$

51 기전력 1.5[V], 내부저항 0.2[Ω]인 전지 5개를 직렬로 접속하여 단락시켰을 때의 전류[A]는?

① 1.5[A]　　② 2.5[A]
③ 6.5[A]　　④ 7.5[A]

> $I = \dfrac{nE}{nR} = \dfrac{1.5 \times 5}{0.2 \times 5} = 7.5[A]$

52 전기분해를 통하여 석출된 물질의 양은 통과한 전기량 및 화학당량과 어떤 관계가 있는가?

① 전기량과 화학당량에 비례한다.
② 전기량과 화학당량에 반비례한다.
③ 전기량에 비례하고 화학당량에 반비례한다.
④ 전기량에 반비례하고 화학당량에 비례한다.

🔍 전극에서 석출되는 물질의 양은 전기량과 화학당량에 비례한다.
$W = kQ = kIt$ [g]

53 ㉮, ㉯에 들어갈 내용으로 알맞은 것은?

> 2차 전지의 대표적인 것으로 납축전지가 있다. 전해액으로 비중 약 (㉮)정도의 (㉯)을 사용한다.

① ㉮ 1.15~1.21, ㉯ 묽은 황산
② ㉮ 1.25~1.36, ㉯ 질산
③ ㉮ 1.01~1.15, ㉯ 질산
④ ㉮ 1.23~1.26, ㉯ 묽은 황산

🔍 • 납축전지의 전해액 : 묽은 황산
• 전해액의 비중 : 비중 1.23~1.26

54 플로어덕트공사에 의한 저압 옥내배선에서 연선을 사용하지 않아도 되는 단선의 최대 단면적은 몇 [mm²]인가?

① 2.5   ② 4
③ 6   ④ 10

🔍 플로어덕트공사 시설조건
• 전선은 절연전선(옥외용 비닐절연전선 제외)일 것
• 전선은 연선일 것. 다만, 단면적 10[mm²](알루미늄선은 단면적 16[mm²]) 이하인 것은 예외
• 플로어덕트 안에는 전선에 접속점이 없도록 할 것. 다만, 전선을 분기하는 경우에 접속점을 쉽게 점검할 수 있을 때는 예외

55 다음 중 줄의 법칙을 응용한 전기기기가 아닌 것은?

① 백열전구   ② 열전대
③ 전기 다리미 ④ 전열기

🔍 줄의 법칙은 전열기에서 발생하는 발생열량은 도체의 저항과 전류의 제곱에 비례하는 법칙으로서 일반적인 부하가 모두 줄의 법칙을 응용한 기기이다.

56 가공 전선로의 지지물에 시설하는 지선의 안전율은 얼마 이상이어야 하는가?(허용인장하중은 4.31 [kN]이상)

① 2   ② 2.5
③ 3   ④ 3.5

🔍 지선의 시설 규정
• 안전율 : 2.5 이상
• 지선의 허용 인장 하중 : 4.31 [kN]이상
• 소선 : 3가닥 이상의 아연도금 연선

57 접지저항 저감 대책이 아닌 것은?

① 접지봉의 연결개수를 증가시킨다.
② 접지극을 깊게 매설한다.
③ 접지판의 면적을 감소시킨다.
④ 토양의 고유저항을 화학적으로 저감시킨다.

🔍 대지와 접촉되는 면적이 넓을수록 접지저항이 저감된다.

58 전류에 의해 만들어지는 자기장의 방향을 알기 쉽게 정의한 법칙은?

① 앙페르의 오른 나사 법칙
② 플레밍의 왼손 법칙
③ 렌츠의 자기 유도 법칙
④ 패러데이의 전자 유도 법칙

🔍 앙페르의 오른 나사 법칙 : 전류에 의한 자기장(자기력선)의 방향을 알기 쉽게 정의한 법칙

59 30[μF]과 40[μF]의 콘덴서를 병렬로 접속한 후 100[V]의 전압을 가했을 때 전 전하량은 몇 [C]인가?

① 17×10^{-4} ② 34×10^{-4}
③ 56×10^{-4} ④ 70×10^{-4}

🔍 합성정전용량 $C_0 = 30 + 40 = 70$ [μF]
전하량 $Q = 70 \times 10^{-6} \times 100 = 70 \times 10^{-4}$ [C]

60 도체계에서 임의의 도체를 일정 전위(일반적으로 영전위)의 도체로 완전 포위하면 내부와 외부의 전계를 완전히 차단할 수 있는데 이를 무엇이라 하는가?

① 핀치효과　　　② 톰슨효과
③ 정전차폐　　　④ 자기차폐

🔍 정전차폐효과 : 도체가 정전유도가 되지 않도록 도체 바깥을 포위하여 접지해서 도체 내부와 외부전계를 완전차단하여 외부전계 영향을 없애는 효과

정답 2021년 4회

01 ③	02 ③	03 ①	04 ②	05 ③
06 ①	07 ③	08 ②	09 ④	10 ①
11 ①	12 ②	13 ②	14 ④	15 ②
16 ④	17 ③	18 ①	19 ②	20 ③
21 ②	22 ③	23 ②	24 ②	25 ③
26 ③	27 ①	28 ③	29 ②	30 ③
31 ②	32 ②	33 ③	34 ②	35 ③
36 ③	37 ②	38 ④	39 ②	40 ④
41 ③	42 ④	43 ④	44 ②	45 ②
46 ①	47 ②	48 ②	49 ④	50 ③
51 ④	52 ①	53 ④	54 ④	55 ②
56 ②	57 ③	58 ①	59 ④	60 ③

2022년 1회 CBT 복원문제

01 실효값 20[A], 주파수 $f = 60[\text{Hz}]$, 0[°]인 전류의 순시값 i[A]를 수식으로 옳게 표현한 것은?

① $i = 20\sin(60\pi t)$
② $i = 20\sqrt{2}\sin(120\pi t)$
③ $i = 20\sin(120\pi t)$
④ $i = 20\sqrt{2}\sin(60\pi t)$

🔍 순시값 전류 $i(t) = $ 실효값 $\times \sqrt{2}\sin(2\pi ft + \theta)$
$= \sqrt{2}I\sin(\omega t + \theta) = 20\sqrt{2}\sin(120\pi t)$[A]

02 전기울타리 시설의 사용전압은 몇[V] 이하인가?

① 150 ② 250
③ 300 ④ 400

🔍 전기울타리 시설
• 사용전압 : 250[V] 이하
• 사용전선 : 2[mm] 이상 나경동선

03 다음 중 자기저항의 단위에 해당되는 것은?

① [Ω] ② [Wb/AT]
③ [H/m] ④ [AT/Wb]

🔍 기자력 $F = NI = R\phi$ [AT]에서
자기 저항 $R = \dfrac{NI}{\phi}$[AT/Wb]

04 동기 발전기의 병렬 운전 중 기전력의 위상차가 발생하면 어떤 현상이 나타나는가?

① 무효 횡류
② 동기화 전류
③ 무효 순환 전류
④ 고조파 전류

🔍 동기발전기 병렬운전 조건중 기전력의 크기가 같고 위상차가 존재할 때는 위상을 일치시키기 위해 유효순환전류(동기화전류)가 흐른다.

05 과전류차단기로 저압전로에 사용하는 범용의 퓨즈(『전기용품 및 생활용품 안전관리법』에서 규정하는 것을 제외한다.)의 정격전류가 16[A]인 경우 용단 전류는 정격전류의 몇 배인가? 단, 퓨즈(gG)인 경우이다.

① 1.25 ② 1.5
③ 1.6 ④ 1.9

🔍 보호장치 중 과전류차단기로 저압전로에 사용하는 범용의 퓨즈(전기용품 및 생활용품 안전관리법에서 규정하는 것을 제외한다)의 용단 특성
퓨즈(gG)의 용단 특성

정격 전류	시간	정격전류 배수	
		불용단전류	용단전류
4[A] 이하	60분	1.5	2.1
4[A] 초과 16[A] 미만	60분	1.5	1.9
16[A] 이상 63[A] 이하	60분	1.25	1.6

06 전류에 의해 만들어지는 자기장의 방향을 알기 쉽게 정의한 법칙은?

① 앙페르의 오른 나사 법칙
② 렌츠의 자기 유도 법칙
③ 플레밍의 왼손 법칙
④ 패러데이의 전자 유도 법칙

🔍 앙페르의 오른 나사 법칙 : 전류에 의한 자기장(자기력선)의 방향을 알기 쉽게 정의한 법칙

07 30[μF]과 40[μF]의 콘덴서를 병렬로 접속한 후 100[V]의 전압을 가했을 때 전 전하량은 몇 [C]인가?

① 17×10^{-4} ② 34×10^{-4}
③ 56×10^{-4} ④ 70×10^{-4}

🔍 합성정전용량 $C_0 = 30 + 40 = 70$[μF]
총 전하량 $Q = CV = 70 \times 10^{-6} \times 100 = 70 \times 10^{-4}$[C]

08 250[kVA]의 단상 변압기 2대를 사용하여 V-V 결선으로 하고 3상 전원을 얻고자 한다. 이때 여기에 접속시킬 수 있는 3상 부하의 용량은 약 몇 [kVA]인가?

① 500
② 433
③ 200
④ 100

🔍 V결선 변압기 용량
$P_v = \sqrt{3} P_1 = \sqrt{3} \times 250 = 433 [\text{kVA}]$

09 보호를 요하는 회로의 전류가 어떤 일정한 값(정정 값) 이상으로 흘렀을 때 동작하는 계전기는?

① 과전류 계전기
② 과전압 계전기
③ 차동 계전기
④ 비율 차동 계전기

🔍 과전류 계전기 : 전류가 정정값 이상이 되면 동작하는 계전기

10 폭연성 분진 또는 화약류의 분말에 전기설비가 폭연성 분진발화원이 되어 폭발할 우려가 있는 곳에 시설하는 저 옥내배선의 공사방법으로 옳은 것은?

① 금속관 공사
② 애자사용 공사
③ 합성수지관 공사
④ 캡타이어 케이블 공사

🔍 폭연성분진, 화약류분말, 가연성가스 등 특수장소의 시설 : 금속관, 케이블

11 1[Wb]의 자하량으로부터 발생하는 자기력선의 총수는?

① 6.33×10^4 개
② 7.96×10^5 개
③ 8.855×10^3 개
④ 1.256×10^6 개

🔍 자기력선의 총수 $N = \dfrac{m}{\mu_0} = \dfrac{1}{4\pi \times 10^{-7}} = 7.96 \times 10^5$ 개

12 저항 2[Ω]과 3[Ω]을 병렬로 연결했을 때는 전류는 직렬로 연결했을 때 전류의 몇 배 인가?

① 0.24
② 3.16
③ 4.17
④ 6

🔍 직렬접속 저항 $R_1 = 2 + 3 = 5[\Omega]$
병렬접속 저항 $R_2 = \dfrac{2 \times 3}{2 + 3} = 1.2[\Omega]$
전류비 $\dfrac{R_1}{R_2} = \dfrac{5}{1.2} = 4.17$

13 막대자석의 자극의 세기가 m[Wb]이고 길이가 l[m]인 경우 자기모멘트는[Wb·m] 얼마인가?

① ml
② $\dfrac{m}{l}$
③ $\dfrac{l}{m}$
④ $2ml$

🔍 막대자석의 모멘트 $M = ml [\text{Wb} \cdot \text{m}]$

14 공기 중에서 자속밀도 2[Wb/m²]의 평등 자장 속에 길이 60[cm]의 직선 도선을 자장의 방향과 30°각으로 놓고 여기에 5[A]의 전류를 흐르게 하면 이 도선이 받는 힘은 몇 [N] 인가?

① 2
② 5
③ 6
④ 3

🔍 전자력 $F = BIl \sin\theta$
$= 5 \times 2 \times 0.6 \times \sin 30° = 3[\text{N}]$

15 히스테리시스 곡선이 세로축과 만나는 점의 값은 무엇을 나타내는가?

① 자속밀도
② 잔류자기
③ 보자력
④ 자기장

🔍 히스테리시스 곡선에서
• 세로축(종축)과 만나는 점 : 잔류자기
• 가로축(횡축)과 만나는 점 : 보자력

16 두 금속을 접속하여 여기에 전류를 흘리면, 줄열 외에 그 접점에서 열의 발생 또는 흡수가 일어나는 현상은?

① 줄 효과
② 홀 효과
③ 제벡 효과
④ 펠티에 효과

🔍 스테핑 모터(stepping motor) : 입력 펄스수에 비례하여 회전각도를 정확하게 제어하는 모터로서 산업용 기계의 정확한 각도, 속도, 거리, 방향 등의 위치를 정확하게 제어하는 기능이 있다.

17 변압기 내부 고장 발생 시 발생하는 기름의 흐름 변화를 검출하는 브흐홀쯔계전기의 설치 위치로 알맞은 것은?

① 변압기 본체
② 변압기의 고압 측 부싱
③ 컨서베이터 내부
④ 변압기 본체와 컨서베이터를 연결하는 파이프

🔍 변압기 내부 고장 발생 시 발생하는 기름의 흐름 변화를 검출하는 브흐홀쯔계전기의 설치 위치는 변압기 본체와 컨서베이터를 연결하는 파이프이다.

18 대칭 3상 △결선에서 선전류와 상전류와의 위상 관계는?

① 상전류가 $\frac{\pi}{3}$[rad] 앞선다.
② 상전류가 $\frac{\pi}{3}$[rad] 뒤진다.
③ 상전류가 $\frac{\pi}{6}$[rad] 앞선다.
④ 상전류가 $\frac{\pi}{6}$[rad] 뒤진다.

🔍 △결선의 특징

$$\dot{I_l} = \sqrt{3}\,I_p \angle -\frac{\pi}{6}\,[A]$$

선전류 I_l가 상전류 I_p보다 $\frac{\pi}{6}$ 뒤지므로 상전류가 선전류보다 $\frac{\pi}{6}$[rad] 앞선다.

19 8극, 60Hz인 유도전동기의 회전수[rpm]는?

① 1,800
② 900
③ 3,600
④ 2,400

🔍 $N_s = \frac{120f}{P} = \frac{120 \times 60}{8} = 900\,[\text{rpm}]$

20 음전하와 양전하로 대전된 도체를 가느다란 전선으로 연결하면 양전하가 음전하를 끌어당겨 중화가 된다. 이 때 전선에 무엇이 흐르는가?

① 전류
② 전압
③ 전력
④ 저항

🔍 대전된 도체를 접속하면 전선에 전류가 흐르고 전하량이 합쳐지면서 중화가 된다.

21 두 평행도선의 길이가 1[m], 거리가 1[m]인 왕복 도선 사이에 단위길이당 작용하는 힘의 세기가 18×10⁻⁷[N]일 경우 전류의 세기(A)는?

① 4
② 3
③ 1
④ 2

🔍 평행 도선 사이에 작용하는 힘의 세기
$F = \frac{2I_1I_2}{r} \times 10^{-7}\,[N/m]$ $I_1 = I_2 = I$이므로
$F = \frac{2I^2}{1} \times 10^{-7}\,[N/m] = 18 \times 10^{-7}\,[N/m]$
$I^2 = 9$ 이므로 $I = 3[A]$

22 수·변전 설비에서 계기용 변류기(CT)의 설치 목적은?

① 고전압을 저전압으로 변성
② 대전류를 소전류로 변성
③ 선로전류 조정
④ 지락전류 측정

🔍 계기용 변류기(CT) : 대전류를 소전류(5[A])로 변성하여 측정 계기나 전기의 전류원으로 사용하기 위한 전류 변성기

23 저압 전선로 중 절연 부분의 전선과 대지 간 및 전선의 심선 상호 간의 절연 저항은 사용 전압에 대한 누설 전류가 최대 공급 전류의 얼마를 넘지 않도록 하여야 하는가?

① $\frac{1}{4,000}$
② $\frac{1}{3,000}$
③ $\frac{1}{2,000}$
④ $\frac{1}{1,000}$

🔍 저압 전선로의 절연저항은 사용전압에 대한 누설전류가 최대 공급전류의 $\frac{1}{2,000}$을 넘지 않아야 한다.

24 금속제 외함을 가진 저압 기계기구로서 사람이 쉽게 접촉할 우려가 있는 곳에 시설하는 경우 전로에 지락이 발생할 경우 사용전압이 최소 몇 [V]를 초과하는 경우 자동으로 전로를 차단하는 장치를 시설하여야 하는가?

① 40
② 50
③ 90
④ 120

🔍 금속제 외함을 가지는 사용전압이 50[V]를 초과하는 저압의 기계 기구로서 사람이 쉽게 접촉할 우려가 있는 곳에 시설하는 것에 전기를 공급하는 전로에는 전로에 지락이 생겼을 때에 자동적으로 전로를 차단하는 장치를 하여야 한다.

25 변압기 중성점 접지 접지저항 계산식에서 고·저압 혼촉 시에 고압 전로의 1선 지락 전류가 I_g[A], 접지 저항 값 R_g[Ω]일 때 K의 값은? (단, 저압 전로의 대지 전압이 150V를 넘는 경우로서 1초를 넘고 2초 이내에 자동 차단 장치가 되어 있는 경우이다.)

$$R_g = \frac{K}{I_g}[\Omega]$$

① 100 ② 150
③ 300 ④ 600

🔍 변압기 중성점 접지 접지저항 : 사용전압 35,000[V] 이하인 경우
$$R_g = \frac{150(300, 600)}{I_g}[\Omega]$$
① 150 : 특별한 보호 장치가 없는 경우
② 300 : 혼촉 시 보호 장치 동작이 1초 넘고 2초 이내인 경우
③ 600 : 혼촉 시 보호 장치 동작이 1초 이내인 경우

26 평균값이 100[V]일 때 실효값은 얼마인가?

① 90   ② 111
③ 63.7 ④ 70.7

🔍 평균값 $V_{av} = \frac{2}{\pi}V_m$ [V]이므로
• 최대값 $V_m = V_{av} \times \frac{\pi}{2} = 100 \times \frac{\pi}{2}$[V]
• 실효값 $V = \frac{V_m}{2\sqrt{2}} = \frac{\pi}{2\sqrt{2}} V_{av} = \frac{\pi}{2\sqrt{2}} \times 100 = 111$[V]
※ $V = 1.11 V_{av} = 1.11 \times 100 = 111$[V]

27 전기 기기의 철심 재료로 규소 강판을 성층하여 사용하는 이유로 가장 적당한 것은?

① 동손 감소
② 히스테리시스손 감소
③ 맴돌이 전류손 감소
④ 풍손 감소

🔍 규소강판을 성층하여 사용하는 이유는 맴돌이 전류손을 감소시키기 위한 대책이다.

28 다음 중 금속 전선관의 호칭을 맞게 기술한 것은?

① 박강, 후강 모두 내경으로 [mm]로 나타낸다.
② 박강은 내경, 후강은 외경으로 [mm]로 나타낸다.
③ 박강은 외경, 후강은 내경으로 [mm]로 나타낸다.
④ 박강, 후강 모두 외경으로 [mm]로 나타낸다.

🔍 금속관의 호칭
• 박강전선관 : 외경, 홀수(두께가 얇은 전선관)
• 후강전선관 : 내경, 짝수(두께가 두꺼운 전선관)

29 3상 전파 정류회로에서 출력전압의 평균 전압 값은? (단, V는 선간 전압의 실효값이다.)

① 0.45V ② 0.9V
③ 1.17V ④ 1.35V

🔍 정류기의 직류전압(평균값)의 크기
• 단상 반파 정류분 E_d = 0.45 [V]
• 단상 전파 정류분 E_d = 0.9 [V]
• 3상 반파 정류분 E_d = 1.17 [V]
• 3상 전파 정류분 E_d = 1.35 [V]

30 권선형 유도전동기 기동시 회전자 측에 저항을 넣는 이유는?

① 기동 전류를 감소시키기 위해
② 기동 토크를 감소시키기 위해
③ 회전수를 감소시키기 위해
④ 기동 전류를 증가시키기 위해

🔍 권선형 유도전동기의 외부저항을 접속하면 기동전류는 감소하고 기동토크는 증가하며 역률은 개선된다.

31 교류 전동기를 기동할 때 그림과 같은 기동 특성을 가지는 전동기는?(단, 곡선 ㉠ - ㉤은 기동 단계에 대한 토크 특성 곡선이다.)

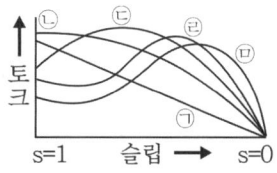

① 반발 유도 전동기
② 2중 농형 유도 전동기
③ 3상 분권 정류자 전동기
④ 3상 권선형 유도 전동기

> **3상 권선형 유도전동기의 토크 곡선**
> 2차 입력과 토크는 정비례하므로 2차 입력식을 통해서 토크와 슬립의 관계를 파악할 수 있으며 2차 입력식에서 전동기 정지 상태, s = 1에서 전동기가 기동하여 속도가 상승할 때 슬립 변화에 따른 토크 곡선을 얻을 수 있다.

32 동기 발전기의 병렬운전에 필요한 조건이 아닌 것은?

① 기전력의 주파수 같을 것
② 기전력의 크기가 같을 것
③ 기전력의 임피던스가 같을 것
④ 기전력의 위상이 같을 것

> **동기 발전기의 병렬 운전조건**
> • 기전력의 크기가 같을 것
> • 기전력의 파형이 같을 것
> • 기전력의 주파수가 같을 것
> • 기전력의 위상이 같을 것
> • 상 회전 방향이 같을 것(3상동기발전기)
> *쉽게 암기하기 : 용량, 임피던스, 극수와 무관하다.

33 수·변전 설비의 고압회로에 걸리는 전압을 표시하기 위해 전압계를 시설할 때 고압회로와 전압계 사이에 시설하는 것은?

① 관통형 변압기
② 계기용 변류기
③ 계기용 변압기
④ 권선형 변류기

> 고전압을 저전압으로 변성하여 측정계기나 보호계전기에 전압을 공급하기 위한 계기를 계기용 변압기라 한다.

34 고압 가공 인입선이 도로를 횡단하는 경우 노면 상 시설하여야 할 높이는 몇 [m] 이상인가?

① 8.5 ② 6.5 ③ 6 ④ 4.5

> 고압 인입선의 최저 높이[m]
>
> | 장소 구분 | 고압 |
> |---|---|
> | 도로횡단 | 6 |
> | 철도 횡단 | 6.5 |
> | 횡단 보도교 | 3.5 |
> | 기타 장소 | 5(b : 3.5) |
>
> b : 기술상 부득이하고 교통지장 없는 경우

35 전주 외등을 전주에 부착하는 경우 전주외등은 하단으로부터 몇 [m] 이상 높이에 시설 하여야 하는가?

① 3.0 ② 3.5 ③ 4.0 ④ 4.5

> 전주외등 : 대지전압 300[V] 이하 수은등을 배전선로의 지지물 등에 시설하는 등
> • 기구부착높이 : 하단에서 지표상 4.5[m] 이상
>   (단, 교통지장 없을 경우 3.0[m] 이상)
> • 돌출 수평거리 : 1.0[m] 이상

36 굵은 전선이나 케이블을 절단할 때 사용되는 공구는?

① 펜치   ② 클리퍼
③ 나이프   ④ 플라이어

> 전선의 단면적이 25[mm²] 이상의 굵은 전선은 클리퍼를 사용하여 절단한다.

37 저압 크레인 또는 호이스트 등의 트롤리선을 애자사용 공사에 의하여 옥내의 노출장소에 시설하는 경우 트롤리선의 바닥에서의 최소 높이는 몇 [m] 이상으로 설치하는가?

① 2 ② 2.5 ③ 3.5 ④ 4.5

> 저압 크레인 또는 호이스트 등의 트롤리선을 애자사용 공사에 의하여 옥내의 노출장소에 시설하는 경우 트롤리선의 바닥에서의 높이는 3.5[m] 이상으로 설치하여야 한다.

38 연피 케이블 및 알루미늄피 케이블을 구부리는 경우는 피복이 손상되지 않도록 하고, 그 굴곡부의 곡률반경은 원칙적으로 케이블 외경의 몇 배 이상이어야 하는가?

① 8 ② 6 ③ 12 ④ 10

> 알루미늄피 케이블의 곡률반경은 케이블 바깥지름의 12배 이상

39 수전 설비의 저압 배전반은 배전반 앞에서 계측기를 판독하기 위하여 앞면과 최소 몇 [m] 이상 유지하는 것을 원칙으로 하고 있는가?

① 2.5 ② 1.8
③ 1.5 ④ 1.7

> 저압·고압 배전반 앞면과의 이격거리 : 1.5[m] 이상

40 합성수지관 배선에서 경질비닐 전선관의 굵기에 해당되지 않는 것은? (단, 관의 호칭을 말한다.)

① 14　　② 16
③ 18　　④ 22

🔍 합성수지관의 종류 : 14, 16, 22, 28, 36, 42, 54, 70, 82[mm]

41 가스 차단기에 사용되는 가스인 SF_6의 성질이 아닌 것은?

① 같은 압력에서 공기의 2.5 ~ 3.5배의 절연내력이 있다.
② 소호능력은 공기보다 2.5배 정도 낮다.
③ 무색, 무취, 무해 가스이다.
④ 가스 압력 3 ~ 4[kgf/cm^2]에서 절연내력은 절연유 이상이다.

🔍 가스 차단기의 소호능력은 공기보다 100배 정도 뛰어나다.

42 병렬운전 중인 동기발전기의 유도기전력이 2,000[V], 위상차 60°일 경우 유효순환전류는 얼마인가? (단, 동기임피던스는 5[Ω]이다.)

① 500　　② 1,000
③ 20　　④ 200

🔍 유효 순환 전류 $I_C = \dfrac{E}{Z_s}\sin\dfrac{\delta}{2}$

$= \dfrac{2,000}{5} \times \sin\dfrac{60°}{2}$

$= \dfrac{2,000}{5} \times \dfrac{1}{2} = 200\,[A]$

43 직류 분권전동기를 운전하던 중 계자 저항을 증가시키면 회전속도는?

① 감소한다.　　② 정지한다.
③ 변화없다.　　④ 증가한다.

🔍 분권 전동기의 계자저항을 증가시키면 자속이 감소하므로 회전속도는 증가한다.
회전수 $N = K\dfrac{V - I_a R_a}{\phi}[rpm]$
계자저항 α 자속 $\phi\downarrow$ α 회전.속도 $N\uparrow$

44 역회전이 불가능한 단상 유도 전동기는 다음 중 어느 것인가?

① 분상 기동형
② 셰이딩 코일형
③ 콘덴서 기동형
④ 반발 기동형

🔍 단상 유도전동기의 하나인 셰이딩 코일형은 계자 사이에 철심을 넣은 전동기로서 역회전하게 되면 철편 때문에 회전이 되지 않는 전동기이다.

45 다음 중 자기소호 기능이 가장 좋은 소자는?

① SCR　　② GTO
③ TRIAC　　④ LASCR

🔍 GTO(gate turn-off thyristor)의 특징 : on-off가 자유롭고 개폐 동작이 빨라서 주로 직류 개폐에 사용되며 자기소호기능이 좋다.

46 전압비가 13,200/220[V]인 단상 변압기의 2차 전류가 120[A]일 때 변압기의 1차 전류는 얼마인가?

① 100　　② 20
③ 10　　④ 2

🔍 권수비 $a = \dfrac{N_1}{N_2} = \dfrac{V_1}{V_2} = \dfrac{I_2}{I_1}$ 에서

$a = \dfrac{E_1}{E_2} = \dfrac{13,200}{220} = 60$ 이므로

$I_1 = \dfrac{I_2}{a} = \dfrac{120}{60} = 2\,[A]$

47 정격전압 200[V], 60[Hz]인 전동기의 주파수를 50[Hz]로 사용하면 회전속도는 어떻게 되는가?

① 0.833배로 감소한다.
② 1.1배로 증가한다.
③ 변화하지 않는다.
④ 1.2배로 증가한다.

🔍 전동기의 회전수는 $N = \dfrac{120f}{P}[rpm]$로서 주파수에 비례하므로 주파수가 60[Hz]→50[Hz]로 $\dfrac{50}{60} = 0.833$배로 감소하면 회전속도도 0.833배로 감소한다.

48 직류 직권 전동기에서 벨트를 걸고 운전하면 안 되는 이유는?

① 벨트가 마멸 보수가 곤란하므로
② 벨트가 벗어지면 위험 속도에 도달하므로
③ 직결하지 않으면 속도 제어가 곤란하므로
④ 손실이 많아지므로

🔍 직류 직권전동기는 정격 전압하에서 무부하특성을 지니므로, 벨트가 벗겨지면 속도는 급격히 상승하여 위험속도에 도달할 수 있다.

49 직류 발전기의 정격전압 100[V], 무부하 전압 104[V]이다. 이 발전기의 전압 변동률 ε[%]은?

① 4   ② 3
③ 6   ④ 5

🔍 전압변동률 $\varepsilon = \dfrac{V_0 - V_n}{V_n} \times 100 = \dfrac{104 - 100}{100} \times 100 = 4\,[\%]$

50 전등 1개를 2개소에서 점멸하고자 할 때 3로 스위치는 최소 몇 개 필요한가?

① 1개   ② 2개
③ 3개   ④ 4개

🔍 3로스위치 : 1개의 등을 2개소에서 점멸하는 스위치로 2개가 필요하다.

51 전선의 접속에 대한 설명으로 틀린 것은?

① 접속 부분의 전기 저항을 증가시켜서는 안 된다.
② 접속 부분의 인장강도를 20[%]이상 유지되도록 한다.
③ 접속 부분에 전선 접속 기구를 사용한다.
④ 알루미늄전선과 구리선의 접속 시 전기적인 부식이 생기지 않도록 한다.

🔍 전선 접속시 접속 부분의 전선의 세기는 인장강도를 접속 전의 80[%] 이상 유지해야 한다.(20[%] 이상 감소되지 않도록 할 것)

52 동기발전기에서 전기자 전류가 유도 기전력보다 $\dfrac{\pi}{2}$[rad] 앞선 전류가 흐르는 경우 나타나는 전기자 반작용은?

① 교차 자화 작용
② 증자 작용
③ 감자 작용
④ 직축 반작용

🔍 발전기의 전기자 반작용
• 동상전류 : 교차 자화작용
• 뒤진 전류 : 감자 작용
• 앞선 전류 : 증자 작용

53 직류전동기의 규약효율을 표시하는 식은?

① $\dfrac{출력}{출력 + 손실} \times 100[\%]$

② $\dfrac{출력}{입력} \times 100[\%]$

③ $\dfrac{입력 - 손실}{입력} \times 100[\%]$

④ $\dfrac{입력}{출력 + 손실} \times 100[\%]$

🔍 직류기의 규약 효율(입력 기준) = $\dfrac{입력 - 손실}{입력} \times 100[\%]$

54 변압기유의 열화방지와 관계가 가장 먼 것은?

① 브리더   ② 컨서베이터
③ 불활성 질소   ④ 부싱

🔍 변압기유의 열화방지 대책 : 브리더 설치, 컨서베이터 설치, 불활성 질소봉입

55 보호도체의 전선 색상은 무슨 색인가?

① 검은색   ② 녹색-적색
③ 녹색-노란색   ④ 녹색

🔍 보호도체의 전선 색상은 녹색-노란색으로 구분한다.

56 피뢰시스템에 접지도체가 접속된 경우 접지저항은 몇 [Ω] 이하이어야 하는가?

① 5
② 10
③ 15
④ 20

🔍 피뢰시스템에 접지도체가 접속된 경우 접지저항은 10[Ω] 이하이어야 한다.

57 주택, 아파트인 경우 표준부하는 몇 [VA/m²]인가?

① 10
② 20
③ 30
④ 40

🔍 건물의 종류에 대응한 표준 부하(VA/m²)

건물의 종류	표준 부하
공장, 공회당, 사원, 교회, 극장, 영화관, 연회장	10
기숙사, 여관, 호텔, 병원, 학교, 음식점, 대중목욕탕	20
사무실, 은행, 상점, 이발소, 미장원	30
주택, 아파트	40

58 동기 전동기에서 난조를 방지하기 위하여 자극 면에 설치하는 권선을 무엇이라 하는가?

① 제동권선
② 계자권선
③ 전기자권선
④ 보상권선

🔍 동기 전동기에서 난조 방지 및 기동 토크를 발생 시키기 위한 권선을 제동권선이라 한다.

59 광도가 I[cd]인 구광원의 광속 F[lm]는?

① $F = \pi I$
② $F = \pi^2 I$
③ $F = 2\pi I$
④ $F = 4\pi I$

🔍 광도 $I[cd] = \dfrac{광속(F)}{입체각(\omega)} = \dfrac{F[lm]}{4\pi(sr)}$
$F = 4\pi I [lm]$

60 200[V], 40[W]의 형광등에 정격 전압이 가해졌을 때 형광등 회로에 흐르는 전류는 0.42[A]이다. 이 형광등의 역률[%]은?

① 47.6
② 37.5
③ 57.5
④ 67.5

🔍 단상 유효전력 $P = VI\cos\theta$ [W]에서
역률 : $\cos\theta = \dfrac{P}{VI} = \dfrac{40}{200 \times 0.42} \times 100 = 47.6 [\%]$

정답 2022년 1회

01 ②	02 ②	03 ④	04 ②	05 ③
06 ①	07 ④	08 ②	09 ①	10 ①
11 ②	12 ③	13 ①	14 ④	15 ②
16 ④	17 ④	18 ③	19 ②	20 ①
21 ②	22 ②	23 ③	24 ②	25 ③
26 ②	27 ③	28 ③	29 ③	30 ①
31 ④	32 ③	33 ③	34 ③	35 ④
36 ②	37 ③	38 ③	39 ③	40 ③
41 ②	42 ④	43 ④	44 ③	45 ②
46 ④	47 ①	48 ②	49 ①	50 ②
51 ②	52 ②	53 ③	54 ④	55 ③
56 ②	57 ④	58 ①	59 ④	60 ①

2022년 2회 CBT 복원문제

01 전지의 기전력 1.5[V], 내부저항이 0.5[Ω], 20개를 직렬로 접속하고 부하저항 5[Ω]을 접속한 경우 부하에 흐르는 전류[A]는?

① 2 ② 3 ③ 4 ④ 5

🔍 전지 n개를 직렬접속했을 경우 흐르는 전류
$I = \dfrac{nE}{nr+R} = \dfrac{20 \times 1.5}{20 \times 0.5 + 5} = \dfrac{30}{15} = 2\,[A]$

02 디지털 계전기의 장점이 아닌 것은?

① 진동의 영향을 받지 않는다.
② 신뢰성이 높다.
③ 폭넓은 연산기능을 갖는다
④ 자동점검 중에도 동작이 가능하다.

🔍 디지털 계전기 : 보호기능이 우수하며 처리속도가 빨라 광범위한 계산에 용이하지만 서지에 약하고 왜형파로 오동작 하기 쉬워서 신뢰성이 낮다.

03 정격 전압에서 1[kW]의 전력을 소비하는 저항에 정격의 90[%] 전압을 가했을 때, 전력은 몇 [W]가 되는가?

① 630 ② 780
③ 810 ④ 900

🔍 $P = \dfrac{V^2}{R} = 1{,}000\,[W]$이라 하면,
$P' = \dfrac{(0.9V)^2}{R} = 0.81\dfrac{V^2}{R} = 0.81P$
$= 0.81 \times 1{,}000\,[W] = 810\,[W]$

04 교통신호등 회로의 사용전압이 몇 [V]를 초과하는 경우에는 지락 발생 시 자동적으로 전로를 차단하는 장치를 시설하여야 하는가?

① 100 ② 50
③ 150 ④ 200

🔍 교통신호등 회로의 사용전압이 150[V]를 초과한 경우는 전로에 지락이 발생했을 때 자동적으로 전로를 차단하는 누전차단기를 시설하여야 한다.

05 자속밀도 1[Wb/m²]은 몇 [gauss]인가?

① $4\pi \times 10^{-7}$ ② 10^{-6}
③ 10^4 ④ $\dfrac{4\pi}{10}$

🔍 자속밀도 환산
$1\,[Wb/m^2] = \dfrac{10^8\,[Max]}{10^4\,[cm^2]} = 10^4\,[max/cm^2 = gauss]$

06 서로 다른 굵기의 절연전선을 금속덕트에 넣는 경우 전선이 차지하는 단면적은 피복절연물을 포함한 단면적의 총합계가 덕트 내 단면적의 몇 [%] 이하가 되도록 선정하여야 하는가?

① 20 ② 30 ③ 50 ④ 40

🔍 금속 덕트에 전선을 집어넣는 경우 전선이 차지하는 단면적은 덕트내 단면적의 20[%] 이하가 되도록 할 것.(단, 제어회로 등의 배선에 사용하는 전선만 넣는 경우 50[%] 이하로 한다.)

07 [그림]과 같은 회로에서 합성저항은 몇 [Ω]인가?

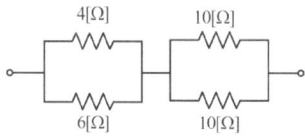

① 6.6 ② 7.4
③ 8.7 ④ 9.4

🔍 합성저항 $R_0 = \dfrac{4 \times 6}{4+6} + \dfrac{10}{2} = 7.4\,[\Omega]$

08 전주 외등의 공사방법으로 알맞지 않은 것은?

① 합성수지관 ② 금속관
③ 케이블 ④ 금속덕트

🔍 전주 외등의 배선
• 전선 : 단면적 2.5[㎟] 이상의 절연전선
• 배선방법 : 케이블배선, 합성수지관배선, 금속관배선

09 가공 인입선을 시설할 때 경동선의 최소 굵기는 몇 [mm]인가? (단, 경간이 15[m]를 초과한 경우이다.)

① 2.0 ② 2.6 ③ 3.2 ④ 1.5

🔍 가공 인입선의 사용 전선 : 2.6 [mm]이상 경동선 또는 이와 동등 이상일 것.(단, 경간 15[m] 이하는 2.0[mm] 이상도 가능)

10 유도 발전기의 장점이 아닌 것은?

① 동기발전기에 비해 가격이 저렴하다.
② 효율과 역률이 높다.
③ 동기발전기처럼 동기화할 필요가 없고 난조가 발생하지 않는다.
④ 조작이 간편하다.

🔍 유도발전기는 유도전동기를 동기속도 이상으로 회전시켜서 전력을 얻어내는 발전기로서 동기기에 비해 조작이 쉽고 가격이 저렴하지만 효율과 역률이 낮다.

11 전선의 접속법에서 두 개 이상의 전선을 병렬로 사용하는 경우의 시설기준으로 틀린 것은?

① 병렬로 사용하는 전선은 각각에 퓨즈를 설치할 것
② 교류회로에서 병렬로 사용하는 전선은 금속관 안에 전자적 불평형이 생기지 않도록 시설할 것.
③ 같은 극의 각 전선은 동일한 터미널러그에 동일한 도체에 2개 이상의 리벳 또는 2개 이상의 나사로 완전하게 접속할 것.
④ 병렬로 사용하는 각 전선의 굵기는 같은 도체, 같은 재료, 같은 길이 및 같은 굵기의 것을 사용할 것.

🔍 전선을 병렬로 접속해서 각각 전선에 퓨즈를 설치한 경우 만약 한선의 퓨즈가 용단된다면 다른 한 선으로 전류가 모두 흘러서 과열로 인한 화재발생 우려가 있으므로 어느 선이든 퓨즈를 설치하면 안된다.

12 지중전선로를 직접 매설식에 의하여 시설하는 경우 차량, 기타 중량물의 압력을 받을 우려가 있는 장소의 매설 깊이[m]는?

① 0.6 ② 1.0 ③ 1.5 ④ 2.0

🔍 관로식, 직매식 케이블의 최소 매설깊이([m])

차량, 기타 중량 압력을 받는 장소	기타장소
1.0	0.6

13 일반 주택의 저압 옥내배선을 점검하였더니 다음과 같이 시설되어 있었을 경우 시설기준에 적합하지 않은 것은?

① 합성수지관의 지지점 간의 거리를 2[m]로 하였다.
② 합성수지관 안에서 전선의 접속점이 없도록 하였다.
③ 금속관 공사에 옥외용 비닐절연전선을 제외한 절연전선을 사용하였다.
④ 인입구에 가까운 곳으로서 쉽게 개폐할 수 있는 곳에 개폐기를 각 극에 시설하였다.

🔍 합성수지관공사 시 관의 지지점 거리는 새들을 이용하여 1.5[m] 이하마다 지지한다.

14 전압의 종별에서 교류 600[V]는 무엇으로 분류하는가?

① 저압 ② 고압
③ 특고압 ④ 초고압

🔍 전압의 구분

전압	교류	직류
저압	1,000[V] 이하	1,500[V] 이하
고압	저압 초과 7,000[V] 이하	
특고압	7,000[V] 초과	

15 가공전선로의 지지물에 시설하는 지선으로 연선을 사용할 경우, 소선(素線)은 몇 가닥 이상이어야 하는가?

① 2 ② 3
③ 5 ④ 9

🔍 가공전선로 지지물에 시설하는 지선은 연선을 사용할 경우 소선은 지름 2.6[mm] 이상의 금속선 3가닥 이상의 연선을 사용하여야 한다.

16 변압기 중성점에 접지공사를 하는 이유는?

① 전류 변동의 방지
② 고저압 혼촉의 방지
③ 전력 변동의 방지
④ 전압 변동의 방지

🔍 변압기는 고압, 특고압을 저압으로 변성시키는 기기로서 고·저압 혼촉 사고를 방지하기 위하여 반드시 2차측 중성점에 접지공사를 하여야 한다.

17 매초 1[A]의 비율로 전류가 변하여 10[V]를 유도하는 코일의 인덕턴스는 몇 [H]인가?

① 0.01　　② 0.1
③ 1.0　　　④ 10

🔍 $L = e \dfrac{dt}{di} = 10 \times \dfrac{1}{1} = 10[H]$

18 점멸기의 시설에서 센서등(타임스위치 포함)을 시설하여야 하는 곳은?

① 공장　　　② 상점
③ 사무실　　④ 아파트 현관

🔍 조명용 전등을 설치할 때에는 현관 입구에 센서등(타임스위치 포함)을 시설하여야 한다.
 • 관광숙박업 입구 등은 1분 이내에 소등되는 것.
 • 일반주택 및 아파트 현관 등은 3분 이내에 소등되는 것.

19 플로어 덕트 공사에 의한 저압 옥내배선 공사에 적합하지 않은 것은?

① 덕트의 끝 부분은 막을 것
② 옥외용 비닐절연전선을 사용할 것
③ 덕트 안에는 전선의 접속점이 없도록 할 것
④ 덕트 및 박스 기타의 부속품은 물이 고이는 부분이 없도록 시설하여야 한다.

🔍 플로어덕트공사
 • 사용전압 : 400[V] 이하
 • 사용전선 : 절연 전선(단, OW 제외)으로 연선일 것.
　(단, 10[mm²] 이하 단선 가능)
 • 덕트 끝부분은 막을 것
 • 덕트 안에는 전선의 접속점이 없도록 하고 물이 고이지 않도록 시설할 것

20 다음은 직권전동기의 특징이다. 틀린 것은?

① 부하전류가 증가할 때 속도가 크게 감소된다.
② 전동기 기동 시 기동 토크가 작다.
③ 무부하운전이나 벨트를 연결한 운전은 위험하다.
④ 계자권선과 전기자권선이 직렬로 접속되어 있다.

🔍 직권전동기의 특징 : 계자권선과 전기자 권선이 직렬로 접속된 전동기
 • 토크　$\tau \propto I^2 \propto \dfrac{1}{N^2}$ 비례 관계가 성립
 • 기동시 부하전류가 증가하면 기동토크는 크게 증가하고 회전속도는 감소한다.
 • 벨트운전시 벨트가 벗겨지면 위험속도에 도달할 수도 있으므로 벨트운전 금지이다.

21 샤워시설이 있는 욕실 등 인체가 물에 젖어있는 상태에서 전기를 사용하는 장소에 콘센트를 시설할 경우 인체감전보호용 누전차단기의 정격감도전류는 몇 [mA] 이하인가?

① 5　　② 10　　③ 15　　④ 30

🔍 욕실 콘센트 시설
욕실 등 인체가 물에 젖어 있는 상태에서 물을 사용하는 장소에 콘센트를 설치하는 경우 인체감전보호용 누전차단기(정격감도전류 15[mA] 이하, 동작시간 0.03초 이하의 전류 동작형)를 설치하여야 한다.

22 직류전동기에서 전부하 속도가 1,200[rpm], 속도변동률이 2[%]일 때, 무부하 회전 속도는 몇 [rpm]인가?

① 1,154　　② 1,200
③ 1,224　　④ 1,248

🔍 속도 변동률 $\epsilon = \dfrac{N_0 - N_n}{N_n} \times 100[\%]$
무부하 속도 $N_0 = N_n(1+0.02) = 1,200(1+0.02) = 1,224[rpm]$

23 사무실 건물의 조명설비에 사용되는 백열전등 또는 방전등에 전기를 공급하는 옥내전로의 대지전압은 몇 [V] 이하인가?

① 250　　② 300　　③ 350　　④ 400

🔍 옥내전로의 대지 전압 : 백열전등 또는 방전등에 전기를 공급하는 옥내의 전로의 대지 전압은 300[V] 이하이어야 한다.

24 전자유도 현상에 의한 기전력의 방향을 정의한 법칙은?

① 렌츠의 법칙
② 플레밍의 법칙
③ 패러데이의 법칙
④ 줄의 법칙

🔍 렌츠의 법칙은 전자유도 현상에 의한 유도기전력의 방향을 정의한 법칙으로서 "유도 기전력은 자신이 발생 원인이 되는 자속의 변화를 방해하려는 방향으로 발생한다."는 법칙이다.

25 주택, 아파트인 경우 표준부하는 몇 [VA/m²]인가?

① 10
② 20
③ 30
④ 40

🔍 건물의 종류에 대응한 표준 부하[VA/m²]

건물의 종류	표준부하
공장, 공회당, 사원, 교회, 극장, 영화관, 연회장	10
기숙사, 여관, 호텔, 병원, 학교, 음식점, 대중목욕탕	20
사무실, 은행, 상점, 이발소, 미장원	30
주택, 아파트	40

26 자체 인덕턴스 0.1[H]의 코일에 5[A]의 전류가 흐르고 있다. 축적되는 전자에너지는?

① 0.25[J]
② 0.5[J]
③ 1.25[J]
④ 2.5[J]

🔍 $W = \frac{1}{2}LI^2 = \frac{1}{2} \times 0.1 \times 5^2 = 1.25[J]$

27 10[eV]는 몇 [J]인가?

① 1.6×10^{-19}
② 1.6×10^{-18}
③ 1.6×10^{-17}
④ 1.6×10^{-16}

🔍 전자 1개의 전기량 $e = 1.602 \times 10^{-19}[C]$이고 $W = QV[J]$에서
10[eV] = $1.602 \times 10^{-19} \times 10 ≒ 1.6 \times 10^{-18}[J]$

28 다음 중 전력량 1[J]과 같은 것은?

① 1[kcal]
② 1[W·sec]
③ 1[kg·m]
④ 1[kWh]

🔍 전력량 $W = Pt[J]$이므로 1[J] = 1[W·sec]

29 2극 3,600[rpm]인 동기 발전기와 병렬 운전하려는 12극 발전기의 회전수는 몇 [rpm]인가?

① 3,600
② 1,200
③ 1,800
④ 600

🔍 동기발전기의 병렬운전조건에서 주파수가 같아야 하므로
$f = \frac{N_{s1}P_1}{120} = \frac{3,600 \times 2}{120} = 60[Hz]$
$N_{s2} = \frac{120f}{P_2} = \frac{120 \times 60}{12} = 600[rpm]$

30 권선형 유도전동기에서 토크를 일정하게 한 상태로 회전자 권선에 2차 저항을 2배로 하면 슬립은 몇 배가 되겠는가?

① $\sqrt{2}$배
② 2배
③ $\sqrt{3}$배
④ 4배

🔍 권선형 유도전동기는 2차 저항을 조정함으로서 최대토크는 변하지 않는 상태에서 슬립으로 속도 조절이 가능하며 슬립과 2차 저항은 비례관계가 성립하므로 2배가 된다.

31 가공 전선로의 인입구에 설치하거나 금속관이나 합성수지관으로부터 전선을 뽑아 전동기 단자 부근에 접속할 때 관 단에 사용하는 재료는?

① 부싱
② 엔트런스 캡
③ 터미널 캡
④ 로크 너트

🔍 터미널 캡은 배관 공사 시 금속관이나 합성수지관으로부터 전선을 뽑아 전동기 단자 부근에 접속할 때, 또는 노출 배관에서 금속 배관으로 변경 시 전선 보호를 위해 관 끝에 설치하는 것으로 서비스 캡이라고도 한다.

32 직류 전동기의 규약 효율을 표시하는 식은?

① $\dfrac{출력}{출력 + 손실} \times 100\,[\%]$

② $\dfrac{출력}{입력} \times 100\,[\%]$

③ $\dfrac{입력 - 손실}{입력} \times 100\,[\%]$

④ $\dfrac{입력}{출력 + 손실} \times 100\,[\%]$

🔍 전동기 규약 효율은 입력기준이므로
$$효율 = \dfrac{출력}{입력} = \dfrac{입력 - 손실}{입력} \times 100\,[\%]$$

33 건축물·구조물의 철골 기타의 금속제는 이를 비접지식 고압전로에 시설하는 기계기구의 철대 또는 금속제 외함 또는 저압전로를 결합하는 변압기의 저압전로의 접지공사의 접지극으로 사용할 수 있다. 이 경우 대지와의 전기저항 값이 몇 [Ω] 이하이어야 하는가?

① 1 ② 2 ③ 3 ④ 4

🔍 건축물의 철골 기타의 금속제는 대지와의 사이에 전기저항 값이 2[Ω] 이하인 경우 접지극으로 대용할 수 있다.

34 단상 전파 사이리스터 정류회로에서 부하가 큰 인덕턴스가 있는 경우 점호각이 60°일 때의 정류 전압은 몇 [V]인가?(단, 전원 측 전압의 실효값은 100[V]이고, 직류 측 전류는 연속이다.)

① 45 ② 100 ③ 90 ④ 141

🔍 단상 전파 사이리스터 정류회로에서 부하가 인덕턴스인 경우 정류 전압은 $E_d = 0.9E\cos\theta\,[V] = 0.9 \times 100 \times \cos 60°$
$= 45\,[V]$

35 금속관 배관 공사에서 절연 부싱을 사용하는 이유는?

① 박스 내에서 전선의 접속을 방지
② 관이 손상되는 것을 방지
③ 관 말단에서 전선의 인입 및 교체 시 발생하는 전선의 손상 방지
④ 관의 입구에서 조영재의 접속을 방지

🔍 관공사시 부싱은 관끝단에 설치하여 전선의 피복 방지를 하기 위한 것을 뜻한다.

36 동기전동기 중 안정도 증진법으로 틀린 것은?

① 단락비를 크게 한다.
② 관성 모멘트를 증가시킨다.
③ 동기 임피던스를 증가시킨다.
④ 속응 여자 방식을 채용한다.

🔍 안정도 향상 대책
- 단락비를 크게 한다.
- 동기임피던스를 감소시킨다.
- 속응여자방식을 채용한다.
- 조속기 성능을 개선시킨다.

37 다음 중 유도전동기에서 비례추이를 할 수 있는 것은?

① 출력 ② 2차 동손
③ 효율 ④ 역률

🔍 유도전동기에서 비례추이 할 수 있는 것은 1차 측, 즉, 1차 입력, 1차 전류, 2차 전류, 역률, 동기와트, 토크 등이 있다.
참고로 비례추이를 할 수 없는 것은 2차측, 즉, 출력, 효율, 2차 동손, 부하 등이 있다.

38 직류 전동기의 속도 제어 방법이 아닌 것은?

① 전압 제어 ② 계자 제어
③ 저항 제어 ④ 주파수 제어

🔍 직류전동기의 속도제어법
- 저항제어법
- 전압제어법
- 계자제어법

39 정격전류가 60[A]인 주택의 전로에 정격 전류의 1.45배의 전류가 흐를 때 주택에 사용하는 배선용 차단기는 몇 분 내에 자동적으로 동작하여야 하는가?

① 10분 이내 ② 30분 이내
③ 60분 이내 ④ 120분 이내

🔍 주택용 배선용 차단기의 동작특성

정격전류	시간(분)	정격전류 배수	
		부동작전류	동작전류
63[A] 이하	60	1.13배	1.45배
63[A] 초과	120	1.13배	1.45배

40 도체의 길이가 ℓ[m], 고유 저항 ρ[Ω·m], 반지름이 r[m]인 도체의 전기저항[Ω]은?

① $\rho\dfrac{\ell}{\pi r}$ ② $\rho\dfrac{r\ell}{\pi}$

③ $\rho\dfrac{\ell}{\pi r^2}$ ④ $\rho\dfrac{\pi\ell}{r}$

🔍 전기저항 $R = \rho\dfrac{l}{S} = \rho\dfrac{l}{\pi r^2}[\Omega]$

41 다음 중 자기소호 기능이 가장 좋은 소자는?

① SCR ② GTO
③ TRIAC ④ LASCR

🔍 GTO(gate turn-off thyristor)는 게이트 신호로 on-off가 자유로우며 개폐 동작이 빠르고 주로 직류의 개폐에 사용되며 자기소호기능이 가장 좋다.

42 회전수 1,728[rpm]인 유도전동기의 슬립[%]은?(단, 동기속도는 1,800[rpm]이다.)

① 2 ② 3
③ 4 ④ 5

🔍 슬립 $s = \dfrac{N_s - N}{N_s} \times 100[\%]$ 에서
$s = \dfrac{1,800 - 1,728}{1,800} \times 100 = 4[\%]$

43 KEC(한국전기설비규정)에 의한 400[V] 이하 가공전선으로 절연전선의 최소 굵기[mm]는?

① 1.6 ② 2.6
③ 3.2 ④ 4.0

🔍 전압별 가공전선의 굵기

사용전압	전선의 굵기
400[V] 이하	· 절연전선 : 2.6[mm] 이상 경동선 · 나전선 : 3.2[mm] 이상 경동선
400[V] 초과	· 시가지내 : 5.0[mm] 이상의 경동선 · 시가지외 : 4.0[mm] 이상 경동선
특고압	· 25[mm²] 이상 경동연선

44 사람이 상시 통행하는 터널 안의 배선을 단면적 2.5[mm²] 이상의 연동선을 사용한 애자사용공사로 배선하는 경우 노면상 최소 높이는 몇 [m] 이상 높이에 시설하여야 하는가?

① 1.5 ② 2.0
③ 2.5 ④ 3.5

🔍 사람이 상시 통행하는 터널 안의 배선공사 : 금속관, 제2종가요전선관, 케이블, 합성수지관, 단면적 2.5[mm²] 이상의 연동선을 사용한 애자 사용 공사에 의하여 노면상 2.5[m] 이상의 높이에 시설할 것

45 가요 전선관 공사에서 가요 전선관과 금속관의 상호 접속에 사용하는 것은?

① 유니언 커플링
② 2호 커플링
③ 스플릿 커플링
④ 콤비네이션 커플링

🔍 · 가요전선관 상호 : 스플릿 커플링
· 가요전선관과 다른 전선관 접속 : 콤비네이션 커플링

46 변압기에서 자속에 대한 설명 중 맞는 것은?

① 전압에 비례하고 주파수에 반비례
② 전압에 반비례하고 주파수에 비례
③ 전압에 비례하고 주파수에 비례
④ 전압과 주파수에 무관

🔍 자속 $\phi_m = \dfrac{E_1}{4.44fN_1}$[Wb] 이다. 그러므로 전압에 비례하고 주파수에 반비례한다.

47 평형 3상 회로에서 1상의 소비전력이 P[W]라면, 3상 회로 전체 소비전력[W]은?

① $2P$ ② $\sqrt{2}P$
③ $3P$ ④ $\sqrt{3}P$

🔍 3상 소비전력은 1상 값의 3배이므로 $3P$[W]가 된다.

48 전주를 건주할 때 철근 콘크리트주의 길이가 7[m]이면 땅에 묻히는 깊이는 얼마인가? (단, 설계 하중이 6.81[kN] 이하이다.)

① 1.0 ② 1.2
③ 2.0 ④ 2.5

🔍 전주의 매설깊이 $H = 7 \times \dfrac{1}{6} ≒ 1.2[m]$

49 3상 100[kVA], 13,200/200[V] 변압기의 저압측 선전류의 유효분은 약 몇 [A]인가?(단, 역률은 80[%]이다.)

① 100 ② 173
③ 230 ④ 260

🔍 $P_a = \sqrt{3}\,VI[kVA]$에서
$I_2 = \dfrac{P_a}{\sqrt{3}\,V_2} = \dfrac{100 \times 10^3}{200\sqrt{3}} = 288.68[A]$
I_2의 유효분
$I_{2유효} = I_2 \cos\theta = 288.68 \times 0.8$
$= 230[A]$

50 한국전기설비규정에 의한 중성점 접지용 접지도체는 공칭단면적 몇 [mm²] 이상의 연동선을 사용하여야 하는가? (단, 25[kV] 이하인 중성선 다중접지식으로서 전로에 지락발생 시 2초 이내에 자동적으로 이를 전로로부터 차단하는 장치가 되어 있는 경우이다.)

① 16 ② 6 ③ 2.5 ④ 10

🔍 중성점 접지용 접지도체는 공칭단면적 16이상의 연동선을 사용하여야 한다. 단, 25[kV] 이하인 중성선 다중접지식으로서 전로에 지락발생시 2초 이내에 자동적으로 이를 전로로부터 차단하는 장치가 되어 있는 경우는 6[mm²]를 사용하여도 된다.

51 16[mm] 합성수지 전선관을 직각 구부리기를 할 경우 굽힘반지름은 몇 [mm]인가? (단, 16[mm] 합성수지관의 안지름은 18[mm], 바깥지름은 22[mm]이다.)

① 119 ② 132
③ 187 ④ 220

🔍 합성수지 전선관을 직각 구부리기 : 전선관의 안지름 d, 바깥지름이 D일 경우
굽힘 반지름 : $r = 6d + \dfrac{D}{2} = 6 \times 18 + \dfrac{22}{2} = 119[mm]$

52 평균값이 100[V]일 때 실효값[V]은?

① 100 ② 111
③ 127 ④ 200

🔍 실효값 $V = 1.11 V_{av} = 1.11 \times 100 = 111[V]$

53 피뢰시스템에 접지도체가 접속된 경우 접지저항은 몇 [Ω] 이하이어야 하는가?

① 5 ② 10 ③ 15 ④ 20

🔍 피뢰시스템에 접지도체가 접속된 경우 접지저항은 10[Ω] 이하이어야 한다.

54 콘크리트 조영재에 볼트를 시설할 때 필요한 공구는?

① 파이프 렌치
② 볼트 클리퍼
③ 노크아웃 펀치
④ 드라이브 이트 툴

🔍 드라이브 이트 : 화약의 폭발력을 이용하여 콘크리트 벽 등에 구멍을 뚫어 핀을 강제적으로 박기 위한 공구로 취급자는 안전을 위하여 보안 훈련을 받아야 한다.

55 단상 전력계 2대를 사용하여 2전력계법으로 3상 전력을 측정하고자 한다. 두 전력계의 지시값이 각각 P_1, P_2[W]이었다. 3상 전력 P[W]를 구하는 식으로 옳은 것은?

① $P = P_1 - P_2$ ② $P = \sqrt{3}\,(P_1 \times P_2)$
③ $P = P_1 \times P_2$ ④ $P = P_1 + P_2$

🔍 2전력계법에 의한 유효전력 $P = P_1 + P_2[W]$

56 1[C]의 전하에 100[N]의 힘이 작용했다면 전기장의 세기[V/m]는?

① 10 ② 50 ③ 100 ④ 0.01

🔍 전기장의 세기 : 단위전하에 작용하는 힘
힘과의 관계식 $F = QE[N]$식에서
전기장 $E = \dfrac{F}{Q} = \dfrac{100}{1}[V/m]$

57 나전선 등의 금속선에 속하지 않는 것은?

① 경동선(지름 12[mm] 이하의 것)
② 연동선
③ 동합금선(단면적 35[mm²] 이하의 것)
④ 경알루미늄선(단면적 35[mm²] 이하의 것)

🔍 나전선 종류
  • 경동선(지름 12[mm] 이하)
  • 연동선
  • 동합금선(단면적 25[mm²] 이하)
  • 경알루미늄선(단면적 35[mm²] 이하)
  • 알루미늄합금선(단면적 35[mm²] 이하)

58 자속이 통과하는 면적이 3[cm²]인 도체에 3.6×10⁻⁴[Wb]의 자속이 통과한다면 자속밀도는 몇 [Wb/m²]인가?

① 1.2   ② 10
③ 20   ④ 0.8

🔍 자속밀도 $B = \dfrac{\text{자속}}{\text{면적}} = \dfrac{3.6 \times 10^{-4}}{3 \times 10^{-4}} = 1.2\,[\text{Wb/m}^2]$

59 유도 전동기에 기계적 부하를 걸었을 때 출력에 따라 속도, 토크, 효율, 슬립 등이 변화를 나타낸 출력특성 곡선에서 슬립을 나타내는 곡선은?

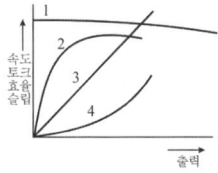

① 1   ② 2   ③ 3   ④ 4

🔍 1 : 속도, 2 : 효율, 3 : 토크, 4 : 슬립

60 고압 가공 전선로의 전선의 조수가 3조일 때 완금의 길이는?

① 1,400[mm]   ② 1,800[mm]
③ 2,400[mm]   ④ 1,200[mm]

🔍 표준완금길이

전선조 \ 전압	저압	고압	특고압
2조	900[mm]	1,400[mm]	1,800[mm]
3조	1,400[mm]	1,800[mm]	2,400[mm]

정답 2022년 2회

01 ①	02 ②	03 ③	04 ③	05 ③
06 ①	07 ②	08 ④	09 ②	10 ②
11 ①	12 ②	13 ①	14 ①	15 ②
16 ②	17 ④	18 ④	19 ②	20 ②
21 ③	22 ③	23 ②	24 ①	25 ④
26 ③	27 ②	28 ②	29 ④	30 ②
31 ③	32 ③	33 ②	34 ①	35 ③
36 ③	37 ④	38 ④	39 ③	40 ③
41 ②	42 ③	43 ②	44 ③	45 ④
46 ①	47 ②	48 ②	49 ③	50 ②
51 ①	52 ②	53 ②	54 ④	55 ④
56 ③	57 ③	58 ①	59 ④	60 ②

2022년 3회 CBT 복원문제

01 전압의 구분에 대한 설명으로 옳은 것은?

① 직류에서의 저압은 1,000[V] 이하의 전압을 말한다.
② 교류에서의 저압은 1,500[V] 이하의 전압을 말한다.
③ 직류에서의 고압은 3,500[V] 를 초과하고 7,000[V] 이하인 전압을 말한다.
④ 특고압은 7,000[V] 를 초과하는 전압을 말한다.

🔍 전압의 구분

전압	교류	직류
저압	1,000[V] 이하	1,500[V] 이하
고압	저압 초과 7,000[V] 이하	
특고압	7,000[V] 초과	

02 전주 외등의 공사방법으로 알맞지 않은 것은?

① 합성수지관 ② 금속관
③ 케이블 ④ 금속덕트

🔍 전주 외등의 배선
- 전선 : 단면적 2.5[mm²] 이상의 절연전선
- 배선방법 : 케이블배선, 합성수지관배선, 금속관배선

03 분기회로(S_2)의 보호장치 (P_2)는 (P_2)의 전원 측에서 분기점(O) 사이에 다른 분기회로 또는 콘센트의 접속이 없고, 단락의 위험과 화재 및 인체에 대한 위험성이 최소화 되도록 시설된 경우, 분기회로의 보호장치 (P_2)는 분기회로의 분기점(O)으로부터 x[m]까지 이동하여 설치할 수 있다. x[m]는?

① 2
② 3
③ 1
④ 4

🔍 전원측(P_2)에서 분기점(O) 사이에 다른 분기회로 또는 콘센트의 접속이 없고, 단락의 위험과 화재 및 인체에 대한 위험성이 최소화 되도록 시설된 경우, 분기회로의 보호장치 (P_2)는 분기회로의 분기점(O)으로부터 몇 3[m] 까지 이동하여 설치할 수 있다.

04 두 평행도선의 길이가 1[m], 거리가 1[m]인 왕복 도선 사이에 단위길이당 작용하는 힘의 세기가 2×10^{-7}[N] 일 경우 전류의 세기(A)는?

① 1 ② 3
③ 4 ④ 2

🔍 평행 도선 사이에 작용하는 힘의 세기
$F = \dfrac{2I_1 I_2}{r} \times 10^{-7}$ [N/m]
$F = \dfrac{2I^2}{1} \times 10^{-7}$ [N/m] $= 2 \times 10^{-7}$ [N/m]
$I^2 = 1$ 이므로 $I = 1$[A]

05 동기전동기의 특징으로 틀린 것은?

① 부하의 역률을 조정할 수가 있다.
② 전 부하 효율이 양호하다.
③ 공극이 좁으므로 기계적으로 튼튼하다.
④ 부하가 변해도 같은 속도로 운전할 수 있다.

🔍 동기전동기의 특징
- 속도(N_s)가 일정하다.
- 역률을 조정할 수 있다.
- 효율이 좋다.
- 공극이 넓고 기계적으로 튼튼하다.

06 전자에 10[V]의 전위차를 인가한 경우 전자 에너지[J]는?

① 1.6×10^{-16} ② 1.6×10^{-18}
③ 1.6×10^{-18} ④ 1.6×10^{-19}

🔍 전자에너지(전자볼트)
$W = eV = 1.6 \times 10^{-19} \times 10 = 1.6 \times 10^{-18}$[J]

07 직류 분권전동기를 운전하던 중 계자 저항을 증가시키면 회전속도는?

① 감소한다. ② 정지한다.
③ 변화없다. ④ 증가한다.

🔍 분권 전동기의 계자저항을 증가시키면 자속이 감소하므로 회전 속도는 증가한다.
회전수 $N = K\dfrac{V - I_a R_a}{\phi}$ [rpm]
계자저항 $R_f \uparrow \propto$ 자속 $\phi \downarrow \propto$ 회전.속도 $N \uparrow$

08 분기회로 설계 시 고려사항으로 맞지 않는 것은?

① 같은 스위치로 점멸되는 전등은 같은 회로로 한다.
② 같은 방, 같은 방향의 수구는 동일회로로 하는 것을 원칙으로 한다.
③ 복도,계단 등은 될 수 있는 대로 동일회로로 한다.
④ 습기가 있는 장소의 수구는 될 수 있는 대로 별도회로로 설치한다.

🔍 분기회로 설계시 고려사항
• 같은 스위치로 점멸되는 전등은 같은 회로로 한다.
• 같은 방, 같은 방향의 수구는 동일회로로 하는 것을 원칙으로 한다.
• 복도,계단 등은 될 수 있는 대로 동일회로로 한다.
• 습기가 있는 장소의 수구는 반드시 별도의 단독회로로 설치한다.

09 직류기에 있어서 정류자와 접촉하여 전기자 권선과 외부 회로를 연결하는 역할을 하는 브러시에 요구되는 사항이 아닌 것은?

① 접촉저항이 클 것
② 내마멸성, 내마모성이 클 것
③ 내열성이 클 것
④ 기계적 강도가 클 것

🔍 브러쉬의 구비조건
• 적당한 접촉저항을 가질 것
• 내마모성, 내열성이 클 것
• 기계적 강도가 클 것

10 선택지락계전기(selective ground relay)의 용도는?

① 단일회선에서 지락전류의 방향의 선택
② 단일회선에서 지락사고 지속시간 선택
③ 단일회선에서 지락전류의 대소의 선택
④ 다 회선에서 지락고장 회선의 선택

🔍 선택지락 계전기 (SGR) : 다회선 송전 선로에서 지락이 발생된 회선만을 검출하여 선택하여 차단할 수 있도록 동작하는 계전기

11 전기설비를 보호하는 계전기중 전류 계전기의 설명으로 틀린 것은?

① 과전류 계전기와 부족 전류 계전기가 있다.
② 부족 전류 계전기는 항상 시설하여야 한다.
③ 배전선로의 보호, 후비보호 목적으로 사용되고 고장감시 목적으로 사용된다.
④ 과전류계전기와 부족전류계전기의 통칭이다.

🔍 • 과전류 계전기 : 전류가 정정값 이상이 되면 동작하는 계전기
• 부족 전류 계전기(UCR) : 전류가 정정값 이하가 되었을 때 동작하는 계전기(특수한 곳에만 설치 : 여자회로, 계자회로)

12 직류발전기에서 부하의 전압강하를 보상하기 위한 승압용 발전기는?

① 가동 복권 발전기
② 과복권 발전기
③ 분권 발전기
④ 차동 복권 발전기

🔍 무부하 단자전압(V_0) < 전부하 단자전압(V_n)의 외부특성을 갖는 발전기는 과복권, 직권 발전기가 있다.

13 공기 중에서 1[Wb]의 자극으로부터 나오는 자력선의 총수는 몇 개인가?

① 6.33×10^4 ② 7.96×10^5
③ 8.855×10^3 ④ 1.256×10^6

🔍 자력선의 총수 $N = \dfrac{m}{\mu_0} = \dfrac{1}{4\pi \times 10^{-7}} = 7.96 \times 10^5$개

14 복권 발전기의 병렬 운전을 안전하게 하기 위해서 두 발전기의 전기자와 직권 권선의 접속점에 연결해야 하는 것은?

① 집전환　　② 균압선
③ 안정저항　④ 브러시

🔍 복권발전기 운전 중 과복권 발전기로 운전시 발전기 특성상 수하특성을 지니지 않으므로 안정하게 운전하기 위해서는 균압선을 연결해야한다.

15 최대사용전압이 3.3[kV]인 차단기 전로의 절연 내력 시험 전압은 몇 [V]인가?

① 3,036　② 4,125　③ 4,950　④ 6,600

🔍 전로의 절연내력시험

종류		시험전압	최저시험전압
비접지	7,000[V] 이하	×1.5배	500[V]
	7,000[V] 초과	×1.25배	10,500[V]

시험전압 3,300×1.5 = 4,950[V]

16 과전류차단기로 저압전로에 사용하는 범용의 퓨즈(「전기용품 및 생활용품 안전관리법」에서 규정하는 것을 제외한다.)의 정격전류가 16[A]인 경우 용단 전류는 정격 전류의 몇 배인가? 단, 퓨즈(gG)인 경우이다.

① 1.25　② 1.5　③ 1.6　④ 1.9

🔍 보호장치 중 과전류차단기로 저압전로에 사용하는 범용의 퓨즈의 용단 특성

정격 전류	시간	정격전류 배수	
		불용단전류	용단전류
4[A] 이하	60분	1.5	2.1
4[A] 초과 16[A] 미만	60분	1.5	1.9
16[A] 이상 63[A] 이하	60분	1.25	1.6

17 [그림]의 정류회로에서 실효값 220[V], 위상 점호각이 60°일 때 정류 전압은 약 몇 [V]인가?

① 99　② 148
③ 110　④ 100

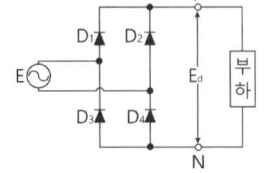

🔍 ① 저항만의 부하
$$E_d = \frac{2\sqrt{2}}{\pi}E\left(\frac{1+\cos\alpha}{2}\right)$$
② 유도성 부하
$$E_d = \frac{2\sqrt{2}}{\pi}E\cos\alpha = 0.9E\cos\alpha\,[V]$$
$$E_d = 0.9 \times 220 \times \cos 60° = 99\,[V]$$

18 다음 설명 중 잘못된 것은?

① 전류의 방향은 전자의 이동 방향과는 반대 방향으로 정한다.
② 1초 동안에 1[C]의 전기량이 이동하면 전류는 1[A]이다.
③ 전위차가 높으면 높을수록 전류는 잘 흐른다.
④ 양전하를 많이 가진 물질은 전위가 낮다.

🔍 전위란 전기적인 위치에너지이므로 양전하가 많을수록 전위가 높다.

19 단상 전력계 2대를 사용하여 2전력계법으로 3상 전력을 측정하고자 한다. 두 전력계의 지시값이 각각 P_1, P_2[W]이었다. 3상 전력 P[W]를 구하는 식으로 옳은 것은?

① $P = P_1 - P_2$　② $P = \sqrt{3}(P_1 \times P_2)$
③ $P = P_1 \times P_2$　④ $P = P_1 + P_2$

🔍 2전력계법에 의한 유효전력 $P = P_1 + P_2$[W]

20 동기 전동기를 자기기동법으로 기동시킬 때 계자회로는 어떻게 하여야 하는가?

① 단락시킨다.
② 개방시킨다.
③ 직류를 공급한다.
④ 단상 교류를 공급한다.

🔍 계자회로를 단락시킨다.(고전압이 유도되는 것을 방지하기 위함)

21 10[Ω] 저항 5개를 가지고 얻을 수 있는 가장 작은 합성 저항 값은?

① 1[Ω]　② 2[Ω]　③ 4[Ω]　④ 5[Ω]

저항은 병렬접속 시 그 합성 값이 감소한다. 따라서, 10[Ω] 저항 5개를 모두 병렬로 접속할 때 가장 작은 합성 저항 $\frac{10}{5} = 2[Ω]$을 얻을 수 있다.

22 옴의 법칙을 바르게 설명한 것은?

① 전압은 전류의 크기와 저항의 곱에 비례한다.
② 전압은 도체의 저항에 반비례한다.
③ 전압은 전류에 반비례한다.
④ 전압은 전류의 제곱에 비례한다.

옴의 법칙 : $V = IR[V]$

23 다음 중 접지의 목적으로 알맞지 않은 것은?

① 보호 계전기의 동작 확보
② 감전의 방지
③ 전로의 대지 전압 상승
④ 이상 전압의 억제

접지의 목적
 • 이상 전압의 억제
 • 감전 및 화재 사고 방지
 • 보호 계전기의 동작 확보
 • 전로의 대지 전압 상승 방지

24 황산구리 용액에 10[A]의 전류를 60분간 흘린 경우 이때 석출되는 구리의 양은? (단, 구리의 전기화학 당량은 0.3293×10^{-3}[g/C]임)

① 5.93[g] ② 11.86[g] ③ 7.82[g] ④ 1.67[g]

전극에서 석출되는 물질의 양 계산 $W = kQ = kIt[g]$
$= 0.3293 \times 10^{-3} \times 10 \times 60 \times 60 ≒ 11.86[g]$

25 지름 2.6[mm], 길이 1,000[m]인 구리선의 전기저항은 몇 [Ω]인가?(단, 구리선의 고유저항은 1.69×10^{-8}[Ω·m]이다.)

① 2.1 ② 3.2 ③ 8 ④ 12

전선의 지름 $D = 2.6[mm] = 2.6 \times 10^{-3}[m]$
전선의 전기저항 $R = \rho \frac{l}{S} = \rho \frac{4l}{\pi D^2}$
$= 1.69 \times 10^{-8} \times \frac{4 \times 1,000}{3.14 \times (2.6 \times 10^{-3})^2} ≒ 3.2[Ω]$

26 자속이 통과하는 면적이 10[cm²], 투자율이 1,000인 철심에 5×10^{-6}[Wb]인 자속이 통과한다면 자속밀도는 몇 [Wb/m²]인가?

① 5×10^{-3} ② 5×10^{-6}
③ 2×10^{-3} ④ 2×10^{-4}

자속밀도 $B = \frac{\phi}{S} = \frac{5 \times 10^{-6}}{10 \times 10^{-4}} = 5 \times 10^{-3}[Wb/m^2]$
$S = 10[cm^3] = 10 \times 10^{-4}[m^2]$

27 공심솔레노이드 내부의 자기장의 세기가 500[AT/m]일 때 자속밀도 [Wb/m²]의 세기는?

① $2\pi \times 10^{-5}$ ② $4\pi \times 10^{-3}$
③ $2\pi \times 10^{-4}$ ④ $4\pi \times 10^{-4}$

자속밀도와 자기장 관계식
$B = \mu_0 H = 4\pi \times 10^{-7} \times 500 = 2\pi \times 10^{-4}[Wb/m^2]$

28 가공전선로의 지지물에서 다른 지지물을 거치지 아니하고 수용장소의 인입선 접속점에 이르는 가공전선을 무엇이라 하는가?

① 옥외 전선 ② 연접 인입선
③ 가공 인입선 ④ 관등회로

가공전선로의 지지물에서 다른 지지물을 거치지 아니하고 수용장소의 인입선 접속점에 이르는 가공전선을 가공인입선이라고 한다.

29 공기중에 20[cm] 간격을 두고 2개의 평행도선에 각각 100[A]의 전류가 동일한 방향으로 흐를 때 도선 1[m]당 발생하는 힘의 크기(N)는?

① 0.1 ② 0.01 ③ 1 ④ 10

평행 도선 사이에 작용하는 힘의 세기
$F = \frac{2I_1 I_2}{r} \times 10^{-7}$
$= \frac{2 \times 100 \times 100}{0.2} \times 10^{-7} = 1 \times 10^{-2} = 0.01[N/m]$

30 정전용량이 같은 콘덴서 2개를 병렬로 연결하였을 때의 합성정전용량은 직렬로 접속하였을 때의 몇 배인가?

① $\frac{1}{4}$ ② $\frac{1}{2}$ ③ 2 ④ 4

> 콘덴서의 정전용량이 $C[\mathrm{F}]$이라면,
> - 병렬로 접속 시 합성정전용량 $C_{병} = 2C$
> - 직렬로 접속 시 합성정전용량 $C_{직} = \dfrac{C}{2}$
>
> 따라서, $\dfrac{C_{병}}{C_{직}} = \dfrac{2C}{\dfrac{C}{2}} = 4$

31 3상 유도전동기의 원선도를 그리는데 필요하지 않은 것은?

① 무부하 시험
② 구속 시험
③ 2차 저항 측정
④ 회전수 측정

> 저항측정 시험 : 1차 동손
> - 무부하 시험 : 여자전류, 철손
> - 구속시험(단락시험) : 2차 동손

32 유도전동기가 많이 사용되는 이유가 아닌 것은?

① 값이 저렴
② 취급이 어려움
③ 전원을 쉽게 얻음
④ 구조가 간단하고 튼튼함

> 유도전동기는 회전자가 구조가 간단하고 튼튼해서 취급이 용이하므로 많이 사용되지만 기동력이 떨어져 주로 소형이 사용된다.

33 슬립 4[%]인 유도 전동기의 등가 부하 저항은 2차 저항의 몇 배인가?

① 5
② 19
③ 20
④ 24

> 등가부하저항(R) : 기동 시 전부하 토크와 같은 토크로 기동하기 위한 외부저항
> $R = \dfrac{1-s}{s} r_2 = \left(\dfrac{1}{s} - 1\right) r_2 = \left(\dfrac{1}{0.04} - 1\right) r_2$
> $= (25 - 1) r_2 = 24 r_2 [\Omega]$

34 유도전동기에서 슬립이 커지면 증가하는 것은?

① 2차 출력
② 2차 효율
③ 2차 주파수
④ 회전속도

> 슬립 s가 커지면
> - 2차 주파수 $f_2 = sf_1[\mathrm{Hz}] \to$ 증가
> - 2차 효율 $\eta_2 = \dfrac{P_0}{P_2} = \dfrac{(1-s)P_2}{P_2} = 1 - s = \dfrac{N}{N_s} \to$ 감소
> - 2차 출력 $P_2 = \dfrac{P_0}{1-s}[\mathrm{W}] \to$ 감소
> - 회전속도 $N = (1-s)N_s[\mathrm{rpm}] \to$ 감소

35 3상 동기발전기 병렬운전 조건이 아닌 것은?

① 전압의 크기가 같을 것
② 회전수가 같을 것
③ 주파수가 같을 것
④ 전압 위상이 같을 것

> 동기 발전기의 병렬 운전조건
> - 기전력의 크기가 같을 것
> - 기전력의 파형이 같을 것
> - 기전력의 주파수가 같을 것
> - 기전력의 위상이 같을 것
> - 상회전 방향이 같을 것

36 단면적 14.4[cm²], 폭 3.2[cm], 1장의 두께가 0.35[mm]인 철심의 점적률이 90[%]가 되기 위한 철심은 몇 장이 필요한가?

① 162
② 143
③ 46
④ 92

> 점적률 : 철심의 실제 단면적에 대한 자속이 통과하는 유효단면적의 비율
> 철심이 n장일 경우 철심단면적
> $3.2 \times 0.35 \times 10^{-1} \times n [\mathrm{cm}^2]$
> 점적률 $0.9 = \dfrac{144}{3.2 \times 0.35 \times 10^{-1} \times n}$ 이므로
> $n = \dfrac{144}{0.9 \times 0.35 \times 3.2 \times 10^{-1}} = 142.86$ 이므로 절상하면 143장이 된다.

37 주상변압기의 냉각방식은?

① 건식 자냉식
② 유입 자냉식
③ 유입 예열식
④ 유입 송유식

> 유입자냉식 : 절연유를 변압기 외함에 채우고 대류작용으로 열을 외부로 발산시키는 방식으로 주상변압기의 냉각방식에 채용된다.

38 자기회로와 전기회로의 대응 관계가 잘못된 것은?

① 자속밀도 - 기전력
② 자기저항 - 전기저항
③ 자속 - 전계
④ 투자율 - 도전율

🔍 자기회로와 전기회로 대응관계

자기회로	전기회로
기자력	기전력
자속	전류
자기저항	전기저항
투자율	도전율

39 저압 연접 인입선 시설에서 제한 사항이 아닌 것은?

① 인입선의 분기점에서 100[m]를 초과하는 지역에 미치지 아니할 것
② 다른 수용가의 옥내를 관통하지 말 것
③ 폭 5[m]를 넘는 도로를 횡단하지 말 것
④ 다른 수용가의 옥내를 관통할 것

🔍 연접인입선 시설원칙(저압에 한한다.)
• 분기점에서 100[m]를 초과하지 말 것
• 다른 수용가의 옥내를 관통하지 말 것
• 폭 5[m]를 넘는 도로를 횡단하지 말 것
• 수용가 옥내 관통 금지

40 전선의 명칭 중 FL은 무엇을 뜻하는가?

① 네온 전선　　② 비닐코드
③ 형광방전등　　④ 비닐절연전선

🔍 FL은 형광방전등(fluorescent lamp)을 뜻한다.

41 DV 전선의 명칭은 무엇인가?

① 인입용 비닐절연전선
② 배선용 단심 비닐절연전선
③ 450/750V 일반용 단심 비닐절연전선
④ 옥외용 비닐절연전선

🔍 DV : 인입용 비닐절연전선

42 다음 중 전선의 접속 방법이 틀린 것은?

① 전선의 접속 부분은 다른 부분의 온도 이상이 상승하면 아니된다.
② 전선의 세기는 접속 전보다 20[%] 이상 감소시키지 아니한다.
③ 전선 접속 부분의 전기 저항을 증가시키지 않아야 한다.
④ 접속부분은 염화비닐 점착테이프를 이용하여 반폭이상 겹쳐서 1회 이상 감는다.

🔍 전선의 접속부에 사용하는 테이프 및 튜브 등 도체의 절연에 사용되는 절연 피복은 전기용 점착 테이프에 적합한 것을 사용하고 반폭 이상 겹쳐서 2회 이상 감아야 한다.

43 다음 [그림]과 같은 전선의 접속법은?

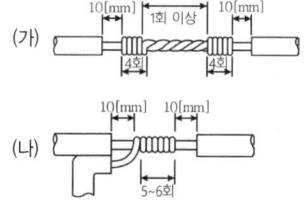

① 직선접속, 분기접속
② 직선접속, 종단접속
③ 종단접속, 직선접속
④ 직선접속, 슬리브에 의한 접속

🔍 (가) 단선의 직선접속법 중 트위스트 직선접속
(나) 단선의 분기접속법 중 트위스트 분기접속

44 3상 6,600[V], 1,000[kVA] 발전기의 전류용량[A]과 역률 70[%]에서 출력[kW]는?

① 87.48, 1000
② 151.52, 1000
③ 87.48, 700
④ 151.52, 700

🔍 전류용량 [A] $I = \dfrac{1,000 \times 10^3}{\sqrt{3} \times 6,600} = 87.48[A]$
출력 $P = 1,000 \times 0.7 = 700[kW]$

45 1종 금속 몰드 배선 공사를 할 때 동일 몰드 내에 넣는 전선 수는 최대 몇 본 이하로 하여야 하는가?

① 3 ② 5
③ 10 ④ 12

🔍 1종 금속 몰드 배선시 몰드 내의 전선 수는 10본 이하이다.

46 금속제 가요전선관 공사에 대한 설명으로 잘못된 것은?

① 전선은 옥외용 비닐 절연전선을 사용했다.
② 10[mm²] 이하의 단선을 사용했다..
③ 가요전선관 안에는 전선의 접속점이 없도록 했다.
④ 가요전선관으로 제2종가요전선관을 사용했다.

🔍 가요전선관 : 두께 0.8[mm] 이상 연강대에 아연 도금을 한 후 약 반 폭씩 겹쳐서 나선 모양으로 감아 만들어서 잘 구부러지는 전선관
 • 사용전선:절연전선사용(, 인입용, 옥외용 비닐절연전선 제외)
 • 연선을 사용하고 관 내에서 전선 접속점이 없을 것 (단선일 경우 10[mm²]까지 가능)
 • 제2종 가요전선관 : 저압 옥내 배선 공사의 가능한 모든 장소에 시설 가능

47 전동기의 정·역 운전을 제어하는 회로에서 2개의 전자 개폐기의 동작이 동시에 일어나지 않도록 하는 회로는?

① Y-△ 회로 ② 자기유지 회로
③ 촌동 회로 ④ 인터록 회로

🔍 인터록 회로(선행 동작 우선회로)

48 후강전선관의 종류는 몇 종인가?

① 20종 ② 10종
③ 5종 ④ 3종

🔍 후강전선관의 종류 : 16, 22, 28, 36, 42, 54, 70, 82, 92, 104[mm]

49 가공전선로의 인입구에 사용하며 금속관 공사에서 관 끝 부분의 빗물 침입을 방지하는데 적당한 것은?

① 엔트런스 캡 ② 엔드
③ 절연부싱 ④ 터미널 캡

🔍 엔트런스 캡(우에사 캡)은 금속관 공사 시 금속관에 빗물이 침입되는 것을 방지하기 위해 사용하므로 가공전선로의 인입구에 사용한다.

50 옥내공사 중 버스덕트 중 환기형과 비환기형이 있으며 도중에 부하를 접속할 수 없는 덕트는?

① 트롤리 버스덕트
② 플러그인 버스덕트
③ 피더버스덕트
④ 트랜스포지션 버스덕트

🔍 버스 덕트의 종류

종류	비고
트롤리 버스 덕트	도중에 이동 부하 접속가능
플러그인 버스 덕트	도중에 부하 접속용 플러그를 만든 것
피더 버스 덕트	도중에 부하 접속 불가능
트랜스포지션 버스덕트	도체 상호접속을 관내에서 변경 가능
탭붙이 버스덕트	덕트중간에 부하를 접속시키기 위한 탭붙이가 있음

51 전선의 공칭단면적에 대한 설명으로 옳지 않은 것은?

① 소선 수와 소선의 지름으로 나타낸다.
② 단위는 [mm²]로 표시한다.
③ 전선의 실제단면적과 같다.
④ 연선의 굵기를 나타내는 것이다.

🔍 전선의 공칭 단면적은 실제 단면적을 계산하여 큰 값을 적용하므로 실제단면적과 다를 수도 있다.1.5, 2.5, 4, 6, 10, 16, 25, 35, ...

52 전기울타리 시설의 사용전압은 몇 [V] 이하인가?

① 150 ② 250
③ 300 ④ 400

🔍 전기울타리 사용전압 : 250[V] 이하

53 화약류 저장소에서 백열전등이나 형광등 또는 이들에 전기를 공급하기 위한 전기설비를 시설하는 경우 전로의 대지 전압은 몇 [V] 이하인가?

① 100　　② 200　　③ 220　　④ 300

🔍 화약류저장소 시설 규정
- 금속관, 케이블 공사
- 대지전압 300[V] 이하
- 개폐기 및 과전류 차단기에서 화약고의 인입구까지의 배선에는 케이블을 사용하고 또한 반드시 지중에 시설할 것

54 작업면에 입사하는 빛의 양을 나타내며, 단위면적당 비춰지는 빛의 밝기를 무엇이라 하는가?

① 광도　　② 휘도　　③ 조도　　④ 광속

🔍 작업면에 입사하는 빛의 양을 나타내며, 단위면적당 비춰지는 빛의 밝기를 조도라고 하고 단위는 lx(룩스)이며, lux로 표기한다.

55 주상변압기 2차전압이 낮은 경우 탭전압으로 맞는 것은?

① 2차측 탭전압을 낮춘다.
② 1차측 탭전압을 높춘다.
③ 2차측 탭전압을 높인다.
④ 1차측 탭전압을 낮춘다.

🔍 2차전압을 높여야 하므로 1차측 탭전압을 낮춘다.

56 전위의 단위로 맞지 않는 것은?

① V　　　　　② J/C
③ N · m/C　　④ V/m

🔍 • 전위의 단위 : $V = \dfrac{W}{Q}$ [V = J/C = N · m/C]
　• 전계의 단위 : [V/m]

57 1[Ah]는 전하량 몇 [C]인가?

① 60　　　　② 3,600
③ 600　　　 ④ 7,200

🔍 전하량　1[Ah]=3,600[A · sec=C]

58 일정 전압 및 일정 파형에서 주파수가 상승하면 변압기 철손은 어떻게 변하는가?

① 증가한다.
② 감소한다.
③ 불변이다.
④ 어떤 기간 동안 증가한다.

🔍 변압기의 유도기전력
$E = 4.44fN\phi_m = 4.44fNB_mA\left(B_m = \dfrac{\phi_m}{A}\right)$ 에서 인가전압이 일정하면 철손은
$P_h \propto fB_m^2 = \dfrac{f^2B_m^2}{f}$ 이므로 주파수에 반비례하는 관계가 성립하므로 주파수가 상승하면 철손은 감소한다.

59 어드미턴스의 실수부는 무엇인가?

① 임피던스　　② 리액턴스
③ 서셉턴스　　④ 컨덕턴스

🔍 어드미턴스 : 임피던스의 역수
• 실수부 : 컨덕턴스　• 허수부 : 서셉턴스

60 KEC(한국전기설비규정)에 의한 저압 가공전선의 굵기 및 종류에 대한 설명 중 틀린 것은?

① 사용전압이 400[V] 초과인 저압 가공전선에는 인입용 비닐절연전선을 사용한다.
② 저압 가공전선에 사용하는 나전선은 중성선 또는 다중접지된 접지측 전선으로 사용하는 전선에 한한다
③ 사용전압이 400[V] 이하인 저압 가공전선은 지름 2.6[㎜] 이상의 경동선이어야 한다.
④ 사용전압이 400[V] 초과인 저압 가공전선으로 시가지 외에 시설하는 것은 4[㎜] 이상의 경동선이어야 한다.

🔍 저압, 고압 가공전선의 굵기

사용전압	전선의 굵기
400[V] 이하	· 절연전선 : 2.6[㎜] 이상 경동선 · 나전선 : 3.2[㎜] 이상 경동선
400[V] 초과	· 시가지내 : 5.0[㎜] 이상의 경동선 · 시가외 : 4.0[㎜] 이상 경동선

(※사용전압 400[V] 초과한 저압 가공전선은 인입용 비닐절연전선 사용하면 안된다.)

정답 2022년 3회

01 ④	02 ④	03 ②	04 ①	05 ③
06 ③	07 ④	08 ④	09 ①	10 ④
11 ②	12 ②	13 ②	14 ②	15 ③
16 ③	17 ①	18 ④	19 ④	20 ①
21 ②	22 ①	23 ③	24 ②	25 ②
26 ①	27 ③	28 ②	29 ②	30 ④
31 ④	32 ②	33 ④	34 ③	35 ②
36 ②	37 ②	38 ①	39 ④	40 ③
41 ①	42 ④	43 ①	44 ③	45 ③
46 ①	47 ④	48 ②	49 ①	50 ③
51 ③	52 ②	53 ④	54 ③	55 ④
56 ④	57 ②	58 ②	59 ④	60 ①

2022년 4회 CBT 복원문제

01 과전류차단기로 저압전로에 사용하는 범용의 퓨즈(「전기용품 및 생활용품 안전관리법」에서 규정하는 것을 제외한다.)의 정격전류가 16[A]인 경우 용단 전류는 정격전류의 몇 배인가? 단, 퓨즈(gG)인 경우이다.

① 1.25 ② 1.5
③ 1.6   ④ 1.9

> 보호장치 중 과전류차단기로 저압전로에 사용하는 범용의 퓨즈(전기용품 및 생활용품 안전관리법에서 규정하는 것을 제외한다)의 용단 특성
> 퓨즈(gG)의 용단 특성
>
> | 정격 전류 | 시간 | 정격전류 배수 | |
> |---|---|---|---|
> | | | 불용단전류 | 용단전류 |
> | 4[A] 이하 | 60분 | 1.5 | 2.1 |
> | 4[A] 초과 16[A] 미만 | 60분 | 1.5 | 1.9 |
> | 16[A] 이상 63[A] 이하 | 60분 | 1.25 | 1.6 |

02 황산구리 용액에 10[A]의 전류를 60분간 흘린 경우 이때 석출되는 구리의 양은? (단, 구리의 전기화학 당량은 0.3293×10^{-3}[g/C]임)

① 5.93[g]   ② 11.86[g]
③ 7.82[g]   ④ 1.67[g]

> 전극에서 석출되는 물질의 양 계산 $W = kQ = kIt$ [g]
> $= 0.3293 \times 10^{-3} \times 10 \times 60 \times 60 ≒ 11.86$ [g]

03 안정적인 전압을 얻기 위해 정류 등에 사용하는 다이오드로 사용되는 것은?

① 터널 다이오드
② 제너 다이오드
③ 쇼트키베리어 다이오드
④ 바렉터 다이오드

> 제너 다이오드 : 전압을 안정화하기 위한 정전압원을 얻기 위해 많이 사용하는 다이오드 소자로서 정류에 아주 적합한 소자이다.

04 동기 발전기의 병렬운전 조건이 아닌 것은?

① 기전력의 크기가 같을 것
② 기전력의 위상이 같을 것
③ 기전력의 주파수가 같을 것
④ 기전력의 용량이 같을 것

> 동기 발전기의 병렬 운전조건
> • 기전력의 크기가 같을 것
> • 기전력의 파형이 같을 것
> • 기전력의 주파수가 같을 것
> • 기전력의 위상이 같을 것
> • 상회전 방향이 같을 것

05 [그림]은 동기기의 위상 특성 곡선을 나타낸 것이다. 전기자 전류가 가장 작게 흐를 때의 역률은?

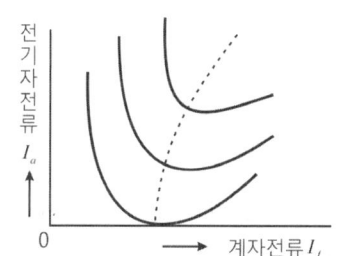

① 1   ② 0.9   ③ 0.8   ④ 0

> V곡선에서 전기자 전류가 가장 작게 흐를 때는 V곡선의 최저점이고 역률은 1이 되는 점이다.

06 다음중 질량이 가장 무거운 것은?

① 양성자의 질량과 중성자의 질량의 합
② 양성자의 질량과 전자의 질량의 합
③ 원자핵의 질량과 전자의 질량의 합
④ 중성자의 질량과 전자의 질량의 합

> 원자핵은 양성자와 중성자가 모두 포함되어 있으므로 원자핵과 전자의 질량의 합이 가장 무겁다.
> • 양성자의 질량 $m_p = 1.673 \times 10^{-27}$ [kg]
> • 중성자의 질량 $m_n = 1.675 \times 10^{-27}$ [kg]
> • 전자의 질량 $m_e = 9.109 \times 10^{-31}$ [kg]

07 농형 유도 전동기의 기동법이 아닌 것은?

① Y-△기동법
② 기동보상기에 의한 기동법
③ 전전압 기동법
④ 2차 저항기법

🔍 유도전동기 기동법

농형	Y-Δ기동법, 전전압 기동법, 기동보상기
권선형	2차 저항기동법(기동저항기법), 게르게스법.

08 유도 전동기에 기계적 부하를 걸었을 때 출력에 따라 속도, 토크, 효율, 슬립 등이 변화를 나타낸 출력특성 곡선에서 슬립을 나타내는 곡선은?

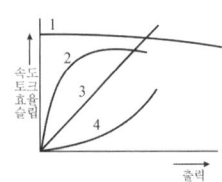

① 1 ② 2 ③ 3 ④ 4

🔍 1 : 속도, 2 : 효율, 3 : 토크, 4 : 슬립

09 비례추이를 이용하여 속도 제어가 되는 전동기는?

① 동기 전동기
② 농형 유도전동기
③ 직류 분권전동기
④ 3상 권선형 유도전동기

🔍 권선형 유도전동기는 2차 저항을 조정함으로서 최대토크는 변하지 않는 상태에서 속도 조절이 가능하다.

10 3,300/220[V] 변압기의 1차에 20[A]의 전류가 흐르면 2차 전류는 몇 [A]인가?

① $\dfrac{1}{30}$ ② $\dfrac{1}{3}$
③ 30 ④ 300

🔍 변압기의 권수비 $a = \dfrac{V_1}{V_2} = \dfrac{I_2}{I_1}$ 에서
$a = \dfrac{3,300}{220} = 15$ 이므로 2차 전류는 다음과 같다.
$I_2 = a \times I_1 = 15 \times 20 = 300$

11 110/220[V] 단상 3선식 회로에서 110[V] 전구 ⓡ, 100[V] 콘센트 ⓒ, 220[V] 전동기 ⓜ의 연결이 올바른 것은?

①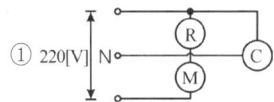

②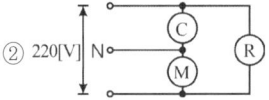

③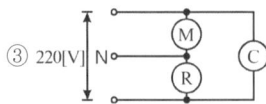

④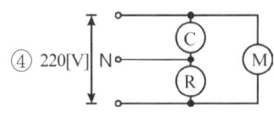

🔍 전구와 콘센트는 110[V]를 사용하므로 한선과 중성선 사이에 연결해야 하고 전동기 M은 220[V]를 사용하므로 두선사이에 연결하여야 한다.

12 ⓔⓠ는 무엇을 나타내는 심벌인가?

① 지진감지기
② 변압기 용량
③ 누전경보기
④ 전류제한기

🔍 EQ는 지진감지기로서 지진(earthquake)의 영어 약자를 딴 것이다.

13 전기자 저항 0.1[Ω], 전기자 전류 104[A], 유도 기전력 110.4[V]인 직류분권발전기의 단자 전압은 몇 [V]인가?

① 98[V] ② 100[V]
③ 102[V] ④ 105[V]

🔍 직류분권발전기의 단자전압
$V = E - I_a R_a = 110.4 - 104 \times 0.1 = 100[V]$

14 일반적으로 가공 전선로의 지지물에 취급자가 오르고 내리는데 사용하는 발판 볼트 등은 일반인의 승주를 방지하기 위하여 지표상 몇 [m] 미만에 시설하여서는 아니 되는가?

① 0.75　　　② 1.2
③ 1.8　　　④ 2.0

🔍 발판 볼트를 취급자가 오르내리기 위한 볼트로서 지지물의 지표상 1.8[m]부터 완금 하부 0.9[m]까지 발판 볼트를 설치한다.

15 전주를 건주할 때 철근 콘크리트주의 길이가 7[m]이면 땅에 묻히는 깊이는 얼마인가? (단, 설계 하중이 6.81[kN] 이하이다.)

① 1.0　　② 1.2　　③ 2.0　　④ 2.5

🔍 철근콘크리트주, A종인 경우 전체길이가 15[m] 이하인 경우 전주길이의 $\frac{1}{6}$ 이상 매설해야 하므로
매설깊이 $H = 7 \times \frac{1}{6} \fallingdotseq 1.2 [m]$

16 차량, 기타 중량물의 하중을 받을 우려가 있는 장소에 지중전선로를 직접 매설식으로 매설하는 경우 매설 깊이는?

① 60[cm] 미만　　② 60[cm] 이상
③ 100[cm] 미만　　④ 100[cm] 이상

🔍 관로식, 직매식 케이블의 최소 매설깊이([cm])

차량, 기타 중량 압력을 받는 장소	기타장소
100	60

17 변압기, 동기기 등의 층간 단락 등의 내부 고장보호에 사용되는 계전기는?

① 차동 계전기　　② 접지 계전기
③ 과전압 계전기　　④ 역상 계전기

🔍 변압기 내부고장 검출 계전기
　비율 차동계전기

18 변압기유가 구비해야 할 조건으로 틀린 것은?

① 절연내력이 높을 것
② 인화점이 높을 것
③ 고온에도 산화되지 않을 것
④ 응고점이 높을 것

🔍 변압기 절연유의 구비 조건
　• 절연내력이 클 것
　• 인화점이 높을 것
　• 응고점이 낮을 것
　• 고온에도 산화되지 않을 것

19 5[Wb]의 자속이 이동하여 2[J]의 일이 발생했다면 몇 [A]의 전류가 필요하겠는가?

① 0.1　　② 0.2　　③ 0.3　　④ 0.4

🔍 자속이 한일 $W = \phi I$ [J]
　전류 $I = \frac{W}{\phi} = \frac{2}{5} = 0.4$ [A]

20 어드미턴스의 실수부는 무엇인가?

① 임피던스　　② 리액턴스
③ 서셉턴스　　④ 컨덕턴스

🔍 어드미턴스의 실수부는 컨덕턴스, 허수부는 서셉턴스이다.

21 60[Hz]의 동기전동기가 2극일 때 동기속도는 몇 [rpm]인가?

① 7,200　　② 4,800
③ 3,600　　④ 2,400

🔍 $N_s = \frac{120f}{P} = \frac{120 \times 60}{2} = 3,600$ [rpm]

22 대칭 3상 교류 회로에서 각 상간의 위상차는 얼마인가?

① $\frac{\pi}{2}$　　② $\frac{3}{2}\pi$
③ $\frac{2\pi}{3}$　　④ $\frac{\pi}{\sqrt{3}}$

🔍 대칭 3상 교류에서의 각상간 위상차는 $\frac{2\pi}{3}$[rad] = 120° 이다.

23 다음 중 자기저항의 단위에 해당되는 것은?

① [Ω]　　② [Wb/AT]
③ [H/m]　　④ [AT/Wb]

기자력 $F = NI = R\phi$ [AT]에서
자기 저항 : 자속의 통과를 방해하는 성분
$R = \dfrac{NI}{\phi}$ [AT/Wb]

24 옴의 법칙을 바르게 설명한 것은?

① 전압은 전류와 저항의 곱에 비례한다.
② 전압은 도체의 저항에 반비례한다.
③ 전압은 전류에 반비례한다.
④ 전압은 전류의 제곱에 비례한다.

옴의 법칙 $V=IR$에서 전압은 도체에 흐르는 전류와 저항의 곱에 비례한다.

25 6극, 직류 발전기의 전기자 총 도체수가 400, 매극당 자속수 0.01[Wb], 회전수 600[rpm]일 때 발전기의 유기기전력은 몇 [V]인가? (단, 전기자는 파권이다.)

① 100 ② 110
③ 120 ④ 150

발전기의 유기기전력
$E = \dfrac{PZ\phi N}{60a}$ [V]이고,
파권은 병렬회로수 $a=2$이므로
$E = \dfrac{PZ\phi N}{60a} = \dfrac{6 \times 400 \times 0.01 \times 600}{60 \times 2} = 120$ [V]

26 전위의 단위로 맞지 않는 것은?

① V ② J/C
③ N · m/C ④ V/m

• 전위의 단위 : $V = \dfrac{W}{Q}$ [V = J/C = N·m/C]
• 전계의 단위 : [V/m]

27 전자에 10[V]의 전위차를 인가한 경우 전자 에너지[J]는?

① 1.6×10^{-16} ② 1.6×10^{-17}
③ 1.6×10^{-18} ④ 1.6×10^{-19}

전자에너지(전자볼트)
$W = eV = 1.6 \times 10^{-19} \times 10 = 1.6 \times 10^{-18}$ [J]

28 패러데이관에서 단위 전위차에 축적되는 에너지[J]는?

① $\dfrac{1}{2}$ ② 1
③ ED ④ $\dfrac{1}{2}$ ED

단위 전하 1[C]에서 나오는 전속관을 패러데이관이라 하며 그 양단에는 항상 1[C]의 전하가 있다.
단위전위차는 1[V]이므로
보유 에너지 $W = \dfrac{1}{2}QV = \dfrac{1}{2} \times 1 \times 1 = \dfrac{1}{2}$ [J]

29 그림은 전력 제어 소자를 이용한 위상 제어 회로이다. 전동기의 속도를 제어하기 위하여 '가'부분에 사용되는 소자는?

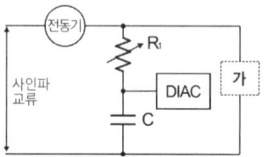

① 전력용 트랜지스터
② 제어 다이오드
③ 트라이악
④ 레귤레이터 78XX 시리즈

트라이악(TRIAC)은 양방향성으로서 교류를 제어하는 반도체 소자로서 적합한 특성을 갖추고 있으며 교류전류 스위치로서 연속적으로 변화하는 교류 제어용으로 사용된다.

30 소세력 회로의 전선을 조영재에 붙여 시설하는 경우에 틀린 것은?

① 전선은 금속제의 수관 · 가스관 또는 이와 유사한 것과 접촉하지 아니하도록 시설할 것
② 전선은 코드 · 캡타이어 케이블 또는 케이블일 것
③ 전선이 손상을 받을 우려가 있는 곳에 시설하는 경우에는 적당한 방호장치를 할 것
④ 전선의 굵기는 2.5[mm²] 이상일 것

소세력 회로의 배선(전선을 조영재에 붙여 시설하는 경우)
• 전선은 코드나 캡타이어 케이블 또는 케이블을 사용할 것
• 케이블 이외에는 공칭단면적 1[mm²] 이상의 연동선 또는 이와 동등 이상의 것일 것

31 3상 100[kVA], 13,200/200[V] 변압기의 저압측 선전류의 유효분은 약 몇 [A] 인가?(단, 역률은 0.8이다.)

① 100　② 173　③ 230　④ 260

$P_a = \sqrt{3} VI$[kVA]에서
$I_2 = \dfrac{P_a}{\sqrt{3} V_2} = \dfrac{100 \times 10^3}{200\sqrt{3}} = 288.68$[A]
I_2의 유효분
$I_{2유효분} = I_2 \cos\theta = 288.68 \times 0.8$
$= 230.94$[A]

32 직류전동기의 속도제어법이 아닌 것은?

① 전압제어법　② 계자제어법
③ 저항제어법　④ 주파수제어법

직류전동기 속도 제어
 • 전압제어
 • 워드레오너드 방식
 • 일그너방식 : 계자제어, 저항제어

33 정크션 박스 내에서 전선을 접속할 수 있는 것은?

① S형 슬리브　② 꽂음형 커넥터
③ 와이어 커넥터　④ 매킹타이어

정크션 박스 내에서 전선을 접속하는 방법은 쥐꼬리 접속을 한 후 와이어 커넥터로 돌려끼워서 접속한다.

34 전선의 접속법에서 두 개 이상의 전선을 병렬로 사용하는 경우의 시설기준으로 틀린 것은?

① 각 전선의 굵기는 구리인 경우 50[mm²] 이상이어야 한다.
② 각 전선의 굵기는 알루미늄인 경우 70[mm²] 이상이어야 한다.
③ 병렬로 사용하는 전선은 각각에 퓨즈를 설치할 것
④ 동극의 각 전선은 동일한 터미널러그에 완전히 접속할 것

전선을 병렬로 접속해서 각각 전선에 퓨즈를 설치한 경우 만약 한선의 퓨즈가 용단된다면 다른 한 선으로 전류가 모두 흘러서 과열로 인한 화재발생 우려가 있으므로 어느 선이든 퓨즈를 설치하면 안된다.

35 전기기기의 철심 재료로 규소 강판을 많이 사용하는 이유로 가장 적당한 것은?

① 히스테리시스손을 줄이기 위하여
② 맴돌이 전류를 없애기 위해
③ 풍손을 없애기 위해
④ 구리손을 줄이기 위해

규소강판 사용 : 히스테리시스손 감소.
0.35~0.5[mm] 철심을 성층 : 와류손 감소.

36 두 자극의 세기가 m_1, m_2[Wb], 거리가 r[m]일 때 작용하는 자기력의 크기(N)는 얼마인가?

① $k\dfrac{m_1 \cdot m_2}{r}$　② $k\dfrac{r}{m_1 \cdot m_2}$
③ $k\dfrac{m_1 \cdot m_2}{r^2}$　④ $k\dfrac{r^2}{m_1 \cdot m_2}$

쿨롱의 법칙 : 두 자극 사이에 작용하는 자력의 크기는 양 자극의 세기의 곱에 비례하며, 자극 간의 거리의 제곱에 비례한다.
쿨롱의 법칙 $F = k\dfrac{m_1 \cdot m_2}{r^2} = \dfrac{m_1 \cdot m_2}{4\pi\mu_o r^2}$[N]

37 금속 전선관 공사에서 사용되는 후강 전선관의 규격이 아닌 것은?

① 16　② 22
③ 30　④ 54

후강 전선관의 호칭 : 내경, 짝수
 • 종류 : 16, 22, 28, 36, 42, 54, 70, 82, 92, 104[mm]

38 전압 200[V]이고 $C_1 = 10[\mu F]$와 $C_2 = 5[\mu F]$인 콘덴서를 병렬로 접속하면 C_2에 분배되는 전하량은 몇 $[\mu C]$인가?

① 100　② 2,000
③ 500　④ 1,000

C_2에 축적되는 전하량
$Q_2 = C_2 V = 5 \times 200 = 1,000[\mu C]$

39 다음 물질 중 강자성체로만 짝지어진 것은?

① 철, 니켈, 아연, 망간
② 구리, 비스무트, 코발트, 망간
③ 철, 구리, 니켈, 아연
④ 철, 니켈, 코발트

🔍 강자성체는 비투자율이 아주 큰 물질로서 철, 니켈, 코발트, 망간 등이 있다.

40 두 평행도선의 길이가 1[m]인 왕복 도선 사이에 단위 길이당 작용하는 힘(흡입력 또는 반발력)의 세기가 2×10^{-7}[N]일 경우 전류의 세기(A)는?

① 1　　② 2
③ 3　　④ 4

🔍 평행 도선 사이에 작용하는 힘의 세기
$F = \dfrac{2I_1I_2}{r} \times 10^{-7}$[N/m] 이고, $I_1 = I_2 = I$이므로
$F = \dfrac{2I^2}{I} \times 10^{-7}$[N/m] $= 2 \times 10^{-7}$[N/m]
$I^2 = 1$ 이므로 $I = 1$[A]

41 특고압 수변전설비 약호가 잘못된 것은?

① LF - 전력퓨즈　② DS - 단로기
③ LA - 피뢰기　　④ CB - 차단기

🔍 전력퓨즈는 약호가 PF 이다.

42 자동화설비에서 기기의 위치선정에 사용하는 전동기는?

① 전기 동력계　② 스텐딩 모터
③ 스테핑 모터　④ 반동 전동기

🔍 스테핑 모터(stepping motor) : 입력 펄스수에 비례하여 회전각도를 정확하게 제어하는 모터로서 산업용 기계의 정확한 각도, 속도, 거리, 방향 등의 위치를 정확하게 제어하는 기능이 있다.

43 두 금속을 접속하여 여기에 전류를 흘리면, 줄열 외에 그 접점에서 열의 발생 또는 흡수가 일어나는 현상은?

① 줄 효과　　② 홀 효과
③ 제벡 효과　④ 펠티에 효과

🔍 스테핑 모터(stepping motor) : 입력 펄스수에 비례하여 회전각도를 정확하게 제어하는 모터로서 산업용 기계의 정확한 각도, 속도, 거리, 방향 등의 위치를 정확하게 제어하는 기능이 있다.

44 보호를 요하는 회로의 전류가 어떤 일정한 값(정정 값) 이상으로 흘렀을 때 동작하는 계전기는?

① 과전류 계전기　② 과전압 계전기
③ 부족전압 계전기　④ 비율 차동 계전기

🔍 과전류 계전기 : 전류가 정정값 이상이 되면 동작하는 계전기

45 저압 연접 인입선의 시설 규정으로 적합한 것은?

① 분기점으로부터 90[m] 지점에 시설
② 6[m]도로를 횡단하여 시설
③ 수용가 옥내를 관통하여 설치
④ 지름 1.5[mm]인입용 비닐절연전선을 사용

🔍 저압 연접 인입선 시설 원칙
・분기점에서 100[m]를 초과하지 말 것
・폭 5[m]를 넘는 도로를 횡단하지 말 것
・옥내를 관통하지 말 것
・지름 2.6[mm] 이상의 경동선을 사용할 것

46 반파 정류 회로에서 변압기 2차 전압의 실효치를 E[V]라 하면 직류 전류 평균치는?(단, 정류기의 전압강하는 무시한다.)

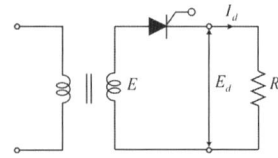

① $\dfrac{E}{R}$　　② $\dfrac{1}{2} \cdot \dfrac{E}{R}$
③ $\dfrac{2\sqrt{2}}{\pi} \cdot \dfrac{E}{R}$　　④ $\dfrac{\sqrt{2}}{\pi} \cdot \dfrac{E}{R}$

🔍 단상 반파 정류회로의 직류전압
$E_d = \dfrac{\sqrt{2}}{\pi} E = 0.45E$[V]
직류전류 $I_d = \dfrac{E_d}{R} = \dfrac{\sqrt{2}}{\pi} \times \dfrac{E}{R}$[A]

47 주택, 아파트인 경우 표준부하는 몇 [VA/m²]인가?

① 10   ② 20   ③ 30   ④ 40

🔍 건물의 종류에 대응한 표준 부하(VA/m²)

건물의 종류	표준 부하
공장, 공회당, 사원, 교회, 극장, 영화관, 연회장	10
기숙사, 여관, 호텔, 병원, 학교, 음식점, 대중목욕탕	20
사무실, 은행, 상점, 이발소, 미장원	30
주택, 아파트	40

48 양전하와 음전하를 가진 물체를 서로 접속하면 여기에 전하가 이동하게 되며 이들 물체는 전기를 띠게 된다. 이와 같은 현상을 무엇이라 하는가?

① 분극   ② 정전
③ 대전   ④ 코로나

🔍 대전 : 절연체를 서로 마찰시키면 전자를 얻거나 잃어서 전기를 띠게 되는 현상

49 직류전동기의 전부하 속도가 1,200[rpm]이고 속도변동률이 2[%]일 때, 무부하 회전 속도는 몇 [rpm]인가?

① 1,224   ② 1,236   ③ 1,176   ④ 1,164

🔍 속도 변동률 $\epsilon = \dfrac{N_0 - N_n}{N_n} \times 100[\%]$
무부하 회전속도 $N_0 = N_n\left(1 + \dfrac{\epsilon}{100}\right)$
무부하 속도 $N_0 = N_n(1+0.02) = 1,200(1+0.02) = 1,224$[rpm]

50 3상 전파 정류회로에서 출력전압의 평균 전압 값은? (단, V는 선간 전압의 실효값이다.)

① 0.45V   ② 0.9V
③ 1.17V   ④ 1.35V

🔍 정류기의 직류전압(평균값)의 크기
• 단상 반파 정류분 E_d = 0.45V[V]
• 단상 전파 정류분 E_d = 0.9V[V]
• 3상 반파 정류분 E_d = 1.17V[V]
• 3상 전파 정류분 E_d = 1.35V[V]

51 전시회, 쇼, 공연장 등에 사용하는 저압전기설비 중 이동전선의 사용전압[V] 얼마이하이어야 하는가?

① 100   ② 200
③ 400   ④ 600

🔍 쇼, 공연장에 사용하는 이동전선의 사용전압 : 400[V] 이하

52 1[Wb]의 자하량으로부터 발생하는 자기력선의 총수는?

① 6.33×10^4 개   ② 7.96×10^5 개
③ 8.855×10^3 개   ④ 1.256×10^6 개

🔍 자기력선의 총수 $N = \dfrac{m}{\mu_0} = \dfrac{1}{4\pi \times 10^{-7}} = 7.96 \times 10^5$ 개

53 공기중에서의 투자율 μ[H/m]는?

① 6.33×10^4 ② 8.55×10^{-12}
③ $4\pi \times 10^{-7}$ ④ 9×10^9

🔍 공기의 투자율 $\mu_0 = 4\pi \times 10^{-7}$[H/m]

54 전원주파수 60[Hz], 4극, 슬립 5[%]인 유도전동기의 회전자의 주파수[Hz]는?

① 4   ② 3
③ 5   ④ 6

🔍 회전자 회로의 주파수 f_2는
$f_2 = 0.05 \times 60 = 30$[Hz]
f : 전원 주파수

55 전류를 계속 흐르게 하려면 전압을 연속적으로 만들어 주는 어떤 힘이 필요하게 되는데, 이 힘을 무엇이라 하는가?

① 자기력   ② 기전력
③ 전자력   ④ 전기장

🔍 전기회로에서 전위차를 일정하게 유지시켜 전류가 연속적으로 흐를 수 있도록 하는 힘을 기전력이라 한다.

56 옥내배선에 시설하는 전등 1개를 3개소에서 점멸하고자 할 때 필요한 3로 스위치와 4로 스위치의 최소 개수는?

① 3로스위치 2개, 4로 스위치 2개
② 3로스위치 1개, 4로 스위치 1개
③ 3로스위치 2개, 4로 스위치 1개
④ 3로스위치 1개, 4로 스위치 2개

🔍 전등 1개를 3개소에서 점멸하므로 스위치는 최소 3개가 필요하며 4로 스위치는 스위치 접점이 교대로 바뀌는 구조로서 3개소에서 전등 1개를 점멸시 3로 스위치 2개와 조합하여 사용한다.

57 지선의 안전율은 2.5 이상으로 하여야 한다. 이 경우 허용최저인장하중[kN]은 얼마 이상으로 하여야 하는가?

① 4.31   ② 6.8
③ 9.8   ④ 0.68

🔍 지선의 시설 규정
• 안전율 : 2.5 이상
• 지선의 허용 인장 하중은 4.31 [kN] 이상
• 소선 : 3가닥 이상의 아연도금 연선 사용

58 13,200/6,600[V], 1,000[kVA] 3상 변압기의 저압측 전류 (㉠)와 역률 70[%]일 때 출력 (㉡)은?

① 67.8[A], 700[kW]
② 87.5[A], 700[kW]
③ 78.5[A], 600[kW]
④ 76.8[A], 600[kW]

🔍 3상 피상전력 $P_a = \sqrt{3}\,VI\,[VA]$ 이므로
전류 $I = \dfrac{P_a}{\sqrt{3}\,V} = \dfrac{1,000}{\sqrt{3} \times 6.6} = 87.5\,[A]$
출력 $P = P_a \cos\theta = 1,000 \times 0.7 = 700\,[kW]$

59 가우스의 정리에 의해 구할수 있는 것은?

① 전계의 세기   ② 전하간의 힘
③ 전위   ④ 전계 에너지

🔍 가우스의 정리 : 전기력선의 총수를 계산하여 전계의 세기를 계산할 수 있는 법칙이다.

60 변압기 결선에 주로 사용하고 있으며 한쪽은 중성점을 접지할 수 있고 다른 한쪽은 제3고조파에 의한 영향을 없애주는 장점을 가지고 있는 3상 결선 방식은?

① Y-Y   ② △-△
③ Y-△   ④ V-V

🔍 Y-△결선방식의 특징
• 강압용에 적합
• 절연이 용이
• 3고조파 영향이 없으므로 통신장애의 발생이 없다.
• 1, 2차 간에 30°의 위상차 발생

정답 2022년 4회

01 ③	02 ②	03 ②	04 ④	05 ①
06 ③	07 ④	08 ④	09 ④	10 ④
11 ④	12 ①	13 ②	14 ③	15 ②
16 ④	17 ①	18 ④	19 ④	20 ④
21 ③	22 ③	23 ④	24 ①	25 ③
26 ④	27 ②	28 ①	29 ③	30 ④
31 ③	32 ④	33 ③	34 ③	35 ①
36 ③	37 ③	38 ④	39 ④	40 ①
41 ①	42 ③	43 ③	44 ①	45 ①
46 ④	47 ④	48 ③	49 ①	50 ④
51 ③	52 ②	53 ③	54 ②	55 ②
56 ③	57 ①	58 ②	59 ①	60 ③

2023년 1회 CBT 복원문제

01 100[kVA]의 단상 변압기 2대를 사용하여 V-V 결선으로 하고 3상 전원을 얻고자 할 때 최대로 얻을 수 있는 3상 부하의 용량은 약 몇 [kVA]인가?

① 173.2 ② 100 ③ 200 ④ 346.4

> V 결선 용량 $P_V = \sqrt{3}P_1 = \sqrt{3} \times 100 = 173.2[\text{kVA}]$

02 동기 발전기의 전기자 권선을 단절권으로 하면?

① 고조파를 제거한다.
② 기전력을 높인다.
③ 절연이 잘 된다.
④ 역률이 좋아진다.

> 동기발전기에서 단절권과 분포권을 사용하는 가장 큰 이유는 고조파 제거로 인한 파형을 개선하기 위함이다.

03 변압기 주탱크와 콘서베이터 사이에 설치하여 내부 고장 발생 시 발생하는 가스의 흐름 치 기름의 흐름 변화를 검출하는 계전기로 알맞은 것은?

① 비율차동계전기
② 부흐홀츠 계전기
③ 충격압력계전기
④ 방압안전장치

> 부흐홀츠 계전기는 내부고장 발생시 유증기를 검출하여 동작하는 계전기로 변압기 본체와 콘서베이터를 연결하는 파이프 도중에 설치한다.

04 저압 구내 가공인입선으로 인입용비닐절연전선 사용 시 전선의 길이가 15[m] 초과하는 경우 사용할 수 있는 최소 굵기는 몇 [mm] 이상인가?

① 1.5 ② 2.0 ③ 2.6 ④ 4.0

> 가공 인입선을 DV 전선을 사용하여 인입하는 경우 그 최소 굵기는 2.6[mm] 이상이지만, 전선 길이가 15[m] 이하인 경우 2.0[mm] 이상도 가능하다.

05 저항 R=3[Ω], 자체인덕턴스 L=10.6[mH]이 직렬로 연결된 회로에 주파수 60[Hz], 500[V]의 교류전압을 인가한 경우의 전류 I[A]는?

① 10 ② 40
③ 100 ④ 200

> 유도성 리액턴스
> $X_L = 2\pi f L = 2 \times 3.14 \times 60 \times 10.6 \times 10^{-3} = 4[\Omega]$
> $Z = \sqrt{R^2 + X_L^2} = \sqrt{3^2 + 4^2} = 5[\Omega]$
> $I = \dfrac{V}{Z} = \dfrac{500}{5} = 100[\text{A}]$

06 자기회로와 전기회로의 대응 관계가 잘못된 것은?

① 투자율 - 도전율
② 자계 - 전계
③ 자속 - 전류
④ 자속밀도 - 기전력

> 자속은 전류와 대응된다.
> 자기회로와 전기회로 대응관계

자기회로	전기회로
기자력	기전력
자속(밀도)	전류(밀도)
자계	전계
투자율	도전율

07 전주 외등의 공사방법으로 알맞지 않은 것은?

① 합성수지관
② 금속관
③ 케이블
④ 금속덕트

> 전주 외등의 배선
> • 전선 : 단면적 2.5[mm²] 이상의 절연전선
> • 배선방법 : 케이블, 합성수지관, 금속관

08 전로에 시설하는 기계기구의 철대 및 금속제 외함(외함이 없는 변압기 또는 계기용변성기는 철심)에는 접지공사를 하여야 한다. 다음 사항 중 접지공사 생략이 불가능한 장소는?

① 직류 사용전압 300[V], 교류 대지전압 150[V] 초과하는 전기 기계 기구를 건조한 장소에 설치한 경우
② 철대 또는 외함이 주위의 적당한 절연대를 이용하여 시설한 경우
③ 전기용품 안전관리법에 의한 2중 절연 기계 기구
④ 저압용 기계기구를 목주나 마루 위 등에 설치한 경우

🔍 전로에 시설하는 기계기구의 철대 및 금속제 외함(외함이 없는 변압기 또는 계기용변성기는 철심)의 접지공사 생략 가능 항목
• 사용 전압이 직류 300[V], 교류 대지 전압 150[V] 이하인 전기 기계 기구를 건조한 장소에 설치한 경우
• 저압, 고압, 22.9[kV-Y] 계통 전로에 접속한 기계 기구를 목주 위 등에 시설한 경우
• 저압용 기계기구를 목주나 마루 위 등에 설치한 경우
• 전기용품 안전관리법에 의한 2중 절연 기계 기구
• 외함이 없는 계기용 변성기 등을 고무 절연물 등으로 덮은 경우
• 철대 또는 외함이 주위의 적당한 절연대를 이용하여 시설한 경우

09 전선피복을 벗기는 공구로 알맞은 것은?

① 니퍼
② 펜치
③ 와이어 스트리퍼
④ 전선 압착 공구

🔍 와이퍼 스트리퍼 : 전선 피복을 벗기는 공구

10 전등 1개를 2개소에서 점멸하고자 할 때 필요한 3로 스위치는 최소 몇 개 인가?

① 1개 ② 2개
③ 3개 ④ 4개

🔍 3로 스위치 : 전등 1개를 2개소에서 점멸하는 스위치로 2개가 필요하다.

11 보호를 요하는 회로의 전류가 일정 방향으로 일정한 값(정정값)이상으로 흘렀을 때 동작하는 계전기는?

① 과전류 계전기
② 방향단락계전기
③ 선택지락계전기
④ 거리계전기

🔍 방향단락계전기 : 보호를 요하는 회로의 전류가 일정 방향으로 일정한 값(정정값)이상으로 흘렀을 때 동작하는 계전기

12 일반적으로 과전류 차단기를 설치하여야 할 곳으로 틀린 것은?

① 접지측 전선
② 보호용, 인입선 등 분기선을 보호하는 곳
③ 송배전선로의 보호를 필요로 하는 장소
④ 간선의 전원 측 전선

🔍 접지측 전선은 과전류 차단기를 설치하면 안된다.

13 변압기 중성점에 접지공사를 하는 이유는?

① 전류 변동의 방지
② 고저압 혼촉 방지
③ 전력 변동의 방지
④ 전압 변동의 방지

🔍 변압기는 고압, 특고압을 저압으로 변성시키는 기기로서 고·저압 혼촉 사고를 방지하기 위하여 반드시 2차측 중성점에 접지공사를 하여야 한다.

14 가공 전선로의 인입구에 설치하거나 금속관이나 합성수지관으로부터 전선을 뽑아 전동기 단자 부근에 접속할 때 사용하는 재료는?

① 부싱
② 엔트런스 캡
③ 터미널 캡
④ 로크 너트

🔍 터미널 캡은 배관 공사 시 금속관이나 합성수지관으로부터 전선을 뽑아 전동기 단자 부근에 접속할 때 또는 노출 배관에서 금속 배관으로 변경 시에 설치하는 것으로 서비스 캡이라고도 한다.

15 주택, 아파트인 경우 표준부하는 몇 인가?

① 10　　② 20　　③ 30　　④ 40

> 건물의 종류에 대응한 표준 부하[VA/m²]
>
> | 건물의 종류 | 표준 부하 |
> |---|---|
> | 사무실, 은행, 상점, 이발소, 미용원 | 30 |
> | 주택, 아파트 | 40 |

16 건축물·구조물의 철골 기타의 금속제는 이를 비접지식 고압전로에 시설하는 기계기구의 철대 또는 금속제 외함 또는 저압전로를 결합하는 변압기의 저압전로의 접지공사의 접지극으로 사용할 수 있다. 이 경우 대지와의 전기저항값이 몇 [Ω]이하이어야 하는가?

① 1　　② 2　　③ 3　　④ 4

> 접지극 대용 가능한 전기저항
> • 수도관 : 3[Ω] 이하　• 철골 : 2[Ω] 이하

17 폭연성 분진이 존재하는 곳의 저압 옥내배선 공사 시 공사 방법으로 짝지어진 것은?

① 금속관 공사, MI케이블 공사, 개장된 케이블 공사
② CD케이블 공사, MI케이블 공사, 금속관 공사
③ CD케이블 공사, MI케이블 공사, 제1종 캡타이어 케이블 공사
④ 개장된 케이블 공사, CD케이블 공사, 제1종 캡타이어 케이블 공사

> 폭연성 분진, 화약류 분말이 있는 장소 공사
> • 금속관공사, 케이블 공사(MI케이블, 개장 케이블)

18 플로어 덕트 공사에 의한 저압 옥내 배선에서 절연 전선으로 연선을 사용하지 않아도 되는 것은 전선의 굵기가 몇 [mm²] 이하인 경우인가?

① 2.5　　② 4　　③ 6　　④ 10

> 저압 옥내 배선에서 플로어 덕트 공사 시 전선은 절연전선으로 연선이 원칙이지만 단선을 사용하는 경우 단면적 10[mm²] 이하까지는 사용할 수 있다.

19 전선 접속 시 S형 슬리브 사용에 대한 설명으로 틀린 것은?

① 전선의 끝은 슬리브의 끝에서 나오지 않도록 한다.
② 슬리브는 전선의 굵기에 적합한 것을 선정한다.
③ 직선접속 또는 분기접속에서 2회 이상 꼬아 접속한다.
④ S형 슬리브 접속은 연선, 단선 둘 다 가능하다

> 슬리브 접속은 2~3회 꼬아서 접속해야하며 전선의 끝은 슬리브의 끝에서 조금 나오는 것이 바람직하다.

20 배선용 차단기의 심벌은?

① B　　② E
③ BE　　④ S

> ① : 배선용단기, ② : 누전차단기, ④ : 개폐기

21 KEC(한국전기설비규정)에 의한 400[V] 이하 가공전선으로 절연전선의 최소 굵기[mm]는?

① 1.6　　② 2.6
③ 3.2　　④ 4.0

> 저압, 고압 가공전선의 굵기
>
> | 사용전압 | 경동선의 굵기 |
> |---|---|
> | 400[V] 이하 | • 절연전선 : 2.6[mm] 이상
• 나전선 : 3.2[mm] 이상 |
> | 400[V] 초과, 고압 | • 시가지 내 : 5.0[mm] 이상
• 시가지 외 : 4.0[mm] 이상 |

22 0.6/1[kV] 비닐절연 비닐외장 케이블의 약칭으로 맞는 것은?

① VV　　② EV
③ FP　　④ CV

> • VV : 비닐절연 비닐외장 케이블
> • EV : 폴리에틸렌 절연 비닐외장 케이블
> • CV : 가교폴리에틸렌 절연 비닐외장 케이블

23 욕조나 샤워시설이 있는 욕실 또는 화장실 등 인체가 물에 젖어있는 상태에서 전기를 사용하는 장소에 콘센트를 시설방법 중 틀린 것은?

① 콘센트는 접지극이 있는 방적형 콘센트를 사용하여 접지한다.
② 인체감전보호용 누전차단기가 부착된 콘센트를 시설한다.
③ 절연변압기(정격용량 3kVA 이하인 것에 한한다)로 보호된 전로에 접속한다.
④ 인체감전보호용 누전차단기(정격감도전류 15mA 이하, 동작시간 0.03초 이하의 전압동작형의 것에 한한다)

🔍 인체가 물에 젖은 상태(화장실, 비데)의 전기 사용 장소 규정

인체감전보호용 누전차단기 부착 콘센트	접지극 있는 방적형 콘센트
	정격감도전류 15[mA] 이하, 동작시간 0.03초 이하의 전류동작형
정격용량 3[kVA]이하 절연변압기로 보호된 전로	

24 옥내배선공사에서 전개된 장소나 점검 가능한 은폐 장소에 시설하는 합성수지관의 최소 두께는 몇 [mm]인가? 단, 합성수지제 휨(가요)전선관은 제외한다.

① 1   ② 1.2   ③ 2   ④ 2.3

🔍 합성수지관 규격 및 시설 원칙
- 호칭 : 내경에 짝수(14, 16, 22, 28, 36, 42, 54, 70, 82[mm])
- 두께 : 2[mm]이상
- 연선사용(단선일 경우 10[mm²] 이하도 가능)
- 관안에 전선의 접속점이 없을 것

25 낙뢰, 수목 접촉, 일시적인 섬락 등 순간적인 사고로 계통에서 분리된 구간을 신속히 계통에 재투입시킴으로써 계통의 안정도를 향상시키고 정전 시간을 단축시키기 위해 사용되는 계전기는?

① 재폐로 계전기
② 거리 계전기
③ 과전류 계전기
④ 차동 계전기

🔍 재폐로 계전기 : 계통을 안정시키기 위해서 재폐로 차단기와 조합하여 사용하며 송전선로에 고장이 발생하면 고장을 일으킨 구간을 신속히 고속 차단하여 제거한 후 재투입시켜서 정전 구간을 단축시키는 계전기

26 보극이 없는 직류기의 운전 중 중성점의 위치가 변하지 않는 경우는?

① 무부하   ② 전부하
③ 중부하   ④ 과부하

🔍 중성점의 위치가 변하는 이유는 전기자 도체에 흐르는 전류에 의해 발생된 자속이 계자 자속에 영향을 미치는 현상(전기자 반작용)에 의해 발생하므로, 만약 전기자 도체에 전류가 흐르지 않으면 전기자 반작용이 발생하지 않는다. 즉, 무부하인 경우 중성점의 위치가 변하지 않는다.

27 인입 개폐기가 아닌 것은?

① ASS   ② LBS   ③ LS   ④ UPS

🔍 UPS(Uninterruptible Power Supply)는 무정전 전원 공급장치이다.

28 다음의 변압기 극성에 관한 설명에서 틀린 것은?

① 우리나라는 감극성이 표준이다.
② 1차와 2차 권선에 유기되는 전압의 극성이 반대이면 감극성이다.
③ 3상 결선시 극성을 고려한다.
④ 병렬 운전시 극성을 고려해야 한다.

🔍 감극성은 1차, 2차 기전력으로 극성이 반대인 경우를 말한다.

29 4[Ω]의 저항과 6[Ω]의 저항을 직렬로 접속할 때 합성 컨덕턴스는 몇 [℧]인가?

① 10   ② 5   ③ 0.5   ④ 0.1

🔍 직렬합성저항 $R_0 = 4 + 6 = 10[\Omega]$
합성 컨덕턴스 $G_0 = \dfrac{1}{R_0} = \dfrac{1}{10} = 0.1[℧]$

30 전지의 기전력 E[V], 내부저항 r[Ω]인 전지 n개를 직렬로 접속한 후 부하 R[Ω]을 연결할 경우 부하에서 최대 전력이 발생하려면 부하가 얼마이어야 겠는가?

① $R=r$ ② $R=nr$
③ $R=\dfrac{r}{n}$ ④ $R=n^2r$

🔍 최대전력 전달조건은 부하저항 = 내부저항
$R = nr[\Omega]$

31 납축전지가 완전히 충전된 상태에서 양극은 무엇인가?

① $PbSO_4$
② PbO_2
③ H_2SO_4
④ Pb

> 납축전지의 방전시 전기분해식
> $PbO_2 + 2H_2SO_4 + Pb \rightleftarrows PbSO_4 + 2H_2O + PbSO_4$
> (양극) (전해액) (음극)   (황산납) (물)   (황산납)

32 전류에 의한 자기장의 세기를 구하는 비오-사바르의 법칙을 옳게 나타낸 것은?

① $\Delta H = \frac{I\Delta l \sin\theta}{4\pi r^2}$ [AT/m]
② $\Delta H = \frac{I\Delta l \sin\theta}{4\pi r}$ [AT/m]
③ $\Delta H = \frac{I\Delta l \cos\theta}{4\pi r}$ [AT/m]
④ $\Delta H = \frac{I\Delta l \cos\theta}{4\pi r^2}$ [AT/m]

> 전류에 의한 자기장의 세기 : 비오-사바르의 법칙
> $\Delta H = \frac{I\Delta l \sin\theta}{4\pi r^2}$ [AT/m]

33 전기력선에 대한 설명으로 틀린 것은?

① 전기력선은 서로 반발하며 서로 교차하지 않는다.
② 전기력선은 양전하에서 나와 음전하에서 끝난다.
③ 전기력선은 낮은 전위에서 높은 전위로 향한다.
④ 전기력선의 밀도는 전기장의 크기를 나타낸다.

> 전기력선의 성질 : 전기력선은 높은 전위에서 낮은 전위로 향한다.

34 다음 물질 중 강자성체로만 짝지어진 것은?

① 철, 구리, 니켈, 아연
② 구리, 비스무트, 코발트, 망간
③ 니켈, 코발트, 철
④ 철, 니켈, 아연, 망간

> 강자성체는 비투자율이 아주 큰 물질로서 철, 니켈, 코발트, 망간 등이 있다.

35 영구자석 가까이에 물체를 두었을 때 흡인력으로 작용하는 자성체는?

① 페리자성체
② 가역자성체
③ 강자성체
④ 비자성체

> 자성체의 극성이 외부자계와 반대 극으로 유도되어 흡인력이 작용하는 자성체는 강자성체이며 서로 흡인력이 작용한다.

36 $R-L$ 직렬 회로에 200[V]의 교류전압을 가하면 10[A]의 전류가 흐르고 전압과 전류의 위상차가 30°일 때 코일의 리액턴스는 몇 [Ω]인가?

① 6
② 8
③ 10
④ $10\sqrt{3}$

> 임피던스 크기 $Z = \frac{V}{I} = \frac{200}{10} = 20[\Omega]$
> 임피던스 복소수
> $\dot{Z} = Z\cos\theta + jZ\sin\theta = R + jX_L$
> $= 20 \times \cos 30° + j20\sin 30° = 10\sqrt{3} + j10[\Omega]$
> 리액턴스는 임피던스의 허수부이므로 10[Ω]이다.

37 교류에서 피상전력이 60[VA], 무효전력이 36[Var]라면 유효전력[W]은?

① 12
② 24
③ 48
④ 96

> $P = \sqrt{P_a^2 - P_r^2} = \sqrt{60^2 - 36^2} = 48[W]$

38 1[cm] 당 권선수가 10인 무한 길이 솔레노이드에 1[A]의 전류가 흐르고 있을 때 솔레노이드 외부 자계의 세기[AT/m]는?

① 0
② 10
③ 100
④ 1000

> 무한장 솔레노이드의 외부 자계의 세기는 0이다.

39 다음 중 전동기의 원리에 적용되는 법칙은?

① 렌츠의 법칙
② 플레밍의 오른손 법칙
③ 플레밍의 왼손 법칙
④ 옴의 법칙

> 전동기의 회전원리 : 플레밍의 왼손법칙

40 직류를 교류로 변환하는 장치는?

① 정류기　　② 충전기
③ 순변환 장치　④ 역변환 장치

🔍 인버터(역변환장치) : 직류를 교류로 변환

41 다음 괄호 안에 알맞은 말을 고르시오.

> [중첩의 원리]
> 『다수의 전압원 및 전류원을 포함한 임의의 회로망에서, 어떤 임의의 지로에 흐르는 전류는 각각의 전압원 및 전류원이 단독으로 존재할 때 그 지로에 흐르는 전류의 대수합과 같다』는 원리로 임의의 지로에 흐르는 전류의 대수합은 각각 전압원은 (㉠)로 하고 전류원은 (㉡)로 하여 구한다.

① ㉠ 개방회로 ㉡ 단락회로
② ㉠ 개방회로 ㉡ 개방회로
③ ㉠ 단락회로 ㉡ 개방회로
④ ㉠ 단락회로 ㉡ 단락회로

🔍 중첩의 원리
임의의 지로에 흐르는 전류의 대수합은 각각 ①전압원은 단락하고 ②전류원은 개방시켜 구한다.

42 계자 권선이 전기자에 병렬로만 접속된 직류기는?

① 타여자기　　② 직권기
③ 분권기　　　④ 복권기

🔍 분권기 : 계자권선과 전기자 회로가 병렬로 접속되어 있는 직류기

43 전선 접속 방법 중 트위스트 직선 접속의 설명으로 옳은 것은?

① 연선의 직선 접속에 적용된다.
② 연선의 분기 접속에 적용된다.
③ 6[mm^2] 이하의 가는 단선인 경우에 적용된다.
④ 6[mm^2] 초과의 굵은 단선인 경우에 적용된다.

🔍 트위스트 접속은 6[mm^2] 이하의 가는 단선에 사용하는 접속방법이다.

44 정전 흡인력에 대한 설명 중 옳은 것은?

① 정전흡인력은 전압의 제곱에 비례한다.
② 정전흡인력은 극판 간격에 비례한다.
③ 정전흡인력은 극판 면적의 제곱에 비례한다.
④ 정전흡인력은 쿨롱의 법칙으로 직접 계산된다.

🔍 정전흡인력은 $f = \frac{1}{2}\epsilon_o E^2 = \frac{1}{2}\epsilon_o \left(\frac{V}{d}\right)^2 [N/m^2]$로서 전압의 제곱에 비례한다.

45 자기인덕턴스에 축적되는 에너지는 전류를 3배로 증가시키면 같은 에너지가 저장되려면 자기인덕턴스는 몇배이어야 하는가?

① 9배　② 3배　③ $\frac{1}{3}$　④ $\frac{1}{9}$

🔍 코일에 축적되는 전자 에너지가 일정해야 하므로
$W = \frac{1}{2}LI^2 = \frac{1}{2}\left(\frac{L}{9}\right)(3I)^2 [J]$이고 L은 $\frac{1}{9}$배가 된다.

46 슬립 s=5%, 저항 r$_2$=0.1[Ω]인 유도 전동기의 등가 저항 R$_2$[Ω]은 얼마인가?

① 0.4　② 0.5　③ 1.9　④ 2.0

🔍 등가저항 $R_2 = \frac{1-s}{s}r_2 = \frac{r_2}{s} - r_2 = \frac{0.1}{0.05} - 0.1 = 1.9[\Omega]$

47 주파수 60Hz의 회로에 접속되어 슬립 3%, 회전수 1164rpm으로 회전하고 있는 유도전동기의 극수는?

① 4　② 6　③ 8　④ 10

🔍 유도 전동기의 회전 속도 $N = (1-s)N_s$[rpm]이므로
$N_s = \frac{N}{1-s} = \frac{1164}{1-0.03} = 1200$[rpm]
극수 $P = \frac{120f}{N_s} = \frac{120 \times 60}{1200} = 6$극

48 변압기의 권수비가 60일 때 2차측 저항이 0.1[Ω]이다. 이것을 1차로 환산하면 몇 [Ω]인가?

① 310　② 360　③ 390　④ 410

🔍 변압기의 권수비 $a = \sqrt{\frac{Z_1}{Z_2}} = \sqrt{\frac{R_1}{R_2}}$이므로 식을 R_1으로 정리하면 다음과 같다.
$R_1 = a^2 R_2 = 60^2 \times 0.1 = 360[\Omega]$

49 동기기의 전기자 권선법이 아닌 것은?

① 중권　　　　② 이층권
③ 전층권　　　④ 분포권

🔍 동기기의 전기자 권선법 : 고상권, 이층권, 중권, 단절권, 분포권

50 동기발전기에서 전기자 전류가 기전력보다 90° 만큼 위상이 앞설 때의 전기자 반작용은?

① 교차 자화 작용　　② 감자 작용
③ 편자 작용　　　　④ 증자 작용

🔍 동기기의 전기자 반작용
 • 앞선전류 : 증자작용
 • 뒤진전류 : 감자작용

51 직류 발전기 전기자의 주된 역할은?

① 기전력을 유도한다.
② 자속을 만든다.
③ 정류작용을 한다.
④ 회전자와 외부회로를 접속한다.

🔍 • 계자 : 공극에 자속을 공급(발생)
 • 전기자 : 기전력 발생
 • 정류자 : 교류를 직류로 변환시킴
 • 브러쉬 : 전기자회로와 외부회로를 연결

52 무부하 직류 발전기의 단자전압을 조정하기 위해서는 무엇을 조정하여야 하는가.

① 계자 저항　　② 전기자 저항
③ 회전속도　　④ 부하저항

🔍 $E = k\phi N \propto \phi$ 이므로 계자저항을 가변하여 전압을 조정할 수 있다.

53 동기전동기의 자기기동법에서 계자권선을 단락하는 이유는?

① 기동이 쉽다.
② 기동권선으로 이용
③ 고전압 유도에 의한 절연파괴 위험 방지
④ 전기자반작용을 방지한다.

🔍 동기전동기의 자기기동법에서 계자권선을 단락하는 첫 번째 이유는 고전압 유도에 의한 절연파괴 위험 방지이다.

54 발전기의 상단 단락, 층간 단락 등의 내부 고장보호에 사용되는 계전기는?

① 차동 계전기
② 접지 계전기
③ 과전압 계전기
④ 역상 계전기

🔍 발전기, 변압기 내부고장 검출 계전기 : 비율 차동계전기

55 3상 유도전동기에서 2차 측 저항을 2배로 하면 그 최대 토크는 어떻게 되는가?

① 변하지 않는다.
② 2배로 된다.
③ $\sqrt{2}$ 배로 된다.
④ $\frac{1}{2}$ 배로 된다.

🔍 3상 유도전동기 권선형에서 최대토크는 2차 저항과 관계없이 항상 일정하다.

56 3단자 사이리스터가 아닌 것은?

① SCS　　　　② SCR
③ TRIAC　　　④ GTO

🔍 SCS : 4단자 단방향성사이리스터

57 16[mm] 합성수지 전선관을 직각 구부리기를 할 경우 곡률반지름은 몇 [mm]인가? (단, 16[mm] 합성수지관의 안지름은 18[mm], 바깥지름은 22[mm]이다.)

① 119　　　② 132
③ 187　　　④ 220

🔍 합성수지 전선관을 직각 구부리기 : 전선관의 안지름 d, 바깥지름이 D일 경우
곡률 반지름 : $r = 6d + \frac{D}{2} = 6 \times 18 + \frac{22}{2} = 119 [mm]$

58 두 종류의 금속 접합부에 전류를 흘리면 전류의 방향에 따라 줄열 이외의 열의 흡수 또는 발생현상이 생긴다. 이러한 현상을 무엇이라 하는가?

① 제벡 효과 ② 페란티 효과
③ 펠티어 효과 ④ 초전도 효과

열전기 현상
- 제벡 효과 : 서로 다른 두 종류의 금속을 접속하여 그 접속점에 각각 다른 온도로 유지할 경우 열기전력이 발생하여 일정한 방향으로 열전류가 흐르는 현상
- 페란티 현상 : 경부하나 무부하로 운전시 송전선로의 정전용량으로 인해 수전단전압이 송전단 전압보다 높아지는 현상
- 펠티어 효과 : 서로 다른 두 종류의 금속을 접속하여 그 접속점에 전류를 흘려주면 열의 발생이나 흡수가 일어나는 현상

59 다음과 같이 고립된 도체 근처에 양(+)으로 대전된 물체를 놓으면 가까운 부분에는 음(-)의 전하가 나타나고, 그 반대쪽 부분에는 양(+)의 전하가 나타나는 현상을 무엇이라 하는가.

① 정전유도현상
② 대전현상
③ 분극현상
④ 전자유도현상

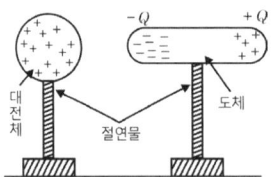

고립된 도체 근처에 양(+)으로 대전된 물체를 놓으면 가까운 부분에는 음(-)의 전하가 나타나고, 그 반대쪽 부분에는 양(+)의 전하가 나타나는 현상을 정전유도현상이라 한다.

60 R-L-C 직렬 공진회로에서 최대가 되는 것은?

① 전류 ② 임피던스
③ 리액턴스 ④ 저항

교류 직렬 회로의 임피던스 $\dot{Z} = R + j(X_L - X_C)[\Omega]$에서 공진조건은 임피던스의 허수부 $X_L - X_C = 0$이므로 임피던스는 최소, 전류는 최대가 된다.

정답 2023년 1회

01 ①	02 ①	03 ②	04 ③	05 ③
06 ④	07 ④	08 ①	09 ③	10 ②
11 ①	12 ①	13 ②	14 ③	15 ④
16 ②	17 ①	18 ④	19 ①	20 ①
21 ②	22 ①	23 ④	24 ③	25 ①
26 ①	27 ④	28 ②	29 ④	30 ②
31 ②	32 ①	33 ③	34 ③	35 ③
36 ③	37 ③	38 ①	39 ③	40 ④
41 ③	42 ③	43 ③	44 ①	45 ④
46 ③	47 ②	48 ②	49 ①	50 ④
51 ①	52 ①	53 ③	54 ①	55 ①
56 ①	57 ①	58 ③	59 ①	60 ①

2023년 2회 CBT 복원문제

01 변압기 결선에서 Y-Y 결선 특징이 아닌 것은?

① 고조파 포함
② 중성점 접지 가능
③ V-V 결선 가능
④ 절연 용이

🔍 Y-Y 결선은 중성점 접지가 가능하여 절연이 용이하지만 중성점 접지시 접지선을 통해 제3고조파 전류가 흐를 수 있으므로 인접 통신선에 유도장해가 발생한다.

02 두 개의 평행한 도체가 진공 중(또는 공기 중)에 20[cm] 떨어져 있고, 100[A]의 같은 크기의 전류가 흐르고 있을 때 1[m]당 발생하는 힘의 크기[N]는?

① 0.05 ② 0.01 ③ 50 ④ 100

🔍 평행 도체 사이에 작용하는 힘의 세기
$$F = \frac{2I_1 I_2}{r} \times 10^{-7} [N/m]$$
$$= \frac{2 \times 100 \times 100}{0.2} \times 10^{-7} = 10^{-2} = 0.01 [N/m]$$

03 저항의 크기가 같은 경우 △결선시 소비전력($P_\triangle$)과 Y 결선 소비전력(P_Y)을 비교하면?

① $P_\triangle = \sqrt{3} P_Y$ ② $P_\triangle = \frac{1}{\sqrt{3}} P_Y$
③ $P_\triangle = 3 P_Y$ ④ $P_\triangle = \frac{1}{3} P_Y$

🔍 저항이 같은 경우 △결선 소비전력($P_\triangle$)과 Y결선 소비전력(P_Y)은 $P_\triangle = 3P_Y$ 이 성립한다.

04 사람이 상시 통행하는 터널 내 배선의 사용전압이 저압일 때 공사 방법으로 틀린 것은?

① 금속관 공사
② 금속제 가요전선관 공사
③ 금속몰드
④ 합성수지관(두께 2[mm]미만 및 난연성이 없는 것은 제외)

🔍 금속관, 두께 2[mm] 이상의 합성수지관, 금속제 가요전선관, 케이블, 애자사용배선 등에 준하여 시설
• 금속몰드공사 : 400[V] 이하, 건조하고 전개된 장소

05 동기발전기의 병렬 운전 조건중 같지 않아도 되는 것은?

① 주파수 ② 위상
③ 전압 ④ 용량

🔍 병렬운전조건에서 전압의 크기, 위상, 주파수, 파형이 같아야 한다.

06 다음 비선형 소자가 아닌 것은?

① 공진관 ② 코일
③ 저항 ④ 콘덴서

🔍 저항은 전압과 전류가 직선형태로 증가하는 선형소자에 해당된다.

07 다음 정전기현상이 발생하는 경우가 아닌 것은?

① 액체가 관을 통과하는 경우
② 건전지의 (+)극에 (-)극을 접속한 경우
③ 물체를 접촉했다가 뗀 경우
④ 물체를 마찰시킨 경우

🔍 건전지의 (+)극에 (-)극을 접속하면 전류가 흐르므로 정전기 현상이 아니다.

08 정격이 10,000[V], 500[A], 역률 90%의 3상 동기발전기의 단락 전류 I_s[A]는?(단, 단락비는 1.3으로 하고 전기자저항은 무시한다.)

① 450 ② 550 ③ 650 ④ 750

🔍 단락비는 $K = \frac{I_s}{I_n}$ 이므로
단락전류 $I_s = I_n \times$ 단락비 $= 500 \times 1.3 = 650[A]$

09 직류 직권 전동기의 회전수(N)와 토크(τ)와의 관계는?

① $\tau \propto \dfrac{1}{N}$ ② $\tau \propto \dfrac{1}{N^2}$
③ $\tau \propto N$ ④ $\tau \propto N^{\frac{2}{3}}$

🔍 직권 전동기의 토크 $\tau \propto \dfrac{1}{N^2}$

10 변압기에서 자속에 대한 설명 중 맞는 것은?

① 전압에 비례하고 주파수에 반비례
② 전압에 반비례하고 주파수에 비례
③ 전압에 비례하고 주파수에 비례
④ 전압과 주파수에 무관

🔍 변압기의 유도기전력 $E_1 = 4.44 f N_1 \phi_m$ 에서
자속 $\phi_m = \dfrac{E_1}{4.44 f N_1} [\text{Wb}]$ 이므로 전압에 비례하고 주파수에 반비례한다.

11 똑같은 크기의 저항 5개를 가지고 얻을 수 있는 합성저항 최대값은 최소값의 몇 배인가?

① 5   ② 10   ③ 25   ④ 20

🔍 최대합성저항은 직렬이고 최소합성저항은 병렬이므로 직렬은 병렬의 $n^2 = 5^2 = 25$ 배이다.

12 발전기나 변압기 내부 고장 보호에 쓰이는 계전기는?

① 접지 계전기
② 차동 계전기
③ 과전압 계전기
④ 역상 계전기

🔍 발전기, 변압기 내부 고장 보호용 계전기는 차동계전기, 비율차동계전기, 부흐홀츠 계전기가 있다.

13 동기 발전기에서 단락비가 크면 다음 중 작아지는 것은?

① 동기 임피던스와 전압 변동률
② 단락 전류
③ 공극
④ 기계의 크기

🔍 단락비가 큰 기기
 • 단락비 : 정격전류에 대한 단락전류의 비
 • 동기 임피던스가 작다.
 • 전기자 반작용이 작다.

14 동기전동기의 자기기동법에서 계자권선을 단락하는 이유는?

① 기동이 쉬움
② 기동권선으로 이용
③ 고전압 유도에 의한 절연파괴 위험 방지
④ 전기자반작용을 방지

🔍 동기전동기의 자기기동법에서 계자권선을 단락하는 이유는 고전압 유도에 의한 절연파괴 위험 방지이다.

15 슬립이 0일 때 유도전동기의 속도는?

① 동기속도로 회전한다.
② 정지상태가 된다.
③ 변화가 없다.
④ 동기속도보다 빠르게 회전한다.

🔍 회전 속도는 $N = (1-s)N_s = N_s [\text{rpm}]$ 이므로 동기속도로 회전한다.

16 SCR에서 Gate 단자의 반도체는 일반적으로 어떤 형을 사용하는가?

① N형   ② P형   ③ NP형   ④ PN형

🔍 SCR(Silicon Controlled Rectifier)은 일반적인 타입이 P-Gate 사이리스터이며 제어전극인 게이트(G)가 캐소드(K)에 가까운 쪽의 P형 반도체 층에 부착되어 있는 3단자 단일 방향성 소자이다.

17 단상 유도 전동기의 기동 방법 중 기동 토크가 가장 큰 것은?

① 반발 기동형
② 분상 기동형
③ 반발 유도형
④ 콘덴서 기동형

🔍 단상 유도전동기 토크 크기 순서
반발기동형 > 반발유도형 > 콘덴서기동형 > 분상기동형 > 셰이딩 코일형

18 금속 전선관의 종류에서 후강 전선관 규격[mm]이 아닌 것은?

① 22 　② 28 　③ 36 　④ 48

🔍 후강전선관의 종류 : 16, 22, 28, 36, 42, 54, 70, 82, 92, 104

19 점유면적이 좁고 운전, 보수에 안전하므로 공장, 빌딩 등의 전기실에 많이 사용되며, 큐비클(cubicle)형이라고 불리는 배전반은?

① 라이브 프런트식 배전반
② 폐쇄식 배전반
③ 포우스트형 배전반
④ 데드 프런트식 배전반

🔍 폐쇄식 배전반 : 각종 계기 및 조작 개폐기, 계전기 등 전부를 금속제 상자 안에 조립하는 방식

20 다음 중 유도전동기에서 비례추이를 할 수 있는 것은?

① 출력　　　　② 2차동손
③ 효율　　　　④ 역률

🔍 유도전동기의 비례추이
• 가능 : 1차 입력, 1차 전류, 2차 전류, 역률, 동기와트, 토크(1차측)
• 불가능 : 출력, 효율, 2차 동손, 부하(2차측)

21 450/750[V] 일반용 단심 비닐절연전선의 약호는?

① FI　　　　② RI
③ NR　　　　④ RI

🔍 NR : 450/750[V] 일반용 단심 비닐절연전선

22 히스테리시스 곡선이 세로축과 만나는 점의 값은 무엇을 나타내는가?

① 자속밀도　　② 잔류자기
③ 보자력　　　④ 자기장

🔍 히스테리시스 곡선의 만나는 점
• 세로축(종축)과 만나는 점 : 잔류자기
• 가로축(횡축)과 만나는 점 : 보자력

23 코일에 흐르는 전류가 0.5[A], 축적되는 에너지가 0.2[J]이 되기 위한 자기인덕턴스는 몇 [H]인가?

① 0.8　　　　② 1.6
③ 10　　　　④ 16

🔍 코일에 축적되는 $W = \frac{1}{2}LI^2[J]$ 에서
$L = \frac{2W}{I^2} = \frac{2 \times 0.2}{0.5^2} = 1.6[H]$

24 조명등을 숙박업소의 입구에 설치할 때 현관등은 최대 몇 분 이내에 소등되는 타임스위치를 시설하여야 하는가?

① 4 　② 3 　③ 1 　④ 2

🔍 현관등 타임스위치
• 일반주택 및 아파트 : 3분
• 숙박업소 각 호실 : 1분

25 코일에 전류가 3[A]가 0.5[sec] 동안 6[A]가 되었을 때 60[V]의 기전력이 발생하였다면 코일의 자기 인덕턴스 [H]는?

① 20　② 30　③ 10　④ 40

🔍 코일에 유도되는 기전력 $e = -L\frac{\Delta I}{\Delta t}[V]$
$L = e \times \frac{\Delta t}{\Delta I} = 60 \times \frac{0.5}{6-3} = 10[H]$

26 접지를 하는 목적으로 설명이 틀린 것은?

① 전기설비용량 감소
② 대지전압 상승 방지
③ 감전 방지
④ 화재와 폭발 사고 방지

🔍 접지의 목적
• 전선의 대지전압의 저하
• 보호계전기의 동작 확보
• 감전의 방지

27 고압 가공 인입선이 도로를 횡단하는 경우 노면 상 시설하여야 할 높이는 몇 [m] 이상인가?

① 8.5　② 6.5　③ 6　④ 4.5

고압 인입선의 최소높이	
장소 구분	고압[m]
도로 횡단	*6[m] 이상
철도 횡단	6.5[m] 이상
횡단 보도교	3.5[m] 이상
기타장소	5[m] 이상

28 캡타이어 케이블을 공사하는 경우 지지점을 지지하는 공사 방법으로 틀린 것은?

① 캡타이어 케이블을 조영재에 따라 시설하는 경우는 그 지지점간의 거리는 1.0[m] 이하로 한다.
② 서까래와 서까래의 사이에 캡타이어 케이블을 시설할수 없는 경우 메신져와이어로 접속한다.
③ 사람이 접촉할 우려가 없는 곳은 지지점 간격은 1.5[m] 이하로 해야 한다.
④ 캡타이어 케이블상호 및 캡타이어 케이블과 박스, 기구와의 접속개소와 지지점간의 거리는 0.15[m]로 하는 것이 바람직하다.

🔍 캡타이어 케이블 공사 방법
 • 케이블 지지점 거리 : 1.0[m] 이하(단, 사람접촉 우려가 없는 장소 : 6.0[m] 이하)
 • 서까래와 서까래의 사이에 캡타이어 케이블을 시설할수 없는 경우 메신져와이어로 접속한다.
 * 메신져와이어(조가용선) : 가공 케이블을 매달아 지지할 때 사용하는 철재

29 가정용 전기세탁기를 욕실에 설치하는 경우 콘센트의 규격은?

① 접지극부 3극 15[A]   ② 3극 15[A]
③ 접지극부 2극 15[A]   ④ 2극 15[A]

🔍 인체가 물에 젖은 상태(화장실, 비데)의 전기 사용 장소 규정

인체감전보호용 누전차단기 부착 콘센트	접지극 있는 방적형 콘센트
	정격감도전류 15[mA] 이하, 동작시간 0.03초 이하의 전류동작형
	정격용량 3[kVA]이하 절연변압기로 보호된 전로

30 합성수지관을 상호 접속 시에 관을 삽입하는 깊이는 관 바깥지름의 몇 배 이상으로 하여야 하는가? (단, 접착제를 사용하지 않는 경우이다.)

① 0.8   ② 1.0   ③ 1.2   ④ 2.0

🔍 합성수지관 접속시 삽입 깊이 : 1.2배(접착제 사용시 0.8배)

31 실내 전반조명을 하고자 한다. 작업대로부터 광원의 높이가 2.4[m]인 위치에 조명기구를 배치할 때 벽에서 한 기구 이상 떨어진 기구에서 기구간의 거리는 일반적인 경우 최대 몇 [m]로 배치하여 설치하는가?

① 1.8   ② 2.4   ③ 3.2   ④ 3.6

🔍 등간격 $S \leq 1.5\,H$ 이므로
$S = 1.5 \times 2.4 = 3.6\,[\text{m}]$

32 진공의 투자율 μ_0[H/m]는?

① 6.33×10^4 ② 8.55×10^{-12}
③ $4\pi \times 10^{-7}$ ④ 9×10^9

🔍 진공의 투자율 $\mu_0 = 4\pi \times 10^{-7}$[H/m]

33 셀룰로이드, 성냥, 석유류 등 기타 가연성 위험물질을 제조 또는 저장하는 장소의 배선으로 잘못된 배선은?

① 금속관 배선
② 합성수지관 배선
③ 플로어덕트 배선
④ 케이블 배선

🔍 가연성분진, 위험물 : 금속관, 케이블, 합성수지관 공사
 *플로어덕트 : 400[V] 이하, 점검할 수 없는 은폐장소

34 UPS 란 무엇인가?

① 정전시 무정전 직류전원장치
② 상시 교류전원장치
③ 무정전 교류전원장치
④ 상시 직류전원장치

🔍 무정전 교류전원공급장치(UPS : Uninterruptible Power Supply)
선로에서 정전이나 순시전압강하 또는 입력전원의 이상 상태 발생 시 부하에 대한 교류 입력전원의 연속성을 확보할 수 있는 무정전 교류전원공급장치

35 한국전기설비규정에 의하여 애자사용 공사를 건조한 장소에 시설하고자 한다. 사용 전압이 400[V]이하인 경우 전선과 조영재 사이의 이격 거리는 최소 몇 [mm] 이상이어야 하는가?

① 120 ② 45
③ 25   ④ 60

🔍 애자사용공사 시 전선과 조영재 간 이격 거리
- 400[V] 이하 : 25[mm] 이상
- 400[V] 초과 : 45[mm] 이상(단, 건조한 장소는 25[mm] 이상)

36 변압기유로 쓰이는 절연유에 요구되는 성질이 아닌 것은?

① 절연내력이 클 것
② 인화점이 높을 것
③ 응고점이 낮을 것
④ 점도가 클 것

🔍 변압기유의 구비 조건
- 절연내력이 클 것
- 인화점이 높고 응고점이 낮을 것
- 점도가 낮을 것

37 절연 전선을 동일 금속 덕트 내에 넣을 경우 전선의 피복 절연물을 포함한 단면적의 총합계가 금속 덕트 내 단면적의 몇 [%] 이하가 되도록 선정하여야 하는가? (단, 제어회로 등의 배선에 사용하는 전선이 아니다.)

① 30   ② 20
③ 32   ④ 48

🔍 덕트내 넣는 전선의 단면적은 덕트내 단면적의 20%이하가 되도록 할 것.(단, 제어회로 등의 배선에 사용하는 전선만 넣는 경우 50% 이하로 한다.)

38 경질비닐관의 호칭으로 맞는 것은?

① 홀수에 안지름
② 짝수에 바깥지름
③ 홀수에 바깥지름
④ 짝수에 관안지름

🔍 경질비닐관(합성수지관)의 호칭 : 짝수, 관안지름(내경)으로 표기
- 규격 : 14, 16, 22, 28, 36, 42, 54, 70, 82[mm]

39 전선 피복을 벗기는 공구로 알맞은 것은?

① 니퍼
② 펜치
③ 와이어 스트리퍼
④ 전선 압착 공구

🔍 와이퍼 스트리퍼 : 전선 피복을 벗기는 공구

40 황산구리 용액에 10[A]의 전류를 60분간 흘린 경우 이때 석출되는 구리의 양[g]은?(단, 구리의 전기화학 당량은 0.3293×10^{-3}[g/C]이다.)

① 11.86 ② 5.93 ③ 7.82 ④ 1.67

🔍 전극에서 석출되는 물질의 양
$W = kQ = kIt$ [g]
$= 0.3293 \times 10^{-3} \times 10 \times 60 \times 60 ≒ 11.86$ [g]

41 교류 전압이 $v = 200\sin\left(\omega t - \frac{\pi}{6}\right)$[V], 교류전류가 $i = 20\sin\left(\omega t + \frac{\pi}{3}\right)$[A]인 경우 전압과 전류의 위상 관계는?

① v가 i보다 $\frac{\pi}{3}$ 뒤진다.
② v가 i보다 $\frac{\pi}{6}$ 앞선다.
③ i가 v보다 $\frac{\pi}{6}$ 앞선다.
④ i가 v보다 $\frac{\pi}{3}$ 뒤진다.

🔍 위상차 $\theta = \frac{\pi}{3} - \frac{\pi}{6} = \frac{\pi}{6}$[rad] = 30°이고 전류가 전압보다 $\frac{\pi}{6}$ 앞선다.

42 SCR 2개를 역병렬로 접속한 그림과 같은 기호의 명칭은?

① SCR
② TRIAC
③ GTO
④ UJT

🔍 TRIAC(트라이액)은 SCR 2개를 이용하여 역병렬로 접속한 소자로서 교류회로에서 양방향 점호(ON) 및 소호(OFF)를 이용하며, 위상제어가 가능하다.

43 4[μF]의 콘덴서에 4[kV]의 전압을 가하여 200[Ω]의 저항을 통해 방전시키면 이 때 발생하는 에너지[J]는 얼마인가?

① 32   ② 16
③ 8   ④ 40

🔍 콘덴서에 축적되는 에너지
$W = \frac{1}{2}CV^2 = \frac{1}{2} \times 1 \times 10^{-6} \times (4 \times 10^3)^2 = 32[J]$

44 선택지락계전기(selective ground relay)의 용도는?

① 단일회선에서 지락전류의 방향의 선택
② 단일회선에서 지락사고 지속시간 선택
③ 단일회선에서 지락전류의 대소의 선택
④ 다 회선에서 지락고장 회선의 선택

🔍 선택지락 계전기(SGR) : 다회선 송전 선로에서 지락이 발생된 회선만을 검출하여 선택하여 차단할 수 있도록 동작하는 계전기

45 1[kWh]와 같은 값은 어느 것인가?

① $3.6 \times 10^6 [J]$
② $3.6 \times 10^6 [N/m^2]$
③ $3.6 \times 10^3 [J]$
④ $3.6 \times 10^3 [N/m^2]$

전력량 $1[kWh] = 3.6 \times 10^6 [J]$

46 최대사용전압이 3.3[kV]인 차단기 전로의 절연 내력 시험 전압은 몇 [V]인가?

① 3,036   ② 4,125
③ 4,950   ④ 6,600

🔍 기기 및 전로의 절연내력시험

종류	절연내력시험전압(최저시험전압)
비접지 기기의 전로	7,000[V] 이하 1.5배(최저 500[V])
	7,000[V] 초과 1.25배(최저 10,500[V])

절연내력시험전압 $3,300 \times 1.5 = 4,950[V]$

47 전기자 저항 0.1[Ω], 전기자 전류 104[A], 유도 기전력 110.4[V]인 직류 분권 발전기의 단자 전압은 몇 [V]인가?

① 98   ② 100
③ 102   ④ 105

🔍 $V = E - I_a R_a = 110.4 - 104 \times 0.1 = 100[V]$

48 다극 중권 직류발전기의 전기자 권선에 균압 고리를 설치하는 이유는?

① 브러시에서 발생하는 순환전류를 방지하기 위하여
② 전기자 반작용을 방지하기 위하여
③ 정류 기전력을 높이기 위하여
④ 전압강하를 방지하기 위하여

🔍 균압 고리 : 브러시에서 순환전류에 의해 발생하는 불꽃을 방지하기 위하여 4극 이상의 중권에 설치한다.

49 저압옥내배선공사 중 애자사용공사를 하는 경우 전선 상호간의 간격은 몇 [mm] 이상 이격하여야 하는가?

① 20   ② 40
③ 60   ④ 80

🔍 애자사용공사시 전선 상호간 간격
• 저압 : 60[mm]   • 고압 80[mm]

50 변압기 V결선의 특징으로 틀린 것은?

① V결선 출력은 △결선 출력과 그 크기가 같다.
② 고장 시 응급처치 방법으로 쓰인다.
③ 단상변압기 2대로 3상 전력을 공급한다.
④ 부하 증가가 예상되는 지역에 시설한다.

🔍 V결선 출력은 △결선 시 출력보다 $\frac{1}{\sqrt{3}}$배로 감소한다.

51 온도변화에도 용량의 변화가 적으며, 극성이 있고 콘덴서 자체에 +의 기호로 전극을 표시하며 비교적 가격이 비싸나 온도에 의한 용량변화가 엄격한 회로, 어느 정도 주파수가 높은 회로 등에 사용되고 있는 콘덴서는?

① 탄탈 콘덴서
② 마일러 콘덴서
③ 세라믹 콘덴서
④ 바리콘

🔍 탄탈 콘덴서는 탄탈소자의 양 끝에 전극을 구성시킨 구조로서 온도나 직류전압에 대한 정전용량 특성의 변화가 적고 용량이 크다.

52 20[kVA]의 단상 변압기 2대를 사용하여 V-V 결선으로 하고 3상 전원을 얻고자 할 때 최대로 얻을수 있는 3상 부하의 용량은 약 몇 [kVA]인가?

① 20
② 24
③ 28.8
④ 34.6

🔍 V결선 변압기 용량
$P_V = \sqrt{3} P_1 = \sqrt{3} \times 20 = 34.6 [kVA]$

53 2분간에 876000[J]의 일을 하였다. 그 전력은 얼마 [kW]인가?

① 7.3
② 730
③ 73
④ 438

🔍 전력량 $W = Pt$[J]이므로
전력 $P = \frac{W}{t} = \frac{876,000}{2 \times 60} = 7,300[W] = 7.3[kW]$

54 평균 반지름 r[m]의 환상솔레노이드에 I[A]의 전류가 흐를 때, 내부 자계가 H[AT/m]이었다. 권수 N은?

① $\frac{HT}{2\pi r}$
② $\frac{2\pi r}{HI}$
③ $\frac{2\pi rH}{I}$
④ $\frac{I}{2\pi rH}$

🔍 자계 $H = \frac{NI}{2\pi r}$이므로 $N = \frac{2\pi rH}{I}$[T]

55 R-L-C 직렬 회로에서 직렬 공진 조건은?

① $\omega L - \frac{1}{\omega C} = 0$
② $\omega L + \frac{1}{\omega C} = 1$
③ $\omega L - \frac{1}{\omega C} = 1$
④ $\omega L - \omega C = 0$

🔍 합성 임피던스 $\dot{Z} = R + j\left(\omega L - \frac{1}{\omega C}\right)$[Ω]에서 직렬공진조건은 $\omega L - \frac{1}{\omega C} = 0$이 된다.

56 양전하와 음전하를 가진 물체를 서로 접속하면 여기에 전하가 이동하게 되며 이들 물체는 전기를 띠게 된다. 이와 같은 현상을 무엇이라 하는가?

① 분극
② 정전
③ 대전
④ 코로나

🔍 대전 : 절연체를 서로 마찰시키면 전자를 얻거나 잃어서 전기를 띠게 되는 현상

57 기전력 1.5[V], 내부저항 0.2[Ω]인 전지 5개를 직렬로 접속하여 단락시켰을 때의 전류[A]는?

① 15
② 7.5
③ 5.5
④ 30

🔍 $I = \frac{E}{r} = \frac{1.5}{0.2} = 7.5[A]$

58 3상 유도전동기의 원선 도를 그리려면 등가회로의 정수를 구할 때 몇 가지 시험이 필요하다. 이에 해당되지 않는 것은?

① 무부하 시험
② 저항측정
③ 회전수 측정
④ 구속시험

- 저항측정 시험 : 1차동손
- 무부하 시험 : 여자전류, 철손
- 구속시험(단락시험) : 2차동손

59 전기기계의 효율 중 발전기의 규약 효율 η_G는 몇 [%]인가?(단, P는 입력, Q는 출력, L은 손실이다.)

① $\eta_G = \dfrac{Q}{Q+L} \times 100$

② $\eta_G = \dfrac{P-L}{P+L} \times 100$

③ $\eta_G = \dfrac{Q}{P} \times 100$

④ $\eta_G = \dfrac{P-L}{P} \times 100$

전기에너지 기준으로 발전기에서는 출력이 기준이 된다.
$\eta_G = \dfrac{Q}{Q+L} \times 100\,[\%]$

60 공심솔레노이드 내부의 자기장의 세기가 500[AT/m]일 때 자속밀도 [Wb/m²]의 세기는?

① $2\pi \times 10^{-5}$ ② $4\pi \times 10^{-3}$
③ $2\pi \times 10^{-4}$ ④ $4\pi \times 10^{-4}$

자속밀도와 자기장 관계식
$B = \mu_0 H = 4\pi \times 10^{-7} \times 500 = 2\pi \times 10^{-4}\,[\text{Wb/m}^2]$

정답 2023년 2회

01 ③	02 ②	03 ③	04 ③	05 ④
06 ③	07 ②	08 ③	09 ②	10 ①
11 ③	12 ②	13 ①	14 ③	15 ①
16 ②	17 ①	18 ④	19 ②	20 ④
21 ③	22 ②	23 ②	24 ③	25 ③
26 ①	27 ③	28 ③	29 ③	30 ③
31 ④	32 ③	33 ③	34 ③	35 ③
36 ④	37 ②	38 ④	39 ③	40 ①
41 ③	42 ②	43 ①	44 ④	45 ①
46 ③	47 ②	48 ①	49 ③	50 ①
51 ①	52 ④	53 ①	54 ③	55 ①
56 ③	57 ②	58 ③	59 ①	60 ③

2023년 3회 CBT 복원문제

01 비정현파를 여러 개의 정현파의 합으로 표시하는 식을 정의한 사람은?

① 노튼 ② 테브낭
③ 푸리에 ④ 패러데이

🔍 푸리에 분석에 의한 성분
$f(t)$ = 직류분 + 기본파 + 고조파

02 가동접속한 자기인덕턴스 값이 L_1=50[mH], L_2=70[mH], 상호인덕턴스 M=60[mH]일 때 합성인덕턴스[mH]는? (단, 누설자속이 없는 경우이다.)

① 120 ② 240
③ 200 ④ 100

🔍 가동 합성인덕턴스
$L_{7} = L_1 + L_2 + 2M = 50 + 70 + 2 \times 60 = 240$[mH]

03 전주 외등 설치 시 백열전등 및 형광등의 조명기구를 전주에 부착하는 경우 부착한 점으로부터 돌출되는 수평거리는 몇 [m]이내로 하여야 하는가?

① 0.5 ② 0.8 ③ 1.0 ④ 1.2

🔍 전주외등 : 대지전압 300[V] 이하 백열전등이나 수은등을 배전선로의 지지물 등에 시설하는 등
- 기구인출선 도체단면적 : 0.75[mm²] 이상
- 기구부착높이 : 지표상 4.5[m] 이상(단, 교통지장 없을 경우 3.0[m]이상)
- 돌출 수평거리 : 1.0[m] 이상

04 박스 안에서 가는 전선을 접속할 때 어떤 접속으로 하는가?

① 슬리브 접속 ② 브리타니어 접속
③ 쥐꼬리 접속 ④ 트위스트 접속

🔍 쥐꼬리 접속 : 박스 안에서 굵기가 같은 가는 단선을 2, 3가닥 모아 서로 접속할 때 이용하는 접속법

05 학교, 사무실, 은행 등의 간선 굵기 선정 시 수용률은 몇 [%]를 적용하는가?

① 50 ② 60
③ 70 ④ 80

🔍 건축물에 따른 간선의 수용률

건축물의 종류	수용률(%)
주택, 기숙사, 여관, 호텔, 병원, 창고	50
학교, 사무실, 은행	70

06 폭연성 분진이 존재하는 곳의 저압 옥내배선 공사 시 공사 방법으로 짝지어진 것은?

① 금속관 공사, MI케이블 공사, 개장된 케이블 공사
② CD케이블 공사, MI케이블 공사, 금속관 공사
③ CD케이블 공사, MI케이블 공사, 제1종 캡타이어 케이블 공사
④ 개장된 케이블 공사, CD케이블 공사, 제1종 캡타이어 케이블 공사

🔍 폭연성 분진, 화약류 분말이 있는 장소 공사
- 금속관공사, 케이블 공사(MI케이블, 개장 케이블)

07 합성수지관 배관시 관과 박스와의 접속 시에 지지점 거리는 고정시킨 박스로부터 몇 [mm] 이하에 새들로 지지하여야 하는가?

① 500 ② 300
③ 200 ④ 400

🔍 합성수지관 지지점 거리
- 관과 박스 접속시 지지점 거리 : 30[cm]=300[mm]
- 관 상호 지지점 거리 : 1.5[m]이하

08 어떤 도체에 10[V]의 전위를 주었을 때 1[C]의 전하가 축적되었다면 이 도체의 정전 용량 C[F]는?

① 0.1[μF]   ② 0.1[F]
③ 0.1[pF]   ④ 10[F]

🔍 $C = \dfrac{Q}{V} = \dfrac{1}{10} = 0.1[F]$

09 욕실 내에 방수형 콘센트를 시설하는 경우 바닥면상 설치높이[cm]는?

① 30   ② 60
③ 80   ④ 150

🔍 옥내 장소에 시설 시 콘센트 설치 높이
- 일반 : 노면상 30[cm]
- 욕실 : 바닥면상 80[cm]

10 그림과 같이 공기중에 놓인 2×10^{-8}[C]의 전하에서 2[m] 떨어진 점 P와 1[m] 떨어진 점 Q와의 전위차는?

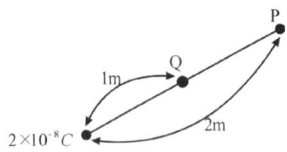

① 80[V]   ② 90[V]
③ 100[V]   ④ 110[V]

🔍 전위 $V = 9\times10^9 \dfrac{Q}{r}$[V]

$V = V_Q - V_P = 9\times10^9 \times \left(\dfrac{2\times10^{-8}}{2} - \dfrac{2\times10^{-8}}{1}\right) = 90[V]$

11 동기발전기의 무부하 포화곡선에 대한 설명으로 옳은 것은?

① 정격전류–단자전압
② 정격전류–정격전압
③ 계자전류–정격전압
④ 계자전류–단자전압

🔍 무부하 포화곡선 : 계자전류–단자전압 특성 곡선

12 전지의 기전력 1.5[V], 내부저항이 0.5[Ω], 20개를 직렬로 접속하고 부하저항 5[Ω]을 접속한 경우 부하에 흐르는 전류[A]는?

① 2   ② 3   ③ 4   ④ 5

🔍 전지 n개를 직렬접속했을 경우 흐르는 전류
$I = \dfrac{nE}{nr+R} = \dfrac{20\times1.5}{20\times0.5+5} = \dfrac{30}{15} = 2[A]$

13 [Wb]는 무엇의 단위인가?

① 전기저항   ② 자기저항
③ 기자력   ④ 자속

🔍
- 전기저항 [Ω]
- 자기저항 [AT/Wb]
- 기자력 [AT]
- 자속 ∅[Wb]

14 환상 솔레노이드의 단면적 4×10^{-4}[m²], 자로의 길이 0.4[m], 비투자율 1,000, 코일의 권수가 1,000일 때 자기인덕턴스[H]는?

① 3.14   ② 2   ③ 1.26   ④ 1.8

🔍 환상 솔레노이드의 자기인덕턴스 $L = \dfrac{\mu_o \mu_s S N^2}{l}$
$= \dfrac{4\pi\times10^{-7}\times1,000\times4\times10^{-4}\times1,000^2}{0.4} = 1.26[H]$

15 홈수가 36인 표준 농형 3상 유도전동기의 극수가 4극이라면 매극 매상당의 홈 수는?

① 6   ② 3   ③ 2   ④ 1

🔍 $\alpha = \dfrac{\text{총슬롯수}}{\text{상수}\times\text{극수}} = \dfrac{36}{3\times4} = 3$

16 반도체 내에서 정공은 어떻게 생성되는가?

① 결합 전자의 이탈
② 접합 불량
③ 자유 전자의 이동
④ 확산 용량

🔍 정공 : 결합전자의 이탈로 생기는 빈자리

17 전원과 부하가 다같이 Y결선된 3상 평형회로가 있다. 상전압이 200[V], 부하 임피던스가 $\dot{Z} = 8 + j6[\Omega]$인 경우 선전류는 몇 [A]인가?

① 20   ② $\frac{20}{\sqrt{3}}$
③ $20\sqrt{3}$ ④ $10\sqrt{3}$

🔍 한상의 임피던스 $\dot{Z} = 8 + j6[\Omega]$ 에서 절대값 $Z = 10[\Omega]$ 이므로 선전류 $I_p = \frac{V}{Z} = \frac{200}{10} = 20[A]$

18 콘크리트 직매용 케이블 배선에서 일반적으로 케이블을 구부릴 때는 피복이 손상되지 않도록 그 굴곡부 안쪽의 반지름은 케이블 외경의 몇 배 이상으로 하여야 하는가? (단, 단심이 아닌 경우이다.)

① 8   ② 6   ③ 10   ④ 12

🔍 케이블 구부릴 때 곡률반경
일반케이블 : 외경의 6배 (단, 단심일 경우 8배이다.)

19 공기 중에서 1[Wb]의 자극으로부터 나오는 자력선의 총수는 몇 개인가?

① 6.33×10^4 ② 7.96×10^5
③ 8.855×10^{-12} ④ 1.256×10^6

🔍 자력선의 총수 $N = \frac{m}{\mu_o} = \frac{1}{4\pi \times 10^{-7}} = 7.96 \times 10^5$개

20 C_1=5[μF]와 C_2=10[μF]인 콘덴서를 병렬로 접속한 다음 100[V] 전압을 가했을 때 C_2에 분배되는 전하량은 몇[μC] 인가?

① 500   ② 1,000   ③ 1,500   ④ 2,000

🔍 병렬 접속시 전하량이 분배되며 $Q_2 = C_2 V = 10 \times 1000[\mu C]$ 이다.

21 C[F]의 콘덴서에 축적되는 에너지를 W[J]발생시키려면 전압은?

① $\sqrt{\frac{W}{2C}}$ ② $\sqrt{\frac{W}{C}}$
③ $\sqrt{\frac{2W}{C}}$ ④ $\sqrt{\frac{2C}{W}}$

🔍 콘덴서에 축적되는 에너지 $W = \frac{1}{2}CV^2[J]$
전압 $V = \sqrt{\frac{2W}{C}}[V]$

22 직권 전동기의 회전수를 $\frac{1}{3}$로 감소시키면 토크는 어떻게 되겠는가?

① $\frac{1}{9}$ ② $\frac{1}{3}$ ③ 3   ④ 9

🔍 직권전동기의 토크 $\tau \propto I^2 \propto \frac{1}{N^2} = \frac{1}{\left(\frac{1}{3}\right)^2} = 9$

23 정격전압이 100[V]인 직류 발전기가 있다. 무부하 전압 104[V] 일 때 이 발전기의 전압 변동률 [%]은?

① 3   ② 4   ③ 8   ④ 10

🔍 전압변동률 $\varepsilon = \frac{V_0 - V_n}{V_n} \times 100 = \frac{104 - 100}{100} \times 100 = 4[\%]$

24 녹아웃의 지름이 관의 지름보다 클 때에 관을 박스에 고정시키기 위해 사용되는 기구은?

① 터미널 캡   ② 링리듀서
③ 엔트런스 캡   ④ 유니버설

🔍 링리듀서 : 금속관을 박스에 설치할 때 녹아웃 지름이 관의 지름보다 큰 경우 고정시키기 위한 재료

25 지름 2.6[mm], 길이 1,000[m]인 구리선의 전기저항은 몇 [Ω]인가?(단, 구리선의 고유저항은 $1.69 \times 10^{-8}[\Omega \cdot m]$이다.)

① 2.1   ② 3.2
③ 8   ④ 12

🔍 전선의 지름 $D = 2.6[mm] = 2.6 \times 10^{-3}[m]$
전선의 전기저항 $R = \rho \frac{l}{S} = \rho \frac{4l}{\pi D^2}$
$= 1.69 \times 10^{-8} \times \frac{4 \times 1,000}{3.14 \times (2.6 \times 10^{-3})^2} ≒ 3.2[\Omega]$

26 설치 면적과 설치비용이 많이 들지만 가장 이상적이고 효과적인 진상용 콘덴서 설치 방법은?

① 수전단 모선에 설치
② 부하 측에 분산하여 설치
③ 수전단 모선과 부하 측에 분산하여 설치
④ 가장 큰 부하 측에만 설치

🔍 역률개선용 진상 콘덴서의 가장 효과적인 설치 방법 : 부하 측에 분산하여 설치

27 정격전류가 40[A]인 주택의 전로에 58[A]의 전류가 흘렀을 경우 주택에 사용하는 배선용 차단기는 몇 분 내에 자동적으로 동작하여야 하는가?

① 10   ② 30   ③ 60   ④ 120

🔍 주택용 배선용 차단기의 동작특성

정격전류	시간(분)	정격전류 배수	
		부동작전류	동작전류
63[A] 이하	*60	1.13배	*1.45배
63[A] 초과	120	1.13배	1.45배

전류비 $\frac{58}{40}$ = 1.45배가 흐르므로 60분 이내에 동작해야 한다.

28 이동용 전기기계기구를 저압전기설비에 사용하는 경우 접지선의 굵기는 다심코드를 사용하는 경우 1개의 단면적이 최소 몇 [mm²]이상이어야 하는가?

① 0.75   ② 1   ③ 4   ④ 6

🔍 이동용 전기기계기구를 저압전기설비에 사용하는 경우 다심코드 접지선의 굵기(1개 단면적) : 0.75[mm²]

29 주파수 60[Hz]인 최대값이 200[V], 위상 0[°]인 교류의 순시값으로 맞는 것은?

① $100 \sin 60\pi t$
② $200 \sin 120\pi t$
③ $200\sqrt{2} \sin 120\pi t$
④ $200\sqrt{2} \sin 60\pi t$

🔍 순시값 $v(t) = 200 \sin 2\pi \times 60t = 200 \sin 120\pi t$[V]

30 코일을 나선형으로 감으면 예상치 못한 현상들이 발생하게 되는데 다음 중 설명이 틀린 것은?

① 직류보다는 교류에서 전류가 더 잘 흐른다.
② 상호유도작용이 발생한다.
③ 전자석이 된다.
④ 공진현상이 발생한다.

🔍 코일에 교류를 인가하면 교류 특성인 전류의 시간적인 변화로 인해 전류의 흐름을 방해하는 방향으로 기전력이 발생하여 오히려 교류는 잘 흐르지 못하는 자기유도현상이 발생한다.

31 회전자가 1초에 30회전을 하면 각속도[rad/s]는?

① 30π ② 60π ③ 90π ④ 120π

🔍 초당 회전수 $n = 30$[Hz]
각속도 $\omega = 2\pi n = 2\pi \times 30 = 60\pi$[rad/sec]

32 최대사용전압이 70[kV]인 중성점 직접 접지식 전로의 절연내력 시험 전압은 몇 [V]인가?

① 35,000   ② 42,000
③ 44,800   ④ 50,400

🔍 절연내력 시험 : 최대 사용전압의 0.72배의 전압을 연속으로 10분간 가할 때 견딜 것
절연내력시험전압 = 70,000 × 0.72 = 50,400[V]

33 가요 전선관과 금속관의 상호 접속에 쓰이는 재료는?

① 스플릿 커플링
② 콤비네이션 커플링
③ 스트레이트 박스 커넥터
④ 앵글 박스 커넥터

🔍 가요전선관과 금속관 접속 기구 : 콤비네이션 커플링
가요전선관 상호 접속 기구 : 스플릿 커플링

34 도체계에서 임의의 도체를 일정 전위(일반적으로 영전위)의 도체로 완전 포위하면 내부와 외부의 전계를 완전히 차단할 수 있는데 이를 무엇이라 하는가?

① 핀치효과   ② 톰슨효과
③ 정전차폐   ④ 자기차폐

🔍 정전차폐 : 임의의 도체를 일정 전위(일반적으로 영전위)의 도체로 완전포위하여 내부와 외부 전계를 완전 차단하는 효과

35 1대 용량이 250[kVA]인 변압기를 Δ결선 운전중 1대가 고장이 발생하여 2대로 운전할 경우 부하에 공급할 수 있는 최대 용량[kVA]은?

① 250
② 300
③ 433
④ 500

🔍 V결선 용량 $P_V = \sqrt{3} \times P_{\Delta 1} = \sqrt{3} \times 250 = 433[kVA]$

36 불연성 먼지가 많은 장소에 시설할 수 없는 저압 옥내 배선의 방법은?

① 금속관공사
② 애자사용공사
③ 케이블공사
④ 플로어덕트 공사

🔍 불연성 먼지(정미소, 제분소)가 많은 장소 공사 방법 : 금속관, 케이블, 합성수지관, 가요전선관, 애자사용, 금속덕트, 버스덕트, 캡타이어케이블

37 정격전압 200[V], 60[Hz]인 전동기의 주파수를 50[Hz]로 사용하면 회전속도는 어떻게 되는가?

① 0.833배로 감소한다.
② 1.1배로 증가한다.
③ 변화하지 않는다.
④ 1.2배로 증가한다.

🔍 전동기의 회전수 $N = \frac{120f}{P}[rpm]$(주파수에 비례)
주파수(회전수) $\frac{50}{60} = 0.833$배 감소

38 막대자석의 자극의 세기가 m[Wb]이고 길이가 l[m]인 경우 자기모멘트는[Wb·m] 얼마인가?

① $\frac{m}{l}$
② $\frac{l}{m}$
③ ml
④ $2ml$

🔍 자석기모멘트 $M = ml$[Wb·m]

39 자기인덕턴스가 각각 80[mH], 50[mH]이고 상호인덕턴스가 60[mH]인 경우 두 코일간에 누설자속이 없는 경우 가동접속한 합성인덕턴스 값[mH]은?

① 120
② 200
③ 240
④ 250

🔍 가동접속 합성인덕턴스(완전 결합시 k=1)
$L_0 = L_1 + L_2 + 2M = 80 + 50 + 2 \times 60 = 250[mH]$

40 화약류 저장소의 배선공사에서 전용 개폐기에서 화약류 저장소의 인입구까지의 공사 방법으로 틀린 것은?

① 애자사용공사
② 대지전압은 300[V] 이하일 것
③ 모든 접속은 전폐형으로 할 것
④ 케이블을 사용하여 지중에 시설할 것

🔍 화약류 저장소 등의 위험 장소
• 금속관공사, 지중 케이블공사
• 대지전압 : 300[V] 이하

41 다음 회로에서 B점의 전위가 100[V], D점의 전위가 60[V]라면 전류 I는 몇[A]인가?

① $\frac{12}{7}$
② $\frac{22}{7}$
③ $\frac{20}{7}$
④ $\frac{10}{7}$

🔍 $V_{BD} = V_B - V_D = 100 - 60 = 40[V]$
전체전류 $I' = \frac{V_{BD}}{R_{BD}} = \frac{40}{5+3} = 5[A]$
$I = \frac{4}{3+4}I' = \frac{4}{3+4} \times 5 = \frac{20}{7}[A]$

42 다음 중 변전소의 역할로 볼 수 없는 것은?

① 전력 생산
② 전압의 변성
③ 전력 계통 보호
④ 전력의 집중과 배분

🔍 변전소의 역할
• 전압 변성
• 전력계통 보호
• 전력계통의 집중과 배분

43 전기 울타리에 사용하는 경동선의 지름은 최소 몇 [mm] 이상이어야 하는가?

① 1.0 ② 1.2 ③ 1.6 ④ 2.0

🔍 전기울타리의 시설
• 사용전압 : 250[V] 이하
• 사용전선 : 2.0[mm]이상 나경동선

44 코일에 흐르는 전류가 0.5[A], 축적되는 에너지가 0.2[J]이 되기 위한 자기인덕턴스는 몇 [H]인가?

① 0.8 ② 1.6
③ 10   ④ 16

🔍 코일에 축적되는 $W = \frac{1}{2}LI^2[J]$에서
$L = \frac{2W}{I^2} = \frac{2 \times 0.2}{0.5^2} = 1.6[H]$

45 그림의 회로에서 교류전압 $v(t) = 100\sqrt{2}\sin\omega t[V]$를 인가했을 때 회로에 흐르는 전류는?

① 10
② 20
③ 25
④ 40

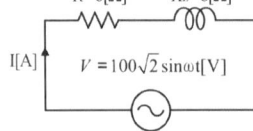

🔍 전류 $I = \frac{V}{Z} = \frac{100}{\sqrt{6^2+8^2}} = 10[A]$

46 회전수 1,728[rpm]인 유도전동기의 슬립[%]은?(단, 동기속도는 1,800[rpm]이다.)

① 2 ② 3
③ 4 ④ 5

🔍 슬립 $= \frac{N_s - N}{N_s} \times 100[\%]$
$s = \frac{1,800 - 1,728}{1,800} \times 100 = 4[\%]$

47 옥내배선공사에서 전개된 장소나 점검 가능한 은폐 장소에 시설하는 합성수지관의 최소 두께[mm]는 몇 [mm]인가?

① 1.2 ② 2 ③ 2.3 ④ 2.6

🔍 합성수지관 최소 두께
전개 장소, 점검가능한 은폐 장소에 시설하는 최소 두께 : 2[mm] 이상

48 저압 구내 가공인입선으로 DV전선 사용 시 전선의 길이가 15[m] 이하인 경우 사용할 수 있는 전선의 최소 굵기는 몇 [mm] 이상인가?

① 1.5 ② 2.0
③ 2.3 ④ 2.6

🔍 가공 인입선의 최소 굵기 : 2.6[mm] 이상
단, 경간이 15[m] 이하인 경우 2.0[mm]이상도 가능하다.

49 납축전지의 전해액으로 사용되는 것은?

① H_2SO_4 ② $2H_2O$
③ PbO_2 ④ $PbSO_4$

🔍 납축전지의 전해액 : 묽은황산(H_2SO_4)

50 100[V]의 교류 전원에 선풍기를 접속하고 입력과 전류를 측정하였더니 500[W], 7[A]였다. 이 선풍기의 역률은?

① 0.61 ② 0.71
③ 0.81 ④ 0.91

🔍 단상 교류 소비전력 $P = VI\cos\theta[W]$
역률 $\cos\theta = \frac{P}{VI} = \frac{500}{100 \times 7} = 0.71$

51 두 코일이 있다. 한 코일에 매초 전류가 150[A]의 비율로 변할 때 다른 코일에 60[V]의 기전력이 발생하였다면, 두 코일의 상호 인덕턴스는 몇 [H]인가?

① 0.4 ② 2.5
③ 4.0 ④ 25

🔍 상호인덕턴스에 의한 기전력 $e = M\frac{\Delta I}{\Delta t}$
상호인덕턴스 $M = e \times \frac{\Delta t}{\Delta I} = 60 \times \frac{1}{150} = 0.4[H]$

52 교류의 파형률을 구하는 식은 어느 것인가?

① $\dfrac{\text{최대값}}{\text{실효값}}$ ② $\dfrac{\text{평균값}}{\text{실효값}}$

③ $\dfrac{\text{실효값}}{\text{평균값}}$ ④ $\dfrac{\text{실효값}}{\text{최대값}}$

🔍 교류의 파형률 = $\dfrac{\text{실효값}}{\text{평균값}}$

53 전선 접속 시 S형 슬리브 사용에 대한 설명으로 틀린 것은?

① 슬리브는 전선의 굵기에 적합한 것을 선정한다.
② 전선의 끝은 슬리브의 끝에서 조금 나오는 것은 바람직하지 않다
③ 직선접속 또는 분기접속에서 2회 이상 꼬아 접속한다.
④ 단선과 연선 접속이 모두 가능하다.

🔍 슬리브 접속은 전선의 끝부분은 슬리브의 끝에서 조금 나오는 것이 바람직하며 2~3회 꼬아서 접속해야 한다.

54 3상 전원을 이용하여 2상 전압을 얻고자 할 때 사용하는 결선 방법은?

① Scott 결선 ② Fork 결선
③ 환상 결선   ④ 2중 3각 결선

🔍 전원 3Ø을 2Ø으로 결선하는 방식
• 스코트(T) 결선 : 전기철도
• 우드브리지 결선
• 메이어 결선

55 다음 물질 중 강자성체로만 짝지어진 것은?

① 철, 니켈, 코발트
② 구리, 비스무트, 코발트, 망간
③ 철, 니켈, 아연, 망간
④ 철, 구리, 니켈, 아연

🔍 강자성체 : 니켈, 코발트, 철, 망간

56 접지공사에서 접지극에 동봉을 사용할 때 최소길이 [m]는?

① 2   ② 1.2
③ 1.0   ④ 0.9

🔍 접지극의 종류와 규격
• 동봉 : 지름 8[mm] 이상, 길이 0.9[m] 이상
• 동판 : 두께 0.7[mm] 이상, 단면적 900[cm²] 이상

57 직류 전동기에서 자속이 증가하면 회전수는?

① 감소한다.
② 정지한다.
③ 증가한다.
④ 변화가 없다.

🔍 유기기전력 $E = k\phi N[V]$ 이므로
직류전동기의 회전수는 $N = k\dfrac{V - I_a R_a}{\phi}[rpm]$ 이며
자속과 반비례하므로 자속이 증가하면 회전수는 감소한다.

58 두 평행 왕복도선 사이의 거리가 1[m]이고, 단위길이 당 작용하는 힘의 세기가 18×10^{-7}[N]일 경우 전류의 세기(A)는?

① 1 ② 2
③ 3 ④ 4

🔍 평행 도선 사이에 작용하는 힘의 세기
$F = \dfrac{2I_1 I_2}{r} \times 10^{-7}[N/m]$
$F = \dfrac{2I^2}{1} \times 10^{-7}[N/m] = 18 \times 10^{-7}[N/m]$
$I^2 = 9 \rightarrow I = 3[A]$

59 직류발전기에서 전기자권선에 유도되는 교류기전력을 정류해서 직류로 만드는 부분으로 맞는 것은?

① 회전자 - 브러시
② 전기자 - 브러시
③ 슬립링 - 브러시
④ 정류자 - 브러시

🔍 정류자 : 브러시와 접촉하여 교류를 직류로 정류하는 장치

60 철근 콘크리트주의 길이가 12[m]일 때 땅에 묻히는 표준 깊이는 몇 [m]이어야 하는가?(단, 설계하중이 6.8[kN]이하이다.)

① 2 ② 2.3 ③ 2.5 ④ 3

🔍 전장 16[m], 설계하중 6.8[kN] 이하인 지지물 건주시 전주 땅에 묻히는 깊이 (지지물 기초 안전율 : 2이상) : 전체 길이 $\times \frac{1}{6}$ 이상

매설깊이 $H = 12 \times \frac{1}{6} = 2[m]$

정답 2023년 3회

01 ③	02 ②	03 ③	04 ③	05 ③
06 ①	07 ②	08 ②	09 ③	10 ②
11 ④	12 ①	13 ④	14 ③	15 ②
16 ①	17 ①	18 ②	19 ②	20 ②
21 ③	22 ④	23 ②	24 ②	25 ②
26 ②	27 ③	28 ①	29 ②	30 ①
31 ②	32 ④	33 ②	34 ③	35 ③
36 ④	37 ①	38 ③	39 ④	40 ①
41 ③	42 ①	43 ④	44 ②	45 ①
46 ③	47 ②	48 ②	49 ①	50 ②
51 ①	52 ③	53 ②	54 ①	55 ①
56 ④	57 ①	58 ③	59 ④	60 ①

2023년 4회 CBT 복원문제

01 보호를 요하는 회로의 전류가 어떤 일정한 값(정정 값) 이상으로 흘렀을 때 동작하는 계전기는?

① 과전류 계전기
② 과전압 계전기
③ 부족전압 계전기
④ 비율 차동 계전기

> 과전류 계전기 : 고장 전류가 일정값 이상이 되면 동작하는 계전기

02 가장 일반적인 저항기로 세라믹 봉에 탄소계의 저항체를 구워 붙이고, 여기에 나선형으로 홈을 파서 원하는 저항 값을 만든 저항기는?

① 금속 피막 저항기
② 탄소 피막 저항기
③ 가변 저항기
④ 어레이 저항기

> 탄소피막 저항기 : 겉표면에 색깔별로 마킹을 하여 저항값을 표시하는 저항기

03 고압 가공 인입선이 도로를 횡단하는 경우 노면 상 시설하여야 할 높이는 몇 [m]이상인가?

① 8.5
② 6.5
③ 6
④ 4.5

> 고압 인입선의 최소높이

장소 구분	고압[m]
도로 횡단	*6[m] 이상
철도 횡단	6.5[m] 이상
횡단 보도교	3.5[m] 이상
기타장소	5[m] 이상

04 유도 전동기의 Y-Δ 기동 시 기동 토크와 기동 전류는 전 전압 기동 시의 몇 배가 되는가?

① $\dfrac{1}{\sqrt{3}}$
② $\sqrt{3}$
③ $\dfrac{1}{3}$
④ 3

> Y-Δ 기동 시 기동토크와 기동전류는 전 전압기동 시 보다 $\dfrac{1}{3}$로 감소한다.

05 연피 케이블 및 알루미늄피 케이블을 구부리는 경우는 피복이 손상되지 않도록 하고, 그 굴곡부의 곡률반경은 원칙적으로 케이블 외경의 몇 배 이상이어야 하는가?

① 8
② 6
③ 12
④ 10

> 알루미늄피 케이블의 곡률반경은 케이블 바깥지름의 12배 이상

06 그림의 회로에서 소비되는 전력은 몇 [W]인가?

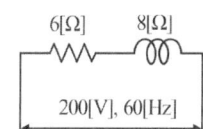

① 1,200
② 2,400
③ 3,600
④ 4,800

> 전류 $I = \dfrac{V}{Z} = \dfrac{200}{\sqrt{6^2 + 8^2}} = 20[A]$
> 소비전력 $P = I^2 R = 20^2 \times 6 = 2,400[W]$

07 주파수가 1[kHz]일 때 용량성 리액턴스가 50[Ω]이라면 주파수가 50[Hz]인 경우 용량성 리액턴스는 몇 [Ω]인가?

① 200
② 500
③ 700
④ 1,000

> 용량성 리액턴스는 주파수와 반비례하므로
> 주파수가 $\dfrac{50}{1000} = \dfrac{1}{20}$로 감소하면 용량성 리액턴스는 20배 증가한다.
> 그러므로 $X_c = 50 \times 20 = 1000[\Omega]$이 된다.

08
반지름 50[cm], 권수 10[회]인 원형 코일에 0.1[A]의 전류가 흐를 때, 이 코일 중심의 자계의 세기 H[AT/m]는?

① 1 ② 2
③ 3 ④ 4

🔍 원형 코일 중심 자계 $H = \dfrac{NI}{2r} = \dfrac{10 \times 0.1}{2 \times 0.5} = 1\,[\text{AT/m}]$

09
승강로 및 승강기를 시설할 때 이동전선의 최소 굵기는?

① 0.75 ② 1.25 ③ 2.0 ④ 2.5

🔍 승강로 이동전선의 최소 굵기 : 0.75[mm²]

10
자기인덕턴스에 축적되는 에너지는 전류를 3배로 증가시키면 자기에너지는 몇 배가 되겠는가?

① $\dfrac{1}{3}$ ② $\dfrac{1}{9}$ ③ 3 ④ 9

🔍 코일에 축적되는 전자 에너지 $W = \dfrac{1}{2}LI^2\,[\text{J}]$
전류의 제곱에 비례하므로 에너지는 $3^2 = 9$가 된다.

11
200[V], 60[W] 전등 10개를 20시간 사용하였다면 사용 전력량은 몇 [kWh]인가?

① 10 ② 12 ③ 24 ④ 11

🔍 전력량
$W = Pt = 60 \times 10 \times 20 = 12{,}000\,[\text{Wh}] = 12\,[\text{kWh}]$

12
SCR 2개를 역병렬로 접속한 그림과 같은 기호의 명칭은?

① SCR
② TRIAC
③ GTO
④ UJT

🔍 TRIAC : SCR 2개를 이용하여 역병렬로 접속한 소자
• 양방향 점호(ON) 및 소호(OFF) 가능
• 위상제어 가능

13
다음 중 직류를 기준으로 저압에 속하는 범위는 최대 몇 [V] 이하인가?

① 600 ② 750 ③ 1,000 ④ 1,500

🔍 전압의 구분

전압	교류	직류
저압	1,000[V] 이하	1,500[V] 이하

14
변압기의 중성점 접지 저항 값은 다음 어느 값이 결정하는가?

① 변압기의 용량
② 고압 가공 전선로의 전선 연장
③ 변압기 1차 측에 넣는 퓨즈 용량
④ 변압기 고압 또는 특고압 측 전로의 1선 지락 전류의 암페어 수

🔍 사용전압 35,000[V] 이하인 변압기 접지저항 :
$R_g = \dfrac{150(300, 600)}{I_g}\,[\Omega]\,(I_g[\text{A}]\,:\,1\text{선 지락전류})$
• 150 : 보호장치가 없는 경우
• 300 : 혼촉시 보호장치동작이 1초 넘고 2초 이내인 경우
• 600 : 혼촉시 보호장치동작이 1초 이내인 경우

15
3상 전파 정류회로에서 출력전압의 평균 전압 값은? (단, V는 선간 전압의 실효값이다.)

① 0.45V ② 0.9V
③ 1.17V ④ 1.35V

🔍 정류기의 직류전압(평균값)
• 단상 반파 정류분 $E_d = 0.45\,V[\text{V}]$
• 단상 전파 정류분 $E_d = 0.9\,V[\text{V}]$
• 3상 반파 정류분 $E_d = 1.17\,V[\text{V}]$
• 3상 전파 정류분 $E_d = 1.35\,V[\text{V}]$

16
전압비가 13200/220[V]인 단상 변압기의 2차 전류가 일 120[A]때 변압기의 1차 전류는 얼마인가?

① 100 ② 20 ③ 10 ④ 2

🔍 권수비 $a = \dfrac{N_1}{N_2} = \dfrac{V_1}{V_2} = \dfrac{I_2}{I_1}$에서
$a = \dfrac{V_1}{V_2} = \dfrac{13{,}200}{220} = 60$
1차 전류 $I_1 = \dfrac{I_2}{a} = \dfrac{120}{60} = 2\,[\text{A}]$

17 전극의 불순물로 인하여 기전력이 감소하는 현상을 무엇이라 하는가?

① 국부 작용 ② 성극 작용
③ 전기 분해 ④ 감극 현상

> 국부 작용 : 전극 또는 전해액의 불순물로 인해 전극이 국부적인 방전으로 인해 기전력이 감소하는 현상

18 변압기의 퍼센트 저항강하가 3[%], 퍼센트 리액턴스 강하가 4[%]이고, 역률이 80[%] 지상이다. 이 변압기의 전압 변동률은?

① 3.2 ② 4.8 ③ 5.0 ④ 5.6

> 전압 변동률
> $\epsilon[\%] = p\cos\theta + q\sin\theta = 3 \times 0.8 + 4 \times 0.6 = 4.8[\%]$

19 전기자 저항 0.1[Ω], 전기자 전류 104[A], 유도 기전력 110.4[V]인 직류 분권 발전기의 단자 전압은 몇 [V]인가?

① 98 ② 100 ③ 102 ④ 105

> 발전기의 단자전압
> $V = E - I_a R_a = 110.4 - 104 \times 0.1 = 100[\text{V}]$

20 2[F], 4[F], 6[F]의 콘덴서 3개를 병렬로 접속했을 때의 합성 정전 용량은 몇 [F]인가?

① 1.5 ② 4 ③ 8 ④ 12

> 콘덴서를 병렬로 접속하면 저항의 접속과는 반대로 더하면 된다. 즉 합성 정전 용량 $C_0 = 2 + 4 + 6 = 12[\text{F}]$

21 다음 괄호 안의 ㉮, ㉯에 알맞은 말을 찾으시오.

> 두 자극 사이에 작용하는 자기력의 크기는 양 자극의 세기의 곱에 (㉮)하며, 자극 간의 거리의 제곱에 (㉯) 한다.

① 반비례, 비례 ② 비례, 반비례
③ 반비례, 반비례 ④ 비례, 비례

> 자기력의 세기는 자극의 세기의 곱에 비례하며, 자극 간의 거리의 제곱에 반비례한다.
> 자기력 $F = \dfrac{m_1 \cdot m_2}{4\pi\mu_o r^2}[\text{N}]$

22 Y-Y 결선에서 선간 전압이 380[V]인 경우 상전압은 몇 인가?

① 100 ② 200 ③ 220 ④ 380

> Y결선 선간전압 $V_l = \sqrt{3}\, V_p[\text{V}]$이므로
> $V_p = \dfrac{V_l}{\sqrt{3}} = \dfrac{380}{\sqrt{3}} = 220[\text{V}]$

23 전원이나 전화선, 통신선 등을 배선하기 위해, 바닥에 배선용 덕트를 매설하는 시설을 무엇이라고 하는가?

① 플로어덕트 ② 금속덕트
③ 버스덕트 ④ 라이팅덕트

> 플로어덕트 : 점검불가능한 은폐장소 시설
> • 사용전압 : 400[V]이하
> • 사용전선 : 연선을 사용(10[mm²] 이하는 단선 사용 가능)

24 다음 중 자기저항의 단위는?

① [Wb/AT] ② [AT/m]
③ [AT/Wb] ④ [AT/H]

> 자기 저항 $R_m = \dfrac{NI}{\phi}[\text{AT/Wb}]$

25 배선에 대한 다음 그림 기호의 명칭은?

―――――――

① 바닥 은폐 배선 ② 천장 은폐 배선
③ 노출 배선 ④ 지중 매설 배선

> 정답 외 그림 설명
>
> | | |
> |---|---|
> | -------------- | 노출 배선 |
> | ――――――― | 바닥 은폐 배선 |
> | ― ― ― ― ― ― | 지중 매설 배선 |

26 저압 연접 인입선 시설에서 제한 사항이 아닌 것은?

① 인입선의 분기점에서 100[m]를 초과하는 지역에 미치지 아니할 것
② 다른 수용가의 옥내를 관통하지 말 것
③ 폭 5[m]를 넘는 도로를 횡단하지 말 것
④ 직경 2.6[mm] 이하의 경동선을 사용하지 말 것

🔍 저압 연접 인입선 사용전선
2.6[mm] 이상 경동선(단, 경간 15[m] 이하는 2.0[mm] 이상도 가능)

27 동기발전기에서 전기자 전류가 기전력보다 90°만큼 위상이 앞설 때의 전기자 반작용은?

① 교차 자화 작용 ② 감자 작용
③ 편자 작용   ④ 증자 작용

🔍 발전기의 전기자 반작용
• 동상 전류 : 교차 작용
• 90°앞선 전류 : 증자작용
• 90°뒤진 전류 : 감자작용

28 사인파 교류전압의 평균값이 191[V]이면 최대값[V]은?

① 150 ② 220
③ 250 ④ 300

🔍 평균값 $V_{av} = \dfrac{2}{\pi} \times V_m$ [V]
최대값 $V_m = \dfrac{\pi}{2} \times V_{av} = \dfrac{\pi}{2} \times 191 = 300$ [V]

29 전기자 저항 0.1[Ω], 전기자 전류 104[A], 유도 기전력 110.4[V]인 직류 분권 발전기의 단자 전압은 몇 [V]인가?

① 98   ② 100
③ 102 ④ 105

🔍 발전기의 단자전압
$V = E - I_a R_a = 110.4 - 104 \times 0.1 = 100$ [V]

30 화약류 저장소에서 백열전등이나 형광등 또는 이들에 전기를 공급하기 위한 전기설비를 시설하는 경우 전로의 대지전압은 몇 [V]이하이어야 하는가?

① 150 ② 200
③ 300 ④ 400

🔍 화약류 저장소 전로의 대지전압 : 300[V] 이하

31 자기회로와 전기회로의 대응 관계가 잘못된 것은?

① 기자력–기전력
② 자속–전계
③ 자기저항–전기저항
④ 투자율–도전율

🔍 자기회로와 전기회로 대응관계

자기회로	전기회로
기자력	기전력
자속	전류
자계	전계
투자율	도전율

32 정전용량 50[μF]인 콘덴서에 200V, 60Hz의 사인파 전압을 가할 때 전류[A]는?

① 3.77 ② 6.28
③ 12.28 ④ 37.68

🔍 $X_C = \dfrac{1}{\omega C} = \dfrac{1}{2\pi f C}$, $I = 2\pi f C V$
$= 2 \times \pi \times 60 \times 50 \times 10^{-6} \times 200 ≒ 3.77$ [A]

33 2분간에 876000[J]의 일을 하였다. 그 전력은 몇 [kW]인가?

① 7.3   ② 21.9
③ 73   ④ 730

🔍 전력량 $W = Pt$ [J]이므로
전력 $P = \dfrac{W}{t} = \dfrac{876,000}{2 \times 60} = 7,300$ [W] $= 7.3$ [kW]

34 비정현파 전류가 다음과 같을 때 이 회로에 대한 전류의 실효값은?

$$i = 3 + 10\sqrt{2}\sin\left(\omega t - \frac{\pi}{6}\right) + 5\sqrt{2}\sin\left(3\omega t - \frac{\pi}{3}\right)[A]$$

① 11.6　　② 23.2
③ 32.2　　④ 48.3

🔍 비정현파의 실효값
$I = \sqrt{3^2 + 10^2 + 5^2} = 11.6[A]$

35 $R=4[\Omega]$, $X_L=15[\Omega]$, $X_C=12[\Omega]$의 RLC 직렬 회로에 100[V]의 교류 전압을 가할 때 전류와 위상차는 약 얼마인가?

① 0°　　② 37°
③ 53°　　④ 90°

🔍 합성 임피던스
$\dot{Z} = R + j(X_L - X_C)$
$\quad = 4 + j(15-12) = 4 + j3[\Omega]$
위상차 $\theta = \tan^{-1}\frac{X}{R} = \tan^{-1}\frac{3}{4} = 37°$

36 코일이 접속되어 있을 때, 누설 자속이 없는 이상적인 코일간의 상호 인덕턴스는?

① $M = \sqrt{L_1 + L_2}$
② $M = \sqrt{L_1 - L_2}$
③ $M = \sqrt{L_1 L_2}$
④ $M = \sqrt{\frac{L_1}{L_2}}$

🔍 누설이 없는 경우 상호인덕턴스
$M = \sqrt{L_1 L_2} = \frac{N_1 N_2}{R}[H]$

37 어떤 저항(R)에 전압(V)를 가하니 전류(I)가 흘렀다. 이 회로의 저항(R)을 20[%]줄이면 전류(I)는 처음의 몇 배가 되는가?

① 0.8　　② 0.88
③ 1.25　　④ 2.0

🔍 전류 $I = \frac{V}{R}$에서 저항(R)을 20[%] 줄이면 처음값의 0.8R[Ω]이므로
전류 $I' = \frac{V}{0.8R} = \frac{1}{0.8} \cdot \frac{V}{R} = \frac{1}{0.8}I = 1.25I$

38 코일의 자체 인덕턴스(L)와 권수(N)의 관계로 옳은 것은?

① $L \propto N$　　② $L \propto N^2$
③ $L \propto N^3$　　④ $L \propto \frac{1}{N}$

🔍 자기인덕턴스 $L = \frac{\mu A N^2}{l}[H]$이므로 $L \propto N^2$이 된다.

39 공기 중에서 5[cm] 간격을 유지하고 있는 2개의 평행 도선에 각각 10[A]의 전류가 동일한 방향으로 흐를 때 도선 1[m] 당 발생하는 힘의 크기[N]는?

① 2×10^{-4}　　② 2×10^{-5}
③ 4×10^{-4}　　④ 4×10^{-5}

🔍 평행 도체 사이에 작용하는 힘의 세기
$F = \frac{2I_1 I_2}{r} \times 10^{-7}[N/m] = \frac{2 \times 10 \times 10}{0.05} \times 10^{-7}$
$\quad = 4 \times 10^{-4}[N/m]$

40 승강로 및 승강기를 시설할 때 이동전선의 최소 굵기는?

① 0.75　② 1.25　③ 2.0　④ 2.5

🔍 이동전선의 최소 굵기는 0.75[mm²]이다.

41 자기회로에 기자력을 주면 자로에 자속이 통과한다. 그러나 기자력에 의해 발생되는 자속 전부가 자기회로 내를 통과하는 것이 아니라, 자로 이외의 부분을 통과하는 자속도 있는데 이 자속을 무엇이라 하는가?

① 종속자속　　② 반사자속
③ 주자속　　④ 누설자속

🔍 누설자속 : 자기회로 외 부분으로 통과하는 자속

42 직류발전기에서 전기자반작용을 없애는 방법으로 옳은 것은?

① 브러시 위치를 전기적 중성점이 아닌 곳으로 이동시킨다.
② 브러시의 압력을 조정한다.
③ 보극과 보상권선을 설치한다
④ 보극은 설치하되 보상권선은 설치하지 않는다.

🔍 보극과 보상권선 역할 : 직류발전기에서 전기자 반작용을 감소시키는 역할

43 교류 전압의 순시값이 $e = 200\sin(100\pi t)$[V]일 때 $t = \dfrac{1}{600}$초 일 때, 순시 전압값[V]은?

① 100
② 173
③ 200
④ 346

🔍 $e(t) = 200\sin(100\pi t)$[V]에서 $t = \dfrac{1}{600}$

$e\left(\dfrac{1}{600}\right) = 200\sin\left(100\pi \times \dfrac{1}{600}\right)$
$= 200\sin\dfrac{\pi}{6} = 200 \times \dfrac{1}{2} = 100$[V]

44 50[Hz], 6극인 3상 유도전동기의 전부하에서 회전수가 955[rpm]일 때 슬립[%]은?

① 4
② 4.5
③ 5
④ 5.5

🔍 $N = 955$[rpm], $N_s = \dfrac{120f}{P} = \dfrac{120 \times 50}{6} = 1,000$[rpm]

$s = \dfrac{N_s - N}{N_s} \times 100[\%] = \dfrac{1,000 - 955}{1,000} \times 100 = 4.5[\%]$

45 △결선에서 선전류가 $10\sqrt{3}$[A]이면 상전류[A]는?

① 5
② 10
③ $10\sqrt{3}$
④ 30

🔍 △결선 선전류 $I_l = \sqrt{3}I_p$[A](I_p : 상전류)
이므로 $I_p = \dfrac{1}{\sqrt{3}}I_l = \dfrac{1}{\sqrt{3}} \times 10\sqrt{3} = 10$[A]

46 일반적으로 온도가 높아지게 되면 전도율이 커져서 온도계수가 부(-)의 값을 가지는 것이 아닌 것은?

① 구리
② 반도체
③ 탄소
④ 전해액

🔍 온도계수
• 정(+) 온도계수 : 온도가 상승하면 저항이 증가하는 계수, 도체(구리, 은, 백금)
• 부(-) 온도계수 : 온도가 상승하면 저항이 감소하는 계수, 반도체, 전해질, 탄소

47 권선수 100회 감은 코일에 2[A]의 전류가 흘렀을 때 50×10^{-3}[Wb]의 자속이 코일에 쇄교 되었다면 자기 인덕턴스는 몇 [H] 인가?

① 1.5
② 2.0
③ 2.5
④ 4.0

🔍 자기인덕턴스 $L = \dfrac{N\phi}{I} = \dfrac{100 \times 50 \times 10^{-3}}{2} = 2.5$[H]

48 2개의 저항 R_1, R_2를 병렬 접속하면 합성 저항은?

① $\dfrac{1}{R_1 + R_2}$
② $\dfrac{R_1}{R_1 + R_2}$
③ $\dfrac{R_1 R_2}{R_1 + R_2}$
④ $\dfrac{R_2}{R_1 + R_2}$

🔍 R_1, R_2 병렬 접속시 합성 저항
$R_o = \dfrac{1}{\dfrac{1}{R_1} + \dfrac{1}{R_2}} = \dfrac{R_1 R_2}{R_1 + R_2}$[Ω]이 된다.

49 자속밀도 0.8[Wb/m²]인 자계에서 길이 50[cm]인 도체가 30[m/s]로 회전할 때 유기되는 기전력 [V]는?

① 10
② 12
③ 15
④ 24

🔍 발전기의 유기 기전력 $e = vBl = 30 \times 0.8 \times 0.5 = 12$[V]

50 저항이 10[Ω]인 도체에 1[A]의 전류를 10분간 흘렸다면 발생하는 열량은 몇 [kcal] 인가?

① 0.24
② 1.44
③ 4.46
④ 6.24

🔍 **열량**
$H = 0.24 \times I^2 Rt = 0.24 \times 1^2 \times 10 \times 10 \times 60 [\text{cal}]$
$= 1,440 [\text{cal}] = 1.44 [\text{kcal}]$

51 다음 회로의 합성 정전용량 [μF]은?

① 5
② 4
③ 3
④ 2

🔍 2[μF]과 4[μF] 병렬 합성용량은 2+4=6[μF]이고
3[μF]과 6[μF]이 직렬 접속되어 있으므로 $C_0 = \frac{3 \times 6}{3+6} = 2 [\mu F]$

52 전기장의 세기 단위로 옳은 것은?

① [H/m]
② [F/m]
③ [AT/m]
④ [V/m]

🔍 전기장(전장, 전계)의 단위 E[V/m = N/C]

53 슬립이 4[%]인 유도전동기에서 동기속도가 1,200 [rpm]일 때 전동기의 회전속도 [rpm]는?

① 697
② 1,051
③ 1,152
④ 1,321

🔍 유도 전동기의 회전속도
$N = (1-s)N_s = (1-0.04) \times 1,200 = 1,152$[rpm]

54 동기전동기의 직류 여자전류가 증가될 때의 현상으로 옳은 것은?

① 진상 역률을 만든다.
② 지상 역률을 만든다.
③ 동상 역률을 만든다.
④ 진상과 지상 역률을 만든다.

🔍 동기전동기의 여자 전류
• 여자전류증가 : 진상 전류
• 여자전류감소 : 지상 전류

55 지중전선로 시설 방식이 아닌 것은?

① 직접 매설식
② 관로식
③ 트라이식
④ 암거식

🔍 지중전선로의 부설 방식 : 직접매설식, 관로식, 암거식

56 "자기 인덕턴스 1[H]는 전류의 변화율이 1[A/s]일 때, ( )가(이) 발생할 때의 값이다."

① 1[N]의 힘
② 1[J]의 에너지
③ 1[V]의 기전력
④ 1[Hz]의 주파수

🔍 인덕턴스 : 유도기전력의 발생 비율(L[H])
전자유도에 의한 유도기전력 $v_L(t) = -L\frac{di}{dt}$[V]

57 정격전압 3상 24[kV], 정격차단전류 300[A]인 수전 설비의 차단용량은 몇 [MVA] 인가?

① 17.26
② 28.34
③ 12.47
④ 24.94

🔍 3상 차단기 용량
$P_s = \sqrt{3} VI$[VA]
$= \sqrt{3} \times 24 \times 0.3 = 12.47$[MVA]

58 1차 전압 13,200[V], 2차 전압 220[V]인 단상 변압기의 1차에 6,000[V]의 전압을 가하면 2차 전압은 몇 [V]인가?

① 100
② 200
③ 50
④ 250

🔍 권수비 : $a = \frac{N_1}{N_2} = \frac{V_1}{V_2} = \frac{I_2}{I_1}$에서
$a = \frac{E_1}{E_2} = \frac{13,200}{220} = 60$이므로 $V_2 = \frac{V_1}{a} = \frac{6,000}{60} = 100$[V]

59 동기발전기의 병렬운전 중에 기전력의 위상차가 생기면 흐르는 전류는?

① 무효순환 전류
② 무효 횡류
③ 동기화 전류
④ 고조파 전류

🔍 기전력의 크기가 같고 위상차가 존재할 때는 동기화전류(유효순환전류)가 흘러 동기화력에 의해 위상이 일치화 된다.

60 4[Ω]의 저항에 200[V]의 전압을 인가할 때 소비되는 전력은?

① 20[W] ② 400[W]
③ 2.5[W] ④ 10[kW]

🔍 소비전력 $P = \dfrac{V^2}{R} = \dfrac{200^2}{4} = 10,000[W] = 10[kW]$

정답 2023년 4회

01 ①	02 ②	03 ③	04 ③	05 ③
06 ②	07 ④	08 ①	09 ①	10 ④
11 ②	12 ②	13 ④	14 ④	15 ④
16 ④	17 ①	18 ②	19 ②	20 ④
21 ②	22 ③	23 ①	24 ③	25 ②
26 ④	27 ④	28 ④	29 ②	30 ③
31 ②	32 ①	33 ①	34 ①	35 ②
36 ③	37 ③	38 ②	39 ③	40 ①
41 ④	42 ③	43 ①	44 ②	45 ①
46 ①	47 ③	48 ③	49 ②	50 ②
51 ④	52 ④	53 ③	54 ①	55 ③
56 ③	57 ③	58 ①	59 ③	60 ④

2024년 1회 CBT 복원문제

01 자속밀도 1[Wb/m²]은 몇 [gauss]인가?

① $4\pi \times 10^{-7}$ ② 9×10^6
③ 10^4 ④ $\dfrac{4\pi}{10}$

> 자속밀도 환산
> $1[\text{Wb/m}^2] = \dfrac{10^8[\text{Max}]}{10^4[\text{cm}^2]} = 10^4[\text{Max/cm}^2 = \text{gauss}]$

02 고압 가공 전선로의 지지물 중 지지선(구:지선)을 사용해서는 안 되는 것은?

① 목주   ② 철탑
③ A종 철주   ④ A종 철근콘크리트주

> 지지선의 설치목적 : 지지물의 강도보강, 전선로 안정성 증가, 불평형 장력을 해소할 목적으로 사용되며, 철탑은 지지선으로 강도보강을 할 필요가 없다.

03 비정현파의 종류에 속하는 사각파의 전개식에서 기본파의 진폭[V]은? (단, $V_m = 20[\text{V}]$, $T = 10[\text{m}\cdot\text{sec}]$)

① 24.47   ② 25.47
③ 23.47   ④ 26.47

> $V = \dfrac{4}{\pi}V_m = \dfrac{4}{\pi} \times 20 = 25.47[\text{V}]$

04 10[A], 100[W]의 전열기에 15[A]의 전류가 흘렀다면 이 전열기의 전력은 몇 [W]가 되겠는가?

① 150   ② 125
③ 225   ④ 250

> 전류가 1.5배 증가하면 전력은 $P = I^2R$식 적용하여 I^2배가 증가한다. 따라서, $P' = 1.5^2 \times 100 = 225[\text{W}]$

05 5[Wb]의 자속이 이동하여 2[J]의 일을 하였다면 통과한 전류[A]는?

① 0.1   ② 0.2   ③ 0.4   ④ 0.5

> 자속이 한일 $W = \phi I[\text{J}]$
> 전류 $I = \dfrac{W}{\phi} = \dfrac{2}{5} = 0.4[\text{A}]$

06 황산구리(CuSO₄) 전해액에 2개의 구리판을 넣고 전원을 연결하였을 때 음극에서 나타나는 현상으로 옳은 것은?

① 변화가 없다.
② 두터워진다.
③ 얇아진다.
④ 수소 가스가 발생한다.

> 음극에서는 전자가 달라붙으므로 두터워지고 양극은 같은 두께로 얇아진다.

07 동기 발전기의 전기자 권선을 단절권으로 하면?

① 고조파를 제거한다.   ② 기전력을 높인다.
③ 절연이 잘 된다.   ④ 역률이 좋아진다.

> 단절권과 분포권을 사용하는 이유는 고조파를 제거하여 파형을 개선시켜 주기 때문이다.

08 6극, 파권, 직류 발전기의 전기자 도체수가 400, 유기기전력이 120[V], 회전수 600[rpm]일 때 발전기의 1극당 자속수는 몇 [Wb]인가?

① 0.01   ② 0.02
③ 0.03   ④ 0.04

> 발전기의 유기기전력은 $E = \dfrac{PZ\phi N}{60a}$ [V]이고
> 파권은 병렬회로수 $a = 2$이므로
> 자속 $\phi = \dfrac{60aE}{PZN} = \dfrac{60 \times 2 \times 120}{6 \times 400 \times 600} = 0.01[\text{Wb}]$

09 교류전압이 200[V], 부하 임피던스가 $\dot{Z} = 8 + j6[\Omega]$인 경우 전류[A]와 역률은 얼마인가?

① 20, 0.8   ② 20, 0.6
③ 10, 0.8   ④ 10, 0.6

> 임피던스 $\dot{Z} = 8 + j6[\Omega] \rightarrow |Z| = 10[\Omega]$
> 전류 $I = \dfrac{V}{Z} = \dfrac{200}{10} = 20[\text{A}]$
> 역률 $\cos\theta = \dfrac{8}{10} = 0.8$

10 설치 면적과 설치비용이 많이 들지만 가장 이상적이고 효과적인 진상용 콘덴서 설치 방법은?

① 수전단 모선 측에 설치
② 부하 측에 설치
③ 부하 측에 분산하여 설치
④ 가장 큰 부하 측에만 설치

🔍 진상용 콘덴서의 역률을 개선하기 위한 가장 효과적인 방법은 부하 측에 분산하여 설치하는 것이다.

11 플라스틱 케이블의 대표격으로 특고압에서 저압까지 광범위하게 사용할 수 있으며 일명 CV로 칭하는 케이블은?

① 0.6/1[kV] 비닐 절연 비닐 시스 케이블
② 0.6/1[kV] 폴리에틸렌 절연 비닐 시스 케이블
③ 0.6/1[kV] 가교 폴리에틸렌 절연 비닐 시스 케이블
④ 0.6/1[kV] 가교 폴리에틸렌 절연 폴리에틸렌 시스 케이블

🔍 CV : 가교 폴리에틸렌 절연 비닐 시스 케이블

12 한국전기설비규정에 의한 전압의 구분에서 직류를 기준으로 고압에 속하는 범위로 옳은 것은?

① 1000[V] 초과 7,000[V] 이하의 전압
② 600[V] 초과 7,000[V] 이하의 전압
③ 750[V] 초과 7,000[V] 이하의 전압
④ 1,500[V] 초과 7,000[V] 이하의 전압

🔍 전압의 구분

	직류	교류
저압	1,500[V] 이하	1,000[V] 이하
고압	저압 초과 7,000[V] 이하	
특고압	7,000[V] 초과	

13 저압 전로에 정격전류 60[A]의 전류가 흐를 때 과전류 차단기로 배선차단기(산업용)를 사용하는 경우 트립하는 전류는 정격전류의 몇 배에서 트립되어야 하는가?

① 1.3 ② 1.13 ③ 1.45 ④ 1.15

🔍 산업용 배선 차단기의 과전류 트립 동작시간

정격전류	시간(분)	트립동작 정격전류 배수	
		부동작전류	동작전류
63[A]이하	60	1.05배	1.3배
63[A]초과	120	1.05배	1.3배

14 변압기 내부 고장 발생 시 발생하는 기름의 흐름 변화를 검출하는 부흐홀쯔계전기의 설치 위치로 알맞은 것은?

① 변압기 본체와 콘서베이터 사이
② 변압기의 고압 측 부싱
③ 컨서베이터 내부
④ 변압기 본체

🔍 부흐홀쯔 계전기는 내부고장 발생시 유증기를 검출하여 동작하는 계전기로 변압기 본체와 콘서베이터를 연결하는 파이프 도중에 설치

15 3상 유도전동기에서 2차측 저항을 2배로 하면 그 최대 토크는 어떻게 되는가?

① $\frac{1}{2}$배로 된다.
② 2배로 된다.
③ $\sqrt{2}$배로 된다.
④ 변하지 않는다.

🔍 3상 유도전동기 권선형에서 최대토크는 2차 저항과 관계없이 항상 일정하다.

16 속도를 광범위하게 조정할 수 있으므로 압연기나 엘리베이터 등에 사용되는 직류 전동기는?

① 가동복권 전동기
② 차동복권 전동기
③ 직권 전동기
④ 타여자 전동기

🔍 타여자 전동기의 특징
• 속도를 광범위하게 조정할 수 있다.
• 압연기나 엘리베이터 등에 적합하다.

17 실링·직접부착등을 시설하고자 한다. 배선도에 표기할 그림기호로 옳은 것은?

① ⓒL ② ◯
③ ⊢Ⓝ ④ Ⓡ

18 변압기, 동기기 등의 층간 단락 등의 내부 고장보호에 사용되는 계전기는?

① 차동 계전기 ② 접지 계전기
③ 과전압 계전기 ④ 역상 계전기

19 SCR에서 게이트 단자의 반도체는 어떤 형인가?

① N형 ② NP형 ③ PN형 ④ P형

> SCR(Silicon Controlled Rectifier) : 다이오드에 트리거 기능이 있는 스위치(게이트)를 내장한 3단자 단일 방향성소자

20 120[Ω]의 저항 4개를 접속하여 가장 최소로 얻을 수 있는 저항값은 몇 [Ω]인가?

① 30 ② 40 ③ 20 ④ 50

> 최소값 : 병렬로 접속 $R_0 = \frac{120}{4} = 30[\Omega]$

21 두 개의 평행한 도체가 진공 중(또는 공기 중)에 20[cm] 떨어져 있고, 100[A]의 같은 크기의 전류가 흐르고 있을 때 1[m]당 발생하는 힘의 크기[N]는?

① 0.01 ② 0.02 ③ 0.03 ④ 0.04

> 평행 도선 사이에 작용하는 힘의 세기
> $F = \frac{2I_1 I_2}{r} \times 10^{-7} [\text{N/m}]$
> $= \frac{2 \times 100 \times 100}{0.2} \times 10^{-7} = 10^{-2} = 0.01 [\text{N/m}]$

22 m[Wb]인 자극이 공기 중에서 r[m] 떨어져 있는 경우 자계의 세기[AT/m]는?

① $\frac{m}{4r}$ ② $\frac{m}{4\pi\mu_0\mu_s r^2}$
③ $\frac{m}{4\pi r^2}$ ④ $\frac{\mu_0\mu_s m}{4\pi r^2}$

> m[Wb]인 자극에 의한 자계 $\frac{m}{4\pi\mu_0\mu_s r^2}$[AT/m]

23 시정수와 과도현상과의 관계에 대한 설명으로 옳은 것은?

① 시정수가 클수록 과도현상은 짧아진다.
② 시정수가 짧을수록 전압이 커진다.
③ 시정수가 클수록 과도현상은 길어진다.
④ 시정수와 관계가 없다.

> 시정수(e^{-1}이 되는 시간)와 과도현상과의 관계
> 시정수가 크면 정상값에 도달하는 시간이 오래걸린다는 뜻이므로 과도현상이 길어진다.

24 전주 외등에 기구를 설치하는 경우 기구는 지표면으로부터 몇 [m] 이상 높이에 시설하여야 하는가? (단, 기구 전압은 150[V]를 초과한 고압인 경우이다.)

① 3.0 ② 3.5
③ 4.0 ④ 4.5

> 전주외등 : 대지전압 300[V] 이하 백열전등이나 수은등을 배전선로의 지지물에 시설하는 등
> • 기구부착높이 : 지표상 4.5[m] 이상(단, 교통에 지장이 없을 경우 3.0[m] 이상
> • 돌출 수평거리 : 1.0[m] 이상

25 전선의 접속에 대한 설명으로 틀린 것은?

① 접속 부분의 전기 저항을 증가시켜서는 안 된다.
② 접속 부분의 인장강도를 80[%] 이상 감소시키지 않도록 한다.
③ 접속 부분에 전선 접속 기구를 사용한다.
④ 알루미늄전선과 구리선의 접속 시 전기적인 부식이 생기지 않도록 한다.

> 전선 접속시 접속 부분의 전선의 세기는 인장강도를 접속 전의 80[%] 이상 유지해야 한다.(20[%] 이상 감소되지 않도록 할 것)

26 어드미턴스 $Y_1[℧]$, $Y_2[℧]$가 병렬로 연결된 경우 합성 어드미턴스[[℧]]는?

① $Y_1 + Y_2$ ② $\frac{Y_1 Y_2}{Y_1 + Y_2}$
③ $\frac{1}{Y_1 + Y_2}$ ④ $\frac{Y_1 + Y_2}{Y_1 Y_2}$

27 직류 직권 전동기에서 벨트를 걸고 운전하면 안 되는 이유는?

① 벨트가 마멸 보수가 곤란하므로
② 벨트가 벗겨지면 위험 속도에 도달하므로
③ 직결하지 않으면 속도 제어가 곤란하므로
④ 손실이 많아지므로

🔍 직류 직권전동기는 정격 전압하에서 무부하특성을 지니므로, 벨트가 벗겨지면 속도는 급격히 상승하여 위험속도에 도달할 수 있다.

28 전선관과 박스를 고정시킬 때 사용되는 것은?

① 새들　　② 부싱
③ 로크너트　④ 클램프

🔍 금속관과 박스를 고정시킬 때는 로크너트를 사용하며, 이때 최소 2개를 사용하여야 한다.

29 수용가의 정액 용량을 초과하면 자동적으로 회로를 보호하는 장치는 무엇인가?

① 과전류 계전기　② 과전류 차단기
③ 보호계전기　　④ 전류 제한기

🔍 전류 제한기 (current limiter) : 정액 수용가 계약 용량을 초과하면 자동적으로 회로가 차단되어 경보장치가 동작하는 기기

30 다음 중 전력 제어용 반도체 소자가 아닌 것은?

① IGBT　　② GTO
③ LED　　④ TRIAC

🔍 LED : 발광 다이오드

31 동기전동기의 자기기동법에서 계자권선을 단락하는 이유는?

① 기동이 쉽다.
② 기동권선으로 이용한다.
③ 고전압의 유도를 방지한다.
④ 전기자반작용을 방지한다.

🔍 동기전동기의 자기기동법에서 계자권선을 단락하는 첫 번째 이유는 고전압 유도에 의한 절연파괴 위험 방지이다.

32 다음 설명 중 ( ) 안의 ㄱ, ㄴ에 알맞은 값은?

사람 접촉우려가 있는 장소에 합성수지몰드를 시설하는 경우 홈의 깊이 및 폭은 (ㄱ)mm이고 최소 두께는 (ㄴ)mm 이상이다.

① 35, 1　　② 35, 2
③ 50, 1　　④ 50, 2

🔍 합성수지몰드 규격[mm]

장소	홈의 폭, 깊이	두께
일반	35	2
사람접촉우려가 없는 곳	50	1

33 금속 전선관의 종류에서 후강 전선관 규격[mm]이 아닌 것은?

① 16　② 22　③ 50　④ 36

🔍 후강전선관 특징
• 호칭 : 안지름, 짝수
• 종류 : 16, 22, 28, 36, 42, 54, 70, 82, 92, 104

34 다음 중 지중전선로의 매설 방법이 아닌 것은?

① 행거식　　② 암거식
③ 직접 매설식　④ 관로식

🔍 지중전선로의 종류 : 관로식, 암거식, 직접매설식

35 가공인입선을 시설할 때 경동선의 최소 굵기는 몇 [mm]인가? (단, 경간이 15[m]를 초과한 경우이다.)

① 2.0　② 2.6　③ 3.2　④ 1.5

🔍 가공 인입선의 사용 전선 : 2.6 [mm] 이상 경동선 또는 이와 동등 이상일 것(단, 경간 15[m] 이하는 2.0[mm] 이상도 가능)

36 단상 전력계 2대를 사용하여 2전력계법으로 3상 전력을 측정하고자 한다. 두 전력계의 지시값이 각각 P_1, P_2[W]이었다. 3상 전력 P[W]를 구하는 식으로 옳은 것은?

① $P = P_1 + P_2$　　② $P = \sqrt{3}(P_1 \times P_2)$
③ $P = P_1 \times P_2$　　④ $P = P_1 - P_2$

2전력계법에 의한 유효전력 $P = P_1 + P_2$[W]

37 전선의 굵기를 측정하는 공구는?

① 권척
② 메거
③ 와이어 게이지
④ 와이어 스트리퍼

- 메거 : 절연저항 측정 공구
- 권척(줄자) : 길이 측정 공구
- 와이어 게이지 : 전선의 굵기를 측정하는 공구
- 와이어 스트리퍼 : 전선 피복을 벗기는 공구

38 C[F]의 콘덴서에 W[J]의 에너지를 축적하기 위해서는 몇 [V]의 충전전압이 필요한가?

① $\sqrt{\dfrac{W}{C}}$
② $\sqrt{\dfrac{2W}{C}}$
③ $\sqrt{\dfrac{W}{2C}}$
④ $\sqrt{\dfrac{2C}{W}}$

콘덴서에 축적되는 에너지 $W = \dfrac{1}{2}CV^2$[J]에서 V로 정리하면 $V^2 = \dfrac{2W}{C}$ 이므로 $V = \sqrt{\dfrac{2W}{C}}$

39 전위의 단위로 맞지 않은 것은?

① V
② $\dfrac{J}{C}$
③ $N \cdot \dfrac{m}{C}$
④ $\dfrac{V}{m}$

- 전위의 단위 : $V = \dfrac{W}{Q}$ [V = J/C = N·m/C]
- 전계의 단위 : [V/m]

40 유도 전동기가 회전하고 있을 때 생기는 손실 중에서 구리손이란?

① 브러시의 마찰손
② 베어링의 마찰손
③ 표유부하손
④ 1차, 2차 권선의 저항손

구리손(동손)은 저항에 의해서 발생하는 손실로서 1차, 2차 권선의 저항에 의해 발생한다.

41 2[Ω], 4[Ω], 6[Ω]의 3개 저항을 병렬접속했을 때 10[A]의 전류가 흐른다면 2[Ω]에 흐르는 전류는 몇 [A]인가?

① 2.45
② 5.45
③ 4
④ 6

$I = \dfrac{\frac{1}{2}}{\frac{1}{2}+\frac{1}{4}+\frac{1}{6}} \times 10 = 5.45$[A]

42 15[kW], 100[V] 3상 유도전동기의 슬립이 4[%]일 때 2차 동손 [kW]은?

① 0.4
② 0.5
③ 0.6
④ 0.8

2차 동손 이므로 $P_{c2} = sP_2 = 0.04 \times 15 = 0.6$[kW]

43 동기 와트 P_2, 출력 P_0, 슬립 s, 동기속도 N_s, 회전속도 N, 2차 동손 P_{c2}일 때 2차 효율 표기로 틀린 것은?

① $1 - s$
② $\dfrac{P_{2c}}{P_2}$
③ $\dfrac{P_0}{P_2}$
④ $\dfrac{N}{N_s}$

2차 효율 $\eta_2 = \dfrac{P_0}{P_2} = \dfrac{(1-s)P_2}{P_2} = 1 - s = \dfrac{N}{N_s}$

44 버스덕트 공사에 의한 배선 또는 옥외배선의 사용전압이 저압인 경우의 시설기준에 대한 설명으로 틀린 것은?

① 덕트의 내부는 먼지가 침입하지 않도록 할 것
② 물기가 있는 장소는 옥외용 버스덕트를 사용할 것
③ 습기가 많은 장소는 옥내용 버스덕트를 사용하고 덕트 내부에 물이 고이지 않도록 할 것
④ 덕트의 끝부분은 막을 것

버스덕트배선
- 덕트의 내부는 먼지가 침입하지 않도록 할 것
- 습기가 많고 물기가 많은 장소는 옥외용 버스덕트를 사용하고 덕트 내부에 물이 고이지 않도록 할 것
- 덕트의 끝부분은 막을 것

45 변압기 V결선의 특징으로 틀린 것은?

① 고장 시 응급처치 방법으로 쓰인다.
② 단상변압기 2대로 3상 전력을 공급한다.
③ 부하 증가가 예상되는 지역에 시설한다.
④ V결선 출력은 △결선 출력과 그 크기가 같다.

🔍 V결선 출력은 △결선 시 출력보다 $\frac{1}{\sqrt{3}}$배로 감소한다.

46 폭발성 분진이 있는 위험장소에 금속관배선에 의할 경우 관 상호 및 관과 박스 기타의 부속품이나 풀 박스 또는 전기기계기구는 몇 턱 이상의 나사 조임으로 접속하여야 하는가?

① 2턱 ② 3턱 ③ 4턱 ④ 5턱

🔍 폭연성 분진이 존재하는 곳의 접속시 5턱 이상의 죔 나사로 시공하여야 한다.

47 화약류 저장소에서 백열전등이나 형광등 또는 이들에 전기를 공급하기 위한 전기설비를 시설하는 경우 전로의 대지 전압은 몇 [V] 이하인가?

① 100 ② 200 ③ 220 ④ 300

🔍 화약류저장소 시설 규정
• 금속관, 케이블 공사
• 대지전압 300[V] 이하

48 환상 솔레노이드의 내부 자장과 전류의 세기에 대한 설명으로 맞는 것은?

① 전류의 세기에 반비례한다.
② 전류의 세기에 비례한다.
③ 전류의 세기 제곱에 비례한다.
④ 전혀 관계가 없다.

🔍 환상 솔레노이드 내부 자장 세기는 $H = \frac{NI}{2\pi r}[\text{AT/m}]$이므로 전류의 세기에 비례한다.

49 메킹타이어로 슬리브 접속시 연선의 단면적이 10[mm²] 이하인 경우 슬리브는 최소 몇 회 이상 비틀림을 해야하는가?

① 3.5회 ② 2.5회 ③ 2회 ④ 3회

🔍 연선의 매킹타이어 슬리브접속시 비틀림 횟수
• 10[mm²] 이하 : 2회 이상
• 16[mm²] 이하 : 2.5회 이상
• 25[mm²] 이하 : 3회 이상

50 계자에서 발생한 자속을 전기자에 골고루 분포시켜주기 위한 것은?

① 공극 ② 브러시
③ 콘덴서 ④ 저항

🔍 공극은 계자와 전기자 사이에 있어서 자속을 골고루 전기자에 공급해 주기 위해 만들어준다.

51 전선의 구비조건이 아닌 것은?

① 비중이 클 것
② 가요성이 풍부할 것
③ 고유저항이 작을 것
④ 기계적 강도가 클 것

🔍 전선 구비조건
• 비중이 작을 것
• 전기저항(고유저항)이 작을 것
• 가요성, 기계적 강도 및 내식성이 좋을 것

52 직류 발전기에서 계자가 하는 일은?

① 자속을 발생시킨다.
② 기전력을 발생시킨다.
③ 교류를 직류로 변환시킨다.
④ 기전력을 외부로 인출해준다.

🔍 계자 : 자속을 발생시키는 역할

53 일반적으로 가공 전선로의 지지물에 취급자가 오르고 내리는데 사용하는 발판 볼트 등은 지표상 몇 [m] 미만에 시설하여서는 아니 되는가?

① 0.75 ② 1.2
③ 1.8 ④ 2.0

🔍 발판볼트 시설규정 : 지표상 1.8[m]부터 완금하부 0.9[m]까지 발판 볼트를 설치한다.

54 직류 전동기의 속도 제어법 중 워드 레오너드 방식에 사용하는 발전기는?

① 타여자발전기　② 분권발전기
③ 직권발전기　　④ 복권발전기

🔍 워드 레오너드 방식은 타여자 발전기 출력 전압을 이용하는 방식이다.

55 지반이 약한 곳에 지지물 공사 시 전주의 넘어짐을 방지하기 위해 시설하는 것은?

① 완금　　　② 지지선
③ 전주 버팀대　④ 행거밴드

🔍 지반이 약한 곳에는 전주용 버팀대(구:전주용 근가)를 시설해야 한다.

56 진공 중에 3×10⁻⁵[C], 8×10⁻⁵[C]의 두 점전하가 2[m]의 간격을 두고 놓여있다. 두 전하 사이에 작용하는 힘[N]은?

① 2.7　② 10.8　③ 5.4　④ 24

🔍 쿨롱의 법칙 $F = 9 \times 10^9 \times \frac{Q_1 Q_2}{r^2}$ [N]
$= 9 \times 10^9 \times \frac{3 \times 10^{-5} \times 8 \times 10^{-5}}{2^2} = 5.4$ [N]

57 한국전기설비규정에 의하면 옥외등의 인하선으로서 지표상 몇 [m] 이상의 높이에 시설하여야 하는가?(단, 금속관, 합성수지관에 의한 공사가 아닌 경우이다.)

① 1.5　② 2.0　③ 2.5　④ 3.5

🔍 옥외등 인하선의 시설 방법 : 금속관, 합성수지관, 케이블, 애자공사 (지표상 2[m] 이상의 높이에서 노출된 장소에 시설할 경우에 한한다.)

58 변압기유의 구비조건이 아닌 것은?

① 절연내력이 클 것
② 응고점이 높을 것
③ 냉각 효과가 클 것
④ 산화현상이 없을 것

🔍 절연유의 구비 조건
・절연 내력이 클 것
・인화점이 높을 것
・응고점이 낮을 것
・비열이 커 냉각 효과가 클 것
・점도가 낮을 것

59 변압기의 원리는 어느 작용을 이용한 것인가?

① 발열 작용　　② 화학 작용
③ 자기 유도 작용　④ 전자 유도 작용

🔍 변압기의 원리 : 전자 유도 작용

60 양전하와 음전하를 가진 물체를 서로 접속하면 여기에 전하가 이동하게 되며 이들 물체는 전기를 띄게 된다. 이와 같은 현상을 무엇이라 하는가?

① 분극　② 정전
③ 대전　④ 코로나

🔍 대전 : 양전하와 음전하를 가진 물체를 서로 접속하면 여기에 전하가 이동하여 전기를 띄는 현상

정답 2024년 1회

01 ③	02 ②	03 ②	04 ③	05 ③
06 ②	07 ①	08 ①	09 ①	10 ③
11 ③	12 ④	13 ①	14 ①	15 ④
16 ④	17 ①	18 ①	19 ①	20 ①
21 ①	22 ①	23 ③	24 ④	25 ②
26 ①	27 ②	28 ①	29 ④	30 ③
31 ③	32 ②	33 ③	34 ①	35 ②
36 ①	37 ③	38 ②	39 ④	40 ④
41 ②	42 ③	43 ②	44 ③	45 ④
46 ④	47 ④	48 ②	49 ③	50 ①
51 ①	52 ①	53 ③	54 ①	55 ③
56 ③	57 ②	58 ②	59 ④	60 ③

2024년 2회 CBT 복원문제

01 실효값 20[A], 주파수 $f = 60[\text{Hz}]$, 0[°]인 전류의 순시값 i [A]를 수식으로 옳게 표현한 것은?

① $i = 20\sin(60\pi t)$
② $i = 20\sqrt{2}\sin(120\pi t)$
③ $i = 20\sin(120\pi t)$
④ $i = 20\sqrt{2}\sin(60\pi t)$

🔍 순시값 전류
$i(t) = $ 실효값 $\times \sqrt{2}\sin(2\pi f t + \theta)$
$= 20\sqrt{2}\sin(120\pi t)[\text{A}]$

02 전압 200[V]이고 $C_1 = 10[\mu\text{F}]$와 $C_2 = 5[\mu\text{F}]$인 콘덴서를 병렬로 접속하면 C_2에 분배되는 전하량은 몇 $[\mu\text{C}]$인가?

① 100
② 2,000
③ 500
④ 1,000

🔍 C_2에 축적되는 전하량
$Q_2 = C_2 V = 5 \times 200 = 1,000[\mu\text{C}]$

03 △-Y 결선(delta-star connection)한 경우에 대한 설명으로 옳지 않은 것은?

① Y결선의 중성점을 접지할 수 있다.
② 제3고조파에 의한 장해가 적다.
③ 1차 선간전압과 2차 선간전압의 위상차는 60°이다.
④ 1차 변전소의 승압용으로 사용된다.

🔍 △-Y 결선의 특징
• 승압용
• Y 결선은 중성점을 접지할 수 있다.
• △결선은 제3고조파 장해가 적다.
• 1, 2차 전압 위상차 : $\frac{\pi}{6}[\text{rad}] = 30°$

04 전류를 계속 흐르게 하려면 전압을 연속적으로 만들어 주는 어떤 힘이 필요하게 되는데, 이 힘을 무엇이라 하는가?

① 기자력
② 전자력
③ 기전력
④ 전기력

🔍 기전력 : 전압을 연속적으로 만들어서 전류를 흐르게 하는 원천

05 동기 발전기의 병렬 운전 중 기전력의 위상차가 발생하면 어떤 현상이 나타나는가?

① 무효 횡류
② 유효 횡류
③ 무효 순환 전류
④ 고조파 전류

🔍 동기발전기 병렬운전 조건 중 기전력의 크기가 같고 위상차가 존재할 때는 유효횡류(동기화전류)가 흘러 동기화력에 의해 위상이 일치된다.

06 전류에 의해 만들어지는 자기장의 자기력선 방향을 간단하게 알아보는 법칙은?

① 앙페르의 오른나사의 법칙
② 렌츠의 자기유도 법칙
③ 플레밍의 왼손 법칙
④ 패러데이의 전자유도 법칙

🔍 앙페르의 오른나사의 법칙 : 전류에 의한 자기장의 방향을 알기 쉽게 정의한 법칙

07 자로의 길이 l[m], 투자율 μ, 단면적 A[m²]인 자기회로의 자기저항[AT/Wb]은?

① $\frac{\mu}{lA}$
② $\frac{\mu l}{A}$
③ $\frac{l}{\mu A}$
④ $\frac{\mu A}{l}$

🔍 자기회로의 자기저항 $R = \frac{l}{\mu A} = \frac{Nl}{\phi}[\text{AT/Wb}]$

08 250[kVA]의 단상 변압기 2대를 사용하여 V-V 결선으로 하고 3상 전원을 얻고자 할 때 최대로 얻을 수 있는 3상 부하의 용량은 약 몇 [kVA]인가?

① 500 ② 433
③ 200 ④ 100

🔍 V결선 변압기 용량
$P_V = \sqrt{3} P_1 = \sqrt{3} \times 250 = 433 [kVA]$

09 접지공사에서 접지극으로 동봉을 사용하는 경우 최소 길이는 몇 [m]인가?

① 1 ② 1.2 ③ 0.9 ④ 0.6

🔍 접지극의 종류와 규격
동봉 : 지름 8[mm] 이상, 길이 0.9[m] 이상

10 [그림]과 같은 회로에서 합성저항은 몇 [Ω]인가?

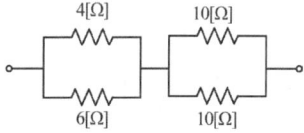

① 6.6 ② 7.4
③ 8.7 ④ 9.4

🔍 합성저항 $R_0 = \dfrac{4 \times 6}{4+6} + \dfrac{10}{2} = 7.4[\Omega]$

11 두 자극의 세기가 m_1, m_2[Wb], 거리가 r[m]일 때 작용하는 자기력의 크기(N)는 얼마인가?

① $k\dfrac{m_1 \cdot m_2}{r}$ ② $k\dfrac{r}{m_1 \cdot m_2}$
③ $k\dfrac{m_1 \cdot m_2}{r^2}$ ④ $k\dfrac{r^2}{m_1 \cdot m_2}$

🔍 쿨롱의 법칙 : 두 자극 사이에 작용하는 자력의 크기는 양 자극의 세기의 곱에 비례하며, 자극 간의 거리의 제곱에 비례한다.
쿨롱의 법칙 $F = k\dfrac{m_1 \cdot m_2}{r^2} = \dfrac{m_1 \cdot m_2}{4\pi\mu_0 r^2}[N]$

12 $v = 100\sqrt{2} \sin\left(120\pi + \dfrac{\pi}{4}\right)$,

$i = 100 \sin\left(120\pi t + \dfrac{\pi}{2}\right)$인 경우 전류는 전압보다 위상이 어떻게 되는가?

① 전류가 전압보다 $\dfrac{\pi}{2}$[rad] 만큼 앞선다.
② 전류가 전압보다 $\dfrac{\pi}{2}$[rad] 만큼 뒤진다.
③ 전류가 전압보다 $\dfrac{\pi}{4}$[rad] 만큼 앞선다.
④ 전류가 전압보다 $\dfrac{\pi}{4}$[rad] 만큼 뒤진다.

🔍 전압의 위상은 $\dfrac{\pi}{4}$(45°)이고, 전류의 위상은 $\dfrac{\pi}{2}$(90°)이므로 전류가 전압보다 $\dfrac{\pi}{4}$(45°)위상차 만큼 앞선다.

13 막대자석의 자극의 세기가 m[Wb]이고 길이가 l[m]인 경우 자기모멘트[Wb·m]는 얼마인가?

① ml ② $\dfrac{m}{l}$ ③ $\dfrac{l}{m}$ ④ $2ml$

🔍 막대자석의 자기모멘트 $M = ml[Wb \cdot m]$

14 공기 중에서 자속밀도 2[Wb/m²]의 평등 자장 속에 길이 60[cm]의 직선 도선을 자장의 방향과 30°각으로 놓고 여기에 5[A]의 전류를 흐르게 하면 이 도선이 받는 힘은 몇 [N]인가?

① 2 ② 5 ③ 6 ④ 3

🔍 전자력 $F = IBl\sin\theta$
$= 5 \times 2 \times 0.6 \times \sin 30° = 3[N]$

15 히스테리시스 곡선이 세로축과 만나는 점의 값은 무엇을 나타내는가?

① 자속밀도 ② 잔류자기
③ 보자력 ④ 자기장

🔍 히스테리시스 곡선에서
세로축(종축)과 만나는 점 : 잔류자기
가로축(횡축)과 만나는 점 : 보자력

16 두 금속을 접속하여 여기에 전류를 흘리면, 줄열 외에 그 접점에서 열의 발생 또는 흡수가 일어나는 현상은?

① 줄 효과　　② 홀 효과
③ 제벡 효과　　④ 펠티에 효과

🔍 펠티에 효과 : 두 금속을 접합하여 접합점에 전류를 흘려주면 열의 발생 또는 흡수가 발생하는 현상

17 다음 직류를 기준으로 저압에 속하는 범위는 최대 몇 [V] 이하인가?

① 600　② 750　③ 1,000　④ 1,500

🔍 전압의 구분

전압	직류	교류
저압	1,500[V] 이하	1,000[V] 이하
고압	저압 초과 7,000[V] 이하	
특고압	7,000[V] 초과	

18 대칭 3상 교류 회로에서 각 상간의 위상차는 얼마인가?

① $\frac{\pi}{3}$　　② $\frac{3}{2}\pi$
③ $\frac{2}{3}\pi$　　④ $\frac{2}{\sqrt{3}}\pi$

🔍 대칭 3상 교류에서의 각 상간 위상차는 $\frac{2\pi}{3}[\text{rad}] = 120°$ 이다.

19 8극, 60[Hz]인 유도전동기의 회전수[rpm]는?

① 1,800　② 900
③ 3,600　④ 2,400

🔍 $N_s = \frac{120f}{P} = \frac{120 \times 60}{8} = 900[\text{rpm}]$

20 6[Ω], 8[Ω], 9[Ω] 의 저항 3개를 직렬로 접속하여 5[A]의 전류를 흘려줬다면 이 회로의 전압은 몇 [V] 인가?

① 117　② 115　③ 100　④ 90

🔍 $V = IR = 5 \times (6 + 8 + 9) = 115[V]$

21 두 평행도선의 길이가 1[m], 거리가 1[m]인 왕복 도선 사이에 단위 길이당 작용하는 힘의 세기가 18×10^{-7}[N]일 경우 전류의 세기[A]는?

① 4　② 3　③ 1　④ 2

🔍 평행 도선 사이에 작용하는 힘의 세기
$F = \frac{2I_1 I_2}{r} \times 10^{-7} [\text{N/m}]$ $I_1 = I_2 = I$ 이므로
$F = \frac{2I^2}{1} \times 10^{-7} [\text{N/m}] = 18 \times 10^{-7} [\text{N/m}]$
$I^2 = 9$ 이므로 $I = 3[A]$

22 전주를 건주할 때 철근 콘크리트주의 길이가 7[m]이면 땅에 묻히는 깊이[m]는 얼마인가?(단, 설계 하중이 6.8[kN] 이하이다.)

① 1.0　② 1.2　③ 2.0　④ 2.5

🔍 15[m] 이하 지지물 건주시 전주 땅에 묻히는 깊이 (지지물 기초 안전율 : 2이상) : 전체 길이 × $\frac{1}{6}$ 이상
매설깊이 $H = 7 \times \frac{1}{6} = 1.2[m]$

23 저압 전선로 중 절연 부분의 전선과 대지 간 및 전선의 심선 상호 간의 절연 저항은 사용 전압에 대한 누설 전류가 최대 공급 전류의 얼마를 넘지 않도록 하여야 하는가?

① $\frac{1}{4,000}$　　② $\frac{1}{3,000}$
③ $\frac{1}{2,000}$　　④ $\frac{1}{1,000}$

🔍 저압 전선로의 누설전류는 최대 공급전류의 $\frac{1}{2,000}$을 초과하지 않도록 한다.

24 금속제 외함을 가진 저압 기계기구로서 사람이 쉽게 접촉할 우려가 있는 곳에 시설하는 경우 전로에 지락이 발생할 경우 사용전압이 최소 몇 [V]를 초과하는 경우 자동으로 전로를 차단하는 장치를 시설하여야 하는가?

① 50　② 60　③ 90　④ 150

🔍 사용전압이 50[V]를 초과하는 저압의 기계 기구를 사람이 쉽게 접촉할 우려가 있는 곳에 시설하는 경우 전기를 공급하는 전로에는 전로에 지락이 생겼을 때에 자동적으로 전로를 차단하는 장치를 하여야 한다.

25 다음 중 금속 전선관의 호칭을 맞게 기술한 것은?

① 박강, 후강 모두 내경으로 [mm]로 나타낸다.
② 박강은 내경, 후강은 외경으로 [mm]로 나타낸다.
③ 박강은 외경, 후강은 내경으로 [mm]로 나타낸다.
④ 박강, 후강 모두 외경으로 [mm]로 나타낸다.

🔍 금속관의 호칭
 • 후강전선관 : 내경, 짝수(두께가 두꺼운 전선관)
 • 박강전선관 : 외경, 홀수(두께가 얇은 전선관)

26 평균값이 100[V]일 때 실효값은 얼마인가?

① 90 ② 111 ③ 63.7 ④ 70.7

🔍 실효값 $V = \dfrac{V_m}{2\sqrt{2}} = 1.11 \times 100 = 1.11 V_{av} = 111[V]$

27 전기 기기의 철심 재료로 규소 강판을 성층하여 사용하는 이유로 가장 적당한 것은?

① 동손 감소
② 히스테리시스손 감소
③ 맴돌이 전류손 감소
④ 풍손 감소

🔍 규소강판을 성층하여 사용하는 이유는 맴돌이 전류손을 감소시키기 위한 대책이다.

28 변압기 중성점 접지 접지저항 계산식에서 고·저압 혼촉 시에 고압 전로의 1선 지락 전류가 I_g[A], 접지 저항 값 R_g[Ω]일 때 K의 값은? (단, 저압 전로의 대지 전압이 150[V]를 넘는 경우로서 1초를 넘고 2초 이내에 자동 차단 장치가 되어 있는 경우이다.)

$$R_g = \dfrac{K}{I_g}[\Omega]$$

① 100 ② 150 ③ 300 ④ 600

🔍 변압기 중성점 접지 접지저항 : 사용전압 35,000[V] 이하인 경우
$R_g = \dfrac{150(300,600)}{I_g}[\Omega]$
 • 150 : 특별한 보호 장치가 없는 경우
 • 300 : 혼촉 시 보호 장치 동작이 1초 넘고 2초 이내인 경우
 • 600 : 혼촉 시 보호 장치 동작이 1초 이내인 경우

29 3상 전파 정류회로에서 출력전압의 평균 전압 값은? (단, V는 선간 전압의 실효값이다.)

① 0.45V ② 0.9V
③ 1.17V ④ 1.35V

🔍 정류기의 직류전압(실효값)의 크기

단상 반파	단상 전파	3상 반파	3상 전파
0.45V	0.9V	1.17V	1.35V

30 권선형 유도전동기 기동시 회전자 측에 저항을 넣는 이유는?

① 기동 전류를 감소시키기 위해
② 기동 토크를 감소시키기 위해
③ 회전수를 감소시키기 위해
④ 기동 전류를 증가시키기 위해

🔍 권선형 유도전동기의 외부저항을 접속하면 기동전류는 감소하고 기동토크는 증가하며 역률은 개선된다.

31 긴 직선 도선에 i 의 전류가 흐를 때 이 도선으로부터 r 만큼 떨어진 곳의 자장의 세기는?

① 전류 i 에 반비례하고 r 에 비례한다.
② 전류 i 에 비례하고 r 에 반비례한다.
③ 전류 i 의 제곱에 반비례하고 r 에 비례 한다.
④ 전류 i 에 반비례하고 r 의 제곱에 반비례 한다.

🔍 직선 도선에 의한 자장의 세기
$H = \dfrac{I}{2\pi r}[\text{AT/m}]$ 이므로, 전류 i 에 비례하고 거리 r 에 반비례한다.

32 고압 가공 전선로의 전선의 조수가 3조일 때 완금의 표준길이[mm]는?

① 900 ② 1,400
③ 1,800 ④ 2,400

🔍 가공 전선로의 완금의 표준길이[mm]

전선조 \ 전압	저압	고압	특고압
2조	900	1,400	1,800
3조	1,400	1,800	2,400

33 수·변전 설비의 고압회로에 걸리는 전압을 표시하기 위해 전압계를 시설할 때 고압회로와 전압계 사이에 시설하는 것은?

① 관통형 변압기
② 계기용 변류기
③ 계기용 변압기
④ 권선형 변류기

> 고전압을 저전압으로 변성하여 측정계기나 보호계전기에 전압을 공급하기 위한 계기를 계기용 변압기(PT)라 한다.

34 고압 가공 인입선이 도로를 횡단하는 경우 노면 상 시설하여야 할 높이는 몇 [m] 이상인가?

① 8.5　　② 6.5
③ 6　　　④ 4.5

> 고압 인입선의 높이
>
> | 장소 구분 | 고압[m] |
> |---|---|
> | 도로횡단 | 6[m] 이상 |
> | 철도 횡단 | 6.5[m] 이상 |
> | 횡단 보도교 | 3.5[m] 이상 |
> | 기타장소 | 5[m] 이상 |

35 전주외등을 전주에 부착하는 경우 전주외등은 하단으로부터 몇 [m] 이상 높이에 시설하여야 하는가?

① 3.0　　② 3.5
③ 4.0　　④ 4.5

> 전주외등 : 대지전압 300[V] 이하 백열전등이나 수은등을 배전선로의 지지물 등에 시설하는 등
> • 기구부착높이 : 하단에서 지표상 4.5[m] 이상
>   (단, 교통지장 없을 경우 3.0[m] 이상)
> • 돌출 수평거리 : 1.0[m] 이상

36 굵은 전선이나 케이블을 절단할 때 사용되는 공구는?

① 펜치　　② 클리퍼
③ 나이프　　④ 플라이어

> 클리퍼 : 전선 단면적 25[mm²] 이상의 굵은 전선이나 볼트 절단시 사용하는 공구

37 저압 크레인 또는 호이스트 등의 트롤리선을 애자사용 공사에 의하여 옥내의 노출장소에 시설하는 경우 트롤리선의 바닥에서의 최소 높이는 몇 [m] 이상으로 설치하는가?

① 2　　　② 2.5
③ 3.5　　④ 4.5

> 저압 크레인 또는 호이스트 등의 트롤리선을 애자사용 공사에 의하여 옥내의 노출장소에 시설하는 경우 트롤리선의 바닥에서의 높이는 3.5[m] 이상으로 설치하여야 한다.

38 연피 케이블 및 알루미늄피 케이블을 구부리는 경우는 피복이 손상되지 않도록 하고, 그 굴곡부의 곡률반경은 원칙적으로 케이블 외경의 몇 배 이상이어야 하는가?

① 8　　② 6
③ 12　④ 10

> 알루미늄피 케이블의 곡률반경은 케이블 바깥지름의 12배 이상

39 수전설비의 저압 배전반은 배전반 앞에서 계측기를 판독하기 위하여 앞면과 최소 몇 [m] 이상 유지하는 것을 원칙으로 하고 있는가?

① 2.5　　② 1.8
③ 1.5　　④ 1.7

> 수전 설비의 저압, 고압 배전반은 계측기를 판독하기 위하여 앞면과 1.5[m] 이상 이격해야 한다.

40 합성수지관 배선에서 경질비닐 전선관의 굵기에 해당되지 않는 것은? (단, 관의 호칭을 말한다.)

① 14　　② 16
③ 18　　④ 22

> 합성수지관 종류 : 14, 16, 22, 28, 36, 42, 54, 70, 82[mm]

41 가스 차단기에 사용되는 가스인 SF₆의 성질이 아닌 것은?

① 같은 압력에서 공기의 2.5 ~ 3.5배의 절연내력이 있다.
② 소호능력은 공기보다 2.5배 정도 낮다.
③ 무색, 무취, 무해 가스이다.
④ 가스 압력 3 ~ 4[kgf/cm²] 에서 절연내력은 절연유 이상이다.

🔍 소호능력은 공기보다 100배 정도 뛰어나다.

42 동기 병렬운전 중인 유도기전력이 2,000[V], 위상차 60°일 경우 유효순환전류는 얼마인가? (단, 동기임피던스 5[Ω]이다.)

① 500　② 1000　③ 20　④ 200

🔍 유효 순환 전류
$$I_C = \frac{E}{Z_s}\sin\frac{\delta}{2} = \frac{2,000}{5} \times \sin\frac{60°}{2} = 200[A]$$

43 직류 분권전동기의 계자저항을 운전 중에 증가시키면 회전속도는?

① 감소한다.　② 정지한다.
③ 변화없다.　④ 증가한다.

🔍 분권 전동기의 계자저항을 증가시키면 자속이 감소하므로 회전속도는 증가한다.
회전수 $N = K\dfrac{V - I_a R_a}{\phi}[rpm]$

44 역회전이 불가능한 단상 유도 전동기는 다음 중 어느 것인가?

① 분상 기동형
② 반발 기동형
③ 콘덴서 기동형
④ 셰이딩 코일형

🔍 셰이딩 코일형 전동기의 특징
• 철편 때문에 구조상 역회전이 불가능하다.
• 기동토크가 가장 작다.
• 효율과 역률이 낮다.

45 다음 중 자기소호 기능이 가장 좋은 소자는?

① SCR　② GTO
③ TRIAC　④ LASCR

🔍 GTO(gate turn-off thyristor)는 게이트 신호로 on-off가 자유로우며 개폐 동작이 빠르고 주로 직류의 개폐에 사용되며 자기소호기능이 가장 좋다.

46 전압비가 13,200/220[V]인 단상 변압기의 2차 전류가 120[A]일 때 변압기의 1차 전류는 얼마인가?

① 100　② 20
③ 10　④ 2

🔍 권수비 $a = \dfrac{N_1}{N_2} = \dfrac{V_1}{V_2} = \dfrac{I_2}{I_1}$ 에서
$a = \dfrac{E_1}{E_2} = \dfrac{13,200}{220} = 60$ 이므로
$I_1 = \dfrac{I_2}{a} = \dfrac{120}{60} = 2[A]$

47 정격전압 200[V], 60[Hz]인 전동기의 주파수를 50[Hz]로 사용하면 회전수는 어떻게 되는가?

① 0.83배로 감소한다.
② 1.1배로 증가한다.
③ 변화하지 않는다.
④ 1.2배로 증가한다.

🔍 전동기의 회전수 : $N = \dfrac{120f}{P}[rpm]$ (주파수에 비례)
주파수 60[Hz]에 대한 50[Hz]의 비율은 $\dfrac{50}{60} = 0.83$배로 감소하므로 회전수도 0.83배로 감소한다.

48 직류 직권 전동기에서 벨트를 걸고 운전하면 안 되는 이유는?

① 벨트가 마멸 보수가 곤란하므로
② 벨트가 벗겨지면 위험 속도에 도달하므로
③ 직결하지 않으면 속도 제어가 곤란하므로
④ 손실이 많아지므로

🔍 직류 직권전동기는 정격 전압하에서 무부하특성을 지니므로, 벨트가 벗겨지면 속도는 급격히 상승하여 위험속도에 도달할 수 있다.

49 직류 발전기의 정격전압 100[V], 무부하 전압 104[V]이다. 이 발전기의 전압 변동률 ε[%]은?

① 4 ② 3
③ 6 ④ 5

🔍 전압변동률 $\varepsilon = \dfrac{V_0 - V_n}{V_n} \times 100 = \dfrac{104 - 100}{100} \times 100 = 4\,[\%]$

50 전등 1개를 2개소에서 점멸하고자 할 때 필요한 3로 스위치는 최소 몇 개 인가?

① 1개 ② 2개
③ 3개 ④ 4개

🔍 3로스위치 : 1개의 등을 2개소에서 점멸하는 스위치로 2개가 필요하다.

51 전선의 접속에 대한 설명으로 틀린 것은?

① 접속 부분의 전기 저항을 증가시켜서는 안 된다.
② 접속 부분의 인장강도를 20[%] 이상 유지되도록 한다.
③ 접속 부분에 전선 접속 기구를 사용한다.
④ 알루미늄전선과 구리선의 접속 시 전기적인 부식이 생기지 않도록 한다.

🔍 전선 접속시 접속 부분의 전선의 세기는 인장강도를 접속 전의 80[%] 이상 유지해야 한다.(20[%] 이상 감소되지 않도록 할 것)

52 동기 발전기에서 전기자 전류가 무부하 유도 기전력보다 $\dfrac{\pi}{2}$ [rad] 앞서 있는 경우에 나타나는 전기자 반작용은?

① 교차 자화 작용
② 증자 작용
③ 감자 작용
④ 직축 반작용

🔍 발전기의 전기자 반작용
 • 동상 전류 : 교차 자화작용
 • 뒤진 전류 : 감자 작용
 • 앞선 전류 : 증자 작용

53 직류전동기의 규약효율을 표시하는 식은?

① $\dfrac{\text{입력} - \text{손실}}{\text{입력}} \times 100\,[\%]$

② $\dfrac{\text{출력}}{\text{입력}} \times 100\,[\%]$

③ $\dfrac{\text{출력}}{\text{출력} + \text{손실}} \times 100\,[\%]$

④ $\dfrac{\text{입력}}{\text{출력} + \text{손실}} \times 100\,[\%]$

🔍 직류기의 규약 효율(입력 기준) = $\dfrac{\text{입력} - \text{손실}}{\text{입력}} \times 100\,[\%]$

54 변압기유의 열화방지와 관계가 가장 먼 것은?

① 브리더 ② 컨서베이터
③ 불활성 질소 ④ 부싱

🔍 변압기유의 열화방지 대책 : 브리더 설치, 컨서베이터 설치, 불활성 질소봉입

55 보호도체의 전선 색상은 무슨 색인가?

① 검은색 ② 빨간색
③ 녹색-노란색 ④ 녹색

🔍 보호도체의 전선 색상 : 녹색-노란색

56 피뢰시스템에 접지도체가 접속된 경우 접지저항은 몇 [Ω] 이하이어야 하는가?

① 5 ② 10 ③ 15 ④ 20

🔍 피뢰시스템에 접지도체가 접속된 경우 접지저항은 10[Ω] 이하이어야 한다

57 성냥, 석유류, 셀룰로이드 등 기타 가연성 위험물질을 제조 또는 저장하는 장소의 배선으로 틀린 것은?

① 2.6mm 합성수지관 공사(난연성이 없는 콤바인덕트관 제외)
② 애자공사
③ 케이블공사
④ 금속관공사

> 가연성분진, 위험물 장소의 배선 공사 : 금속관, 케이블, 합성수지관 공사(2.0[mm] 이상)

58 동기 전동기에서 난조를 방지하기 위하여 자극 면에 설치하는 권선을 무엇이라 하는가?

① 제동권선
② 계자권선
③ 전기자권선
④ 보상권선

> 동기 전동기에서 난조 방지 및 기동 토크를 발생 시키기 위한 권선을 제동권선이라 한다.

59 광도가 I[cd]인 구광원의 광속 F[lm]는?

① $F = \pi I$
② $F = \pi^2 I$
③ $F = 2\pi I$
④ $F = 4\pi I$

> 광도 $I[cd] = \dfrac{광속(F)}{입체각(\omega)} = \dfrac{F[\text{lm}]}{4\pi(\text{sr})}$
> $F = 4\pi I [\text{lm}]$

60 200[V], 40[W]의 형광등에 정격 전압이 가해졌을 때 형광등 회로에 흐르는 전류는 0.42[A]이다. 이 형광등의 역률[%]은?

① 47.6
② 37.5
③ 57.5
④ 67.5

> 단상 유효전력 $P = VI\cos\theta [\text{W}]$에서
> 역률 : $\cos\theta = \dfrac{P}{VI} = \dfrac{46}{200 \times 0.42} \times 100 = 47.6[\%]$

정답 2024년 2회

01 ②	02 ④	03 ③	04 ③	05 ②
06 ①	07 ③	08 ②	09 ③	10 ②
11 ③	12 ③	13 ①	14 ④	15 ②
16 ④	17 ④	18 ③	19 ②	20 ②
21 ②	22 ②	23 ③	24 ①	25 ③
26 ②	27 ③	28 ③	29 ④	30 ①
31 ②	32 ③	33 ③	34 ③	35 ④
36 ②	37 ③	38 ③	39 ③	40 ③
41 ②	42 ④	43 ④	44 ④	45 ②
46 ④	47 ①	48 ②	49 ①	50 ②
51 ②	52 ②	53 ①	54 ④	55 ③
56 ②	57 ②	58 ①	59 ④	60 ①

2024년 3회 CBT 복원문제

01 저압 구내 가공인입선으로 인입용 비닐절연전선 사용 시 전선의 길이가 15[m] 초과하는 경우 사용할 수 있는 최소 굵기는 몇 [mm] 이상인가?

① 1.5　② 2.0　③ 2.6　④ 4.0

🔍 가공 인입선 사용전선 : 2.6[mm] 이상 경동선 또는 인입용 비닐절연전선(단, 경간이 15[m] 이하인 경우 2.0[mm] 이상 가능)

02 동기 발전기의 전기자 권선을 단절권으로 하면?

① 고조파를 제거한다.
② 기전력을 높인다.
③ 절연이 잘 된다.
④ 역률이 좋아진다.

🔍 동기발전기의 권선법 중 단절권과 분포권을 사용하는 가장 큰 이유는 고조파를 제거하여 파형을 개선하기 위함이다.

03 변압기 주탱크와 콘서베이터 사이에 설치하여 내부 고장 발생 시 발생하는 가스의 흐름 또는 기름의 흐름 변화를 검출하는 계전기로 알맞은 것은?

① 비율차동계전기
② 부흐홀츠 계전기
③ 충격압력계전기
④ 방압안전장치

🔍 부흐홀츠 계전기는 내부고장 발생시 유증기를 검출하여 동작하는 계전기로 변압기 본체와 콘서베이터를 연결하는 파이프 사이에 설치한다.

04 100[kVA]의 단상 변압기 2대를 사용하여 V-V 결선으로 하고 3상 전원을 얻고자 한다. 이때 여기에 접속시킬 수 있는 3상 부하의 용량은 약 몇 [kVA]인가?

① 173.2　② 100
③ 200　④ 346.4

🔍 V 결선 용량
$P_V = \sqrt{3}\,P = \sqrt{3} \times 100 = 173.2\,[kVA]$

05 저항 R=3[Ω], 자체인덕턴스 L=10.6[mH]이 직렬로 연결된 회로에 주파수 60[Hz], 500[V]의 교류전압을 인가한 경우의 전류 I[A]는?

① 10
② 40
③ 100
④ 200

🔍 유도성 리액턴스 $X_L = 2\pi f L$
$= 2 \times 3.14 \times 60 \times 10.6 \times 10^{-3} = 4[\Omega]$
$Z = \sqrt{R^2 + X_L^2} = \sqrt{3^2 + 4^2} = 5[\Omega]$
$I = \dfrac{V}{Z} = \dfrac{500}{5} = 100[\Omega]$

06 자기회로와 전기회로의 대응 관계가 잘못된 것은?

① 투자율 – 도전율
② 자계 – 전계
③ 자속 – 전류
④ 자속밀도 – 기전력

🔍 자기회로와 전기회로 대응관계

자기회로	전기회로
기자력	기전력
자속	전류
자기저항	전기저항
투자율	도전율

07 전주 외등의 공사방법으로 알맞지 않은 것은?

① 합성수지관
② 금속관
③ 케이블
④ 금속덕트

🔍 전주 외등의 배선
• 전선 : 단면적 2.5[mm²] 이상의 절연전선
• 배선방법 : 금속관, 케이블, 합성수지관

08 전로에 시설하는 기계기구의 철대 및 금속제 외함(외함이 없는 변압기 또는 계기용변성기는 철심)에는 접지공사를 하여야 한다. 다음 사항 중 접지공사 생략이 불가능한 장소는?

① 교류 대지전압 150[V]를 초과하는 기계기구를 건조한 곳에 시설하는 경우
② 철대 또는 외함의 주위에 절연대를 설치하는 경우
③ 전기용품 및 생활용품 안전관리법의 적용을 받는 이중절연구조로 되어 있는 기계기구를 시설하는 경우
④ 저압용의 기계기구를 건조한 목재의 마루 위에서 취급하도록 시설하는 경우

🔍 접지공사 생략 가능한 장소
- 사용전압이 직류 300[V] 또는 교류 대지전압이 150[V] 이하인 기계기구를 건조한 곳에 시설하는 경우
- 저압, 고압, 22.9[kV-Y] 계통 전로에 접속한 기계 기구를 목주 위 등에 시설한 경우
- 저압용의 기계기구를 건조한 목재의 마루 기타 이와 유사한 절연성 물건 위에서 취급하도록 시설하는 경우
- 2중 절연 기계 기구
- 철대 또는 외함의 주위에 적당한 절연대를 이용하여 시설한 경우
- 동작 전류 30[mA] 이하, 동작 시간 0.03[sec] 이하인 인체 감전 보호 누전 차단기를 설치한 경우

09 다음 괄호 안에 알맞은 말을 고르시오.

[중첩의 원리]
『다수의 전압원 및 전류원을 포함한 임의의 회로망에서, 어떤 임의의 지로에 흐르는 전류는 각각의 전압원 및 전류원이 단독으로 존재할 때 그 지로에 흐르는 전류의 대수합과 같다』는 원리로 임의의 지로에 흐르는 전류의 대수합은 각각 전압원은 (㉠)로 하고 전류원은 (㉡)로 하여 구한다.

① ㉠ 개방회로 ㉡ 단락회로
② ㉠ 개방회로 ㉡ 개방회로
③ ㉠ 단락회로 ㉡ 개방회로
④ ㉠ 단락회로 ㉡ 단락회로

🔍 중첩의 원리
임의의 지로에 흐르는 전류의 대수합은 각각 ①전압원은 단락하고 ②전류원은 개방시켜 구한다.

10 그림의 회로에서 3[Ω]에 흐르는 전류[A]는?

① 1.25
② 0.9
③ 0.6
④ 0.3

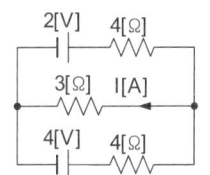

🔍 그림을 시계 반대방향으로 회전시키면 다음과 같다.

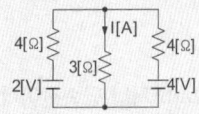

중첩의 원리를 이용하여 각 전원을 독립(각각의 전압원을 단락)시켜 흐르는 전류를 계산하여 총합을 하면 된다.

① 4[V] 전원 단락	② 2[V] 전원 단락
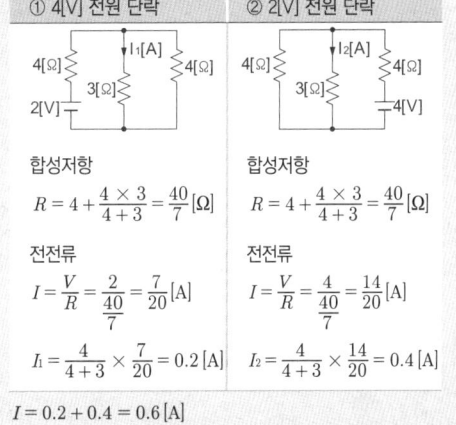	
합성저항	합성저항
$R = 4 + \dfrac{4 \times 3}{4+3} = \dfrac{40}{7}[\Omega]$	$R = 4 + \dfrac{4 \times 3}{4+3} = \dfrac{40}{7}[\Omega]$
전전류	전전류
$I = \dfrac{V}{R} = \dfrac{2}{\frac{40}{7}} = \dfrac{7}{20}[A]$	$I = \dfrac{V}{R} = \dfrac{4}{\frac{40}{7}} = \dfrac{14}{20}[A]$
$I_1 = \dfrac{4}{4+3} \times \dfrac{7}{20} = 0.2[A]$	$I_2 = \dfrac{4}{4+3} \times \dfrac{14}{20} = 0.4[A]$

$I = 0.2 + 0.4 = 0.6[A]$

11 보호를 요하는 회로의 전류가 일정 방향으로 일정한 값(정정값) 이상 흘렀을 때 동작하는 계전기는?

① 과전류계전기 ② 방향단락계전기
③ 선택지락계전기 ④ 거리계전기

🔍 방향단락계진기 : 보호를 요하는 회로의 고장전류가 일정한 방향으로 일정한 값(정정값) 이상 흘렀을 때 동작하는 계전기

12 일반적으로 과전류 차단기를 설치하여야 할 곳으로 틀린 것은?

① 접지측 전선
② 보호용, 인입선 등 분기선을 보호하는 곳
③ 송배전선로의 보호를 필요로 하는 장소
④ 간선의 전원 측 전선

🔍 접지측 전선은 과전류 차단기를 설치하면 안 된다.

13 변압기 중성점에 접지공사를 하는 이유는?

① 전류 변동의 방지
② 고·저압 혼촉 사고 방지
③ 전력 변동의 방지
④ 전압 변동의 방지

🔍 변압기는 고·저압 혼촉 사고를 방지하기 위하여 반드시 2차측 중성점에 접지공사를 하여야 한다.

14 가공 전선로의 인입구에 설치하거나 금속관이나 합성 수지관으로부터 전선을 뽑아 전동기 단자 부근에 접속할 때 관 끝에 사용하는 재료는?

① 부싱
② 엔트런스 캡
③ 터미널 캡
④ 로크 너트

🔍 터미널 캡(서비스 캡) : 금속관이나 합성수지관으로부터 전선을 뽑아 전동기 단자 부근에 접속할 때, 또는 노출 배관에서 금속 배관으로 변경 시 전선 보호를 위해 관 끝에 설치하는 재료

15 주택, 아파트인 경우 표준부하는 몇 [VA/m²]인가?

① 10 ② 20
③ 30 ④ 40

🔍 건물의 종류에 대응한 표준 부하(VA/m²)

건물의 종류	표준 부하
사무실, 은행, 상점, 이발소, 미장원	30
주택, 아파트	40

16 200[V], 60[W] 전등 10개를 20시간 사용하였다면 사용 전력량은 몇 [kWh]인가?

① 12 ② 6
③ 3   ④ 2

🔍 전력량
$W = Pt = 30 \times 10 \times 20 = 6,000 [\text{Wh}] = 6 [\text{kWh}]$

17 폭연성 분진이 존재하는 곳의 저압 옥내배선 공사 시 공사 방법으로 짝지어진 것은?

① 금속관 공사, MI케이블 공사, 개장된 케이블 공사
② 케이블 공사, MI케이블 공사, 금속관 공사
③ 케이블 공사, MI케이블 공사, 제1종 캡타이어 케이블 공사
④ 개장된 케이블 공사, CD케이블 공사, 제1종 캡타이어 케이블 공사

🔍 폭연성 분진, 화약류 분말이 있는 장소 공사
• 금속관공사, 케이블 공사(MI케이블, 개장 케이블)

18 플로어 덕트 공사에 의한 저압 옥내 배선에서 절연 전선으로 연선을 사용하지 않아도 되는 것은 전선의 굵기가 몇 [mm²] 이하인 경우인가?

① 2.5 ② 4
③ 6   ④ 10

🔍 저압 옥내 배선에서 플로어 덕트 공사 시 전선은 절연전선으로 연선이 원칙이지만 단선을 사용하는 경우 단면적 10[mm²] 이하까지는 사용할 수 있다.

19 전선 접속 시 S형 슬리브 사용에 대한 설명으로 틀린 것은?

① 전선의 끝은 슬리브의 끝에서 나오지 않도록 한다.
② 슬리브는 전선의 굵기에 적합한 것을 선정한다.
③ 직선접속 또는 분기접속에서 2회 이상 꼬아서 접속한다.
④ S형 슬리브 접속은 연선, 단선 둘 다 가능하다.

🔍 슬리브 접속은 2~3회 꼬아서 접속해야 하며 전선의 끝은 슬리브의 끝에서 조금 나오는 것이 바람직하다.

20 배선용 차단기의 심벌은?

① B   ② E
③ BE ④ S

> ① : 배선용차단기, ② : 누전차단기, ④ : 개폐기

21 KEC(한국전기설비규정)에 의한 400[V] 이하 가공전선으로 절연전선의 최소 굵기[mm]는?

① 1.6   ② 2.6
③ 3.2   ④ 4.0

> 전압별 가공전선의 굵기
>
> | 사용전압 | 전선의 굵기 |
> |---|---|
> | 400[V] 이하 | • 절연전선 : 2.6[mm] 이상 경동선
• 나전선 : 3.2[mm] 이상 경동선 |
> | 400[V] 초과 | • 시가지내 : 5.0[mm] 이상의 경동선
• 시가지외 : 4.0[mm] 이상 경동선 |
> | 특고압 | • 25[mm^2] 이상 경동연선 |

22 0.6/1[kV] 비닐절연 비닐외장 케이블의 약칭으로 맞는 것은?

① VV   ② EV   ③ FP   ④ CV

> • VV : 비닐절연 비닐외장 케이블
> • EV : 폴리에틸렌 절연 비닐외장 케이블
> • CV : 가교폴리에틸렌 절연 비닐외장 케이블

23 욕조나 샤워시설이 있는 욕실 또는 화장실 등 인체가 물에 젖어있는 상태에서 전기를 사용하는 장소에 콘센트를 시설방법 중 틀린 것은?

① 콘센트는 접지극이 있는 방적형 콘센트를 사용하여 접지한다.
② 인체감전보호용 누전차단기가 부착된 콘센트를 시설한다.
③ 절연변압기(정격용량 3[kVA] 이하인 것에 한한다)로 보호된 전로에 접속한다.
④ 인체감전보호용 누전차단기(정격감도전류 15[mA] 이하, 동작시간 0.03초 이하의 전압동작형의 것에 한한다)

> 인체가 물에 젖은 상태(화장실, 비데)의 전기 사용 장소 규정
>
> | 인체감전보호용
누전차단기 부착
콘센트 | 접지극 있는 방적형 콘센트
정격감도전류 15[mA] 이하, 동작시간
0.03초 이하의 전류동작형 |
> |---|---|
> | 정격용량 3[kVA] 이하 절연변압기로 보호된 전로 | |

24 옥내배선공사에서 전개된 장소나 점검 가능한 은폐 장소에 시설하는 합성수지관의 최소 두께는 몇 [mm]인가?(단, 합성수지제 휨(가요)전선관은 제외한다.)

① 1   ② 1.2   ③ 2   ④ 2.3

> 합성수지관 규격 및 시설 원칙
> • 호칭 : 내경에 짝수(14, 16, 22, 28, 36, 42, 54, 70, 82[mm])
> • 두께 : 2[mm] 이상
> • 연선 사용(단선인 경우 10[mm^2] 이하 가능)

25 낙뢰, 수목 접촉, 일시적인 섬락 등 순간적인 사고로 계통에서 분리된 구간을 신속히 계통에 재투입시킴으로써 계통의 안정도를 향상시키고 정전 시간을 단축시키기 위해 사용되는 계전기는?

① 차동 계전기   ② 거리 계전기
③ 과전류 계전기 ④ 재폐로 계전기

> 재폐로 계전기 : 송전선로에 고장이 발생하면 재폐로 차단기와 조합하여 고장을 일으킨 구간을 신속히 고속 차단한 후 재투입시켜서 정전 구간을 단축시키는 계전기

26 보극이 없는 직류기의 운전 중 중성축의 위치가 변하지 않는 경우는?

① 무부하   ② 전부하
③ 중부하   ④ 과부하

> 중성축의 위치가 변하는 이유는 전기자 도체에 흐르는 전류에 의해 발생된 자속이 계자 자속에 영향을 미치는 현상(전기자 반작용)으로 발생하므로, 만약 전기자 도체에 전류가 흐르지 않으면 전기자 반작용이 발생하지 않는다. 즉, 무부하인 경우 중성점의 위치가 변하지 않는다.

27 인입 개폐기가 아닌 것은?

① ASS   ② LBS   ③ LS   ④ UPS

> UPS(Uninterruptible Power Supply)는 무정전 전원 공급장치를 말한다.

28 코일이 접속되어 있을 때, 누설 자속이 없는 이상적인 코일간의 상호 인덕턴스는?

① $M = \sqrt{L_1 + L_2}$ ② $M = \sqrt{L_1 L_2}$
③ $M = \sqrt{L_1 - L_2}$ ④ $M = \sqrt{\dfrac{L_1}{L_2}}$

- 상호인덕턴스 계산식 : $M = k\sqrt{L_1 L_2}$
- 이상적인 결합(결합계수 $k=1$) : $M = \sqrt{L_1 L_2}$ [H]

29 4[Ω]의 저항과 6[Ω]의 저항을 직렬로 접속할 때 합성 컨덕턴스는 몇 [℧]인가?

① 10 ② 5 ③ 0.5 ④ 0.1

합성저항 $R_0 = 4 + 6 = 10[\Omega]$
컨덕턴스 $G_0 = \dfrac{1}{R_0} = \dfrac{1}{10} = 0.1[℧]$

30 전지의 기전력 E[V], 내부저항 r[Ω]인 전지 n개를 직렬로 접속한 후 부하 R[Ω]을 연결할 경우 부하에서 최대 전력이 발생하려면 부하가 얼마이어야 겠는가?

① $R=r$ ② $R=nr$
③ $R=\dfrac{r}{n}$ ④ $R=n^2 r$

최대전력 전달조건은 부하저항 = 내부저항
$R = nr[\Omega]$

31 납축전지가 완전히 충전된 상태에서 양극은 무엇인가?

① $PbSO_4$ ② PbO_2
③ H_2SO_4 ④ Pb

납축전지의 방전시 전기분해식
$PbO_2 + 2H_2SO_4 + Pb \rightleftarrows PbSO_4 + 2H_2O + PbSO_4$
(양극) (전해액) (음극) (황산납) (물) (황산납)

32 대칭 3상 Δ-Δ결선에서 선전류와 상전류와의 위상 관계는?

① 상전류가 $\dfrac{\pi}{3}$[rad] 앞선다.
② 상전류가 $\dfrac{\pi}{3}$[rad] 뒤진다.
③ 상전류가 $\dfrac{\pi}{6}$[rad] 앞선다.
④ 상전류가 $\dfrac{\pi}{6}$[rad] 뒤진다.

Δ결선 선전류(I_ℓ)와 상전류(I_p) 관계식
$\dot{I_\ell} = \sqrt{3} I_p \angle -\dfrac{\pi}{6}$[A]
선전류 I_ℓ가 상전류 I_p보다 $\dfrac{\pi}{6}$[rad] 뒤지므로 상전류가 선전류보다 $\dfrac{\pi}{6}$[rad] 앞선다.

33 전기력선에 대한 설명으로 틀린 것은?

① 전기력선은 서로 반발하며 교차하지 않는다.
② 전기력선은 양전하에서 나와 음전하에서 끝난다.
③ 전기력선은 낮은 전위에서 높은 전위로 향한다.
④ 전기력선의 밀도는 전기장의 크기를 나타낸다.

전기력선은 높은 전위에서 낮은 전위로 향한다.

34 다음 물질 중 강자성체로만 짝지어진 것은?

① 니켈, 코발트, 철
② 구리, 비스무트, 코발트, 망간
③ 철, 구리, 니켈, 아연
④ 철, 니켈, 아연, 망간

강자성체 종류 : $\mu_s \gg 1$(니켈, 코발트, 철, 망간)

35 영구자석 가까이에 물체를 두었을 때 흡인력으로 작용하는 자성체는?

① 페리자성체
② 가역자성체
③ 강자성체
④ 비자성체

강자성체 : 자성체의 극성이 외부자계와 반대 극으로 강하게 자화되어 흡인력이 작용하는 자성체

36 R-L 직렬 회로에 200[V]의 교류전압을 가하면 10[A]의 전류가 흐르고 전압과 전류의 위상차가 30°일 때 코일의 리액턴스는 몇 [Ω]인가?

① 6
② 8
③ 10
④ $10\sqrt{3}$

🔍 임피던스의 절대값 $Z = \dfrac{V}{I} = \dfrac{200}{10} = 20[\Omega]$
임피던스 복소수
$\dot{Z} = Z\cos\theta + jZ\sin\theta$
$= 20 \times \cos 30° + j20\sin 30°$
$= 10\sqrt{3} + j10[\Omega]$
리액턴스 : 임피던스의 허수부 10[Ω]

37 교류에서 피상전력이 60[kVA], 무효전력이 36[kVar]라면 유효전력[W]은?

① 12
② 24
③ 48
④ 96

🔍 $P = \sqrt{P_a^2 - P_r^2} = \sqrt{60^2 - 36^2} = 48[W]$

38 1[cm] 당 권선수가 10인 무한 길이 솔레노이드에 1[A]의 전류가 흐르고 있을 때 솔레노이드 외부 자계의 세기[AT/m]는?

① 0
② 10
③ 100
④ 1000

🔍 무한장 솔레노이드의 외부 자계의 세기는 0이다.

39 다음 중 전동기의 원리에 적용되는 법칙은?

① 렌츠의 법칙
② 플레밍의 오른손 법칙
③ 플레밍의 왼손 법칙
④ 옴의 법칙

🔍 전동기의 회전원리 : 플레밍의 왼손법칙

40 직류를 교류로 변환하는 장치는?

① 정류기
② 충전기
③ 순변환 장치
④ 역변환 장치

🔍 인버터(역변환장치) : 직류를 교류로 변환

41 전등 1개를 2개소에서 점멸하고자 할 때 필요한 3로 스위치는 최소 몇 개 인가?

① 1개
② 2개
③ 3개
④ 4개

🔍 3로 스위치 : 1개의 전등을 2개소에서 점멸 가능한 스위치로 스위치 2개가 필요하다.

42 계자 권선이 전기자에 병렬로만 접속된 직류기는?

① 타여자기
② 직권기
③ 분권기
④ 복권기

🔍 계자권선과 전기자 회로가 병렬로 접속되어 있는 직류기는 분권기이다.

43 옥내배선공사에서 전개된 장소나 점검 가능한 은폐 장소에 시설하는 합성수지관의 최소 두께는 몇 [mm]인가?

① 1
② 1.2
③ 2
④ 2.3

🔍 합성수지관 규격 및 시설 원칙
• 호칭 : 내경이 짝수(14, 16, 22, 28, 36, 42, 54, 70, 82[mm])
• 두께 : 2[mm] 이상

44 정전 흡인력에 대한 설명 중 옳은 것은?

① 정전흡인력은 전압의 제곱에 비례한다.
② 정전흡인력은 극판 간격에 비례한다.
③ 정전흡인력은 극판 면적의 제곱에 비례한다.
④ 정전흡인력은 쿨롱의 법칙으로 직접 계산된다.

🔍 정전흡인력은 $f = \dfrac{1}{2}\epsilon_o E^2 = \dfrac{1}{2}\epsilon_o \left(\dfrac{V}{d}\right)^2 [N/m^2]$로서 전압의 제곱에 비례한다.

45 슬립 s=5%, 저항 r_2=0.1[Ω]인 유도 전동기의 등가 저항 R_2[Ω]는 얼마인가?

① 0.4
② 0.5
③ 1.9
④ 2.0

🔍 등가저항 $R_2 = \dfrac{1-s}{s}r_2 = \dfrac{r_2}{s} - r_2 = \dfrac{0.1}{0.05} - 0.1 = 1.9[\Omega]$

46 자기인덕턴스에 축적되는 에너지는 전류를 3배로 증가시켰을 때 같은 에너지가 저장되려면 자기인덕턴스는 몇 배이어야 하는가?

① 9배   ② 3배   ③ $\frac{1}{3}$ ④ $\frac{1}{9}$

🔍 코일에 축적되는 전자 에너지
$W = \frac{1}{2}LI^2 = \frac{1}{2}\left(\frac{L}{9}\right)(3I)^2 [J]$

47 주파수 60[Hz]의 회로에 접속되어 슬립 3[%], 회전수 1,164[rpm]으로 회전하고 있는 유도전동기의 극수는?

① 4   ② 6   ③ 8   ④ 10

🔍 유도 전동기의 회전 속도 $N = (1-s)N_s$[rpm] 이므로
$N_s = \frac{N}{1-s} = \frac{1,164}{1-0.03} = 1,200$[rpm]
극수 $P = \frac{120f}{N_s} = \frac{120 \times 60}{1,200} = 6$극

48 변압기의 권수비가 60일 때 2차측 저항이 0.1[Ω]이다. 이것을 1차로 환산하면 몇 [Ω]인가?

① 310   ② 360   ③ 390   ④ 410

🔍 변압기의 권수비 $a = \sqrt{\frac{Z_1}{Z_2}} = \sqrt{\frac{R_1}{R_2}}$ 이므로
$R_1 = a^2 R_2 = 60^2 \times 0.1 = 360[\Omega]$

49 동기기의 전기자 권선법이 아닌 것은?

① 중권   ② 이층권
③ 전층권   ④ 분포권

🔍 동기기의 전기자 권선법 : 고상권, 이층권, 중권, 단절권, 분포권

50 동기발전기에서 전기자 전류가 기전력보다 90° 만큼 위상이 앞설 때의 전기자 반작용은?

① 교차 자화 작용   ② 감자 작용
③ 편자 작용   ④ 증자 작용

🔍 동기발전기의 전기자 반작용
 • 앞선전류 : 증자작용
 • 뒤진전류 : 감자작용

51 직류 발전기 전기자의 주된 역할은?

① 기전력을 유도한다.
② 자속을 만든다.
③ 정류작용을 한다.
④ 회전자와 외부회로를 접속한다.

🔍 • 계자 : 공극에 자속을 공급(발생)
 • 전기자 : 자속을 끊으면서 기전력 발생
 • 정류자 : 교류를 직류로 변환시킴
 • 브러시 : 전기자회로와 외부회로를 연결

52 무부하 직류 발전기의 단자전압을 조정하기 위해서는 무엇을 조정하여야 하는가?

① 계자 저항   ② 전기자 저항
③ 회전속도   ④ 부하저항

🔍 $E = k\phi N \propto \phi$ 이므로 계자저항을 가변하여 전압을 조정할 수 있다.

53 동기전동기의 자기기동법에서 계자권선을 단락하는 이유는?

① 기동이 쉽다.
② 기동 권선으로 이용한다.
③ 고전압의 유도를 방지한다.
④ 전기자 반작용을 방지한다.

🔍 동기전동기의 자기기동법에서 계자권선을 단락하는 첫 번째 이유는 고전압 유도에 의한 절연파괴 위험 방지이다.

54 발전기의 상단 단락, 층간 단락 등의 내부 고장보호에 사용되는 계전기는?

① 차동 계전기   ② 접지 계전기
③ 과전압 계전기   ④ 역상 계전기

🔍 발전기, 변압기 내부고장 검출 계전기 : 비율 차동계전기

55 3상 유도전동기에서 2차측 저항을 2배로 하면 그 최대토크는 어떻게 되는가?

① 변하지 않는다.   ② 2 배로 된다.
③ $\sqrt{2}$ 배로 된다.   ④ $\frac{1}{2}$ 배로 된다.

○ 3상 유도전동기 권선형에서 최대토크는 2차 저항과 관계없이 항상 일정하므로 변하지 않는다.

56 3단자 사이리스터가 아닌 것은?

① SCS ② SCR
③ TRIAC ④ GTO

○ SCS : 4단자 단방향성 사이리스터

57 16[mm] 합성수지관을 직각 구부리기 할 경우 곡률반지름은 몇 [mm]인가? (단, 16[mm] 합성수지관의 안지름은 18[mm], 바깥지름은 22[mm]이다.)

① 119 ② 132
③ 187 ④ 220

○ 합성수지 전선관을 직각 구부리기 : 전선관의 안지름 d, 바깥지름이 D일 경우
곡률 반지름 $r = 6d + \dfrac{D}{2} = 6 \times 18 + \dfrac{22}{2} = 119[mm]$

58 두 종류의 금속 접합부에 전류를 흘리면 전류의 방향에 따라 줄열 이외의 열의 흡수 또는 발생 현상이 생긴다. 이러한 현상을 무엇이라 하는가?

① 제벡 효과 ② 펠티에 효과
③ 페란티 효과 ④ 초전도 효과

○ 열전기 효과
• 제벡 효과 : 서로 다른 두 종류의 금속을 접합하여 그 접속점에 온도차를 주면 열기전력이 발생하여 열전류가 흐르는 현상
• 펠티에 효과 : 서로 다른 두 종류의 금속을 접합하여 그 접합점에 전류를 흘려주면 열의 발생이나 흡수가 일어나는 현상

59 다음과 같이 고립된 도체 근처에 양(+)으로 대전된 물체를 놓으면 가까운 부분에는 음(-)의 전하가 나타나고, 그 반대쪽 부분에는 양(+)의 전하가 나타나는 현상을 무엇이라 하는가?

① 전자유도 현상
② 대전 현상
③ 분극 현상
④ 정전유도 현상

○ 고립된 도체 근처에 양(+)으로 대전된 물체를 놓으면 가까운 부분에는 음(-)의 전하가 나타나고, 그 반대쪽 부분에는 양(+)의 전하가 나타나는 현상을 정전유도 현상이라 한다.

60 R-L-C 직렬 공진회로에서 최대가 되는 것은?

① 전류 ② 임피던스
③ 리액턴스 ④ 저항

○ 교류 직렬 회로의 임피던스 $\dot{Z} = R + j(X_L - X_C)[\Omega]$에서 공진조건은 임피던스의 허수부 $X_L - X_C = 0$이므로 임피던스는 최소, 전류는 최대가 된다.

정답 2024년 3회

01 ③	02 ①	03 ②	04 ①	05 ③
06 ④	07 ④	08 ①	09 ③	10 ①
11 ②	12 ①	13 ②	14 ③	15 ④
16 ②	17 ①	18 ④	19 ①	20 ①
21 ②	22 ①	23 ④	24 ③	25 ④
26 ①	27 ④	28 ②	29 ④	30 ②
31 ②	32 ③	33 ③	34 ①	35 ③
36 ③	37 ③	38 ①	39 ④	40 ④
41 ②	42 ③	43 ③	44 ①	45 ③
46 ④	47 ②	48 ②	49 ③	50 ④
51 ①	52 ①	53 ③	54 ①	55 ①
56 ①	57 ①	58 ②	59 ④	60 ①

2024년 4회 CBT 복원문제

01 자기인덕턴스가 각각 50[mH], 80[mH]이고 상호인덕턴스가 60[mH]인 경우 두 코일간에 누설자속이 없는 경우 가동접속 합성인덕턴스 값[mH]은?

① 300　　② 250
③ 240　　④ 150

🔍 가동접속 합성인덕턴스(완전 결합시 k=1)
$L_0 = L_1 + L_2 + 2M = 80 + 50 + 2 \times 60 = 250[mH]$

02 분권전동기에 대한 설명으로 틀린 것은?

① 토크는 전기자 전류의 자승에 비례한다.
② 부하전류에 따른 속도 변화가 거의 없다.
③ 계자회로에 퓨즈를 넣어서는 안 된다.
④ 계좌 권선과 전기자 권선이 전원에 병렬로 접속되어 있다.

🔍 분권전동기의 특징
- 토크식 $\tau = K\phi I_a [N \cdot m]$ 이므로 전류에 비례한다.
- 부하전류에 따른 속도 변화가 거의 없다.(정속도 전동기)

03 배전반 및 분전반의 설치 장소로 적합하지 못한 것은?

① 전기 회로를 쉽게 조작할 수 있는 장소
② 개폐기를 쉽게 조작할 수 있는 장소
③ 안정된 장소
④ 은폐된 장소

🔍 배·분전반의 점검 불가능한 은폐된 곳에 설치하면 안 된다.

04 한국전기설비규정에 따른 고압 가공전선로 철탑의 경간은 몇 [m] 이하로 제한하고 있는가?

① 150　　② 250
③ 500　　④ 600

🔍 고압 가공전선로의 경간
- 목주·A종 철주 또는 A종 철근 콘크리트주 : 150[m] 이하
- B종 철주 또는 B종 철근 콘크리트주 : 250[m] 이하
- 철탑 : 600[m] 이하

05 환상솔레노이드에 감겨진 코일의 권회수를 3배로 늘리면 자체 인덕턴스는 몇 배로 되는가?

① 3　　② 9
③ $\frac{1}{3}$　　④ $\frac{1}{9}$

🔍 환상 솔레노이드의 자기 인덕턴스 $L = \frac{\mu S N^2}{l}[H] \propto N^2$ 이므로 $3^2 = 9$배가 된다.

06 정격이 10,000[V], 500[A], 역률 90%의 3상 동기발전기의 단락 전류 I_s[A]는?(단, 단락비는 1.3으로 하고 전기자저항은 무시한다.)

① 450　② 550　③ 650　④ 750

🔍 단락비는 $K = \frac{I_s}{I_n}$ 이므로
단락전류 $I_s = I_n \times$ 단락비 $= 500 \times 1.3 = 650[A]$

07 단면적 A[m²], 자로의 길이 l[m], 투자율 μ, 권수 N 회인 환상 철심의 자체 인덕턴스[H]는?

① $\frac{\mu A N^2}{l}$　　② $\frac{A l N^2}{4\pi \mu}$
③ $\frac{4\pi A N^2}{l}$　　④ $\frac{\mu l N^2}{A}$

🔍 자기인덕턴스식 $L\frac{N\phi}{I} = \frac{\mu A N^2}{l}[H]$

08 교류의 파형률 식은 어떻게 되는가?

① $\frac{최대값}{실효값}$　　② $\frac{평균값}{실효값}$
③ $\frac{실효값}{평균값}$　　④ $\frac{실효값}{최대값}$

🔍 교류의 파형률 $= \frac{실효값}{평균값}$
교류의 파고율 $= \frac{최대값}{실효값}$

09 다음 중 전기력선의 성질 중 틀린 것은?

① 전기력선은 서로 교차한다.
② 같은 전기력선은 서로 반발한다.
③ 전기력선의 밀도는 전기장의 크기를 나타낸다.
④ 전기력선은 도체의 표면에 수직이다.

🔍 전기력선은 서로 밀어내며 교차하지 않는다.

10 전선관을 박스에 고정시킬 때 사용되는 것은 어느 것인가?

① 새들　　　② 부싱
③ 로크너트　④ 클램프

🔍 관과 박스 접속 : 최소 2개의 로크너트를 이용하여 금속관을 박스에 고정시킨다.

11 가공인입선을 시설할 때 경동선의 최소 굵기는 몇 [mm]인가?(단, 경간이 15[m]를 초과한 경우이다.)

① 2.0　② 2.6　③ 3.2　④ 1.5

🔍 가공인입선의 사용 전선 : 2.6[m] 이상 경동선 또는 이와 동등 이상일 것(단, 경간 15[m] 이하는 2.0[mm] 이상도 가능)

12 굵은 전선이나 케이블을 절단할 때 사용되는 공구는?

① 펜치　　② 클리퍼
③ 나이프　④ 플라이어

🔍 클리퍼 : 전선 단면적 25[mm²] 이상의 굵은 전선이나 볼트 절단시 사용하는 공구

13 슬립이 0.05이고 전원주파수가 60[Hz]인 유도전동기의 회전자 회로의 주파수[Hz]는?

① 1　② 2　③ 3　④ 4

🔍 회전자 회로의 주파수 f_2는
$f_2 = sf_1 = 0.05 \times 60 = 3[Hz]$
f_2 : 회전자 기전력 주파수
f_1 : 전원 주파수

14 변압기의 1차 권수비가 80, 2차 권수비가 320일 때 2차 전압이 100[V]라면 1차 전압은 몇 [V]인가?

① 100　② 50　③ 25　④ 10

🔍 권수비 $a = \frac{N_1}{N_2} = \frac{V_1}{V_2}$ 에서 $\frac{80}{320} = \frac{V_1}{100}$
$V_1 = \frac{80 \times 100}{320} = 25[V]$

15 전류 10[A], 전압 100[V], 역률 0.6인 단상부하의 전력은 몇 [W]인가?

① 800　② 600　③ 1000　④ 1200

🔍 유효전력 $P = VI\cos\theta = 100 \times 10 \times 0.6 = 600[W]$

16 전선의 굵기가 6[mm²] 이하인 가는 단선의 전선 접속은 어떤 접속을 하여야 하는가?

① 트위스트 접속
② 쥐꼬리 접속
③ 브리타니아 접속
④ 슬리브 접속

🔍 단면적에 따른 단선의 전선 접속
• 6[mm²] 이하 : 트위스트 접속
• 10[mm²] 이상 : 브리타니아 접속

17 두개의 접지막대기와 눈금계와 계기와 도선을 연결하여 절환스위치를 이용하여 검류계의 지시값을 "0"으로 하여 접지저항을 측정하는 방법은?

① 콜라우시 브리지
② 켈빈 더블 브리지법
③ 접지저항계
④ 휘스톤 브리지

🔍 접지저항계 : 두 개의 보조 접지전극(접지막대기)을 대지에 매입하고 다이얼을 조정하여 검류계의 지시값을 "0"으로 하여 계기의 지시값으로 접지저항을 측정하는 장치

18 4[μF]의 콘덴서에 4[kV]의 전압을 가하여 200[Ω]의 저항을 통해 방전시키면 이 때 발생하는 에너지[J]는 얼마인가?

① 32　② 16
③ 8　④ 40

🔍 콘덴서에 축적되는 에너지
$W = \frac{1}{2}CV^2 = \frac{1}{2} \times 4 \times 10^{-6} \times (4 \times 10^3)^2 = 32[J]$

19 한 방향으로 일정값 이상의 전류가 흘렀을 때 동작하는 계전기는?

① 선택지락계전기
② 방향단락계전기
③ 차동계전기
④ 거리계전기

🔍 방향단락계전기 : 일정한 방향으로 일정한 값 이상의 고장 전류가 흐를 때 작동하는 계전기로 작동과 동시에 전력 조류가 반대로 된다.

20 다음 콘덴서의 설명 중 맞는 것은?

① 콘덴서는 직렬로 접속하면 합성용량이 커진다.
② 콘덴서는 직렬로 접속하면 합성용량이 작아진다.
③ 콘덴서는 병렬로 접속하면 합성용량이 작아진다.
④ 콘덴서는 용량이 같은 경우에만 직렬접속이 가능하다.

🔍 콘덴서의 정전용량 합성값은 병렬일 때 합이므로 값이 커지고 직렬로 연결하면 정전용량 합성값이 작아진다.

21 재질이 동인 구리선의 종단 접속의 방법이 아닌 것은?

① 비틀어 꽂는 형의 전선 접속기에 의한 접속
② 동선압착단자에 의한 접속
③ 직선 맞대기용 슬리브에 의한 압착 접속
④ 종단 겹침 용 슬리브(E형)에 의한 접속

🔍 동전선의 종단 접속
 • 동선 압착 단자에 의한 접속
 • 비틀어 꽂는 형의 전선 접속기에 의한 접속
 • 종단 겹침용 슬리브(E형)에 의한 접속
 • 직선 겹침용 슬리브(P형)에 의한 접속
 • 꽂음형 커넥터에 의한 접속

22 직류를 교류로 변환하는 장치로서 초고속 전동기의 속도제어용 전원이나 초고주파 형광등의 점등용으로 사용하는 장치는?

① 인버터
② 변성기
③ 컨버터
④ 변류기

🔍 인버터 : DC를 AC로 변환하는 역변환장치
 • 전동기의 속도를 효율적으로 제어
 • 초고주파 형광등의 점등용

23 낮은 전압을 높은 전압으로 승압할 때 일반적으로 사용되는 변압기의 3상 결선 방식은?

① △-Y ② △-△ ③ Y-Y ④ Y-△

🔍 △-Y는 승압용으로 사용하며 1차와 2차 위상차는 30°이다.

24 코일이 접속되어 있을 때, 누설 자속이 없는 이상적인 코일간의 상호 인덕턴스는?

① $M = \sqrt{L_1 + L_2}$
② $M = \sqrt{L_1 - L_2}$
③ $M = \sqrt{L_1 L_2}$
④ $M = \sqrt{\dfrac{L_1}{L_2}}$

🔍 • 상호인덕턴스와 자기 인덕턱스 관계식 $M = k\sqrt{L_1 L_2}$
 • 누설이 없는 경우 결합계수 $k=1$이므로 $M = \sqrt{L_1 L_2}$ [H]

25 전하의 성질에 대한 설명 중 옳지 않은 것은?

① 낙뢰는 구름과 지면 사이에 모인 전기가 한꺼번에 방전되는 현상이다.
② 같은 종류의 전하끼리는 흡인하고, 다른 종류의 전하끼리는 반발한다.
③ 전하는 가장 안정한 상태를 유지하려는 성질이 있다.
④ 대전체의 영향으로 비대전체에 전기가 유도된다.

🔍 같은 종류의 전하끼리는 반발하고, 다른 종류의 전하끼리는 흡인한다.

26 코일의 자체 인덕턴스는 어느 것에 따라 변화하는가?

① 유전율
② 투자율
③ 도전율
④ 저항률

🔍 자체인덕턴스는 $L = \dfrac{\mu A N^2}{l}$ [H]이므로 투자율에 비례한다.

27 주상변압기의 중성점에 접지공사를 하는 이유는?

① 전류 변동의 방지
② 전압 변동의 방지
③ 전력 변동의 방지
④ 1차측과 2차측의 혼촉 방지

🔍 변압기는 고압, 특고압을 저압으로 변성시키는 기기로서 고·저압 혼촉 사고를 방지하기 위하여 반드시 2차측 중성점에 접지공사를 하여야 한다.

28 $i = 200\sqrt{2}\sin\left(\omega t + \frac{\pi}{2}\right)[A]$를 복소수로 표시하면?

① 200
② $j200$
③ $200 + j200$
④ $200\sqrt{2} + j200\sqrt{2}$

🔍 전류 $I = 200\angle\frac{\pi}{2} = 200\angle 90°$
$= 200(\cos 90° + j\sin 90°) = 200(0 + j) = j200[A]$

29 반도체 내에서 정공은 어떻게 생성되는가?

① 자유 전자의 이동
② 접합 불량
③ 결합 전자의 이탈
④ 확산 용량

🔍 정공이란 결합전자의 이탈로 생기는 빈자리를 뜻한다.

30 소세력 회로의 전선을 조영재에 붙여 시설하는 경우에 틀린 것은?

① 전선은 금속제의 수관·가스관 또는 이와 유사한 것과 접촉하지 아니하도록 시설할 것
② 전선은 코드·캡타이어 케이블 또는 케이블일 것
③ 전선이 손상을 받을 우려가 있는 곳에 시설하는 경우에는 적당한 방호장치를 할 것
④ 전선의 굵기는 2.5[mm²] 이상일 것

🔍 소세력 회로의 배선(전선을 조영재에 붙여 시설하는 경우)
• 전선은 코드나 캡타이어 케이블 또는 케이블을 사용할 것
• 케이블 이외에는 공칭단면적 1[mm²] 이상의 연동선 또는 이와 동등 이상의 것일 것

31 1[kWh]와 같은 값은?

① $3.6 \times 10^6[J]$
② $3.6 \times 10^6[N/m^2]$
③ $3.6 \times 10^3[J]$
④ $3.6 \times 10^3[N/m^2]$

🔍 전력량 $1[kWh] = 3.6 \times 10^6[J]$

32 메킹타이어로 슬리브 접속시 연선의 단면적이 10[mm²] 이하인 경우 슬리브를 최소 몇 회 이상 비틀림을 해야하는가?

① 3.5회
② 2.5회
③ 2회
④ 3회

🔍 연선의 매킹타이어 슬리브접속시 비틀림 횟수
• 10[mm²] 이하 : 2회 이상
• 16[mm²] 이하 : 2.5회 이상
• 25[mm²] 이하 : 3회 이상

33 도체계에서 A도체를 일정 전위(일반적으로 영전위)의 B도체로 완전 포위하면 A도체의 내부와 외부의 전계를 완전히 차단할 수 있는데 이를 무엇이라 하는가?

① 핀치효과
② 톰슨효과
③ 정전차폐
④ 자기차폐

🔍 정전차폐 : 도체가 정전유도가 되지 않도록 도체 바깥을 포위하여 접지하는 것을 정전 차폐라 하며 완전 차폐가 가능하다.

34 두개의 평행 도선에서 전류 방향이 동일한 방향일 경우 무슨 힘이 발생하는가?

① 서로 끌어당긴다.
② 서로 밀어낸다.
③ 서로 밀어냈다 끌어당긴다.
④ 힘이 작용하지 않는다.

🔍 평행도체 사이에 작용하는 힘(전자력)
$F = \frac{2I_1I_2}{r} \times 10^{-7}[N/m]$
전류방향 동일 : 흡인력
전류방향 반대(왕복 도체) : 반발력

35 동기기의 전기자 권선법이 아닌 것은?

① 이층권　　② 단절권
③ 중권　　　④ 전층권

🔍 동기기의 전기자 권선법 : 고상권, 이층권, 중권, 단절권, 분포권

36 회로의 전압, 전류를 측정할 때 전압계와 전류계의 접속 방법은?

① 전압계-직렬, 전류계-직렬
② 전압계-직렬, 전류계-병렬
③ 전압계-병렬, 전류계-직렬
④ 전압계-병렬, 전류계-병렬

🔍 전압계 접속 : 병렬, 전류계 접속 : 직렬

37 직류 전동기에서 자속이 증가하면 회전수는?

① 감소한다.
② 정지한다.
③ 증가한다.
④ 변화없다.

🔍 유기기전력 $E = k\phi N$[V]이므로 직류전동기의 회전수는 $N = K\dfrac{V - I_a R_a}{\phi}$[rpm]이 되므로 자속에 반비례한다.

38 110/220[V] 단상 3선식 회로에서 110[V] 전구 ⓡ, 110[V] 콘센트 ⓒ, 220[V] 전동기 ⓜ 의 연결이 올바른 것은?

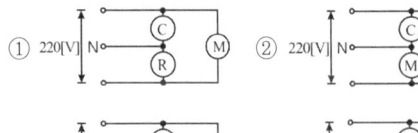

🔍 전구와 콘센트는 110[V]를 사용하므로 전선과 중성선 사이에 연결해야 하고 M은 220[V]를 사용하므로 선간에 연결하여야 한다.

39 60[Hz] 4극, 슬립 5[%]인 유도전동기의 회전수[rpm]는?

① 1710　② 1746　③ 1800　④ 1890

🔍 $N = (1-s)N_s = (1-0.05) \times \dfrac{120 \times 60}{4} = 1,710$[rpm]

40 30[W] 전열기에 220[V], 주파수 60[Hz]인 전압을 인가한 경우 평균 전압[V]은?

① 198　　② 300
③ 311　　④ 400

🔍 전압의 최대값 $V_m = 220\sqrt{2}$[V]
평균값 $V_{av} = \dfrac{2}{\pi}V_m = \dfrac{2}{\pi} \times 220\sqrt{2} = 198$[V]
*쉬운 풀기 $V_{av} = 0.9V = 0.9 \times 220 = 198$[V]

41 450/750[V] 일반용 단심 비닐절연전선의 약호는?

① FI　② IV　③ NR　④ RI

🔍 NR : 450/750[V] 일반용 단심 비닐절연전선

42 직류 전동기의 속도 제어 방법이 아닌 것은?

① 전압 제어　　② 계자 제어
③ 저항 제어　　④ 2차 제어

🔍 직류전동기의 속도제어법 : 저항제어법, 전압제어법, 계자제어법

43 동기 와트 P_2, 출력 P_0, 슬립 s, 동기속도 N_s, 회전속도 N, 2차 동손 P_{2c}일 때 2차 효율 표기로 틀린 것은?

① $\dfrac{P_{2c}}{P_2}$　　② $1-s$
③ $\dfrac{P_0}{P_2}$　　④ $\dfrac{N}{N_s}$

🔍 2차 효율 $\eta_2 = \dfrac{P_0}{P_2} = \dfrac{(1-s)P_2}{P_2} = 1-s = \dfrac{N}{N_s}$

44 나전선을 상호 접속하는 경우 일반적으로 전선의 세기를 몇 [%] 이상 감소시키지 않아야 하는가?

① 10　② 20　③ 30　④ 80

🔍 전선 접속시 전선의 강도는 20[%] 이상 감소시키면 안 된다.

45 직류 분권전동기의 무부하 전압이 108[V], 전압 변동률이 8[%]인 경우 정격 전압은 몇 [V]인가?

① 95　② 100　③ 105　④ 118

🔍 전압변동률 $\varepsilon = \dfrac{V_0 - V_n}{V_n} \times 100 = \dfrac{108 - V_n}{V_n} \times 100 = 8[\%]$
이므로 $108 - V_n = 0.08 V_n$ 에서 $(1 + 0.08) V_n = 108$ 이므로
$V_n = \dfrac{108}{1.08} = 100[V]$

46 두 개의 평행한 도체가 진공 중(또는 공기 중)에 20[cm] 떨어져 있고, 100[A]의 같은 크기의 전류가 흐르고 있을 때 1[m]당 발생하는 힘의 크기[N]는?

① 20　② 40　③ 0.01　④ 0.1

🔍 평행 도선 사이에 작용하는 힘의 세기
$F = \dfrac{2 I_1 I_2}{r} \times 10^{-7} [N/m]$
$= \dfrac{2 \times 100 \times 100}{0.2} \times 10^{-7} = 10^{-2} = 0.01 [N/m]$

47 1차 권수 6,000, 2차 권수 200인 변압기의 전압비는?

① 10　② 30
③ 60　④ 90

🔍 변압기의 권수비 $a = \dfrac{N_1}{N_2} = \dfrac{6,000}{200} = 30$

48 회전자 입력 10[kW], 슬립 3[%]인 3상 유도전동기의 2차 동손은 몇 [W]인가?

① 200　② 300　③ 150　④ 400

🔍 2차 동손 $P_{c2} = s P_2 [W]$
$P_{c2} = 0.03 \times 10 \times 10^3 = 300 [W]$

49 한국전기설비규정에 의한 저압 가공전선의 굵기 및 종류에 대한 설명 중 틀린 것은?

① 사용전압이 400[V] 초과인 저압 가공전선으로 시가지 외에 시설하는 것은 4.0[mm] 이상의 경동선이어야 한다.
② 사용전압이 400[V] 이하인 저압 가공전선은 지름 2.6[mm] 이상의 경동선이어야 한다.
③ 사용전압이 400[V] 초과인 저압 가공전선는 인입용 비닐절연전선을 사용한다.
④ 저압가공전선에 사용하는 나전선은 중성선 또는 다중 접지된 접지측 전선으로 사용하는 전선에 한한다.

🔍 저압, 고압 가공전선의 사용 전선

사용전압	전선의 굵기
400[V] 이하	· 절연전선 : 2.6[mm] 이상 경동선 · 나전선 : 3.2[mm] 이상 경동선
400[V] 초과	· 시가지내 : 5.0[mm] 이상의 경동선 · 시가지외 : 4.0[mm] 이상 경동선 (※사용전압 400[V] 초과시 인입용 비닐절연전선 사용 불가)

50 다음 직류 전동기 중 정속도 전동기에 해당하는 것은?

① 가동복권 전동기
② 직권 전동기
③ 분권전동기
④ 차동복권 전동기

🔍 속도변동이 가장 적은 전동기는 분권전동기, 타여자 전동기이며 속도변동이 매우 작아서 정속도 전동기라고도 한다.

51 다음 회로에서 B점의 전위가 100[V], D점의 전위가 60[V]라면 전류 I는 몇 [A]인가?

① $\dfrac{10}{7}$　② $\dfrac{12}{7}$　③ $\dfrac{20}{7}$　④ $\dfrac{22}{7}$

🔍 $V_{BD} = V_B - V_D = 100 - 60 = 40[V]$
$I_{BD} = \dfrac{V_{BD}}{R_{BD}} = \dfrac{40}{5+3} = 5[A]$
$I = \dfrac{4}{3+4} I_{BD} = \dfrac{4}{3+4} \times 5 = \dfrac{20}{7}[A]$

52 한국전기설비규정에 따른 용어의 정의에서 감전에 대한 보호 등 안전을 위해 제공되는 도체를 말하는 것은?

① 접지도체　② 수평도체
③ 보호도체　④ 접지극 도체

🔍 보호도체(PE, Protective Conductor)"란 감전에 대한 보호 등 안전을 위해 제공되는 도체를 말한다.

53 전기분해를 통하여 석출된 물질의 양은 통과한 전기량 및 화학당량과 어떤 관계가 있는가?

① 전기량과 화학당량에 비례한다.
② 전기량과 화학당량에 반비례한다.
③ 전기량에 비례하고 화학당량에 반비례한다.
④ 전기량에 반비례하고 화학당량에 비례한다.

🔍 전극에서 석출되는 물질의 양은 전기량과 화학당량에 비례한다.
$W = kQ = kIt$ [g]

54 설치 면적과 설치비용이 많이 들지만 가장 이상적이고 효과적인 진상용 콘덴서 설치 방법은?

① 수전단 모선에 설치
② 수전단 모선과 부하 측에 분산하여 설치
③ 부하 측에 분산하여 설치
④ 가장 큰 부하 측에만 설치

🔍 진상용 콘덴서는 역률 개선하기 위한 가장 효과적인 방법은 부하 측에 분산하여 설치하는 것이다.

55 변압기 결선에서 1차 측은 중성점을 접지할 수 있고 2차 측은 제3고조파에 의한 영향을 없애주는 장점을 가지고 있는 3상 결선 방식은?

① $\Delta-\Delta$ ② $Y-Y$
③ $Y-\Delta$ ④ $\Delta-Y$

🔍 Y-Δ 결선방식
• 강압용
• 제 3고조파 전류가 외부에 나타나지 않으므로 전압의 왜곡 및 통신장해 발생이 없다.
• 1차와 2차간 위상차 : 30°

56 속도를 광범위하게 조정할 수 있으므로 압연기나 엘리베이터 등에 사용되는 직류 전동기는?

① 가동복권 전동기
② 차동복권 전동기
③ 직권 전동기
④ 타여자 전동기

🔍 타여자 전동기의 특징 : 속도를 광범위하게 조정할 수 있으므로 두께가 일정한 압연기(금속 성형 공정)나 엘리베이터 등에 적합하다.

57 30[μF]과 40[μF]의 콘덴서를 병렬로 접속한 후 100[V]의 전압을 가했을 때 전 전하량은 몇 [C]인가?

① 1.7×10^{-3} ② 3.4×10^{-3}
③ 5.6×10^{-4} ④ 7.0×10^{-3}

🔍 합성정전용량 $C_0 = 30 + 40 = 70[\mu F]$
$Q = CV = 70 \times 10^{-6} \times 100 = 7.0 \times 10^{-3}$[C]

58 그림에서 유도전동기에 기계적 부하를 걸었을 때 출력에 따라 속도, 토크, 효율, 슬립 등이 변화를 나타낸 출력특성곡선에서 슬립을 나타내는 곡선은?

① 1
② 2
③ 3
④ 4

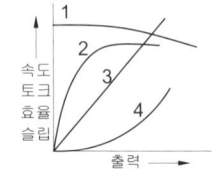

🔍 1:속도   2:효율   3:토크   4:슬립

59 권선수 100회 감은 코일에 2[A]의 전류가 흘렀을 때 50×10^{-3}[Wb]의 자속이 코일에 쇄교 되었다면 자기 인덕턴스는 몇 [H] 인가?

① 1.0   ② 1.5   ③ 2.0   ④ 2.5

🔍 $LI = N\phi$[Wb]의 관계식에서
$L = \dfrac{N\phi}{I} = \dfrac{100 \times 50 \times 10^{-3}}{2} = 2.5$[H]

60 반송보호 계전방식의 이점을 설명한 것으로 맞지 않는 것은?

① 다른 방식에 비해 장치가 간단하다.
② 고장 구간의 고속도 동시 차단이 가능하다.
③ 고장 구간을 선택할 수 있다.
④ 동작을 예민하게 할 수 있다.

🔍 전력선 반송 보호 계전방식: 송전선의 양 끝단에 설치된 계전기들 사이 신호를 주고받아 송전선을 반송 전화나 원격 제어, 원격 측정 등의 통신선으로서 이용하는 방식
• 고장 구간의 고속도 동시 차단이 가능하다.
• 고장 구간 선택이 확실하다.
• 동작을 예민하게 할 수 있다.
• 장치가 복잡하고 고장 확률이 높으므로 보수 점검에 주의하여야 한다.

정답 2024년 4회

01 ②	02 ①	03 ④	04 ④	05 ②
06 ③	07 ①	08 ③	09 ①	10 ③
11 ②	12 ②	13 ③	14 ③	15 ②
16 ①	17 ③	18 ①	19 ②	20 ②
21 ③	22 ①	23 ①	24 ③	25 ②
26 ②	27 ④	28 ②	29 ③	30 ④
31 ①	32 ③	33 ③	34 ①	35 ④
36 ③	37 ①	38 ①	39 ①	40 ①
41 ③	42 ④	43 ①	44 ②	45 ②
46 ③	47 ②	48 ②	49 ③	50 ③
51 ③	52 ③	53 ①	54 ③	55 ③
56 ④	57 ④	58 ④	59 ④	60 ①

2025년 1회 CBT 복원문제

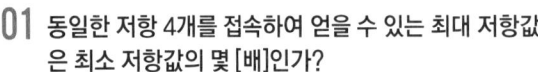

01 동일한 저항 4개를 접속하여 얻을 수 있는 최대 저항값은 최소 저항값의 몇 [배]인가?

① 2   ② 4   ③ 8   ④ 16

> n개를 직렬접속한 합성저항과 n개를 병렬접속한 합성저항비는 n^2배이므로 $4^2 = 16$배이다.

02 금속관 배관 공사에서 절연 부싱을 사용하는 이유는?

① 관의 입구에서 조영재의 접속을 방지
② 박스 내에서 전선의 접속을 방지
③ 관이 손상되는 것을 방지
④ 관 단에서 전선의 인입 및 교체 시 발생하는 전선의 손상 방지

> 절연부싱 : 관공사 관 끝단에 설치하여 전선의 손상을 방지하기 위한 설비

03 화약류 저장소의 배선공사에서 전용 개폐기에서 화약류 저장소의 인입구까지의 공사 방법 중 틀린 것은?

① 대지전압은 300[V] 이하일 것
② 애자사용공사로 할 것
③ 케이블을 사용하여 지중에 시설할 것
④ 모든 접속은 전폐형으로 할 것

> 화약류 저장소 등의 위험 장소
> • 금속관공사, 케이블공사
> • 대지전압 : 300[V] 이하
> • 개폐기 및 과전류 차단기에서 화약고의 인입구까지의 배선에는 케이블을 사용하고 또한 반드시 지중에 시설할 것

04 단상전력계 2대를 사용하여 2전력계법으로 3상 전력을 측정하고자 한다. 두 전력계의 지시값이 각각 P_1, P_2[W]라면 3상 전력 P[W]를 구하는 식으로 옳은 것은?

① $P = P_1 + P_2$
② $P = \sqrt{3}(P_1 \times P_2)$
③ $P = P_1 \times P_2$
④ $P = P_1 - P_2$

> 2전력계법에 의한 유효전력 $P = P_1 + P_2$[W]

05 파고율, 파형률이 모두 1인 파형은?

① 사인파
② 고조파
③ 구형파
④ 삼각파

> 구형파는 최대값, 실효값, 평균값이 모두 같으므로 모두 1이다.
> • 파고율 = $\dfrac{\text{최대값}}{\text{실효값}}$
> • 파형률 = $\dfrac{\text{실효값}}{\text{평균값}}$

06 $+Q_1$[C]과 $+Q_2$[C]의 전하가 진공 중에서 r[m]의 거리에 있을 때 이들 사이에 작용하는 정전기력 F[N]는?

① $F = 9 \times 10^{-7} \times \dfrac{Q_1 Q_2}{r^2}$
② $F = 9 \times 10^{-9} \times \dfrac{Q_1 Q_2}{r^2}$
③ $F = 9 \times 10^{9} \times \dfrac{Q_1 Q_2}{r^2}$
④ $F = 9 \times 10^{10} \times \dfrac{Q_1 Q_2}{r^2}$

> 쿨롱의 법칙 : 대전된 두 전하 사이에 작용하는 힘의 세기
> $F = \dfrac{Q_1 Q_2}{4\pi \varepsilon_0 r^2} = 9 \times 10^9 \times \dfrac{Q_1 Q_2}{r^2}$ [N]

07 영구자석의 재료로서 적당한 것은?

① 잔류자기가 적고 보자력이 큰 것
② 잔류자기와 보자력이 모두 큰 것
③ 잔류자기와 보자력이 모두 작은 것
④ 잔류자기가 크고 보자력이 작은 것

> 자석의 특징
> • 영구자석 : 잔류자기와 보자력이 모두 크다.
> • 전자석 : 잔류자기는 크고 보자력은 작다.

08 어드미턴스 $Y_1[\mho]$, $Y_2[\mho]$가 병렬로 접속되어 있을 때 합성 어드미턴스$[\mho]$는?

① $Y_1 + Y_2$
② $\dfrac{Y_1 Y_2}{Y_1 + Y_2}$
③ $\dfrac{1}{Y_1 + Y_2}$
④ $\dfrac{Y_1 + Y_2}{Y_1 Y_2}$

09 다음 설명 중 ( )안의 ㄱ, ㄴ에 알맞은 값은?

| 사람의 접촉 우려가 있는 장소에 합성수지몰드를 시설하는 경우 홈의 깊이 및 폭은 (ㄱ)mm이고 최소 두께는 (ㄴ)mm 이상이다. |

① 35, 1
② 35, 2
③ 50, 1
④ 50, 2

🔍 합성수지몰드 규격[mm]

장소	홈의 폭, 깊이	두께
일반	35	2
사람접촉 우려가 없는 곳	50	1

10 전지의 기전력이 1.5[V], 5개를 부하저항 2.5[Ω]인 전구에 접속하였을 때 전구에 흐르는 전류는 몇 [A]인가?(단, 전지의 내부저항은 0.5[Ω]이다.)

① 1.5
② 2
③ 3
④ 2.5

🔍 $I = \dfrac{nE}{nr+R} = \dfrac{5 \times 1.5}{5 \times 0.5 + 2.5} = 1.5[A]$

11 지반이 약한 곳에 지지물 공사 시 전주의 넘어짐을 방지하기 위해 시설하는 것은?

① 완금
② 지지선
③ 전주 버팀대
④ 행거밴드

🔍 지반이 약한 곳에는 전주용 버팀대(구:전주용 근가)를 시설해야 한다.

12 직류 발전기의 병렬 운전 중 한쪽 발전기의 여자를 늘리면 그 발전기는?

① 부하 전류는 불변, 전압은 증가
② 부하 전류는 줄고, 전압은 증가
③ 부하 전류는 늘고, 전압은 증가
④ 부하 전류는 줄고, 전압은 불변

🔍 한쪽 발전기의 여자를 증가시키면 뒤진 무효전류가 흐르므로 부하전류는 늘고, 전압은 증가하게 된다.

13 그림과 같이 공기 중에 놓인 $2 \times 10^{-8}[C]$의 전하에서 2[m] 떨어진 P점과 1[m] 떨어진 Q점의 전위차[V]는?

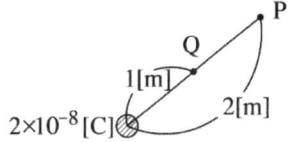

① 80
② 90
③ 100
④ 110

🔍 전위 $V = 9 \times 10^9 \times \dfrac{Q}{r}[V]$
$V_Q = 9 \times 10^9 \times \dfrac{2 \times 10^{-8}}{1} = 180[V]$
$V_P = 9 \times 10^9 \times \dfrac{2 \times 10^{-8}}{2} = 90[V]$
그러므로 전위차 $V = 180 - 90 = 90[V]$

14 1차 전지로 가장 많이 사용되는 것은?

① 니켈·카드뮴전지
② 연료전지
③ 망간건전지
④ 납축전지

🔍 망간전지는 음극을 아연, 양극을 이산화망간을 사용한 가장 널리 사용되는 1차 전지이며 기전력은 1.5[V]이다.

15 전동기에 접지공사를 하는 주된 이유는?

① 보안상
② 미관상
③ 역률 증가
④ 감전사고 방지

🔍 접지 공사의 목적
- 이상 전압의 억제
- 감전 및 화재 사고 방지
- 보호 계전기의 동작 확보
- 전로의 대지 전압 상승 방지

16 변전소의 역할로 볼 수 없는 것은?

① 전압의 변성
② 전력 계통 보호
③ 전력의 집중과 배분
④ 전력 생산

🔍 전력은 발전소에서 만들어진다.

17 4[μF]의 콘덴서에 4[kV]의 전압을 가하여 200[Ω]의 저항을 통해 방전시키면 이때 발생하는 에너지[J]는 얼마인가?

① 32 ② 16
③ 8   ④ 40

🔍 콘덴서에 축적되는 에너지
$W = \frac{1}{2}CV^2 = \frac{1}{2} \times 4 \times 10^{-6} \times (4 \times 10^3)^2 = 32[J]$

18 전기 울타리에 사용하는 경동선의 지름은 최소 몇 [mm] 이상이어야 하는가?

① 1.6 ② 2.0
③ 2.6 ④ 1.2

🔍 전기울타리 : 2.0[mm] 이상의 나경동선

19 저압 전로에 정격전류 60[A]의 전류가 흐를 때 과전류차단기로 배선차단기(산업용)를 사용하는 경우 트립하는 전류는 정격전류의 몇 배에서 트립되어야 하는가?

① 1.3   ② 1.13
③ 1.45 ④ 1.15

🔍 산업용 배선 차단기의 과전류 트립 동작시간

정격전류	시간(분)	트립동작 정격전류 배수	
		부동작전류	동작전류
63[A] 이하	*60	1.05배	*1.3배
63[A] 초과	120	1.05배	1.3배

20 "회로의 접속점에서 볼 때, 접속점에 흘러 들어오는 전류의 합은 흘러 나가는 전류의 합과 같다."라고 정의되는 법칙은?

① 키르히호프의 제1법칙
② 키르히호프의 제2법칙
③ 플레밍의 오른손 법칙
④ 앙페르의 오른나사 법칙

🔍 키르히호프의 제1법칙(전류법칙) : 접속점으로 유입하는 전류의 총합은 유출하는 전류의 총합과 같다.

21 재질이 동인 구리선의 종단 접속의 방법이 아닌 것은?

① 비틀어 꽂는 형의 전선 접속기에 의한 접속
② 동선 압착 단자에 의한 접속
③ 직선 맞대기용 슬리브에 의한 압착 접속
④ 종단 겹침 용 슬리브(E형)에 의한 접속

🔍 동전선의 종단 접속
• 동선 압착 단자에 의한 접속
• 비틀어 꽂는 형의 전선 접속기에 의한 접속
• 종단 겹침용 슬리브(E형)에 의한 접속
• 직선 겹침용 슬리브(P형)에 의한 접속
• 꽂음형 커넥터에 의한 접속

22 자속밀도 1[Wb/m²]은 몇 [gauss]인가?

① $4\pi \times 10^{-7}$ ② 9×10^{-6}
③ 10^4 ④ $\frac{4\pi}{10}$

🔍 자속밀도 환산
$1[Wb/m^2] = \frac{10^8[Max]}{10^4[cm^2]} = 10^4[max/cm^2 = gauss, 가우스]$

23 3상 4선식 380/220[V] 전로에서 전원의 중성극에 접속된 전선을 무엇이라 하는가?

① 접지선   ② 중성선
③ 전원선   ④ 접지측선

🔍 중성선(中性線) : 다선식 선로에서 전원의 중성극에 접속된 전선

24 R-L-C 직렬 회로에서 임피던스 Z의 크기를 나타내는 식은?

① $R^2 + (X_L + X_C)^2$
② $\sqrt{R^2 + (X_L - X_C)^2}$
③ $\sqrt{R^2 + (X_L + X_C)^2}$
④ $R^2 + (X_L - X_C)^2$

🔍 R-L-C 직렬회로의 합성 임피던스
$\dot{Z} = R + j(X_L - X_C) = R + j(\omega L - \frac{1}{\omega C})[\Omega]$
절대값 $Z = \sqrt{R^2 + (X_L - X_C)^2}[\Omega]$

25 2[μF], 3[μF], 5[μF]인 3개의 콘덴서가 병렬로 접속되었을 때의 합성 정전용량[μF]은?

① 0.97   ② 3
③ 5   ④ 10

🔍 콘덴서의 병렬 합성정전용량
$C_0 = C_1 + C_2 + C_3 = 2 + 3 + 5 = 10[\mu F]$

26 직류를 교류로 변환하는 장치로서 초고속 전동기의 속도제어용 전원이나 초고주파 형광등의 점등용으로 사용하는 장치는?

① 인버터
② 변성기
③ 컨버터
④ 변류기

🔍 인버터 : DC를 AC로 변환하는 역변환장치
• 전동기의 속도를 효율적으로 제어
• 초고주파 형광등의 점등용

27 역병렬 결합의 SCR의 특성과 같은 반도체 소자는?

① PUT   ② UJT
③ Diac   ④ Triac

🔍 TRIAC : 쌍방향성 3극 소자

28 자극 가까이에 물체를 두었을 때 자화되는 물체와 자석이 그림과 같은 방향으로 자화되는 자성체는?

① 상자성체   ② 반자성체
③ 강자성체   ④ 비자성체

🔍 자성체의 극성이 외부자계와 같은 극으로 유도되어 반발하면서 자화되는 자성체를 반(역)자성체라 하며 종류에는 비스무트, 탄소, 실리콘, 안티몬, 구리, 아연 등이 있다.

29 전류에 의한 자기장과 직접적으로 관련이 없는 것은?

① 줄의 법칙
② 플레밍의 왼손 법칙
③ 비오-사바르의 법칙
④ 앙페르의 오른나사의 법칙

🔍
• 줄의 법칙 : 전열기에서 발생하는 열량을 계산한 법칙
• 플레밍의 왼손 법칙 : 전류에 의한 전자력의 방향을 정의한 법칙
• 비오-사바르의 법칙 : 전류에 의한 자기장의 세기
• 앙페르의 오른 나사 법칙 : 전류에 의한 자기장의 방향

30 변압기의 결선에서 제3고조파를 발생시켜 통신선에 유도장해를 일으키는 3상 결선은?

① Y-Y   ② △-△
③ Y-△   ④ △-Y

🔍 Y-Y 결선의 단점은 중성점 접지시 접지선을 통해 제3고조파 전류가 흐를 수 있으므로 인접 통신선에 유도장해가 발생한다.
Y-Y 결선의 특징
• 중성점 접지시 이상 전압으로 부터 변압기를 보호할 수 있다.
• 상전압이 선간 전압의 $\frac{1}{3}$배 이므로 절연이 용이하고 고전압에 유리하다.
• 중성점을 접지하지 않으면 기전력은 제 3고조파를 포함한 왜형파가 된다.
• 중성점 접지시 접지선을 통해 제3고조파 전류가 흐를 수 있으므로 통신선에 유도장해를 일으킨다.

31 비정현파 종류에 속하는 사각파의 전개식에서 기본파의 진폭[V]은?(단, V_m=20[V], T=10[m·sec])

① 24.47   ② 25.47
③ 23.47   ④ 26.47

$V = \frac{4}{\pi}V_m = \frac{4}{\pi} \times 20 = 25.47 \text{[V]}$

32 단락비가 큰 동기 발전기에 대한 설명으로 틀린 것은?

① 단락 전류가 크다.
② 동기 임피던스가 작다.
③ 전기자 반작용이 크다.
④ 공극이 크고전압 변동률이 작다.

🔍 단락비가 큰 기기
- 동기 임피던스가 작다.
- 전기자 반작용이 작다.
- 전압변동률이 작으므로 안정도가 좋다.
- 공극이 크다.

33 메킹타이어로 슬리브 접속시 연선의 단면적이 10[mm²] 이하인 경우 슬리브를 최소 몇 회 이상 비틀림을 해야 하는가?

① 3.5회 ② 2.5회 ③ 2회 ④ 3회

🔍 연선의 매킹타이어 슬리브접속시 비틀림 횟수
- 10[mm²] 이하 : 2회 이상
- 16[mm²] 이하 : 2.5회 이상
- 25[mm²] 이하 : 3회 이상

34 전주 외등의 공사방법으로 알맞지 않은 것은?

① 합성수지관   ② 금속관
③ 케이블   ④ 금속덕트

🔍 전주 외등의 배선
- 전선 : 단면적 2.5[mm²] 이상의 절연전선
- 배선방법 : 금속관, 케이블, 합성수지관

35 어떤 3상 회로에서 선간전압이 200[V], 선전류 25[A], 3상 전력이 7[kW]이었다. 이때의 역률은 약 얼마인가?

① 0.65   ② 0.73
③ 0.81   ④ 0.97

🔍 3상 교류전력 $P = \sqrt{3}VI\cos\theta$[W]에서 역률 $\cos\theta$로 정리하면 다음과 같다.
$\cos\theta = \frac{P}{\sqrt{3}VI} = \frac{7 \times 10^3}{\sqrt{3} \times 200 \times 25} = 0.81$

36 동기기의 전기자 권선법이 아닌 것은?

① 이층권   ② 단절권
③ 중권   ④ 전층권

🔍 동기기의 전기자 권선법 : 고상권, 이층권, 중권, 단절권, 분포권

37 인입 개폐기가 아닌 것은?

① ASS   ② LBS
③ LS   ④ UPS

🔍 UPS(Uninterruptible Power Supply)는 무정전 전원 공급장치이다.

38 플로어 덕트 공사에 의한 저압 옥내 배선에서 절연 전선으로 연선을 사용하지 않아도 되는 것은 전선의 굵기가 몇 [mm²] 이하인 경우인가?

① 2.5   ② 4
③ 6   ④ 10

🔍 저압 옥내 배선에서 플로어 덕트 공사 시 전선은 절연전선으로 연선이 원칙이지만 단선을 사용하는 경우 단면적 10[mm²] 이하까지는 사용할 수 있다.

39 발전기를 정격전압 220[V]로 전부하 운전하다가 무부하로 운전 하였더니 단자전압이 242[V]가 되었다. 이 발전기의 전압변동률[%]은?

① 10   ② 14
③ 20   ④ 25

🔍 전압변동률
$\varepsilon = \frac{V_o - V_n}{V_n} \times 100 = \frac{242 - 220}{220} \times 100 = \frac{2,200}{220} = 10[\%]$

40 60[Hz] 4극, 슬립 5[%]인 유도전동기의 회전수[rpm]는?

① 1710   ② 1746
③ 1800   ④ 1890

🔍 $N = (1-s)N_s$
$= (1-0.05) \times \frac{120 \times 60}{4} = 1,710\text{[rpm]}$

41 금속 전선관 공사에서 사용되는 후강 전선관의 규격이 아닌 것은?

① 16 ② 28 ③ 36 ④ 50

🔍 후강 전선관의 종류(10종류) : 16, 22, 28, 36, 42, 54, 70, 82, 92, 104[mm]

42 건축물·구조물의 철골 기타의 금속제는 이를 비접지식 고압전로에 시설하는 기계기구의 철대 또는 금속제 외함 또는 저압전로를 결합하는 변압기의 저압전로의 접지공사의 접지극으로 사용할 수 있다. 이 경우 대지와의 전기저항 값이 몇 [Ω] 이하이어야 하는가?

① 1 ② 2 ③ 3 ④ 4

🔍 접지극 대용가능한 전기저항
• 수도관 : 3[Ω] 이하   • 철골 : 2[Ω] 이하

43 콘덴서 만의 회로에 정현파형의 교류 전압을 인가하면 전류는 전압보다 위상이 어떠한가?

① 전류가 90° 앞선다. ② 전류가 30° 늦다.
③ 전류가 30° 앞선다. ④ 전류가 90° 늦다.

🔍 C만의 회로에서는 전류가 전압보다 90° 앞서는 진상 전류가 흐른다.

44 한국전기설비규정에서 교통신호등 회로의 사용전압이 몇 [V]를 초과하는 경우에는 지락 발생 시 자동적으로 전로를 차단하는 장치를 시설하여야 하는가?

① 50 ② 100 ③ 150 ④ 200

🔍 교통신호등 회로의 사용전압이 150[V]를 초과시 지락이 발생한 경우 자동적으로 전로를 차단하는 누전차단기를 시설하여야 한다.

45 공기 중에서 자속밀도 2[Wb/m²]의 평등 자장 속에 길이 60[cm]의 직선 도선을 자장의 방향과 30° 각으로 놓고 여기에 5[A]의 전류를 흐르게 하면 이 도선이 받는 힘은 몇 [N]인가?

① 3 ② 5 ③ 6 ④ 2

🔍 전자력
$F = IBl\sin\theta$
$= 5 \times 0.6 \times 2 \times \sin 30° = 3[N]$

46 라이팅 덕트 공사에 의한 저압 옥내배선의 시설 기준으로 틀린 것은?

① 덕트의 끝부분은 막을 것
② 덕트는 조영재에 견고하게 붙일 것
③ 덕트의 개구부는 위로 향하여 시설할 것
④ 덕트는 조영재를 관통하여 시설하지 아니할 것

🔍 라이팅 덕트 공사시 개구부는 먼지나 빗물이 침입하지 못하도록 아래로 향하도록 시설하여야 하며 반드시 뚜껑을 닫아야 한다.

47 배전반을 나타내는 그림 기호는?

①  ②
③  ④

🔍 ① 분전반, ② 배전반, ③ 제어반, ④ 개폐기(스위치박스)

48 기전력이 $E[V]$, 내부저항 $r[Ω]$인 축전지 6개를 직렬로 접속한 후 부하 $R[Ω]$을 연결할 경우 부하에서 최대 전력이 발생하려면 부하가 얼마이겠는가?

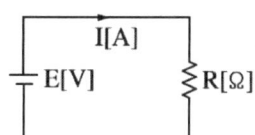

① $R = 3r$ ② $R = 6r$
③ $R = r$ ④ $R = \dfrac{r}{6}$

🔍 최대전력전달조건은 부하저항 = 내부저항
$R = 6r[Ω]$

49 절연물 중에서 가교폴리에틸렌(XLPE)과 에틸렌프로필렌고무혼합물(EPR)의 허용온도[℃]는?

① 70(전선)
② 90(전선)
③ 95(전선)
④ 105(전선)

🔍 가교폴리에틸렌(XLPE), 에틸렌프로필렌고무혼합물(EPR) 절연전선의 허용온도 : 90[℃]

50 다음 전기회로에서 전류의 흐름 방향은?

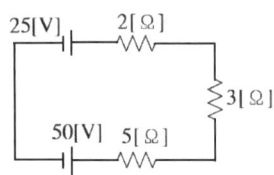

① 시계 방향
② 반시계 방향
③ 흐르지 않는다.
④ 시계방향으로 흘렀다가 반시계방향으로 흐른다.

51 다음 중 배선기구가 아닌 것은?

① 배전반　　　　② 개폐기
③ 접속기　　　　④ 배선용차단기

🔍 배선기구란 전선 배선과 접속시 필요한 개폐기, 차단기, 접속기 기타 이와 유사한 기구를 말한다.

52 폭연성 분진이 존재하는 곳의 저압 옥내배선 공사 시 공사 방법으로 짝지어진 것은?

① 금속관 공사, MI케이블 공사, 개장된 케이블 공사
② CD케이블 공사, MI케이블 공사, 금속관 공사
③ CD케이블 공사, MI케이블 공사, 제1종 캡타이어 케이블 공사
④ 개장된 케이블 공사, CD케이블 공사, 제1종 캡타이어 케이블 공사

🔍 폭연성 분진, 화약류 분말이 있는 장소 공사 : 금속관공사, 케이블 공사(MI케이블, 개장 케이블)

53 한국전기설비규정에 의한 저압 가공전선의 굵기 및 종류에 대한 설명 중 틀린 것은?

① 사용전압이 400[V] 초과인 저압 가공전선으로 시가지 외에 시설하는 것은 4.0[mm] 이상의 경동선이어야 한다.
② 사용전압이 400[V] 이하인 저압 가공전선은 지름 2.6[mm] 이상의 경동선이어야 한다.
③ 사용전압이 400[V] 초과인 저압 가공전선에는 인입용 비닐절연전선을 사용한다.
④ 저압가공전선에 사용하는 나전선은 중성선 또는 다중 접지된 접지측 전선으로 사용하는 전선에 한한다.

🔍 저압, 고압 가공전선의 사용 전선

사용전압	전선의 굵기
400[V] 이하	• 절연전선 : 2.6[mm] 이상 경동선 • 나전선 : 3.2[mm] 이상 경동선
400[V] 초과	• 시가지내 : 5.0[mm] 이상 경동선 • 시가지외 : 4.0[mm] 이상 경동선 (※400[V] 초과 시 인입용 비닐절연전선 사용 불가)

54 분기회로(S_2)의 보호장치(P_2)는 (P_2)의 전원 측에서 분기점(O) 사이에 다른 분기회로 또는 콘센트의 접속이 없고, 단락의 위험과 화재 및 인체에 대한 위험성이 최소화 되도록 시설된 경우, 분기회로의 보호장치(P_2)는 분기회로의 분기점(O)으로부터 $x(m)$까지 이동하여 설치할 수 있다. $x(m)$는?

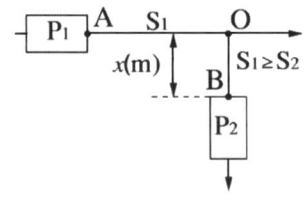

① 2　　② 3　　③ 1　　④ 4

🔍 전원측(P_2)에서 분기점(O) 사이에 다른 분기회로 또는 콘센트 접속이 없고, 단락 위험과 화재 및 인체에 대한 위험성이 최소화 되도록 시설된 경우, 분기회로의 보호장치(P_2)는 분기회로의 분기점(O)으로부터 몇 3[m]까지 이동하여 설치할 수 있다.

55 저압 전로에 사용하는 과전류 차단기용 퓨즈가 정격이 20[A]라고 하면 견뎌야 할 전류는 정격 전류의 몇 배인가?

① 1.5　　　　② 1.25
③ 1.2　　　　④ 1.1

🔍 저압 퓨즈의 용단특성

정격전류의 구분	시간	정격전류의 배수	
		불용단전류	용단전류
4[A] 초과 16[A] 미만	60분	1.5배	1.9배
16[A] 이상 63[A] 이하	60분	※1.25배	1.6배
63[A] 초과 160[A] 이하	120분	1.25배	1.6배

56 그림의 회로에서 3[Ω]에 흐르는 전류[A]는?

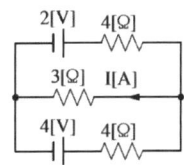

① 1.25   ② 0.9
③ 0.6   ④ 0.3

🔍 그림을 시계 반대방향으로 회전시키면 그림과 같다.

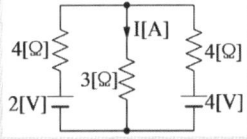

중첩의 원리를 이용하여 각 전원을 독립(각각의 전압원을 단락)시켜 흐르는 전류를 계산하여 총합을 하면 된다.

① 4[V] 전원 단락

- 합성저항 $R = 4 + \dfrac{4 \times 3}{4+3} = \dfrac{40}{7}[\Omega]$
- 전전류 $I = \dfrac{V}{R} = \dfrac{2}{\frac{40}{7}} = \dfrac{7}{20}[A]$
- $I_1 = \dfrac{4}{4+3} \times \dfrac{7}{20} = 0.2[A]$

② 2[V] 전원 단락

- 합성저항 $R = 4 + \dfrac{4 \times 3}{4+3} = \dfrac{40}{7}[\Omega]$
- 전전류 $I = \dfrac{V}{R} = \dfrac{4}{\frac{40}{7}} = \dfrac{14}{20}[A]$
- $I_1 = \dfrac{4}{4+3} \times \dfrac{14}{20} = 0.4[A]$

∴ $I = 0.2 + 0.4 = 0.6[A]$

57 주택, 아파트인 경우 표준부하는 몇 [VA/m²]인가?

① 10   ② 20   ③ 30   ④ 40

🔍 건축물 종류에 따른 표준 부하[VA/m²]

건물의 종류	표준부하
사무실, 은행, 상점, 이발소, 미용원	30
주택, 아파트	40

58 전로에 시설하는 기계기구의 철대 및 금속제 외함(외함이 없는 변압기 또는 계기용변성기는 철심)에는 접지공사를 하여야 한다. 다음 사항 중 접지공사 생략이 불가능한 장소는?

① 직류 사용전압 300[V], 교류 대지전압 150[V] 초과하는 전기 기계 기구를 건조한 장소에 설치한 경우
② 철대 또는 외함이 주위의 적당한 절연대를 이용하여 시설한 경우
③ 전기용품 및 생활용품 안전관리법에 의한 2중 절연 기계 기구
④ 저압용 기계기구를 목주나 마루 위 등에 설치한 경우

🔍 접지공사 생략 가능한 장소
- 사용전압이 직류 300[V] 또는 교류 대지전압이 150[V] 이하인 기계기구를 건조한 곳에 시설하는 경우
- 저압용의 기계기구를 건조한 목재의 마루 기타 이와 유사한 절연성 물건 위에서 취급하도록 시설하는 경우
- 저압용이나 고압용의 기계기구, 특고압 전선로에 접속하는 배전용 변압기나 이에 접속하는 전선에 시설하는 기계기구 또는 특고압 가공전선로의 전로에 시설하는 기계기구를 사람이 쉽게 접촉할 우려가 없도록 목주 기타 이와 유사한 것의 위에 시설하는 경우
- 철대 또는 외함의 주위에 절연대를 설치하는 경우
- 외함이 없는 계기용변성기가 고무·합성수지 기타의 절연물로 피복한 것일 경우
- 전기용품 및 생활용품 안전관리법의 적용을 받는 이중절연구조로 되어 있는 기계기구를 시설하는 경우
- 저압용 기계기구에 전기를 공급하는 전로의 전원측에 절연변압기(2차 전압이 300[V] 이하이며, 정격용량이 3[kVA] 이하인 것에 한한다)를 시설하고 또한 그 절연변압기의 부하측 전로를 접지하지 않은 경우
- 물기 있는 장소 이외의 장소에 시설하는 저압용의 개별 기계기구에 전기를 공급하는 전로에 「전기용품 및 생활용품 안전관리법」의 적용을 받는 인체감전보호용 누전차단기(정격감도전류가 30[mA] 이하, 동작시간이 0.03[초] 이하의 전류동작형에 한한다)를 시설하는 경우
- 외함을 충전하여 사용하는 기계기구에 사람이 접촉할 우려가 없도록 시설하거나 절연대를 시설하는 경우

59 낙뢰, 수목 접촉, 일시적인 섬락 등 순간적인 사고로 계통에서 분리된 구간을 신속히 계통에 재투입시킴으로써 계통의 안정도를 향상시키고 정전 시간을 단축시키기 위해 사용되는 계전기는?

① 차동 계전기
② 거리 계전기
③ 과전류 계전기
④ 재폐로 계전기

> 재폐로 계전기 : 송전선로에 고장이 발생하면 재폐로 차단기와 조합하여 고장을 일으킨 구간을 신속히 고속 차단한 후 재투입시켜서 정전 구간을 단축시키는 계전기

60 전선 접속 시 S형 슬리브 사용에 대한 설명으로 틀린 것은?

① 전선의 끝은 슬리브의 끝에서 나오지 않도록 한다.
② 슬리브는 전선의 굵기에 적합한 것을 선정한다.
③ 직선접속 또는 분기접속에서 2회 이상 꼬아서 접속한다.
④ S형 슬리브 접속은 연선, 단선 둘 다 가능하다.

> 슬리브 접속은 2~3회 꼬아서 접속해야 하며 전선의 끝은 슬리브의 끝에서 조금 나오는 것이 바람직하다.

정답 2025년 1회

01 ④	02 ④	03 ②	04 ①	05 ③
06 ③	07 ②	08 ①	09 ②	10 ①
11 ③	12 ③	13 ②	14 ③	15 ④
16 ④	17 ①	18 ②	19 ①	20 ①
21 ③	22 ③	23 ②	24 ②	25 ④
26 ①	27 ④	28 ②	29 ①	30 ①
31 ②	32 ③	33 ③	34 ④	35 ③
36 ④	37 ④	38 ④	39 ①	40 ①
41 ④	42 ②	43 ①	44 ③	45 ①
46 ③	47 ②	48 ②	49 ②	50 ①
51 ①	52 ①	53 ③	54 ②	55 ②
56 ③	57 ④	58 ①	59 ④	60 ①

2025년 2회 CBT 복원문제

01 아래의 설명 중 가장 무거운 것은 무엇인가?

① 전자의 질량과 원자핵의 질량의 합
② 중성자의 질량과 전자의 질량의 합
③ 양성자의 질량과 전자의 질량의 합
④ 중성자의 질량과 양성자의 질량의 합

🔍 원자핵은 양자과 중성자로 구성되어 있으므로 전자의 질량과 원자핵의 질량의 합이 가장 무겁다.

02 1[eV]는 몇 [J]인가?

① 1.602×10^{-19}
② 1×10^{-10}
③ 1
④ 1.16×10^4

🔍 전자 1개의 전기량 $e = 1.602 \times 10^{-19}$이고, $W=QV$[J]이므로 1[eV] = 1.602×10^{-19}[J]이다.

03 기전력 1.5[V], 내부저항 0.2[Ω]인 전지 5개를 직렬로 접속하여 단락시켰을 때의 전류[A]는?

① 15   ② 7.5   ③ 5.5   ④ 30

🔍 $I = \dfrac{E}{r} = \dfrac{1.5}{0.2} = 7.5$[A]

04 일반적으로 절연체를 서로 마찰시키면 이들 물체는 전기를 띠게 된다. 이와 같은 현상은?

① 분극(polarization)
② 대전(electrification)
③ 정전(electrostatic)
④ 코로나(corona)

🔍 대전 : 절연체를 서로 마찰시키면 전자를 얻거나 잃어서 전기를 띠게 되는 현상

05 도체의 전기저항에 영향을 주는 요소가 아닌 것은?

① 도체의 성분
② 도체의 길이
③ 도체의 모양
④ 도체의 단면적

🔍 전기저항 $R = \rho \dfrac{\ell}{S}$[Ω]
고유저항 ρ[Ω · m] (도체의 성분에 따라 다르다.)
도체의 길이 ℓ[m], 도체의 단면적 S[m²]

06 막대자석의 자극의 세기가 m[Wb]이고 길이가 ℓ[m]인 경우 자기모멘트[WB · m]는 얼마인가?

① $\dfrac{m}{\ell}$
② $m\ell$
③ $\dfrac{\ell}{m}$
④ $2m\ell$

🔍 막대자석의 모멘트 $M = m\ell$[Wb·m]

07 다음 중 전류를 흘렸을 때, 열이 발생하는 원리를 이용한 것이 아닌 것은?

① 헤어드라이기
② 백열전구
③ 적외선 히터
④ 전기도금

🔍 전기도금은 전기분해로 인해 전해액이 음이온과 양이온을 띠는 현상을 이용하여 음극에 도금하려는 금속체를 연결하여 도금하는 원리이다.

08 그림의 A와 B 사이의 합성저항은?

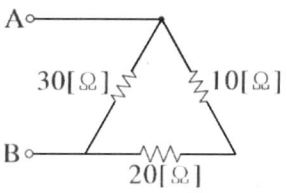

① 10   ② 15
③ 30   ④ 45

🔍 합성저항 $R_{AB} = \dfrac{1}{\dfrac{1}{30} + \dfrac{1}{10+20}} = 15$[Ω]

09 비유전율이 9인 물질의 유전율은 얼마인가?

① 80×10^{-6} ② 80×10^{-12}
③ 1×10^{-12} ④ 1×10^{-6}

🔍 유전체의 유전율
$\varepsilon = \varepsilon_0 \varepsilon_s = 8.555 \times 10^{-12} \times 9 = 80 \times 10^{-12}$ [F/m]

10 어떤 전압계의 측정 범위를 10배로 하자면 배율기의 저항을 전압계 내부저항의 몇 배로 하여야 하는가?

① 10 ② $\frac{1}{10}$ ③ 9 ④ $\frac{1}{9}$

🔍 $R_m = (m-1)r = (10-1)r = 9r$ [Ω]

11 200[V]에서 1[kW]의 전력을 소비하는 전열기를 100[V]에서 사용하면 소비전력은 몇 [W]인가?

① 150 ② 250
③ 400 ④ 1,000

🔍 전열기의 소비전력은 $P = \frac{V^2}{R}$ [W] 이고,
전열기의 저항 $R = \frac{V^2}{P} = \frac{200^2}{1,000} = 40$ [Ω]이므로
$P' = \frac{V^2}{R} = \frac{100^2}{40} = 250$ [W]

12 자기 인덕턴스 200[mH]의 코일에서 0.1[s] 동안에 30[A]의 전류가 변화하였다. 코일에 유도되는 기전력은?

① 6 ② 15
③ 60 ④ 150

🔍 전자유도 법칙에 의한 기전력
$e = L\frac{di}{dt}$ [V] $= 200 \times 10^{-3} \times \frac{30}{0.1} = 60$ [V]

13 무한장 직선 도체에서 전류가 I, 거리 r만큼 떨어진 점의 자계의 세기 H[AT/m]는 얼마인가?

① $H = \frac{I}{2\pi r}$ ② $H = \frac{I}{2\pi r^2}$
③ $H = \frac{I}{\pi r}$ ④ $H = \frac{I}{\pi r^2}$

🔍 무한장 직선도체의 자계 $H = \frac{I}{2\pi r}$ [AT/m]

14 다음 중 플레밍의 오른손 법칙에 의하여 동작하는 것은?

① 선풍기 ② 세탁기
③ 자전거 발전기 ④ 전동기

🔍 플레밍의 오른손 법칙 : 발전기의 유도기전력 방향을 알기 쉽게 정의한 법칙
• 엄지 : 발전기의 운동속도
• 검지 : 자속밀도
• 중지 : 유도기전력

15 자체인덕턴스가 1[H]인 코일에 200[V], 60[Hz]의 사인파 교류 전압을 가했을 때 전류와 전압의 위상차는?(단, 저항성분은 무시한다.)

① 전류는 전압보다 위상이 $\frac{\pi}{2}$[rad] 만큼 뒤진다.
② 전류는 전압보다 위상이 π[rad] 만큼 뒤진다.
③ 전류는 전압보다 위상이 $\frac{\pi}{2}$[rad] 만큼 앞선다.
④ 전류는 전압보다 위상이 π[rad] 만큼 앞선다.

🔍 저항이 없는 L[H]만의 회로이므로 전류가 전압보다 $90°\left(=\frac{\pi}{2}[\text{rad}]\right)$ 뒤진다.

16 어떤 교류 전압원의 주파수가 60[Hz], 전압의 실효값이 20[V]일 때 순시값은 무엇인가?(단, 위상은 0°로 한다.)

① $v = 20\cos\theta(120\pi t)$ [V]
② $v = 20\sqrt{2}\cos\theta(120\pi t)$ [V]
③ $v = 20\sin\theta(120\pi t)$ [V]
④ $v = 20\sqrt{2}\sin\theta(120\pi t)$ [V]

🔍 전압의 순시값 $v = V\sqrt{2}\sin\omega t = 20\sqrt{2}\sin\theta(120\pi t)$ [V]

17 교류의 크기를 교류와 동일한 일을 하는 직류의 크기로 바꿔 나타낸 값은?

① 실효값 ② 평균값
③ 최대값 ④ 순시값

🔍 • 실효값 : 교류가 일을 할 수 있는 크기
• 전압의 실효값 $V = \frac{V_m(\text{최대값})}{\sqrt{2}}$ [V]

18 어떤 회로에 50[V]의 전압을 가하니 8+j6[A]의 전류가 흘렀다면 이 회로의 임피던스[Ω]는?

① 3−j4
② 3+j4
③ 4+j3
④ 4−j3

> 임피던스 $Z = \dfrac{V}{I} = \dfrac{50}{8+j6} = 4-j3\,[\Omega]$

19 R-L 직렬회로에서 $R = 20[\Omega]$, $L = 10[H]$인 경우 시정수 $\tau\,[sec]$는?

① 0.05
② 0.5
③ 2
④ 200

> R-L 직렬회로의 시정수 $\tau = \dfrac{L}{R} = \dfrac{10}{20} = 0.5\,[sec]$

20 선간전압 210[V], 선전류 10[A]의 Y결선 회로가 있다. 상전압과 상전류는 각각 얼마인가?

① 121[V], 5.57[A]
② 121[V], 10[A]
③ 210[V], 5.57[A]
④ 210[V], 10[A]

> Y결선 특징
> $V_l = \sqrt{3}\,V_p\,[V]$, $I_l = I_p\,[A]$
> 상전압 $V_p = \dfrac{V_l}{\sqrt{3}} = \dfrac{210}{\sqrt{3}} = 121\,[V]$
> 상전류 $I_p = I_l = 10\,[A]$

21 직류 발전기 전기자의 주된 역할은?

① 기전력을 유도시킨다.
② 자속을 만든다.
③ 정류작용을 한다.
④ 회전자와 외부회로를 접속한다.

> 발전기 구성의 주된 역할
> • 계자 : 공극에 자속을 공급(발생)
> • 전기자 : 유도기전력 발생
> • 정류자 : 교류를 직류로 변환
> • 브러시 : 기전력을 외부로 인출

22 변압기유의 구비 조건으로 옳은 것은?

① 절연 내력이 클 것
② 인화점이 낮을 것
③ 응고점이 높을 것
④ 비열이 작을 것

> 변압기 절연유의 구비 조건
> • 절연내력이 클 것
> • 인화점이 높을 것
> • 응고점이 낮을 것
> • 비열이 클 것

23 3상 동기발전기에서 전기자 전류가 무부하 유도기전력보다 $\dfrac{\pi}{2}\,[rad]$ 앞선 경우 (X_c만의 부하)의 전기자 반작용은?

① 횡축반작용
② 증자작용
③ 감자작용
④ 편자작용

> 3상 동기발전기의 전기자 반작용
> 전기자 전류가 무부하 유도기전력보다 $\dfrac{\pi}{2}\,[rad]$ 앞선 경우 (X_c만의 부하)의 전기자 반작용은 증자작용이다.

24 직류 스테핑 모터(DC stepping motor)의 특징이다. 다음 중 가장 옳은 것은?

① 교류 동기 서보 모터에 비하여 효율이 나쁘고 토크 발생도 작다.
② 입력되는 전기신호에 따라 계속하여 회전한다.
③ 일반적인 공작 기계에 많이 사용된다.
④ 출력을 이용하여 특수기계의 속도, 거리, 방향, 등을 정확하게 제어할 수 있다.

> 직류 스테핑 모터의 특징
> • 자동 제어 장치를 제어에 사용한다.
> • 교류 동기서보모터에 비해 효율이 좋고 토크가 크다.
> • 속도, 거리, 방향 등을 정확하게 제어할 수 있다.

25 동기전동기의 직류 여자전류가 증가될 때의 현상으로 옳은 것은?

① 진상 역률을 만든다.
② 지상 역률을 만든다.
③ 동상 역률을 만든다.
④ 진상·지상 역률을 만든다.

> 동기전동기의 여자전류
> • 여자전류 증가 : 진상 전류
> • 여자전류 감소 : 지상 전류

26 동기기에서 제동권선을 설치하는 이유로 옳은 것은?

① 역률 개선 ② 출력 증가
③ 전압 조정 ④ 난조 방지

🔍 제동권선의 설치 목적 : 난조 방지

27 선풍기, 가정용 펌프, 헤어드라이기 등에 주로 사용되는 전동기는?

① 단상 유도전동기 ② 권선형 유도전동기
③ 동기전동기 ④ 직류 직권전동기

🔍 단상 유도전동기의 종류
- 분상 기동형 : 전기냉장고, 세탁기, 소형 공작 기계, 펌프 등
- 영구 콘덴서형 : 큰 기동토크를 요하지 않는 선풍기, 세탁기
- 셰이딩 코일형 : 전축용 전동기, 소형 선풍기 등 소형 전동기

28 낮은 전압을 높은 전압으로 승압할 때 일반적으로 사용되는 변압기의 3상 결선 방식은?

① Δ-Δ ② Δ-Y
③ Y-Y ④ Y-Δ

🔍 Δ-Y는 승압용으로 사용하며 1차와 2차 위상차는 30°이다.

29 슬립이 4[%]인 유도전동기에서 동기속도가 1,200[rpm]일 때 전동기의 회전속도[rpm]는?

① 697 ② 1,051 ③ 1,152 ④ 1,321

🔍 회전속도
$N = (1-s)N_s = (1-0.04) \times 1,200 = 1,152 [\text{rpm}]$

30 부흐홀츠 계전기로 보호되는 기기는?

① 변압기 ② 유도전동기
③ 직류 발전기 ④ 교류 발전기

🔍 부흐홀츠 계전기 : 변압기의 절연유 열화 방지

31 정격이 10,000[V], 500[A], 역률 90[%]의 3상 동기 발전기의 단락 전류 I_s [A]는?(단, 단락비는 1.3으로 하고 전기자저항은 무시한다.)

① 450 ② 550 ③ 650 ④ 750

🔍 단락비가 $K = \dfrac{I_s}{I_n}$ 이므로
단락전류 $I_s = I_n \times$ 단락비 $= 500 \times 1.3 = 650 [\text{A}]$

32 회전수 540[rpm], 12극, 3상 유도전동기의 슬립[%]은?(단, 주파수는 60[Hz]이다.)

① 1 ② 4 ③ 6 ④ 10

🔍
- 동기 속도 $N_s [\text{rpm}] = \dfrac{120f}{P} = \dfrac{120 \times 60}{12} = 600 [\text{rpm}]$
- 슬립 $s = \dfrac{N_s - N}{N_s} = \dfrac{600 - 540}{600} \times 100 = 10 [\%]$

33 50[kW]의 농형 유도전동기를 기동하려고 할 때, 다음 중 가장 적당한 기동 방법은?

① 분상기동법
② 기동보상기법
③ 권선형기동법
④ 2차저항기동법

🔍 기동 보상기법
기동 시 단권변압기 중간 탭에 전동기를 접속하여 감압된 전압을 공급하여 기동전류를 제한하여 기동하는 방식으로서 15[kW] 이상의 대용량의 농형유도 전동기에서 채용한다.

34 다음 중 변압기의 원리와 관계있는 것은?

① 전기자 반작용
② 전자 유도 작용
③ 플레밍의 오른손 법칙
④ 플레밍의 왼손 법칙

🔍 전자 유도 작용
1차에 교류 전압을 가하면 자속 Ø가 발생하고, 이 2차 권선에 자속이 코일과 수직으로 쇄교하면서 기전력이 발생하는 현상으로 코일의 권선수에 따라 기전력의 크기가 달라지므로 전압의 크기가 변성되는 변압기의 원리가 되는 법칙이다.

35 다음 중 변압기의 1차측이란?

① 고압 측 ② 저압 측
③ 전원 측 ④ 부하 측

🔍 변압기 1, 2차 측
- 1차 측 : 전원 측
- 2차 측 : 부하 측

36 3상 유도전동기의 토크는?

① 2차 유도기전력의 2승에 비례한다.
② 2차 유도기전력에 비례한다.
③ 2차 유도기전력과 무관하다.
④ 2차 유도기전력의 0.5승에 비례한다.

> 3상 유도전동기의 토크 : $\tau \propto E_2^2$ (전압의 제곱에 비례함)

37 동기기 운전 시 안정도 증진법이 아닌 것은?

① 단락비를 크게 한다.
② 회전부의 관성을 크게 한다.
③ 속응여자방식을 채용한다.
④ 역상 및 영상임피던스를 작게 한다.

> 동기기 안정도 향상 대책
> • 단락비를 크게 할 것
> • 동기임피던스(동기리액턴스)를 작게 할 것
> • 속응여자방식을 채용할 것
> • 관성모멘트를 크게 할 것
> • 조속기 성능을 개선할 것

38 보극이 없는 직류기 운전 중 중성축의 위치가 변하지 않는 경우는?

① 과부하   ② 전부하
③ 중부하   ④ 무부하

> 중성축의 위치가 변하는 이유는 전기자 도체에 흐르는 전류에 의해 발생된 자속이 계자 자속에 영향을 미치는 현상(전기자 반작용)으로 발생하므로, 만약 전기자 도체에 전류가 흐르지 않으면 전기자 반작용이 발생하지 않는다. 즉, 무부하인 경우 중성축의 위치가 변하지 않는다.

39 자속밀도 0.8[Wb/m²]인 자계에서 길이 50[cm]인 도체가 30[m/s]로 회전할 때 유기되는 기전력[V]은?

① 8   ② 12   ③ 15   ④ 24

> 발전기 유기 기전력 $e = vBl = 30 \times 0.8 \times 0.5 = 12[V]$

40 애자사용 공사에서 전선 상호 간의 간격은 몇 [cm] 이상이어야 하는가?

① 4   ② 5   ③ 6   ④ 8

> 애자사용 공사 시 전선 상호 간격 : 6[cm] 이상

41 1차 전압 13,200[V], 2차 전압 220[V]인 단상 변압기의 1차에 6,000[V] 전압을 가하면 2차전압은 몇 [V]인가?

① 100   ② 200   ③ 50   ④ 250

> 권수비 : $a = \frac{N_1}{N_2} = \frac{E_1}{E_2} = \frac{V_1}{V_2} = \frac{I_2}{I_1} = \sqrt{\frac{Z_1}{Z_2}}$ 에서
> $a = \frac{V_1}{V_2} = \frac{13,200}{220} = 60$ 이므로
> $V_2 = \frac{V_1}{a} = \frac{6,000}{60} = 100[V]$

42 금속몰드의 지지점 간 거리는 몇 [m] 이하로 하는 것이 가장 바람직한가?

① 1   ② 1.5   ③ 2   ④ 3

> 금속몰드 지지점 거리 : 1.5[m] 이하

43 옥내배선의 접속함이나 박스 내에서 접속할 때 주로 사용하는 접속법은?

① 슬리브 접속   ② 쥐꼬리 접속
③ 트위스트 접속   ④ 브리타니아 접속

> 쥐꼬리 접속 : 접속함이나 박스 내에서 가는 전선을 접속하는 방법

44 화약류의 분말이 전기설비가 발화원이 되어 폭발할 우려가 있는 곳에 시설하는 저압 옥내배선의 공사 방법으로 가장 알맞은 것은?

① 금속관 공사   ② 애자 사용공사
③ 버스 덕트 공사   ④ 합성수지몰드 공사

> 폭연성 분진 또는 화약류의 분말이 존재하는 장소 : 금속관 공사, 개장 케이블, MI 케이블 공사

45 합성수지관 상호 및 관과 박스는 접속 시에 삽입하는 깊이를 관 바깥지름의 몇 배 이상으로 하여야 하는가?(단, 접착제를 사용하지 않은 경우이다.)

① 0.2   ② 0.5   ③ 1   ④ 1.2

> 합성수지관 상호 및 관과 박스 접속 시 관의 삽입 깊이
> • 접착제를 사용하지 않은 경우 : 관 바깥지름의 1.2배 이상
> • 접착제를 사용하는 경우 : 관 바깥지름의 0.8배 이상

46 성냥, 석유류 등 위험물 등이 있는 곳에서의 저압 옥내 배선 공사 방법이 아닌 것은?

① 케이블 공사 ② 합성수지관 공사
③ 금속관 공사 ④ 애자사용 공사

> 셀룰로이드, 성냥, 석유류 등 가연성 위험 물질을 제조 또는 저장하는 장소 : 금속관 공사, 케이블 공사, 두께 2[mm] 이상의 합성 수지관 공사

47 가공전선의 지지물에 승탑 또는 승강용으로 사용하는 발판 볼트 등은 지표상 몇 [m] 미만에 시설하여서는 안 되는가?

① 1.2 ② 1.5 ③ 1.6 ④ 1.8

> 발판볼트의 지표상 높이 : 1.8[m] 이상

48 저압가공전선이 철도 또는 궤도를 횡단하는 경우에는 레일면상 몇 [m] 이상이어야 하는가?

① 3.5 ② 4.5 ③ 5.5 ④ 6.5

> 저압 가공전선의 최소 높이[m]
>
> | 구 분 | 최소높이 |
> |---|---|
> | 도 로 | 6 |
> | 철 도 | 6.5 |
> | 횡단 보도교 | 3 |

49 합성수지 몰드 공사에서 틀린 것은?

① 전선은 절연 전선일 것
② 합성수지 몰드 안에는 접속점이 없도록 할 것
③ 합성수지 몰드는 홈의 폭 및 깊이가 6.5[cm]이하일 것
④ 합성수지 몰드와 박스 기타의 부속품과는 전선이 노출되지 않도록 할 것

> 합성수지몰드 공사 시설 원칙
> • 사용 전압은 400[V] 이하일 것
> • 몰드 안에는 전선의 접속점이 없도록 할 것
> • 몰드 홈의 폭 및 깊이는 3.5[cm] 이하로 할 것(단, 사람 접촉 우려 없는 경우 5[cm] 이하)

50 금속관을 절단할 때 사용되는 공구는?

① 오스터 ② 녹 아웃 펀치
③ 파이프 커터 ④ 파이프 렌치

> 금속관 절단하는 공구 : 파이프 커터, 쇠톱

51 배전반 및 분전반을 넣은 강판제로 만든 함의 두께는 몇 [mm] 이상인가?(단, 가로 세로의 길이가 30[cm]를 초과한 경우이다.)

① 0.8 ② 1.2
③ 1.5 ④ 2.0

> 분전반의 강판제 두께는 1.2[mm] 이상일 것

52 지중전선로 시설 방식이 아닌 것은?

① 직접 매설식 ② 관로식
③ 트라이식 ④ 암거식

> 지중전선로의 부설 방식 : 직접매설식, 관로식, 암거식

53 조명기구를 배광에 따라 분류하는 경우 특정한 장소만을 고조도로 하기 위한 조명기구는?

① 직접 조명기구
② 전반확산 조명기구
③ 광천장 조명기구
④ 반직접 조명기구

> 직접조명기구는 특정한 장소만을 하향광속 90% 이상이 되도록 설계된 조명기구이다.

54 아래의 그림기호가 나타내는 것은?

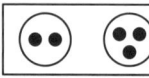

① 비상 콘센트
② 형광등
③ 점멸기
④ 접지저항 측정용 단자

> 그림은 소방관계법에 따른 비상콘센트 심볼이다.

55 전주 외등 설치 시 백열전등 및 형광등의 조명기구를 전주에 부착하는 경우 부착한 점으로부터 돌출되는 수평거리는 몇 [m] 이내로 하여야 하는가?

① 0.5 ② 0.8 ③ 1.0 ④ 1.2

🔍 전주외등
- 대지전압 300[V] 이하 백열전등이나 수은등을 배전선로의 지지물 등에 시설하는 등
- 기구부착높이 : 지표상 4.5[m] 이상(단, 교통지장 없을 경우 3.0[m] 이상)
- 돌출 수평거리 : 1.0[m] 이상

56 인입용 비닐절연전선을 나타내는 약호는?

① OW ② EV ③ DV ④ NV

🔍 전선의 약호
- OW : 옥외용 비닐 절연 전선
- EV : 폴리에틸렌 절연 비닐 외장 케이블
- NV : 클로로프렌 절연 비닐 외장 케이블

57 S형 슬리브를 사용하여 전선을 접속하는 경우의 유의사항이 아닌 것은?

① 전선은 연선만 사용이 가능하다.
② 전선의 끝은 슬리브의 끝에서 조금 나오는 것이 좋다.
③ 슬리브는 전선의 굵기에 적합한 것을 사용한다.
④ 도체는 샌드페이퍼 등으로 닦아서 사용한다.

🔍 슬리브 접속은 단선과 연선 접속 모두 가능하며 끝부분은 조금 나오게 접속해야 한다.

58 정격전압 3상 24[kV], 정격차단전류 300[A]인 수전설비의 차단용량은 몇 [MVA]인가?

① 17.26 ② 28.34
③ 12.47 ④ 24.94

🔍 3상 수전설비의 차단 용량
$P_s = \sqrt{3} VI = \sqrt{3} \times 24 \times 0.3 = 12.47 [MVA]$

59 한국전기설비규정에 의한 전압의 구분에서 직류를 기준으로 고압에 속하는 범위로 옳은 것은?

① 1,000[V] 초과 7,000[V] 이하의 전압
② 600[V] 초과 7,000[V] 이하의 전압
③ 750[V] 초과 7,000[V] 이하의 전압
④ 1,500[V] 초과 7,000[V] 이하의 전압

🔍 전압의 구분

구분	직류	교류
저압	1,500[V] 이하	1,000[V] 이하
고압	저압 초과 7,000[V] 이하	
특고압	7,000[V] 초과	

60 고압 이상에서 기기의 점검, 수리 시 무전압, 무전류 상태로 전로에서 단독으로 전로의 접속 또는 분리하는 것을 주목적으로 사용하는 수·변전기기는?

① 기중부하 개폐기 ② 단로기
③ 전력퓨즈 ④ 컷아웃 스위치

🔍 단로기 : 부하 개폐 능력이 없으므로 설비 계통의 보수, 점검을 하기 위한 변전기기

정답 2025년 2회

01 ①	02 ①	03 ②	04 ②	05 ③
06 ②	07 ④	08 ②	09 ②	10 ③
11 ②	12 ③	13 ①	14 ②	15 ①
16 ④	17 ①	18 ④	19 ②	20 ②
21 ①	22 ①	23 ②	24 ④	25 ①
26 ④	27 ①	28 ②	29 ②	30 ①
31 ③	32 ②	33 ②	34 ②	35 ③
36 ①	37 ④	38 ④	39 ②	40 ③
41 ①	42 ②	43 ②	44 ①	45 ④
46 ④	47 ②	48 ②	49 ③	50 ③
51 ②	52 ③	53 ①	54 ①	55 ③
56 ③	57 ①	58 ③	59 ④	60 ②

2025년 3회 CBT 복원문제

01 Q[C]의 전기량이 도체를 이동하면서 한 일을 W[J]이라 했을 때 전위차 V[V]를 나타내는 관계식으로 옳은 것은?

① $V = QW$ ② $V = \dfrac{W}{Q}$

③ $V = \dfrac{Q}{W}$ ④ $V = \dfrac{1}{QW}$

🔍 전압(전위)의 세기 정의 : 단위 정전하가 이동하여 한 일
$V = \dfrac{W}{Q}$[V]

02 4[Ω]의 저항에 200[V]의 전압을 인가할 때 소비되는 전력[kW]은?

① 20   ② 400
③ 2.5   ④ 10

🔍 소비전력 $P = \dfrac{V^2}{R} = \dfrac{200^2}{4} = 10,000$[W] $= 10$[kW]

03 단면적 A[m²], 자로의 길이 ℓ [m], 투자율 μ, 권수 N회인 환상 철심의 자체 인덕턴스[H]는?

① $\dfrac{\mu A N^2}{\ell}$ ② $\dfrac{A \ell N^2}{4 \pi \mu}$

③ $\dfrac{4 \pi A N^2}{\ell}$ ④ $\dfrac{\mu \ell N^2}{A}$

🔍 인덕턴스 $L = \dfrac{N\phi}{I} = \dfrac{\mu A N^2}{\ell}$[H]

04 자기회로에 강자성체를 사용하는 이유는?

① 자기저항을 감소시키기 위하여
② 자기저항을 증가시키기 위하여
③ 공극을 크게 하기 위하여
④ 주자속을 감소시키기 위하여

🔍 강자성체는 철심의 비투자율 $\mu_s \gg 1$이므로 자기저항 $R = \dfrac{\ell}{\mu A}$[AT/Wb]이 아주 작아진다.

05 유효전력의 식으로 옳은 것은?(단, E는 전압, I는 전류, θ는 위상각이다.)

① $EI \cos \theta$ ② $EI \sin \theta$
③ $EI \tan \theta$ ④ EI

🔍 단상 교류전력 $P = VI \cos \theta = EI \cos \theta$[W]

06 6[Ω]의 저항과 8[Ω]의 용량성 리액턴스의 병렬회로가 있다. 이 병렬회로의 임피던스는 몇 [Ω]인가?

① 1.5   ② 2.6   ③ 3.8   ④ 4.8

🔍 R-C 병렬회로의 합성 임피던스
$Z = \dfrac{RX_C}{\sqrt{R^2 + X_C^2}} = \dfrac{6 \times 8}{\sqrt{6^2 + 8^2}} = \dfrac{48}{10} = 4.8$[Ω]

07 평형 3상 교류 회로에서 △부하의 한 상의 임피던스가 Z_Δ일 때, 등가 변환한 Y부하의 한 상의 임피던스 Z_Y는 얼마인가?

① $Z_Y = \sqrt{3} Z_\Delta$ ② $Z_Y = 3 Z_\Delta$

③ $Z_Y = \dfrac{1}{\sqrt{3}} Z_\Delta$ ④ $Z_Y = \dfrac{1}{3} Z_\Delta$

🔍 △→Y 변환시 Y결선 임피던스 : $Z_Y = \dfrac{1}{3} Z_\Delta$

08 평행한 왕복 도체에 흐르는 전류에 의한 작용력은?

① 흡인력   ② 반발력
③ 회전력   ④ 작용력이 없다.

🔍 평행도체 사이에 작용하는 힘(전자력)
• 전류방향 동일 : 흡인력
• 전류방향 반대(왕복 도체) : 반발력

09 1[eV]는 몇 [J] 인가?

① 1   ② 1×10^{-10}
③ 1.16×10^4 ④ 1.602×10^{-19}

🔍 1[eV] : 전자 1개가 이동하여 1[V]를 발생시켰을 때 한 일
$W = QV = eV = 1.602 \times 10^{-19}$[J]

10 다음 중 전동기의 원리에 적용되는 법칙은?

① 렌츠의 법칙
② 플레밍의 오른손 법칙
③ 플레밍의 왼손 법칙
④ 옴의 법칙

🔍 플레밍의 왼손법칙 : 도체가 받는 힘(전자력)의 방향을 알기 쉽게 정의한 법칙으로 이 힘의 원리로 만들어진 기기가 전동기이다.

11 공기 중에서 5×10^{-4}[Wb]의 자극에서 10[cm] 떨어진 곳에 3×10^{-4}[Wb]의 자극이 있는 경우 두 자극 간에 작용하는 힘[N]은?

① 9.5×10^{-4} ② 9.5×10^{-3}
③ 9.5×10^{-2} ④ 9.5×10^{-1}

🔍 두 자극 사이 작용하는 힘의 세기
$F = \dfrac{m_1 \cdot m_2}{4\pi\mu_0 r^2} = 6.33 \times 10^4 \times \dfrac{m_1 m_2}{r^2}$[N]
$= 6.33 \times 10^4 \times \dfrac{5 \times 10^{-4} \times 3 \times 10^{-4}}{0.1^2} = 9.5 \times 10^{-1}$[N]

12 4[F]와 6[F]의 콘덴서를 병렬접속하고 10[V]의 전압을 가했을 때 축적되는 전하량 Q[C]는?

① 19 ② 50
③ 80 ④ 100

🔍 • 병렬 합성 정전 용량 $C = C_1 + C_2 = 4 + 6 = 10$[F]
• 전하량 $Q = CV = 10 \times 10 = 100$[C]

13 $e = 100\sin\left(314t - \dfrac{\pi}{6}\right)$[V]인 파형의 주파수는 약 몇 [Hz]인가?

① 40 ② 50
③ 60 ④ 80

🔍 각주파수 $\omega = 2\pi f = 314$[rad/sec]이므로
주파수 $f = \dfrac{314}{2\pi} = 50$[Hz]

14 공기 중 자장의 세기가 20[AT/m]인 곳에 8×10^{-3}[Wb]의 자극을 놓으면 작용하는 힘[N]은?

① 0.16 ② 0.32 ③ 0.43 ④ 0.56

🔍 힘과 자장 관계식 $F = mH = 8 \times 10^{-3} \times 20 = 0.16$[N]

15 저항이 10[Ω]인 도체에 1[A]의 전류를 10분간 흘렸다면 발생하는 열량은 몇 [kcal]인가?

① 0.62 ② 1.44 ③ 4.46 ④ 6.24

🔍 열량 $H = 0.24 \times I^2 Rt$
$= 0.24 \times 1^2 \times 10 \times 10 \times 60$[cal]
$= 1,440$[cal] $= 1.44$[kcal]

16 무효전력에 대한 설명으로 틀린 것은?

① $P = VI\cos\theta$로 계산된다.
② 부하에서 소모되지 않는다.
③ 단위로는 [Var]를 사용한다.
④ 전원과 부하 사이를 왕복하기만 하고 부하에 유효하게 사용되지 않는 에너지이다.

🔍 무효전력 $P_r = VI\sin\theta$[Var]

17 평등자계 B[Wb/m²] 속을 V[m/s]의 속도를 가진 전자가 움직일 때 받는 힘 [N]은?

① $B^2 eV$ ② $\dfrac{eV}{B}$
③ BeV ④ $\dfrac{BV}{e}$

🔍 평등자계 안에 있는 전자는 자속밀도 B[Wb/m²]와 수직방향으로 힘이 작용하므로 전자력을 적용하면 $F = BIℓ = BeV$[N]이 된다.

18 실효값 5[A], 주파수 f[Hz], 위상 60°인 전류의 순시값 i[A]를 수식으로 옳게 표현한 것은?

① $i = 5\sqrt{2}\sin\left(2\pi ft + \dfrac{\pi}{2}\right)$
② $i = 5\sqrt{2}\sin\left(2\pi ft + \dfrac{\pi}{3}\right)$
③ $i = 5\sin\left(2\pi ft + \dfrac{\pi}{2}\right)$
④ $i = 5\sin\left(2\pi ft + \dfrac{\pi}{3}\right)$

순시값 전류 $i(t) = I_m \sin(\omega t + \theta)$
$= \sqrt{2} I \sin(\omega t + \theta)$
$= 5\sqrt{2} \sin(2\pi ft + \frac{\pi}{3})$ [A]

19 두 금속을 접속하여 여기에 전류를 흘리면, 줄열 외에 그 접점에서 열의 발생 또는 흡수가 일어나는 현상은?

① 줄 효과
② 홀 효과
③ 제벡 효과
④ 펠티에 효과

펠티에 효과 : 두 금속을 접합하여 접합점에 전류를 흘려주면 열의 발생 또는 흡수가 발생하는 현상

20 전지의 전압강하 원인으로 틀린 것은?

① 국부작용
② 산화작용
③ 성극작용
④ 자기방전

전지의 기전력저하(전압강하) 요인
- 분극(성극)작용 : 수소 원인
- 국부작용 : 불순물 요인
- 자기방전

21 직류 전동기의 규약 효율을 표시하는 식은?

① $\frac{출력}{출력 + 손실} \times 100$ [%]

② $\frac{출력}{입력} \times 100$ [%]

③ $\frac{입력 - 손실}{입력} \times 100$ [%]

④ $\frac{입력}{출력 + 손실} \times 100$ [%]

전동기 규약 효율
효율 $= \frac{출력}{입력} = \frac{입력 - 손실}{입력} \times 100$ [%]

22 동기 임피던스가 5[Ω]인 2대의 3상 동기발전기의 유도 기전력에 100[V]의 전압 차이가 있다면 무효 순환 전류[A]는?

① 10 ② 15 ③ 20 ④ 25

무효순환전류 $I_c = \frac{E_s}{2Z_s} = \frac{100}{2 \times 5} = 10$ [A]

23 변압기유가 구비해야 할 조건 중 맞는 것은?

① 절연 내력이 작고 산화하지 않을 것
② 비열이 작아서 냉각 효과가 클 것
③ 인화점이 높고 응고점이 낮을 것
④ 절연재료나 금속에 접촉할 때 화학작용을 일으킬 것

변압기 절연유 구비 조건
- 비열과 절연내력이 클 것
- 인화점이 높을 것
- 응고점, 점도 낮을 것

24 부하의 저항을 어느 정도 감소시켜도 전류는 일정하게 되는 수하특성을 이용하여 정전류를 만드는 곳이나 아크용접 등에 사용되는 직류발전기는?

① 직권발전기
② 분권발전기
③ 가동복권발전기
④ 차동복권발전기

차동복권 발전기 : 수하특성(정전류 특성), 용접용 발전기

25 다음 단상 유도 전동기 중 기동 토크가 큰 것부터 옳게 나열한 것은?

| ㉠ 반발 기동형 | ㉡ 콘덴서 기동형 |
| ㉢ 분상 기동형 | ㉣ 셰이딩 코일형 |

① ㉠ > ㉡ > ㉢ > ㉣
② ㉠ > ㉣ > ㉡ > ㉢
③ ㉠ > ㉢ > ㉣ > ㉡
④ ㉠ > ㉡ > ㉣ > ㉢

단상전동기 토크 크기 순서
반발기동형 > 반발유도형 > 콘덴서기동형 > 분상 기동형 > 셰이딩 코일형

26 단상 전파 정류회로에서 전원이 220[V]이면 부하에 나타나는 전압의 평균값은 약 몇 [V]인가?

① 99
② 198
③ 257.4
④ 297

단상 전파 정류 회로의 직류분
$E_d = 0.9E = 0.9 \times 220 = 198$ [V]

27 유도전동기의 제동법이 아닌 것은?

① 3상제동 ② 발전제동
③ 회생제동 ④ 역상제동

🔍 유도전동기의 제동법 : 발전제동, 회생제동, 역상제동

28 변압기, 동기기 등의 층간 단락 등의 내부 고장보호에 사용되는 계전기는?

① 차동 계전기 ② 접지 계전기
③ 과전압 계전기 ④ 역상 계전기

🔍 변압기 내부고장 검출 계전기 : 비율 차동계전기

29 PN 접합 정류소자의 설명 중 틀린 것은?(단, 실리콘 정류소자인 경우이다.)

① 온도가 높아지면 순방향 및 역방향 전류가 모두 감소한다.
② 순방향 전압은 P형에 (+), N형에 (-) 전압을 가함을 말한다.
③ 정류비가 클수록 정류특성은 좋다.
④ 역방향 전압에서는 극히 작은 전류만이 흐른다.

🔍 PN 반도체는 온도가 높아지면 전류가 증가한다.

30 변압기의 효율이 가장 좋을 때의 조건은?

① 철손 = 동손 ② 철손 = 1/2동손
③ 동손 = 1/2철손 ④ 동손 = 2철손

🔍 변압기의 최대 효율 조건 : P_i(철손) = P_c(동손)

31 동기발전기의 전기자 권선을 단절권으로 하면?

① 고조파를 제거한다.
② 절연이 잘 된다.
③ 역률이 좋아진다.
④ 기전력을 높인다.

🔍 단절권 : 고조파 제거, 파형 개선

32 회전자 입력 10[kW], 슬립 3[%]인 3상 유도전동기의 2차 동손[W]은?

① 300 ② 400
③ 500 ④ 700

🔍 2차 동손 $P_{c2} = sP_2 = 0.03 \times 10 \times 10^3 = 300$[W]

33 전력계통에 접속되어 있는 변압기나 장거리 송전시 정전용량으로 인한 충전특성 등을 보상하기 위한 기기는?

① 유도 전동기 ② 동기 발전기
③ 유도 발전기 ④ 동기 조상기

🔍 동기조상기 여자상태
• 과여자 : 진상 전류 발생(C로 작용)
• 부족여자 : 지상 전류 발생(L로 작용)

34 변압기의 임피던스 전압이란?

① 정격 전류가 흐를 때의 변압기 내의 전압강하
② 여자 전류가 흐를 때의 2차측 단자전압
③ 정격 전류가 흐를 때의 2차측 단자전압
④ 2차 단락 전류가 흐를 때 변압기 내의 전압 강하

🔍 임피던스 전압 : 정격전류가 흐를 때 변압기 내의 임피던스 전압강하

35 동기발전기의 병렬운전에서 기전력의 크기가 다를 경우 나타나는 현상은?

① 주파수가 변한다.
② 동기화 전류가 흐른다.
③ 난조 현상이 발생한다.
④ 무효순환 전류가 흐른다.

🔍 동기발전기의 병렬운전 조건 중 기전력의 크기가 다를 경우 크기를 일치시키기 위해 무효순환전류가 흐른다.

36 직류전동기의 속도제어법이 아닌 것은?

① 전압제어법 ② 계자제어법
③ 저항제어법 ④ 주파수제어법

- 직류전동기 속도 제어법
  - 전압제어(정토크 제어) : 워드레오너드, 정지레오너드 방식, 일그너 방식(제철용 압연기), 쵸퍼 제어 방식(직류크기 변환)
  - 계자 제어(정출력 제어)
  - 저항 제어

37 변압기에서 2차측이란?

① 부하측 ② 고압측
③ 전원측 ④ 저압측

- 변압기의 1차측 : 전원측, 2차측 : 부하측

38 8극 파권 직류발전기의 전기자 권선의 병렬 회로수 a는 얼마로 하고 있는가?

① 1 ② 2 ③ 6 ④ 8

- 파권의 병렬 회로수는 2이다.

39 동기전동기 중 안정도 증진법으로 틀린 것은?

① 전기자 저항 감소
② 관성 효과 증대
③ 동기 임피던스 증대
④ 속응 여자 채용

- 안정도 향상 대책
  - 단락비를 크게 한다.
  - 동기임피던스를 감소시킨다.
  - 속응여자방식을 채용한다.
  - 조속기 성능을 개선시킨다.

40 변압기의 절연내력 시험법이 아닌 것은?

① 유도시험 ② 가압시험
③ 단락시험 ④ 충격전압시험

- 절연내력 시험 : 가압시험, 유도시험, 충격시험

41 금속관을 구부릴 때 금속관의 단면이 심하게 변형되지 아니하도록 구부려야 하며, 그 안쪽의 반지름은 관 안 지름의 몇 배 이상이 되어야 하는가?

① 6 ② 8 ③ 10 ④ 12

- 금속관을 구부리는 경우 그 굴곡 반경은 관 내경의 6배 이상으로 한다.

42 저압 이웃 연결선을 시설하는 경우 다음 분기점으로부터 몇 [m]를 초과하면 안 되는가?

① 100 ② 200 ③ 50 ④ 30

- 저압 이웃연결선(연접인입선) 시설 원칙
  - 분기점에서 100[m]를 초과하지 말 것
  - 다른 수용가의 옥내를 관통하지 말 것
  - 폭 5[m]를 넘는 도로를 횡단하지 말 것
  - 수용가 옥내 관통 금지

43 금속관 배관공사를 할 때 금속관을 구부리는데 사용하는 공구는?

① 히키(hickey)
② 파이프렌치(pipe wrench)
③ 오스터(ouster)
④ 파이프 커터(pipe cutter)

- 금속관 구부리는 공구 : 히키, 밴더

44 캡타이어 케이블을 조영재에 시설하는 경우 그 지지점 간의 거리는 몇 [m] 이하마다 하여야 하는가?

① 1 ② 1.5 ③ 2.0 ④ 2.5

- 조영재에 따라 시설하는 경우 지지점 간의 거리는 1[m] 이하로 한다.

45 배전선로 기기설치 공사에서 전주에 승주 시 발판 볼트는 지상 몇 [m] 지점에서 180° 방향으로 몇 [m]씩 양쪽으로 설치하여야 하는가?

① 1.5[m], 0.3[m]
② 1.5[m], 0.45[m]
③ 1.8[m], 0.3[m]
④ 1.8[m], 0.45[m]

- 발판볼트 : 지상 1.8[m] 지점에서 180° 방향으로 0.45[m]씩 양쪽으로 설치해야 한다.

46 금속관 공사에서 노크아웃의 지름이 금속관의 지름보다 큰 경우에 사용하는 재료는?

① 로크너트
② 부싱
③ 콘넥터
④ 링 리듀서

> 링리듀서 : 금속관을 아웃트렛 박스에 접속할 때 박스 지름이 금속관보다 클 경우 사용하는 보조 접속 기구

47 전선관에 전선을 넣어서 공사하는 경우 전선의 접속점에 대한 설명으로 옳은 것은?

① 금속관에서 금속관 내 전선의 접속점을 만든 경우
② 합성수지관에서 합성수지관 내 전선의 접속점을 만든 경우
③ 합성수지몰드에서 몰드 안에 전선의 접속점을 만든 경우
④ 금속몰드에서 몰드용 조인트 박스 안에서 쥐꼬리 접속을 한 경우

> 관이나 몰드 안에 전선의 접속점을 만들면 안 된다.

48 애자 사용 배선공사 시 사용할 수 없는 전선은?

① 고무 절연전선
② 폴리에틸렌 절연전선
③ 플루오르 수지 절연전선
④ 인입용 비닐절연전선

> 애자사용공사에 사용되는 전선 : 절연전선 사용(인입용 비닐절연전선, 옥외용 비닐절연전선 제외)

49 애자사용 공사에서 전선의 지지점 간 거리는 전선을 조영재의 위면 또는 옆면에 따라 붙이는 경우에는 몇 [m] 이하인가?

① 1
② 1.5
③ 2
④ 3

> 애자사용 공사 시 조영재에 따르는 경우 지지점 간의 거리는 2[m] 이하로 한다.

50 전선의 재료로써 구비해야 할 조건이 아닌 것은?

① 기계적 강도가 클 것
② 가요성이 풍부할 것
③ 고유저항이 클 것
④ 비중이 작을 것

> 고유저항이 크면 전선의 저항값이 커지므로 전류가 잘 흐르지 못한다.

51 전선의 접속에 대한 설명으로 틀린 것은?

① 접속 부분의 전기저항을 20[%] 이상 증가되도록 한다.
② 접속 부분의 인장강도를 80[%] 이상 유지되도록 한다.
③ 접속 부분에 전선 접속 기구를 사용한다.
④ 알루미늄전선과 구리선의 접속 시 전기적인 부식이 생기지 않도록 한다.

> 전선 접속 시 주의 사항
> • 전선 접속 부분의 전기저항을 증가시키지 말 것
> • 전선 접속 부분의 인장강도를 80[%] 이상 유지할 것

52 전주 외등 설치 시 백열전등 및 형광등의 조명기구를 전주에 부착하는 경우 부착한 점으로부터 돌출되는 수평거리는 몇 [m] 이내로 하여야 하는가?

① 0.5
② 0.8
③ 1.0
④ 1.2

> 전주외등 : 대지전압 300[V] 이하 백열전등이나 수은등을 배전선로의 지지물 등에 시설하는 등
> • 기구부착높이 : 지표상 4.5[m] 이상(단, 교통지장 없을 경우 3.0[m] 이상)
> • 돌출 수평거리 : 1.0[m] 이상

53 전선 약호가 VV 케이블의 명칭으로 옳은 것은?

① 0.6/1[kV] 비닐절연 비닐시스 케이블
② 0.6/1[kV] EP고무절연 클로로프렌시스 케이블
③ 0.6/1[kV] EP고무절연 비닐시스 케이블
④ 0.6/1[kV] 비닐절연 비닐캡타이어 케이블

> VV 케이블 : 비닐절연 비닐시스(외장) 케이블

54 저압 2조의 전선을 설치 시, 크로스 완금의 표준 길이 [mm]는?

① 900 ② 1,400 ③ 1,800 ④ 2,400

🔍 완금 표준 길이[mm]

전선 조	저압	고압	특고압
2조	900	1,400	1,800
3조	1,400	1,800	2,400

55 플로어 덕트 공사에 의한 저압 옥내 배선에서 절연 전선으로 연선을 사용하지 않아도 되는 것은 전선의 굵기가 몇 [mm²] 이하인 경우인가?

① 2.5 ② 4 ③ 6 ④ 10

🔍 플로어 덕트 공사 사용전선 : 2.6[mm²] 이상의 연동선 사용. 단선 사용시 10[mm²] 이하까지 사용 가능)

56 전등 1개를 2개소에서 점멸하고자 할 때 3로 스위치는 최소 몇 개 필요한가?

① 4개 ② 3개 ③ 2개 ④ 1개

🔍 3로 스위치 : 1개의 전등을 2개소에서 점멸하는 스위치로 2개가 필요하다.

57 22.9[kV-y] 가공전선의 굵기는 단면적이 몇 [mm²] 이상이어야 하는가?(단, 동선의 경우이다.)

① 22 ② 32 ③ 40 ④ 50

🔍 특고압 가공 전선로의 전선 규격 : 인장강도 8.71[kN] 이상, 22[mm²] 이상의 경동연선을 사용한다.

58 수변전설비 구성기기의 계기용 변압기(PT) 설명으로 맞는 것은?

① 높은 전압을 낮은 전압으로 변성하는 기기이다.
② 높은 전류를 낮은 전류로 변성하는 기기이다.
③ 회로에 병렬로 접속하여 사용하는 기기이다.
④ 부족전압 트립 코일의 전원으로 사용된다.

🔍 계기용 변압기(PT) : 높은 전압을 저전압(110[V])로 변성하여 계전기나 적산전력계에 전압을 공급하기 위한 계기

59 화약고의 배선공사 시 개폐기 및 과전류차단기에서 화약고 인입구까지는 어떤 배선공사에 의하여 시설하여야 하는가?

① 합성수지관공사로 지중선로
② 금속관공사로 지중선로
③ 합성수지몰드 지중선로
④ 케이블 사용 지중선로

🔍 화약류 저장소 공사 방법 : 금속관, 케이블 공사에 한하며 개폐기, 과전류차단기는 지중 케이블공사에 의할 것

60 폭연성 분진이 존재하는 곳의 저압 옥내배선 공사 시 공사 방법으로 짝지어진 것은?

① 금속관 공사, MI케이블 공사, 개장된 케이블 공사
② CD케이블 공사, MI케이블 공사, 금속관 공사
③ CD케이블 공사, MI케이블 공사, 제1종 캡타이어 케이블 공사
④ 개장된 케이블 공사, CD케이블 공사, 제1종 캡타이어 케이블 공사

🔍 폭연성 분진, 화약류 분말이 있는 장소 : 금속관, 케이블(MI케이블, 개장 케이블)
*CD케이블 : 고압용 케이블

정답 2025년 3회

01 ②	02 ④	03 ①	04 ①	05 ①
06 ④	07 ④	08 ②	09 ④	10 ③
11 ④	12 ④	13 ②	14 ①	15 ②
16 ①	17 ③	18 ②	19 ④	20 ②
21 ③	22 ①	23 ③	24 ④	25 ①
26 ②	27 ①	28 ②	29 ④	30 ②
31 ①	32 ①	33 ④	34 ①	35 ④
36 ④	37 ①	38 ②	39 ③	40 ②
41 ①	42 ①	43 ①	44 ①	45 ②
46 ④	47 ①	48 ④	49 ③	50 ③
51 ①	52 ①	53 ①	54 ①	55 ④
56 ③	57 ①	58 ①	59 ④	60 ①

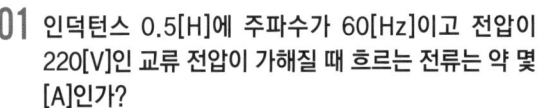

01 인덕턴스 0.5[H]에 주파수가 60[Hz]이고 전압이 220[V]인 교류 전압이 가해질 때 흐르는 전류는 약 몇 [A]인가?

① 0.59
② 0.87
③ 0.97
④ 1.17

> L만의 회로이므로 $V = \omega LI$[V]에서
> $I = \dfrac{V}{\omega L} = \dfrac{V}{2\pi fL} = \dfrac{220}{2\pi \times 60 \times 0.5} \fallingdotseq 1.17$[A]

02 일반적으로 온도가 높아지게 되면 전도율이 커져서 온도계수가 부(-)의 값을 가지는 것이 아닌 것은?

① 구리
② 반도체
③ 탄소
④ 전해액

> 온도계수
> • 정(+) 온도계수 : 온도가 상승하면 저항이 증가하는 계수, 도체(구리, 은, 백금)
> • 부(-) 온도계수 : 온도가 상승하면 저항이 감소하는 계수, 반도체, 전해질, 탄소

03 교류 전력에서 일반적으로 전기기기의 용량을 표시하는데 쓰이는 전력은?

① 피상전력
② 유효전력
③ 무효전력
④ 기전력

> 교류 전력에서 변압기 등 전기기기의 용량은 일반적으로 [kVA](피상전력)로 표시된다.

04 Δ결선에서 선전류가 $10\sqrt{3}$ [A]이면 상 전류는?

① 5[A]
② 10[A]
③ $10\sqrt{3}$[A]
④ 30[A]

> Δ결선시 $I_l = \sqrt{3}\,I_p \angle -\dfrac{\pi}{6}$[A]이므로
> $I_p = \dfrac{1}{\sqrt{3}}I_l = \dfrac{1}{\sqrt{3}} \times 10\sqrt{3} = 10$[A]

05 전류에 의한 자기장의 세기를 구하는 비오-사바르의 법칙을 옳게 나타낸 것은?

① $\Delta H = \dfrac{I\Delta l \sin\theta}{4\pi r^2}$ [AT/m]

② $\Delta H = \dfrac{I\Delta l \sin\theta}{4\pi r}$ [AT/m]

③ $\Delta H = \dfrac{I\Delta l \cos\theta}{4\pi r}$ [AT/m]

④ $\Delta H = \dfrac{I\Delta l \cos\theta}{4\pi r^2}$ [AT/m]

> 전류에 의한 자기장의 세기 : 비오-사바르의 법칙
> $\Delta H = \dfrac{I\Delta l \sin\theta}{4\pi r^2}$ [AT/m]

06 권선수 100회 감은 코일에 2[A]의 전류가 흘렀을 때 50×10^{-3}[Wb]의 자속이 코일에 쇄교 되었다면 자기 인덕턴스는 몇 [H]인가?

① 1.0
② 1.5
③ 2.0
④ 2.5

> $LI = N\phi$[Wb]의 관계식에서
> $L = \dfrac{N\phi}{I} = \dfrac{100 \times 50 \times 10^{-3}}{2} = 2.5$[H]

07 코일의 성질에 대한 설명으로 틀린 것은?

① 공진하는 성질이 있다.
② 상호유도작용이 있다.
③ 전원 노이즈 차단기능이 있다.
④ 전류의 변화를 확대시키려는 성질이 있다.

> 코일은 전류의 변화를 방해하는 방향으로 기전력이 발생하므로 확대시키려는 성질이 있다는 보기 ④항의 내용이 틀린 설명이다.

08 평행한 두 도선 간의 전자력은?

① 거리 r에 비례한다.
② 거리 r에 반비례한다.
③ 거리 r^2에 비례한다.
④ 거리 r^2에 반비례한다.

> 평행한 두 도선 간에 작용하는 힘 $F = \dfrac{2I_1 I_2}{r} \times 10^{-7}$ [N/m] 이므로 거리 r에 반비례한다.

09 200[V]의 교류전원에 선풍기를 접속하고 전력과 전류를 측정하였더니 600[W], 5[A] 이었다. 이 선풍기의 역률은?

① 0.5 ② 0.6 ③ 0.7 ④ 0.8

> 유효전력 $P = VI\cos\theta$ [W]에서
> $\cos\theta = \dfrac{P}{VI} = \dfrac{600}{200 \times 5} = 0.6$

10 임의의 폐회로에서 키르히호프의 제2법칙을 가장 잘 나타낸 것은?

① 기전력의 합 = 합성 저항의 합
② 기전력의 합 = 전압 강하의 합
③ 전압 강하의 합 = 합성 저항의 합
④ 합성 저항의 합 = 회로 전류의 합

11 자속밀도 0.5[Wb/m²]의 자장 안에 자장과 직각으로 20[cm]의 도체를 놓고 이것에 10[A]의 전류를 흘릴 때 도체가 50[cm] 운동한 경우의 한 일은 몇 [J]인가?

① 0.5 ② 1 ③ 1.5 ④ 5

> 전자력 $F = BIl\sin\theta$ [N]에서
> $F = 10 \times 0.5 \times 0.2 \times \sin 90° = 1$ [N]
> 이때, 도체가 힘을 받아 거리 r[m]로 운동했다면 한 일은
> $W = F \cdot r = 1 \times 0.5 = 0.5$ [J]

12 일반적으로 절연체를 서로 마찰시키면 이들 물체는 전기를 띠게 된다. 이와 같은 현상은?

① 분극 ② 정전 ③ 대전 ④ 코로나

> 대전 : 절연체를 서로 마찰시키면 전자를 얻거나 잃어서 전기를 띠게 되는 현상

13 5[Wh]는 몇 [J]인가?

① 720 ② 1,800 ③ 7,200 ④ 18,000

> 5[Wh] = 5[W] × 1[h]
> = 5 × 3,600 = 18,000[W·sec] = 18,000[J]

14 공기 중에서 m[Wb]의 자극으로부터 나오는 자력선의 총수는 얼마인가?(단, μ는 물체의 투자율이다.)

① m ② μm
③ $\dfrac{m}{\mu}$ ④ $\dfrac{\mu}{m}$

> 자기력선의 총수 : $\dfrac{m}{\mu}$ 개

15 2개의 저항 R_1, R_2를 병렬 접속하면 합성 저항은?

① $\dfrac{1}{R_1 + R_2}$ ② $\dfrac{R_1}{R_1 + R_2}$
③ $\dfrac{R_1 R_2}{R_1 + R_2}$ ④ $\dfrac{R_2}{R_1 + R_2}$

> R_1, R_2 병렬 접속시 합성 저항
> $R_O = \dfrac{1}{\dfrac{1}{R_1} + \dfrac{1}{R_2}} = \dfrac{R_1 R_2}{R_1 + R_2}$ [Ω]이 된다.

16 그림에서 단자 A-B 사이의 전압은 몇 [V]인가?

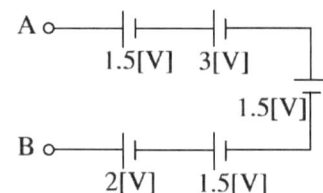

① 1.5 ② 2.5
③ 6.5 ④ 9.5

> 전류방향 기준이 없으므로 전압의 기전력의 총합은 방향에 관계없이 다음과 같다.
> $E = 1.5 + 3 + 1.5 - 1.5 - 2 = 2.5$ [V]

17 전구를 점등하기 전의 저항과 점등한 후의 저항을 비교하면 어떻게 되는가?

① 점등 후의 저항이 크다.
② 점등 전의 저항이 크다.
③ 변동 없다.
④ 경우에 따라 다르다.

> 전구는 일반적인 부하로서 도체이며 온도가 점등하여 온도가 상승하면 저항값이 증가하는 특성을 갖는다.

18 진공 중에서 같은 크기의 두 자극을 1[m] 거리에 놓았을 때 작용하는 힘이 6.33×10^4[N]이 되는 자극의 단위는?

① 1[N]   ② 1[J]   ③ 1[Wb]   ④ 1[C]

> 진공 중에서 같은 크기의 자극 $m_1 = m_2 = m$[Wb] 사이에 작용하는 힘은 $F = \dfrac{m \times m}{4\pi\mu_0 r^2}$[N]이므로
> $6.33 \times 10^4 = 6.33 \times 10^4 \times \dfrac{m \cdot m}{1^2}$ 이 성립한다.
> 그러므로 $m = 1$[Wb]이다.

19 다음 전압 파형의 주파수는 약 몇 [Hz]인가?

$$e = 100 \sin\left(377t - \frac{\pi}{5}\right) [V]$$

① 50   ② 60   ③ 80   ④ 100

> 교류의 순시값 $e = 100\sin(377t - \frac{\pi}{5})$[V] 에서
> $\omega = 2\pi f = 377$[rad/sec]이므로
> 주파수는 $f = \dfrac{377}{2\pi} = 60$[Hz]

20 동기기의 전기자 권선법이 아닌 것은?

① 전절권   ② 분포권
③ 이층권   ④ 중권

> 동기기의 전기자 권선법 : 고상권, 이층권, 중권, 단절권, 분포권

21 직류기에서 정류를 좋게 하는 방법 중 전압 정류의 역할은?

① 보극   ② 탄소
③ 보상권선   ④ 리액턴스 전압

> 양호한 정류 대책
> • 보극 : 전압 정류
> • 탄소 브러시 : 저항 정류

22 변압기의 정격출력으로 맞는 것은?

① 정격 1차 전압 × 정격 1차 전류
② 정격 1차 전압 × 정격 2차 전류
③ 정격 2차 전압 × 정격 1차 전류
④ 정격 2차 전압 × 정격 2차 전류

> 변압기의 정격
> • 정격용량(정격출력) : 정격 주파수의 정격 2차 전압과 정격 2차 전류를 곱한 값
> • 정격용량 = 정격 2차 전압 × 정격 2차 전류

23 납축전지가 완전히 방전되면 음극과 양극은 무엇으로 변하는가?

① $PbSO_4$ ② PbO_2
③ H_2SO_4 ④ Pb

> 납축전지의 방전시 전기분해식
> $PbO_2 + 2H_2SO_4 + Pb \rightleftarrows 2PbSO_4 + 2H_2O$
> (양극) (전해액) (음극) (황산납) (물)

24 역률이 좋아 가정용 선풍기, 세탁기, 냉장고 등에 주로 사용되는 것은?

① 분상 기동형   ② 영구콘덴서 기동형
③ 반발 기동형   ④ 셰이딩 코일형

> 영구 콘덴서 기동형은 구조가 간단하고 역률이 좋기 때문에 큰 기동 토크를 요하지 않고 속도를 조정할 필요가 있는 선풍기나 세탁기 등에서 이용한다.

25 기중기, 전기 자동차, 전기 철도와 같은 곳에 가장 많이 사용되는 전동기는?

① 가동 복권 전동기   ② 차동 복권 전동기
③ 분권 전동기   ④ 직권 전동기

> 직권 전동기 : $\tau \propto I^2 \propto \dfrac{1}{N^2}$ 하는 특성을 가지므로 기동 토크가 부하 전류의 제곱에 비례하고 속도의 제곱에 반비례한다. 따라서 전동기 기동 시 속도를 현저히 떨어뜨리면 대단히 큰 토크를 얻을 수 있기 때문에 전기 철도에서 전차용 전동기와 같이 큰 기동 토크가 요구되는 곳에 사용되는 전동기이다.

26 동기전동기의 공급전압에 대한 앞선 전류는 어떤 작용을 하는가?

① 역률작용   ② 교차자화작용
③ 증자작용   ④ 감자작용

> 동기 전동기의 전기자 반작용
> • L 부하(지상 전류) : 증자 작용
> • C 부하(진상 전류) : 감자 작용

27 동기조상기를 과여자로 사용하면?

① 리액터로 작용
② 저항손의 보상
③ 일반부하의 뒤진 전류 보상
④ 콘덴서로 작용

🔍 동기조상기 V곡선 : cosθ = 1인 상태에서 계자전류 조정
• 과 여자(계자 전류 증가) : 증가하는 전기자 전류가 앞선 전류가 되어 콘덴서로 작용한다.
• 부족 여자(계자 전류 감소) : 증가하는 전기자 전류가 뒤진 전류가 되어 리액터로 작용한다.

28 직류를 교류로 변환하는 기기는?

① 변류기 ② 정류기
③ 초퍼 ④ 인버터

🔍 전력변환장치
• 정류기(컨버터) : 교류를 직류로 변환하는 장치
• 인버터 : 직류를 교류로 변환하는 장치
• 초퍼 : 고정 직류를 가변 직류로 변환하는 장치

29 농형 유도전동기의 기동법이 아닌 것은?

① 전전압 기동
② Δ-Δ 기동
③ 기동보상기에 의한 기동
④ 리액터 기동

🔍 유도전동기의 기동법
• 농형 유도전동기의 기동법 : 전전압 기동법, Y-Δ 기동법, 리액터 기동법, 1차 저항 기동법, 기동 보상기법
• 권선형 유도전동기의 기동법 : 2차 저항 기동법(기동 저항기법)

30 그림의 정류회로에서 다이오드의 전압강하를 무시할 때 콘덴서 양단의 최대전압은 약 몇 [V]까지 충전되는가?

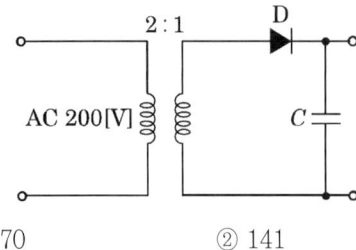

① 70 ② 141
③ 280 ④ 352

🔍 변압기 권수비 $a = \frac{N_1}{N_2} = \frac{E_1}{E_2} = \frac{V_1}{V_2} = \frac{I_2}{I_1}$ 에서 a=2이므로,
• 2차 측 실효값 전압 : $V_2 = \frac{V_1}{a} = \frac{200}{2} = 100[V]$
• 콘덴서 양단 최대 전압 :
$V_{2m} = \sqrt{2}\,V_2 = \sqrt{2} \times 100 = 141[V]$

31 직류 분권전동기의 회전방향을 바꾸기 위해 일반적으로 무엇의 방향을 바꾸어야 하는가?

① 전원 ② 주파수
③ 계자저항 ④ 전기자전류

🔍 직류 전동기를 역회전시키기 위해 전기자 회로와 계자 회로의 극성을 동시에 바꾸면 $\tau = K\phi I_a = K(-\phi)(-I_a) = K\phi I_a$ 가 되므로 전동기 회전 방향은 변하지 않는다. 따라서 전동기 회전 방향을 바꾸기 위해서는 계자 권선이나 전기자 권선 중 어느 한 권선에 대한 극성(전류 방향)만 반대 방향으로 접속 변경한다.

32 다음 중 변압기의 원리와 관계있는 것은?

① 전기자 반작용
② 전자 유도 작용
③ 플레밍의 오른손 법칙
④ 플레밍의 왼손 법칙

🔍 전자 유도 작용 : 1차에 교류 전압을 가하면 자속 ϕ 가 발생하고, 이 2차 권선에 자속이 코일과 수직으로 쇄교하면서 기전력이 발생하는 현상으로 코일의 권선수에 따라 기전력의 크기가 달라지므로 전압의 크기가 변성되는 변압기의 원리가 되는 법칙이다.

33 다음 중 변압기의 1차측이란?

① 고압 측 ② 저압 측
③ 전원 측 ④ 부하 측

🔍 변압기 1, 2차 측(1차 측 : 전원 측, 2차 측 : 부하 측)

34 회전수 540[rpm], 12극, 3상 유도전동기의 슬립[%]은?(단, 주파수는 60[Hz]이다.)

① 1 ② 4 ③ 6 ④ 10

🔍 • 동기 속도 $N_s[\text{rpm}] = \frac{120f}{P} = \frac{120 \times 60}{12} = 600[\text{rpm}]$
• 슬립 $s = \frac{N_s - N}{N_s} = \frac{600 - 540}{600} \times 100 = 10[\%]$

35 동기기 운전 시 안정도 증진법이 아닌 것은?

① 단락비를 크게 한다.
② 회전부의 관성을 크게 한다.
③ 속응여자방식을 채용한다.
④ 역상 및 영상임피던스를 작게 한다.

> 동기기 안정도 향상 대책
> • 단락비를 크게 할 것
> • 동기임피던스(동기리액턴스)를 작게 할 것
> • 속응여자방식을 채용할 것
> • 관성모멘트를 크게 할 것
> • 조속기 성능을 개선할 것

36 3상 유도전동기의 토크는?

① 2차 유도기전력의 2승에 비례한다.
② 2차 유도기전력에 비례한다.
③ 2차 유도기전력과 무관하다.
④ 2차 유도기전력의 0.5승에 비례한다.

> 3상 유도전동기의 토크 : $\tau \propto E_2^2$ (전압의 제곱에 비례한다.)

37 보극이 없는 직류기 운전 중 중성축의 위치가 변하지 않는 경우는?

① 과부하　② 전부하
③ 중부하　④ 무부하

> 중성축의 위치가 변하는 이유는 전기자 도체에 흐르는 전류에 의해 발생된 자속이 계자 자속에 영향을 미치는 현상(전기자 반작용)으로 발생하므로, 만약 전기자 도체에 전류가 흐르지 않으면 전기자 반작용이 발생하지 않는다. 즉, 무부하인 경우 중성축의 위치가 변하지 않는다.

38 1차 전압 13,200[V], 2차 전압 220[V]인 단상 변압기의 1차에 6,000[V] 전압을 가하면 2차전압은 몇 [V]인가?

① 100　② 200　③ 50　④ 250

> 권수비 : $a = \dfrac{N_1}{N_2} = \dfrac{E_1}{E_2} = \dfrac{V_1}{V_2} = \dfrac{I_2}{I_1} = \sqrt{\dfrac{Z_1}{Z_2}}$ 에서
> $a = \dfrac{V_1}{V_2} = \dfrac{13,200}{220} = 60$ 이므로 $V_2 = \dfrac{V_1}{a} = \dfrac{6,000}{60} = 100[V]$

39 50[kW]의 농형 유도전동기를 기동하려고 할 때, 다음 중 가장 적당한 기동 방법은?

① 분상기동법
② 기동보상기법
③ 권선형기동법
④ 2차저항기동법

> 기동 보상기법 : 기동 시 단권변압기 중간 탭에 전동기를 접속하여 감압된 전압을 공급하여 기동전류를 제한하여 기동하는 방식으로서 15[kW] 이상의 대용량의 농형유도 전동기에서 채용한다.

40 슬립이 0일 때 유도전동기의 속도는?

① 동기속도로 회전한다.
② 정지상태가 된다.
③ 변화가 없다.
④ 동기속도보다 빠르게 회전한다.

> 회전 속도는 $N = (1 - s)N_s = N_s$[rpm]이므로 동기속도로 회전한다.

41 저압 구내 가공인입선으로 DV전선 사용 시 전선의 길이가 15[m] 이하인 경우 사용할 수 있는 최소 굵기는 몇 [mm] 이상인가?

① 1.5　② 2.0　③ 2.6　④ 4.0

> 가공 인입선을 DV 전선을 사용하여 인입하는 경우 그 최소 굵기는 2.6[mm] 이상이지만, 경간이 15[m] 이하인 경우 2.0[mm] 이상도 가능하다.

42 수·변전 설비의 고압회로에 걸리는 전압을 표시하기 위해 전압계를 시설할 때 고압회로와 전압계 사이에 시설하는 것은?

① 수전용 변압기
② 계기용 변류기
③ 계기용 변압기
④ 권선형 변류기

> 고전압을 저전압으로 변성하여 측정 계기나 보호 계전기에 전압을 공급하기 위한 전압 변성기를 계기용 변압기(PT)라 한다.

43 나전선 등의 금속선에 속하지 않는 것은?

① 경동선(지름 12[mm] 이하의 것)
② 연동선
③ 동합금선(단면적 35[mm²] 이하의 것)
④ 경알루미늄선(단면적 35[mm²] 이하의 것)

🔍 나전선 종류
- 경동선(지름 12[mm] 이하의 것)
- 연동선
- 동합금선(단면적 25[mm²] 이하의 것)
- 경알루미늄선(단면적 35[mm²] 이하의 것)
- 알루미늄합금선(단면적 35[mm²] 이하의 것)
- 아연도강선, 아연도철선(방청도금 철선 포함)

44 가연성 분진에 전기설비가 발화원이 되어 폭발의 우려가 있는 곳에 시설하는 저압 옥내배선 공사방법이 아닌 것은?

① 금속관 공사 ② 케이블 공사
③ 애자사용 공사 ④ 합성수지관 공사

🔍 가연성 분진(소맥분, 전분, 유황 기타 가연성 먼지 등)으로 인하여 폭발할 우려가 있는 저압 옥내 설비 공사는 금속관 공사, 케이블 공사, 두께 2[mm] 이상의 합성 수지관 공사 등에 의하여 시설한다.

45 전선의 접속이 불완전하여 발생할 수 있는 사고로 볼 수 없는 것은?

① 감전 ② 누전 ③ 화재 ④ 절전

🔍 전선과 기구 단자 접속 시 나사를 덜 죄면 전기 저항이 증가하여 과열이 발생하므로 화재의 우려가 있고, 누설 전류가 발생한다.

46 배선용 차단기의 심벌은?

① B ② E
③ BE ④ S

🔍 ①: 배선용차단기, ②: 누전차단기, ④: 개폐기

47 주택, 아파트인 경우 표준부하는 몇 [VA/m²]인가?

① 10 ② 20 ③ 30 ④ 40

🔍 건물의 종류에 대응한 표준부하[VA/m²]

건물의 종류	표준부하
공장, 공회당, 사원, 교회, 극장, 영화관, 연회장	10
기숙사, 여관, 호텔, 병원, 학교, 음식점, 목욕탕	20
사무실, 은행, 상점, 이발소, 미용원	30
주택, 아파트	40

48 금속관 공사에 의한 저압 옥내배선에서 잘못된 것은?

① 전선은 절연 전선일 것
② 금속관 안에서는 전선의 접속점이 없도록 할 것
③ 알루미늄 전선은 단면적 16[mm²] 초과 시 연선을 사용할 것
④ 옥외용 비닐절연전선을 사용할 것

🔍 금속관 공사에서 사용하는 전선은 반드시 옥내용 절연전선이어야 하며, 옥외용 비닐절연전선을 사용해서는 안 된다.

49 무대·오케스트라 박스·영사실 기타 사람이나 무대 도구가 접촉될 우려가 있는 장소에 시설하는 저압 옥내배선의 사용전압은?

① 400[V] 이하 ② 500[V] 이상
③ 600[V] 미만 ④ 700[V] 이상

🔍 무대, 무대 밑, 오케스트라 박스, 영사실, 기타 사람이나 무대 도구가 접촉할 우려가 있는 장소에 시설하는 저압 옥내배선, 전구선 또는 이동 전선은 최고 사용전압이 400[V] 이하여야 한다.

50 옥내의 건조하고 전개된 장소에서 사용전압이 400[V] 초과인 경우에는 시설할 수 없는 배선공사는?

① 애자사용공사 ② 금속덕트공사
③ 버스덕트공사 ④ 금속몰드공사

🔍 전개(노출), 건조한 곳의 사용전압이 400[V] 초과인 경우 옥내 배선은 "금속관공사, 합성수지관공사, 가요전선관공사, 케이블공사, 애자사용공사, 금속덕트공사, 버스덕트공사"에 의할 수 있다.

51 전주를 건주할 때 철근 콘크리트주의 길이가 7[m]이면 땅에 묻히는 깊이는 얼마인가?(단, 설계 하중이 6.8[kN] 이하이다.)

① 1.0 ② 1.8 ③ 2.0 ④ 1.2

🔍 전장 16[m] 이하, 설계하중 6.8[kN] 이하인 지지물 건주 시 전주 땅에 묻히는 깊이 : 전체 길이 × $\frac{1}{6}$ 이상

∴ 매설깊이 $H = 7 × \frac{1}{6} = 1.2$[m]

52 2개의 입력 가운데, 앞서 동작한 쪽이 우선하고, 다른 쪽은 동작을 금지시키는 회로는?

① 자기유지회로 ② 한시운전회로
③ 인터록회로 ④ 비상운전회로

🔍 • 자기유지회로 : 입력 신호가 사라져도 일정 상태를 유지하는 회로
• 인터록 회로 : 두 입력 신호 중 먼저 동작한 신호가 나머지의 동작을 막아주는 회로로 안전을 위해 주로 사용
• 한시운전회로 : 일정 시간 동안만 동작하는 회로
• 비상운전회로 : 비상 상황에서 특정 동작을 수행하는 회로

53 하나의 콘센트에 두 개 이상의 플러그를 꽂아 사용할 수 있는 기구는?

① 코드 접속기 ② 멀티 탭
③ 테이블 탭 ④ 아이언 플러그

🔍 접속 기구
• 멀티 탭 : 하나의 콘센트에 여러 개의 전기기계 기구를 끼워 사용하는 것
• 테이블 탭(table tap) : 코드 길이가 짧을 때 연장 사용하는 것

54 화약류 저장소의 배선공사에서 전용 개폐기에서 화약류 저장소의 인입구까지의 공사 방법 중 틀린 것은?

① 전로의 대지전압이 400[V] 이하이어야 한다.
② 개폐기 및 과전류차단기는 화약류 저장소 밖에 둔다.
③ 옥내배선은 금속관배선 또는 케이블 배선에 의하여 시설한다.
④ 과전류차단기에서 저장소 인입구까지의 배선에는 케이블을 사용한다.

🔍 화약류 저장소 등의 위험 장소
• 금속관공사, 케이블공사
• 대지전압 : 300[V] 이하
• 개폐기 및 과전류 차단기에서 화약고의 인입구까지의 배선에는 케이블을 사용하고 반드시 지중에 금속관으로 시설할 것

55 알루미늄 전선의 접속방법으로 적합하지 않은 것은?

① 직선접속 ② 분기접속
③ 종단접속 ④ 트위스트접속

🔍 알루미늄 전선의 접속 방법
• 직선 접속 : 비교적 장력이 걸리지 않는 경우 사용
• 분기 접속 : 간선에서 분기선을 분기하는 경우 사용
• 종단 접속 : 전선을 박스 안에서 접속할 때 사용
• 터미널 러그에 의한 접속 : 굵은 전선을 박스 안에서 접속할 때 사용

56 정격 전류가 30[A]인 저압 전로의 과전류 차단기를 산업용 배선용 차단기로 사용하는 경우 39[A]의 전류가 통과하였을 때 몇 분 이내에 자동적으로 동작하여야 하는가?

① 1분 ② 60분 ③ 2분 ④ 120분

🔍 산업용 배선용 차단기의 동작특성

정격전류	시간(분)	정격전류 배수	
		부동작전류	동작전류
63[A] 이하	60	1.05배	1.3배
63[A] 초과	120		

57 배전반 및 분전반과 연결된 배관을 변경하거나 이미 설치되어 있는 캐비닛에 구멍을 뚫을 때 필요한 공구는?

① 오스터 ② 클리퍼
③ 토치램프 ④ 녹아웃펀치

🔍 전기 공사용 공구
• 오스터 : 금속관에 나사를 낼 때 사용하는 것
• 클리퍼 : 단면적 25[mm²] 이상인 굵은 전선 절단용 공구
• 토치 램프 : 합성수지관 공사 시 가공부를 가열하기 위한 램프
• 녹아웃펀치 : 배전반이나 분전반 등의 금속제 캐비닛의 구멍을 확대하거나 철판의 구멍 뚫기에 사용하는 공구

58 한국전기설비규정에 의한 전압의 구분에서 직류를 기준으로 고압에 속하는 범위로 옳은 것은?

① 1,000[V] 초과 7,000[V] 이하의 전압
② 600[V] 초과 7,000[V] 이하의 전압
③ 750[V] 초과 7,000[V] 이하의 전압
④ 1,500[V] 초과 7,000[V] 이하의 전압

전압의 구분

구분	직류	교류
저압	1,500[V] 이하	1,000[V] 이하
고압	저압 초과 7,000[V] 이하	
특고압	7,000[V] 초과	

59 전선을 접속하는 경우 전선의 강도는 몇 [%] 이상 감소시키지 않아야 하는가?

① 10   ② 20   ③ 40   ④ 80

전선 접속 시 주의 사항
- 전선 접속 부분의 전기 저항을 증가시키지 말 것
- 전선접속부분의 인장강도를 20[%] 이상 감소시키지 말 것

60 합성수지 몰드 공사에서 틀린 것은?

① 전선은 절연 전선일 것
② 합성수지 몰드 안에는 접속점이 없도록 할 것
③ 합성수지 몰드는 홈의 폭 및 깊이가 6.5[cm] 이하일 것
④ 합성수지 몰드와 박스 기타의 부속품과는 전선이 노출되지 않도록 할 것

합성수지몰드 공사 시설 원칙
- 사용 전압은 400[V] 이하일 것
- 몰드 안에는 전선의 접속점이 없도록 할 것
- 몰드 홈의 폭 및 깊이는 3.5[cm] 이하로 할 것(단, 사람 접촉 우려 없는 경우 5[cm] 이하)

정답 2025년 4회

01 ④	02 ①	03 ①	04 ②	05 ①
06 ④	07 ④	08 ②	09 ②	10 ②
11 ①	12 ③	13 ④	14 ③	15 ③
16 ②	17 ①	18 ③	19 ③	20 ①
21 ①	22 ④	23 ①	24 ②	25 ④
26 ④	27 ④	28 ④	29 ②	30 ②
31 ④	32 ②	33 ③	34 ③	35 ④
36 ①	37 ④	38 ①	39 ③	40 ①
41 ②	42 ③	43 ③	44 ③	45 ④
46 ①	47 ④	48 ④	49 ①	50 ④
51 ④	52 ③	53 ②	54 ①	55 ④
56 ②	57 ④	58 ④	59 ②	60 ③

전기기능사 필기

2026년 01월 05일 인쇄
2026년 01월 20일 발행

저자	이재원, 류선희
발행처	(주)도서출판 책과상상
등록번호	제2020-000205호
발행인	이강복
주소	경기도 고양시 일산동구 장항로 203-191
대표전화	(02)3272-1703~4
팩스	(02)3272-1705
홈페이지	www.sangsangbooks.co.kr
ISBN	979-11-6967-347-1

저자협의
인지생략

값 20,000원
Copyright© 2026
Book & SangSang Publishing Co.

도서출판 책과 상상
www.SangSangbooks.co.kr